中国科学院科学出版基金资助出版

食品科学与工程类系列规划教材

现代食品安全学

黄昆仑　车会莲　主编

科学出版社

北京

内 容 简 介

本书以现代食品安全科学的观点,从教学、科研、生产实际和监督管理等角度对食品安全科学进行了阐述,全面、系统地介绍了国内外现代食品安全方面存在的问题、防控策略及科学研究的最新进展。全书共七章,主要介绍了食品安全学科背景,食品生物污染、食品理化污染、食源性疾病的基础知识及其防控措施,转基因食品安全的现状和管理举措,还介绍了包括肉、蛋、乳、油脂、罐头、调味品等在内各类食品的食品安全与管理情况,以及我国食品安全监督管理体系的相关内容。

本书内容全面、重点突出,具有科学性、实用性和前瞻性,可作为高等院校食品质量与安全专业、食品科学与工程专业及其他食品相关专业的教材,也可供医学微生物学、预防医学及相关专业领域的生产、科研和管理工作者等参阅。

图书在版编目(CIP)数据

现代食品安全学/黄昆仑,车会莲主编. —北京:科学出版社,2018.1
食品科学与工程类系列规划教材
ISBN 978-7-03-054128-4

Ⅰ. ①现… Ⅱ. ①黄… ②车… Ⅲ. ①食品安全-教材 Ⅳ. ①TS201.6

中国版本图书馆 CIP 数据核字(2017)第 191545 号

责任编辑:席 慧/责任校对:赵桂芬
责任印制:徐晓晨/封面设计:铭轩堂

科 学 出 版 社 出版
北京东黄城根北街 16 号
邮政编码:100717
http://www.sciencep.com

北京虎彩文化传播有限公司 印刷
科学出版社发行 各地新华书店经销
*
2018 年 1 月第 一 版 开本:787×1092 1/16
2019 年 7 月第二次印刷 印张:20 3/4
字数:530 000

定价:59.80 元
(如有印装质量问题,我社负责调换)

《现代食品安全学》编委会名单

主　编　黄昆仑　车会莲

副主编　贺晓云　张晓峰

编　者（以姓氏笔画为序）

王　永（天津农科院）

车会莲（中国农业大学）

朱传合（山东农业大学）

李昌模（天津科技大学）

张晓峰（哈尔滨医科大学）

陆伯益（浙江大学）

赵　勤（四川农业大学）

贺晓云（中国农业大学）

梅晓宏（中国农业大学）

前　言

随着科学的进步、社会的发展和生活水平的不断提高，人们不仅要求食品营养丰富、美味可口，更对食品的安全提出了更高层次的要求。食品安全学（science of food safety）是食品科学的重要分支学科之一，自 20 世纪 70 年代兴起至今经历了 30 余年的迅猛发展。近年来，重大食品安全事件层出不穷，使食品安全问题不断暴露，促使食品安全学科领域的理论知识、实践技术、法律法规和技术标准不断丰富和变化。为了适应食品安全科技的发展，增强食品安全学的实用性和科学性，激励和保护食品科学的创新，满足高等院校食品质量与安全、食品科学与工程等食品相关专业人才培养的需求，现对现代食品安全的相关理论知识进行全面、系统的汇总，编制成《现代食品安全学》。

本书参阅了众多食品安全相关领域的教材、专著及其他国内外文献资料，结合了国内外食品安全发展现状、我国食品安全生产实际需求及高校一线食品安全教学成果，力求合理、全面地概括食品安全学理论基础知识，使本书的内容和编排具有科学性、实用性和先进性。全书共分七章：绪论、食品生物污染及其预防和控制、食品理化污染及其预防和控制、转基因食品安全、食源性疾病的预防和控制、各类食品安全及其管理、食品安全监督管理。本书是一部教学与应用、理论与实践相结合的教材和工具书，目的是增强学生及相关领域工作者对于食品安全知识的全面掌握，使其能够在食品安全实践工作中学以致用，促进我国食品安全学科不断进步。

参与本书编写的人员大都是多年从事食品安全方面教学和科研工作，具有丰富教学经验和实践经验的优秀教师及科研工作者，各位编者在编写本书过程中的全心倾注、严谨认真和一丝不苟的态度是促使本书高质量完成的保障。本书在编写过程中参考了许多相关领域的文献，在此对这些文献的作者表示感谢，同时也向给予建设性意见，大力支持和参与本书编写工作的各个单位、专家，以及各位编委表示衷心的感谢。

本书的出版力争达到满足食品安全和相关领域专业人才培养的需求，但现代食品安全的科学技术和理论知识发展迅猛，国家法规和技术标准在不断发展变化，同时由于编者专业水平、能力和经验所限，书中的不足和疏漏之处敬请读者给予批评指正，以待改进，编者感激不尽。

编　者

2017 年 9 月

目　录

第一章 绪 论

【木章提要】

本章主要介绍了食品安全学的概念、特征以及主要的研究内容；阐述了食品安全学产生和发展的历史沿革，系统地概括了国内外食品安全现状，针对性地列举了我国重大的食品安全事件以及食品安全问题；同时介绍了食品安全相关的监管体系建设、法律法规体系以及科技水平等相关内容的研究展望。

【学习目标】

1. 掌握食品安全学的概念以及特征；
2. 了解食品安全学的产生和发展过程；
3. 了解食品安全学的现状及研究的主要内容。

【主要概念】

食品安全、食品安全学、风险分析

第一节 食品安全学的概念及内涵

一、食品安全学相关背景

在新的形势下，食品安全科技得到了高度的重视，同时也取得了长足的进步与发展。在联合国粮食及农业组织（Food and Agriculture Organization of the United Nations，FAO）和世界卫生组织（World Health Organization，WHO）的推动下，从 2002 年起，地区性的甚至是全球性的食品安全研讨会和论坛纷纷开展，国家级的食品安全管理机构也在不断地重组和加强，食品安全的专业研究机构和学科专业相继产生，人才队伍日益发展壮大。国内食品安全科技支撑能力建设也取得了长足的发展。2000 年 WHO 第 53 届世界卫生大会首次通过了有关加强食品安全的决议，将食品安全列为其工作的重点和最优先解决的领域。美国于 1997 年设立总统食品安全行动计划，1998 年由多部门组成了总统食品安全委员会。欧洲于 2000 年发布了食品安全白皮书，就要优先开展的食品安全科学问题提出建议。国内的相关举措也齐头并进，在立法方面，1995 年全国人大常务委员会通过了《中华人民共和国食品卫生法》，2006年 7 月 1 日，《食品安全管理体系食物链中各类组织的要求》(GB/T 22000—2006/ISO22000: 2005)国家标准正式实施。2009 年 6 月 1 日《中华人民共和国食品安全法》正式实施，《中华人民共和国食品卫生法》同时废止，而随着食品安全形势的不断发展，为了保证食品安全，保障公众身体健康和生命安全，国家立法部门在充分调研论证的情况下，不断完善食品安全法律法规体系，建立最严格的食品安全监管制度，以法治方式维护食品安全，2015 年 4 月 24 日，十二届全国人大常委会第十四次会议表决通过了新修订的《中华人民共和国食品安全法》，新修订后的《中华人民共和国食品安全法》公布自 2015 年 10 月 1 日起施行。

在食品安全人才培养方面，2002 年中国第一个食品质量与安全本科专业开始招生，2003

年中国设立了食品质量与安全或农产品质量与食品安全博士点，开始招收和培养食品质量与安全方面的专门人才。人们在从事食品安全管理、教学和研究的同时，希望对食品安全学的基本内涵、食品安全学的形成与发展、现状与展望有一个清楚的了解。

在过去 30 年间，有关食品质量管理的理论和技术体系得到了迅速发展，已被科学界和食品工业界及政府管理部门所接受，并在生产、加工、储藏和销售领域发挥了较大的作用。而食品安全的概念在 21 世纪初才在许多发展中国家广为流传，逐步被一些与食品科学、食品工程和质量控制有关的学者所接受。

二、食品安全学的概念

食品安全学(science of food safety)是"研究食物对人体健康危害的风险和保障食物无危害风险的科学"。食品安全学是 20 世纪 70 年代以来发展的一门新兴学科，是一门偏重于应用性的，理论与实践相结合的学科。它研究了食品"从农场到餐桌"全过程危害风险的规律以及这些规律与公众健康和食品行业发展的关系，为国家食品控制战略的制定和实施提供了科学决策。因此，食品安全学的研究对象是食品安全问题及其发展变化规律和预防与控制食品安全的技术和措施。

研究食品科学和控制论是食品安全学重要的理论基础，食品科学和技术、农学、医药学、兽医学、毒理学、公共营养与卫生学、生物学、食品原料学、食品微生物学、食品化学、生物化学、流行病学、质量保证、审计学、理学、法学、管理学、传媒学和公共信息管理学等是食品安全学的基础学科。

三、食品安全学的特征

食品安全学是食品科学的一个重要分支学科，是建立在食品安全问题日益严重并受到人们高度重视的前提下，同时与食品安全科学技术并行发展的一门新学科，20 世纪 70 年代初才由相关领域专家提出。所以说，食品安全问题是食品安全学产生和发展的基本动力和理论基础。

根据世界卫生组织的定义，食品安全是"食物中有毒、有害物质对人体健康影响的公共卫生问题"。食品安全也是一门专门探讨在食品加工、存储、销售等过程中确保食品卫生及食用安全，降低疾病隐患，防范食物中毒的一个跨学科领域。而物联网技术，作为食品安全监管的"千里眼"，通过构建食品安全物联网，实现对食品的"高效、节能、安全、环保"的"管、控、营"一体化。由此来看，食品安全是一个复杂的问题，它在管理层面上属于公共安全问题，在科学层面上属于食品科学问题。因此，对食品安全问题的分析研究与解决，既是一个技术性问题，需要运用许多自然科学的知识和技术，又是一个管理性问题，需要运用管理学、社会学等的知识和技术。

食品安全学的学科基础和学科体系相对较为宽广，学科的综合性较强。食品安全学不仅包括了食品科学的内容，还包括了农学、医学、理学、管理学、法学和传媒学的内容，另外，它甚至与分子生物学的组学技术也有一定的关系。食品安全学中"安全"的第一层含义就是食品数量安全，即一个国家或地区能够生产民族基本生存所需的膳食需要。其中涉及了农学、养殖学等的基本理论基础。食品安全学的核心问题是保障人类健康，服务对象是人，因此，它与医学领域的毒理学、公共营养与卫生学、药学学科有关。食品安全学的研究载体是食品，因此,它与食品原料学、食品微生物学、食品化学、食品科学等密切相关。政府从事食品安全管理主要依靠法律法规,因此需要法学的支持;而食品安全执法需要标准和检测技术与方法的支持,因此需要食品检验相关的科学技术支持;风险分析过程需要管理学的理论,因此,它又需要管理学的理论依据作为支持。另外,由于公众的参与意识增强,以及媒体的广泛参与,基于对食品安全事件增加透明度的原则,传媒学也已成为其重要的学科体系之一。从食品安全各环节各领域的大局着眼,食品安全学又是一门系统学科,要求运用系统工程的原理来分析研究和处理有关食品安全问题。

从食品安全学的学科体系中可以看出,食品安全学的技术体系也涉及多个学科、多项技术。食品安全的管理过程中,食品安全学涉及风险评估技术、检测技术、溯源技术、预警技术、全程控制技术、规范和标准实施技术;从学科领域的角度来讲,食品安全学涉及分析化学技术、毒理学评价技术、微生物分析技术、食品卫生检验技术、同位素技术、信息学技术、质量控制技术,以及分子生物学技术等。

综上所述,食品安全学是以生物化学、食品化学、物理学、微生物学、生理卫生学、毒理学、环境科学等学科为基础,运用理化检验、微生物检验、仪器分析、管理学、伦理学、社会学等学科的知识和技术,对农业生产、食品加工、食品储藏保鲜、食品包装、食品运输、食品销售等多个领域或环节有关食品安全的问题进行分析研究,以确保食品和人身安全。

四、食品安全学的原理

经过 30 多年的科学探索和交流,特别是食品安全管理问题的实践和讨论,科学家们归纳出了食品安全学的四大基本原理,即"从农田到餐桌"的整体管理理念、风险分析、透明性原则、法规效应评估。

1. "从农田到餐桌"(from farm to table)的整体管理理念 要最大限度地保护消费者的利益,最基本的工作就是把食品质量和安全建立在食品生产从种植(养殖)到消费的整个环节,在食品生产、加工和销售链条中遵循预防性原则,从而最有效地降低风险。这种"农业种植者(养殖者)—加工者—运输者—销售商—消费者"的链条叫做"从农田到餐桌",这个链条中的每一个环节在食品质量与安全中都是非常关键的环节。

实施"从农田到餐桌"的全程控制,要积极追踪国际上先进的食品安全科技发展动态,针对影响食品安全的主要因素确定关键技术领域,逐步深入开展食品安全基础研究,建立和完善"从农田到餐桌"全程监测与控制网络体系,进一步发展更加可靠、快速、便携、精确的食品安全检测技术,加快发展食品中主要污染物残留控制技术,发展食品生产、加工、储藏、包装与运输过程中安全性控制技术,加快发展食源性危害危险性评估技术与产品溯源制度,从而构建起包括环境和食源性疾病与危害的监测、危险性分析和评估等技术的食品安全监控网络系统。

"从农田到餐桌"的食品安全工作是一项系统工程,在建立和完善各项检测技术和食品安全技术体系的过程中,对食品链上一些潜在的危害可以通过应用良好操作规范加以控制,如良好农业规范(good agricultural practice,GAP)、良好卫生规范(good hygiene practice,GHP)、良好兽医规范(good veterinarian practice,GVP)、良好操作规范(good manufacturing practices,GMP)等。一种有机组织起来的、重要的预防性方法——危害分析与关键控制点(hazard analysis critical control point,HACCP)方法可应用于食品生产、加工和处理的各个阶段,可以有效地保证食品的质量与安全，HACCP 已成为提高食品安全性的一个基本工具。

2. 风险分析(risk analysis)　　食品风险分析是通过对影响食品安全质量的各种生物、物理和化学危害进行评估，定性或定量地描述风险的特征，在参考有关因素的前提下，提出和实施风险管理措施，并对有关情况进行交流，它是制定食品安全标准的基础。风险分析是一个基于科学的、按照结构化方法进行的开放透明的过程，它包括风险评估、风险管理和风险交流三大过程。风险评估(risk assessment)是以科学为基础对食品可能存在的危害进行界定、特征描述、暴露量评估和描述的过程。风险管理(risk management)是对风险评估的结果进行咨询，对消费者的保护水平和可接受程度进行讨论，对公平贸易的影响程度进行评估，以及对政策变更的影响程度进行权衡，选择适宜的预防和控制措施的过程。风险交流(risk communication)是指在食品安全科学工作者、管理者、生产者、消费者以及感兴趣的团体之间进行风险评估结果、管理决策基础意见和见解传递交换的过程。如图 1-1 所示。

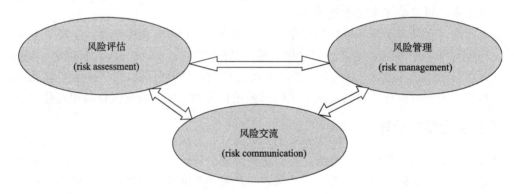

图 1-1　风险分析框架结构图

在食品的公共健康危害因素管理中，世界卫生组织和联合国粮食及农业组织处于风险管理方法发展的最前沿，食品法典委员会(Codex Alimentarius Commission，CAC)在国际层面上规范了风险分析的程序，并将其引入实施卫生与植物卫生措施协议(Agreement on the Application of Sanitary and Phytosanitary Measure，SPS)。有关国际组织鼓励其成员国在本国食品管理体系中认可国际风险分析的结果。

3. 透明性(transparency)原则　　消费者对供应食品的质量与安全的信心是建立在对食品控制运作和行动的有效性以及整体性运作的能力之上的。这就决定了食品安全管理必须发展成一种透明公开的、全民参与的行为。食品链上所有的利益相关者都能发表积极的建议，管理部门应对决策的基础给予解释。因此，决策过程的透明性原则是重要的，这有助于加强所有有关团体之间的合作，提高食品安全管理体系的认同性。

信息传递的对称为一个成熟市场的标志。如果信息充分和对称，食品安全问题的发生频率就低；如果信息不对称，传递的不充分，那么食品安全问题的发生频率相对而言就高。同时，公众参与方面，食品安全权威管理部门应该将一些与食品安全有关的信息及时介绍给公众。这些信息包括对食品安全事件的科学意见，对调查行动的说明，涉及食源性疾病食品细节的发现过程，食物中毒的情节，以及严重的食品造假行为等。

4. 法规效应评估(regulatory impact assessments，RIA)　　食品安全是实现公众健康所必需的，可能会增加生产者的成本，而且在食品安全上的投资也不一定能及时从市场上获得回报。在制定和实施食品控制措施的过程中，就必须考虑食品工业对遵守这些措施的费用(包括资源、人员和所用的资金)，因为这些费用最终会分摊到消费者身上。

在监管的过程中，应采取积极手段与消极手段相结合的方法，对国家利益、公共利益以及个人利益进行平衡。法规效应评估在确定优先重点方面的重要性在日益增加，这有助于食品控制机构调整和修订其战略，以便获得最佳的效果。

有两种方法常用来确定食品安全法规措施的成本和收益比：一是支付意愿法(willingness to pay，WTP)，即建立一种理论模型，用以估计为了减少疾病率和死亡率的支付意愿情况；二是疾病成本估计法(cost of illness，COI)，即对一生中为偿付医疗费用和丧失生产力的疾病成本进行评估。这两种方法均需要大量的数据资料加以解释。COI虽然未能衡量风险降低的所有价值，但对于政策制定者而言，这种方法可能较容易理解，因此，已被广泛应用于食品控制措施的评价。而WTP则较多应用于出口检验措施方面，其操作要比在法规措施中更为简易。

第二节　食品安全学的产生与发展

任何学科都是在科学技术发展过程中产生和发展起来的，人类饮食文明的发展同样是伴随着科学技术而发展的，人们对食品要求的不断提高，是世界食品业不断发展的主要原动力。饮食文化学科的不断深入和扩展，食品工业标准化的形成，以及食品安全产业的聚焦，食品安全学就是在这样的历史条件下应运而生的。高度分化基础上的高度综合便是其发展的一个最重要的特征，这也是现代学科发展趋势的本质，食品安全学的发展经历了漫长的历史过程。

一、中国古代时期

最早的是"巢氏(旧石器时代)造巢""积鸟兽之肉，聚草木之实"，但当时人们不懂人工取火和熟食。饮食状况是茹毛饮血，不属于饮食文化，只是属于食品安全的"食品数量安全"层面。燧人氏钻木取火，从此吃熟食，进入石烹时代。蒸盐业是黄帝臣子宿沙氏发明，从此不仅懂得了烹还懂得调，逐渐有了对人体健康有益的发展。之后，常用的盐腌、糖渍、烟熏、风干等保存食物的方法在民间开始普及，实际上这正是通过抑制微生物的生长而防止食物腐烂变质的方法。这些方法除了有利于改善食品风味或延长食品储藏期以外，还是保障食品安全的有效措施。

文献中有关饮食安全的最早的记叙与警语，来自于孔子的"五不食"原则，即"鱼馁而肉败，不食。色恶，不食。臭恶，不食。失饪，不食。不时，不食"(《论语·乡党第十》)。这应该也是"病从口入"民谚的最早的雏形。汉代张仲景(150~219年)在《金匮要略》中云："果子落地经宿，虫蚁食之者，人大忌食之。"明代人高濂在其著的《饮食当知所损论》中也指出："凡食，色恶者勿食，味恶者勿食，失饪不食，不时不食。"北魏(386~534年)农学家贾思勰(生卒年不详)在所著《齐民要术》中即有用茱萸叶消毒井水的记载。明代李时珍(1518~1593年)在所著《本草纲目》中写道："凡井水有远从地脉来者为上，有从近处江湖渗来者次之，其城市近沟渠污水杂入者成碱，用须煎滚，停一时，碱澄乃用之，否则气味俱恶，不慎入药、食茶、酒也。"

对于食物引起的食物中毒和传染性疾病的记载在史书上也能够觅得一点痕迹。忽思慧是我国古代著名的营养学家，他撰写的《饮膳正要》一书，是我国甚至是世界上最早的饮食卫生与营养学专著，在启蒙和传承我国卫生安全知识方面具有举足轻重的作用。在本书中，忽思慧第一次提出了"食物中毒"这个词，并总结了很多民间的食物中毒的治疗方法，现在看来还是具有治疗价值的。孙思邈的《千金翼方》中对由鱼类引起的组胺中毒有很深刻而准确的描述。"食鱼面肿烦乱，芦根水解。"《晋书》"王彪之传"言："旧制，朝臣家有时疾染疫三人以上者，身虽无疾，不得入宫。"这句中提到的就是对传染病的防御措施。明朝李时珍在《本草纲目》中还指出："天气瘟疫，取出病人衣服，于甄上蒸过，则一家不染。"此外，如艾叶、硫黄、雄黄等药物熏蒸房屋、衣物，杀灭蚊蝇等也有记载。

除了在饮食习惯和疫病传播方面的认知，史书中也详细记载了各朝代中针对食品安全建立的相关立法和专门职能管理。3000 年前的周朝(公元前 11 世纪~前 256 年)，就不仅能控制一定卫生条件制造出酒、醋、酱等发酵食品，而且已经设置了"凌人"，专门负责掌管食品冷藏防腐。《唐律》规定了处理腐败食品的法律准则，即"脯肉有毒曾经病人，有余者速焚之，违者杖九十；若放与人食，并出卖令人病者徒一年；以故致死者，绞。"这些即说明我国在古代已认识到并重视食品安全问题，而且通过法律途径来禁止销售有毒有害食品。

二、罗马民法时期

古代人类对食品安全性的认识，大多与食品腐败、疫病传播等问题有关，只停留在个别现象的认识和经验的总结阶段，尚未进行系统研究，更没有形成一门系统学科。国际食品安全专家委员会共同主席、美国明尼苏达大学食品学院博士、教授 Theodore P. Labuza 认为，世界食品卫生安全的发展是从罗马民法时代开始的。

罗马民法时代的时间是 500~1200 年，主要强调食品不许欺诈。随着人类生产的发展，商品交换，阶级分化，以及利欲与道德的对立，食品的卫生安全问题出现了新的变化。在食品交易中出现了制伪、掺假、掺毒、欺诈现象，在古罗马帝国时代已蔓延为社会公害。510 年制定的罗马民法对防止食品的假冒、污染等问题作过广泛的规定，违法者可判处流放或劳役。12 世纪，中世纪的英国为解决石膏掺入面粉、出售变质肉类等事件，颁布了一些管理条例。

三、国外近代时期

1200~1800 年，经历了贸易阶段管理的罗马民法时代，世界食品卫生安全步入了一个缓慢发展的平台期，Theodore P. Labuza 称之为英国法规时代，该时代主要强调食品不许掺假。1266 年，英国国王亨利三世批准颁布了《面包法》(*Act of Bread and Ale*)。这是世界上第一个有关食品卫生安全的法规，它对面包的质量、等级、重量、价格、成分等进行规范，要求面包师们必须用固定重量的面粉，不许掺假。《面包法》明文规定，严禁在面包里掺入豌豆粉或蚕豆粉造假。

19 世纪初自然科学的迅速发展，为食品安全学的诞生与发展奠定了科学基础。1837 年与 1863 年，施旺(Schwann Theodor，1810~1882 年，德国生理学家、细胞理论的创立者)与巴斯德(Louis Pasteur，1822~1895 年，法国化学家、生物学家、微生物学奠基人之一)分别提出了食品腐败是微生物作用所致的论点；1885~1888 年，沙门(Daniel E. Salmon，1850~1914 年，美国细菌学家)等发现了沙门菌。此外，英国、美国、法国、日本等国是最早建立专门的食品安全与卫生法律、法规的国家，如 1851 年法国的《取缔食品伪造法》、1860 年英国的《防止饮食品掺假法》、1890 年美国的《国家肉品监管法》、1906 年美国的《食品、药品、化妆品法》和 1947 年日本的《食品卫生法》等。

第二次世界大战以后，科学技术的发展促进了工农业生产的发展。但由于盲目开发资源和无序生产，造成环境污染和公害泛滥，导致食品污染问题日益严重。食品生产者和制造商更加懂得和注意满足消费者正在追求的苛刻要求，制定规章的机构处事更加谨慎和细致，政府不得不全力开展食品中危害因素、种类、来源的调查和危害物性质的研究、含量水平的检测以及各种监督管理与控制措施的建立和完善等工作。同时，相关学科(如食品微生物学、食品毒理学、预测微生物学)及现代食品生产和储运技术的不断发展，各种检测手段的灵敏度不断提高，大大丰富了食品安全学的研究内容和手段。

四、中国近代时期

在我国，近代食品安全的研究与管理起步较晚，但近半个世纪以来食品卫生与安全状况也有了很大的改善。一些食源性传染病得到了有效的控制，农产品和加工食品中的有害化学残留也开始纳入法制管理的轨道。我国于 1982 年制定了《中华人民共和国食品卫生法》(试行)，经过 13 年的试行阶段于 1995 年由全国人大常务委员会通过，成为了具有法律效力的食品卫生法规。总则中第一条写道："为保证食品卫生，防止食品污染和有害因素对人体的危害，保障人民身体健康，增强人民体质，制定本法。"在工农业生产和市场经济加速发展、人民生活水平提高和对外开放条件下，食品安全状况面临着更高水平的挑战。国家相继制定和强化了以《中华人民共和国食品卫生法》为主体的有关食品安全的一系列法律法规，初步形成了以卫生管理部门、工商管理部门和技术监督部门为主体的管理体制。

而对于相关学科领域方面，国人在认识和解决食品安全问题的同时实行跨学科研究。这要求人们充分运用自然科学、工程技术和社会科学等各种科学的知识，对食品安全问题及其对人类自身的影响，以及对其进行有效控制的途径和技术进行系统的、综合的研究。

五、20 世纪世界食品安全学发展时期

20 世纪对食品安全新问题的社会反映和政府对策，最早见于发达国家。人们逐渐认识到，食品安全是一个系统而复杂的问题，它不仅涉及技术问题，而且涉及伦理道德和科学管理。

FAO 于 1961 年第 11 届大会和 WHO 于 1963 年第 16 届大会上均通过了建立食品法典委员会的决议。1967 年在波多黎各自有联邦马亚圭斯召开了有关"食品的重要性和安全性"的国际会议，并将会议记录以 *The Safety Foods* 为名公开出版。1980 年，美国 Horace D. Grahan 对会议记录进行了修订编辑，以《食品安全性》为名在国内出版发行。该书全面地、系统地叙述了食品的安全性问题。书中用一定篇幅介绍了食品中有毒、有害物质，如亚硝胺、多氯联苯和多溴联苯、残留农药、有害金属及真菌毒素的来源，对人体的危害性以及检测方法等，并详细地介绍了对人体致病性微生物，如肉毒梭状芽孢杆菌、葡萄球菌、沙门菌及病毒等引起食物中毒的原因、机制、预防办法和检测手段，最后还介绍了一些国家及地区的有关食品法规和规定。可以说该书对于食品安全学学科的发展起到了里程碑似的推动作用。

1999 年 12 月 WHO 执行委员会总干事在有关食品安全的报告中要求各成员国就本国食品、饮料和饲料中的添加剂、污染物、毒素或致病菌等对人体和动物健康可能造成的不良作用进行风险评估，验证各国食品安全法规及措施的科学性。美国总统于 1997 年 1 月 25 日宣

布拨巨款启动一个总统食品安全行动计划(President's Food Safety Initiative),以改善美国食品供应(包括进口食品)的安全性,并于 1998 年成立了由农业部、卫生部、商业部、环境保护署、管理和预算办公室及总统的科技助理组成的总统食品安全委员会(President's Food Safety Council)。2000 年 WHO 第 53 届世界卫生大会首次通过了有关加强食品安全的决议,将食品安全列为优先领域。2002 年 1 月在摩洛哥马拉喀什成功举办"第一届全球食品安全管理人员论坛"之后,FAO/WHO 又于 2004 年 10 月在泰国曼谷召开了"第二届全球食品安全管理人员论坛",这两次会议的主题都围绕建立和完善有效的食品安全控制体系展开,论坛指出世界各国都应制定一个有效的食品安全控制体系,依靠加强食品立法、监管和科技投入来解决食品安全问题。

欧盟、美国、加拿大、日本等发达国家和地区及韩国、马拉西亚、泰国等发展中国家在 TBT 协议和 SPS 协议等国际通用规则下,纷纷以风险分析作为构建食品安全控制体系的基础,强调"从农场到餐桌"的全过程监控,探索出一条保障食品安全、协调食品国际贸易、处理食品安全事件的食品安全控制体系基本模式,将食品安全控制在消费者可以接受的水平。

在新形势下,全球范围内的食品安全科技也得到了迅猛发展。在 FAO/WHO 的共同推动下,从 2002 年起,全球性和地区性的食品安全研讨会和论坛在世界各地接连举行,国家级的食品安全管理机构也在不断地重组和加强。食品安全的专业研究机构和学科专业相继产生,人才队伍也日益发展壮大。欧盟于 2000 年发布了《欧盟食品安全白皮书》,列出了 80 多个需要解决的相关项目,并决定成立欧盟食品安全局。英国、加拿大、爱尔兰、荷兰、澳大利亚、新西兰等国家均成立了国家食品局,法国设立了食品安全评价中心。美国于 1997 年增拨 1 亿美元启动一项食品安全计划,1998 年成立了多部门参与的总统食品安全委员会,下设三个食品安全管理机构共同负责管理美国的食品安全问题。澳大利亚、新西兰设有专门的食品标准局(FSANZ)制定食品标准,通过保证安全的食品供应,保护澳大利亚、新西兰国民的食品安全与健康。

此外,为了解决食品生产、加工、储藏、流通、销售、消费等环节的食品安全问题,世界各国普遍采取了 GAP、GMP、HACCP 等控制规范与措施。但由于食品安全问题的艰巨性与复杂性,国际食品安全控制体系与模式需要进行不断的研究与完善。

六、20 世纪中国食品安全学发展时期

相对于在食品安全问题中反应迅速且反馈体制完善的发达国家,我国在进入 20 世纪和面向全球经济一体化的时代后,食品的安全性问题形势相对严峻。目前,还需要加大食品安全法规体系、管理体系、监控体系以及科学支撑体系的投入,加强"从农田到餐桌"的食品安全全程监控和对消费者的宣传教育,倡导由政府、食品企业、学术界和消费者共同保障食品安全的新型模式。

1. 法律法规建设 1995 年《中华人民共和国食品卫生法》正式颁布,国务院有关部委和各地政府也相继出台了大量的配套规章。卫生部系统从 20 世纪 80 年代开始,在有关国际机构的帮助下开展 HACCP 的宣传、培训工作,并于 90 年代初开展了乳制品行业的 HACCP 应用试点。质量监督系统多年来对水产品、禽肉、畜肉、果蔬汁等行业的出口企业推行了 HACCP 管理,并取得了初步成效,促进了中国食品的出口贸易。2006 年 7 月 1 日,《食品安全管理体系食物链中各类组织的要求》(GB/T 22000—2006/ISO22000:2005)国家标准正式

实施。2009 年 6 月 1 日《中华人民共和国食品安全法》正式实施，《中华人民共和国食品卫生法》同时废止。《中华人民共和国食品安全法》共分为 10 章 104 条，分别为总则、食品安全风险监测和评估、食品安全标准、食品生产经营、食品检验、食品进出口、食品安全事故处置、监督管理、法律责任和附则。法律规定，食品生产经营者应当依照法律、法规和食品安全标准从事生产经营活动，对社会和公众负责，保证食品安全，接受社会监督，承担社会责任。法律明确，国务院设立食品安全委员会。国家建立食品安全风险监测和评估制度。国家对食品生产经营实行许可制度，对食品添加剂的生产实行许可制度，食品安全监督管理部门对食品不得实施免检。除食品安全标准外，不得制定其他的食品强制性标准。国务院卫生行政部门应当对现行的食用农产品质量安全标准、食品卫生标准、食品质量标准和有关食品的行业标准中强制执行的标准予以整合，统一公布为食品安全国家标准。进口的食品、食品添加剂以及食品相关产品应当符合我国食品安全国家标准。此外，法律还对食品安全事故处置、监督管理以及法律责任作了规定。随着食品安全形势的不断发展，为了保证食品安全，保障公众身体健康和生命安全，国家立法部门在充分调研论证的情况下，不断完善食品安全法律法规体系，建立最严格的食品安全监管制度，以法治方式维护食品安全，2015 年 4 月 24 日，十二届全国人大常委会第十四次会议表决通过了新修订的《中华人民共和国食品安全法》，新修订的《中华人民共和国食品安全法》公布自 2015 年 10 月 1 日起施行。新的《中华人民共和国食品安全法》与旧版相比，内容更加细化，所涉猎食品安全范围广泛，条款严格，被称为"史上最严食品安全法"，对食品安全问题中的食品可追溯、农药使用、网络食品贩卖、食品添加剂、保健品、婴幼儿奶粉、食品安全举报以及赔偿等问题都做出了严格细化。

2. 食品标准体系建设 我国食品标准体系经过多年的发展，迄今我国卫生部已制定颁布食品卫生国家标准 400 余个，已基本形成了一个由基础标准、产品标准、行业标准和检验方法标准所组成的食品卫生国家标准体系，在标准制定的程序、原则、框架方面已经逐步与国际接轨。但标准与国际接轨并不意味着照搬国际标准。国际标准对于各国没有强制的法律效力，一般仅供各国参考，在特定的场合，需要协调国家之间的贸易争端或纠纷时发挥作用。各国应当以风险评估结果为主要依据，以相关国际标准和风险评估结果为参考，充分考虑社会经济发展水平和客观实际的需要，制定适应本国国情的国家标准。受食品产业发展水平、风险评估能力等因素制约，我国部分食品标准存在一些突出问题，如标准内容矛盾、交叉、重复，个别重要标准或重要指标缺失，部分标准科学性和合理性有待提高等，给企业实施和监管部门执法等带来了诸多不必要的困难。随着食品安全形势的发展，急需对现有标准进行总体规划和梳理。未来我国在食品方面的强制性标准仅有一套，即"食品安全标准"。

2010 年 1 月，按照《中华人民共和国食品安全法》及其实施条例的规定，卫生部负责组织成立第一届国家食品安全标准审评委员会（以下简称委员会），由 10 个专业分委员会的 350 名委员和工业和信息化、农业、商务、工商、质检、食品药品监管等 20 个单位委员组成，主要职责是审评食品安全国家标准，提出实施食品安全国家标准的建议，对食品安全国家标准的重大问题提供咨询，承担食品安全标准其他工作。委员会下设食品产品、微生物、生产经营规范、营养与特殊膳食食品、检验方法与规程、污染物、食品添加剂、食品相关产品、农药残留、兽药残留 10 个专业分委员会。2013 年 1 月 21～22 日，食品标准清理工作会议在北京市广西大厦召开。该会议的召开，标志着以国家食品安全风险评估中心王竹天研究员为组长的食品标准清理技术组正式成立并履职，我国食品标准清理工作全面启动。

标委会秘书处目前已经开展的工作包括清理前的准备工作、完善工作方案、梳理食品标准目录和清理范围、进一步细化各类标准的分类、开展食品安全国家标准体系建设调研、构建标准清理工作的数据库、组建清理专家技术组。来自多部门、多领域的 148 名专家组成食品标准清理专家技术组，分为 8 个专业组分别对食品添加剂、食品产品、食品检测方法、卫生规范等现行的农产品质量安全标准、食品质量标准、食品卫生标准及行业标准中强制性的内容进行梳理、认定。

3. 教育与人才培养　　近年来，我国出版了多种有关食品安全的专著，如吴永宁主编的《现代食品安全科学》(2003 年)，孟凡乔主编的《食品安全性》(2005 年)，田惠光主编的《食品安全控制关键技术》(2004 年)，金征宇主编的《食品安全导论》(2005 年)，姚卫蓉、钱和主编的《食品安全指南》(2005 年)，钟耀广主编的《食品安全学》(2005 年)等。

2002 年，中国第一个食品质量与安全本科专业开始招生，2003 年中国设立了食品质量与安全、农产品质量与食品安全博士点，开始招收和培养食品质量与安全方面的专业人才。人们希望在从事食品安全管理、教学和研究的同时对食品安全的基本内涵、食品安全学的理论基础和技术体系有一个清楚的了解。

历史表明，食品安全问题发展到今天，已远远超出传统的食品卫生或食品污染的范围，而成为人类赖以生存和健康发展的整个食物链的管理与保护问题。食品安全问题的社会性质，需要科学家、企业家、管理者和消费者的共同努力，也要从行政、法制、教育、传媒等不同角度，提高消费者和生产者的素质，排除自然、社会、技术因素中的负面影响，整治整个食物链上的各个环节，使提供给社会的食品越来越安全。借鉴国际经验，在系统分析中国各阶段食品安全控制变迁的基础上，构建新型食品安全"网—链控制"模式，能有效控制和消除食品供应链不同环节的不安全因素，形成统一协调的高效食品安全管理机制，实现食品安全从被动应付向主动保障的转变，为人民群众的生命安全、社会稳定和国民经济持续快速协调健康发展提供可靠的保障。而食品安全学经过漫长的感性认知和个别现象的总结阶段，正是在近 30 年内面临许多挑战后才得到了长足发展，并在这种背景下被提出。但今后如何使这门课程得到巩固和发展，还需要不懈的努力和探索。

第三节　食品安全的现状

一、国际食品安全概况

自 20 世纪 90 年代以来，国际上食品安全恶性事件时有发生，如英国的疯牛病、比利时的二噁英事件等。随着全球经济的一体化，食品安全已变得没有国界，世界上某一地区的食品安全问题很可能会波及全球，乃至引发双边或多边的国际食品贸易争端。

英国经济学人智库(Economist Intelligence Unit，EIU)发布的《全球食品安全指数报告(2013)》(*Global Food Security Index*)结果显示，发达国家食品安全指数继续占据排名的前25%，美国、挪威、法国分列前三位。中国在 107 个国家中位居 42 位，其中：食品价格承受力排名 47 位，食品供应能力排名 41 位，质量安全保障能力排名 43 位。虽然美国、欧洲部分国家在过去曾发生死亡数十人的恶性食品安全事件，甚至引发严重的贸易纠纷，这些食品安全个别事件最终并不能、也不应掩盖食品安全保障的真实水平。从全球范围看，城市化提高新兴经济体的食品安全水平。快速发展的城市建设，城市化促使政府加强保障工作以满足城市扩张带来的需求变化，同时相对集中的人口也带来食品供给模式的改变。

食品安全永远是人类无法忽视的重大问题。近年来世界各国也都加强了食品安全工作，包括设置监督管理机构、强化或调整政策法规、增加科技投入等。各国政府纷纷采取措施，建立和完善食品管理体系和有关法律、法规。美国、欧盟等发达国家和地区不仅对食品原料、加工品有完善的标准和检测体系，而且对食品的生产环境，以及食品生产对环境的影响都有相应的标准、检测体系及有关法规、法律。

注1：该指数包括食品价格承受力、食品供应能力、质量安全保障能力3个方面27个定性和定量指标。报告依据世界卫生组织、联合国粮食及农业组织、世界银行等权威机构的官方数据，通过动态基准模型综合评估107个国家的食品安全现状，并给出总排名和分类排名。

注2：《经济学人》(Economist)杂志创办于1843年，隶属于英国伦敦经济学人集团，其办刊宗旨为"参与一场推动前进的智慧与阻碍我们进步的胆怯无知之间的较量"，这句话被印在每一期《经济学人》杂志的目录页上。EIU是经济学人集团的全资子公司。

二、我国食品安全概况

1. 我国目前的食品安全监管现状分析　　目前我国食品安全管理权限分属农业、商务、卫生、质检、工商等部门，管理体制是多部门监管与分段监管模式相结合，对每一种产品的有效监管都需要协调众多部门。

农业部门负责初级农产品生产环节的监管；质检部门负责食品生产加工环节的监管，将由卫生部门承担的食品生产加工环节的卫生监管职责划归质检部门；工商部门负责食品流通环节的监管；卫生部门负责餐饮业和食堂等消费环节的监管；食品药品监管部门负责对食品的综合监管、组织协调和依法查处重大事故，并直接向国务院报告食品安全监管工作。2008年3月，国务院开始大部制改革，又将国家食品药品监督管理局并入国家卫生部。

目前，我国的食品安全监管职责由中央、33个省(自治区、直辖市)、333个地区(市、自治州)、2861个县(县级市、自治县)等各级政府共同承担，形成了按照食品供应链条以分段监管为主、品种监管为辅的职责分配框架。

法律、法规是食品安全的重要保证。我国目前基本形成了以《中华人民共和国食品安全法》为中心，其他具体法律法规相配套的多层次立体式的食品安全法律体系。国务院及卫生部根据《中华人民共和国食品安全法》的有关规定，制定了有关配套行政法规、规章和食品卫生标准，内容涉及食品及食品原料的管理、食品包装材料和容器的管理、餐饮业和学生集体用餐的管理、食品卫生监督处罚的管理等方面。国家在加大食品生产经营阶段立法力度的同时，也加强了农产品种植、养殖阶段，以及环境保护对农产品安全影响等方面的立法。

纵观中国食品安全的法律现状，是由《中华人民共和国食品安全法》《中华人民共和国产品质量法》《中华人民共和国农业法》《中华人民共和国标准化法》《中华人民共和国进出口商品检验法》等法律为基础，以《食品生产加工企业质量安全监督管理办法》《食品标签标注规定》《食品添加剂管理规定》及涉及食品安全要求的大量技术标准等法规为主体以及诸如《中华人民共和国消费者权益保护法》《中华人民共和国传染病防治法》《中华人民共和国刑法》等法律、法规中有关食品安全的相关规定和国务院各部委出台的规章、"两高"的司法解释等、各省及地方政府关于食品安全的规章为补充的食品安全法规体系。

2. 食品安全状况在不断改善   改革开放以来，我国在提高食物供给总量、增加食品多样性以及改进国民营养状况方面取得了巨大成就，食品总体合格率稳步提升，食品安全水平不断提高。

2006 年我国食品监督抽查合格率为 77.9%，到 2007 年上半年，食品抽检合格率上升到 85.1%，以后一直保持上升态势。2008 年上半年食品质量抽样合格率为 98.4%，2009 年同期质量抽样合格率为 97.8%，到 2011 年，国内生产加工食品方面，国家监督抽查酱油、食醋、酱、碳酸饮料、茶饮料、果蔬汁饮料、植物蛋白饮料、瓶桶装饮用水、食糖、方便面 10 类 1393 家企业生产的 1490 种食品，批次抽样合格率为 95.6%，同比提高 2.7 个百分点。广州市 2012 年各级监管部门检验监测各类食品近 200 万份，食品检测整体合格率为 95.3%；北京市 2012 年抽检食品 14 825 件，合格率为 97.3%；上海市 2012 年食品合格率在 99% 以上，2013 年 1~5 月上海市食品安全监测情况总体合格率达到 96%，其中上海的乳制品、婴幼儿食品等总体合格率高于 99%。

农产品质量合格率基本稳定。从 2007 年发布《中国发布食品质量安全状况白皮书》以来，2007 年上半年的检测结果，蔬菜中农药残留平均合格率为 93.6%；畜产品中"瘦肉精"污染和磺胺类药物残留平均合格率为 98.8% 和 99.0%；水产品中氯霉素污染的平均合格率为 99.6%，硝基呋喃类代谢物污染合格率为 91.4%，产地药残抽检合格率稳定在 95% 以上。2008 年农业部 4 次例行监测结果，蔬菜、畜产品、水产品监测合格率均在 95% 以上。2009 年我国蔬菜、畜产品、水产品的检测合格率全部达到 96% 以上。2010 年全年蔬菜、畜产品和水产品总体合格率分别为 96.8%、99.6% 和 96.7%，2011 年，对蔬菜、畜产品、水产品主要农产品的监测合格率都保持在 96% 以上。

3. 官方公布的食品合格率与民众的放心程度存在差距   应该承认，最近这些年中国的食品安全状况是在不断改善的，但是官方公布的食品合格率与民众的放心程度相距甚远，原因有以下几个方面。①抽检食品的范围狭隘。质检部门是否按照随机抽样的原则抽检？如果都只检查生产企业送来的样本，合格率虚高是完全可能的。而缺证少照的欠正规食品生产企业或食品小作坊、小摊贩等食品生产单位不仅存在，而且数量庞大，消费者每天食用的有相当比例来自这些生产单位。因此，质检部门抽检的不能是抽送来的样本，而应该是抽检在市场上随机获得的样本。②食品抽检基数太小。我国目前有 12 万家食品生产企业，2010 年质检部门只抽检了 1985 家，抽检企业覆盖率为 1.6%。此外，多数企业每年又生产相当数量的食品品种、批次，质检部门的抽检率也远不能涵盖被检企业所有的食品品种和批次。与数量浩大的食品生产企业、食品品种和批次相比，质检部门的抽检覆盖率太低。③有关食品标准陈旧。《中华人民共和国食品安全法》出台后，有关部门还没有完成对食品安全标准的整合规范，一些食品安全标准实际上已经滞后了。一些或可存在的有害物质，并不在当前的食品检测范围之内。建立在陈旧的食品检验标准基础之上的食品合格率，是一个落伍的合格率。

近年来，食品安全事故频发，而有关政府部门和生产企业并没有做到及时公开，加上一些媒体的炒作，让民众对食品安全有了一种整体的、被放大的不信任感。民众先入为主的拒绝、抵触、不信任的情绪，拉开了食品合格率与民众放心率之间的差距。当然，官方公布的食品合格率与民众的感觉之间的差距，对于食品生产企业和监管部门是巨大的压力。有关企业和政府监管部门要正视差距，找准原因，积极应对，进一步扩大食品抽检范围，建立健全科学的、与时俱进的食品检测标准，加大食品安全监管力度，最大限度地减少甚至避免食品安全事故。这样就能使食品合格率与民众的放心程度逐渐一致，让民众对食品安全充满信心。

三、国际近几年发生的食品安全事件

近几年，国际上食品安全恶性事件时有发生，造成了巨大的经济损失和社会影响

1. 疯牛病事件 疯牛病全称为"牛海绵状脑病"（Bovine spongiform encephalopathy），简称 BSE，是一种进行性中枢神经系统病变，俗称疯牛病。疯牛病在人类中的表现为新式克雅氏症，患者脑部会出现海绵状空洞，导致记忆丧失，身体功能失调，最终神经错乱甚至死亡。

BSE 于 1986 年最早发现于英国，随后由于英国 BSE 感染牛或肉骨粉的出口，将该病传给其他国家。至 2001 年 1 月，已有英国、爱尔兰、葡萄牙、瑞士、法国、比利时、丹麦、德国、卢森堡、荷兰、西班牙、列支敦士登、意大利、加拿大、日本 15 个国家发生过 BSE。在英国有超过 34 000 个牧场和 17 万多头牛感染了此病，直接导致每年损失 7.8 亿英镑的收入。

2. 二噁英事件 1999 年，比利时、荷兰、法国、德国相继发生因二噁英污染导致畜禽类产品含高浓度二噁英的事件。二噁英（dioxins，DXN）是一类多氯代三环芳烃类化合物的统称，有 210 种异构体，是一种无色无味的脂溶性化合物，其毒性是氰化钾的 1000 倍以上，俗称"毒中之王"，而且其结构稳定，不能被生物降解，具有很强的滞留性；无论在土壤、水还是在空气中，它都强烈地吸附在颗粒上，使得环境中的二噁英通过食物链逐级浓缩聚集在人体组织中，而最终危害人类。二噁英事件使当年比利时蒙受了巨大的经济损失，直接损失达 3.55 亿欧元，如果加上与此关联的食品工业，损失超过 10 亿欧元。

3. 有害病菌污染造成的食源性疾病（细菌性食源性疾病） 2000 年 6～7 月，位于日本大阪的雪印牌牛奶厂生产的低脂高钙牛奶被金黄色葡萄球菌肠毒素污染，造成 14 500 多人患有腹泻、呕吐疾病，180 人住院治疗，使市场份额占日本牛奶市场总量 14%的雪印牌牛奶进行产品回收，全国 21 家分厂停业整顿，接受卫生调查。金黄色葡萄球菌（*Staphylococcus aureus*），是人类的一种重要病原菌，有"嗜肉菌"的别称，是革兰氏阳性菌的代表，可引起许多严重感染。它在自然界中无处不在，空气、水、灰尘及人和动物的排泄物中都可找到。因此，食品受到污染的机会很多，主要是蛋白质丰富的食品，如肉和肉制品、奶和奶制品、禽肉、鱼及其制品、奶油沙司、色拉酱（火腿、禽、马铃薯等）、布丁、奶油面包等。美国疾病控制中心报告，由金黄色葡萄球菌引起的感染占第二位，仅次于大肠杆菌。金黄色葡萄球菌肠毒素是个世界性卫生难题，在美国由金黄色葡萄球菌肠毒素引起的食物中毒，占整个细菌性食物中毒的 33%，加拿大则更多，占到 45%，我国每年发生的此类中毒事件也非常多。

2000 年底至 2001 年初，法国发生李斯特菌污染食品事件，有 6 人因食用法国公司加工生产的肉酱和猪舌头而成为李斯特菌的牺牲品。李斯特菌在环境中无处不在，在绝大多数食品中都能找到李斯特菌。肉类、蛋类、禽类、海产品、乳制品、蔬菜等都已被证实是李斯特菌的感染源，且人和动物也常携带此菌。李斯特菌在土壤和植物中可以存活很长时间，细菌可以通过饲料进入奶等动物产品。其生存与温度有关，低温有利于生存，这在食物链中非常重要。奶酪、凉拌卷心菜、热狗、禽肉等是李斯特菌污染的常见食品。健康人对单核细胞增多症李斯特菌有较强的抵抗力，而免疫力低下的人则容易患病，且死亡率高。李斯特菌中毒严重的可引起血液和脑组织感染。

2011 年 5 月,德国暴发肠出血性大肠杆菌(EHEC)感染事件,导致上千人感染,数十人丧命。事件最初起源被认为是黄瓜受到肠出血性大肠杆菌"污染",食用这种带有大肠杆菌的黄瓜可引发致命性的溶血性尿毒症,可影响到血液、肾及中枢神经系统等。"毒黄瓜"引起的疫病从 2011 年 5 月中旬开始在德国蔓延,此外,包括瑞典、丹麦、英国和荷兰在内的多个国家均报告感染病例,欧洲一时陷入恐慌。由于专家建议消费者慎生食番茄、黄瓜和生菜等蔬菜,德国蔬菜的生产和销售受到很大影响。据初步估算,EHEC 疫情每天给菜农造成的经济损失约达 200 万欧元。世界卫生组织表示,这次疫情的"罪魁祸首"是一种此前从未被发现过、"毒性和复制能力都更强的"大肠杆菌。之前发现的致病性大肠杆菌主要是侵袭儿童和老年人,但这次欧洲疫情暴发中很多患者是青壮年尤其是女性。初步的基因排序检测显示,这种菌株之前从未从人体分离过,它比那些已知的大肠杆菌更有毒性且复制能力很强。欧洲一向以食品安全监管严格著称于世,此次却未能"免疫"。这一事实说明,在全球化时代的食品安全危机中,世界上任何国家都无法确保其独善其身。如何化解这类危机,是摆在世界各国面前的一道难题。

4. 氰化物氢氰酸污染事件　　2007 年 12 月 21 日,日本发布通告,在澳大利亚出口到日本的 Piranha 牌蔬菜饼干中检测到了氰化物氢氰酸高达 59mg/kg。氢氰酸(HCN)是一种无色液体,其水溶液有苦杏仁臭味,臭味可感觉的最低浓度为 0.001mg/L。氰化物多数是人工制造的,但也有少量存在于天然物质中,如苦杏仁、枇杷仁、桃仁、木薯和白果等。它是一种生氰的葡萄糖苷降解产物,来自饼干中的木薯粉,人类 HCN 的致死量为 0.5~3.5mg/kg 体重,偶有人们因摄入足够量的生氰食品而引起中毒死亡的实例。不同品种的木薯存在不同水平自然产生的氰化物,如木薯根部的氰化物含量为 15~400mg/kg 湿重。木薯可以被制作成面粉、薯片、薯条和木薯粉,氰化物可在加工过程中被去除,经过剥皮、粉碎、浸泡、水煮、烘培等处理后可以成为安全的传统消费食品。

四、我国近几年发生的食品安全事件

1. "瘦肉精"事件　　"瘦肉精"学名盐酸克仑特罗,俗称 β-兴奋剂。将一定剂量的盐酸克仑特罗添加到饲料中,可以使猪等畜禽的生长速度、饲料转化率、酮体瘦肉率均提高10%以上。长期食用含有这种饲料添加剂的猪肉和内脏会引起人体心血管系统和神经系统的疾病。

2001 年 11 月 7 日,广东省河源市发生了罕见的群体食物中毒事件,几百人食用猪肉后出现不同程度的四肢发凉、呕吐腹泻、心率加快等症状,到医院救治的中毒患者多达 484 人。导致这次食物中毒的罪魁祸首是国家禁止在饲料中添加使用的盐酸克仑特罗,即俗称"瘦肉精"。

2. 阜阳奶粉事件　　2004 年 3 月底至 4 月初,安徽阜阳的一位普通市民致电省内外的媒体,使劣质奶粉事件得以公之于众。该劣质奶粉是用淀粉、蔗糖替代乳粉、奶香精调味而成的。随后,全国立即开展了奶粉事件的调查。经过两个月的调查核实,安徽阜阳市因食用劣质奶粉造成营养不良而死亡的婴儿共计 12 人,营养不良的有 229 人。

3. 龙口粉丝事件　　2004 年 5 月,中央电视台《每周质量报告》的一期"龙口粉丝掺假有术"节目,揭露一部分正规粉丝生产商在生产中加入了有致癌成分的碳酸氢铵化肥、氨水用于增白。该粉丝的主要产地山东招远市一百多家粉丝厂因此关门停业。这一事件使历史名牌遭遇信任危机。

4. 彭州毒泡菜事件 2004 年 5 月 9 日中央电视台《每周质量报告》报道：四川省彭州市的一些泡菜厂在制作泡菜时，超量使用食品防腐剂苯甲酸钠；为了降低成本，在腌制泡菜时用的是工业盐；更为触目惊心的是，为了防止泡菜生虫长蛆，这些厂家在泡菜上喷洒农药"敌敌畏"。据有关专家介绍，苯甲酸钠虽然是允许使用的食品防腐剂，但超标使用可能对消费者的身体造成伤害。而"敌敌畏"是一种剧毒有机磷农药，它能造成急性胰腺炎、胃出血、胃穿孔。工业盐中含有亚硝酸钠、碳酸钠等，并含有铅、砷等有害物质，食用后会对人体造成很大的伤害。彭州市泡菜事件被曝光后，在社会上引起了强烈反响。

5. 广州假酒案 2004 年 5 月 11~17 日，广州市发生了假酒致人中毒事件。在 7 天时间里，中毒者达到 56 人，死亡 11 人。17 日，由国家食品药品监督管理总局牵头，卫生部、国家工商总局和国家质检总局等部门派人组成的联合调查组赴广州进行调查。联合调查组根据线索，到三个制造假酒的窝点进行了调查取证，发现了制假工具，判定假酒是不法分子用工业乙醇勾兑的，然后在农村集贸市场非法销售。

工业乙醇中甲醇的含量很高。甲醇别名木醇或木酒精，主要经过人体呼吸道和消化道吸收，皮肤也可部分吸收。甲醇有剧毒，饮用 10~30mL 就可致命。

6. "民工粮"事件 2004 年 7 月，全国 10 多个省市粮油批发市场陆续发现一种被称作"民工粮"的大米，其价格比一般大米便宜三成。与其他大米相比，"民工粮"颜色发黄，捧起来闻，有一种发霉气味。这种大米是国家粮库淘汰的发霉米，含有可致肝癌的黄曲霉毒素，按规定只能用于酿造和生产饲料，绝不能当作粮食销售。

7. 福寿螺致病事件 福寿螺，又称苹果螺，原产于南美洲亚马孙河流，其抗逆性强、食性杂、繁殖力惊人、生长速度快。2006 年 6 月，北京第一例食用福寿螺导致的广州管圆线虫病患者确诊，随后又陆续有多名患者患上此类寄生虫病。到 8 月 24 日，北京因食用福寿螺肉而患上广州管圆线虫病的患者共计 87 例。这主要是因为食用生的或加工不彻底的受寄生虫感染的福寿螺所致，严重者可致痴呆甚至死亡。

8. 含有孔雀石绿的有毒桂花鱼事件 孔雀石绿是有毒的三苯甲烷类化合物，既是燃料，也是杀菌剂。它可用来治理鱼类或鱼卵的寄生虫、真菌或细菌感染，现已禁用。2006 年 11 月，中国香港地区"食品环境署食物安全中心"对 15 个桂花鱼样品进行化验，结果发现其中的 11 个样品含有孔雀石绿。虽然有问题的样品孔雀石绿含量并不多，多数属"低"或"相当低"水平，但香港"食品环境署"仍呼吁市民停食桂花鱼。

9. "苏丹红"事件 苏丹红是一种人工色素，常作为工业染料使用，在体内代谢生成相应的胺类物质，苏丹红的致癌性与胺类物质有关。2006 年 11 月，由河北某禽蛋工厂生产一些"红心咸鸭蛋"在北京被查出含有苏丹红，随后其他地区陆续查出含有苏丹红的"红心咸鸭蛋"和辣椒粉。

10. 三鹿奶粉事件 2008 年 9 月，石家庄三鹿集团股份有限公司生产的三鹿牌婴幼儿配方奶粉中被查出含有化工原料三聚氰胺，导致各地多名食用该奶粉的婴儿患上肾结石。三鹿问题奶粉造成了全国几十万婴幼儿直接受到伤害，包括因食用该问题奶粉而死亡的几名婴幼儿。

11. 地沟油事件 根据原料来源，地沟油分 3 类：①泔水油；②以劣质、过期、腐败的动物内脏提炼出的油；③超规反复使用的油。2010 年 3 月 20 日，西安市药监局食品稽查分局执法人员在重庆胖妈烂火锅西安总店，发现其存在泔水油回收装置，现场查获的账单也表明火锅店涉嫌回收地沟油。据此，西安市药监局食品稽查分局以涉嫌回收泔水油二次利用，违反《中华人民共和国食品安全法》，责令该店停业整顿。此事在全国范围内引发对地沟油的声讨，但至今地沟油仍然没有销声匿迹。

在炼制"地沟油"的过程中，动植物油经污染后发生酸败、氧化和分解等一系列化学变化，产生对人体有重毒性的物质；砷，就是其中的一种，人一旦食用砷量巨大的"地沟油"后，会引起消化不良、头痛、头晕、失眠、乏力、肝区不适等症状。重者则会引起人们恶心、呕吐等一系列肠胃疾病。地沟油中含有黄曲霉素、苯并芘，这两种毒素都是致癌物质，其毒性是砒霜的 100 倍，可以导致胃癌、肠癌、肾癌及乳腺、卵巢、小肠等部位癌变。

12. 2011 年浙江毒血燕事件　　2011 年 8 月 16 日，浙江省工商局抽检发现，三万多盏血燕亚硝酸盐含量超标，最高超标 350 倍，血燕产品不合格率高达 100%。此次抽检中，燕窝行业几遭覆巢之祸。广东的"鹰皇"、"正基"，厦门的"燕之屋"，北京的"庆和堂"与杭州的"李宝赢堂"等知名品牌，无一幸免。风暴并非止于浙江一地。同一天，国家工商总局开始部署全国工商系统开展专项执法检查。第二天，广东、北京、辽宁等各地问题血燕也纷纷下架，全国市场都对"血燕"事件反响巨大。8 月 22 日，包括"李宝赢堂"和"燕之屋"在内的多家公司证实，"血燕在全国范围下架，不再销售"。亚硝酸盐具有很强的毒性，在一定条件下可转化为致癌物质。

13. 塑化剂事件　　自 2011 年 5 月起台湾地区食品中先后检出邻苯二甲酸二(2-乙基)已酯(diethylhexyl phthalate，DEHP)、邻苯二甲酸二异王酯(DINP)、邻苯二甲酸二正辛酯(DNOP)、邻苯二甲酸二丁酯(DBP)、邻苯二甲酸二甲酯(DMP)、邻苯二甲酸二乙酯(DEP) 6 种邻苯二甲酸酯类塑化剂成分，药品中检出 DIDP。截至 6 月 8 日，台湾地区被检测出含塑化剂的食品已达 961 项。

2012 年 11 月 19 日由上海天祥质量技术服务有限公司查出酒鬼酒中塑化剂超标 2.6 倍，引起人们对塑化剂的兴趣、认识和恐慌，甚至对白酒的疑问。检测报告显示，酒鬼酒中共检测出 3 种塑化剂成分，分别为 DEHP、邻苯二甲酸二异丁酯(DIBP)和 DBP，其中酒鬼酒中 DBP 的含量为 1.08mg/kg，超过规定的最大残留量。

塑化剂 DEHP 是邻苯二甲酸酯的一种，实际上就是通常所说的邻苯二甲酸二辛酯(DOP)，由辛醇或异辛醇(2-EH)和邻苯二甲酸制成，所以被称为 DEHP。DEHP 是一种环境荷尔蒙，对人体毒性虽不明确，但它广泛分布于各种食物内，其毒性远高于三聚氰胺，会造成免疫力及生殖力下降。其作用类似于人工荷尔蒙，会危害男性生殖能力并促使女性性早熟，长期大量摄取会导致肝癌。由于幼儿正处于内分泌系统生殖系统发育期，DEHP 对幼儿带来的潜在危害会更大。

此外，还有 2011 年的"染色馒头"事件、2012 年的工业明胶用于食品和药品生产事件、2013 年 5 月的"毒生姜事件"等。层出不穷的食品安全事件，不停地敲击着中国人敏感的神经。

五、我国食品安全面临的主要问题

人类生存离不开食物，因此食物的安全问题为千千万万人所关心。食品是人类赖以生存、繁衍以及维持健康的基本条件。人的一生中，自出生到死亡，天天离不开饮食。随着食品需求量的增大，不仅要增强食品的营养保健性，还要提高食品的安全性。纵观我国的食品质量安全问题，自 2000 年以来，我国食品安全状况有了明显的改善，但所面临的问题仍然相当严重。

1. 我国食品安全事件发生规律 我国卫生部相关统计数据表明，2000 年以后我国食品质量安全重大事件的发生率呈波动的先上后下的趋势，如表 1-1 所示。

表 1-1 2000～2010 年上报卫生部的食物中毒报告起数、中毒人数和死亡人数

年份	中毒报告起数/起	中毒人数/人	死亡人数/人
2000	150	6 237	135
2001	185	15 715	146
2002	128	7127	138
2003	379	12 876	323
2004	397	14 597	282
2005	256	9 021	235
2006	596	18 063	196
2007	506	13 280	258
2008	431	13 095	154
2009	271	11 007	181
2010	220	7 383	184

资料来源：根据中华人民共和国卫生部网站(http://www.moh.gov.cn)相关数据整理。
注：2004 年数据是孟菲根据前后数据经过推算得出。

进入 21 世纪以后，国内接连发生与食品安全相关的事件，加上网络的普及和媒体的报道，造成了人们在一定程度上对食品污染的恐惧和对食品安全的担心。食品安全问题带来了严重的经济和社会后果，食源性疾病降低了企业生产力，加大了人力资源损失，增加了医疗支出。过量使用化肥、农药，工业污染、乱砍滥伐造成的生态环境恶化，以及在食品生产加工环节非法添加非食用物质和不当使用添加剂等，已经严重影响食品安全，人与自然的和谐发展受到严重威胁，食品工业的可持续发展也受到严重挑战，给快速发展的食品行业敲响了警钟。

表 1-2 比较了 2008 年和 2010 年我国食物中毒报告中的致病因素分布。

表 1-2 2008 年、2010 年我国食物中毒报告致病因素分布

致病原因	报告起数/起		中毒人数/人		死亡人数/人	
	2008 年	2010 年	2008 年	2010 年	2008 年	2010 年
微生物性	172	81	7 595	4 585	5	16
化学性	79	40	1 274	682	57	48
有毒动植物	125	77	2 823	1 151	80	112
不明原因	55	22	1 403	965	12	8
合计	431	220	13 095	7 383	154	184

资料来源：根据中华人民共和国卫生部网站(http://www.moh.gov.cn)相关数据整理。

从 2008～2010 年中华人民共和国卫生部公布的我国食物中毒报告致病因素分布来看，在报告的食物中毒中，有毒动植物食物中毒的死亡人数最多，2008 年和 2010 年分别占总数

的 52%和 61%；微生物性食物中毒人数最多，分别占总数的 58%和 62%。与 2008 年相比，2010 年报告的微生物性食物中毒的报告起数、中毒人数分别减少 53%和 40%，但死亡人数增加了 220%，化学性食物中毒的报告起数、中毒人数和死亡人数分别减少 49%、46%和 16%；有毒动植物食物中毒的报告起数、中毒人数分别下降 38%和 59%，但死亡人数却增加了 40%，不明原因食物中毒的报告起数、中毒人数和死亡人数分别减少 60%、31%和 33%。从这些数据来看，总体而言，我国的食品安全情况尽管有波动，但有关指标还是朝着改善和稳定的方向发展。目前我国导致食品安全问题的主要因素还是有毒动植物和微生物性食物中毒。

2. 困扰我国食品安全的各种问题　　近年来的农业技术进步极大地促进了农业生产的发展，可新的困扰随之而来。蓄积在蔬菜、粮食中的各种污染物对人体健康构成了严重威胁，食物农药残留、重金属含量超标等问题，已现实地摆在每个餐桌面前。在利用高技术手段大幅度增产的同时，人们也承受着高科技这把"双刃剑"所带来的负面压力。由于公众对食品中存在的致病性微生物及有害化学物质的防卫意识逐渐加强，某些新技术，如基因工程、辐照和纳米技术等高新技术在食品生产领域的应用，虽然将提高农业生产率并使食品更安全，但要为广大消费者所接受，必须采用国际上认可的方法，对其应用性和安全性进行评估，且评估必须公开、透明。

尽管现有科学技术已发展到相当水平，但在保证食品安全的问题上，食源性疾病仍然是一个困扰世界的问题。目前的调查数据表明，与其他疾病相比，由疾病微生物和其他有毒、有害因素引起的食物中毒和其他食源性疾病是危害最大的一类。

农业和食品工业的一体化以及全球化食品贸易的发展，对食品的生产和销售方式提出了新的挑战。食品贸易的全球化使广大消费者受益，大量高品质、价格合理、安全的食品应运而生以满足消费者的需要，各种营养均衡的食品改善了人体的营养状况，增进了人体健康，延长了人们的寿命。但这些变化同时也对食品的生产和流通提出了新的挑战。食品和动物饲料异地生产和销售的形式为食源性疾病的传播流行创造了条件。经济发展、食品贸易及流通的全球化，新技术、新研究成果的应用和推广，使得食品安全问题容易国际化。但由于地区之间和各国经济与技术发展的不平衡，也包括文化和生活习惯的不同，各国在一定时间内所面对的主要食品安全问题也不尽相同。

食品安全问题千头万绪，涉及面极为广泛和复杂，如何厘清头绪，有效应对，使进入千家万户的食品让人民放心、政府安心，需要政府、社会、每个家庭和个人的共同努力。目前食品安全问题日益受到我国政府和公众的重视，与此同时，随着我国城乡居民消费水平的提高、人们消费观念的改变与环境健康意识的普及，使得市场对食品的无害化、健康化要求越来越高，安全食品消费也逐渐成为可被引导的消费趋势。同时，随着我国经济和社会的持续、快速发展，尤其是我国作为 WTO 的新成员，与其他国家之间的贸易日益增加，世界某一地区的食品问题很可能会波及我国，因此我国食品安全面临着新的挑战。此外，食品安全问题也必然会影响我国食品产业的结构调整和战略性调整。

食品安全问题的成因和表现形式多种多样，我国产生食品安全问题的主要原因，除了在于食品安全方面的科研水平及食品卫生标准体系这些"科技瓶颈"与国际先进水平相比尚有较大差距外，我国的国家食品安全管理体系、法规建设、监督水平及食品生产、经营者的规模与素质和全社会的消费观念等尚存在不足之处。目前，我国还缺乏对食品安全的全面系统研究，更缺乏全面和完善的食品安全管理政策、规范及发展战略。因此，加强对食品安全的研究刻不容缓。

3. 当前我国食品安全存在的主要问题　　可以概况为以下 6 个方面。

(1)新的病原微生物不断出现且控制不易，食源性疾病的危害日益严重。致病性微生物引起的食源性疾病是中国的头号食品安全问题，也是世界上头号食品安全问题。食源性疾病呈现新旧交替和复发两种趋势，新的食源危害物不断出现。据世界卫生组织公布的资料，在过去的 20 多年间，新出现并确认的传染病有 30 余种，如禽流感、猪链球菌等，这其中有很多是通过食品传播的，防止这些疾病在我国传播将是一个新的挑战。在我国易造成食物中毒的病原微生物主要有致病性大肠杆菌、金黄色葡萄球菌、沙门菌等。病原微生物引起的食物中毒每年都有发生，尤其是在气温较高的夏、秋季节更易发生此类中毒事件。2000 年大肠杆菌污染使江苏和安徽 2 万人中毒，177 人死亡，2003 年震惊全球的严重急性呼吸综合征(SARS)也来自于微生物污染。2006 年引起巨大反响的管圆线虫"福寿螺"事件是寄生虫污染的最具代表性的一个例子。

(2)环境污染等源头污染直接威胁着食品安全，食品中新的化学污染物和放射性污染对人体健康潜在的威胁有扩大和加重的趋势。工业生产过程中产生的污染物直接污染大气、水源、农田，给农作物的生长、发育带来影响，从而影响食品原料的安全。目前，在我国的 78 条主要河流中，有 54 条已受到污染，其中 14 条受到严重污染；在大约 5 万条支流中，75% 受到污染。已被污染的河流总长达 1.8 万 km，其中 1.26 万 km 河流的水已不能用于灌溉，鱼虾绝迹的水体达数千千米。130 多个湖泊和近海区域都不同程度地存在富营养化问题，处于富营养状态下的湖泊有 51 个。我国重金属污染耕地已经达到 3 亿亩①，农药污染耕地 1.36 亿亩，污水灌溉污染耕地达 3250 万亩，大气污染耕地 8000 万亩，固体废弃物堆存占地和毁田 200 万亩。环境化学性污染已成为我国第二号食品安全问题的来源。

化肥、农药等的大量使用，已造成我国地下饮用水的严重污染。有 20 多个省(自治区、直辖市)出现了酸雨，上海、杭州、贵阳等城市每年都有漫长的时期沉浸在酸雨和酸雾之中，面积之广、酸度之强、危害之大，使中国成为继北美洲、欧洲之后的世界第三大酸雨区。二噁英和有机氯的污染带来的危害更大，二噁英的毒性远远超过了滴滴涕(DDT)、五氯酚钠，是氰化钾的 1000 倍以上，俗称"毒中之王"。环境中的二噁英通过食物链的逐级浓缩聚集在人体组织中，而最终危害人类健康。环境中的重金属铅污染对人体健康危害很大，铅不太容易通过饮水和呼吸进入人体，而是主要通过食品摄入。食品原料中的农药残留和兽药残留也会随着食品摄入人体。目前，食品中出现的化学性污染种类多、来源多，越来越让人们无法完全避免。

随着科学技术的进步和生态环境的进一步恶化，新的化学污染物包括环境污染物、农药和兽药残留、食品添加剂等不断出现以及放射性污染对食品安全的影响越来越严重，进一步加重了对民众的健康威胁。特别是滥用非食品用物质和违规使用食品添加剂，在食品加工制造过程中，非法使用和添加超出食品法规允许使用范围的化学物质(其中绝大部分对人体有害)，如使用三聚氰胺和瘦肉精，在面粉中过量使用增白剂，在腌菜中超标使用苯甲酸和在饮料中超标使用化学合成甜味剂等。

_____

① 1 亩≈667m²，下同。

(3)食品新技术和新的产销方式给食品安全带来新的挑战。由于现代生物技术和食品加工技术等新技术的应用，使食品加工、制造、流通和市场迅速发生变化，新型食品不断涌现，如方便食品、冷冻食品、保健食品和转基因食品等。这些食品虽然增加了食品种类，丰富了食品资源，并给国民经济带来了新的增长点，但同时也存在着不安全、不确定的因素。例如，方便食品，为了便于储存和携带而大量使用食品添加剂。包装材料和保鲜剂等化学品，长期食用会对人体健康带来严重威胁。此外日益流行的保健食品中有些成分并未经过系统的毒理学评价，其安全性令人质疑。

(4)食品安全监管工作任重而道远。首先，我国是一个发展中的人口和食品消费大国，农业生产和大多数食品加工组织规模小而且分散。据不完全统计，目前我国有食品生产加工企业 44 多万家，其中 80%为 10 人以下的小企业，食品经营主体 323 万家，农民、牧民、渔民 2 亿多户，有证餐饮单位约 210 万家，无证照的小作坊、小摊贩和小餐饮更是难以计数，农业生产更为分散，种植养殖环节还主要依靠 2 亿多农民散户生产。如此庞大的食品生产消费量，如此众多的食品生产经营者，使得我国食品安全监管任务异常繁重。其次，随着我国城市化进程加快，老百姓的生活方式发生很大变化，也加大了食品安全监管的工作量。再次，一些从事食品生产经营的不法分子丧心病狂、见利忘义、阴险狡诈、犯罪手段花样百出，使得食品安全监管任务异常艰巨，打击食品违法犯罪活动的任务任重而道远。此外，原有的食品安全法律漏洞较多且惩罚力度不够，造成违法成本低，这也是食品安全犯罪屡禁不止的原因之一。目前，新的《中华人民共和国食品安全法》正在征求意见，其中如何"重典治乱"将是《中华人民共和国食品安全法》修订过程中，政府和社会各界共同关注、讨论也会最激烈的焦点。

(5)科学技术进步难以应对日益严峻的食品安全问题的挑战。目前我国食品安全控制技术，特别是食源性危害关键检测技术仍然相当落后，与欧盟、美国和日本等国家和地区之间仍然有相当大的差距。工业清洁生产技术和食用农作物产地环境净化技术水平较低，并且还没有得到广泛应用，环境污染越来越严重，食品工业技术门槛低，食品安全分析和检测技术相对落后，无法满足社会快速发展的需要，导致食品安全问题越来越严重。

(6)食品安全问题的国际化。由于食品贸易的国际化，一个国家出现的食品污染引起另外一个国家的相关食品问题，即某国发生的食品安全问题很快"国际化"。这也对各国食品生产与流通中的安全性保证提出了新的挑战。疯牛病、口蹄疫、禽流感、二噁英污染等重大食品安全事件频发和流行已经对世界各国经济和社会发展产生了重要影响。例如，2011 年德国的"毒黄瓜"事件，自从德国方面宣称感染源为从西班牙进口的黄瓜，造成市场对西班牙蔬菜需求骤降，西班牙农业遭受重大损失。西班牙南部阿尔梅利亚、格拉纳达和马拉加等市的蔬菜销售业减少了 550 个工作岗位。据估计，西班牙蔬果种植业损失可能达到 2 亿欧元。全球化给食品业带来的变化是，食品供应链分布区域极为广泛。仅就欧洲黄瓜来说，就有西班牙、丹麦、荷兰等多个出口国。供应商的多元化，增加了进口国管理的难度，出现问题的机会相应增加。一旦危机发生，薄弱的全球治理机制无法提供足够的途径发现问题根源。

第四节　食品安全学研究的主要内容

国家食品控制体系的主要目标是着眼于食品(包括进口食品)的生产、加工及销售各环节，通过减少食源性疾病的风险保护公众健康；保护消费者免受不卫生、有害健康、错误标志或掺假食品的危害；维持消费者对食品体系的信任，为国内外及国际的食品贸易提供合理的法规基础，促进经济发展。据此，食品安全学研究的主要内容包括食物链中危害物质及其因素的研究、食品安全技术的研究、国家食品控制体系的研究以及控制与管理战略研究等。

一、食品危害及其因素研究

食品是人类生存的基本要素，但是食品中有可能含有或者被污染导致含有危害人体健康的物质。食品危害（food hazard）被分为 6 类：微生物污染、农兽药残留、滥用食品添加剂、化学污染（包括生物毒素）、物理污染和假冒食品危害。假冒食品之所以也被列为食品危害，是因为它违反了"食品应准确、诚实的予以标注"的法律规定。食品中具有的危害物通常称为食源性危害物。食源性危害物大致上可以分为物理性、化学性以及生物性三大类，其产生危害的途径常常与食品生产加工过程有关。

1. 农业投入品和农业操作过程 在生产食品原料的过程中，为提高生产数量与质量常施用各种化学控制物质，如兽药、饲料添加剂、农药、化肥、动物激素与植物激素等。这些物质的残留对食品安全产生着重大的影响。β-兴奋剂（如瘦肉精）、类固醇激素（如己烯雌酚）、镇静剂（如氯丙嗪、利血平）和抗生素（如氯霉素）等是目前养殖业中常见的滥用违禁药品。目前食品中农药和兽药残留已成为全球共性问题和一些国际贸易纠纷的起因，也是当前我国农畜产品出口的重要限制因素之一。

2. 食品加工和包装过程 食品添加剂的使用对食品加工行业的发展起着重要作用，但若不科学地使用或违法、违规使用会带来很大的负面影响。在加工食品过程中，非法添加其他化学物质等违规、违法操作，也会带来很大的负面影响，2008 年发生的"三聚氰胺奶粉事件"即是一例。加工机械和容器的重金属污染、包装材料不合格造成的污染，不良烹饪方法产生的化合物等也是重要的食源性危害。

3. 动植物天然毒素、真菌和细菌毒素 运用传统与现代分子生物学手段深入研究食品相关各类毒素，对毒素性食源性疾病的病因学诊断、病原学监测、中毒的预防控制和制定相应的国家标准等均具有重要意义。

4. 食源性病原体 食源性病原体疾病是危害人类健康的首要食品安全问题，食源性病原体是导致食源性疾病的最主要因素。在社会经济和科学技术快速发展的今天，人类对生态和资源的需求不断提高，使得食源性病原学的研究面临新的挑战。如何攻克新发食源性病原体，尤其是食源性病菌和寄生虫对公众健康的影响，控制耐药性的蔓延是本学科的重要研究内容之一。

5. 环境污染物 食物源于环境，人类的生产、生活可造成环境污染，环境污染物又可伴随着食品种植（养殖）、加工过程与食物间的物质代谢而存在于食品中，形成由环境污染而引起的食品安全问题。

二、食品安全保障技术研究

食品安全保障所依赖的食品安全危害因素的研究、控制以及控制效果的评估都需要食品安全技术的支撑。

1. 自然科学技术 从自然科学角度来看，食品安全学涉及毒理学评价技术，现代生物、物理和化学分析技术，食品检验技术，质量控制技术等，与食品成分和污染物的定性、定量分析有关。2003～2005 年，由国家科技部、卫生部、质量监督检验检疫总局、农业部共同实施的国家"十五"重大科技专项《食品安全关键技术》，以食品安全监控技术研究为突破口，针对我国一些迫切需要控制的食源性危害进行系统攻关，除将国外先进技术引进我国外，还建立了一批拥有自主知识产权的快速检测方法。经过努力，我国对食源性危害的化学分析和检测能力有了显著的提高，痕迹检测能力和多残留检测能力都达到了较高的水平。但我国的食源性生物危害的关键技术与食品安全控制的实际需要还有较大的差距。食品安全控制的关键是检测的时效性和准确性，目前存在的科学问题是时效性和准确性差。单一定量和多重定性都不能适应突发食品安全事故预防和处理的要求，而建立快速、多重分别定量检测技术才能提高检测的时效性和准确性，并可使食品安全风险分析和限量标准的制定建立在定量分析的基础之上。

2. 监督管理技术　　从食品安全的管理过程来看，食品安全学涉及风险分析技术、溯源技术、检测监测技术、预警技术、全程控制技术、信息技术、规范和标准实施技术等，与监管目标和效果评价有关。其中风险分析技术是核心技术，监测技术是基础技术，而预警、控制、溯源和标准实施技术是应用技术。食品安全学的监督管理技术体系及其相互关系见图1-2。

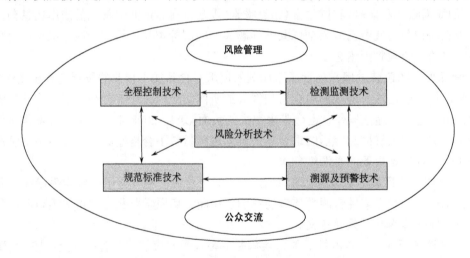

图 1-2　食品安全学的监督管理技术体系及其相互关系

监测的主要目的是监视，即发现疾病暴发、传染病趋势、干预活动和计划的执行情况以及实现预定管理和控制目标的进展。监视并非仅仅在各哨点常年按统一采样计划常规抽样检测当前状况，而是要向生产者提供适当反馈、追踪污染来源、确定生产过程中的临界（控制）点和提供开展针对性行动的依据。采样计划无意义，将使检测结果既对回答该地区、该食品风险概论如何贡献不大，也无法用于风险评估，更无从考核风险管理效果如何。换句话说，就是没有通过监测起到监视的作用。

全程控制技术的最佳控制模式，是在实施"从农场到餐桌"、"良好农业规范"、"良好操作规范"、"良好卫生规范"、"良好兽医规范"、"良好兽药规范"（good veterinary drug practice，GVDP）和"卫生标准操作规程"（sanitary standard operating practice，SSOP）等的基础上，推行 HACCP。这些先进的技术和方法既明显节省食品安全管理中的人力和经费开支，又能最大限度地保证食品的卫生安全。

三、国家食品控制体系研究

随着我国从计划经济向市场经济的转变和加入世界贸易组织(WTO),我国食品的安全性面临着严峻挑战,出现了许多新问题、新情况,无论是食品生产经营者,还是监督管理行政部门都发生了很大变化。如何完善食品控制体系,成为食品安全学研究的主要内容之一。食品控制体系应采取科学得当的措施,在相应强制性法律、规章基础上,适用本国范围内所有食品(包括进口食品)的生产、加工、储存、运输及销售。

(一)体系的目标和构成

完善的国家食品控制体系,其运行的最终目标有 4 个:一是人们患食源性疾病的风险减少,公众健康得到有效保护;二是保护消费者避免受到不卫生、有害健康、错误标志或掺假食品的危害;三是消费者信任国家食品体系;四是国内及国际的食品贸易具有合理的法规基础,促进经济发展。

虽然食品控制体系的组成及重点因国家而异,但绝大多数都应含有下列典型构成。

1. 食品法规及标准 制定有关食品的强制性法律和法规是现代食品控制体系的基本组成部分。如果一个国家的食品法律和法规不够健全,将严重影响该国所开展的所有食品控制活动的效果,并危及消费者的健康和生命安全。实际上,有不少国家的食品法律和法规目前都还不够健全。而且,随着社会经济和科学的发展,食品法律和法规也需要不断更新并增添新的内容。通常包括不安全食品的法律界定,明确规定在商业活动中消除不安全食品的强制手段,并对造成事故的有关责任方进行违法处罚。应适应食品安全形势的需要,将"事后的惩罚"改为具有预防和综合性的法律,允许有关部门在发现对健康的风险已超过可接受水平并无法开展全面风险评估的情况下,采用预防性措施。除了立法之外,国家还必须根据国内外情况,适时修订和更新食品标准,既要满足本国的需要,也要符合 SPS 协议等国际通用规则和贸易伙伴的要求。

2. 体系的实施管理 有效的食品控制系统需要在国家一级进行政策和实施上的协调,包括确定法定措施、监督整个系统运行情况、促进系统的不断完善以及提供全面的政策指导等,并以国家法规形式对这些协调职能包括领导职能和管理结构及责任分工等作出详细规定。

3. 检测和监测服务 食品法律的管理及实施依赖于高效、公正、可靠的检测和监测服务。其信誉及公正性在很大程度上取决于从事该项工作的人员的公正性和工作技能。对食品检测和监测人员的业务能力进行及时和适当的培训,是保证一个高效的食品控制体系正常运转的首要前提。培训的内容和目的有两个方面:一是进行食品科学和技术的培训,以便让他们了解食品产业化加工的过程,提高辨别潜在的食品安全和质量问题的能力,并使他们具有检验经营场所、收集食品样品和开展全面评估的技能和经验;二是进行食品法律和法规的培训,了解这些法律、法规赋予他们的权力,以及这些法律、法规对食品行业所规定的责任和义务。食品控制相关实验室是食品控制体系的必要和重要组成部分,因此,必须认真的设计以取得最佳效果;必须尽可能确保实验室能够高效率和公正地运行。

4. 信息、教育、交流和培训 在食品控制机构和公共卫生系统之间,包括与流行病学家和生物学家之间建立有效的联系,是十分必要的。只有在这种前提下,才有可能将食源性疾病的信息与食品监测数据联系起来，从而进一步正确地制定基于风险评估的食品控制策略。这些信息包括发病率年度变化趋势、疾病暴发和食品污染预警系统的发展。食品控制体系不仅要在"从农场到餐桌"的整个过程中发布有关信息，还要向利益相关者提供培训和咨询意见。例如，向消费者提供公正的、实事求是的信息，向食品工业的管理人员和职工提供信息、教育与培训的计划和资料，向农业及卫生行业相关推广工作者提供参考资料等。这些活动将在"预防"方面发挥重要的作用。

（二）体系的建立与完善

1. 应充分考虑的问题　　当准备建立、更新、强化或改进食品控制体系时，必须充分考虑以下 7 个问题：在整个食物链中尽可能充分地应用预防原则，并借以最大限度地减少食品危害的风险；确定"从农场到餐桌"的整个过程；建立应急程序以应付特殊的危害(如食品召回制度)；制定基于科学原理的食品控制战略；确定危害分析的优先制度和风险管理的有效措施；确定符合经济规律的针对风险控制的综合行动计划；充分考虑食品控制人人有责，需要所有的利益相关者积极合作。

2. 应充分注意的原则　　在研究食品控制战略时，应遵循前面提到的 4 个基本原则，即"从农场到餐桌"的整体管理、风险分析、透明性和法规效益评估原则。

（1）"从农场到餐桌"的整体管理理念。这一理念有 3 个方面的意思：一是食品的生产者、加工者、运输者、储藏者、销售者和消费者在确保食品的安全及质量上都要发挥重要的作用，政府管理者可利用监测和监督活动对食品体系的情况进行审核，并执行法律和法规的有关规定；二是对上述链条的每一环节都要进行过程控制，即变终产品管理为过程管理；三是过程控制的手段为 GAP、GMP、GHP 和 HACCP 方法。以这一理念监管食品安全更加经济，也更加有效。

（2）风险分析原则。风险分析原则是指对食品的安全性进行风险评估、风险管理和风险交流的过程。在风险分析过程中，应当充分利用国际数据、专业知识以及其他国家和国际上一致公认的方法获得数据。FAO/WHO 食品添加剂联合专家委员会(Joint Expert Committee on Food Additives，JECFA)、农药残留国际专家会议以及其他专家机构所开展的风险评估，已经获得了许多有用的信息和数据，中国应当组织科学家研究这些数据和评估结果，并参考利用这些信息。风险管理应当充分考虑经济后果和风险管理方案的可行性，掌握与消费者保护规定相一致的必要的灵活性。

（3）透明原则。食品安全管理必须发展成一种透明行为。消费者对供应食品的质量与安全的信心，是建立在对食品控制运作和行动的有效性以及整体性运作的能力之上的。食品安全权威管理部门应该将一些与食品安全有关的信息及时介绍给公众。这些信息包括对食品安全时间的科学意见、调查行动的综述，设计食源性疾病食品细节的发现过程，食物中毒的情节，以及严重的食品造假行为等。这些信息的公布过程都可以作为对消费者进行食品安全风险交流的一部分，使消费者能更好地理解食源性危害，并在食源性危害发生时最大限度地减少损失。所以，借鉴国内外经验应该在透明度原则上做到：理顺监管体制，建立多部门协作、监督机制；以食品安全利益相关者的合作为大前提，注重部门间的协调建设；强调舆论监督和社会参与，保障食品安全信息公开、透明；从科研立项、专家参与、经费支持等方面加强国家对食品安全科技的建设。

（4）法规效益评估原则。在制定和实施食品控制措施的过程中，必须考虑食品工业遵循这些措施的费用（包括资源、人员和所用的资金），因为这些费用最终会分摊到消费者身上。重要的问题在于，法规益处的代价是否合理？最有效的管理方式是什么？出口检验是为了确保出口食品的安全和质量，这有助于保护国际市场和增加交易量并获得回报；动植物的检疫措施可以提高农业生产率。这些管理方式是实现公众健康所必需的，但同时会增加生产者的成本，而且在食品安全上的投资也不一定能及时从市场上获得回报。法规效应评估有助于食品控制机构调整和修订其战略，以便获得最佳的效果。

食品安全控制是一个过程，是国家和社会有组织、有保障、可持续地进行的风险分析活动，活动的过程需要透明，依法监管需要效益评估。

四、国家食品控制策略研究

在建立食品控制体系时，必须系统地研究那些对该系统的运行和效果产生影响的各种因素，并制定一个切实可行的国家战略。这个战略要适应国情和行业情况，首先要了解"从农场到餐桌"全过程中各经营者和利益相关者一段时间里的计划、目标和策略等，了解国内外食源性有害物的动态、消费者的关注点、产业和贸易发展对健康和社会经济学的影响等问题，了解和收集与食源性疾病有关的流行病学数据等。在此基础上，制定国家食品控制策略、实施行动计划及重要转折点，基于风险评估的方法确定优先领域和重点，确定各有关行业和部门的职责，考虑人力资源开发及基础设施建设，修订有关食品法律、法规、标准和操作规范，为食品处理者、加工者、检验和分析人员提供和实施培训计划，为消费者和社区提供教育计划。这一战略，应有效整合、综合利用资源，既要对本国人民食品安全提供保障，还应注意保障国家在进出口贸易上的经济利益、食品产业的发展以及农民和食品企业的利益。

五、国家食品控制体制研究

国际上常见的管理体制至少有 3 种，即多部门体制、单一部门体制和综合体制。

1. 多部门体制　　多部门体制是建立在多部门负责基础上的食品控制体制，由多个部门负责食品控制。在这种管理体制下，食品控制将由若干个政府部门，如农业部、卫生部、商业部、环境部、贸易部等共同负责。虽然对每一个部门的作用和责任作了明确规定，理论上可以有效利用各种资源，但结果常常不大理想。在某些情况下，容易引发诸多问题，并会在涉及食品政策、检测和食品安全控制的不同机构之间缺乏协调，如执法行为重复、机构增加、力量分散；又如，肉类及肉制品的管理和监督通常由农业部门负责，或者由第一产业人员负责，他们收集的数据可能与卫生部门负责的公众健康及食品安全监督计划毫不相干。多部门体制在地方可能被进一步分解，实施的情况将取决于各级负责机构的能力和效率。因此，食品安全存在区域性差别，消费者得不到同样程度的保护，也难以评估国家或地方政府所实施的食品控制措施的效率。

多部门体制的缺陷可归纳为：在国家一级缺乏总体协调；在管辖权限上经常混淆不清，从而导致实施效率低下；在专业知识和资源上水平各不相同，因此造成实施不均衡；在公众健康和促进贸易及产业发展之间产生冲突；在政策制定过程中，科学投入能力受到限制；缺乏一致性，使国内外消费者对食品控制的信任度下降等。

由于种种缘故而实行多部门体制的食品控制体系，必须明确规定每一个部门的作用，以避免重复工作，并使这些部门之间能够采取协调一致的工作方法，还应当特别加强一些领域或食物链中的特定环节和要素的管理。

2. 单一部门体制 单一部门体制是建立在一元化的单一部门负责基础上的食品控制体制。将保障公众健康和食品安全的所有职责全部归并到一个具有明确的食品控制职能的部门中，这种体制是相当有益的。这样的食品控制体系所具有的益处包括：可以统一实施保护措施，能够快速地对消费者实施保护，提高成本效益并能更有效地利用资源和专业知识，使食品标准一体化，拥有应对紧急情况的快速反应并满足国内和国际市场需求的能力，可以提供更加先进和有效的服务，有益于企业并促进贸易。

虽然国家战略有助于对完善体制产生影响，但是，每个国家的国情都不同，特定社会经济和政治环境下的要求和资源要求也不同，不可能都实行单一部门体制，即控制体制必须因国别而异，而且所有的利益相关者均有机会为这一制定过程提出意见和建议。

3. 综合体制 综合体制是建立在国家综合方法基础上的体制。这种体制有助于判断一个国家的各有关机构，是否希望、并决定在"从农场到餐桌"的整个食物链过程中开展有效的协调和合作。典型的综合体制通常需要在 4 个平台上运行，即阐明政策、开展风险评估和管理以及制定标准与法规的平台，协调食品控制活动、进行检测和审核的平台，检验和实施强制措施平台，教育和培训平台。政府在国家层面上可能会考虑建立一个独立的国家食品机构并由其负责前两个平台的活动，并负责决策和协调这个食品控制体系的运行，而由其他事业单位继续负责后两个平台的活动。因为这种体系不会影响其他机构的日常工作；有利于在全国所有食物链中统一实施控制措施；将风险评估和风险管理进行分离，从而有目的地开展消费者保护措施，并增加国内消费者的信任和国外购买商的信心；提供更大的力量以解决国际范围内的食品控制问题，如参与食品法典工作，按照 SPS 协议或 TBT 协议开展后续行动；促进决策过程的透明度和实施过程责任制；实现长期的成本效益。

通过将食品供应链的管理纳入到一个胜任的独立机构的职责之中，就有可能从根本上改变食品控制的管理方法。综合的国家食品控制机构应致力于解决"从农场到餐桌"整个食物链的问题，应拥有将资源转到重点领域的职责，并能解决重要的风险资源问题。

4. 我国的食品安全管理机制改革 我国的食品安全管理机制原来是多部门、分环节管理模式。实践证明，监管部门越多，监管边界模糊地带就越多，既存在重复监管，又存在监管盲点，难以做到无缝衔接，监管责任难以落实。多个部门监管，监管资源分散，每个部门力量都显薄弱，资源综合利用率不高，整体执法效能不高。2013 年 3 月，国务院出台机构改革方案，提出组建国家食品药品监督管理总局。将食品安全办的职责、食品药品监管局的职责、质检总局的生产环节食品安全监督管理职责、工商总局的流通环节食品安全监督管理职责整合，组建国家食品药品监督管理总局。该机构主要职责是，对生产、流通、消费环节的食品安全和药品的安全性、有效性实施统一监督管理等。将工商行政管理、质量技术监督部门相应的食品安全监督管理队伍和检验检测机构划转食品药品监督管理部门。保留国务院食品安全委员会，具体工作由食品药品监管总局承担。食品药品监管总局加挂国务院食品安全委员会办公室牌子。为做好食品安全监督管理衔接、明确责任，新组建的国家卫生和计划生育委员会负责食品安全风险评估、食品安全标准制定。农业部负责农产品质量安全监督管理。将商务部的生猪定点屠宰监督管理职责划入农业部。这种管理模式是前面提到的综合性管理体制的一种，将食品安全的监管职能分划到几个平台。

第五节 食品安全学研究展望

目前，肠出血性大肠杆菌污染、甲型肝炎等在发达国家和发展中国家时有暴发流行，并且危害严重。随着全球性食品贸易的快速增长、战争和灾荒等导致的人口流动、饮食习惯的改变以及食品加工方式的变化，新的食源性疾病会不断出现，食品安全的形势会变得更加严峻。因此，无论从提高我国人民的生活质量出发，还是从加入 WTO、融入经济全球化潮流考虑，都要求我国尽快建立食品安全体系，以保证食品安全。

一、加强食品安全监管体系建设

有效的食品安全监管是一个系统工程。我国原来的食品安全监管机构各部门的职能配置在横向上存在着交叉和重叠，在纵向上存在着垂直、半垂直和分级管理混合的现象，基层存在监管真空。2013年机构改革之后，形成了以国家食品药品监督管理总局为主体的食品安全监管机构。改革后，食品药品监督管理部门将转变管理理念，创新管理方式，充分发挥市场机制、行业自律和社会监督作用，建立让生产经营者真正成为食品药品安全第一责任人的有效机制。将充实加强基层监管力量，切实落实监管责任，形成队伍集中、装备集中，广覆盖、专业化的食品药品监管体系，不断提高食品药品安全质量水平。但是，预计改革需要一段时间的适应和发展，不会立即全面解决之前遗留下来的问题。所以要将政府部门独自监管转变为以政府部门为主，社会相关力量共同参与的协作监管机制。中国的食品安全管理需要高标准、严要求，并大大加强监督和检查的力度。同时也要大力实施扶优扶强措施，政策、行政、经济手段并举，对重信誉、讲诚信的企业给予激励，努力营造食品安全的诚信环境，完善食品安全诚信运行机制，加强企业食品安全诚信档案建设，推行食品安全诚信分类监管。

二、健全食品安全应急反应机制

食品安全事件具有突发性、普遍性和非常规性的特点，影响的区域非常广泛，涉及的人员也很多。如果没有高效应急机制，事件一旦发生，规律难以掌握，局势难以控制，则损失难以估量。目前，建立处理食品安全突发性事件的应急机制已经成为国际惯例。我国应从完善机构体系、健全信息收集、建立预设方案等几个方面建立健全食品安全应急反应机制。

三、建立协调的法律法规和体系

《中华人民共和国食品安全法》与原来已经存在并继续发挥作用的《中华人民共和国产品质量法》《中华人民共和国食品卫生法》《中华人民共和国消费者权益保护法》《生猪屠宰管理条例》等相关法律之间的协调性还比较差，需要将各个法律法规统一起来。此外还需要制定产品责任法，解决执法过程中对执法者的监督问题。根据我国食品安全法律目前存在的问题以及与国际上的差距，应该以现有国际食品安全法典为依据，建立我国的食品安全法规体系的基本框架；完善已有法律法规体系；赋予执法部门更充分的权利；加强立法和执法监督等。

四、建立健全问题食品召回制度

食品生产者如果确认其生产的食品存在安全危害，应当立即停止生产和销售，主动实施召回；对于故意隐瞒食品安全危害、不履行召回义务或由于生产者过错造成食品安全危害扩大或再度发生的，应责令生产者召回产品，并辅助相应的惩罚措施。

五、提高食品安全科学研究水平

基于我国经济的发展水平以及现有科技基础，应优先研究关键技术和食源性危害危险性评估技术；采用可靠、快速、便捷、精确的食品安全检测技术；积极推行食品安全过程控制技术等。同时为满足检测工作的要求，质检机构既要加强硬件建设，不断充实新的仪器设备，配备先进的测试手段，还要有一批有较高理论造诣和丰富实战经验的专业检测人员，以了解检测技术的发展趋势及当前食品的制假动态，善于从产品的外观捕捉到产品的违禁添加物，为产品质量监督和打击假冒伪劣产品寻找到直接的突破口和切入点，积极开展新技术、新工艺、新材料加工食品的安全性评价技术研究。

总之，我国食品安全现状不容乐观，食品安全研究任重而道远，需要我国政府监管机构以及食品行业相关人员、科研人员以及消费者的共同努力，共同推进我国食品事业的安全健康、可持续发展！

思 考 题

1. 什么是食品安全？食品安全的特征有哪些？食品安全学的四大基本原理是什么？
2. 中国关于食品安全学的法律法规建设有哪些？
3. 试述国内外食品安全的现状。

第二章 食品生物污染及其预防和控制

【本章提要】

本章主要介绍了包括土壤、水、空气、人与动植物在内的四类食品生物污染的来源；着重介绍了食品污染途径中涉及的种养殖环节、生产加工关键环节、包装与运输环节及烹调与储存环节等的危害；介绍了目前食品污染的现状和监测情况，以及预防和控制食品污染的措施。

【学习目标】

1. 掌握食品生物污染的来源；
2. 了解食品污染的途径及其危害；
3. 了解食品污染的现状及预防和控制措施。

【主要概念】

食品生物污染、食源性疾病、外源性污染、内源性污染、致病性微生物

第一节 污染来源

食品作为特殊生境，不同于空气、土壤和水等环境，含有适宜于生物生存的营养物质、水分和适宜的理化因素，因而极易被生物污染物污染。生物污染物可通过多种途径，污染暴露于环境中的各类食品，从而影响食品的卫生质量和食用安全性。污染来源主要是土壤、水和空气等环境，污染物也可从人畜粪便和尿、汗、痰、唾液中排出而污染食品，皮肤、毛发、手指、爪、昆虫和鼠类上附着的污染物以及植物中繁殖的真菌及其毒素也可造成食品污染。

人类需要从卫生学角度认识和研究土壤、水、空气和各种外环境与食品及人体健康的关系，加强卫生防护和卫生监测，除对控制食品源头阶段的生物污染有重要意义外，对控制食品采集、加工和储存等各阶段的生物污染同样有重要意义。

一、土壤

土壤是自然界物质循环的重要基地，是一个复杂的生态系统，在这个系统中同时进行着化学元素的有机质化(生物合成作用)和有机质的无机质化(分解作用)两个对立过程。土壤中动植物残体和其他有机物，主要是在微生物参与下达到无机化和腐殖化。微生物参与了自然界中氮、碳、硫、磷等循环过程。绿色植物是化学元素有机质化的主要推动者，而微生物是有机质分解的主要推动者。

但是，土壤中除了固有的微生物群落外，还有一部分是外来微生物，特别是随着人、畜粪便进入土壤的微生物，往往带有病原性。如果这些病原体进入土壤，就可造成土壤的生物性污染。造成土壤生物性污染的来源，主要有以下几个方面：用未经无害化处理的人、畜粪便施肥，用未经处理的生活污水、医院污水和含病原体的工业污水直接进行农田灌溉或利用其污泥施肥，病畜尸体处理不当等。

由于土壤的生物性污染，土壤中可能存在有多种病原微生物和寄生虫，在条件适宜的时候，可以通过不同途径将食物污染物播散到食品上并传播着各种疾病。例如，在污染的土壤上种植养殖农畜产品，可使农畜产品在原料阶段即遭受污染，生吃此类蔬菜瓜果等食品可患肠道传染病等。

1. 土壤是微生物繁殖的良好环境　　土壤是生物生活、繁殖的良好环境，是由物理、化学和生物学因素共同作用形成的，具有生物所需要的一切营养物质和生长繁殖及生命活动所需要的各种环境条件。土壤无机质部分包括岩石碎片及各种矿物质。矿物质不断风化，不但含有很多微生物、寄生虫所必需的硫、磷、钾、铁、镁、钙营养元素，而且含有它们所要求的硼、钼、锌、锰等微量元素。土壤有机质部分主要存在于土壤表层，在自然矿质土壤（如黑土）中含量可多达 10%以上，在一般耕地中则较少。土壤有机质部分除包括动植物残体、高等植物的脱落细胞、根的分泌物、微生物与寄生虫尸体、有机质肥料等组成外，还包括腐殖质组成。腐殖质是土壤有机物在微生物的作用下形成的大分子有机物。腐殖质与土壤矿物质颗粒紧密结合，有助于提高土壤肥力和改善土壤物理性状，也为各类生物污染物提供营养及能量来源。

土壤中含有足够的水分，能满足微生物的基本要求。水分含量各地区差别很大，特别是表层土，往往取决于当地的降水量和自然蒸发量，此外还与植物覆盖以及土壤本身性质有关。

土壤水中溶解着可溶性的有机物及大量无机盐，在土壤颗粒与土壤溶液之间以及土壤溶液和植物及微生物细胞之间，不断进行营养物质的交换。

在土壤空隙中，水和空气是互为消长的，团粒结构较好的土壤，常常在中孔隙、小孔隙中充水，团粒间的大孔隙中充满空气，可以保证需氧微生物旺盛生长；在潮湿的黏土地和深层土壤中，则几乎没有空气，为厌氧生物生长提供条件。

土壤温度的升高主要来自太阳辐射热，因此土壤温度因地区和季节的不同而有所不同，但土壤对热的扩散慢，土壤深处温度较稳定。

一般来说土壤具有保温性，在一年四季中变化不大，为微生物的生存活动提供了条件。

土壤的 pH 变化较大，为 3.5～10.5，但一般为中性或微碱性，适于细菌和放线菌生长，真菌一般较耐酸，因此在酸性土壤中活动比较旺盛。当然土壤溶液的 pH 也随着盐浓度、二氧化碳含量及置换性阳离子浓度等变化而发生改变。

2. 土壤微生物的种群　　土壤中微生物的数量最大，类型最多，是微生物在自然界中最大的储藏所，也是人类利用微生物资源的主要来源。土壤中的微生物包括细菌、放线菌、真菌、藻类和病毒，还有原生动物。以细菌为最多，占土壤微生物总数的 70%～90%，放线菌、真菌次之。绝大部分微生物对人是有益的，它们有的能分解动植物尸体和排泄物为简单的化合物，供植物吸收；有的能将大气中的氮固定，使土壤肥沃，有利于植物生长；有的能产生各种抗生素；也有一部分土壤微生物是动植物的病原体。

土壤微生物中细菌数量最大，15cm 深处的表层土壤中，含细菌 $10^7 \sim 10^9$ 个/g。就其营养类型来说，大多数是异养菌，自养菌也普遍存在于土壤中。异养菌主要种群有氨化细菌（ammonifying bacteria）、尿素细菌（urea bacteria）、纤维素分解细菌（cellulose decomposing-bacteria）和固氮菌（azotobacteria）等。

自养菌在土壤中数量不大，但在物质转化中却起着重要作用，如亚硝化单胞菌属（*Nitrosomonas*）、硝化杆菌属（*Nitrobacter*）、硫杆菌属（*Thiobacillus*）和铁细菌等。土壤中还有致病菌，除少数是天然栖居在土壤中的"土著"菌外，大多数是由污染带来的"外来"菌，一般来源于人、畜排泄物和动植物尸体、垃圾、污水和污泥的污染。因为致病菌营养要求严格，再加上其他微生物的拮抗作用，所以进入土壤中的致病菌容易死亡，只有能形成芽孢的细菌才能长期存在。土壤中放线菌的数量仅次于细菌，占土壤微生物总数量的5%～30%，表层土壤中含放线菌 10^7～10^8 个/g。在肥沃的土壤中放线菌的种类和数量较多。土壤中常见的放线菌有：链霉菌属(Streptomyces)、诺卡菌属(Nocardia)、小单孢菌属(Micromonospora)和热放线菌属(Thermoactinomyces)。放线菌可产生多种抗生素，还可用于制造维生素、酶制剂，以及污水处理等。

真菌广泛生活在近地面的土层中，每克土壤有几万到几十万个，从数量上看，真菌是土壤微生物中第三大类。真菌是异养型微生物，它们分解有机质非常活跃。由于霉菌菌丝在土壤中的积累，使土壤的物理结构得到改良，同时也促进了土壤腐殖质的形成。土壤中常见的霉菌有：毛霉属、根霉属、交链孢霉属、青霉属、曲霉属、镰刀菌属和木霉属等。酵母菌在土壤中不多，每克土壤有几个到几千个，但在葡萄园、果园和养蜂场的土壤中较多，主要是由于这些土壤中糖类的存在有利于它们生长。

土壤中的肠道病毒主要来自人的排泄物和生活污水的污染。病毒进入土壤后就吸附在土壤颗粒上，能够存活相当长时间并保持其感染性。污泥和土壤的卫生病毒学检查证明，有70%以上的污泥样品和11%左右的用污水灌溉的土壤样品含有肠道病毒。肠道病毒在土壤中不同条件下，可存活25～170天；在砂土地、弱碱环境中，特别是土壤温度低时，它们的存活力更强。土壤中的病毒可以吸附在土壤颗粒上，但在某些条件下也比较容易从土壤颗粒上解吸附，长期存在于土壤中的病毒可能在蔬菜生长和成熟过程中进入蔬菜和作物。已经确定，在浇灌污水的土壤上生长的蔬菜，不仅有病毒进入作物的表面，而且肠道病毒可以从土壤中经过根部系统进入到植物组织的内部。

土壤是某些蠕虫卵或幼虫生长发育过程中必需的一环，包括纤毛虫、鞭毛虫和肉足虫等，它们吞食有机物残片，也捕食细菌、真菌和其他微生物。所以土壤在传播寄生虫病上有特殊的流行病学意义，如蛔虫卵在温带地区土壤中能存活2年以上。土壤中的其他微生物：土壤中有许多藻类，大多数是单细胞的硅藻和绿藻，生长在潮湿土壤表层；土壤中有噬菌体，能裂解相应细菌。

相对于培养基和人体，病原微生物在土壤中容易死亡，但它们仍可在土壤中存活一定时间，在条件适宜的时候，可以通过不同途径污染食品、传播疾病。常见的病原体有肠道细菌、肠道病毒和肠寄生虫，有具芽孢的破伤风芽孢梭菌、气性坏疽病原体、肉毒梭菌、炭疽芽孢杆菌和布氏杆菌，有钩端螺旋体和霉菌。

3. 土壤微生物的分布 土壤微生物的数量与分布因土壤的结构、有机物和无机物的成分、含水量以及土壤理化特性不同而有差异。此外，与施肥、耕作方法、气象条件、植物覆盖等也有密切关系。

据调查，我国不同地区土壤中微生物的数量有很大的差别。例如，西北黑垆土菌落总数为2050万 CFU/g，放线菌为710万 CFU/g，真菌为0.7万 CFU/g；而粤南红壤菌落总数为62万 CFU/g，放线菌为60.6万 CFU/g，真菌为6.7万 CFU/g。其差别主要与不同地区土质有关：每克肥沃的土壤含菌量可达几亿到几十亿个，而荒地及沙漠地带仅含10余万个。

微生物在土壤中垂直分布也是不均一的。较常见的分布类型是，表土层微生物数量最多，随着层次加深,微生物数量减少。土壤表面由于日光照射、水分缺乏,细菌易于死亡,因此,含菌不多。10~20cm深的土壤中含量最多,至100~200cm深时细菌开始减少,4~5m深处仅有少量细菌。其原因是深层土壤温度低、氧气缺乏并且缺少微生物可以利用的有机物质。

　　土壤中微生物数量也有季节的变化。一般春季到来,气温升高,植物生长发育,根分泌物增加,微生物数量迅速上升;到盛夏时,气候炎热、干旱,微生物数量下降;秋天雨水多,且为收获季节,植物残体大量进入土壤,微生物数量又急剧上升;冬季气温低,微生物数量明显减少。这样,在一年里,春、秋两季土壤中出现微生物数量的两个高峰。

二、水

　　水是自然界一切生命的物质基础,地球上的水处于不断循环之中。太阳辐射使陆地水和海洋水蒸发构成大气水;大气水可被风从一地转运到另一地,并可凝结为雨、雪、冰雹等降水,降水落至地表和水体表面,补充地表水和地下水,江河水同时又可汇入海洋;地表水向地下渗透汇入地下水,地下水可以泉水溪流方式补充地面水,从而构成了自然水体的循环。在大气水、地表水、地下水的水循环不同阶段,因水环境种类不同,存在的微生物类型也有所差别。

　　自然水体中广泛存在着微生物,包括细菌、真菌、病毒、藻类及原生动物等。这些微生物有的是自然水体中的固有类群,有些则是由空气、土壤、动植物、人类的生活及生产活动而进入水中的暂时过路客,这些不断进入水中的过路客,常常是威胁着食品安全和人类健康的生物污染物。其主要污染来源为:处理不当或未经处理直接排放的生活污水和医院污水,不合理设置的厕所、粪缸,在水源水中清洗马桶和衣物等,对水中养殖水生动植物的定期施肥,粪船装卸和行驶过程中的溢漏,船民等的粪便直接下河;地表径流和雨水冲刷,使土壤中微生物迁徙进入水体,水边建造猪、鸭、鸡等动物的养殖场,以及直接在水中养殖畜禽,使动物的粪、尿等污染物流入水体等。外来的生物污染物,尤其是病原微生物在自然水中一般可以存活一定时间,但只有很少一些可在自然水体中繁殖,如副溶血性弧菌及霍乱弧菌在一定条件下,能在水体中繁殖。病原体可以通过水进入食品和人体,造成疾病的流行和暴发,尤其是水源性疾病。通过水传播的病原体包括细菌、病毒、原虫、蠕虫、霉菌、螺旋体等,其中细菌性疾病占90%以上。随着城市的发展、社会对水需求的增加以及工农业污水和生活污水等对水体污染的日趋严重,食品安全事故中水源性疾病的比例越来越高。

　　1. 水体生境特点　　水体生境特点是比较稳定、体积庞大、易于流动,能起缓冲、稀释和混合的作用。影响水中微生物生存的因素有温度、静水压、光照、浊度、盐分、溶解氧和氢离子浓度。无论这些因素怎样变化,均有适应这些水体的相应微生物在其中生存,而水体中有机物质的含量与微生物的生长直接正相关。

　　地表水的温度变化从极地的近0℃到热带地区的30~40℃,90%以上的海水环境温度在5℃以下,自然温泉水的温度可高达75~80℃,湖、溪、河的温度受季节的影响。

　　除大气压外,水下尚有静水压,水深每增加10m,增加一个静水压,90%的海水静水压大于1kPa,静水压影响着化学平衡,造成海水的pH高,导致营养物质,如酚氢盐、酚氢根离子的溶解度改变。

　　一般情况下,日光对水体中微生物的生存影响不大,因日光中的紫外线对水体,特别是混浊的水体的穿透能力有限。光线射入水中强度明显减弱,光强度在纯水的水面下1m处降低 53%，深度每增加 1m，光强度降低 50%，但水中的生命形式都直接或间接地依赖着光合作用。许多水中定居者依赖的初级生产者是藻类，由于藻类被严格限制在光线可穿透的水层中生长，从而影响着水中生物的定居环境。光线穿透带深度的变化与局部条件，如纬度、季节和水的浊度等特性有关，一般认为光合成带在海平面下 50～125m。

　　水中的氧以溶解状态存在，需氧微生物可利用水中的溶解氧进行生长繁殖。江河水的浊度有明显的季节变化，丰水期水量大浊度大，枯水期水量小浊度小，地下水则往往是清澈透明的，海水的浊度受季节影响较小，然而接近海岸处常是混浊的。影响浊度的浮游物质包括：来自陆地的矿物质颗粒、碎岩石、占优势的有机物质颗粒、浮游微生物等。水的浊度影响着光线的穿透力，继而影响着光合成带，同时微粒物质也影响着微生物的黏附和代谢。

　　在自然水体中盐分范围从接近零到盐湖的饱和状态，海水特征是它具有非常恒定的盐含量，盐浓度为 3.3%～3.7%，平均为 3.5%，盐分来源于氯化物、硫酸盐和酚氢盐。

　　海水的 pH 为 7.5～8.5，许多种海水微生物生长的最适 pH 是 7.2～7.6；湖水和河水的 pH 为 6.8～7.4，但因受气象、工业污染等局部条件的影响，波动较大。水环境中存在的无机和有机物质的种类和数量对于微生物的种群具有十分重要的作用。

　　由于生活污水的排放，近海水的营养负荷存在间歇性变化。开放海域的营养负荷是非常低和稳定的，工业污水可促进耐受型微生物的形成。

　　2. 水微生物的种群　　　大气水主要由空气中尘埃带来微生物，其中有多种球菌、杆菌、放线菌及霉菌的孢子。地面水中细菌的组成比地下水更具多样性，其组成取决于水中营养物质的供给情况，可分离出弧菌、螺菌、硫细菌、微球菌、八叠球菌、诺卡菌、链球菌、螺旋体等。由于经常接受污水排放和农业污染，可使其中氮、磷含量增多，随着富营养化，水中黄杆菌属、无色杆菌属逐渐减少，假单胞菌属、芽孢杆菌属、肠杆菌属逐渐增加。由于城市和村旁池塘易受到人、畜粪便的污染，水体中有相当多的病原微生物。地面水中常可分离出的病原菌有：沙门菌、志贺菌属、大肠埃希菌、小肠结肠炎耶尔森菌、荧光假单胞菌、气单胞菌、邻单胞菌属、普通变形杆菌、枯草杆菌、粪链球菌、阴沟杆菌、霍乱弧菌、副溶血性弧菌、军团菌、结核杆菌等。人类通过粪便排入污水中的病毒超过 120 种，经水源传播的粪便污染的病毒，包括肠道病毒、甲肝病毒、戊肝病毒、呼肠孤病毒及轮状病毒、Norovirus、轮状病毒、腺病毒、小 DNA 病毒和噬菌体等。地面水中常可分离出的寄生虫有钩端螺旋体、溶组织内阿米巴、兰氏贾第鞭毛虫、隐孢子虫等。

　　海水中革兰氏阴性菌、弧菌、光合细菌、鞘细菌等所占的比例比土壤中大，而球菌和放线菌则相对较少，常见的细菌包括副溶血性弧菌等菌弧菌属、假单胞菌属、不动杆菌属、无色杆菌属、葡萄球菌属、螺菌属、黄杆菌属，其中副溶血性弧菌是沿海地区引起食物中毒最常见的病原菌；海水中酵母菌数量不多，已经从海水环境中分离出半知菌纲、藻菌纲和黏菌纲的一些种类；许多海洋细菌能在有氧条件下发光，对一些化学药剂与毒物较敏感，故在环保工作中常利用发光菌制成生物探测器，以监测环境污染物。此外，水体也是光合型微生物生活的良好环境，有蓝细菌与光合细菌等，霉菌孢子和菌丝体碎片也存在于海水中的光合作用带。

　　水体中还存在浮游生物。水生态系统的表面区域漂浮和漂流的微生物生命的集合物称为浮游生物，包括浮游植物和浮游动物。光合成微生物是最重要的浮游生物，因为它们是生态系统中的初级生产者，以浮游植物有机体、细菌或腐质为食物。许多浮游植物具有能运动、有浮力等特征，使其能够在光合成带定居。浮游植物群由硅藻(diatoms)、蓝细菌(cyanobacteria)、腰鞭毛目(Dinoflagellates)、硅鞭毛目(Silicoflagellates)、金滴虫(chrysomonads)、隐滴虫(cryptomonads)、衣原体滴虫(chlamydomonads)等多种微生物构成，它们能在水体中利用太阳能进行光合作用。藻类浮游生物，在一定环境条件下，可能生长成为巨大的群体，导致水体变色，形成"水华"。"水华"与蓝细菌、红色颤藻等有关。细菌群落通过光合成带与浮游植物紧密相关。浮游生物的有益作用可能是将简单成分合成为有机物和为某些微生物提供了黏附和聚集的固体表面。

一般来讲，水中细菌多为革兰阴性，因为革兰阴性菌的外膜比革兰阳性菌更能适应营养成分稀薄的水环境，使细菌本身重要的水解酶仍被保留在胞质中，不致被分泌和丢失到水环境中，并且能从水中吸收重要的营养物。同时，外膜的脂多糖(LPS)还可阻止某些有毒分子，如脂肪酸和抗生素对革兰阴性菌的损伤。

3. 水微生物的分布　　微生物能够生存于从水体表面到海洋底层的所有深度范围内，但在水体中的分布是不均匀的，受到水量、水体类型、层次、污染情况、季节等各种因素的影响。例如，缺乏营养的湖水中细菌数为 $10^3 \sim 10^4$ 个/mL，而在富含营养的湖水中可达 $10^7 \sim 10^8$ 个/mL。

大气水中微生物主要来自空气中微生物及附有微生物的灰尘颗粒等，并与局部地区的气象环境、大气污染状况有关，在刚开始降下的雨雪水中，微生物数可能较高，经过一段时间后，绝大多数微生物会随降水落入地面水或土壤中，使大部分微生物从大气中被清除掉，雨雪水中微生物也减少甚至达到无菌状态。在高山雪线以上的积雪中，细菌极少。

地面水包括海洋、江、河、湖、溪等各类水体，除其固有微生物外，可受降水中微生物的周期性污染；也与所接触的土壤关系很大。土壤中微生物进入江河水后，一部分生存于水溶液中，一部分附着于水中悬浮的有机物上，一部分随水中颗粒物质沉积于江河底泥中。在缓慢流动或相对静止的浅水中，常有丝状藻类或丝状细菌及真菌生长，由于藻类可以积累有机质形成有机质丰富的小环境，使一般腐生细菌和原生动物也可大量繁殖。在快速流动的水体中，水的上层常有各种需氧性微生物生长，有单细胞或丝状藻类繁殖，水体底泥则有多种厌氧性和兼性厌氧性细菌生长，数量可高达 10^9 个/g，污泥表层可能有些原生动物。溶解氧含量的变化影响着需氧微生物的种类和生长，以及需氧微生物与兼性需氧、厌氧微生物的比例和分布，一般水面到水面下 10m 处为有氧区域，主要为需氧和兼性需氧微生物；水面下 20～30m 为中层水体，有光合性的紫色细菌和绿色细菌及其他厌氧性细菌生存；30m 以下及底泥为深层和水底，则以厌氧性微生物为主。

地下水主要来源于渗入地下的降水和通过河床、湖床而渗入地下的地面水，此外土壤内空气中的水蒸气凝结成的凝结水也能形成地下水。按在地层中的位置和流动情况将地下水分为表层地下水、浅层地下水、深层地下水和泉水 4 种。一般来讲地下水中的微生物数量是很少的。深层地下水、泉水和井水，通常均是较好的饮用水水源，而表层地下水和浅层地下水的水质与土壤的卫生状况密切相关，当土壤被废弃物污染后，存在于土壤中的病原微生物就有可能随着下渗的水侵入浅层地下水而污染水质，其分布的微生物主要为无色杆菌、黄杆菌等嗜低温的自养菌。在热的泉水中则含有硫细菌、铁细菌等嗜热菌。

海水占地面总水量的97%，其所包含的生物量远远超过陆生生物总量。海水中的细菌数在不同深度和地区相差很大，从每升只有几个细菌到 10^8 个/mL。近海岸边及海底污泥表层菌数较多，但海洋中心部位的底泥中细菌数较少，为 $10^4 \sim 10^5$ 个/g。从海平面到水面下 40～50m

深处，随着深度的增加，细菌数逐渐增加；50m 以下，随着深度的增加细菌数逐渐减少。海平面以下 10～50m 深处为光合作用带，其中浮游藻类(大部分为硅藻)生长旺盛，为细菌提供了可利用的有机物；再往深处随着有机质的减少，细菌数量也减少。海水中微生物多为耐盐菌和嗜盐菌，嗜盐菌生长最适的盐浓度是 2.5%～4.0%，而从湖水和河水中分离的微生物，当生长于盐浓度高于 1%条件时就停止生长，甚至死亡。大部分海洋细菌具有嗜低温性，在 12～25℃生长最好，温度超过 30℃时很少能够生长。由于 90%的海水压力为 10 000～116 000kPa，许多深海细菌是耐压和嗜压的，只有浅海细菌的耐压力与陆地上的细菌的耐压菌种区别不大。海水中酵母菌数量虽然不多，但分布范围广，在海平面下 3000m 处和在由甲藻引起的"水华"中，均发现有酵母菌的存在。

许多水体浮游动物为避免光照，呈现游走的特性，晚上游走于浮游植物表面，白天则下沉于光合成带以下。

三、空气

空气即地球表层的大气，新鲜空气是人类赖以生存的重要环境。空气中无固有微生物丛，空气微生物的种类、数量和感染性取决于通过各种途径进入空气中的不同微粒的特性及微粒所载微生物的抵抗力与致病力的大小。空气的化学污染，以"伦敦烟雾"和"洛杉矶烟雾"为代表，曾造成一些重大的死亡事故，而较早引起了人们的重视。实际上空气中非生物颗粒仅占 33%，生物性有机颗粒却占 67%，但对其污染及控制未给予充分的关注。微生物污染空气后造成人类和动物的呼吸系统、皮肤伤口感染，并可直接和间接污染食品后引发食源性疾病，甚至危及生命；对食品业、制药业、发酵业、电子元件业等造成的经济损失屡见不鲜。

1. 空气微生物的来源　　空气中不含可被微生物直接利用的营养物质和充足的水分，加之日光中的紫外线照射，因此不同于水、食品、土壤等其他外环境，不是微生物栖息的场所，因此，空气中不存在固有微生物丛，尤其是不存在固有致病性微生物丛。

空气微生物来源于其他外环境和人、动植物的活动等，是自然因素和人为因素污染的结果。土壤是微生物的储藏所，由于风吹和人、动植物的生长生活，将其灰尘扬起，携带着土壤中微生物飘浮于空气中；自然水体中的气泡可升腾至水的表面自行破裂，形成小水滴携带着水中微生物在空气中飘浮；人类、动物、植物的生产、生活、咳嗽、喷嚏、发声等所产生的尘埃、液滴、皮屑、分泌物、花粉、孢子等均可携带微生物在空气中飘浮。正常人每日约脱落 5×10^8 个皮屑(其中 1×10^7 个携带细菌)，一个喷嚏可产生 100 万个小液滴。有调查显示结核病患者的喷嚏液滴和床边皮屑及结核病院周围树木上的结核菌检出率明显高于对照标本的检出率。

室外空气由于流通较好、直接受阳光照射等，一般较清洁。但畜牧场、医院、污水、废品站等常引起周围几千米至几十千米的空气污染；另一种重要的污染途径是污水灌溉，常造成流感、志贺菌病(shigellosis)、传染性肝炎等流行。室内空气可通过换气而被土壤、水等其他外环境中的污染源污染，但其主要污染源是人的生活活动和人所从事的生产活动。

除真菌的孢子外，微生物不能独自游离存在于空气中，它们必须附着在飘浮于空气中的微粒上，这些微粒即空气中微生物的载体。微生物在空气中的传播，是借这些载体微粒进行的。根据载体微粒的物理性状和其上的微生境不同，可将这些微粒分为尘埃(dust)、飞沫(droplet)和飞沫核(droplet nuclei)三种。由于致病微生物对环境的抵抗力不同，传播方式也不同。抵抗力很低者常借飞沫传播，如鼻病毒和流感病毒以鼻分泌物经飞沫传播，肠病毒和腺病毒以唾液经飞沫传播，柯萨奇病毒 A21 型通过喷嚏传播；白喉棒杆菌抵抗力中等，可借飞沫、飞沫核传播；结核杆菌对外环境的抵抗力最强，可借三种方式中的任何一种传播。空气中致病微生物易死亡，但微粒传播速度快，短时间内即可完成，微生物在传播过程中不断更换宿主而得以生存下去。应该注意的是，尘埃、飞沫和飞沫核成为传播方式的前提，是它们载有微生物并由于它们的大小适合而在空气中可较长时间悬浮，即形成微生物气溶胶。

2. 空气微生物的种群　　几乎所有土壤和水中存在的微生物都有可能在空气中出现，但不会在空气中繁殖。能在空气中较长时间存活的微生物多是一些耐干燥和耐紫外线照射的革兰阳性球菌、革兰阳性芽孢杆菌和真菌孢子等。

空气中也会出现一些病原微生物，常见的有结核杆菌、军团菌、化脓性球菌、炭疽芽孢杆菌、放线菌、流感病毒、副流感病毒、腮腺炎病毒、麻疹病毒、风疹病毒和水痘病毒、单纯疱疹病毒和巨细胞病毒、柯萨奇病毒 A 型、流行性出血热病毒和引发超敏反应的真菌等。

3. 空气微生物的分布　　室外空气中分布的主要是非致病性腐生菌，以及对干燥和辐射有抵抗力的真菌孢子，其余的还有酵母菌、放线菌，也有少数病原微生物，但多存在于宿主场所或污染源周围。室内空气中微生物可来自室外空气，但主要来自人体或人类活动，常可分离到病原微生物。

离地面越高，微生物含量越少，粒子也越小，抵抗力越强，致病性越小。海拔数千米内分布的主要真菌是青霉属、曲霉属、交链孢霉属、芽枝霉属等；细菌数量依次为需氧芽孢菌、G^+ 多形杆菌、微球菌、G^- 杆菌和八叠球菌。

城市上空和人群密集场所的微生物，尤其是病原微生物数量明显增高，种类上不仅含有真菌、细菌，还常分离到病毒及其他微生物。细菌多见化脓性球菌、结核杆菌、白喉棒杆菌、百日咳杆菌、炭疽芽孢杆菌、产气荚膜梭菌、军团菌、放线菌等；病毒多为呼吸道和肠道感染病毒、风疹和疱疹病毒；真菌与垂直分布相似。

季节分布的资料较少。据报告乡村空气中微生物平均最高浓度为夏季(6~8 月)，其次为秋季(9~12 月)，冬季最低；城市只发现冬季最少。室内空气由于冬季少开窗、通风不良，所以微生物浓度较高。

气象、气候(湿度、温度、风力等)对空气微生物的种类和数量影响较大。降雨、降雪可净化空气，但湿度过大反而会增加污染；风力可使悬浮于空气中的微生物浓度增加；太阳的辐射有明显的杀微生物作用。大气污染状况也与空气中微生物污染浓度有关，空气中悬浮颗粒与微生物浓度成正比，与一氧化碳浓度成反比，与二氧化碳浓度成正比。开放大气因子(open air factor, OFA)是存在于大气中的杀灭微生物因子，由臭氧和未燃尽的烯烃(olefin)组成，太阳辐射可将其破坏。OFA 对沙雷菌、土拉杆菌、猪型布杆菌、表皮葡萄球菌、溶血性链球菌、T_7 噬菌体和牛痘病毒均有杀灭作用，而枯草芽孢杆菌、炭疽芽孢杆菌和耐辐射微球菌对其不敏感。

四、人与动植物

人与动植物体表面、人与动物的消化道和上呼吸道，均有一定种类的微生物丛存在。若食品被其污染，常导致腐败变质。当人畜患病时，就会有大量病原微生物随着粪便、皮屑和分泌物排出体外，如果排泄物处理不当，则可能会直接或间接污染食品。寄生于植物体的病原微生物，虽然对人和动物无感染性，但有些植物病原菌的代谢产物却具有毒性，污染食品后，可对人体造成危害，如禾谷镰刀菌。

人的双手是将微生物传播于食品的媒介，特别是食品从业人员直接接触食品，污染食品的机会是相当多的。

仓库和厨房中的鼠类、蟑螂和苍蝇等小动物和昆虫常携带大量微生物，鼠类常是沙门菌的带菌者。

生产环境的卫生状况不良，生产设备连续使用，不经常清洗和消毒，常常会有微生物滞留和滋生，造成食品的污染。一切食品用具，如食品原料的包装物品、运输工具、生产加工设备和成品的包装材料或容器等，都有可能作为媒介散播微生物，污染食品。食品烹饪过程中因生熟不分可造成交叉污染。

自然界万物都是不断循环着的，食品的生物污染来自食品之外的其他外环境，包括土壤、水、空气、人与动植物，来自这些外环境的间接相互污染和对食品的直接污染。

第二节　生物污染途径与危害

食品的种养殖、生产加工、包装运输、烹调储存乃至消费的各个环节，都有可能遭受微生物和寄生虫的污染，污染的途径是多方面的。食品一旦遭受生物污染，将产生对经济社会和对人群健康的负面影响。

一、种养殖

人、畜粪便、尿液和其他排泄物中的病原体，可直接或经施肥与污水灌溉等污染土壤和水体。引起腹泻、肠炎、食物中毒等食源性疾病的致病细菌、病毒、真菌、病毒和寄生虫，均可在土壤和水中生存，多数可在土壤中繁殖，部分可在水中繁殖。根据季节、气温和有机质含量等条件的不同，土壤和水中的肠道病原体，一般可生存 1～6 个月，并保持其传染性、感染性和毒力。破伤风梭菌、产气荚膜梭菌、诺维梭菌、败毒梭菌、炭疽杆菌和肉毒梭菌等，均可在土壤中形成芽孢，因此在土壤中可存活几年甚至几十年。寄生虫虫卵在温带地区土壤中能存活 2 年以上。致病菌是土壤和水中含量最多的病原体，70%以上的污泥样品和 11%左右的用污水灌溉的土壤样品含有肠道病毒，42%的土壤样品中可找到致病霉菌。

土壤和水中的病原体比较容易在牲畜和水产品的养殖、蔬菜和水果的种植过程中进入牲畜、水产品、蔬菜和作物中。已经确定，在浇灌污水的土壤上生长的蔬菜，不仅有肠道病原体黏附于作物的表面，而且可以从土壤中经过根部系统进入到植物组织的内部。

在污染的土壤上种植蔬菜瓜果和养殖牲畜，人与污染的土壤直接接触或生吃此类蔬菜瓜果就可患肠道传染病。

二、生产加工关键环节

在食品加工的整个过程中，有些处理工艺，如清洗、加热消毒或灭菌对微生物的生存是不利的。这些处理措施可使食品中的微生物数量明显下降，甚至可使微生物几乎完全消除。但如果原料中微生物污染严重，则会降低加工过程中微生物的下降率。在食品加工过程中的许多环节也可能发生微生物的二次污染。在生产条件良好和生产工艺合理的情况下，污染较少，故食品中所含有的微生物总数不会明显增多；如果残留在食品中的微生物在加工过程中有繁殖的机会，食品中的微生物数量就会出现骤然上升的现象。

1. 通过水污染　　在食品的生产加工过程中，水既是许多食品的原料或配料成分，也是清洗、冷却、冰冻不可缺少的物质，设备、地面及用具的清洗也需要大量用水。各种天然水源包括地表水和地下水，不仅是微生物的污染源，也是微生物污染食品的主要途径。自来水是天然水净化消毒后而供饮用的，在正常情况下含菌较少，但如果自来水管出现漏洞、管道中压力不足以及暂时变成负压时，则会引起管道周围环境中的微生物渗漏进入管道，使自来水中的微生物数量增加。在生产中，即使使用符合卫生标准的水源，由于方法不当也会导致微生物的污染范围扩大。例如，在屠宰加工厂中的宰杀、除毛、开膛取内脏的工序中，皮毛或肠道内的微生物可通过用水的散布而造成畜体之间的相互感染。生产中所使用的水如果被生活污水、医院污水或厕所粪便污染，就会使水中微生物数量骤增，水中不仅会含有细菌、病毒、真菌、钩端螺旋体，还可能会含有寄生虫。食品生产用水必须符合饮用水标准，采用自来水或深井水。循环使用的冷却水要防止被畜禽粪便及下脚料污染。

2. 通过空气污染　　空气中的微生物可能来自土壤、水、人及动植物的脱落物和呼吸道、消化道的排泄物，它们可随着灰尘、水滴的飞扬或沉降而污染食品。人体的痰沫、鼻涕与唾液的小水滴中所含有的微生物包括病原微生物，当有人讲话、咳嗽或打喷嚏时均可直接或间接污染食品。人在讲话或打喷嚏时，周围 1.5m 内的范围是直接污染区，大的水滴可悬浮在空气中达 30min 之久；小的水滴可在空气中悬浮 4~6h，因此食品在加工过程中被微生物污染是不可避免的。

3. 通过人及动物接触污染　　从事食品生产的人员，如果他们的身体、衣帽不经常清洗，不保持清洁，就会有大量的微生物附着其上，通过皮肤、毛发、衣帽与食品接触而造成污染。在食品的加工、运输、储藏及销售过程中，如果被鼠、蝇、蟑螂等直接或间接接触，同样会造成食品的微生物污染。试验证明，每只苍蝇带有数百万个细菌，80%的苍蝇肠道中带有痢疾杆菌，鼠类粪便中带有沙门菌、钩端螺旋体等病原微生物。

4. 通过加工设备污染　　在食品的生产加工过程中所使用的各种机械设备，本身没有微生物所需的营养物，当食品颗粒或汁液残留在其表面，未经消毒或灭菌前，总是会带有不同数量的微生物而成为微生物污染食品的途径。在食品生产过程中，通过不经消毒灭菌的设备越多，造成微生物污染的机会也越多。

三、包装、运输环节

1. 包装环节的污染及其危害　　在食品分装操作过程中，如果环境无菌程度不高，或包装后杀菌不彻底，均有可能发生二次污染。发生了二次污染的食品在储运过程中，不仅细菌会大量繁殖，而且真菌也可能会蔓延，这种现象即使在防潮、阻气性较好的包装食品中也可能发生。在包装材料中，较易发生真菌污染的是纸质包装品，其次是各类软塑料包装材料。食品包装纸(盒)与食品直接接触，如果不清洁或含有致病微生物，就会造成对食品的污染，直接影响人的身体健康。各种包装材料，如果处理不当也会带有微生物。一次性包装材料比循环使用的微生物数量要少。塑料包装材料，由于带有电荷会吸附灰尘及微生物，从而污染了食品。

就外包装而言，由于被内装物玷污、人工包装操作时的接触及被水淋湿、黏附有机物或吸附空气中的灰尘等都能导致真菌污染。近年来，基于营养和健康方面的考虑以及人们嗜好的变化，大多数食品逐渐趋于低糖和低盐，如果食品包装一旦受到微生物污染，则可在食品中大量繁殖，这对食品包装提出了更为严格的要求。

2. 运输环节的污染及其危害　食品的运输也是容易出现食品生物性污染的环节，运输的条件直接影响食品的安全性，运输条件的要求不仅包括运输车辆的清洁程度，还包括了运输车辆内部的温度、湿度、光线等物理因素，通常要求冷链运输。如果车辆没有彻底清洁，其内部的有害微生物可通过污染食品的包装，而对食品造成潜在的危害。如果食品原本就含有致病微生物，运输过程中如果温度和湿度适合，这些微生物即可大量繁殖，而直接造成了食品的腐败变质。因此运输环节必须要保证冷链，另外保护食品包装的完整性也是十分必要的。

四、烹调、储存环节

1. 烹调环节的污染及其危害　未经烧煮的食品通常带有可诱发食品腐败变质或疾病的食源性微生物，特别是家畜、家禽肉类和牛奶，只有彻底烹调才能杀灭各种病原体，而且加热是要保证食品的所有部分的温度至少达到 70℃以上。食品在进行整体再次加热时，要保证食品所有部分达 70℃以上，这样可以杀灭储存时增殖的微生物。烹调时用来制备食品的任何用具的表面必须绝对干净，洗碗池定期清洁消毒，接触厨房用具的抹布每天消毒晾干，餐具认真消毒并妥善保洁。否则都可能是食品的污染源。

2. 储存环节的污染及其危害　加工制成的食品，由于其中还残存有微生物或再次被微生物污染，在储藏过程中如果条件适宜，微生物就会生长繁殖而使食品变质。此时微生物的数量会迅速上升，当数量上升到一定程度时不再继续上升，相反活菌数会逐渐下降。这是由于微生物所需营养物质的大量消耗，使变质后的食品不利于该微生物继续生长，而逐渐死亡，此时食品不能食用。如果已变质的食品中还有其他种类的微生物存在，并能适应变质食品的基质条件而得到生长繁殖的机会，这时就会出现微生物数量再度升高的现象。加工制成的食品如果不再受污染，同时残存的微生物又处于不适宜生长繁殖的条件，随着储藏日期的延长，微生物数量就会日趋减少。

如果必须提前制备食品或吃剩的食物想保留 4～5h 及更长时间，储存的温度必须在 60℃以上或以最短时间降至 10℃以下，这样可减慢微生物的繁殖速度。日常生活中常见这么一种错误，即把大量剩余、尚未完全冷却的食物放在冰箱中保存，然而，其食物的温度还很高(10℃以上)，微生物仍可乘机繁殖。生食品、熟食品交叉污染往往是大意或不良习惯造成，如烹调操作时先用刀、砧板处理熟食，用盛过生食品的容器装熟肉，手接触过生食品后再摸熟食，冰箱存放食品时生熟混放，这样，造成了食品的二次污染。

五、终产品

1. 食品的污染　食品终产品的污染可能是对食品原料和生产过程安全性的毁灭性打击，是保证食品安全的最后一道门户。食品包装材料的损害和不合理的储运方式都是终产品污染的主要途径，终产品的污染可直接导致食品的腐败变质。

受污染的食品往往受物理、化学和生物各种因素的作用：生物性污染包括细菌、病毒、真菌及其毒素，寄生虫及其虫卵和昆虫对食物的污染等；化学性污染主要来自农药、化肥等农用化学物质，工业"三废"（废水、废气、废渣），滥用食品添加剂，使用不合卫生要求的容器和包装材料，生产工艺、设备不合卫生要求等；物理性因素包括放射性污染和杂物对食品的污染，放射性物质可直接或间接污染食品。

食品污染使得食品在原有的色、香、味和营养等方面发生量变，甚至质变，从而使食品质量降低甚至不能作为食品用，这就是食品的腐败变质。食用被污染的食品可引起人体各种疾病或损害，可以出现各种肠道传染病和人、畜共患传染病，各种寄生虫病，食物中毒，慢性中毒及致癌、致畸、致突变等损害。

2. 食品的腐败变质　　然而不同食品的腐败变质，所涉及的微生物、过程和产物不一样，因而习惯上的称谓也不一样。以蛋白质为主的食物在分解蛋白质的微生物作用下产生氨基酸、胺、氨、硫化氢等物和特殊臭味。这种变质通常称为腐败（spoilage）。以碳水化合物为主的食品在分解糖类的微生物作用下，产生有机酸、乙醇和CO_2等气体，其特征是食品酸度升高。这种由微生物引起的糖类物质的变质，习惯上称为发酵（fermentation）或酸败。以脂肪为主的食物在解脂微生物的作用下，产生脂肪酸、甘油及其他产物，其特征是产生酸和刺鼻的哈喇味。这种脂肪变质称为酸败（rancidity）。食品腐败变质的原因及影响因素有如下几个。

1）微生物污染　　微生物污染是食品腐败变质的主要因素。食品在加工前、加工过程中以及加工后，都可以受到外源性和内源性微生物的污染。污染食品的微生物有细菌、酵母菌和霉菌以及由它们产生的毒素。污染途径也比较多，可以通过原料生长地土壤、加工用水、环境空气、工作人员、加工用具、杂物、包装、运输设备、储藏环境，以及昆虫、动物等，直接或间接地污染食品加工的原料、半成品或成品。因此很可能许多食品的腐败变质在加工过程中或在刚包装完毕就已发生，已经成为不符合食品卫生质量标准的食品。

2）食品本身的化学组成和性质　　食品中酶的活性，可引起食品成分分解。食品中水分含量、营养物质及 pH、渗透压等，为微生物生长繁殖提供了条件，破碎或细胞壁破坏的食品，也利于微生物生长繁殖，故也易腐败变质。

3）环境因素　　适宜的温度、湿度、阳光、氧气等是微生物生长和酶作用的重要条件。一般温度、温度条件适宜微生物生长，易使食品腐败变质。

3. 食品腐败变质的鉴定　　食品受到微生物的污染后，容易发生变质。那么如何鉴别食品的腐败变质？一般是从感官、物理、化学和微生物 4 个方面来进行食品腐败变质的鉴定。

1）感官鉴定　　感官鉴定是以人的视觉、嗅觉、触觉、味觉来查验食品初期腐败变质的一种简单而灵敏的方法。食品初期腐败时会产生腐败臭味，发生颜色的变化（褪色、变色、着色、失去光泽等），出现组织变软、变黏等现象。这些都可以通过感官分辨出来，一般还是很灵敏的。

（1）色泽。食品无论在加工前或加工后，本身均呈现一定的色泽，如有微生物繁殖引起食品变质时，色泽就会发生改变。例如，肉及肉制品的绿变就是由于硫化氢与血红蛋白结合形成硫化氢血红蛋白所引起的。腊肠由于乳酸菌增殖过程中产生过氧化氢促使肉色素褪色或绿变。

（2）气味。食品本身有一定的气味，动物、植物原料及其制品因微生物的繁殖而产生极轻微的变质时，人们的嗅觉就能敏感地觉察到有不正常的气味产生。例如，氨、三甲胺、乙酸、硫化氢、乙硫醇、粪臭素等具有腐败臭味，这些物质在空气中浓度为$10^{11}\sim10^8mol/m^3$时，人们的嗅觉就可以察觉到。食品中产生的腐败臭味，常是多种臭味混合而成的，如霉味臭、醋酸臭、胺臭、粪臭、硫化氢臭、酯臭等。因此评定食品质量不是以香味、臭味来划分，而是应该按照正常气味与异常气味来评定。

（3）口味。微生物造成食品腐败变质时也常引起食品口味的变化。而口味改变中比较容易分辨的是酸味和苦味。对于原来酸味就高的食品，如番茄制品来讲，微生物造成酸败时，酸味稍有增高，辨别起来就不那么容易。另外，某些假单胞菌污染消毒乳后可产生苦味；蛋白质被大肠杆菌、小球菌等微生物作用也会产生苦味。

（4）组织状态。固体食品变质时，动物、植物性组织因微生物酶的作用，可使组织细胞破坏，造成细胞内容物外溢，这样食品的性状即出现变形、软化；鱼肉类食品则呈现肌肉松弛、弹性差，有时组织体表出现发黏等现象；微生物引起粉碎后加工制成的食品，如糕鱼、乳粉、果酱等变质后常引起黏稠、结块等表面变形、湿润或发黏现象。液态食品变质后即会出现浑浊、沉淀，表面出现浮膜、变稠等现象。

2）化学鉴定　　微生物的代谢，可引起食品化学组成的变化，并产生多种腐败性产物，因此，直接测定这些腐败产物就可作为判断食品质量的依据。

肉、鱼类样品浸液在弱碱性下能与水蒸气一起蒸馏出来的总氮量——挥发性盐基总氮现已列入我国食品卫生标准。例如，鱼类食品挥发性盐基氮的量达到 30mg/100g 时，即认为是变质的标志。因为在挥发性盐基总氮构成的胺类中，主要的是三甲胺，是季胺类含氮物经微生物还原产生的。可用气相色谱法进行定量，新鲜鱼虾等水产品、肉中没有三甲胺，初期腐败时，其量可达 4～6mg/100g。鱼贝类可通过细菌分泌的组氨酸脱羧酶使组氨酸脱羧生成组胺而发生腐败变质。当鱼肉中的组胺达到 4～10mg/100g 时，就会发生变态反应样的食物中毒。通常用圆形滤纸色谱法进行定量。K 值是指 ATP 分解的肌苷(HXR)和次黄嘌呤(HX)低级产物占 ATP 系列分解产物的百分比，K 值主要适用于鉴定鱼类早期腐败。若 $K \leqslant 20\%$，说明鱼体绝对新鲜；$K \geqslant 40\%$ 时，鱼体开始有腐败迹象。食品中 pH 的变化，一方面可由微生物的作用或食品原料本身酶的消化作用，使食品中 pH 下降；另一方面也可以由微生物的作用所产生的氨而促使 pH 上升。一般腐败开始时食品的 pH 略微降低，随后上升，因此多呈现 V 字形变动。

3）物理指标　　食品的物理指标，主要是根据蛋白质分解时低分子物质增多这一现象来先后研究食品浸出物量、浸出液电导度、折光率、冰点下降、黏度上升等指标。其中肉浸液的黏度测定尤为敏感，能反映腐败变质的程度。

4）微生物检验　　对食品进行微生物菌数测定，可以反映食品被微生物污染的程度及是否发生变质，同时它是判定食品生产的一般卫生状况以及食品卫生质量的一项重要依据。在国家卫生标准中常用细菌总菌落数和大肠菌群的近似值来评定食品卫生质量，一般食品中的活菌数达到 10^8 CFU/g 时，则可认为处于初期腐败阶段。

4. 腐败变质的危害　　食品一旦被细菌污染最易引起食品腐败变质。腐败变质的食品首先是具有使人们难以接受的感官性状，如刺激气味、异常颜色、酸臭味道、组织溃烂、黏液污秽等。食品腐败变质时，食品中的蛋白质、脂肪、碳水化合物、维生素、无机盐会大量被破坏和流失，食品失去营养价值。食品腐败变质还增加了致病菌和产毒霉菌等存在的机会。食入腐败变质的食物可使人体产生不良反应，甚至中毒。

5. 污染和腐败变质的预防

(1)加强食品卫生的法制管理。严格执行《中华人民共和国食品卫生法》《食品添加剂的卫业管理办法》及《农药安全使用标准》等。

(2) 食品防腐及合理储藏。　食品防腐需从食品的生产加工、运输、烹调及食用方法等各个环节着手,防止微生物对食品的污染、合理储藏,防止食品腐败变质,延长食品的食用期。包括物理储藏(低温储存、高温灭菌及脱水保藏)、化学保藏及生物保藏等。

(3) 预防农药污染。安全使用农药,加强农药残留量监测。

(4) 加强食品卫生监测及管理。预防食品容器,包括材料,用具,各种化学品及有毒、有害食品添加剂对食品的污染。

六、生物污染与食源性疾病

1. 食品的生物污染　　在食品安全问题中,首要问题是生物污染。因为除某些食品含天然有毒化学物质外,我国对食品中的化学因素,像食品添加剂、农药残留等,都制定了技术标准和强制性的限量标准。如果发现这些物质在食品中超量,多数属违规所致。随着我国对食品生产中农药和食品添加剂监管力度的不断加强,食品中有害化学物的污染率在不断下降。

食品的生物性污染是指食品在加工、运输、储藏、销售过程中被生物及其毒素污染。主要包括有害的病毒、细菌、真菌和寄生虫的污染。食品的生物污染占整个食品污染的比例很大,危害也大。食品的生物污染不仅降低食品质量,而且还可对人们的健康产生危害。研究并弄清食品的微生物污染源和途径及其在食品中的消长规律,对于切断污染途径、控制其对食品的污染、延长食品保藏期、防止食品腐败变质以及各种食源性疾病的发生都有非常重要的意义。

1) 污染物种类　　污染食品的微生物不是来自食品本身,而是来自食品所在的环境。1862 年 L.巴斯德所做的肉汁腐败实验,卓越地证实了这一点。从生物学观点来看,污染食品的微生物可分为:①能在食品上繁殖并以分解食品的有机物作为营养物质来源的腐生性微生物;②能在人体内或作为食品原料的动植物体内寄生、以活体内的有机物作为营养物质来源的寄生性微生物;③既能在食品上腐生,也能在人体内寄生的微生物,这是微生物在长期进化过程中经过选择和适应的结果。各类食品各有其特殊的生物、物理、化学性质,在一定的外界条件下,只适于某些微生物生存。因此,微生物只有在适于其生存的条件下才能大量繁殖,引起污染。这是食品生物污染和化学污染不同的地方。

非致病性细菌的食品污染,这类细菌又称食品细菌,按其对温度的需要而言,有嗜冷冷菌,生长在 0℃ 和 0℃ 以下,多见于海水、冰水中;嗜温菌,这类菌生长温度为 15~45℃,37℃ 是最适生长温度,多数腐败菌都是嗜温菌;嗜热菌生长在 45~75℃,这类细菌的特点是在一般细菌不能发育或致死的温度下仍能生长。引起非酸性罐头食品腐败变质的嗜热脂肪芽孢杆菌、嗜热解糖梭状芽孢杆菌,都属于嗜热菌。假单胞菌属细菌是典型的腐败菌,常见于鱼、肉等冷冻食品腐败。芽孢类细菌是罐头食品中的常见腐败菌。肠肝菌科各属皆为常见的食品腐败菌。乳酸菌类细菌在乳品、泡菜中常见,虽然可使基质变质产酸,但有利于人体健康,可改善食品风味。由于产酸,又利于食品防腐。

2) 途径　　食品在生产加工、运输、储藏、销售及食用过程中都可能遭受到微生物的污染,其污染的途径可分为两大类。

(1) 内源性污染。凡是作为食品原料的动植物体在生活过程中,由于本身带有的微生物而造成食品的污染称为内源性污染,也称第一次污染。例如,畜禽在生活期间,其消化道、上呼吸道和体表总是存在一定类群和数量的微生物。当受到沙门菌、布氏杆菌、炭疽杆菌等病原微生物感染时，畜禽的某些器官和组织内就会有病原微生物的存在。当家禽感染了鸡白痢、鸡伤寒等传染病时，病原微生物可通过血液循环侵入卵巢，在蛋黄形成时被病原菌污染，使所产卵中也含有相应的病原菌。

(2)外源性污染。食品在生产加工、运输、储藏、销售、食用过程中，通过水、空气、人、动物、机械设备及用具等而使食品发生微生物污染称为外源性污染，也称第二次污染。在食品的生产加工过程中，水既是许多食品的原料或配料成分，也是清洗、冷却、冰冻不可缺少的物质，设备、地面及用具的清洗也需要大量用水。各种天然水源包括地表水和地下水，不仅是微生物的污染源，也是微生物污染食品的主要途径。在生产中，即使使用符合卫生标准的水源，由于方法不当也会导致微生物的污染范围扩大。

例如，在屠宰加工厂中的宰杀、除毛、开膛取内脏的工序中，皮毛或肠道内的微生物可通过用水的散布而造成畜体之间的相互感染。生产中所使用的水如果被生活污水、医院污水或厕所粪便污染，就会使水中微生物数量骤增，水中不仅会含有细菌、病毒、真菌、钩端螺旋体，还可能会含有寄生虫。用这种水进行食品生产会造成严重的微生物污染，同时还可能造成其他有毒物质对食品的污染，所以水的卫生质量与食品的卫生质量有密切关系。食品生产用水必须符合饮用水标准，采用自来水或深井水。循环使用的冷却水要防止被畜禽粪便及下脚料污染。从事食品生产的人员，如果他们的身体、衣帽不经常清洗，不保持清洁，就会有大量的微生物附着其上，通过皮肤、毛发、衣帽与食品接触而造成污染。

3)食品中微生物的消长　　食品受到微生物的污染后，其中的微生物种类和数量会随着食品所处环境和食品性质的变化而不断变化。这种变化所表现的主要特征就是食品中微生物出现的数量增多或减少，即称为食品微生物的消长。食品中微生物的消长通常有以下规律及特点。

(1)加工前。食品加工前，无论是动物性原料还是植物性原料都已经不同程度地被微生物污染，加之运输、储藏等环节，微生物污染食品的机会进一步增加，因而使食品原料中的微生物数量不断增多。虽然有些种类的微生物污染食品后因环境不适而死亡，但是从存活的微生物总数看，一般不表现减少而只有增加。这一微生物消长特点在新鲜鱼肉类和果蔬类食品原料中表现明显，即使食品原料在加工前的运输和储藏等环节中曾采取了较严格的卫生措施，但早在原料产地已污染而存在的微生物，如果不经过一定的灭菌处理它们仍会存在。

(2)加工过程中。在食品加工的整个过程中，有些处理工艺，如清洗、加热消毒或灭菌对微生物的生存是不利的。这些处理措施可使食品中的微生物数量明显下降，甚至可使微生物几乎完全消除。但如果原料中微生物污染严重，则会降低加工过程中微生物的下降率。在食品加工过程中的许多环节也可能发生微生物的二次污染。在生产条件良好和生产工艺合理的情况下，污染较少，故食品中所含有的微生物总数不会明显增多；如果残留在食品中的微生物在加工过程中有繁殖的机会，则食品中的微生物数量就会出现骤然上升的现象。

(3)加工后。经过加工制成的食品，由于其中还残存有微生物或再次被微生物污染，在储藏过程中如果条件适宜，微生物就会生长繁殖而使食品变质。在这一过程中，微生物的数量会迅速上升，当数量上升到一定程度时不再继续上升，相反活菌数会逐渐下降。这是由于微生物所需营养物质的大量消耗，使变质后的食品不利于该微生物继续生长，而逐渐死亡，此时食品不能食用。如果已变质的食品中还有其他种类的微生物存在，并能适应变质食品的基质条件而得到生长繁殖的机会，这时就会出现微生物数量再度升高的现象。加工制成的食品如果不再受污染，同时残存的微生物又处于不适宜生长繁殖的条件，那么随着储藏日期的延长，微生物数量就会日趋减少。由于食品的种类繁多，加工工艺及方法和储藏条件不尽相同，致使微生物在不同食品中呈现的消长情况也不可能完全相同。

4) 食品的细菌污染　　细菌是污染食品和引起食品腐败变质的主要微生物类群，因此多数食品卫生的微生物学标准都是针对细菌制定的。

(1) 食品中常见的细菌。食品中细菌来自内源和外源的污染，而食品中存活的细菌只是自然界细菌中的一部分。这部分在食品中常见的细菌，在食品卫生学上被称为食品细菌。食品细菌包括致病菌、相对致病菌和非致病菌，有些致病菌还是引起食物中毒的原因。它们既是评价食品卫生质量的重要指标，也是食品腐败变质的原因。在《伯杰氏系统细菌学手册》(*Bergey's Manual of Systematic Bacteriology*)(1984～1989 年)中，污染食品后可引起腐败变质、造成食物中毒和引起疾病的常见细菌分为以下科属。

革兰氏阴性需氧或微需氧、能运动的螺旋形或弯曲细菌，这一类细菌中与食品有关的主要是弯曲杆菌属(*Campylobacter*)，该属菌为革兰氏阴性、微需氧的螺旋状细菌。菌体大小为(0.5～5)μm×(0.2～0.8)μm。在菌体的一端或两端生有一根鞭毛，能运动。弯曲杆菌广泛分布于世界各地。人食入含有该菌的食物后，可发生食物中毒。

假单胞菌科(Pseudomonadaceae)。该科中在食品中最常见的是假单胞菌属(*Pseudomonas*)。污染肉及肉制品、鲜鱼贝类、禽蛋类、牛乳和蔬菜等食品后可引起腐败变质，并且是冷藏食品腐败的重要原因菌。例如，荧光假单胞菌(*P. fluorescens*)在低温下可使肉、乳及乳制品腐败；生黑色腐败假单胞菌(*P. nigrifaciens*)能使动物性食品腐败，并在其上产生黑色素；菠萝软腐病假单胞菌(*P. ananas*)可使菠萝果实腐烂，被侵害的组织变黑并枯萎。盐杆菌属和盐球菌属对高渗均具有很强的耐受能力，可在高盐环境中生长。低盐环境可使细菌由杆状变为球状，盐杆菌和盐球菌可在咸肉和盐渍食品上生长，引起食物的腐败变质。

肠杆菌科(Enterobacteriaceae)。肠杆菌科细菌为革兰氏阴性杆菌，大小为(0.4～0.7)μm×(1.0～4.0)μm。大部分周生鞭毛、能运动，少数无鞭毛、不运动。最适生长温度为37℃(除欧文菌属和耶尔森菌属外)。氧化酶阳性。能发酵糖类，大部分能发酵糖产酸产气。

肠杆菌科的细菌大多存在于人和动物的肠道内，是肠道菌群的一部分。其中一些菌种是人和动物的致病菌，一些是植物的病原菌，还有一些是引起食品腐败变质的腐败菌。弧菌科包括 4 属，菌体为球杆、直的或弯曲状，革兰氏阴性，以极生鞭毛运动，兼性厌氧。大多数种的最佳生长需要 2%～3%的 NaCl 或海水为基础。主要为水生，广泛分布于土壤、淡水、海水和鱼贝类中。有几个种是人类、鱼、鳗和蛙，以及其他脊椎或无脊椎动物的病原菌。革兰氏阳性规则无芽孢杆菌：该类群中与食品关系最为密切的是乳杆菌属(*Lactobacillus*)，广泛分布于乳制品、肉制品、鱼制品、谷物及果蔬制品等许多环境，该属中的许多种可用于生产乳酸或发酵食品，污染食品后也可引起食品变质。

(2) 食品中细菌数量及其食品卫生学意义。食品中的细菌数量，通常是以每克或每毫升食品中或每平方厘米食品表面积上所含有的细菌个数来表示。在我国的食品卫生标准中，采用的测定食品中细菌数量的方法，是在严格规定的培养方法和培养条件下进行的，使得适应这些条件的每一个活菌细胞能够生成一个肉眼可见的菌落，所生成的菌落总数即是该食品中的细菌总数。用此法测得的结果，常用菌落形成单位(CFU)表示。然而尽管食品中细菌种类很多，但其中是以异养、中温、好氧或兼性厌氧的细菌占绝对多数，同时它们对食品的影响也是最大的，在食品的细菌总数检测时采用国家标准规定的方法是可行的，而且已得到公认。

食品中细菌数量的食品卫生学意义主要有两个方面。一是可作为食品被微生物污染程度的标志。食品中细菌数量越多，说明食品被污染的程度越重、越不新鲜、对人体健康威胁越大。相反，食品中细菌数量越少，说明食品被污染的程度越轻，食品卫生质量越好。在我国的食品卫生标准中，针对各类不同的食品分别制定出了不允许超过的数量标准，借以控制食品污染的程度。二是可以用来预测食品可存放的期限，食品中细菌数量越少，食品可存放的时间就越长，相反，食品的可存放时间就越短。例如，菌数为 10 个/cm^2 的牛肉在 0℃时可存放 7 天，而菌数为 10^2 个/cm^2 时，在同样条件下可存放 18 天；在 0℃时菌数为 10^5 个/cm^2 的鱼可存放 6 天，而菌数为 10^3 个/cm^2 时，则存放时间可延长至 12 天。

（3）大肠菌群及食品卫生学意义。大肠菌群主要包括肠杆菌科中的埃希菌属、柠檬酸细菌属、克雷伯菌属和肠杆菌属。这些属的细菌均来自于人和温血动物的肠道，大肠菌群中以埃希菌属为主，埃希菌属被俗称为典型大肠杆菌。大肠菌群都是直接或间接地来自人和温血动物的粪便。本群中典型大肠杆菌以外的菌属，除直接来自粪便外，也可能来自典型大肠杆菌排出体外 7～30 天后在环境中的变异。所以食品中检出大肠菌群，表示食品受到人和温血动物的粪便污染，其中典型大肠杆菌为粪便近期污染，其他菌属则可能为粪便的陈旧污染。大肠菌群最初作为肠道致病菌而被用于水质检验，现已被我国和国外许多国家广泛用作食品卫生质量检验的指示菌。大肠菌群的食品卫生学意义是作为食品被粪便污染的指示菌，食品中粪便含量只要达到 10～3mg/kg 即可检出大肠菌群。

一般认为，作为食品被粪便污染的理想指示菌应具备以下特征：①仅来自于人或动物的肠道，并在肠道中占有极高的数量。②在肠道以外的环境中，具有与肠道病原菌相同的对外界不良因素的抵抗力，能生存一定时间，生存时间应与肠道致病菌大致相同或稍长。③培养、分离、鉴定比较容易。大肠菌群比较符合以上要求。然而由于大肠菌群不适宜在低温条件下生长，特别是在冰冻条件下容易死亡，所以用大肠菌群作为冷冻食品的粪便污染指示菌并不理想。肠道致病菌，如沙门菌属和志贺菌属是引起食物中毒的重要致病菌，然而对食品经常进行逐批逐件地检验又不可能，鉴于大肠菌群与肠道致病菌来源相同，而且一般在外环境中生存时间也与主要肠道病原菌一致，所以大肠菌群的另一个重要食品卫生学意义是作为肠道病原菌污染食品的指示菌。当然食品中检出大肠菌群，只能说明有肠道病原菌存在的可能性，两者并非一定平行存在，但只要食品中检出大肠菌群，则说明有粪便污染，即使无病原菌，该食品仍可被认为是不卫生的。保证食品中不存在大肠菌群实际上并不容易做到，重要的是其污染程度。食品中大肠菌群的数量，我国和许多国家均用以每 100g 或 100mL 检样中大肠菌群最近似数（MPN）来表示。这是按照一定检验方法得到的估计数值，我国统一采用样品三个稀释度各接种三管，乳糖发酵、分离培养和复发酵试验，然后根据大肠菌群 MPN 检索表报告结果。

5）霉菌及其毒素对食品的污染　　霉菌在自然界分布很广，同时由于其可形成各种微小的孢子，因而很容易污染食品。霉菌污染食品后不仅可造成腐败变质，而且有些霉菌还可产生毒素，造成误食人畜霉菌毒素中毒。霉菌毒素是霉菌产生的一种有毒的次生代谢产物，自从 20 世纪 60 年代发现强致癌的黄曲霉毒素以来，霉菌与霉菌毒素对食品的污染日益引起重视。霉菌毒素通常具有耐高温，无抗原性，主要侵害实质器官的特性，而且霉菌毒素多数还具有致癌作用。霉菌毒素的作用包括减少细胞分裂，抑制蛋白质合成和 DNA 的复制，抑制 DNA 和组蛋白形成复合物，影响核酸合成，降低免疫应答等。根据霉菌毒素作用的靶器官，可将其分为肝脏毒、肾脏毒、神经毒、光过敏性皮炎等。

(1)霉菌产毒的特点。霉菌产毒仅限于少数的产毒霉菌，而且产毒菌种中也只有一部分菌株产毒。产毒菌株的产毒能力还表现出可变性和易变性，产毒菌株经过多代培养可以完全失去产毒能力，而非产毒菌株在一定条件下可出现产毒能力。因此，在实际工作中应该随时考虑这一问题。一种菌种或菌株可以产生几种不同的毒素，而同一霉菌毒素也可由几种霉菌产生。产毒菌株产毒需要一定的条件，主要是基质种类、水分、温度、湿度及空气流通情况。

(2)主要产毒霉菌。目前，已知可污染粮食及食品并发现具有产毒菌株的霉菌有以下属种。①曲霉属(Aspergillus)：曲霉在自然界分布极为广泛，对有机质分解能力很强。曲霉属中有些种，如黑曲霉(A.niger)等被广泛用于食品工业。同时，曲霉也是重要的食品污染霉菌，可导致食品发生腐败变质，有些种还产生毒素。②青霉属(Penicillium)：青霉分布广泛，种类很多，经常存在于土壤和粮食及果蔬上。有些种具有很高的经济价值，能产生多种酶及有机酸。另外，青霉可引起水果、蔬菜、谷物及食品的腐败变质，有些种及菌株同时还可产生毒素。③镰刀菌属(Fusarium)：镰刀菌属包括的种很多，其中大部分是植物的病原菌，并能产生毒素。④交链孢霉属(Alternaria)：孢子褐色，常数个连接成链。尚未发现有性世代。交链孢霉广泛分布于土壤和空气中，有些是植物病原菌，可引起果蔬的腐败变质，产生毒素。

(3)主要的霉菌毒素。黄曲霉毒素(alfatoxin，AFT 或 AT)：是黄曲霉和寄生曲霉的代谢产物。寄生曲霉的所有菌株都能产生黄曲霉毒素，但我国寄生曲霉罕见。黄曲霉是我国粮食和饲料中常见的真菌，由于黄曲霉毒素的致癌力强，因而受到重视，但并非所有的黄曲霉都是产毒菌株，即使是产毒菌株也必须在适合产毒的环境条件下才能产毒。现已分离出 B1、B2、G1、G2、B2a、G2a、M1、M2、P1 等十几种。其中以 B1 的毒性和致癌性最强，它的毒性比氰化钾大 100 倍，仅次于肉毒毒素，是真菌毒素中最强的；致癌作用比已知的化学致癌物都强，比二甲基亚硝胺强 75 倍。黄曲霉在水分为 18.5%的玉米、稻谷、小麦上生长时，第三天开始产生黄曲霉毒素，第十天产毒量达到最高峰，以后便逐渐减少。菌体形成孢子时，菌丝体产生的毒素逐渐排出到基质中。黄曲霉产毒的这种迟滞现象，意味着高水分粮食如果在两天内进行干燥，粮食水分降至 13%以下，即使污染黄曲霉也不会产生毒素。黄曲霉毒素污染可发生在多种食品上，如粮食、油料、水果、干果、调味品、乳和乳制品、蔬菜、肉类等。其中以玉米、花生和棉籽油最易受到污染，其次是稻谷、小麦、大麦、豆类等。花生和玉米等谷物是产生黄曲霉毒素菌株适宜生长并产生黄曲霉毒素的基质。花生和玉米在收获前就可能被黄曲霉污染，使成熟的花生不仅污染黄曲霉而且可能带有毒素，玉米果穗成熟时，不仅能从果穗上分离出黄曲霉，并能够检出黄曲霉毒素。

黄变米毒素：米由于被这种真菌污染而呈黄色，故称黄变米。可以导致大米黄变的真菌主要是青霉属中的一些种。黄变米毒素可分为三大类：黄绿青霉毒素，大米水分 14.6%感染黄绿青霉，在 12～13℃便可形成黄变米，米粒上有淡黄色病斑，同时产生黄绿青霉毒素(citreoviridin)。该毒素不溶于水，加热至 270℃失去毒性；为神经毒，毒性强，中毒特征为中枢神经麻痹、进而心脏及全身麻痹，最后呼吸停止而死亡；橘青霉毒素，橘青霉污染大米后形成橘青霉黄变米，米粒呈黄绿色。精白米易污染橘青霉形成该种黄变米。橘青霉可产生橘青霉毒素(citrinin)，暗蓝青霉、黄绿青霉、扩展青霉、点青霉、变灰青霉、土曲霉等霉菌也能产生这种毒素。该毒素难溶于水，为一种肾脏毒，可导致实验动物肾脏肿大，肾小管扩张和上皮细胞变性坏死；岛青霉毒素，岛青霉污染大米后形成岛青霉黄变米，米粒呈黄褐色溃疡性病斑，同时含有岛青霉产生的毒素，包括黄天精、环氯肽、岛青霉素、红天精。前两种毒素都是肝脏毒，急性中毒可造成动物发生肝萎缩现象；慢性中毒发生肝纤维化、肝硬化或肝肿瘤，可导致大白鼠肝癌。

镰刀菌毒素：根据 FAO 和 WHO 联合召开的第二次食品添加剂和污染物会议资料，镰刀菌毒素问题同黄曲霉毒素一样被看作是自然发生的最危险的食品污染物。镰刀菌毒素是由镰刀菌产生的。镰刀菌在自然界广泛分布，侵染多种作物。有多种镰刀菌可产生对人畜健康威胁极大的镰刀菌毒素。单端孢霉烯族化合物(tricothecenes)，单端孢霉烯族化合物是由雪腐镰刀菌、禾谷镰刀菌、梨孢镰刀菌、拟枝孢镰刀菌等多种镰刀菌产生的一类毒素。它是引起人畜中毒最常见的一类镰刀菌毒素。在单端孢霉烯族化合物中，我国粮食和饲料中常见的是脱氧雪腐镰刀菌烯醇(DON)。DON 主要存在于麦类赤霉病的麦粒中，在玉米、稻谷、蚕豆等作物中也能感染赤霉病而含有 DON。赤霉病的病原菌是赤霉菌(G.zeae)，其无性阶段是禾谷镰刀霉。人误食含 DON 的赤霉病麦后，多在 1h 内出现恶心、眩晕、腹痛、呕吐、全身乏力等症状。少数伴有腹泻、颜面潮红、头痛等症状。以病麦喂猪，猪的体重增重缓慢，宰后脂肪呈土黄色、肝脏发黄、胆囊出血。DON 对狗经口的致吐剂量为 0.1mg/kg。玉米赤霉烯酮(zearelenone)，玉米赤霉烯酮是一种雌性发情毒素。动物吃了含有这种毒素的饲料，就会出现雌性发情综合症状。禾谷镰刀菌、黄色镰刀菌、粉红镰刀菌、三线镰刀菌、木贼镰刀菌等多种镰刀菌均能产生玉米赤霉烯酮。玉米赤霉烯酮不溶于水，溶于碱性水溶液。禾谷镰刀菌接种在玉米培养基上，在 25～28℃培养 2 周后，再在 12℃下培养 8 周，可获得大量的玉米赤霉烯酮。赤霉病麦中有时可能同时含有 DON 和玉米赤霉烯酮。饲料中含有玉米赤霉烯酮在 1～5mg/kg 时才出现症状，500mg/kg 含量时出现明显症状。玉米中也可检测出玉米赤霉烯酮。丁烯酸内酯(butenolide)，丁烯酸内酯在自然界发现于牧草中，用带毒牧草饲喂牛导致其烂蹄病。

杂色曲霉毒素(sterigmatocystin，ST)：是杂色曲霉和构巢曲霉等产生的，基本结构为一个双呋喃环和一个氧杂蒽酮。其中的杂色曲霉毒素 IVa 是毒性最强的一种，不溶于水，可以导致动物的肝癌、肾癌、皮肤癌和肺癌，其致癌性仅次于黄曲霉毒素。由于杂色曲霉和构巢曲霉经常污染粮食和食品，而且有 80%以上的菌株产毒，所以杂色曲霉毒素在肝癌病因学研究上很重要。糙米中易污染杂色曲霉毒素，糙米经加工成标二米后，毒素含量可以减少 90%。

棕曲霉毒素：是由棕曲霉(A.ochraceus)、纯绿青霉、圆弧青霉和产黄青霉等产生的。现已确认的有棕曲霉毒素 A 和棕曲霉毒素 B 两类。它们易溶于碱性溶液，可导致多种动物肝肾等内脏器官的病变，故称为肝毒素或肾毒素，此外还可导致肺部病变。棕曲霉产毒的适宜基质是玉米、大米和小麦，在粮食和饲料中有时可检出棕曲霉毒素 A。

展青霉毒素(patulin)：主要是由扩展青霉产生的，可溶于水、乙醇，在碱性溶液中不稳定，易被破坏。污染扩展青霉的饲料可造成牛中毒，展青霉毒素对小白鼠的毒性表现为严重水肿。扩展青霉在麦秆上产毒量很大。扩展青霉是苹果储藏期的重要霉腐菌，它可使苹果腐烂。以这种腐烂苹果为原料生产出的苹果汁会含有展青霉毒素。如果用腐烂达 50%的烂苹果制成苹果汁，展青霉毒素可达 20～40μg/L。

　　青霉酸(penicllic acid)：是由软毛青霉、圆弧青霉、棕曲霉等多种霉菌产生的。极易溶于热水、乙醇。以 1.0mg 青霉酸给大鼠皮下注射每周 2 次，64～67 周后，在注射局部发生纤维瘤，对小白鼠试验证明有致突变作用。在玉米、大麦、豆类、小麦、高粱、大米、苹果上均检出过青霉酸。青霉酸是在 20℃ 以下形成的，所以低温储藏食品霉变可能污染青霉酸。

　　交链孢霉毒素：交链孢霉是粮食、果蔬中常见的霉菌之一，可引起许多果蔬发生腐败变质。交链孢霉产生多种毒素，主要有 4 种：交链孢霉酚(alternariol，AOH)、交链孢霉甲基醚(alternariol methyl ether，AME)、交链孢霉烯(altenuene，ALT)、细偶氮酸(tenuazoni acid，TeA)。AOH 和 AME 有致畸和致突变作用。给小鼠或大鼠口服 50～398mg/kg TeA 钠盐，可导致胃肠道出血死亡。交链孢霉毒素在自然界产生水平低，一般不会导致人或动物发生急性中毒，在番茄及番茄酱中检出过 TeA。

　　(4)霉菌及其毒素的食品卫生学意义。霉菌及其毒素污染食品后从食品卫生学角度应该考虑两个方面的问题，即霉菌及其毒素通过食品引起食品腐败变质和人类中毒的问题。霉菌最初污染食品后，在基质及环境条件适应时，首先可引起食品的腐败变质，不仅可使食品呈现异样颜色、产生霉味等异味，食用价值降低，甚至完全不能食用，而且还可使食品原料的加工工艺品质下降，如出粉率、出米率、黏度等降低。粮食类及其制品被霉菌污染而造成的损失最为严重，根据估算，每年全世界平均至少有 2%的粮食因污染霉菌发生霉变而不能食用。

　　许多霉菌污染食品及其食品原料后，不仅可引起腐败变质，而且可产生毒素引起误食者霉菌毒素中毒。霉菌毒素中毒是指霉菌毒素引起的对人体健康的各种损害。人类霉菌毒素中毒大多数是由于食用了被产毒霉菌菌株污染的食品所引起的。一般来说，产毒霉菌菌株主要在谷物粮食、发酵食品及饲草上生长产生毒素，直接在动物性食品，如肉、蛋、乳上产毒的较为少见。而食入大量含毒饲草的动物同样可引起各种中毒症状或残留在动物组织器官及乳汁中，致使动物性食品带毒，被人食入后仍会造成霉菌毒素中毒。

　　6)食品的病毒污染　　病原性病毒是食品的生物性危害之一，其种类虽少于细菌，但对人群健康的危害绝不亚于细菌，成为食源性疾病的主要病源之一，空气、土壤、水和食品等各种外环境均可作为病毒的生境并成为传播疾病的媒介。食品传播的病毒性疾病主要是甲型传染性肝炎和其他肠道病毒导致的胃肠炎。

　　(1)肝炎病毒。肝炎病毒是一大类能引起病毒性肝炎的病原微生物，目前公认的人类肝炎病毒至少有 5 类，包括甲型、乙型、丙型、丁型及戊型肝炎病毒等。不同肝炎病毒的致病特点各不相同，其中甲型肝炎病毒与戊型肝炎病毒以食品和水源为媒介由消化道传播，引起急性肝炎，一般都能治愈，不转为慢性肝炎或慢性携带者。1987 年 12 月至 1988 年 1 月我国上海人因食用含甲肝病毒的毛蚶，引起甲型肝炎的暴发流行，仅在 1 周多时间，发病人数近 2 万人。究其原因是沿海或靠近湖泊居住的人们喜食毛蚶、蛏子、蛤蜊等贝类，尤其上海人讲究取其味，因此，食用毛蚶时，仅用开水烫一下，然后取贝肉，蘸调味料食用，这固然味道鲜美，但其中的甲肝病毒并没有杀死，结果引起食源性病毒病。

　　(2)杯状病毒。1998 年国际病毒分类委员会(ICTV)批准，将杯状病毒科分为 4 属，分别是：① Lagovirus[以兔出血病病毒(rabbit hemorrhagic disease virus)为代表]；② 诺瓦克样病毒［以诺瓦克病毒(Norwalk virus)为代表］；③ 札幌样病毒（以 Sapporo virus 为代表）；④ Vesivirus［以猪水泡疹病毒(Swine vesicular exanthem virus)为代表］。其中，Lagovirus 和

Vesivirus 感染动物，而诺瓦克样病毒(NLV)和札幌样病毒(SLV)则主要感染人，两者合称为人类杯状病毒(HuCV)。HuCV 是引起儿童及成人非细菌性胃肠炎的主要病原之一，常在医院、餐馆、学校、托儿所、孤儿院、养老院、军队、家庭及其他聚集生活人群中引起暴发。

(3)星状病毒。星状病毒有可能像甲型肝炎病毒一样通过甲壳类水生物传播。肠道星状病毒感染症状一般较轻，无特异性治疗措施，症状轻者只需对症处理，如口服补液等，一般数天即可自愈。合并轮状病毒或杯状病毒感染或症状严重者，则需静脉补液及支持治疗等综合措施，以防止发生脱水等严重并发症。刘治疗轮状病毒腹泻有效的免疫疗法和生物制剂，如双歧杆菌、乳酸杆菌等对星状病毒也有效。如果明确诊断是单纯星状病毒感染，则不需抗生素治疗，积极对症治疗即可。

(4)轮状病毒(rotavirus, RV)。轮状病毒属于呼肠病毒科轮状病毒属，能引起人和动物广泛感染，是人类非细菌性腹泻的主要病原体之一，全世界约40%的感染性腹泻是由轮状病毒引起的。几乎 5 岁以下的儿童都发生过 RV 感染，全世界因急性胃肠炎而住院的儿童中有20%～70%由轮状病毒引起。发展中国家和发达国家的 RV 腹泻发病率相似，但发展中国家的死亡率高，每年约 87 万儿童死于 RV 腹泻，RV 腹泻已成为全球共同关注的公共卫生问题。中国的婴幼儿 RV 腹泻主要发生在每年的秋冬寒冷季节，故又称为秋季腹泻。

(5)朊病毒(prion)。朊病毒不含有任何核酸，不具有病毒的结构特点，只是一种可传播的具有致病能力的蛋白质，可引起各种动物疾病，是迄今所知的最小的病原物。1986 年，英国在奶牛中发现第一例疯牛病，受感染牛的行为发生改变，表现出摇晃的步态。经过显微镜观察，其脑部呈现大面积海绵状的退化症状。1996 年，英国又发现疯牛病的朊病毒可以感染人类，引起克雅氏病。上述病害的共同特征是潜伏期很长，主要表现出中枢神经系统症状和病理变化，最终都导致死亡，迄今尚无有效的防治方法。朊病毒除了引起严重的神经系统疾病外，其侵染结果会产生更多的朊病毒蛋白。传染型的朊病毒病是由于同类相食而传播的，早年在巴布亚新几内亚的高原地区，少数民族有种风俗习惯，在祭奠死者时，要吃死者的肉体。所以这种朊病毒得以传播，自从这种风俗被改变以来，库鲁病也逐渐减少了。

7) 食品的寄生虫污染　　寄生虫在食品链各阶段中都能够感染食品，并在食品中生存、流行和变异，从而对人类健康产生影响，能够感染食品的寄生虫有原虫、蠕虫和病媒节肢动物。

(1)原虫。在自然界，原虫的种类繁多，约 65 000 种，多数营自生或腐生生活，广泛分布于地球表面的各类生态环境中，如海洋、土壤、水体或腐败物内，为寄生于人体管腔、体液、组织或细胞内的致病性或非致病性原虫。致病性原虫对人类健康和畜牧业生产造成严重危害。

a. 溶组织内阿米巴：主要流行于热带、亚热带地区。阿米巴病是世界上第 3 种最常见的寄生虫病。全世界约有 5 亿感染者，每年因阿米巴病死亡的人数约 10 万人。带虫者、慢性或恢复期患者和粪便中排包囊的带虫者是阿米巴病的主要传染源。人因食入或饮用被阿米巴包囊污染的食物或水而感染。也可因与带虫者接触或接触附有包囊的用具、物件，通过污染的手指，再经口感染。儿童、孕妇、免疫功能低下者为高危人群，带虫者制备食品、不卫生的用餐习惯均可引起食源性暴发。

b. 蓝氏贾第鞭毛虫：是一种引起腹泻的肠寄生原虫，所致疾病称为蓝氏贾第鞭毛虫病，简称贾第虫病。由于世界各地相继发生本病的流行甚至暴发，人们才逐渐认识到蓝氏贾第鞭毛虫的致病性。该病因在旅游者中发病率较高，故又称旅游者腹泻。近年，蓝氏贾第鞭毛虫作为并发的机会致病原虫，其感染常危及艾滋病患者的生命。本病夏秋发病较高。粪便中含有包囊的带虫者或患者是重要传染源。人摄入被包囊污染的饮水或食物而被感染。通过粪-口途径传播，人、动物的粪便和污水污染水源可引起水源传播，包囊污染食物引起食物传播以及在同性恋者间引起性传播。

c. 刚地弓形虫：弓形虫病呈世界性分布，在人群感染较普遍，血清学调查人群抗体阳性率一般为20%～50%，最高可达94.0%；美国15～44岁育龄妇女的抗体阳性率为15%，我国报道的一般为5%～20%。家畜感染率为10%～50%，在一些地区肉猪感染相当普遍。弓形虫感染的传染源为猫及猫科动物，人感染者为垂直传播的传染源。弓形虫生活史各阶段均具感染性。传播途径多样：食入未煮熟的含各发育期弓形虫的肉制品、乳类、蛋品或被卵囊污染的食物和水均可感染。

d. 隐孢子虫：隐孢子虫是一种重要的引起腹泻的致病原虫，引起的隐孢子虫病为一种人兽共患寄生虫病。隐孢子虫病呈广泛的世界性分布。在发展中国家中的检出率高于发达国家。在寄生虫性腹泻中本病的发病率位居第一位。1976年美国报道第一例人体感染的病例，之后，发达国家有多次暴发的报道，其中1993年美国威斯康星州发生水传播暴发，感染者人数逾40万。我国于1986年首次发现感染者。患者和卵囊携带者是主要传染源，牛、马、羊、猪、犬、鼠等多种感染动物也是传染源。人感染本病主要通过粪-口途径，吞食被卵囊污染的食物或饮水可传播。

e. 肉孢子虫：肉孢子虫病为一种人兽共患寄生虫病。目前已知人体可作为终宿主，引起肠肉孢子虫病的肉孢子虫有两种，即牛人肉孢子虫（又称人牛肉孢子虫）和猪人肉孢子虫（又称人猪肉孢子虫）。人可作为中间宿主，引起肌肉肉孢子虫病的是林氏肉孢子虫。肉孢子虫分布较广。以动物（如猪、牛）感染为主，我国西藏、云南、广西、山东、甘肃均有分布，各地生猪及牛的肉孢子虫感染比较严重，生猪最高达80.0%，牛的自然感染率为4.0%～92.4%。人群感染率各地有较大差异，为4.0%～62.5%。人通过食入牛、猪等中间宿主肌肉中的肉孢子囊而患肠肉孢子虫病；人和中间宿主动物（牛、羊等草食动物和猪等）食入被污染的水或食物中的卵囊或孢子囊后感染并患组织肉孢子虫病。

(2) 蠕虫。蠕虫（helminth）是指借助肌肉收缩而使身体做蠕形运动的一类多细胞无脊椎动物。包括扁形动物门（Phylum Platyminthes）、线形动物门（Phylum Nemathelminthes）和棘头动物门（Phylum Acanthocephala）所属各种动物，与食品安全关系密切的蠕虫种类几乎都属于前两门。

a. 吸虫（trematoda）：属扁形动物门的吸虫纲（Class Trematoda）。在人体中寄生的吸虫均隶属于复殖目（Order Digenea），称为复殖吸虫（digenetic trematode）。吸虫常通过污染水体中的生物感染人。

b. 华支睾吸虫：俗称肝吸虫，寄生于人与食肉哺乳动物的肝胆管内，引起华支睾吸虫病。华支睾吸虫病主要分布在日本、韩国、朝鲜、越南、中国等亚洲国家和地区。在我国，除新疆、西藏、宁夏、内蒙古、甘肃、青海等地外，26个省、自治区、直辖市和香港特别行政区均有华支睾吸虫病的流行或散发病例的报道。患者、带虫者和保虫宿主（犬、猫、猪、鼠、貂、狐狸、野猫、獾、水獭等哺乳动物）传染源含虫卵的粪便污染水源和淡水螺（如纹沼螺、赤豆螺等），第二中间宿主是淡水鱼（如鲤鱼、草鱼、麦穗鱼）和淡水虾类（如细足米虾、巨掌沼虾等），存在于该水体中而受到感染。人们喜吃生鱼的习惯，构成本病呈地方性流行。

c. 布氏姜片吸虫：布氏姜片吸虫俗称姜片虫，是寄生在人体内的一种大型吸虫，可引起人兽共患的姜片吸虫病。姜片虫病主要分布在亚洲的温带及亚热带地区，特别是在养猪并有食用水生植物习惯的地区，如越南、泰国、老挝、印度、朝鲜、中国。在我国，分布于河南、广东、广西、湖南、四川、云南、江苏、浙江、福建、台湾等地。患者、带虫者及保虫宿主均为传染源。猪是主要的保虫宿主。患者、带虫者及保虫宿主粪便中排出虫卵并污染水体，中间宿主扁卷螺（包括大脐圆扁螺、尖口圆扁螺等）存在于有水生植物的环境，人生吃附有囊蚴的菱角、荸荠等水生植物，以及用被囊蚴污染的生青饲料喂猪等是导致姜片虫病在人畜间传播的流行因素。

d. 肝片形吸虫：肝片形吸虫寄生在肝胆管内，引起片形吸虫病，该虫主要侵袭牛、羊等食草动物，偶尔在人体内寄生。肝片形吸虫病是一种人畜共患型的寄生虫病，牛、羊感染率多为 20%~60%，散发性流行于世界各地，主要在饲养牛、羊并有生食水田芥的地区，包括欧洲、中东和亚洲的众多国家。法国、葡萄牙和西班牙是肝片形吸虫病主要流行区。在我国，除新疆、西藏、宁夏、内蒙古、甘肃、青海等地区外，肝片形吸虫病散发于 15 个省（自治区、直辖市），患者、带虫者与动物保虫宿主含有虫卵的粪便污染水体，水草等水生植物、水中有中间宿主螺存在，人们因生吃水生植物、喝生水或生食牛肝、羊肝可造成本病的传播与流行。

e. 卫氏并殖吸虫：卫氏并殖吸虫是一种重要的、最为常见的人兽共患并殖吸虫病的病原，引起并殖吸虫病，俗称肺吸虫病。卫氏并殖吸虫分布广泛，主要在远东地区，日本、朝鲜、印度、泰国、中国等亚洲国家及非洲、南美洲均有报道。在我国，除新疆、西藏、宁夏、内蒙古、青海等地外，其他地区均有报道。保虫宿主（虎、狼、狐、大灵猫、果子狸、犬、猫等哺乳动物）、第一中间宿主川卷螺和第二中间宿主淡水蟹和蝲蛄的分布，决定了本病具有地方流行性和自然疫源性的特点。人因进食含囊蚴的生或半生的溪蟹、蝲蛄或生饮含囊蚴的水而获感染。

f. 斯氏狸殖吸虫：斯氏狸殖吸虫为我国独有报道的虫种，其动物保虫宿主众多，人若感染则可引起以幼虫移行症为特点的并殖吸虫病。在我国，甘肃、山西、陕西、河南、四川、重庆、云南、贵州、湖北、湖南、浙江、江西、福建、广西、广东等地均有报道。患者、带虫者和保虫宿主（虎、狼、狐、大灵猫、果子狸、犬、猫等哺乳动物）为传染源，众多的野生动物终宿主，转续宿主，中间宿主螺、蟹的存在，形成本病的自然疫源性特点。人因进食含囊蚴的生或半生的溪蟹、石蟹或生饮含囊蚴的水而获感染。

g. 绦虫（tapeworm）：属于扁形动物门中的绦虫纲（Class cestoda），该纲动物全部营寄生生活。虫体背腹扁平，左右对称，长如带状，大多分节，无口和消化道，缺体腔；除极少数外，均是雌雄同体。成虫绝大多数寄生在脊椎动物的消化道中，生活史需 1~2 个中间宿主，在中间宿主体内发育的时期称为中绦期（metacestode），各种绦虫的中绦期结构和名称不同。寄生人体的绦虫约有 30 种，分属于多节绦虫亚纲里的圆叶目（Cyclophyllidea）和假叶目（Pseudophyllidea）。

h. 链状带绦虫：又称猪带绦虫、猪肉绦虫或有钩绦虫。成虫寄生在人的小肠内，引起肠绦虫病；幼虫可寄生在人体和猪及野猪皮下、肌肉、脑等处，引起囊尾蚴病。猪带绦虫呈世界性分布，在比较穷困、与猪有密切接触并喜食生的或未煮熟猪肉的地区更为常见，伊斯兰国家罕见。在我国的分布很广，几乎遍布全国。一些地区，如东北、华北、云南、山东、河北、广西、河南等地较多见。喜食生的或未煮熟猪肉的习惯是该病传播与流行的决定因素。食用含有囊尾蚴的猪肉则可感染猪带绦虫。流行环节包括带虫者与患者的粪便污染环境，人、猪误食猪带绦虫虫卵可致猪囊尾蚴病；人生食或半生食含有囊尾蚴的猪肉即可感染上猪带绦虫。

i. 肥胖带绦虫：肥胖带绦虫又称牛带绦虫、牛肉绦虫或无钩绦虫，寄生人体引起牛肉绦虫病。牛带绦虫呈世界性分布，在有生食或半生食牛肉习惯的地区和民族中流行更为广泛。我国已有 20 多个省、自治区、直辖市均有散在病例报道，在新疆、内蒙古、西藏等地的农牧区呈地方性流行。带虫者与患者的粪便中的虫卵污染环境、牧草和水源，牛、羊等中间宿主吞食虫卵而患囊尾蚴病。人生食或半生食含有囊尾蚴中间宿主的肉而感染。

细粒棘球绦虫：细粒棘球绦虫又称包生绦虫，成虫寄生于犬、豺、狼等食肉类动物体内，幼虫(棘球蚴)寄生于人或草食家畜动物体，引起棘球蚴病也称包虫病，是一种人兽共患性寄生虫病。细粒棘球绦虫呈世界性分布，主要流行于畜牧业发达的地区。在我国，已有 23 个省、自治区、直辖市有病例报道，主要分布于广大农牧区，以新疆、青海、甘肃、宁夏、内蒙古、西藏等地流行严重。在自然界，细粒棘球绦虫在野生的食肉类动物狼或犬等和反刍动物之间传播，人的生产活动促成该病在犬与多种家畜之间传播。在牧区犬因吞食含棘球蚴的家畜内脏而感染，虫卵随犬的粪便排出。虫卵可随犬或人的活动及尘土、风、水散播在人及家畜活动的场所，犬和家畜的身体各部分可沾有虫卵，人在与家犬亲昵、嬉戏之时，或在剪羊毛、挤奶，或皮毛加工活动中，均可使虫卵经手、食物、饮水进入人体而获感染。

j. 旋毛形线虫：简称旋毛虫，寄生于同一宿主小肠和肌细胞内，引起的旋毛虫病为人兽共患寄生虫病。旋毛虫病呈世界性分布，欧美地区发病率高，我国绝大多数地区均有病例报道。人体旋毛虫病的流行具有地方性、群体性、食源性和暴发性的特点。自 1964 年西藏林芝地区首例报告以来，已有数百起暴发的报告。通常在动物间的传播具有自然疫源性的特点，猪主要由于吞食含有旋毛虫幼虫囊包的猪、鼠肉或污染的饲料感染。人由于生食或半生食含有旋毛虫幼虫囊包的肉类而感染。

k. 似蚓蛔线虫：简称蛔虫，属土源性线虫，是最常见的人体寄生虫之一。成虫寄生于小肠可引起蛔虫病。呈世界性分布，尤其在温暖、潮湿和卫生条件差的地区，人群感染较普遍。农村的蛔虫感染率高于城市，儿童的感染率高于成人。根据 2005 年完成的全国人体重要寄生虫病现状调查，全国平均感染率为 12.72%。从粪便排出受精卵的人是传染源，虫卵的抵抗力强，在荫蔽的土壤中或蔬菜上，一般可活数月至 1 年；食用醋、酱油或腌菜、泡菜的盐水均不能杀死虫卵。人因接触被虫卵污染的泥土、蔬菜，经口吞入附在手指上的感染期卵，或者食用被虫卵污染的蔬菜、泡菜和瓜果等而感染。

l. 蠕形住肠线虫：又称蛲虫，是一种常见的人体肠道寄生虫，感染蛲虫可引起蛲虫病。分布遍及全世界，儿童感染率高于成人，尤以幼儿园、托儿所及学龄前儿童感染率为高。国内感染也较普遍，据全国人体重要寄生虫病现状调查(2001～2005 年)的资料，蛲虫感染率为 12.28%。人是唯一的传染源，传播速度快，主要传播方式有：肛门-手-口直接感染，吸吮手指或用不洁的手取食，使虫卵入口，造成反复感染。

(3)食品中病媒节肢动物。病媒节肢动物是指危害人畜健康的节肢动物，是无脊椎动物，是动物界中种类最多的一门(占已知 100 多万种动物中的 87%左右)。

a. 螨类：是一种常见的过敏原，接触或吸入尘螨，可引起过敏性疾病。与人类过敏性疾病有关的主要种类有户尘螨、粉尘螨和埋内欧尘螨等。尘螨呈全球性分布，在我国的分布也十分广泛, 国内哮喘患者尘螨浸液皮试阳性率达 85%~90%。与国外报告相仿。发病与地域、职业、接触和遗传等因素有关。多见于从事中草药和粮食加工人员, 儿童尘螨过敏发病率高于成人。主要致病的粉螨虫种有粗脚粉螨、腐酪食螨和乳果螨。人接触或误食粉螨后可引起过敏反应性疾病。粉螨呈全球性分布, 发病与长期在粮食、中草药加工场所工作的职业和接触等因素有关。人因接触或误食粉螨及其分泌物、排泄物、皮屑等可引起过敏反应性疾病。

b. 蜚蠊: 俗称蟑螂, 为杂食性昆虫, 可以人和动物的各种食物、排泄物和分泌物以及垃圾为食, 尤以糖类和肉类为最。可携带 30 余种病原体, 在其进食的同时吐出病原体和排泄病原体, 可污染食物、餐具等, 是一种重要的潜在媒介。从其体内分离出细菌、病毒、真菌、寄生虫卵和原虫包囊等, 且病原体在其体内可存活较长时间。蜚蠊还可作为美丽筒线虫、东方筒线虫、缩小膜壳绦虫等 10 多种蠕虫的中间宿主。蜚蠊的分泌物和粪便可为过敏原, 人通过接触、食入、吸入等途径引起过敏性皮炎、鼻炎和哮喘等。

c. 其中昆虫: 蝇属双翅目、环裂亚目, 全世界已知 10 000 余种, 我国记录有 1600 种左右。与卫生有关者多属花蝇科、厕蝇科、丽蝇科、蝇科、麻蝇科, 幼虫专性寄生的有狂蝇科、皮蝇科、胃蝇科等。蝇除骚扰人、污染食物和吸血蝇的叮刺吸血外, 对人体的危害主要是传播多种疾病和引起蝇蛆病。蝇类传播疾病包括机械性传播和生物性传播两种方式: 机械性传播为非吸血蝇类通过体内、体外携带病原体以及蝇类特有的取食习性, 将病原体传播扩散。可传播的疾病, 如痢疾、霍乱、伤寒、副伤寒、脊髓灰质炎、肝炎、结核病、细菌性皮炎、雅司病、沙眼等。

2. 食源性疾病 FAO 和 WHO 的有关报告显示, 食源性疾病已成为威胁人类生存的主要原因, 美国每年有 7600 万食源性疾病患者, 占美国总人口的 1/3; 由生物因素引起的食源性疾病暴发次数, 占总发生次数的 83%。英国每年有 237 万食源性疾病患者, 占英国人口的 1/3。据 WHO 的统计报告, 发达国家死于食物中毒的儿童中, 70% 是由微生物性食物中毒所致。尽管如此, 上述各国食源性疾病的发病数字实际上均为本国真实数字的冰山一角。据 WHO 统计, 发达国家食源性疾病的漏报率在 90% 以上, 发展中国家的漏报率在 95% 以上。

1) 概念 食源性疾病是指通过摄食而进入人体的有毒有害物质(包括生物性病原体)等致病因子所造成的疾病。一般可分为感染性和中毒性, 包括常见的食物中毒、肠道传染病、人畜共患传染病、寄生虫病以及化学性有毒有害物质所引起的疾病。食源性疾病的发病率居各类疾病总发病率的前列, 是当前世界上最突出的卫生问题。

2) 分类 食源性疾病可分为两类: 一类是由食品中生物或化学因素引起的食物中毒; 另一类是由食品中生物因素引起的感染性腹泻。目前已知有 200 多种疾病可以通过食物传播。已报道的食源性疾病致病因子有 250 种之多, 其中大部分为细菌、病毒和寄生虫。其他为毒素、金属污染物、农药等有毒化学物质。①肠道致病菌: 10 种左右的肠道致病菌, 是食源性疾病中最常见的生物致病因素。感染后可引起细菌性食物中毒和多种感染性腹泻。②通过食品传播的病毒主要有诺如病毒、甲肝病毒和戊肝病毒等。感染后可引起病毒性腹泻、甲肝、戊肝等疾病。目前病毒性腹泻发病率呈明显上升趋势, 仅次于细菌性腹泻。③寄生虫主要是华支睾吸虫, 感染后可引起肝吸虫病, 还有阿米巴原虫感染后可引起阿米巴痢疾。

3) 主要因素

(1)世界人口迅猛增长和分布中均会引起食品保障和安全、环境恶化, 大量人口从农村流向城市、从贫国向富国迁移以及生态系统明显改变等问题。

(2)食品的生物性和化学性污染会明显增加。上述人们的迁移必然加重环境污染；饮用水供应不足和废药物增加会加剧食源性病原体的传播。

(3)社会和行为因素，贫穷人群中婴儿腹泻、霍乱、伤寒和血吸虫感染仍很流行；生吃贝类和其他食物也会使感染和中毒概率增加。

(4)其他因素，如大量人口跨国流动和大宗国际食品、饲料贸易可引起食源性病原体跨国扩散。

4)食源性疾病的防治措施　　避免在没有卫生保障的公共场所进餐；在有卫生保障的超市或菜市场购买有安全系数的食品。不买散装食品；新鲜食品经充分加热后再食用。不喝生水；避免生熟食混放、混用菜板菜刀等，避免生熟食交叉污染；不生食、半生食海鲜及肉类。生食瓜果必须洗净；重视加工凉拌和生冷类食品的清洁；尽量每餐不剩饭菜；吃剩的饭菜尽量放 10℃以下储藏，食用前必须充分加热；夏季避免食用家庭自制的腌渍食品；养成饭前便后洗手的良好卫生习惯。我国历来重视食源性疾病的防治工作，已形成了一整套的食源性疾病的报告管理制度。新颁布的《中华人民共和国食品安全法》已明确规定了食物中毒和其他食源性疾病的食品卫生监督管理的内容。

3. 食品生物性污染和食源性疾病的危害　　食品的生物性污染的危害主要有如下几个。

(1)使食品腐败、变质、霉烂，破坏其食用价值。

(2)有害微生物在食品中繁殖时产生毒性代谢物，人摄入后可引起各种急性和慢性中毒。

(3)细菌随食物进入人体，在肠道内分解释放出内毒素，使人中毒。

(4)细菌随食物进入人体侵入组织，使人感染致病。食品如果出现了生物性污染，除食品本身失去食用价值之外，还可导致各种形式的食源性疾病。

严重的食源疾病都是以蛋白质含量较高的动物性食品为主，往往会造成腹泻、呕吐、消化不良，重则严重影响器官功能，导致死亡；而作物性食品主要由于仓储条件引起真菌滋生产生毒素，长期食用会引起慢性疾病。

第三节　生物污染的现状与监测

一、污染的现状

目前已知有 200 多种疾病可以通过食物传播。已报道的食源性疾病致病因子有 250 种之多，其中大部分为细菌、病毒和寄生虫。其他为毒素、金属污染物、农药等有毒化学物质。美国每年有 7600 万食源性疾病患者，占美国人口的 1/3；由生物因素引起的食源性疾病暴发次数，占总发生次数的 83%。英国每年有 237 万食源性疾病患者，占英国人口的 1/3。据世界卫生组织的统计报告，发达国家死于食物中毒的儿童中，70%以上是由食物的生物性污染导致的。我国也存在同样趋势，2000 年以来，我国每年食源性疾病的平均发病人数为 70 万人以上；在几年来所发生的食物中毒案例中，微生物性的食物中毒居首位，在微生物污染中，细菌性污染是涉及面最广、影响最大、问题最多的一种污染。在食品的加工、储存、运输和销售过程中，原料受到环境污染，杀菌不彻底，储运方法不当以及不注意卫生操作等是造成细菌和致病菌超标的主要原因。其中细菌性食物中毒所占比例达 50.9%，化学性食物中毒占28.6%，原因不明的占 10.9%，其他占 9.6%。从食品种类来看，动物性食品是中国主要的食物中毒原因食品，其中以肉及肉制品引起的食物中毒最多，为 21.88%；其次为水产品，占

10.11%。中国的食物中毒主要发生在集体食堂(占 27.1%)和饮食服务单位(占 23.6%)，家庭和食品摊贩各约占 10%。

二、污染的监测

食品污染物的监测是为了防止食品中有害因素对公众健康的危害，系统地收集、分析和评价食品中有毒有害因素数据和食源性疾病监测数据、相关信息的过程。要控制食品污染，预防食源性疾病，保障食品安全就必须先了解食品污染物和食源性疾病状况，进而制定出污染物的限量标准和有针对性的控制措施，并对可能发生的食品污染事件提前进行预测和预报，防患于未然。世界各国都制定了各种主动和被动监测机制及危险性评估系统，以应对可能出现的食源性问题。在食品安全风险管理方面，多数国家都强调对风险的全面防范与管理，并充分保障公众对食品安全状况的知情权，十分重视危险性评估与管理。一方面，危险性评估的实质是应用科学手段检验食品中是否含有对人类健康不利的因素，分析这些可能带来风险的因素的特征与性质，并对它们的影响范围、时间、人群和程度进行分析。另一方面，各国纷纷采取各种措施来防范风险，如目前广泛推行的"危害分析和关键控制点"(HACCP)就是一种有效的风险管理工具。WHO 已建立起全球环境监测规划和食品污染监测与评估计划，并与相关国际组织制订了庞大的污染物监测项目与分析质量保证体系，其主要的目的是监测全球食品中主要污染物的污染水平及其变化趋势。一些发达国家都有比较固定的监测网络和比较齐全的污染物与食品监测数据。利用所设置的哨点对食源性疾病开展主动监测，以及在发生食源性疾病后，对病原菌的摄入量与健康效应进行剂量-反应关系的分析与风险评估是一些发达国家掌握食源性疾病变化趋势和制定食源性疾病控制对策的重要依据。

1. 美国　　美国的食品安全监管相对较得力，消费者吃得放心。美国的食品安全监管体系遵循以下指导原则：只允许安全健康的食品上市；食品安全的监管决策必须有科学基础；政府承担执法责任；制造商、分销商、进口商和其他企业必须遵守法规，否则将受处罚；监管程序透明化，便于公众了解。政府专门设有食品安全与监测服务部(FSIS)和动植物健康监测服务部(APHIS)负责监测食品的安全动向。

2. 德国　　德国政府、企业和消费者共把安全关，德国的食品监督归各州负责，州政府相关部门制定监管方案，由各市县食品监督官员和兽医官员负责执行。联邦消费者保护和食品安全局(BVL)负责协调和指导工作。在德国，那些在食品、日用品和美容化妆用品领域从事生产、加工和销售的企业，都要定期接受各地区相关机构的检查。

3. 法国　　从立法、科研、风险分析和评估、食品安全监控到很多食品的全程跟踪系统，法国制定了一系列规章制度，以确保食品安全、打消老百姓的顾虑。例如，法国农场的每头牛都有标识，它们在欧盟范围内的一举一动，都由网络计算机系统追踪监测。屠宰场要保留动物的详细资料，并标定宰杀后的畜身的来源。畜身要盖上有关屠宰场的印记。畜肉上市都带一份"身份证"，标明其来源和去向。如此操作，一旦发生食品安全问题，风险管理人员能够迅速认定有关食品，设法准确地禁售禁用危险产品，通知消费者或负责监测食品的单位和个人，必要时沿整个食物链追溯问题的起源，并加以纠正。

4. 英国　　英国立法监管两手抓食品安全。英国是较早重视食品安全并制定相关法律的国家之一，其体系完善，法律责任严格，监管职责明确，措施具体，形成了立法与监管齐下的管理体系。在英国，责任主体违法，不仅要承担对受害者的民事赔偿责任，还要根据违法程度和具体情况承受相应的行政处罚乃至刑事制裁。

5. 日本　　日本的食品摆上餐桌要过多道关，经过 21 世纪初一系列食品安全事故后，日本农业和食品政策从以生产者为中心逐步转变为重视消费者。如今，食品只有通过"重重关卡"才能登上百姓的餐桌。

6. 中国　　我国已建立覆盖 8.3 亿人口的食品污染物和食源性疾病监测网络。这一监测网络重点对消费量较大的 54 种食品中常见的 61 种化学污染物进行监测。目前，网络的监测点已经覆盖 16 个省(自治区、直辖市)。在 16 个省(自治区、直辖市)建立了食品污染物监测点，在 21 个省(自治区、直辖市)建立了食源性疾病致病因素监测点，开展了对常见食品污染物和食源性疾病致病因素的监测和数据收集、分析工作。监测结果显示，微生物性病原是导致食源性疾病的主要因素，食源性疾病发生场所主要以餐饮单位、食堂为主。食物中毒高发季节为每年二季度、三季度。导致食源性疾病的食品以肉类、水产品、蔬菜、谷物、食用菌等为主。

第四节　食品生物污染的检测及预防与控制

食品行业是一个关系到人们健康的敏感行业，尤其是近年来，世界范围内屡屡发生大规模的食品安全事件以及各国频繁发生的食品污染事件，如英国的疯牛病、法国的李斯特菌病、香港的禽流感、比利时的二噁英"毒鸡案"，国内的黑心月饼、阜阳的奶粉、光明牛奶郑州事件等，因此建立和完善适应国际贸易的食品安全检测技术和检测体系迫在眉睫。

一、微生物污染检测方法的进展

在生物性危害方面，一些发达国家建立了以致病菌遗传物质的分子结构为基础的 DNA 指纹图谱鉴定技术，为可靠地确定食源性疾病患者排泄物中所分离的细菌与可疑中毒食品中分离的细菌的同源性提供了重要的手段。而且这些检测技术也为开展食源性致病菌的定量风险评估，提供了必不可少的技术支撑。而后者则是 FAO 和 WHO 积极倡导的控制微生物食源性危害的重要技术。美国已在全国范围内建立了细菌分子分型国家电子网络(PulseNet)，并将其成功地应用于沙门菌食物中毒暴发原因食品的溯源及控制。该技术已成为当前各国食源性疾病监控领域技术发展的方向。

我国在生物毒素检测技术方面，完成真菌毒素、藻类毒素、贝类毒素 EIJSA 试剂盒和检测方法，建立了果汁中展青霉素的高效液相色谱检测方法。在食品中重要人兽疾病病原体检测技术方面，建立了水泡性口炎病毒、口蹄疫病毒、猪瘟病毒、猪水泡病毒的实时荧光定量 PCR 检测技术；建立了从猪肉样品中分离伪狂犬病毒和口蹄疫病毒的方法和程序。

国际上制定有关食品安全检测方法标准的组织有国际食品法典委员会(CAC)、国际标准化组织(ISO)、国际分析化学家协会(AOAC)、国际兽疫局(OIE)等。CAC 有一些食品安全通用分析方法标准，包括污染物分析通用方法、农药残留分析的推荐方法、预包装食品取样方案、分析和取样推荐性方法、用化学物质降低食品源头污染的导向法、果汁和相关产品的分析和取样方法、涉及食品进出口管理检验的实验室能力评估、鱼和贝类的实验室感官评定、测定符合最高农药残留限量时的取样方法、分析方法中回复信息的应用(IUPAC 参考方法)、食品添加剂纳入量的抽样评估导则、在食品中使用植物蛋白制品的通用导则、乳过氧化酶系保藏鲜奶的导则等。通则性食品安全分析方法标准是建立专用分析方法标准及指导使用分析方法标准的基础和依据。

ISO 发布的标准很多，其中与食品安全有关的仅占一小部分。ISO 发布的与食品安全有关的综合标准多数是由 TC34/SC9 发布的，是有关食品微生物，主要是病原食品微生物的检验方法标准。包括食品和饲料微生物检验通则、用于微生物检验的食品和饲料试验样品的制备规则、实验室制备培养基质量保证通则，食品和饲料中大肠杆菌、沙门菌、金黄色葡萄球菌、荚膜梭菌、酵母和霉菌、弯曲杆菌、耶尔森菌、李斯特菌、假单胞菌、硫降解细菌、嗜温乳酸菌、嗜冷微生物等病原菌的计数和培养技术规程，病原微生物的聚合酶链反应的定性测定方法等。

可以看出，随着食品微生物学研究的深入及分子生物技术的发展，ISO 制定的食品病原微生物的检验方法标准不断更新。我国食品安全的检验检测方法标准虽然不少，但一些标准技术水平比较落后，而且比较分散，缺乏系统性，给标准的应用和实施带来一定的障碍。例如，我国食源性疾病的鉴定仍然停留在病原菌培养、血清抗体检测和生化特性比较水平，PCR技术及预测微生物学应用还很少。农药、兽医的多残留检验方法不足；方法的灵敏度、准确度、特异性等方面有待提高。

1. 食品中常见微生物的检测

1) 细菌　　在各类食品安全事件中以细菌性食物中毒最为常见。因为细菌分布广泛、种类多，成长快，无论在有氧或无氧、高温或低温、酸性或碱性的环境中，都有适合该环境的细菌存在。在我国食物中毒事件中常见的重要致病菌有沙门菌(禽、畜肉)、副溶血性弧菌(水产品)、蜡样芽孢杆菌和金黄色葡萄球菌(剩饭)、肉毒梭状芽孢杆菌(发酵制品、肉制品)、李斯特菌(乳制品)、大肠杆菌 O157：H7(肉制品、水产品)等。对病原菌检测要求是要准确可靠地检出病原菌的存在，排除假阳性的结果，尽快提供检测的结果。

传统的微生物检测方法为微生物培养法。一般包括采样、处理、检验三个步骤。传统方法目前已被世界各国广泛接受，被用作对照方法，成本低，但分析周期长，一般需要 2~9 天，对实验人员的操作水平要求较高。生化检测技术是在传统检测技术的基础上，将多种培养基或生化试剂集成在特定的微型化的装置或培养基中，使传统方法中需要多次完成的实验在一次完成，一般能够在 24h 内获得结果，有时甚至能够在 4h 内完成，节约了分析时间。免疫测定方法基于抗原-抗体反应，主要包括放射免疫分析、酶免疫分析、荧光免疫分析、时间分辨荧光免疫分析、化学发光免疫分析、生物发光免疫分析等。免疫测定方法所需时间短，适于大量样品的快速分析。目前基于此类方法生产的商品化检测试剂盒能够检测弯曲杆菌、沙门菌、金黄色葡萄球菌、肉毒梭菌等多种病原菌。该方法有时会产生交叉反应，出现假阳性。除上述方法外，随着检测技术的发展，PCR检测技术、生物芯片技术、传感器技术、流式细胞仪、基因探针技术等在病源菌的快速检测上均有所应用。

2) 病毒　　以食品为载体，导致人类发生疾病的病毒称为食源性病毒，按来源分为肠道食源性病毒和人畜共患的食源性病毒。根据其致病类型肠道食源性病毒又分为引起胃肠炎的病毒、肝炎病毒和其他疾病病毒。人畜共患的食源性病毒主要是以畜禽产品为载体传染给人类，包括禽流感病毒、口蹄疫病毒、猪水泡病毒等。常规的食品中病毒的检测方法主要有电镜观察、细胞培养、核酸杂交、酶联免疫方法等。食品中病毒的检验包括样品的采集处理、病毒的分离、病毒的鉴定。随着分子微生物学和分子化学的发展，对微生物的鉴定已从外部形态结构及生理特性等一般检验上，上升到从分子生物学水平上研究生物大分子，特别是核酸结构及其组成部分。在此基础上建立的众多检测技术中，尤其是核酸探针和 PCR 以其敏感、特异、简便、快速的特点，已逐步应用于食源性病原菌的检测。

2. 国内外食品中微生物的检测方法

目前，世界各国在微生物快速灵敏检测技术上投入了大量的精力，主要有如下几种。

1) 色谱法和荧光分析法 可以通过检测微生物自身生长代谢物来鉴定细菌。Newark 微生物鉴定系统就是用气相色谱法检测一种饱和脂肪酸(微生物代谢物)的含量，达到检测鉴定微生物的目的。微型自动荧光酶标分析法 MINIVIDIUS 是利用酶联荧光免疫分析技术，通过抗原-抗体特异反应，分离出目标菌，由荧光强弱判断样品的阳性或阴性。细菌直接计数法通常以激光作为发光源，经过聚焦整形后的光束垂直照射在样品流上，被荧光染色的细胞在激光束的照射下产生散射光和激发荧光。光散射信号基本上反映了细胞体积的大小；荧光信号的强度则代表了所测细胞膜表面抗原的强度或其核内物质的浓度，从而计算微生物的数量。荧光分析法只能检测真核生物，与细胞大小、DNA 的数量有关，而这些又和培养条件以及微生物来源有关。色谱法和荧光分析法的检测成本较高。

2) PCR 法 聚合酶链反应(PCR)是通过基因扩增检测微生物的存在的方法。常用放射性核(P、S、C)或其他标记物(半抗原、酶生物素)标记特异核苷酸片段来制备核酸探针，检测一些难于培养或人工不能培养的微生物。将它与其他技术相结合，如与氧化酶法结合，可在食品检验中发挥更大的作用。李晓红等用免疫磁珠和复合 PCR 联用方法从样品中直接浓缩获取单增李斯特菌，灵敏度达 1.5CFU/mL，检测时间仅 24h，结果通过 API 方法确认，符合率 100%，这种方法的灵敏度很高。

3) 基因芯片技术 基因芯片技术是 20 世纪末诞生的一项新型生物技术。它是将各种基因寡核苷酸点样于芯片表面，微生物样品 DNA 经 PCR 扩增后制备荧光标记探针，然后再与芯片上寡核苷酸点杂交，最后通过扫描仪定量和分析荧光分布模式来确定检测样品是否存在某些特异微生物。基因芯片技术理论上可以在一次实验中检出所有潜在的致病原，也可以用同一张芯片检测某一致病原的各种遗传学指标，检测的灵敏度、特异性和快速便捷性都很高，因而在致病原分析检测中有很好的发展前景。

4) 阻抗法 微生物在生长过程中，可把培养基中的电惰性底物代谢成活性底物，从而使培养基中的电导性增大，培养物中的阻抗随之降低，同时微生物在培养基中可产生具有作为诊断和检测依据的特征性阻抗曲线，根据电阻改变图形，对检测的细菌做鉴定。该法具有高度的敏感性、快速反应性、特异性强、重复性好的优点，能够迅速检测食品中的微生物。Quinn 等分别用传统培养技术与 3 种快速检测方法(阻抗法、基因探针法和沙门菌示踪法)对禽类饲料和环境样品中的沙门菌进行检测，39.2%的样品为阳性。阻抗法检测为 38.4%，传统培养法检测为 25.5%，基因探针法检测为 28.9%，沙门菌示踪法检测为 28.5%。

5) ELISA 法 酶联免疫吸附法是一种同相酶免疫分析方法，是把抗原抗体免疫反应的特异性和酶的高效催化作用有机地结合起来的一种检测技术。ELISA 法可检测食品中沙门菌、军团菌、大肠杆菌 O157 等微生物。用单克隆抗体制备试剂盒检测沙门菌，最低检测限达

500CFU/g，需 22h。M.S.Lyer 等用间接 ELISA 法检测食品和饲料中镰刀菌，检测灵敏度达 10CFU/mL。目前我国已完成了禽流感流行株的分离和鉴定、禽流感重组核蛋白诊断抗原的 研制及应用，建立了禽流感免疫酶诊断方法和技术，已具备试剂盒生产能力。

6) 生物传感器法　　生物传感是指对生物活性物质的物理化学变化产生感应。它通过物理、化学换能器捕捉目标物与敏感元件之间的反应，然后将反应的程度用离散或连续的数字电信号表达出来，从而得到被分析物的浓度。Turner 教授将它简化定义为：生物传感器是一种精致的分析器件，它结合一种生物的或生物衍生的敏感元件与理化换能器，能够产生间断或连续的数字电信号，信号强度与被分析成比例。这种描述如今已被广泛接受。生物传感器是分析生物技术的一个重要领域。它是一个典型的多学科交叉产物，结合了生命科学、分析化学、物理学和信息科学及其相关技术，能够对所需要检测的物质进行快速分析和追踪。20世纪 90 年代以后，生物传感器的市场开发获得显著成绩。生物传感器特异性和灵敏度高，能对复杂样品进行多参数检测，可应用于微生物快速检测。

7) 蛋白质指纹图谱技术　　可用于各种疾病特异性蛋白质指纹的识别和判断，可以直接检测不经处理的食品原料、血液或细胞裂解液等。该技术曾被用于分析 SARS 与非 SARS 患者血清中的蛋白质成分变化，用 5 个蛋白质峰的出现和消失来判断，好比刑侦破案中甄别 5个手指的指纹，故此称为"指纹图谱"。质谱仪通过复杂的计算能够记住 SARS 患者血清里蛋白质的图谱，通过对质谱仪的"训练"之后，它就能够根据人体血清中的特异变化，灵敏地辨别出测试的对象是否感染了 SARS 病毒。这种检测方法阳性率接近 95%，特异性将近 96%，能在患者发热的第一天即可以得出满意的检测结果。

3. 目前我国使用的食品生物安全指示菌　　食品在食用前的各个环节中，被微生物污染往往是不可避免的。评价食品被微生物污染的程度，要采用微生物检验指标来进行。常采用的微生物检验指标为三项细菌指标，即细菌数量(主要是菌落总数)、大肠菌群最近似数(MPN)和致病菌。

1) 菌落总数　　食品中细菌数量越多，则食品腐败变质的速度就越快，甚至可引起食用者的不良反应，细菌数量达到 100 万～1000 万个/g 时，食品就可能引起食用者食物中毒。食物中细菌数量的表示方法由于所采用的计数方法不同而有两种：菌落总数和细菌总数。

(1) 菌落总数。菌落总数是指一定数量或面积的食品样品，在一定条件下进行细菌培养，使每一个活菌只能形成一个肉眼可见的菌落，然后进行菌落计数所得的菌落数量。按国家标准方法规定，即在需氧情况下，37℃培养 48h，能在普通营养琼脂平板上生长的细菌菌落总数，所以厌氧或微需氧菌、有特殊营养要求的，以及非嗜中温的细菌，由于现有条件不能满足其生理需求，故难以繁殖生长。因此菌落总数并不表示实际中的所有细菌总数，菌落总数并不能区分其中细菌的种类，所以有时被称为杂菌数、需氧菌数等。

(2) 细菌总数。细菌总数是指一定数量或面积的食品样品，经过适当的处理后，在显微镜下对细菌进行直接计数。其中包括各种活菌数和尚未消失的死菌数。细菌总数也称细菌直接显微镜数。通常以 1g 或 1mL 或 1cm² 样品中的细菌总数来表示。菌落总数测定用来判定食品被细菌污染的程度及卫生质量，它反映食品在生产过程中是否符合卫生要求，以便对被检样品做出适当的卫生学评价。菌落总数的多少在一定程度上标志着食品卫生质量的优劣，是指将被测样品在严格规定的条件下进行培养，其单位重量(g)、容积(mL)或表面积(cm²)内生成的细菌菌落总数。它代表食品中细菌污染的数量，虽然不一定能说明食品的致病程度，但可反映食品的卫生质量以及卫生管理情况。因此常将其作为食品清洁状态的标志，并用于预测食品耐储藏的期限。

2）大肠菌群   大肠菌群来自人和温血动物的肠道。可作为食品受到粪便污染的标志以及肠道致病菌污染食品的指示菌。大肠菌群并非细菌学分类命名，而是卫生细菌领域的用语，它不代表某一个或某一属细菌，而指的是具有某些特性的一组与粪便污染有关的细菌，这些细菌在生化及血清学方面并非完全一致。大肠菌群系指一群在37℃能发酵乳糖、产酸、产气、需氧和兼性厌氧的革兰氏阴性的无芽孢杆菌。大肠菌群 MPN 是指在 100mL（或 100g）食品检样中所含的大肠菌群的最近似或最可能数。作为（判断食品是否被肠道致病菌所污染及污染程度的）指示菌的条件：①和肠道致病菌的来源相同，并且在相同的来源中普遍存在和数量甚多，以易于检出；②在外界环境中的生存时间与肠道致病菌相当或稍长；③方法比较简便。

人们通过大量研究发现，大肠菌群在数量和检验方面均符合指示菌的三项要求，因此，用大肠菌群作为标志食品是否已被肠道致病菌污染及其污染程度的指标菌是合适的。大肠菌群作为食品的指示菌即是说：在食品中存在的大肠菌群数量越多，表示该食品受粪便污染的程度越大，也就相应地表示该食品被肠道致病菌污染的可能性也就越大。大肠菌群数量的表示方法有两种。①大肠菌群 MPN：大肠菌群 MPN 是采用一定的方法，应用统计学的原理所测定和计算出的一种最近似数值；②大肠菌群值：大肠菌群值是指在食品中检出一个大肠菌群细菌时所需要的最少样品量。故大肠菌群值越大，表示食品中所含的大肠菌群细菌的数量越少，食品的卫生质量也就越好。在这两种表示方法中，目前国内外普遍采用大肠菌群 MPN，而大肠菌群值逐渐趋于不用。大肠菌群是评价食品卫生质量的重要指标之一，目前已被国内外广泛应用于食品卫生工作中。

3）致病性微生物   食品首先应考虑其安全性，其次才是可食性和其他，食品中一旦含有致病性微生物，其安全性就随之丧失，当然其食用性也不复存在了；各国的卫生部门对致病性微生物都作了严格的规定，把它作为食品卫生质量的最重要的指标。能引起人类疾病和食物中毒的致病性微生物有沙门菌、葡萄球菌、链球菌、副溶血性弧菌等。能产生毒素并引起食物中毒的微生物有肉毒梭菌、葡萄球菌和产气荚膜杆菌，也包括一些真菌，都会产生毒素。在加工食品中能够存活下来的致病性微生物往往受到了某种程度的损伤，它们会受到增菌液中抑制剂的影响而不能被检测出来。因此，需要进行前增菌，以帮助致病菌恢复到正常状态。前增菌的适宜方法和使用的培养基则因食品的理化性质、加工方法不同而异。以检验沙门菌为例，干蛋品中的细菌用缓冲蛋白胨水进行前增菌，脱脂乳粉中的细菌用煌绿水进行前增菌，全脂乳粉则用灭菌蒸馏水进行前增菌，椰子用乳糖肉汤、干酵母用胰酪胨大豆肉汤进行前增菌。

4. 以细菌菌相来评价食品安全状况   细菌相是指存在于某一物质中的细菌种类及其相对数量的构成。食品中的各种细菌就构成了该食品的细菌相。细菌相是对细菌的种类而言，在菌相中相对数量较大的一种或几种细菌被称为优势菌。细菌菌相已经成为对食品进行食品安全性评价的一个发展趋势，结合食品的菌落总数和大肠菌群便能够全面地判断食品的保存时间和安全特点。

（1）新鲜畜禽肉的细菌相。主要是嗜温菌，包括大肠菌群、肠球菌、金黄色葡萄球菌、魏氏梭菌和沙门菌等。新鲜肉类的细菌相以嗜温菌为主，在温度适宜时，嗜温菌会大量繁殖造成肉的变质，同时发生臭味；在冷藏条件下，嗜温菌生长很慢甚至不生长，嗜冷菌开始大量繁殖，逐渐成为优势菌，最后会导致肉表面形成黏液并产生气味；在冷冻条件下，所有的细菌都不再生长繁殖，因而可以较长期保存而不变质。

（2）液体蛋品的细菌相。主要是革兰氏阴性菌，包括假单胞菌属、产碱杆菌属、变形菌属和埃希菌属等。

（3）鲜鱼的细菌相。以嗜冷菌为主，有假单胞菌属、黄色杆菌属和弧菌属等。

如果在水产品中发现了沙门菌，一般认为是外来污染，应对该产品的生产、加工过程进行分析、检测，从而找到污染源。

5. 推行食品安全溯源制度　　推行食品安全溯源制度，应按照从生产到销售的每一个环节都可相互追查的原则，建立食品生产、经营记录制度。从保证食品质量安全卫生的必备条件抓起，采取生产许可、出场强制检验等监管措施，从加工源头上确保不合格食品不能出厂销售，并加大执法监督和打假力度，提高食品加工、流通环节的安全性。可参照澳大利亚模式，在全国范围逐步推行猪、牛、羊等食品的耳标管理，实现上述食品的可溯源性，推行"产地和销地""市场与基地""屠宰场与养殖场"的对接与互认。推行食品溯源制度，应加强食品标签管理。食品标签提供了食品的内在质量信息、营养信息、时效信息及食用指导信息，是消费者选择食品的重要依据。进一步规范食品标签管理，一方面可确保食品标签提供的信息真实充分有效，避免误导和欺骗消费者；另一方面一旦出现食品安全事故，也有利于事故的处理和不安全食品的召回。推行食品溯源制度，还应当建立统一协调的食品安全信息组织管理系统，加强信息的收集、分析和预测工作。近年来我国加大了信息资源的建设，食品安全卫生信息得到越来越多的重视，许多部门在承担食品质量安全管理的同时，都从不同方面搜集了大量信息。

二、预防和控制生物污染的措施

1. 全过程生物危害控制　　防止食品生物污染，首先应注意食品原料生产区域的环境卫生，避免人畜粪便、污水和有机废物污染环境，防止和控制作为食品原料的动物、植物病虫害，在收获、加工、运输、储存、销售等各个环节防止食品污染。其次是在食品可能受到微生物污染的情况下，采取清除、杀灭微生物或抑制其生长繁殖的措施，如各种高低温和化学消毒、冷藏和冷冻、化学防腐、干燥、脱水、盐腌、糖渍、罐藏、密封包装、辐射处理等。把这些方法结合起来运用，更能起到消除或控制生物污染、保证食品质量的效果，即通过对食品全过程的各个环节进行危害分析，找出关键控制点（CCP），采用有效的预防措施和监控手段，使危害因素降到最低程度，并采取必要的验证措施，使产品达到预期的要求。加强国家食品安全控制系统，包括人力建设和各部门之间的分工。在食品安全监督上面实施食品卫生监督量化管理制，把对食品经营者加强食品卫生和安全管理放在确保食品安全的核心上。积极引导食品生产经营企业向规模化、集约化程度方向健康发展。鼓励企业积极参与国际食品卫生标准、环境标准、环境标志等国际认证。

将危险性分析用于食品安全立法，包括标准的制定。这是 WTO 有关协定中特别强调的，只有这样才能做到基本科学和协调一致。持久开展食品污染和食源性疾病的监测，大力加强实验室检测能力。这是摸清"家底"和在国际贸易中保护国家利益的技术保障。加强对食品环境、加工环境的监测及最终食品的检测，研究食品安全检测技术和相关设备，建立食品污染监测网和食源性疾病监测及动态数据库，为我国食品污染事故提供大量科学决策依据。

强调企业的自身管理。因为从农场到餐桌的食物生产和消费的全过程中，企业应为食品安全的主体。制定完善的食品、食品容器、包装材料、运输、销售、农药使用、工业废弃物、畜禽防疫、肉品、食品检疫等卫生标准和有关条例。

重视宣传教育，包括对政府部门、企业和消费者的广泛、持久的宣教。掌握食品安全的知识，提高识别食品认购能力，改进饮食习惯，革除不科学不文明饮食方式，少吃或不吃油炸、熏烤、腌制及霉变食物，贯彻落实我国新出台的《食品安全行动计划》。加强环境保护，全面控制水体、空气、土壤的污染，改变当前食品污染状况。大力发展生态农业和无污染、安全、优质绿色食品。同时加强绿色食品认证管理，取缔无照企业和个体工商户及家庭式作坊，严厉打击不法厂商伪造食品和标识。一些发达国家和地区的政府，已在食品加工企业强行推广，并逐渐强行进口食品原产国加工企业执行。HACCP 系统通过基于一套更加系统、规范的方法应用食品微生物学的知识控制食品的微生物质量，从而改善传统的生产；同样的方法可用于控制影响食品安全性的理化因素。HACCP 系统所指的危害是指不能被消费者接受的食品污染，并由此污染所引起的食品品质败坏，以及危害消费者健康的一系列问题。HACCP 是综合防止食品品质败坏的一种手段，它的宗旨是分析和预测导致食品品质败坏的主要原因，并且采取相应的措施预防其危害的发生。

从 2000 年开始，我国食品污染物监测系统的建立已经得到了重视，在实验室能力的建设、方法的建立以及监测点部署和检测项目、内容等方面均已全面开展了工作，力图通过制定出科学、合理、经济的全国食品污染物中期、长期监测计划，编制出全国污染物监测数据库软件并建立数据库，不断提出全国食品污染状况的分析报告和食品中污染物水平的动态分析报告，为建立中国食品污染物监测与食源性疾病发生预警系统以及我国食品安全状况的评估提供科学依据。

2. 控制生物性污染的主要保藏方法　　防止和减少食品微生物污染腐败的主要保藏方法有如下几种。

1) 冷藏　　食品储藏于低温时可以大大延长食品的保质期，还可以由于降低新鲜食品，如水果、蔬菜中本身的酶活性，而保持食品的新鲜度。但各类食品对于冷藏的温度要求不一样。对于马铃薯、苹果、大白菜等一般只需在低于 15℃ 的低温保藏，并应保持一定湿度以免脱水干枯。水产、肉类、禽蛋、奶制品、某些蔬菜等，如需保藏的时间较短，则置于冰冻温度以上(如在 4~8℃)进行保藏。如需保藏较长时间，则应置于冰冻温度(−10℃以下)进行保藏。在低温保藏环境中仍有低温微生物生长，因此低温保藏仍有可能发生食品腐败变质。

2) 加热加工后保藏　　这种方法即将食品经过热加工杀灭大部分微生物后，再进行储藏。这是日常常用的有效方法，如煮沸、烘烤、油炸等，还有将牛乳、饮料等进行消毒的巴斯德消毒法，罐头工业生产中的高温灭菌法等，都属于这一类。这类方法可能不一定能杀死全部微生物，但可以杀死绝大部分不产芽孢的微生物，尤其是不产芽孢的致病菌。

利用加热方法杀灭食品中微生物的效率，不仅与食品本身的形态大小、组成成分、氢离子浓度、含糖量高低、质地结构等有关，也与污染的微生物数量和特性有关。

3) 干燥储藏　　微生物生长需要适宜的水分，如许多细菌实际上生存于表面水膜之中。因此将食品进行干燥，减少食品中水的可供性，提高食品渗透压，使微生物难以生长繁殖，这是古今都使用的传统方法。干燥方法可以利用太阳、风、自然干燥和冷冻干燥等自然手段，也可以利用常压热风、喷雾、薄膜、冰冻、微波和添加干燥剂等，以及利用真空干燥、真空冰冻干燥等人为手段。尤其在现代技术日益发展、干燥要求越来越高的情况下，人为手段日趋重要，使用也越来越广泛。表 2-1 为一些食品的防霉含水量。

表 2-1　不同食品的防霉含水量

食品种类	水分/%	食品种类	水分/%
全脂奶粉	8	豆类	15
全蛋粉	10~11	脱水蔬菜	14~20
小麦粉	13~15	脱脂奶粉	15
米	13~15	淀粉	18
去油肉干	15	脱水水果	18~25

4) 辐射后储藏　　将食品经过 X 射线、γ 射线、电子射线照射后再储藏。食品上所附生的微生物在这些射线照射后，其新陈代谢、生长繁殖等生命活动受到抑制或破坏，导致死亡。辐射灭菌保藏食品具有较多的优点。射线穿透力强，不仅可杀死表面的微生物和昆虫等其他生物，而且可以杀死内部的各种有害生物。射线不产生热，因而不破坏食品的营养成分及色、香、味等。无需添加剂，无残留物。甚至可以改善和提高食品品质，经济有效，可以大批量连续进行。当然辐射保藏的效果也与食品本身的初始质量、成熟度、所附带的微生物数量、种类等有关。

5) 加入化学防腐剂保藏　　在食品储藏前，加入某些一定剂量的可抑制或杀死微生物的化学药剂，可使食品的保藏期延长。这是当今常用的方法，在食品储藏中具有重要意义。这些化学药剂常称为化学防腐剂。但在使用这些化学防腐剂时必须注意剂量问题，不能过量，因过量的防腐剂对人体有害。常用的防腐剂有：用于抑制酸性果汁饮料等中酵母菌和霉菌的有苯甲酸及其钠盐。用于抑制糕点、干果、果酱、果汁等食品中酵母菌和霉菌的有山梨酸及其钾盐和钠盐，丙酸及其钙盐或钠盐，脱氢乙酸及其钠盐等。防腐剂量各不相同。

6) 利用发酵或腌渍储藏食品　　许多微生物的生长与繁殖在酸性条件下受到严重抑制，甚至被杀死。因此将新鲜蔬菜和牛乳等食品进行乳酸发酵，不仅可产生特异的食品风味，还可明显延长储存期。这在我国已有几千年的历史，而且现今正在用来开发新的风味食品和饮料。例如，四川、湖南、湖北、江西、贵州等地的泡菜，内蒙古、西藏等牧区的干酪、酸奶、酸酪乳，近年开始的活性乳、酸牛奶等饮料，都是利用乳酸发酵生产的风味食品。

利用盐、糖、蜜等腌渍新鲜食品，大大提高食品和环境的渗透压，使微生物难以生存，甚至死亡。这是常用而十分有效的方法。新鲜鱼、肉、禽类、蛋品、某些水果、蔬菜等都可利用此法制成腌制品和蜜饯、酱菜等。腌制品可以保藏相当长的时间而不变质。但某些耐高渗的酵母、霉菌和嗜盐细菌仍可生长，因此，仍需注意这些微生物对腌制品的腐败变质。

3. 食品生物性污染和食源性疾病的预防　　为了预防食品污染及食源性疾病（包括微生物污染），具体应做好：制定、颁发和执行食品卫生标准和卫生法规；加强禽畜防疫检疫和肉品检验工作；制订防止污染和霉变的加工管理条例和执行有关卫生标准；加强食品检验和食品卫生监督工作；强调食品生产者必须受过良好的食品卫生教育，鼓励出版一些食品卫生方面的指南；加强对公众有关食品微生物污染相关知识的宣传教育，提供公众必需的预防微生物污染的手段。

4. 食品生物性污染限量标准　　　近年来，食品安全事件不断发生，已引起世界各国政府和人民的高度重视，而食品中的污染物更是人们关注的焦点，如二噁英、甲醛、亚硝酸盐等。食品污染物限量标准是有效控制食品污染，保证食品安全的重要法规，同时也在一定程度上体现了一个国家的食品安全水平。然而许多发达国家和地区凭借自身技术和经济的优势，以保护本国人民健康为由，制定严格的食品污染物限量标准或技术法规，从而利用合理的技术性贸易壁垒来限制进口和保护本国贸易圈。世界贸易组织(WTO)为了促进贸易自由化，解决贸易争端，达成了一系列协定。其中世界贸易组织技术性贸易壁垒协定(WTO/TBT 协议)规定，成员国采用的标准是国际标准化组织制定的标准；而实施卫生与植物卫生措施协定(WTO/SPS 协议)则指出，成员国应将本国食品安全标准与国际食品法典委员会(CAC)制定的食品法典标准相协调，采用 CAC 标准被认为是与 WTO/SPS 和 TBT 协定的要求相一致。国外食品限量标准的制定部门主要有以下三类。

(1)通常是指一国的卫生、农业部门或专门设置的管理机构。由他们制定的限量标准多为强制性指标，处罚措施对国内及进口国产品具有示范性效力。

(2)国际组织。这类机构的代表有食品法典委员会、欧洲委员会、北欧食品分析协会等。分为官方、半官方、技术权威机构三种，所确定的限量标准法律效能等同于官方标准，其往往在数国或数个区域发挥指导性作用。

(3)商业化检验公司或企业内部指导守则。这类限量规定需通过合同约定或契约认可形式加以表现，针对的对象仅限于合作或贸易双方，对第三方或对合同约定以外的情况无任何约束力，体现出的是贸易双方或企业生产关注的真实要点。

欧美和其他发达国家在制定微生物限量时通常包括 7 个方面的信息：食品名称、其他信息(食品状态、来源、食用对象等)、检测项目、限量要求、取样计划、应用要求(生产点、进行点、终产品、运输地、批发、零售等)、法定状态(强制、指导等)。相对我国国家标准而言上述标准制定的依据更加科学，主要表现在以下几方面。①取样计划设置了 N 值(取样量)和 c 值(介于限量要求之间的最大容许个数)，具有良好的可操作性。②限量要求中设置了 m(检测低限)、M(检测高限)，在科学评估的基础上，避免了一刀切现象，在限量要求符合人们食用健康的前提下，考虑了食品加工中不确定因素的影响和可接受的最大程度。③使用要求方面，国外限量标准中表述的内容涉及生产加工的各个环节，不仅仅是对成品，更重要的是针对加工环节和销售渠道，易与 HACCP 管理要求接合。④法定状态上，国外限量标准明确指出该标准的法律效力，对标准的适用范围作了说明，指导性标准多用于规范企业的生产加工过程，指出产品所期望达到的理想数值；强制性标准限定的则是那些与食品安全有直接关系的数据指标，是一个生产、销售企业所必须遵守的法律的最低要求。

思　考　题

1. 食品生物性污染的来源有哪些？
2. 食品生物性污染的指示菌需要具备哪些条件？
3. 食品生物性污染的常见检测方法有哪些？
4. 在国家层面上食品生物性污染最有效的措施是什么？

第三章 食品理化污染及其预防和控制

【本章提要】

本章主要介绍了食品理化污染的现状，检测和监测情况，分别从来源、种类、限量标准、残留危害、影响因素以及预防和控制措施的角度阐述了种养殖过程中常见的食品农兽药残留的情况以及食品加工过程中重金属污染的情况；系统介绍了不同的食物加工方式或过程造成的 N-亚硝基化合物污染、多环芳烃化合物污染、杂环胺类化合物污染、二噁英污染及其预防措施；介绍了食品容器和包装材料、生物活性调节剂、食品放射污染等食品安全相关的污染情况及其预防和控制措施。

【学习目标】

1. 掌握食品农兽药残留的来源、种类、限量标准、残留危害、影响因素以及预防和控制措施；
2. 掌握常见的由于食品加工方式造成的理化污染及其预防和控制措施；
3. 了解食品污染的现状及食品容器、包装材料造成的食品污染情况；
4. 了解食品放射污染及其预防和控制举措。

【主要概念】

食品理化污染、N-亚硝基化合物污染、杂环胺类化合物污染、生物活性调节剂

第一节 食品理化污染的检测与监测

一、食品理化污染的现状

食品理化污染是指在生产(包括农作物种植和动物饲养与兽医治疗)、加工、包装、储存、运输、销售和烹调等环节混入(非故意加入)食品中的有毒有害物质。这些有毒有害物质不仅包括环境污染和生产加工过程中产生的成分，还包括食品本身天然存在的成分，它们能够造成食品安全性、营养性和感官性状的变化，改变或降低食品原有的营养价值和卫生质量，并对人体产生危害。就食品污染的性质来说，食品污染可以分为化学性污染、生物性污染和物理性污染三大类。据美国 2010 年相关部门公布的数据，食品污染给美国造成的经济损失每年高达 1520 亿美元，已经构成影响食品安全性的关键因素，解决这一问题成为食品卫生领域工作的重点。

在这些造成食品污染的源头中，化学性污染是指以通过环境蓄积、生物蓄积、生物转化或化学反应等方式损害健康，或者解除对人体具有严重危害和具有潜在危险的化学品而造成的污染。由于在现代化的食品生产过程中，使用的化学物质越来越多，其产生的污染，如人为使用的剧毒农药、化学品和兽药等造成的残留污染，工业生产产生的"三废"(废气、废水、废渣)通过水、土壤甚至空气造成的有害元素(如铅、镉、汞、砷等)和工业化学品(如多氯联苯和二噁英等)的污染，食品生产、加工和烹调过程中形成的致癌物、致突变物(如多环

芳烃、N-亚硝基化合物、杂环胺和氯丙醇等)污染，食品工具、容器、包装材料及其涂料也会造成食品化学性污染。由于全球类似有毒化学品的种类和使用量不断增加以及国际贸易的扩大，大多数有毒化学品对人体的危害还不完全清楚。它们在环境中的迁移也难以控制，对人类构成了严重的威胁，如在日本发生的痛痛病、水俣病就是分别由镉和汞污染造成的；而森永奶粉事件和米糠油事件则分别是由砷和多氯联苯污染所致。这些化学性污染物以其存在广泛、不宜降解、毒性作用范围广和具有致癌性而受到政府管理部门和科学家的严重关注。

1. 农药类化学污染物　　农药是指在农业生产中，为保障、促进植物和农作物的成长，所施用的用于防治、消灭或控制危害农业、林业的病、虫、草和其他有害物质及有目的地调节植物、昆虫生长的化学合成或者来源于生物、其他天然物质的一种物质或者几种物质的混合物及其制剂。农药自问世以来，品种越来越多，应用范围越来越广，目前几乎遍及各地各类作物，在控制害虫方面发挥了巨大的作用，同时也带来了诸如农药残留、环境污染、杀伤天敌等副作用。尽管全球都十分重视环境污染的治理，但迄今为止，国内外农药的生产和使用并无减少趋势。因此，短时间内完全禁用化学农药是不现实的，只有通过研究农药残留发生的规律和实质，做到科学用药，才能有效缩减农药残留的危害。

2. 兽药类化学污染物　　兽药是指用于预防、治疗、诊断动物疾病或者有目的地调节动物生理机能的物质(含药物饲料添加剂)，主要包括：血清制品、疫苗、诊断制品、微生态制品、中药材、中成药、化学药品、抗生素、生化药品、放射性药品及外用杀虫剂、消毒剂等。长期以来，兽药在防治动物疾病、提高生产效率、改善畜产品质量等方面起着十分重要的作用。然而，由于存在重发展、轻质量，重规模、轻管理的倾向，一些地区养殖密度过高，环境污染严重，养殖品种退化，饲料品种较差，致使水生动物、植物发病率增加，疾病危害程度加剧，这些疾病的出现导致兽药的需求急剧增加。我国兽药生产企业从大到小，从少数几家迅速发展到目前的上千家，品种也从最初的中草药、消毒剂等发展到抗生素类、磺胺类、呋喃类、雌雄激素类甚至包括免疫多糖、基因诱导剂类等数百个品种。这些兽药的滥用极易造成动物源食品中有害物质的残留，这不仅对人体健康造成直接危害，而且对畜牧业的发展和生态环境也造成极大危害。尽管世界各国采取了一系列政策和监控措施，但世界范围内涉及食品安全的恶性、突发事件时有发生，兽药残留现状仍然令人担忧。

3. 有害金属类污染　　在清洁的(自然的、未污染的、未经浓缩的)水生环境中普遍存在着少量的金属，如铜、硒、铁、锌等，它们是动植物生长必需的营养元素。然而，现代工业造成的环境污染，这其中就包括有害金属污染。有害金属污染源主要来自冶金、冶炼、电镀及化学工业等排出的三废。污染水体具有较大的迁移性，水流的运动，使水体中浮游生物吸收较高水平的重金属。使用有机砷杀菌剂、有机汞杀菌剂和砷酸铅等也可造成污染，一些化肥，如磷肥中含砷量约 24mg/kg，含镉量为 10~23mg/kg，这些也可以造成水体和土壤的污染。大气中金属污染主要来源于能源、运输、冶金和建筑材料生产所产生的气体和粉尘，除汞以外，重金属基本上是以气溶胶的形态进入大气，经过自然沉降和降水进入土壤。农作物通过根系从土壤中吸收并富集重金属，也可通过叶片从大气中吸收气态或尘态铅和汞等重金属元素。这些金属元素一旦对环境造成污染或在体内富集起来，就很难被排出或是被降解，因此金属污染能够长期对人体健康造成严重危害。

4. 有机类污染物　　近几十年来，随着科学技术的迅速进步，工农业生产的迅速发展，人们在创造物质文明的同时，也带来了严重的环境污染。在造成环境污染的各种因素中，化学物质占有很大的比例，其范围之大、品种之多、数量之巨都是无与伦比的。化学制品与化学物质几乎渗透到人类生产和生活的各个方面，这些物质在使用后被有意或无意的排放到环境中，并在环境中发生一系列的迁移转化，有的转化为有毒有害物质，有的聚集，有的通过各种途径进入人体，造成危害。有机污染物比较繁杂，主要包括多环芳烃类化合物、杂环胺类化合物、二噁英及亚硝基化合物等多种化学物质。这些化合物有的来自工业三废的污染，有的是食品加工过程中微生物和环境的共同作用产生的，有的是通过低级动植物富集最后聚集到食品乃至人体中，还有的是在食品生产、运输等过程中，在接触各种容器、工具、包装材料时某些化学成分可能混入或溶解到食品中。例如，氯乙烯是塑料制品的单体，具有致癌性，在氯乙烯中添加的增塑剂(苯二甲酸二辛酯)、稳定剂都有一定毒性，当接触水、油、乙醇、酸、碱时可能溶解迁移到食品中去。瓷器表面涂覆的陶釉，其主要成分是各种金属盐类，如铅盐、镉盐等，同食品长期接触容易溶于食品中，使食用者中毒。这些污染物绝大部分具有危害性强(大部分具有强烈的致癌作用)、存在持久和难以消除等特点，已经严重危害人们的身体健康，甚至影响到人类的后代，成为广大科技工作者和政府相关部门严重关切的问题。

5. 放射性物质　　食品放射性污染是指食品吸附或吸收外来的(人为的)放射性核素，使其放射性高于自然放射性本底，这些放射性核素主要来源于核爆炸、核废物的排放与意外事故。食品放射性污染对人体的危害主要是由于摄入污染食品后放射性物质对人体内各种组织、器官和细胞产生的低剂量长期内照射效应。主要表现为对免疫系统、生殖系统的损伤和致癌、致畸、致突变作用。一般来说，放射性物质主要经消化道进入人体(其中食物占94%~95%，饮用水占4%~5%)，可通过呼吸道和皮肤进入的较少。而在核试验和核工业泄漏事故时，放射性物质经消化道、呼吸道和皮肤这几条途径均可进入人体而造成危害。环境中的放射性物质，大部分会沉降或直接排放到地面，导致地面土壤和水源的污染，然后通过作物、水产品、饲料、牧草等进入食品，最终进入人体。

对于利用人为控制的原子能射线对食品进行杀菌、杀虫等处理，目前的研究表明在一定剂量范围内是安全的。然而随着辐照食品逐渐进入实用阶段，食品在辐照加工过程中的安全性是食品安全和公共卫生方面不可忽视的问题。辐照剂量的无原则增大和监管措施的缺乏使得辐照食品的安全性受到大众的质疑，有可能给人类和环境带来无法预知的危害，亟须深入研究。

二、食品理化污染的监测

高质量获得可靠的食品污染物数据已经成为我国控制食源性疾病与食源性危害的基础性工作，是制定国家食品安全政策、法规、标准的重要依据。建立和完善食品污染物监测网络，有效地收集有关食品中化学性和微生物性污染与食源性疾病关系的信息，有利于发展适合我国国情的风险评估(特别是暴露评估)体系，创建食品污染预警系统。在保护国内消费者的同时，污染物监测也提高了我国在国际食品贸易中的地位，确保我国出口食品的安全性。因此，污染物监测就是通过测定影响食品安全的危害因子的代表值来了解其污染程度与变化趋势，是食品安全风险分析的重要组成部分。从广义上讲，污染物监测是指在一定时期内对污染因子进行重复测定，追踪污染物的种类和浓度的变化；从狭义上讲，污染物监测是对于污染物进行定期测定，判断其是否达到食品安全标准和评价监控体系效果的措施。

从我国加入世界贸易组织的谈判来看，《国际食品法典》是国际食品贸易争端仲裁的重要依据，而对污染的控制是《国际食品法典》的重要内容。在《国际食品法典》污染物标准的建立过程中，食品污染监测数据将会起到重要作用。人类所发生的包括致死在内的许多急性中毒事故是食品污染的结果。动物性食品所造成的急性中毒事故甚至更加常见。对食品供应总的潜在有害化学品进行监测对任何国家都是必需的，食品污染监测计划及其实施是为了高质量地获得可靠的食品污染监测数据。高质量的数据应该具有代表性、完整性、准确性、精密性和可比性，因此污染物监测是在污染物分析的基础上发展起来的。

"全球环境监测系统/食品污染物监测和评估方案"（GEMS/Food）（GEMS/Food 详细名单和核心名单参见表 3-1、表 3-2）是 1976 年由世界卫生组织和联合国粮食及农业组织、联合国环境规划署联合设立的项目。尽管该联合项目在 1994 年已经结束，但 WHO 组织 70 个国家仍继续开展 GEMS/Food 的目的是获得全球不同国家的食品污染及其人群接触量数据并进行评估。GEMS/Food 可以将有关数据提供给政府、国际机构或跨国机构，如国际食品法典委员会，以便其了解食品污染物的水平和趋势，在人群总接触量中的各种食品分布，以及在公共卫生与国际贸易中的意义。GEMS/Food 与联合国粮食及农业组织、联合国环境规划署和其他国际组织以及相关的非政府国际组织就食品污染的有关监督检测的特定事宜进行合作，也是国际食品法典委员会工作中最具活力的项目。

表 3-1　GEMS/Food 详细名单

污染物	食品
艾氏剂、狄氏剂、DDT、硫丹（α 和 β）、硫丹硫酸盐、异狄氏剂、六六六（α、β、γ）、六氯苯、七氯、环氧七氯、多氯联苯（PCB28，PCB52，PCB101，PCB118，PCB138，PCB153，PCB180）、二噁英（PCDD 和 PCDF）	全奶、干奶、黄油、蛋类、动物油脂、鱼、谷物[①]植物油脂、母乳、总膳食、饮用水
铅	奶、罐装或新鲜肉、肾、鱼、软体动物、甲壳动物、谷物、干果和豆类、罐装或新鲜水果、果汁、香辛料调味品、婴儿食品、罐装饮料、果酒、总膳食、饮用水
镉	动物内脏、软体动物、甲壳动物、面粉、蔬菜、总膳食
汞	鱼及其制品、蘑菇、总膳食
黄曲霉毒素	奶及其制品、蛋、玉米、谷物、花生、其他坚果、香辛料调味品、干果、总膳食
棕曲霉毒素 A	麦类、谷物、肉（猪肉）
展青霉毒素	苹果、苹果汁、其他梨果类水果及其果汁
伏马菌素	玉米
杀螟硫磷、马拉硫磷、甲基对硫磷、甲基嘧啶磷、毒死蜱	谷物、蔬菜、水果、总膳食、饮用水
二巯基氨基甲酸酯（dithiocarbamate）	谷物、蔬菜、水果、总膳食、饮用水
放射性核素（^{137}Cs、^{90}Sr、^{131}I、^{239}Pu）	谷物、蔬菜、奶、饮用水
硝酸盐/亚硝酸盐	蔬菜、饮用水
砷（无机）[②]	全奶、黄油、动物油脂、鱼、谷物、母乳

注：①或其他主食。

②未确定的项目。

表 3-2　GEMS/Food 核心名单

污 染 物	食 品
艾氏剂、狄氏剂、DDT、硫丹(α 和 β)、硫丹硫酸盐、异狄氏剂、六六六(α、β、γ)、六氯苯、七氯、环氧七氯、多氯联苯	全奶、黄油、动物油脂、鱼、谷物[①]、母乳
铅	奶、罐装或新鲜肉、动物内脏、谷物、罐装或新鲜水果、果汁、香辛料调味品、婴儿食品、罐装饮料、果酒、饮用水
镉	动物内脏、软体动物、甲壳动物，谷物
汞	鱼
黄曲霉毒素	奶、玉米、花生、其他坚果、干果
地亚农，杀螟硫磷、马拉硫磷、对硫磷、甲基对硫磷、甲基嘧啶磷	谷物、蔬菜、饮用水

注：①或其他主食。

　　一个化合物的毒性及其在人群中暴露状况之间的基本关系是潜在的有毒化合物现代风险评估的基石，只有进行暴露评估才能定量风险评估，也只有暴露评估才能最终判定一个化合物是否对公众健康危害构成不可接受的风险。膳食暴露评估需要食物消费数据和食品中的化合物浓度数据，然后将膳食暴露评估的结果与食品中该化合物相关毒理学及营养学参数进行比较。暴露评估分为急性评估和慢性评估。短期暴露是一天内的暴露，长期暴露是终身或者是很长一段时间的暴露。

　　用于暴露评估的数据应该是客观的，评估的化合物包括批准使用以前，或者是在食物中存在多年后，或者是天然化合物，或者是食品中不可避免的污染物。在膳食暴露评估中，精确获得食物中化合物含量水平和食物消费量同样重要。采样、分析和报告程序的选择是获得食物中化合物浓度的关键步骤。对于食品消费量的评估主要有以下几种方法。第一种方法是基于人群方法采集的数据库。供人消费食物量数据包括来源于国家食品产量、消失或利用的全国性统计数据，如由美国农业部经济调查署或澳大利亚统计局所编报的数据。FAO 的统计数据库有超过 250 个国家的相似统计数据。在没有成员国官方数据的情况时，用其食品消费量和国家统计数据进行汇编或估计。GEMS/Food 区域膳食就是以 FAO 的选择性数据库为基础，代表每人每天的平均食品消费量。

　　第二种方法是基于个体采集方法的数据库(具体方法步骤参见图 3-1)。

　　原则上国际膳食暴露评估需要对饮食中所有确定有风险的化学品进行评估检测，同样的原则也适用于食物中污染物、农药与兽药残留、营养素、适当的添加剂、加工助剂和其他化学物质的暴露评估。对于不同物质的最佳暴露评估方法可以有所不同，这是由多种因素确定的。总的来说，暴露评估的早期步骤属于筛选方法，利用最少的资源并在最短的时间内在大量化学品中确定其中没有存在安全隐患的物质。

　　美国农业部为了更方便快捷地收集农药残留监测的数据，利用远程数据录入系统(remote data entry，RDE)进行数据的上报和传送，为农药残留监测方案(pesticide data program，PDP)的数据提供了较好的服务管理；美国为了提高实验室食品检测能力和加强国家对食品安全的恐怖袭击的快速应对能力，组建了食品突发事件反应网络(food emergency response network，FERN)，并通过招募全国范围内的实验室参与到电子实验室交换网络系统(electronic laboratory exchange network，eLEXNET)中来，同时大力建设食源性疾病监测的电子化网络

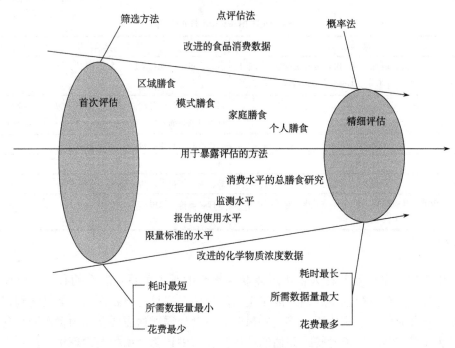

图 3-1　获得真实膳食暴露评估的方法步骤

系统，其中包括食源性疾病主动监测网、公共卫生信息系统、细菌分子分型国家电子网络、水源性疾病主动监测网、国家肠道细菌耐药性检测系统等。我国国家 CDC 和省级 CDC 也相继建设了食源性污染物监测和污染物监测网络上报系统，如福建省。这些食品安全监测信息系统为建设全国食品污染物监测网络平台提供了依据和框架。

三、食品理化污染的检测

食品污染物分析技术是食品安全的重要先驱，检测食品污染物分析方法的标准是影响检验结果的关键因素，是检验食品污染的依据和尺度，也是进行污染物监测和总膳食研究的基础。国际和国内都非常重视食品污染物监测技术研究，并以此为基础制定了先进、科学的分析方法标准。经过我国食品安全检验实验室科研人员的多年努力，我国在农药残留检测、兽药残留检测、重要有机污染物的痕量与超痕量检测、食品添加剂、饲料添加剂与违禁化学品检验方法、重金属和元素等方面的研究取得了很大进展。

在农药残留检测技术方面，国际上已较多采用多残留检测技术和快速筛选检测技术。传统的农药残留分析大多数用来分析某一类农药的单一成分，多组分残留分析方法不仅可以用于分析同一类农药中的不同成分，而且可以分析不同种类农药中的不同成分。主要以 GC/MS、HPLC/MS 进行定性确认和定量检测，仪器检测准确可靠，检测结果可做执法依据，仍然是国际上普遍接受的检测方法。目前，国际上最有代表性的多残留分析方法主要有美国 FDA 的方法(可检测 360 种农药)，德国 DFG 的方法(可检测 325 种农药)，荷兰卫生部的方法(可检测 200 种农药)，加拿大的方法(可检测 251 种农药)，日本厚生劳动省通知检验法(可检测 400 种农药)。在样品前处理方面，这些方法不尽相同，各有特点。FDA 方法早期使用乙腈提取样品，现在改为丙酮；而 FAO 和欧盟主要用乙酸乙酯提取样品；日本采用乙腈提取样品。在样品净化方面，FDA 的方法一直使用各种不同的固相萃取柱进行净化，FAO、欧盟一般以凝胶色谱柱净化为主，复杂样品则增加固相萃取小柱，日本以前采用凝胶色谱柱净化为主，现在主要采用不同的固相萃取柱进行净化。

农药残留分析方法趋向于选择性强、分辨率高和检测限低以及操作简便，主要表现在由单一种类农药多残留分析向多品种农药多残留分析发展，而且对农药的代谢物、降解物以及耦合物的残留分析给予了更多的关注。随着科学技术的进步，农药残留分析方法日趋系统化、规范化，并向小型化、自动化方向发展。主要表现在以下几个方面。

(1) 应用简便、快捷的分析方法进行现场初测，成本低，对呈阳性反应的样品进行实验室进一步确证。

(2) 提高检测技术的灵敏度，满足食品农残分析中越来越低的检测下限要求，用内标法代替过去的外标法。

(3) 前处理技术向着省时、省力、低廉、减少溶剂、减少对环境的污染、系统化、规范化、微型化和自动化方向发展，各种在线联用技术可避免样品转移的损失，减少各种人为的偶然误差，已成为农药残留分析方法发展的重点。

(4) 将生物技术与现代理化分析手段相结合，不断地开发出新的分析技术。

在兽药残留检测技术方面，主要开展多残留仪器分析和验证方法的研究。完成了包括 β-兴奋剂、激素、磺胺等、四环素类、氯霉素类、硝基呋喃类、β-内酰胺等、苯并咪唑类、阿维菌类、喹诺酮类、硝基咪唑类、氨基糖苷类、氨基硫脲类 13 项药物的检测研究。完成了新型综合微量样品处理仪、超临界流体萃取在线富集离线净化装置、高效快速浓缩仪、便携式酶标仪的研制。

在重要有机污染物的痕量与超痕量检测技术方面，完成了二噁英、多氯联苯和氯丙醇的痕量与超痕量检测技术的研究；建立了 12 种具有二噁英活性共平面 PCB 单体同位素稀释高分辨质谱方法；建立了以稳定性同位素稀释技术同时测定食品中氯丙醇的方法；建立了食品中丙烯酰胺、有机锡、灭蚊灵、六氯苯的检测技术。

在食品添加剂、饲料添加剂与违禁化学品检验技术方面，开展了纽甜、三氟蔗糖、防腐剂的快速检测，番茄红色素、辣椒红色素、甜菜红色素、红花色素、饲料添加剂虾青素、白梨芦醇等的检测研究；建立了阿力甜、TBH、姜黄素、保健食品中的红景天苷、15 种脂肪酸测定方法，番茄红素和叶黄素、红曲发酵产物中 Monacolinlink 开环结构与闭环结构的定量分析方法，食品(焦糖色素、酱油)中 4-甲基咪唑含量的毛细管气相色谱分析方法，芬氟拉明、杂氟拉明、杂醇油快速检验方法，磷化物快速检验方法。

在重金属和元素检测方面，测定有害元素的方法较多，比较普遍的方法有石墨炉原子吸收光谱法、火焰原子吸收光谱法、冷原子吸收法、原子荧光光谱法、利用显色剂比色法、氢化物原子吸收光谱法、氢化物原子荧光光谱法、示波极谱法、电感耦合等离子体光谱法和电感耦合等离子体-质谱法等。国际上大多数国家所采用的铅、镉测定方法为石墨炉原子吸收光谱法和电感耦合等离子体质谱法，总汞测定方法为冷原子吸收光谱法，砷为氢化物原子吸收光谱法和电感耦合等离子体质谱法。这些方法灵敏度高，结合微波消解或高压消解的样品前处理技术，经过多个实验室采用简便、快速的方法测定，并与标准参考物质核对，测定结果与保证值相符合。由于测定方法简单方便、性能价格比较好，所以在食品相关测定中广泛应用。

石墨炉原子吸收光谱法由于具有灵敏度高的特点，所以在我国食品污染物监测中是最常见使用的技术。但原子吸收光谱的背景干扰是个复杂问题。电感耦合等离子质谱法是目前最灵敏可靠的方法，但对其前处理的要求严格，且仪器昂贵，过去仅用于标准物质的定值和标准方法的考核，由于对多种元素同时测定技术逐步地被食品污染监测实验室所掌握，因此，现在使用该项技术的发达国家已经达到其总数的 1/3 以上。除了元素本身的检测以外，元素形态对生物利用度、环境行为和迁移性等方法有很大的影响，因此，在日益引起人们关注的食品安全领域，元素形态分析越来越受到重视。汞元素是最早引起重视的元素，在日本水俣地区，工厂排放至水体的汞经过食物链传播并在生物体内酶的作用下，通过甲基化转化为毒性更高的甲基汞，并最终对食物链顶部的人带来危害。此外，砷、锡等也都存在类似的问题。目前，国际上的趋势是将 ICP-MS 无机质谱仪与分离方法结合起来，不但可以提供有关元素化学形式的识别与定量方面的信息，而且可以精确地测量元素的同位素比。

第二节　养殖过程与食品兽药残留

一、食品兽药残留的概述

兽药残留按照 FAO/WHO 的食品兽药残留立法委员会定义为，动物产品的任何可食部分所含兽药的母体化合物或其代谢产物，以及与兽药有关的残留，所以兽药材料既包括原药，也包括药物在动物体内的代谢产物。另外，药物或其代谢产物与内源大分子共价结合产物成为结合残留。动物组织中存在共价结合物则表明药物对靶动物具有潜在的毒性。残留总量是指对食品动物用药后，任何可食动物源性产品中某种药物残留的原型和全部代谢产物的总和。最大残留量是对动物性食品用药后产生的允许存在于食品表面或内部的该兽药的最高量。为了预防和治疗家禽和养殖鱼患病而投入大量抗生素、磺胺类化学药物造成药物残留在食品动物组织中，伴随而来的是对公众健康和环境的危害。

兽药在动物体内的残留量与药物种类、给药方式及器官和组织的种类有关。兽药进入动物体内后，兽药或其代谢物与内源大分子以游离态或结合态发生化学反应，形成结合产物，多较稳定，具有潜在的毒性作用。无论药物以何途径给药，都可出现残留，并且正常组织内的非内源性物质均可视为残留。一般情况下，对兽药有代谢作用的脏器，如肝脏、肾脏，其兽药残留量最高。由于不断代谢和排出体外，进入动物体内兽药的量随着时间推移而逐渐减少，动物种类不同则兽药代谢的速率也不同。例如，通常所用的药物在鸡体内的半衰期大多数在 12h 以下，多数鸡用药物的休药期为 7 天。

随着膳食结构的不断改善和对动物性蛋白需求的不断增加，人们对肉制品、奶制品、鱼制品等动物性食品的要求也越来越高，食品兽药的残留也引起了普遍的关注。世界卫生组织也已经重视这个问题，并认为兽药残留将是今后食品安全性问题中最严重的问题之一。

二、食品兽药残留的来源

随着人们对肉制品的需求量不断增长，现代畜牧业日益趋向于规模化和集约化生产，兽药及饲料添加剂被越来越多地用于降低动物的发病率与死亡率、提高饲料利用率、促生长和改善产品品质等，已成为现代畜牧业生产中不可缺少的物质基础。如果在畜牧业生产中，滥用、误用兽药，极易造成肉制品中有害物质的残留，使得部分畜禽产品药残超标，产品品质受到影响，这不仅对人体健康造成直接危害，影响动物性食品的国际贸易，而且对畜牧业的发展和生态环境也造成极大危害。因此，充分认识肉制品中兽药残留的来源有十分重大的意义。

在动物治疗和使用预防的药物时，没有正确的遵守休药期或弃乳期，造成养殖环节的用药不当是产生兽药残留的最主要来源。产生兽药残留的主要原因大致有以下几个方面。

1. 未严格执行休药期有关规定　休药期也称为消除期，是指动物从停止给药到许可屠宰或它们的乳、蛋等产品许可上市的间隔时间。休药期是依据药物在动物体内的消除规律确定的，就是按最大剂量、最长用药周期给药，停药后在不同的时间点屠宰，采集各个组织进行残留量的检测，直至在最后那个时间点采集的所有组织中均检测不出药物为止。

休药期因动物种属、药物种类、制剂形式、用药剂量、给药途径及组织中的分布情况等不同而有差异。通过休药期这段时间，畜禽可通过新陈代谢将大多数残留的药物排出体外，使药物的残留量低于最高残留限量从而达到安全浓度。不遵守休药期规定，造成药物在动物体内大量蓄积，产品中的残留药物超标，或出现不应有的残留药物，会对人体造成潜在的危害。未能严格遵守休药期是导致食品残留超标最主要的原因。到目前为止，只有一部分兽药规定了休药期，由于确定一个药品的休药期的工作很复杂，还有一些药品没有规定休药期，也有一些兽药不需要规定休药期。

2. 滥用兽药或使用劣质兽药　各种抗生素、激素等药物作为药物性饲料添加剂给养殖业带来的巨大商业利益改变了人们对药物作用的观念，提高动物的生产性能逐渐成为动物药品的重要作用。自 20 世纪 50 年代亚治疗剂量的抗生素等药物添加剂逐渐成为动物日粮或饮水的常规成分，到 70 年代，80% 以上的家禽家畜长期或终生使用药物添加剂，约 50% 的兽用抗生素被用于非治疗性目的，滥用青霉素类、磺胺类和喹诺酮类等抗菌药，随意配伍用药，任意使用复合制剂，使用人用药物，这些因素均可造成药物残留。

中国是世界上养殖业抗生素滥用最严重的国家之一，每年生产的抗生素有 40% 以上用于畜牧养殖业。2002~2007 年，一项对我国北方和南方一些城市销售的猪、鸡中抗生素和激素残留量的调查显示，兽药中土霉素检出率最高，其次是己烯雌酚和四环素。抽查中发现，畜禽饲养户使用的抗生素还有庆大霉素、环丙沙星、氧氟沙星、诺氟沙星、青霉素、链霉素、氯霉素等。

3. 违规使用兽药及饲料添加剂　农业部在 2003 年 265 号公告中明确规定，不得使用不符合《兽药标签和说明书管理办法》规定的兽药产品，不得使用《食品动物禁用的兽药及其他化合物清单》所列产品及未经农业部批准的兽药，不得使用进口国明令禁用的兽药，肉禽产品中不得检出禁用药物。为了加强兽药监督管理，农业部于 2013 年 8 月 1 日通过 2 号令《兽用处方药和非处方药管理办法》，在 2014 年 2066 号公告中也明确规定兽药生产企业应按照《兽药产品说明书范本》要求印制标签和说明书，《兽药产品说明书范本》未收载的产品按照批准的标签和说明书样稿印制。但事实上，饲料生产厂家、养殖户为了追求最大的经济效益，违规使用兽药及饲料添加剂的情况依然存在。农业部、卫生部、国家药品监督管理局联合发布了《禁止在饲料和动物饮用水中使用的药品的目录》，该公告规定的违禁药物品种包括 5 类：肾上腺受体激动剂、性激素、蛋白同化激素、精神药品及各种抗生素滤渣。2002 年 3 月农业部又发布了《食品动物禁用的兽药及其他化合物清单》，该清单规定的禁用兽药主要有包括 β-兴奋剂类、性激素类和磺胺类等在内的 21 种兽药。2010 年 12 月农业部

1519 号公告根据《饲料和饲料添加剂管理条例》有关规定，禁止在饲料和动物饮水中使用苯乙醇胺 A 等物质，禁用了包括盐酸齐帕特罗、马布特罗、苯乙醇胺 A 在内的 11 种物质。农业部于 2015 年 9 月就关于停止生产洛美沙星、培氟沙星、氧氟沙星、诺氟沙星 4 种原料药的各种盐、脂及其各种制剂的公告征求意见。但有的养殖户或饲料企业为了一时的经济效益，不惜以身试法。例如为使畜禽增重、增加瘦肉率而使用兴奋剂类(瘦肉精)，为促进畜禽生长而使用性激素类(己烯雌酚)，为减少畜禽的活动，达到增重的目的而使用催眠镇静类药物(氯丙嗪、安定、利血平等)。例如，2006 年，上海连续发生"瘦肉精"食物中毒事故，波及全市 9 个区、300 多人。

此外，在我国《饲料药物添加剂使用规范》中明确规定了可用于制成饲料药物添加剂的兽药品种及相应的休药期。但是，有些饲料生产企业和养殖户，超量添加药物，甚至添加禁用激素类、抗生素类、人工合成化学药品等，这也是兽药残留的重要原因。

4. 用药错误，违背有关标签的规定 我国《兽药管理条例》明确规定，标签必须写明兽药的主要成分及其含量等，可是有些兽药企业为了逃避报批，有些饲料生产企业受到经济利益的驱动，人为向饲料中添加如盐酸克仑特罗、雌二醇、绒毛膜促性腺激素等各种畜禽违禁药品。还有的企业为了保密或逃避报批，不在饲料标签上表示出人工合成的化学药品，这便造成了兽药在肉制品中的残留。从而造成用户盲目用药，这些违规做法可造成兽药残留超标。

5. 屠宰前使用药物 屠宰前，为逃避检查，用药掩饰有病畜禽临床症状，以逃避宰前检验，这也能造成畜产品的兽药残留。

三、常见兽药残留种类和限量标准

1. 常见兽药残留的种类 在动物源食品中较容易引起兽药残留量超标的兽药主要有抗生素类、磺胺类、呋喃类、抗寄生虫类和激素类药物。

1)抗生素类 抗生素是指由细菌、放线菌、真菌等微生物经过培养而得到的产物，或化学半合成的相同或类似物，在低浓度下对细菌、真菌、立克次氏体、病毒、支原体、衣原体等特异性微生物有抑制生长或杀灭作用。还具有促进动物生长、提高饲料转化率、提高动物产品的品质、减轻动物的粪臭、改善饲养环境等功效。目前应用于临床的抗生素主要品种有青霉素类、头孢菌素类、氨基糖苷类、大环内酯类、四环素类、氯霉素类和林可酰胺类。常用饲料药物添加剂有氯霉素、青霉素、链霉素、红霉素、黏菌素、诺弗沙星、氨基糖苷类、大环内酯类、四环素类、螺旋霉素、链霉素、土霉素、金霉素等。

2)磺胺类 磺胺类是合成的抑菌药，抗菌谱广，对大多数动物体内的革兰氏阳性和许多革兰氏阴性细菌有效。它主要通过输液、口服、创伤外用等用药方式或作为饲料添加剂而残留在动物源食品中。磺胺类药物能被迅速吸收，24h 内就可在动物肉、蛋、奶中残留。在近 15~20 年，动物源食品中磺胺类药物残留量超标现象十分严重，多在猪、禽、牛等动物中发生。目前应用于畜牧业的磺胺类药主要有苯并咪唑类、阿维菌素类、二硝基类、有机磷化合物、环丙氨嗪等。

3)激素和 β-兴奋剂类 激素(hormone)就是由高度分化的内分泌细胞合成并直接分泌入血的化学信息物质，它通过调节各种组织细胞的代谢活动来影响身体的生理活动。它对肌体的代谢、生长、发育、繁殖、性别、性欲和性活动等起重要的调节作用，但有可能使患者上瘾，对激素产生依赖性。由于药物残留有害身体健康，产生了许多负面影响，许多种类现已禁用。兽用激素主要用于提高动物繁殖和生产性能。

β-兴奋剂是从 1980 年起开始新出现的新型饲料添加剂，是一种化学的传递物质，能激活β-肾上腺素能受体，促进细胞内脂肪发生降解，以及使由脂肪降解产生的脂肪酸加速氧化。具有降低脂肪、提高瘦肉率、促进生长的功能。β-兴奋剂因为能够促进瘦肉生长、抑制动物脂肪生长，所以统称"瘦肉精"。瘦肉精让猪的瘦肉率提高，带来更多经济价值，但它有很危险的副作用。2001 年 12 月 27 日，2002 年 2 月 9 日、4 月 9 日和 2010 年 12 月 27 日，农业部分别下发文件禁止食品动物使用 β-激动剂类药物作为饲料添加剂（农业部 176 号、193 号公告、1519 号公告）。

激素按化学结构大体可分为类固醇或氨基酸衍生物（如肾上腺皮质激素、性激素、甲状腺素等）和肽与蛋白质或脂肪酸衍生物（如下丘脑激素、垂体激素、胃肠激素、前列腺素等）。应用在畜牧业的主要有己烯雌酚、甲地孕酮、雌二醇、睾丸激素等。

β-兴奋剂有 16 种，常见的主要有莱克多巴胺、盐酸克仑特罗、沙丁胺醇、硫酸沙丁胺醇、硫酸特布他林、西巴特罗、盐酸多巴胺 7 种。

4）其他兽药　　呋喃唑酮和硝呋烯腙常用于猪或鸡的饲料中来预防疾病，它们在动物源食品中应为零残留，即不得检出，是我国食品动物禁用兽药。苯并咪唑类能在机体各组织中蓄积，投药期，在肉、蛋、奶中有较高残留。

2. 常见兽药残留的限量标准

（1）欧盟规定的动物性食品中兽药残留监控标准。

A 类：禁止使用的药物。

二苯乙烯类：己烯雌酚、双烯雌酚、己烷雌酚。

抗甲状腺剂：巯基尿嘧啶、甲硫氧嘧啶、丙硫氧嘧啶、甲巯咪唑。

固醇类激素：群勃龙、甲基睾酮、去甲睾酮、乙酸氯睾酮、炔诺醇、4-氯-睾丸-4-烯-3,17-二酮、甲基勃地酮、16-β-羟基-司坦唑醇、氯地孕酮、美仑孕酮、甲地孕酮、甲孕酮、地塞米松、氟米松、曲安奈德、雌二醇、睾酮、孕酮、雌烯酮、丙酸睾酮、强地松龙。

羟基苯甲酸内酯：玉米赤霉醇、玉米赤霉酮。

β-兴奋剂：克仑特罗、沙丁胺醇、西马特罗、马布它林、溴甲烷丁特罗、克仑丙罗。

其他：硝基呋喃类（呋喃唑酮、硝基呋喃妥因、硝基呋喃酮、呋喃它酮）；洛硝达唑、氨苯砜、氯霉素、二甲硝咪唑、秋水仙碱、氯丙嗪、甲硝唑、马兜铃。

B 类：允许使用但有最高残留限量规定的药物。

抗微生物药（抗生素、磺胺类），驱虫剂，抗生素球虫剂，氨基甲酸酯类及拟除虫菊酯类，非类固醇抗炎药，其他药理性物质。

（2）农业部 193 号公告《食品动物禁用兽药及其他化合物清单》如表 3-3 所示。

表 3-3　食品动物禁用兽药及其他化合物清单

序号	兽药及其他化合物名称	禁止用途	禁用动物
1	β-兴奋剂：克仑特罗、沙丁胺醇、西马特罗及其盐、酯及制剂	所有用途	所有食品动物
2	性激素类：己烯雌酚及其盐、酯及制剂	所有用途	所有食品动物
3	有雌激素作用的：玉米赤霉烯醇、去甲雄三烯醇酮、乙酸甲孕酮及制剂	所有用途	所有食品动物

续表

序号	兽药及其他化合物名称	禁止用途	禁用动物
4	氨苯砜及制剂	所有用途	所有食品动物
5	硝基呋喃类：呋喃唑酮、呋喃它酮、呋喃苯烯酸钠及制剂	所有用途	所有食品动物
6	硝基化合物：硝基酚钠、硝基烯腙及制剂	所有用途	所有食品动物
7	催眠、镇静类：安眠酮及制剂	所有用途	所有食品动物
8	林丹(丙体六六六)	杀虫剂	所有食品动物
9	毒杀芬(氯化烯)	杀虫剂、清塘剂	所有食品动物
10	呋喃丹(克百威)	杀虫剂	所有食品动物
11	杀虫脒(克死螨)	杀虫剂	所有食品动物
12	双甲脒	杀虫剂	所有食品动物
13	孔雀石绿	抗菌、杀虫剂	所有食品动物
14	酒石酸锑钾	杀虫剂	所有食品动物
15	所有食品动物锥虫砷胺	杀虫剂	所有食品动物
16	五氯酚钠	杀螺剂	所有食品动物
17	各种汞制剂：氯化亚汞、硝酸亚汞、乙酸汞、吡啶基乙酸汞	杀虫剂	所有食品动物
18	性激素类：甲睾酮、丙酸睾酮、苯丙酸诺龙、苯甲酸雌二醇	促生长	所有食品动物
19	催眠、镇静类：氯丙嗪、地西泮(安定)及其盐、酯制剂	促生长	所有食品动物
20	硝基呋喃类：甲硝唑、地美硝唑及其盐、酯及制剂	促生长	所有食品动物
21	氯霉素及其盐、酯(包括：琥珀氯霉素)及其制剂	所有用途	所有食品动物

(3)为了保障消费者的健康和患者的正常用药，农业部、卫生部和国家药品监督管理局联合发布了《禁止在饲料和动物饮水中使用的药物品种目录》。

a. 肾上腺素受体激动剂，如盐酸克仑特罗、沙丁胺醇、硫酸沙丁胺醇、莱克多巴胺、盐酸多巴胺、西马特罗、硫酸特布他林；

b. 性激素和促性腺激素，如己烯雌酚、雌二醇、戊酸雌二醇、苯甲酸雌二醇、氯烯雌醚、炔诺醇、炔诺醚、乙酸氯地孕酮、左炔诺孕醇、炔诺酮、绒毛膜促性腺激素、促卵泡生长激素(含卵泡刺激素、黄体生成素)；

c. 同化激素，如碘化酪蛋白、苯丙酸诺龙；

d. 精神药品，如氯丙嗪、盐酸异丙嗪、安定、苯巴比妥、巴比妥、戊巴比妥、异戊巴比妥钠、利血平、艾司唑仑、甲丙氨酯、咪达唑仑、硝西泮、奥沙西泮、匹莫林、三唑仑、唑吡旦、其他国家管制的精神药品；

e. 抗生素滤渣(抗生素工业废料)。

(4)1994 年、1997 年和 1999 年农业部先后发布了《关于动物性食品中兽药最高残留限量的通知》，规定了 101 种兽药的使用品种及在靶组织的最高残留限量(表 3-4)。2002 年又进行了修订。

2002 年农业部兽药残留专家委员会参考食品法典委员会(CAC)、FAO/WHO 食品添加剂联合专家委员会(JECFA)、欧盟(ENEA)和美国(CFR)的规定对我国兽药最大残留限量进行修订，分为三部分：

一是批准使用的但是要控制残留限制的兽药(列表的有 114 种)；

二是在动物性食品中不得检出(ND)的兽药(19 种)；

三是其他未批准的兽药(欧美已批准的 60 种)。

删除的药物(5 种)，增加的 13 种。

表 3-4　已批准使用的兽药最高残留限量　　　　　(单位：μg/kg 或 μg/L)

药物名	动物种类	靶组织	1999 年标准	修订值
阿维菌素 (阿灭丁) Abamectin ADI：0～0.25(以体重计)	牛(泌乳期禁用)	脂肪	10	100
		肝	20	100
		肾		50
	羊(泌乳期禁用)	肌肉		25
		脂肪		50
		肝		25
		肾		20
土霉素 金霉素 四环素 ADI：0～3	所有食品动物	肌肉	100	200
		肝	300	600
		肾	600	1 200
		脂肪	美国 CFR　12 000	
	牛/羊	奶	100	100
	禽	蛋	200	400
	鱼/虾	肉	100	200
庆大霉素 gentamicin ADI：0～4	牛/猪	肌肉	100	100
		脂(+皮)	100	100
		肝	200	2 000
		肾	1 000	5 000
	牛		100	200
	鸡/火鸡			100
敌敌畏 dichlorvos ADI：0～4	牛/羊/马	脂肪	20	20
		肌肉	20	20
		副产品	20	20
	猪	脂肪	100	100
		肌肉	100	100
		副产品	200	200
	鸡	脂肪	50	50
		肌肉	50	50
		副产品	50	50
马拉硫磷 malathion	牛/羊/猪/禽/马	脂肪	4 000	4 000
		肌肉	4 000	4 000
		副产品	4 000	4 000

续表

药物名	动物种类	靶组织	1999 年标准	修订值
滴滴涕 DDT	所有食品动物	肝	5 000	按农药 EMRL
氰戊菊酯 fenvalerate ADI：0～20	牛/猪/禽	脂肪	1 000	1 000
		肌肉	1 000	1 000
		副产品	20	20
	牛	奶	100	100
溴氰菊酯 Deltame-thrin ADI： 0～10(E)	牛/羊/鸡	肌肉	10	30
		脂(+皮)	50	50
		肝	10	10
		肾	10	10
	牛	奶	20	20
	鸡	蛋	50	50
	鲑鱼	肌肉	10	10

四、食品兽药残留危害及影响因素

人类在食用残留有激素、抗生素等的食品后，主要表现为以下方面的危害。

1. 一般的毒性作用　　人长期食用含有兽药抗生素残留的食品后，药物不断在体内蓄积，当浓度达到一定量后，就会使人体产生多种急慢性中毒。人体对氯霉素反应比动物更敏感，特别是婴幼儿的药物代谢功能尚不完善，氯霉素的超标可引起致命的"灰婴综合征"反应，严重时还会造成人的再生障碍性贫血；氨基糖苷类的链霉素可以损害前庭和耳蜗神经，导致眩晕和听力减退甚至导致药物性耳聋；四环素类药物能够与骨骼中的钙结合，抑制骨骼和牙齿的发育。这些兽药污染食品后带来的健康危害更应引起关注。2008 年，浙江嘉兴某公司70 名员工在午饭后开始出现手脚发麻、心率加快、呕吐等症状。出现症状的员工都吃了红烧肉。调查原因，罪魁祸首是猪肉里面一种称为"瘦肉精"的兴奋剂。

除了这些急慢性毒性外，有些药物具有致癌、致畸或致突变作用（简称"三致"作用）。例如，雌性激素类（己烯雌酚）、同化激素（苯丙酸诺龙）、喹噁啉类（卡巴氧）、硝基呋喃类（呋喃西林、呋喃他酮）、硝基咪唑类、砷制剂等药物具有"三致"作用。

2. 过敏反应　　经常食用一些含有低剂量抗菌药物残留的食品能使易感个体出现过敏反应症状，如青霉素、四环素类、磺胺类和氨基糖苷类等能使部分人群发生过敏反应甚至休克，并在短时间内出现血压下降、皮疹、喉头水肿、呼吸困难等严重症状；青霉素类药物具有很强的致敏作用，轻者表现为接触性皮炎和皮肤反应，重者表现为致死的过敏性休克；四环素药物可引起过敏和荨麻疹。磺胺类则表现为皮炎、白细胞减少、溶血性贫血和药热；喹诺酮类药物也可引起变态反应和光敏反应。

3. 耐药菌株的出现　　动物在经常反复接触某一种抗菌药物后，其体内的敏感菌株可能会受到选择性抑制，从而使耐药菌株大量繁殖。在某些情况下，经常食用含有药物残留的动物性食品，动物体内的耐药菌株可通过动物性食品传播给人体，当人体发生疾病时，会给临床上感染性疾病的治疗带来一定的困难，耐药菌株感染往往会延误正常的治疗过程。日本、美国等国的研究者证实，在乳、肉和动物脏器中存在耐药菌株。当这些食品被人食用后，耐药菌株就可能进入消费者消化道内。耐药因子的转移是在人的体内进行的，但迄今为止，具有耐药性的微生物通过动物性食品迁移到人体内而对人体健康产生危害的问题尚未得到解决。

4. 肠道菌群的失调　　在正常情况下，人体肠道的菌群出于在多年共同进化过程中与人体能相互适应，不同菌群之间相互制约而维持菌群平衡，如某些细菌能合成 B 族维生素和维生素 K 以供机体食用。过多应用药物会使菌群的这种平衡发生紊乱，造成一些非致病菌死亡，从而导致长期的腹泻或引起维生素缺乏等反应，造成对人体的危害。

5. 对人体的内分泌系统造成影响　　儿童食用残留有促生长激素的食品能够导致性早熟。20 世纪后期，发现环境中存在一些影响动物内分泌、免疫和神经系统功能的干扰物质，成为环境激素样物质，这些物质通过食物链进入人体，会产生一系列的健康负面效应，如导致内分泌相关肿瘤、生长发育障碍、出生缺陷和生育缺陷等，给人体健康带来深远的影响。

除了直接对人体产生毒害以外，兽药残留还对生态环境产生不可估量的危害。例如，动物在食用兽药残留后，排泄物中的抗菌药物和耐药菌株被释放入环境后，对水源和土壤都造成一定的污染，而这些微生物在污泥中长期保持耐药性质。例如，污水中 1ng/L 的雌二醇即能诱导雄鱼发生雌性化。抗球虫药常山酮对水生动物(如鱼、虾)有很强的毒性。有机砷制剂作为添加剂大量使用，随排泄物进入环境后，对土壤固氮细菌、解磷细菌、纤维素分解细菌等均产生抑制作用。另外，进入环境中的兽药被动的由植物富集，然后进入食物链，同样危害人类的健康。有机磷和有机氯杀虫剂常用来驱杀动物的体内和体外寄生虫，排泄物中的有机磷杀虫剂对生态环境的危害性很高，而有机氯杀虫剂在环境中能长期存在，易被动物、植物富集并具有"三致"作用。己烯雌酚、氯羟吡啶在环境中降解很慢，能在食物链中高度富集，影响人类的健康。

五、食品兽药残留预防与控制措施

1. 对兽药进行食品安全的风险评估

1) 危害鉴定(hazard identification)　　危害鉴定的目的是要鉴别兽药残留潜在的不良反应和引起该不良反应的分子及其作用机制。JECFA 残留评价的有效性严重依赖于危害鉴定的质量，因此要求的资料是最重要的内容。资料的来源包括流行病学研究、动物毒理学研究、体外试验和定量的结构-活性关系研究。对于大多数兽药残留来说，临床和流行病学资料很难获得，并且流行病学研究所需的费用较高，所获得的资料有限，所以危害鉴定主要依赖于其他来源的资料。动物试验是兽药残留最主要的毒理学资料来源，它应当有助于鉴定毒理学效应终点，目的是要确定无观察作用剂量(NOEL)。如果要得到准确可靠的研究结果，那么必须遵循良好实验室操作规范(GLP)和质量保证/质量控制(QA/QC)标准化程序。在动物试验的过程中必须注意良好的试验设计，包括动物的数量、品种、品系、性别控制、剂量间距、暴露的途径、足够的样品量以及统计设计等。动物试验包括试验动物和靶动物在内的长期(慢性)毒性试验和短期(急性)毒性试验。毒理学评价指标一般包括一般毒性、致癌性、遗传毒性、生殖/发育毒性、神经毒性和免疫毒性及微生物毒性等。

动物试验不但要求判断人类健康所面临的潜在不良反应，更重要的是提供人类风险的相关性资料。这些资料包括作用机制、给药剂量与释放剂量的关系和药动学与药效学资料等。关于作用机制的资料，可以用体外试验进行补充。例如，用隔代遗传分析或其他类似的分析可以获得遗传毒理学资料。但是，体外试验的资料不能被认为是预测人类风险的唯一资料来源。体内外研究结果能够加强对作用机制和药动学与药效学的理解。然而，这些资料可能在很多情况下无法获得，并且在获得这些资料的同时，不能延迟风险评估的过程。

2) 危害特征描述 (hazard characterization)　　危害描述聚焦于主要不良反应的剂量-反应关系、针对特定不良反应最敏感的动物或菌株的鉴定和不良反应与剂量-反应关系的外推。在此过程中，药物或毒物动力学资料会再次起到重要作用，它们有助于理解主要代谢产物的形成以及与细胞大分子的结合情况，为种间差异和个体间的变异性提供解释。剂量-反应关系评估，是确定危害的暴露强度与不良反应的严重程度和(或)频率之间的关系，NOEL 的确定是该评估过程的重点所在。JECFA 通常按照传统的假设将非致癌性终点和非遗传毒性终点作为阈剂量。

为了获得足够的灵敏度，动物毒理学试验必须在较高剂量水平下进行。为了与人体暴露水平相比，动物试验所给剂量需要外推到比原先剂量小很多的水平。在外推的过程中存在定性和定量上的不确定性。危害可能会随剂量的降低而改变或完全消失。即使不良反应在动物和人体内表现出定性上的一致性，所选择的剂量-反应模型也可能不正确。不仅相同的剂量会在动物和人体内的比较药动学存在差异，而且代谢机制也会有所改变。兽药残留高低剂量的代谢机制会有所不同。例如，高剂量通常抑制正常的解毒代谢途径而产生不良反应，低剂量则不会发生。因此，在剂量-反应外推的过程中必须考虑这些因素的影响和其他可能的剂量相关性变化。

3) 暴露评估 (exposure assessment)　　暴露评估是指兽药残留经过动物源食品被摄入的定性和(或)定量评价。在评估兽药残留的过程中，必须要估计残留的饮食摄入量以及将其与 ADI 进行比较。在执行兽药残留摄入评估中，至少需要两个方面的资料：一是动物源食品中的残留物质及其浓度相关资料；二是消费者每天的动物源食品摄入量的相关资料。

对于残留暴露估计，JECFA 曾经引入了最大理论日许摄入量 (TMDI) 的概念。假定所有食品动物按照最大推荐剂量持续给药，动物源食品中的残留浓度都保持在 MRL 水平，并且人体一生当中每天都在摄入某种兽药残留，根据标准食物摄入量可以计算出 TMDI，将其与 ADI 进行比较，由此判断 MRL 的合理性。虽然 TMDI 过高地估计了残留的真实摄入量，但是当 TMDI 显著高于 ADI 时 MRL 就会被重新设定，或不推荐。这种暴露评估是一种极其理想的状态，估计了过高的残留暴露水平，因此对该方法一直存在很大的争论并且要求作出修改。由此可能会带来相当重要的后果，因为这可能会要求 JECFA 重新考虑大部分兽药的 MRL。2005 年，在荷兰召开的 FAO/RIVM/WHO 研讨会(更新农兽药残留风险评估的原则和方法)要求 JECFA 考虑采用中间值 (median value) 代替 MRL 来估计残留暴露水平。

推荐 MRL 是 JECFA 兽药残留风险评估最重要的目的，最初的考虑是所推荐的 MRL 能否足够保护人类的健康。MRL 的推荐程序是一个反复的过程，MRL 不直接由 ADI 所推导。如果 ADI 来源于毒理学终点，那么所有毒理学相关性残留物就会被考虑；如果 ADI 来源于微生物学终点，那么所有微生物相关性残留物就会被考虑。通常情况下利用药物放射性标记和非标记残留研究来确定合适的靶组织、标示残留物及其与总残留之间的关系。MRL 的最终确定是 GPVD、ADI、靶组织与标示残留物及其消除规律、结合残留的生物利用度和可获得的分析方法等因素综合考虑的结果。

4) 风险特征描述(risk characterization)　　风险描述是在危害鉴定、危害特征描述和暴露评估的基础上，针对特定人群就已知或潜在的不良反应发生的可能性和严重性所进行的定量和(或)定性估计，包括不确定性。对于存在阈值的化学物，人群风险可以采用摄入量与 ADI 相比较作为风险的描述，如果所评价的化学物质的摄入量较 ADI 小，则对人体的健康危害可能性甚小，甚至为零风险。对于没有阈值的化学物质，其对人群的风险是摄入量与危害强度的综合结果。在描述风险时，必须认识到在风险评估过程中每一步所涉及的不确定性。风险描述中的不确定性反映了在前三个评估阶段中的不确定性。将动物试验的结果外推到人体时可能会产生两种类型的不确定性：一类是试验动物与人体由于种属的差异而存在的不确定性；另一类是不能够通过动物试验所得的人体存在的敏感性差异而存在的不确定性。在实际工作中，降低这些不确定性依赖于专业判断和合适的人体试验研究。风险描述过程整合危害特征描述和暴露评估的结果并且形成建议提交给风险管理者。

2. 兽药残留的控制措施　　对兽药残留的预防和控制是一个系统工程，需要从养殖环境、农户的经济效益、检测方法等方面进行控制。

1) 从畜牧生产环节控制　　养殖企业在生产过程中合理选择和使用兽药和生物制品，才能有效防治疾病，控制产品中兽药残留，生产出符合现代肉类食品卫生标准(无疫病、无激素、无违禁药物残留、无农药残留)的食品。

(1)企业应建立和完善自身的用药监测、监控体系。

a. 根据《兽药管理条例》和国家有关规定，养殖企业建立养殖用药自控体系，控制用药的源头，要求药品生产企业或供应商提供完善的资质材料，包括企业营业执照、兽药生产许可证、兽药(注册)批准文号、GMP 证书、进口兽药登记许可证、兽药产品(化学)成分、厂家无违禁药残保证书等。尽可能选择对人和动物毒副作用小、高效、安全、性价比合理，对饲养场常见病原菌敏感有效的药品，不含国家明令禁止使用的激素类、兴奋剂、催眠镇静剂和某些抗生素类药物。

b. 建立完善的药品药效检验程序，根据药品使用说明书规定的适用范围及用药浓度，对从饲养场分离到的病原菌株进行药敏试验。对广谱抗菌药药敏试验一般选择本地不同区域的 7 个菌株(大肠杆菌 4 株、沙门菌 1 株、葡萄球菌 1 株、巴氏杆菌 1 株)进行检验，其中有 5 个试验菌株达到中敏以上视为药效合格药品。对治疗病毒病和某些呼吸道病实验室暂不能做药敏试验的药品，应通过临床试验有效，才能使用。对消毒药检验其最低抑菌浓度、最低杀菌浓度并进行消毒药杀灭病毒试验(鸡胚法)。

c. 构建合适有效的药残检测程序，根据《兽药管理条例》，建立企业对活畜禽及产品药残监测制度，监督饲养场用药情况，保证产品质量，杜绝产品中违禁药物残留，对各饲养场出栏前活畜禽及屠宰后产品进行药残检验。对检出违禁药残或其他抗生素残留量超过国家限量标准的饲养场及其产品按规定进行严格处理，确保合理安全用药和产品质量。

(2)建立科学合理的用药程序。

严格遵守兽药的使用对象、使用期限、使用剂量以及休药期等，严禁使用违禁药物和未被批准的药物；严禁或限制使用人畜共用的抗菌药物或可能具有"三致"作用和过敏反应的药物，尤其是禁止将它们作为饲料添加剂使用；对允许使用的兽药要遵守休药期规定，特别是对饲料添加剂必须严格执行使用规定和休药期规定；按照农业部颁发的药物添加剂使用规定用药，药物添加剂应先制成预混剂再添加到饲料中，不得将成药或原料药直接拌料使用；同一种饲料要尽量避免多种药物合用，否则因药物相互作用可引起药物在体内残留时间延长，确要合用的要遵循药物配伍原则；在生产加工饲料过程中，应将不加药饲料和加药饲料分开生产，以免污染不加兽药饲料；养殖户应正确使用饲料，切勿将含药的前中期饲料错用于饲养动物后期或在饲料中自行再添加药物或含药饲料添加剂，确有疾病发生应在专业人员指导下合理用药；在休药期结束前不得将动物屠宰后供人食用；生产厂家或销售商在销售添加剂产品时在标签上必须说明药物添加剂的有效成分和使用方法；改善饲养观念和提高饲养管理技术。

2) 加快兽药残留的立法，完善相应的检测配套体系

(1) 健全法律法规。改革开放以来，我国虽然在法律、法规的建设上加大了力度，但是，法律体系仍不够健全，与发达国家相比仍有很大差距。例如，无公害农产品有毒有害物质超标怎么办？没有处罚依据。

(2) 加强兽药残留分析方法的研究，建立兽药残留的监控体系。建立药物残留分析方法是有效控制动物性食品中药物残留的关键措施。我国目前的兽药检测方法大多是仪器法，主要应用的仪器有高效液相色谱仪（HPLC）、气相色谱仪（CG）、液质联用仪（LC/MS）、气质联用仪（GC/MS）。但这些仪器价格昂贵且操作方法复杂，存在检测成本高、检测周期长等缺点，不适宜大规模普查、监控。因此，未来应首先发展简单快速准确灵敏和便携化的残留分析技术；发展高效高灵敏的联用技术和多残留级分确证技术；分析过程自动化或智能化，以提高分析效率降低成本。建设国家、部以及省地级兽药残留机构，形成自中央至地方完整的兽药残留检测网络结构。加大投入开展兽药残留的基础研究和实际监控工作，初步建立起适合我国国情并与国际接轨的兽药残留监控体系，实施国家残留监控计划，力争将残留危害减小到最低程度。

3) 开发、研制、推广和使用无公害、无污染、无残留的非抗生素类药物及其添加剂   非抗生素类药物很多，如微生物制剂、中草药和无公害的化学物，都可达到治疗、防病的目的。尤其以中草药添加制剂和微生物制剂的生产前景最好。中草药制剂可提高动物的免疫力，只有提高了自身免疫功能，才能提高机体对外界致病菌的抵抗力。总之，只有采取适合我国国情，发展具有中国特色的具有保护生态环境的无公害、无残留、无污染的特色产品，才能从根本上解决药物残留及对人体的危害。

第三节　种植过程与食品农药残留

农药是一种广泛应用于农业生产的重要生产资料。其主要用途为有效地控制病虫害、消灭杂草，以及提高作物产量和质量。而且农药也用于公共卫生和疾病控制等方面，可以有效地增加动物性食品产量、减少虫媒传染病和寄生虫病的发生、控制人兽共患病，以及保障人体健康。然而，大部分农药在使用中能够造成环境污染和食品农药残留问题，当食品中农药残留量超过最大残留限量时，则会对人体产生不良影响。目前食品农药残留已成为全球性共性问题和国际贸易纠纷的重要起因，也是当前我国农畜产品出口的重要限制因素之一。因此，为了确保食品安全，保障人体健康，必须防止农药污染以及残留量超标。

一、食品农药残留的概述

农药主要是指用来防治危害农林牧业生产的有害生物(害虫、害螨、线虫、病原菌、鼠类及杂草)和调节植物生长的化学药品，该化学药品为化学合成或者来源于生物、其他天然物质的一种物质或者几种物质的混合物及其制剂。

对于农药的含义和范围，不同的时代、不同的国家和地区有所差异。例如，欧洲称之为"农业化学品"，还有的节刊将农药定义为"除化肥以外的一切农用化学品"；美国环境保护署于 1994 年把抗病、虫、草的转基因作物也列入农药范畴，称为"植物农药"。20 世纪 80 年代以前，农药的含义和范围偏重于强调对有害物的"杀死"，但 80 年代以后，农药的含义发生了很大的变化。现在，相较于"杀死"，我们更注重于"调节"，因此，目前农药又出现了一些新的定义，如"生物合理农药""理想的环境化合物""生物调节剂""抑虫剂""环境和谐农药"等。虽然表达不同，但农药的发展趋势必然是"对有害物高效，对非靶标生物及环境安全"。目前，全世界实际生产和使用的农药品种有上千种，其中绝大部分为化学合成农药。我国是世界第一农药生产和使用大国，2011 年登记的农药产品有 27 000 多个，有农药生产企业 2600 多家，农药经营单位 60 余万个，年产量 190 万吨，居世界第一，且其中化学农药的比例过高，单位面积化学农药的平均用量比世界平均用量高 2.5～5 倍，每年遭受残留农药污染的作物面积达 12 亿亩。

农药残留是指由于农药的施用(包括主动和被动施用)而在农产品、食品、动物饲料、药材中的农药及其有毒理学意义的降解代谢产物，即农药使用后一个时期内没有被分解而残留于生物体、收获物、土壤、水体、大气中的微量农药原体、有毒代谢物、降解物和杂质的总称。一般来说，农药残留量是指农药本体物及其代谢物的残留量的总和。提到农药残留量须清楚农药最大残留限量及每日允许摄入量的概念。所谓农药最大残留限量是指在生产或保护商品的过程中，按照农药使用的良好农业规范使用农药后，允许农药在各种食品和饲料中或其表面残留的最大浓度；而每日允许摄入量则是指人体每日摄入某种物质直至终生，而不产生可检测到的健康危害的量。当农药过量或长期施用，导致食物中农药残留量超过最大残留限量时，就有可能对人体或家畜产生不良影响，或通过食物链对生态系统中其他生物造成毒害。农药残留超标已成为我国食品安全面临的主要问题之一。

二、食品农药残留的来源

施用于作物上的农药，其中一部分附着于作物上，一部分散落在土壤、大气和水等环境中，环境残存的农药中的一部分又会被植物吸收。残留农药直接通过植物果实、水或大气到达人、畜体内，或通过环境、食物链最终传递给人、畜。因此，动植物在生长期间或食品在加工和流通中均可受到农药的污染，导致食品中农药残留。其主要来源包括如下几个。

1. 施药后对农产品或作物的直接污染　在农业生产中，农药直接喷洒于农作物的表面，造成农产品污染。部分农药被农作物吸收进入植物内部，代谢后残留于农作物中，尤其以皮、壳和根茎部的农药残留量高；在禽畜养殖中，使用广谱驱虫和杀螨药物杀灭动物体表寄生虫时，如果药物用量过大被动物吸收或舔舐，在一定时间内可造成畜禽产品中农药残留；在农产品储藏中，为了防治其霉变、腐烂或植物发芽，施用农药造成农产品直接污染。例如，在粮食储藏过程中使用熏蒸剂，柑橘和香蕉用杀虫剂，马铃薯、洋葱和大蒜用抑芽剂等，均可导致这些食品中农药残留。

作物中农药的残留量与农药的性质、农药使用浓度以及作物品种有较大的关系。具有内吸性能的农药，如呋喃丹、甲胺磷等，施用后易被作物吸收，并随作物汁液在体内运转，因而容易造成食用后中毒的情况。一般来讲，农药使用浓度与农药残留量有很大的关系，农药施药量越大，农药残留量越高，反之农药残留量越低。从作物本身角度来说，作物种类不同，对各种农药表现出的吸收情况也不相同，所以造成的污染程度也不同。在一般情况下，亲水性的和粗糙的表面比疏水性的和光滑的表面更能够接受更多的农药；比表面积大的作物，由于易受药液污染，特别是内吸性强的农药，农药残留量也相对高一点。

2. 农产品或作物从污染的环境中对农药的吸收　　一般情况下，农田、草场和森林在施药后，有 40%～60% 的农药降落至土壤，5%～30% 的农药扩散于大气中，逐渐积累，通过多种途径进入生物体内，致使农产品、畜产品和水产品中出现农药残留问题。

当农药降落至土壤后，逐渐被土壤粒子吸附，植物通过根茎部从土壤中吸收农药，引起植物性食品中农药残留。农药能从土壤直接进入花生、胡萝卜、马铃薯等块茎或根用食物的可食部分，也可经输导进入农作物的其他可食部分；水体被污染后，鱼、虾、贝和藻类等水生生物从水体中吸收农药，引起组织内农药残留。用含农药的工业废水灌溉农田或水田，也可导致农产品中农药残留。甚至地下水也可能受到污染，畜禽可以从饮用水中吸收农药，引起畜产品中农药残留；虽然大气中农药含量甚微，但农药的微粒可以随风向、大气漂浮、降雨等自然现象造成很远距离的土壤和水源的污染，进而影响栖息在陆地和水体中的生物。

农作物的污染程度与农药的性质(如稳定性、挥发性和水溶性等)、土壤的性质(如酸碱性、有机质含量)和作物的品种等因素有关。一般情况下，稳定性好、难挥发和脂溶性的农药在土壤中存在的时间长，因而污染程度也相对较大，如六六六、DDT，我国自 1983 年就全面禁止生产，但由于稳定性强，难以降解，其影响甚至现在还没有消除。另外，由于农药在碱性条件下易降解，所以农作物在酸性土壤中吸收的农药要大于碱性土壤中；同样，由于土壤对农药的吸附能力不同，农作物更易在沙质土壤中吸收农药，而在黏土和有机质含量高的土壤中吸收比较困难。作物从土壤中吸收农药的能力因作物种类不同而异。一般最易从土壤中吸收农药的是胡萝卜，其次是草莓、菠菜、萝卜、马铃薯、甘薯等。难以吸收的作物有番茄、圆辣椒、白菜等。当然，由于作物与农药的种类很多，因而一种作物吸收农药的难易程度，并不是对所有农药而言，总的来说根菜类、薯类吸收土壤中残留农药的能力强，而叶菜类、果菜类吸收农药的能力较弱。

3. 通过食物链与生物富集吸收　　生物富集和食物链是导致食品含有残留农药的一个重要原因。生物富集是指生物体从环境中能不断吸收低剂量的农药，并逐渐在其体内积累的能力。食物链是指动物吞食有残留农药的作物或生物后，农药在生物体间转移的现象。

一般畜产品中含有的农药残留主要是畜禽取食了被农药污染的饲料，造成农药在机体内的蓄积，尤其是积累在动物的肝、肾、脂肪等组织中，有些能随奶汁排出或者转移至卵中。

水产品中含有的农药残留主要是撒施在农田或生活环境中的农药被冲刷至塘、湖、江、河或农药厂的废水、废渣排入河流后污染了水质及江河的底质，通过生物富集在水生植物(如水草、藻类等)浓缩起来，鱼虾等动物取食了这些污染有农药的植物或贝类等吸食了淤泥中的有机质，农药即转入它们体内，大鱼、水鸟吞食了小鱼后又转入大鱼、水鸟体中，从而导致食物受到农药的污染。

4. 其他途径　食品在加工、储藏和运输中，使用被农药污染的容器、运输工具，或者与农药混放、混装均可造成农药污染。拌过农药的种子常含大量农药，不能食用。1972年伊拉克爆发的甲基汞中毒，其发生原因就是食用了曾用有机汞农药处理过的小麦种子磨成面粉而制成的面包。各种非农用杀虫剂，如驱虫剂、灭蚊剂和杀蟑螂剂逐渐进入食品厂、医院、家庭等场所，使食品受到农药污染的机会增多、范围不断扩大。此外，城市绿化地带等也经常使用大量农药，经雨水冲刷和农药挥发均可污染环境，进而污染食物及水源。

三、常见农药残留的种类和限量标准

1. 常见农药残留的种类　目前，在全世界实际生产和使用的农药品种有上千种，其中绝大部分为化学合成农药。按用途可分为杀虫剂、杀菌剂、除草剂、杀螨剂、植物生长调节剂和杀鼠药等；按化学成分可分为有机氯类、有机磷类、氨基甲酸酯类、拟除虫菊酯类、苯氧乙酸类、有机锡类等；按药剂作用方式，可分为触杀剂、胃毒剂、熏蒸剂、内吸剂、引诱剂、驱避剂、拒食剂、不育剂等；按其毒性可分为高毒、中毒、低毒三类；按杀虫效率可分为高效、中效、低效三类；按农药在植物体内残留时间的长短可分为高残留、中残留和低残留三类。其中，在食品中容易检出或市面上使用比较普遍的几种农药有有机氯农药、有机磷农药、氨基甲酸酯类农药以及菊酯类农药。

1) 有机氯农药残留　有机氯农药 (organochlorine pesticides, OCP) 是具有杀虫活性的氯代烃的总称，通常分为三种主要的类型，即 DDT (滴滴涕) 及其类似物、六六六和环戊二烯衍生物。

有机氯农药具有一系列的特性：脂溶性很强，不溶或微溶于水；挥发性小，使用后消失缓慢，残存在环境中的有机氯农药虽经土壤微生物的作用，其分解产物也像亲体一样存在着残留毒性。例如，DDT 经还原生成 DDD，经脱氯化氢后生成 DDE，化学结构稳定，不易为生物体内酶降解，因此可在生物体内蓄积，且多储存于机体脂肪组织或脂肪多的部位。因此，该类农药会通过生物富集和食物链，危害周围的生态系统。另外，有些有机氯农药，如 DDT 能悬浮于水面，可随水分子一起蒸发，从而危害整个生态系统。所以在 20 世纪 60 年代科学家们在南极企鹅的血液中检出了 DDT。

由于这类农药具有较高的杀虫活性，杀虫谱广，对温血动物的毒性较低，持续性较长，加之生产方法简单、价格低廉，因此，这类杀虫剂在世界上相继投入大规模的生产和使用，其中，最常用的是 DDT 和六六六等。1962 年，美国科学家卡尔松在其著作《寂静的春天》中推测，DDT 进入食物链，是导致一些食肉的鸟类接近灭绝的主要原因。因此，从 20 世纪 70 年代开始，许多工业化国家相继限用或禁用某些有机氯农药，主要是 DDT、六六六等。我国也相继出台了相应的禁用法规。

曾经主流的有机氯农药有 DDT、六六六、林丹、氯丹、硫丹、毒杀芬、七氯、艾氏剂等。

2) 有机磷农药残留　有机磷农药 (organophosphates, OPP) 是用于防治植物病虫害的含有磷元素的有机化合物。有机磷农药大部分是磷酸酯类或酰胺类化合物，大多呈油状或结晶状，工业品呈淡黄色至棕色，除敌百虫和敌敌畏之外，大多具有蒜臭味。一般不溶于水，易溶于有机溶剂，如苯、丙酮、乙醚、三氯甲烷及油类，对光、热、氧均较稳定，遇碱易分解破坏。敌百虫例外，敌百虫为白色结晶，能溶于水，遇碱可转变为毒性较大的敌敌畏。有机磷农药由于药效高，易于被水、酶及微生物所降解，很少残留毒性等，因而得到广泛的应用。

目前正式商品化的有机磷农药有上百种。常见的有代表性的有机磷农药有敌敌畏、二溴磷、久效磷、磷胺、对硫磷、甲基对硫磷、杀螟硫磷、倍硫磷、内吸磷、双硫磷、毒死蜱、二嗪农、辛硫磷、氧乐果、丙溴磷、甲拌磷、马拉硫磷、乐果、甲胺磷、乙酰甲胺磷、敌百虫、杀虫畏、杀螟威、杀螟腈、异丙胺磷等。

3) 氨基甲酸酯类农药残留　　氨基甲酸酯类农药,可视为氨基甲酸的衍生物,氨基甲酸是极不稳定的,会自动分解为 CO_2 和 H_2O,但氨基甲酸的盐和酯均相当稳定。

大多数氨基甲酸酯类的纯品为无色和白色晶状固体,易溶于多种有机溶剂中,但在水中溶解度较小,只有少数,如涕灭威、灭多虫等例外。氨基甲酸酯一般没有腐蚀性,其储存稳定性很好,只是在水中能缓慢分解,提高温度和碱性时分解加快。

氨基甲酸酯类农药是目前蔬菜中农药残留大的重点检测对象。有机磷和氨基甲酸酯类农药的共同毒理机制是抑制昆虫乙酰胆碱酶和羧酸酯酶的活性,造成乙酰胆碱和羧酸酯的积累,影响昆虫正常的神经传导而致死。20 世纪 70 年代以来,由于有机氯农药受到限用或禁用,且抗有机磷农药的昆虫品种日益增多,因而氨基甲酸酯类农药用量逐年增加,这就使得氨基甲酸酯类农药残留情况备受关注。

常见的氨基甲酸酯类农药有甲萘威、戊氰威、呋喃丹、仲丁威、异丙威、速灭威、残杀威、涕灭威、抗蚜威、灭虫威、灭多威、恶虫威、硫双灭多威、双甲脒等。

4) 菊酯类农药残留　　菊酯类农药主要是指化学合成的除虫菊酯类农药,是一类仿生合成的杀虫剂,是对天然除虫菊酯的化学结构衍生的合成酯类。目前,已合成的菊酯数以万计,迄今已商品化的拟除虫菊酯有近 40 个品种,在全世界的杀虫剂销售额中占 20%左右。拟除虫菊酯主要应用在农业中,如防治棉花、蔬菜和果树的食叶和食果害虫,特别是在有机磷、氨基甲酸酯出现抗药性的情况下,其优点更为明显。

拟除虫菊酯分子较大,亲脂性强,可溶于多种有机溶剂,在水中的溶解度小,在酸性条件下稳定,在碱性条件下易分解。拟除虫菊酯类农药的杀虫毒力比有机氯、有机磷、氨基甲酸酯类高 10～100 倍,因而,拟除虫菊酯的用量小、使用浓度低、对人畜较安全,可生物降解,对环境的污染很小。拟除虫菊酯对昆虫具有强烈的触杀作用,其作用机理是扰乱昆虫神经的正常生理,使之由兴奋、痉挛到麻痹而死亡。其缺点主要是对鱼毒性高,对某些益虫,如蜜蜂也有伤害,长期重复使用也会导致害虫产生抗药性。

常见的拟除虫菊酯有烯丙菊酯、胺菊酯、醚菊酯、苯醚菊酯、甲醚菊酯、氯菊酯、氯氰菊酯、溴氰菊酯、氰菊酯、杀螟菊酯、氰戊菊酯、氟氰菊酯、氟胺氰菊酯、氟氰戊菊酯、溴氟菊酯等。

2. 常见农药残留的限量标准　　我国农药残留限量标准涉及 15 大类食品,包括:粮食及其制品、水果及其制品、蔬菜及其制品、蛋及初级制品、乳制品、食用油脂、饲料、糖料、油料、茶叶、饮料、畜禽及其制品、食用菌、蜂产品和水产及其制品。我国研究借鉴国外及国际组织制定农药残留限量标准的方法,建立了我国制定农药残留限量标准的基本方法,依据对各种农药占有资料的不同,确立了不同的制标技术路线。

(1)对于 JMPR 评价的我国使用的农药,接受其 ADI 值,结合我国居民膳食结构,我国自己进行的田间残留试验数据,参照采用国际标准,制定既符合我国国情又与国际标准接轨的国家标准。

(2)对于具有完整农药登记资料的农药,鱼农药部门联合制定限量标准。

(3)对于缺乏完整资料，但产量高、使用广的农药，补做毒理试验，建立检验方法，普查残留水平，再制定限量标准。

各种农药在不同作物中的限量标准，都有国家标准(GB)作为依据。具体请参考由中华人民共和国卫生部和中国国家标准化管理委员会联合发布的 GB 2763—2005《食品中农药最大残留限量》(2005 年)(maximum residue limits for pesticides in food)。

四、食品农药残留的危害及影响因素

1. 食品农药残留的危害　　不正确的使用农药必然会污染环境、作物、水产和畜禽等，同时通过食品、饮料、呼吸道等渠道又会使残留农药进入人体。蒸气状态的农药(如敌敌畏)、粉尘状态的农药(如六六六)、雾滴状态的农药(如某些可湿性粉剂与乳剂的稀释液及超低容量喷洒的油剂)都可以通过呼吸道进入人体。通常，水溶性较大或者细微颗粒状农药，进入人体后容易被吸收。经呼吸道吸收危险性较大的农药有甲基对硫磷、甲胺磷等。除了呼吸道外，农药主要从消化道进入人体。由于消化道对农药的吸收能力较强，因而由消化道进入的农药危害更大。常见的农药急性中毒事件均是由误食农药残留严重的食品造成的，然而人们经常食入一些轻微农药污染的食品，因而容易产生慢性农药中毒。

习惯上将农药对高等动物的毒害作用称为毒性。测试农药的毒性主要由大白鼠进行。农药对人畜的毒害主要分为三大类，分别为急性毒害、亚急性毒害及慢性毒害。急性毒害是指在使用后短期内出现不同程度的中毒症状，如头昏、恶心、呕吐、抽搐痉挛、呼吸困难、大小便失禁等，若不及时抢救，即有生命危险。亚急性毒性是长期连续服用或接触一定剂量农药时产生的症状，往往需要一定的时间积累，但症状和急性毒性类似，有时也可以引起局部病理变化。慢性毒性是性质稳定的农药在体内长期积累，因此内脏机能受损，阻碍正常的生理代谢过程，主要表现为致癌、致畸、致突变等作用。各主要农药的毒性分别介绍如下。

1)有机氯农药　　有机氯农药，如六六六、DDT 虽已停止使用多年，但由于其化学性质稳定，环境残留期长，可在食物链中转移，目前在一些动物性食品中仍有残留存在，在果蔬食品中有机氯残留已基本消除。但应注意一些地区库存积压有机氯的非法使用。

有机氯农药可致急性或慢性中毒。急性中毒引发中毒者中枢神经症状。因其积蓄在人体脂肪，故急性中毒性低、症状轻，一般为乏力、恶心、眩晕、失眠；慢性中毒可造成人的肝、肾和神经系统损伤，DDT 还有致癌性。

2)有机磷农药　　有机氯停止使用后，有机磷农药随之成为我国主要农药品种，也成为目前植物性食品中农药残留的主要检验对象，尤其是果蔬食品。其中一些有机磷农药已成为果蔬食品出口贸易的主要检测指标。

由于有机磷农药在食物中残留时间短，因此慢性中毒少，急性中毒多。作为神经毒物，会引起神经功能紊乱、震颤、神经错乱、语言失常等症状。人们吃了施用有机磷农药的果蔬或茶叶、谷物等，可能发生肌肉震颤、痉挛、血压升高、心跳加快等症状，甚至昏迷死亡。但总的来说，有机磷农药化学性质不稳定，易分解，故只要了解各农药品种特性，在使用、收获、加工上加以注意，可尽量避免农药残留危害。

3)氨基甲酸酯类农药　　该类农药是应用很广的新型杀虫剂和除草剂，其毒性跟有机磷相似，但毒性较轻，恢复也快。食用了残留这类农药较多的果蔬及谷、薯、茶等，中毒者会产生和有机磷中毒大致相同的症状，但因其毒性较轻，一般几小时内就能自行恢复。

4) 菊酯类农药　　菊酯类农药对人类低毒，但有蓄积性，中毒表现症状为神经系统症状和皮肤刺激症状。但因这类农药一般施药量很少，分解较快，残留较低，一般不构成残留危害。

2. 食品农药残留的影响因素　　在农作物、果树、牧草、蔬菜上使用农药，不论是作叶面喷洒或种子处理、土壤处理等，在植物体内外或所收获的农副产品上或多或少都有一定量的残留农药，这些农药虽经一定时间后或经人为的清洗，其残留微量的有毒物质有些分解和逐渐消失，但不能认为已无残留存在，若长期食用超过允许残留量的食物，会影响人体健康，乃至发生慢性中毒。因此，必须高度重视减少农药在收获的农副产品中的残留量，以确保食用的安全。其收获产品残留量的大小，取决于以下几个方面的因素。

1) 残留量的大小因农药品种和性质的不同而有很大的差异　　有机氯剂的农药，如DDT，残留时间会较有机磷剂长。但是也有像敌百虫、敌敌畏、马拉硫磷、辛硫磷、拟除虫菊酯、乐果等药剂施在作物上，经过 5～10 天，绝大部分或全部分解成无毒物质，这一类农药残效期短，在农副产品上的残留量也极微，接近安全使用标准。大部分有机磷农药很易在自然环境下分解成无毒物质（内吸磷、甲拌磷等除外），持效期都不是很长。

2) 残留量的大小因农药剂型的不同而不同　　一般来说，容易产生机械流失的（如风吹、雨淋等），农药残留量就低，如粉剂为低，可湿性粉剂次之，乳油残留量则较多。但从光照及温度所引起的化学分解来看，粉剂直径比较大，颗粒剂直径更大，它们和空气接触面积较小，不易分解，药剂残留量也就大些，而乳油由于在作物表面能形成一层薄薄的膜，和空气接触面积大些，作用也大些，易于分解，降低了药剂的残留量。同时，由于乳油中含有一定数量的溶剂、乳化剂等，能溶解作物表面的蜡质层，使更多的药剂渗入到农作物表皮层里去，且吸附能力较强，减少了药剂的挥发和分解，不易受到雨水的冲刷，从而又增加了药剂的残留量。例如，分别用相同量三氯杀螨砜乳油和可湿性粉剂进入蜡质层，前者进入量为 30%，后者进入量仅为 8%，乳油比可湿性粉剂进入蜡质层的药剂量高 3 倍，则药剂的残留量无疑是前者大于后者。根据国外报道在番茄上使用二嗪磷，也证明粉剂残留量消失最快，乳油残留量消失最慢。

3) 残留量高低与使用方式是密切相关的　　一般非内吸性药剂的叶面喷雾比喷粉、撒毒土、泼浇等使用方式的残留量要高些。而内吸性药剂则以拌种、浸种、闷种和涂茎、包扎使用方式的量高于叶面喷洒。例如，用甲拌磷拌棉种，药效能维持 40～50 天，若用同种药剂作喷雾试验（一般禁止用甲拌磷作叶面喷洒），则药剂只能维持 15 天左右。又如，用内吸磷作包扎树干防治柑橘介壳虫，药效可维持几个月。这主要是由于拌种或涂茎的处理方法，药剂能有较多的量被吸入到种子或作物里去，不大容易和空气接触，分解消失的速度就慢了，故药剂的残留量就高了。

4) 药剂残留量的高低，与施药量、施药浓度和施药次数的增加及增高有正相关的作用　末次施药距收获期越近，农副产品的农药残留量也会越高。因此，一般应根据农药稳定性的大小，来规定在农作物上末次施药期与收获的间隔期。例如，敌敌畏用于蔬菜等食用作物喷药后 5～7 天方可收获，乐果则需 14 天，有的药剂间隔还要长，这样才能保证收获的农副产品的农药残留不致有超出允许的残留量。

5) 农副产品中农药残留量的高低因作物种类及施药部位的不同而异　　不同的作物对药剂的稳定性也不同，残留时间有长有短。例如，对硫磷在桃树果实上的半衰期为 3～7 天，在梨树果实上仅为 2 天，但在有的果实上却长达 61～78 天，此外，叶面积大，叶面结构粗糙不平，毛茸多的作物，容易聚集附着较多的药量，其残留量相对也高。就是在同一种作物的不同部位也都有很大差异。从承受药剂量上比较，果树叶子远比果实承受量大。药剂在果树叶子内的半衰期虽然较短，但残留量较大。因为无论是内吸性还是非内吸性药剂，在相同条件施药的情况下，作物对农药的吸附能力，地上部分强些；在农药吸收量上，蔬菜类以叶菜最高，果菜次之，瓜菜又次之，根茎菜很低，粮食就更低。

6) 农药有残留量受自然因素影响　施药后如遇到降雨、刮大风、口照或高温等自然气象因素，则药剂会加速分解消失或被雨水淋刷掉一部分，如遇到这种情况，则药剂残留在农副产品里的量也会大大降低，但对环境中的残留和污染会增加。

7) 土壤中农药的持续存在，使农副产品，特别是某些块根作物从土壤中吸收营养和水分时被污染　据资料介绍，发现黄瓜吸收施用到土壤中的有机氯杀虫剂，是从根部吸收残留在土壤中，并通过茎叶运转到黄瓜中的农药。特别是土壤性质对农药量消减影响很大，如沙性强、有机质少、碱性、潮湿、无植被覆盖等，都能加强农药分解，减少农副产品中的农药残留量。

8) 不同的栽培方法、农作物的生长速度以及农产品的储藏时间也对农药残留的情况有影响　一般来讲，大田作物的农药残留比温室栽培容易消失，分解速度也快，作物生长速度快，农药残留量相对的要低于作物生长速度慢的，而在通风良好的前提下，农产品的农药残留量也有不同程度的降低。

五、食品农药残留的预防与控制措施

1. 对农药残留进行食品安全风险评估　食品安全风险评估是实施食品安全监管的重要措施，是当前实现食品安全最有效的手段之一，加强食品安全风险评估可以保证食品质量，确保人类健康。

食品风险由三个方面因素的决定：食物中含有对健康有不良影响的可能性，这种影响的严重性以及由此而导致的危害，即食品的风险可以看成是概率、影响和危害的函数：风险 $= f$（概率，影响，危害）。

风险评估是食品安全风险分析三部分的内容之一，是一种系统地组织相关技术信息及其不确定度的方法，用以回答有关健康风险的特定问题。要求对相关信息进行评价，并且选择模型根据信息做出推论。风险评估是整个风险分析体系的核心和基础。风险评估的基本模式主要按照危害物的性质分为化学危害物、生物危害物和物理危害物风险评估；过程可以分为 4 个不同的阶段：危害识别、危害描述、暴露评估和风险特征描述。

对农药残留进行风险评估的过程包括以下几部分。

1) 农药残留危害的识别　根据目前农业生产上常用农药(原药)的毒性综合评价(急性口服、经皮毒性、慢性毒性等)，分为高毒、中等毒、低毒 3 类。

高毒农药($LD_{50}<50mg/kg$)有：3911、苏化 203、1605、甲基 1605、1059、杀螟威、久效磷、磷胺、甲胺磷、异丙磷、三硫磷、氧化乐果、磷化锌、磷化铝、氰化物、呋喃丹、氟乙酰胺、砒霜、杀虫脒、西力生、赛力散、溃疡净、氯化苦、五氯酚、二溴氯丙烷、401 等。

中等毒农药(LD_{50} 为 50～500mg/kg)有：杀螟松、乐果、稻丰散、乙硫磷、亚胺硫磷、皮蝇磷、六六六、高丙体六六六、毒杀芬、氯丹、滴滴涕、西维因、害扑威、叶蝉散、速灭威、混灭威、抗蚜威、倍硫磷、敌敌畏、拟除虫菊酯类、克瘟散、稻瘟净、敌克松、402、福美砷、稻脚青、退菌特、代森胺、代森环、2,4-D、燕麦敌、毒草胺等。

低毒农药（$LD_{50}>500mg/kg$）有：敌百虫、马拉松、乙酰甲胺磷、辛硫磷、三氯杀螨醇、多菌灵、托布津、克菌丹、代森锌、福美双、萎锈灵、异草瘟净、乙磷铝、百菌清、除草醚、敌稗、阿特拉津、去草胺、拉索、杀草丹、二甲四氯、绿麦隆、敌草隆、氟乐灵、苯达松、茅草枯、草甘膦等。

残留在食品中的农药的母体、衍生物、代谢物、降解物都能对人体产生危害。农药残留物的种类与数量与农药的化学性质、结构等特点有关。农药的残留性越大，在食品中的残留量越多，对人体的危害也越大。食用少量的残留农药，人体自身会降解，不会突然引起急性中毒，但长期食用没有清洗干净带有残留农药的农产品，必然会对人体健康带来极大的危害。例如，导致身体免疫力下降，致癌，加重肝脏负担，导致胃肠道疾病。

2）**农药残留危害的描述** 一个比较切合实际的固定的风险水平是，如果预期的风险超过了可接受的风险水平，这种物质就可以被禁止使用。但对于已成为环境污染的禁止使用的农药，很容易超过规定的可接受水平。例如，在美国四氯苯丙二噁英（TCDD）风险的最坏估计高达 10^{-4}，对于普遍存在的遗传毒性致癌污染物，如多环芳香烃和亚硝胺，常常超过 10^{-6} 的风险水平。

3）**农药暴露途径的评估** 农药可通过各种途径在食品中残留，残留在食品中的农药对人的身体健康将产生不良的影响。农田施用农药后，一部分农药可黏附在作物上而被作物吸收转运到作物的各部分，使收获的作物带有一定量的农药残留；降落在土壤中的农药可以通过作物的根系吸收；土壤及空气中的农药，被雨水冲刷进入水体，对水产品造成污染，农药厂排放的污水也对水体造成污染。通过水体、污泥—虾子—小鱼—大鱼及食物外壳、根茎等下脚料—禽畜—肉品、乳品、蛋品，形成食物链，产生生物富集，使动物性食物含农药较高。在食物的生产、加工、运输、储存等环节，受农药污染的运输工具，储存时为了防止害虫使用的农药，为了防治畜禽体内、体表寄生虫、螨类对畜禽体及厩舍使用农药，均对食品造成污染。

农药对人体的暴露途径概括起来主要有：吸入、食入、经皮肤吸收，暴露途径见图3-2。农药进入人体后，大部分农药积于食品等途径进入人体后，主要蓄积于脂肪组织，其次为肝、肾、脾、脑中，血液中最低。此外，农药也发现于人乳中，母体中的农药不仅可以从乳汁排出，而且可以通过胎盘屏障进入胎儿体内，引起下一代发生慢性中毒。

膳食中农药残留总摄入量的估计需要食品消费量和相应农药残留浓度，一般有3种方式：①总膳食研究法；②单一食品的选择研究法；③双份膳食研究法。

有关化学物质的膳食摄入量研究的一般指南可从世界卫生组织获得（GEMS/Food，1985年）。这三种方法各有优缺点，总膳食研究法和双份膳食研究法得到的数据更适合于膳食中农药残留对人体的风险评估，但由于这两种方法没有具体的某种食品的消费量和残留的数据，不能很好地判断农药残留的来源，而有时农药残留可能仅仅来自某一种食品。单一食品的选择研究法可避免上述遗漏，但由于食品在加工、烹饪过程中某些农药可能有损失。因此，在进行农药暴露评估时应尽可能利用3种方法的数据，以免以偏概全。近年来，通过直接测定人体组织和体液中污染物的浓度来评估污染物的暴露水平呈增加的趋势。例如，由于有机氯

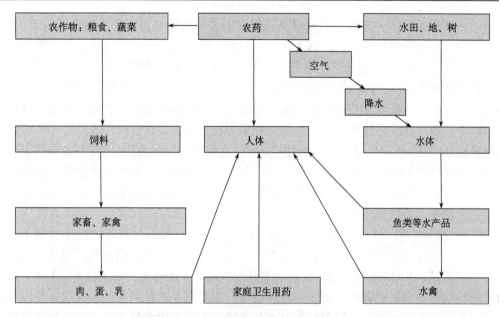

图 3-2 农药对人体的暴露途径

农药的摄入主要来自食品，从食品中摄入的有机氯素占其总量的90%以上，通过测定母乳中有机氯农药的浓度可以评定该污染物的暴露水平。

4)农药残留风险特征描述 农药残留的风险描述应当遵守以下两个重要原则：农药残留的结果不应当高于"良好农业操作规范"的结果；日摄入食品总的农药残留量（如膳食摄入量）不应当超过可以接受的摄入量。

农药残留风险的定性估计，是根据危害识别、危害描述以及暴露评估的结果给予高、中、低的定性估计。农药残留风险的定量估计可分为有阈值的农药危害物和无阈值的农药危害物的估计。

对于农药残留的风险评估，如果是有阈值的化学物，则对人群风险可以摄入量与 ADI 值（或其他测量值）比较作为风险描述。如果所评价的物质的摄入量比 ADI 值小，则对人体健康产生不良作用的可能性为零，即安全限值（margin of safety，MOS）MOS≤1 时，该危害物对食品安全影响的风险是可以接受的；MOS>1，则该危害物对食品安全影响的风险超过了可以接受的限度，应当采取适当的风险管理措施。

如果所评价的化学物质没有阈值，对人群的风险是摄入量和危害程度的综合结果，即食品安全风险=摄入量×危害程度。

我国食品安全风险评估仍处于起步阶段，其框架体系还不够健全。目前，应建立健全食品安全风险评估评价制度和体系及食品安全标准体系，重点建立食品安全风险评估预测预警系统及食品安全监管体系，制定并修改相应的监管制度、措施和技术法规。依据食品安全风险评估的结果制定风险管理的标准、法律和实施指南，并建立食品安全事故应急救援预案，以此降低食品安全事故的危害。

2. 农药残留的控制措施

1)注意栽培措施 一要选用抗病虫品种；二要合理轮作，减少土壤病虫积累；三要培育壮苗，合理密植，清洁田园，合理灌溉施肥；四要采用种子消毒和土壤消毒，杀灭病菌；五要采用灯诱、味诱等物理方法，诱杀害虫。例如，黄板诱杀蚜虫、粉虱、斑潜蝇等；灯光诱杀斜纹夜蛾等鳞翅目及金龟子等害虫；小菜蛾、斜纹夜蛾、甜菜夜蛾等专用性诱剂诱杀。

2)合理使用农药　　解决农药残留问题，必须从根源上杜绝农药残留污染。中国已经制定并发布了七批《农药合理使用准则》国家标准。准则中详细规定了各种农药在不同作物上的使用时期、使用方法、使用次数、安全间隔期等技术指标。合理使用农药，不但可以有效地控制病虫草害，而且可以减少农药的使用，减少浪费，最重要的是可以避免农药残留超标。有关部门应在继续加强《农药合理使用准则》制定工作的同时，加大宣传力度，加强技术指导，使《农药合理使用准则》真正发挥其应有的作用。而农药使用者应积极学习，树立公民道德观念，科学、合理使用农药。

(1)掌握使用剂量。不同农药有不同的使用剂量，同一种农药在不同防治时期用药量也不一样，而且各种农药对防治对象的用量都是经过技术部门试验后确定的，对选定的农药不可任意提高药量，或增加使用次数，如果随意增加药量，不仅造成农药的浪费，还产生药害，导致作物特别是蔬菜农药残留。而害怕农药残留，采用减少药量的方法，又达不到应有的防治效果。为此在生产中首先应根据防治对象，选择最合适的农药品种，掌握防治的最佳用药时机；其次严格掌握农药使用标准，既保证防治效果，又降低了农药残留。

(2)掌握用药关键时期。根据病虫害发生规律、为害特点应在关键时期施药。预防兼治疗的药剂宜在发病初期应用，纯治疗也是在病害较轻时应用效果好。防治病害最好在发病初期或前期施用。防治害虫应在虫体较小时防治，此时幼虫集中，体小，抗药力弱，施药防治最为适宜。过早起不到应有的防治效果，过晚农药来不及被作物吸收，导致农药残留超标。

(3)掌握安全间隔期。严格执行农药使用安全间隔期。安全间隔期即最后一次使用农药距离收获时的时间，不同农药由于其稳定性和使用量等的不同，都有不同间隔要求，间隔时期短，农药降解时间不够造成残留超标。例如，防治麦蚜虫用50%的抗蚜威，每季最多使用2次，间隔期为15天左右。

(4)选用高效低毒低残留农药，为防治农药含量超标，在生产中必须选用对人畜安全的低毒农药和生物剂型农药，禁止剧毒、高残留农药的使用。农作物生长后期，在生物农药难以控制时，可用这类农药进行防治。适用的农药主要有多杀菌素(菜喜)、安打、虫酰肼(美满、阿赛卡)、虫螨腈(除尽)、氟虫腈(锐劲特)、伏虫隆(农梦特)、菊酯类、农地乐、除虫净、辛硫磷、毒死蜱(新农宝、乐斯本)、吡虫啉(蚜虱净)、扫螨净、安克、杀毒矾、霜脲·锰锌(克露、克丹)、霉能灵、腐霉利、敌力脱、扑海因、嘧菌胺(施佳乐)、甲霜灵、可杀得、大生 M-45、多菌灵等。严禁使用高毒高残留农药，如 3911、呋喃丹、甲基 1605、甲胺磷、氧化乐果等。

(5)交替轮换用药。注意不同种类农药轮换使用。多次重复施用一种农药，不仅药效差，而且易导致病虫害对药物产生抗性。当病虫草害发生严重，需多次使用时，应轮换交替使用不同作用机制的药剂，这样不仅避免和延缓抗性的产生，而且有效地防止农药残留超标。

(6)采取生物防治方法。充分发挥田间天敌控制害虫进行防治。首先选用适合天敌生存和繁殖的栽培方式，保持天敌生存的环境。例如，果园生草栽培法，就可保持一个利于天敌生存的环境，达到保护天敌的目的。其次要注意，农作物一旦发现害虫为害，应尽量避免使用对天敌杀伤力大的化学农药，而应优先选用生物农药。常用生物农药种类有：BT 生物杀虫剂和抗生素类杀虫杀菌剂，如浏阳霉素、阿维菌素、甲氧基阿维菌素、农抗 120、武夷菌素、井冈霉素、农用链霉素等。昆虫病毒类杀虫剂，如奥绿 1 号。保幼激素类杀虫剂，如灭幼脲(虫索敌)、抑太保。植物源杀虫剂，如苦参素、绿浪等。

3)加强农药残留监测　　开展全面、系统的农药残留监测工作能够及时掌握农产品中农药残留的状况和规律，查找农药残留形成的原因，为政府部门提供及时有效的数据，为政府职能部门制定相应的规章制度和法律法规提供依据。

4)加强法制管理　　我国先后颁布实施了《中华人民共和国食品安全法》《中华人民共和国农产品质量安全法》《农药管理条例》《农药合理使用准则》《食品中农药最大残留限量》等有关法律法规，制定了 387 种农药在 284 种(类)食品中 3650 项限量指标和残留检测方法标准，以及《食品中农药残留风险评估指南》等其他配套技术规范。同时，24 个省(直辖市)出台与农产品质量安全相关的地方性法规，初步形成了比较完善的农产品质量安全法规体系和农药残留标准技术体系。并且加强了对违反有关法律法规行为的处罚，这是防止农药残留超标的有力保障。

5)健全安全用药宣传教育体系　　要强化安全用药宣传、培训和技术指导机构建设。重点是市、县和乡镇的指导机构建设，建立健全以农业标准化技术委员会和农技推广部门为主，农业院校、成人技术学院等其他组织为辅，中央、地方和基层各有侧重又相互补充的宣传、教育和培训体系。建立统一宣传、逐级培训的工作机制。并要建设咨询和服务平台。利用信息技术，建立集标准发布、宣传贯彻、咨询服务和技术推广等信息于一体，公开、透明、快捷、高效的互动平台。特别是要利用网络、手机和报纸等媒介，主动做好服务。

第四节　食品加工机械、容器与有害金属污染

重金属一般是指密度大于 $4.5g/cm^3$ 的金属。就相对原子质量而言是指其大于 55 的金属。重金属有 45 种，一般都是属于过渡元素，如铜、铅、锌、铁、钴、镍、锰、镉、汞、钨、钼、金、银等。尽管锰、铜、锌等重金属是生命活动所需要的微量元素，但是大部分重金属，如汞、铅、镉等并非生命活动所必需，而且所有重金属超过一定浓度都对人体有毒。

一、有害金属污染的来源

重金属一般以单质或化合物形式广泛存在于地壳中，自然界中原本存在的重金属对环境的影响较小。而人们所说的重金属污染主要是由于采矿、废气排放、污水灌溉和使用重金属制品等人为因素所致。在环境污染方面，重金属污染主要是指汞、镉、铅、铬、铝及"类金属"——砷等生物毒性显著地重金属污染。对人体毒害最大的有铅、汞、铬、镉 4 种。这些重金属在水中不能被分解，与水中其他毒素结合生成毒性更大的有机物。

现代人类对重金属的开采加工、工矿企业污水的任意排放、汽车尾气的排放、生活垃圾的不当处理及农药化肥的大量使用，都是造成重金属进入大气、土壤、水体中的原因，特别是进入土壤及水体的重金属，不可避免地会通过食物链进入农产品和水产品中来，甚至直接进入日常饮水中，给食品安全造成很大的威胁。全国各地因河水或饮用水源被重金属污染而导致河水发臭、食物中毒等报道时常发生。很多矿区附近的农田土壤中重金属含量超标的现象也很严重。

食品加工、储存、运输和销售过程中使用的机械、管道、容器和包装材料也会造成食品的重金属污染，以及农药和食品添加剂中含有的有毒有害金属元素也会对食品造成污染。

主要重金属的污染来源有如下几个。

(1)铅污染。主要来源于各种油漆、涂料、蓄电池、冶炼、五金、机械、电镀、化妆品、染发剂、釉彩碗碟、餐具、燃煤、膨化食品、自来水管等。

(2)镉污染。主要来源有电镀、采矿、冶炼、燃料、电池和化学工业等排放的废水；废旧电池中镉含量较高，也存在于水果和蔬菜中，尤其是蘑菇，在奶制品和谷物中也有少量存在。

(3)汞污染。主要来源于仪表厂、食盐电解、贵金属冶炼、化妆品、照明用灯、齿科材料、燃煤、水生生物等。

(4)铬污染。主要来源于劣质化妆品原料、皮革制剂、金属部件镀铬部分，工业颜料以及鞣革、橡胶和陶瓷原料等。

二、重要种类和限量标准

主要重金属元素在食品中的限量范围如表 3-5(参考 GB2762—2005)所示。

表 3-5 重金属元素在食品中的限量范围

限量元素	代表性食品	限量/(mg/kg)	检测方法标准
铅	谷类	0.2	GB/T 5009.12 食品中铅的测定
	鱼类	0.5	
	水果	0.1	
	鲜乳	0.05	
	茶叶	5	
镉	大米	0.2	GB/T 5009.15 食品中镉的测定
	畜禽肉类	0.1	
	叶菜类	0.2	
	水果	0.05	
	鱼类	0.1	
汞(以 Hg 计)	粮食	0.02	GB/T 5009.17 食品中总汞及有机汞的测定
	水果、蔬菜	0.01	
	鲜乳	0.01	
	肉、蛋	0.05	
	鱼类	0.5(甲基汞计)	
铬	粮食	1.0	GB/T 5009.123 食品中铬的测定
	水果、蔬菜	0.5	
	肉类	1.0	
	鱼贝类	2.0	
	鲜乳	0.3	

三、重金属的危害特点及影响因素

重金属对人体危害极大，以下介绍主要的 4 种污染。

1. 铅污染　　铅是可在人体和动物组织中积蓄的有毒金属。它通过皮肤、消化道、呼吸道进入体内与多种器官亲和。主要毒性效应是贫血症、神经机能失调和肾损伤，易受害的人群有儿童、老人、免疫低下人群。铅对水生生物的安全浓度为 0.16mg/L，用含铅 0.1~4.4mg/L 的水灌溉水稻和小麦时，作物中铅含量明显增加。人体内正常的铅含量应该在 0.1mg/L，如果含量超标，容易引起贫血，损害神经系统。而幼儿大脑受铅的损害要比成人敏感得多，一旦血铅含量超标，应该采取积极的排铅毒措施。儿童可服用排铅口服液或借助其他产品进行排铅。

2. 镉污染　　镉不是人体的必要元素。镉的毒性很大，可在人体内积蓄，主要积蓄在肾脏，引起泌尿系统的功能变化。易受害的人群是矿业工作者、免疫力低下人群。水中含镉 0.1mg/L 时，可轻度抑制地面水的自净作用，镉对白鲢鱼的安全浓度为 0.014mg/L，用含镉 0.04mg/L 的水进行灌溉时，土壤和稻米受到明显污染，农灌水中含镉 0.007mg/L 时，即可造成污染。正常人血液中的镉浓度小于 5μg/L，尿中小于 1μg/L。镉能够干扰骨中钙，如果长期摄入微量镉，使骨骼严重软化，骨头寸断，引起骨痛病，还会引起胃脏功能失调，并干扰人体和生物体内锌的酶系统，导致高血压症上升。

3. 汞污染　　汞及其化合物属于剧毒物质，可在人体内蓄积。血液中的金属汞进入脑组织后，逐渐在脑组织中积累，达到一定的量时就会对脑组织造成损害，另外一部分汞离子转移到肾脏。进入水体的无机汞离子可转变为毒性更大的有机汞，由食物链进入人体，引起全身中毒作用；易受害的人群有女性，尤其是准妈妈、嗜好海鲜人士；天然水中含汞极少，一般不超过 0.1μg/L。正常人血液中的汞小于 5~10μg/L，尿液中的汞浓度小于 20μg/L。如果急性汞中毒，会诱发肝炎和血尿。

4. 铬污染　　如果误食饮用，可致腹部不适及腹泻等中毒症状，引起过敏性皮炎或湿疹，呼吸进入，对呼吸道有刺激和腐蚀作用，引起咽炎、支气管炎等。水污染严重地区的居民，经常接触或过量摄入者，易得鼻炎、结核病、腹泻、支气管炎、皮炎等。

四、污染预防与控制措施

1. 农产品中重金属的风险评估（评估流程见图 3-3）

1）重金属危害鉴定　　重金属的危害鉴定就是确定人体暴露在重金属下，重金属对人体的有害健康效应。其主要依据是动物毒理学实验数据和流行病学研究结果等数据。这部分进行的研究有着特殊的困难，因为一般而言，人群的重金属暴露量不是很高，所以很少有人或者政府去资助广泛的重金属毒性实验研究。因此，重金属危害鉴定所遵循的原则是：确定出最需要的信息，而且尽可能有效利用所获得的信息。例如，对于甲基汞的危害鉴定主要就是通过 3 个人类流行病学研究（Faroes 研究、Seychelles 研究和 New Zealand 研究）来进行的。1994 年，在日本水俣市（居民甲基汞中毒城市）进行了大规模体检，其中神经学方面的症状很多，如感觉迟钝和手脚颤抖等，由此确定了甲基汞的神经毒性。

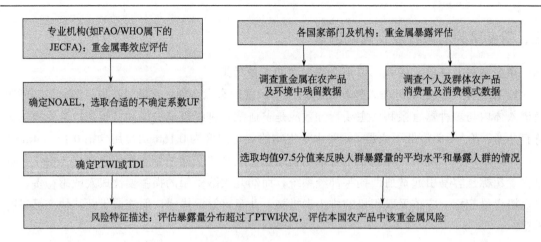

图 3-3　　重金属风险评估流程图

2) 评价剂量和反应曲线　　剂量-反应关系是推导一种重金属剂量水平，摄入量等于或小于这种剂量，就不会导致可观察到的健康效应。由于重金属在体内的半衰期长，对重金属建立每周耐受量(PTWI)〔有时也采用每日耐受量(TDI)〕，即通过剂量-反应关系曲线确定未产生有害效应的最高剂量(NOAEL)或基准剂量(BMD)，考虑不确定因子，最后以 NOAEL 或 BMD 除以不确定系数(UF)得出最大 PTWI。

血液和尿液中金属形态常作为金属的毒理学生物标志物。例如，铅和甲基汞最敏感的健康终点都是神经，PTWI 确定是以血液中金属浓度为指标。找出不能再增加的血液金属浓度，反推剂量的关系(甲基汞)；或确定一个剂量，反推此时的血液金属浓度是否在 NOAEL 之下(铅)；而镉 PTWI 确定使用的是肾脏镉累积模型；有机锡是一种杀虫剂，通过动物实验研究确定 TDI。JECFA 从 1970 年起不断精确化镉、甲基汞、铅的 PTWI；2004 年，针对有机锡的毒性之大、对港口水产品的污染之重，欧盟食品安全署根据动物实验结果确定了有机锡的 TDI。表 3-6 列出了对这 4 种重金属研究的最新 PTWI 或 TDI 值，目前这些值已被广泛接受。

表 3-6　　高风险性重金属的 PTWI 或 TDI 值

重金属	镉	甲基汞	铅	有机锡
NOAEL/[μg/(kg·bw)]	—	1.5	3.5	0.025
UF	—	6.4	—	100
PTWL/[μg/(kg·bw)]	7	1.6	25	—
TDI/[μg/(kg·bw)]	—	—	—	0.25

3) 重金属膳食暴露量估计　　重金属膳食暴露量估计主要采取总膳食研究(TDS)，取样分析重金属主要膳食来源的那些农产品项，获得这些农产品中重金属含量的一般水平，即以某种农产品中重金属浓度乘以该种农产品的消费量得出单项农产品所导致的重金属摄入量，最后对所有单项农产品导致的重金属摄入量进行加和。该方法估计人群摄入量的精确度取决于被分析的农产品能否作为某重金属的重要膳食来源，即该重金属是否广泛存在于该农产品中，且在该农产品中富集严重。例如，镉和铅存在于多类农产品中，而甲基汞和有机锡基本

上只存在于鱼类产品中，所以对不同的重金属，TDS 食品项目的规定不同。

美国总膳食研究方案的设计是从 4 个地区采样，每个地区中取 3 个城市作为代表性城市，在每个城市购买同样的 236 项食品，一个地区取完样，将 3 个城市的同类食品进行混合，制备成复合样，统一送往 Kansas 市的 FDA 实验室进行分析。英国制定的总膳食研究方案更为详细，将 119 种食品合并为 20 组，2 天内从英国 24 个镇的零售商处采样，按照食品消费调查结果中显示的一类食品类别中各分类食品消费所占的份额来严格规定采样量，某些特殊农产品采取单独取样，然后快速送到家庭食品科学分析分部进行处理，必要时还对农产品采用家常方式进行烹饪，混匀后在−20℃条件下速冻，最后送到官方化学分析实验室进行成分和含量分析。

农产品消费量数据主要是采用调查表的方式。例如，英国通过国家食品监控计划（National Food Survey）和英国成人膳食及营养监控计划（Dietary and Nutritional Survey of British Adults）这两类调查来反映消费模式和消费量数据。其中全国食品调查是对一家主要采购食品的人进行简短的访谈后，要求其保持一周内的采购日记，填写并将填写完毕的调查表返回，统计每人每日各类食品的消费量。由于食品消费模式随时间而变化，对暴露估计有影响，因此，美国 USDA 开始的一项新调查——Continuing Survey of Food Intake by Individuals（CSFII）就显得较为科学。其在填写完整的调查表交回到 USDA 后，会由 USDA 专门的营养学家，将各项食品折算为初级农产品。例如，营养学家计算得出的小麦摄入量是加和了面包、糕点、谷物和其他含有小麦的食品中小麦的量。此外，调查中还按照各地区、种族、年龄、性别、怀孕与否进行分类统计，使调查结果更为科学。

4）风险特征描述　　　农产品重金属风险特征是农产品重金属暴露评估结果和重金属 PTWI 或 TDI 相比较，综合评价农产品中该重金属的风险。

例如，2004 年，欧洲食品安全局（EFSA）鱼和海产品中甲基汞风险评估结论是：一部分常吃大型肉食性鱼的人群和儿童，他们甲基汞的摄入量容易超过 PTWI。目前，农产品中铅风险评估结论主要是 1998 年英国的风险评估结果：平均膳食暴露量为 0.028mg/天，处于 TDI=0.025μg/（kg · bw）范围左右。

2. 控制措施

1）对于国家

（1）消除污染源：工业三废、污水处理、农药和食品添加剂、管道和容器、包装材料。

（2）制定最高允许限量标准（maximum residue limit，MRL）。

（3）妥善处理已污染的食品原则——确保食用人群安全性的基础上尽可能减少损失，防止误食误用以及意外或人为污染食品。

2）对于普通消费者

（1）增加膳食纤维的摄入。膳食纤维可以减缓重金属吸收的速度，特别是富含果胶的膳食对铅有很大的亲和力，在肠道内与铅结合形成不溶解的、不被吸收的复合物，而随粪便排出。果胶通常存在于水果和蔬菜中，尤其是柑橘和苹果中含量较多。

（2）改善机体的营养状况以及食物的营养平衡。机体营养状况良好，可以增强人体免疫功能，有利于抵抗外来有害物质的侵害，或缓解毒性；蛋白质的质和量以及某些维生素（维生素 C）的营养水平对金属毒物的吸收和毒性有较大的影响。过量的铅影响人体蛋白质代谢，因此增加膳食中优质蛋白质的供给，增加蛋氨酸和胱氨酸等含硫氨基酸的摄入量，可有效地阻止和减轻中毒症状。牛奶、鸡蛋、豆制品等可起到保护作用；维生素C是强还原剂，能使氧化型谷胱甘肽还原为还原型谷胱甘肽，后者与有毒物质结合使其排出体外，从而起到解毒作用。新鲜的蔬菜和水果富含维生素C。另外，维生素B_1、维生素B_{12}、叶酸、维生素D在预防有害金属中毒，或缓解有害金属的毒作用方面有重要作用。

(3) 适当增加无机盐的摄入。无机盐进入体内的吸收利用与其价态有关，特别是相同的价态有相互竞争的抑制作用。例如，铁可拮抗铅的毒作用，其原因是铁与铅竞争肠黏膜载体蛋白和其他相关的吸收和转运载体，从而减少铅的吸收；锌可拮抗镉的毒作用，因锌可与镉竞争含锌金属酶类；硒可拮抗汞、铅、镉等金属的毒作用，因硒能与这些金属形成硒蛋白络合物，使其降低毒性，并易于排出。因此增加膳食中钙、铁、锌、硒等无机元素的供给，就可以抑制有害金属的吸收，或减轻有害金属的危害。

(4) 控制脂肪的摄入。有的重金属，如汞亲脂性强，过多的脂肪可促进其毒作用。因此在饮食中应该控制脂肪的摄入量。

(5) 多喝茶、多吃豆类。茶多酚是茶叶的主要成分，因具有多酚结构对重金属有较强的富集作用，能与重金属形成络合物而产生沉淀，有利于减轻重金属对人体产生的危害。茶多酚进入体内经消化吸收后的代谢产物能与肝或血液循环中的镉形成复合物经肾从尿排出，也可从胆道随胆汁分泌从粪排出。茶多酚同样具有良好的排铅作用，并不加重肝肾损伤，对胃、肾、肝起着独特的化学净化作用。因此，常饮茶，特别是绿茶对人体健康具有保护作用。除茶叶外，豆类也富含酚类物质，在膳食中应增加豆类的摄入。

(6) 选购较为安全的食物。鱼类以淡水鱼养殖的食草类鱼较为安全，且年龄小者为好。路边生产和销售的食物可能被铅污染，因此不要购买路边食物。大型超市购物时可根据自己的消费能力，选择无公害食品或绿色食品或有机食品。虽然有害金属对食品有一定的污染，但是只要我们在日常的膳食生活中注意食物多样化，合理选择和搭配食物，做到平衡膳食，就可抵抗或减少有害物质对健康的影响。

第五节　食品油炸、烘烤、腌制与N-亚硝基化合物污染

一、来源、种类与形成

凡是具有═N—N═O这种基本结构的化合物，统称为N-亚硝基化合物，其分子结构通式为$R_1(R_2)$═N—N═O。一般分为N-亚硝胺($\begin{smallmatrix}R_1\\R_2\end{smallmatrix}$>N—N═O)和N-亚硝酰胺($\begin{smallmatrix}R_1\\R_2CO\end{smallmatrix}$>N—N═O)两类，其中N-亚硝胺的$R_1$和$R_2$为烷基或环烷基，也可以是芳香基或杂环化合物；当$R_1$、$R_2$不同时，称为非对称性亚硝胺，反之为对称性亚硝胺；N-亚硝酰胺的R_1为烷基或芳基，R_2为酰胺基，包括氨基甲酰基、乙氧酰基及硝米基等。

亚硝胺类为黄色中性物质，低分子质量的亚硝胺(如二甲基亚硝胺)在常温下为油状液体，高分子质量的亚硝胺多为固体。二甲基亚硝胺可溶于水或有机溶剂，其他亚硝胺则不溶于水，只溶于有机溶剂。N-亚硝胺，通常情况下稳定不易水解，在中性和碱性环境中稳定，但在特殊条件下也发生反应，如酸性和紫外照射下可缓慢裂解，亚硝胺可以被许多氧化剂氧化成硝胺，亚硝胺的还原反应在不同酸碱条件下的结果是不同的，在哺乳动物体内可转化为具有致癌作用的活性代谢物；N-亚硝酰胺，化学性质活泼，在酸性和碱性条件下均不稳定，在酸性

条件下，分解为相应的酰胺和亚硝酸，在弱酸性条件下主要经重氮甲酸酯重排，放出 N_2 和羟脂酸，在弱碱性条件下亚硝酰胺经水解可生成具有致癌作用的烷化重氮烷，属终末致癌物。

　　N-亚硝基化合物的生产和应用并不多，在自然界中的本底浓度很小（<10μg/kg），但目前其前体物质在环境和食物中普遍存在，适宜条件下可在生物体外或体内形成多种 N-亚硝基化合物，主要经消化道进入体内，是引发肿瘤的重要环境因素。N-亚硝基化合物前体物有：亚硝酸盐、硝酸盐、胺类、酰胺类、氨基甲酸乙酯、胍类等，其前体化合物的来源可分为两类：亚硝基化剂和胺类。最主要的亚硝基化剂是硝酸盐和亚硝酸盐，此外还有 N_2O_3、NO_2、N_2O_4、NO 等，它们广泛存在于人类生存环境中，是自然界最普遍的含氮化合物。含氮的有机胺类化合物也是 N-亚硝基化合物的前体物，它们广泛地存在于人类环境中，包括仲胺和酰胺等，通常由蛋白质分解成氨基酸并脱羧而成，广泛存在于动物性和植物性食品中。

　　以上两种前体物在适宜条件下可合成 N-亚硝基化合物，其反应式如图 3-4 所示。

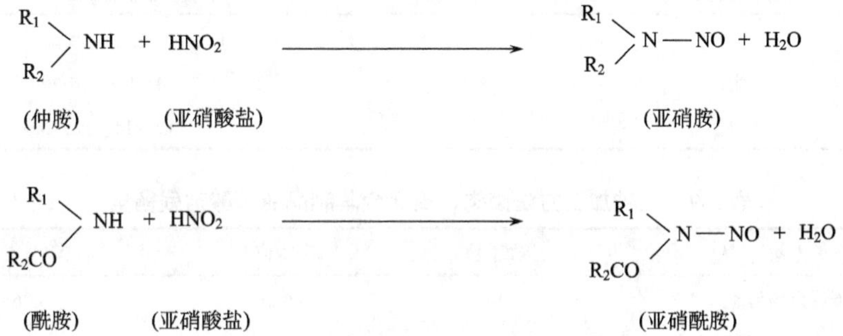

图 3-4　N-亚硝基化合物的化合反应

　　体内 N-亚硝基化合物的主要来源为食物，包括食物中的水果蔬菜、畜禽肉类及水产品、乳制品、腌制品及啤酒及反复煮沸的水等。

　　1. 水果蔬菜　蔬菜水果可以从土壤和肥料、水中集聚硝酸盐。肥料中的氮，在土壤中硝酸盐生成菌的作用下转化为硝酸盐后被蔬菜吸收，又在植物酶的作用下，在植物体内还原成氨，并与光合作用合成的有机酸生成氨基酸、核苷酸构成植物体。光照不足时，光合作用不充分不能同生成足够的有机酸，蛋白质合成途径受阻，植物体内将积聚多余的硝酸盐。植物中硝酸盐的大量集聚，亚硝酸含量也会相应增加。很多蔬菜，如萝卜、大白菜、芹菜、菠菜中含有较多的硝酸盐，其含量多少与其品种、施肥、地区及栽培条件等因素相关（表 3-7），储存过久的新鲜蔬菜、腐烂蔬菜及放置过久的煮熟蔬菜中的硝酸盐在硝酸盐还原菌的作用下转化为亚硝酸盐。有人用菠菜做实验，新鲜时亚硝酸盐含量仅为 4.8μg/kg，储存 3 天后升至

表 3-7　部分新鲜蔬菜中硝酸盐和亚硝酸盐含量

蔬菜品种	硝酸盐/(mg/kg)	亚硝酸盐/(mg/kg)
韭菜	160～240	0.1
大白菜	600～1530	0.6～2.0
小白菜	700～800	1.0～1.2
胡萝卜缨	24～320	0.2～0.3
冬瓜	100～288	0.5

17.0μg/kg，若将菠菜煮沸后在 30℃储存一天，可猛增到 393μg/kg。食用蔬菜(特别是叶菜)过多时，大量硝酸盐进入肠道，若肠道消化功能欠佳，则肠道内的细菌可将硝酸盐还原为亚硝酸盐。

2. 肉类及水产加工品　　这类食物中含有丰富的蛋白质，在烘烤、腌制、油炸等加工过程中蛋白质会分解产生仲胺、酰胺等胺类，肉、鱼、虾等动物性食品腐败变质时，仲胺等可大量增加，转变为亚硝胺，主要是吡咯烷亚硝胺和二甲基亚硝胺，其含量高低与加工方式有关(表3-8、表3-9)。这些前体进入人的胃中就可以合成 N-硝基化合物。此外在加工过程中，作为发色剂加入的硝酸盐和亚硝酸盐，也为 N-亚硝基化合物的形成提供了前体物。二甲基亚硝胺在加工(蜡制、腌制、熏制)的肉类和鱼类中均有检出。

表3-8　不同加工方法鱼中亚硝胺含量

加工方法	亚硝胺含量/(μg/kg)
新鲜	4
烟熏	4～9
盐腌	12～14

表3-9　三种加工方法卤肉、禽烤全羊制品亚硝酸盐残留量　　　　(单位：mg/kg)

方法	样本数	平均值	范围
腌后弃汤另煮	17	0.080	0.065～0.64
水、生肉+卤水同时煮	37	0.140	0.009～0.54
腌后直接烤	19	0.749	0.049～2.36

3. 乳制品　　乳制品中含有枯草杆菌，可使硝酸盐还原为亚硝酸盐，在干奶酪、奶粉等干燥过程中产生 N-硝基化合物。

4. 腌制品　　腌制咸菜的初期，其中的硝酸盐大幅下降的同时，亚硝酸盐含量急剧上升。刚腌不久的蔬菜(暴腌菜)含有大量亚硝酸盐，亚硝酸盐的含量逐渐升高，到21天左右达高峰，俗称"亚硝峰"，随后逐渐下降(表3-10)。

表3-10　蔬菜腌制过程硝酸盐和亚硝酸盐的消长

腌制时间/天	硝酸盐/(mg/kg)	亚硝酸盐/(mg/kg)
1.5	423.0	3.0
2	329.0	9.0
3	357.0	5.0
5	304.0	3.0
8	286.0	197.0
15	239.0	1842.0
24	286.0	2820.0

5. 啤酒　　传统工艺生产的啤酒含有二甲基亚硝胺，来源于直火烘烤大麦芽。空气中的氮被高温氧化成氮氧化物，大麦芽中的胺类物质(如麦芽碱、芦竹碱、禾胺等)与之反应生成

亚硝胺，改进工艺后已检测不出啤酒中含有亚硝基化合物。

6. 反复煮沸的水　　煮制过久，水中不挥发性物质，如钙、镁等重金属成分和亚硝酸盐含量明显升高。有些地区饮用水中含有较多的硝酸盐，当用该水煮粥或食物，再在不洁的锅内放置过夜后，则硝酸盐在细菌作用下还原为亚硝酸盐。

此外，霉变食物由于霉菌的作用，可以促进 N-硝基化合物的合成，在霉变食物中，含有较多的前体和亚硝基化合物。我国林县是食管癌高发区，在当地人们经常吃的酸菜中，发现霉菌合成的 N-硝基化合物及其前体，这些因素可能与该地区食道癌的高发生率有关。

除通过食品摄入 N-亚硝基化合物外，N-亚硝基化合物也可在体内合成，有研究表明每人每天可合成约 0.5μg 亚硝胺。硝酸盐、亚硝酸盐、胺类前体物在胃、口腔、肠道及膀胱内（尤其感染时）等部位皆可能形成 N-亚硝基化合物。胃是人体内合成亚硝基化合物的主要场所，当患有慢性胃炎、萎缩性胃炎时，胃酸下降，胃内的硝酸盐还原菌（代谢活性在 pH 大于 5 时最高）将硝酸盐还原成亚硝酸盐，可促进仲胺亚硝基化，从而促进 N-亚硝基化合物的合成，此过程被认为是胃酸缺乏患者患胃癌的潜在危险因素。每天唾液分泌的亚硝酸盐约为 9mg，当口腔卫生不好时，口腔内的食物腐败产生胺类，这些胺类与亚硝酸盐在口腔内细菌丛的催化下合成亚硝胺，硫氰酸根可加速这一反应。

自然状态下，食品中 N-亚硝基化合物的含量极少，但腌制、熏制、高温加热、发酵、烘烤等加工方式，尤其是油炸等加工方式或不适当的储藏，会有少量 N-亚硝基化合物生成，微波加热则无此作用。

二、毒性及其影响因素

动物实验表明，亚硝胺的主要吸收部位在小肠的上段，仅有少部分在胃和大肠吸收，大部分在肝脏代谢转化后排出体外，生物半衰期小于 24h。较小剂量（40μg/kg 体重以下）的 NDMA 可经肝脏全部代谢；高剂量时，肝脏代谢容量达到饱和，NDMA 会转至其他代谢器官，有实验表明，以高剂量水平饲喂动物时诱发肾脏肿瘤。有研究用 N-亚硝基甲基尿素和 N-亚硝基乙基尿素，投与妊娠的大鼠做实验，发现胎儿脑的恶性肿瘤高发，证明 N-亚硝基化合物可通过胎盘进入胎儿体内，另外 N-亚硝基化合物也可通过乳汁分泌，影响子代健康。

N-亚硝基化合物是一类化学结构多样的化合物。N-亚硝基化合物对人和动物具有强烈的致癌毒性、致畸致突变性，以及对肝脏、肺等许多组织器官产生急性毒性。

N-亚硝基化合物的急性毒性表现为头晕、乏力、肝脏肿大、腹水、黄疸及肝硬化。N-亚硝基化合物的毒性随着其结构中碳链的延长而降低，动物急性毒性实验表明，毒性最大者是甲基苄基亚硝胺，其 LD_{50} 为 18mg/kg（经口）。N 亚硝胺进入人休后主要引起肝小叶中心性出血坏死，还可引起肺出血及胸腔和腹腔血性渗出，对眼、皮肤及呼吸道有刺激作用。N-亚硝酰胺的直接刺激作用强，可引起肝小叶周边性损害，并有经胎盘致癌的作用。

1. 致畸性　　N-亚硝基致癌化合物在多种致突变试验中出现阳性结果，还有致畸及胚胎毒性。亚硝酰胺对动物有直接致畸作用，可使仔鼠产生脑、眼、肋骨和脊柱的畸形，并有剂量效应关系；亚硝胺的致畸作用很弱。

2. 致突变性　　亚硝酰胺是一类直接致突变物，可以诱使细菌、真菌、果蝇和哺乳类动物细胞发生突变；而亚硝胺且需经哺乳动物的混合功能氧化酶系统代谢活化后才具有致突变性。亚硝胺类活化物的致突变性强弱和致癌性强弱无明显相关性。

3. 致癌性　　*N*-亚硝基化合物是已知对动物有强烈致癌作用的一类化合物，少量多次长期摄入，或一次大剂量（冲击量）摄入都能诱发肿瘤，且都有剂量效应关系。在已经发现的种类中，90%都有致癌性，可通过呼吸道吸入、消化道摄入、皮下肌肉注射、皮肤接触等方式诱发肿瘤，可以导致多种动物、多种器官发生肿瘤，至今尚未发现有一种动物对 *N*-亚硝基化合物的致癌作用有抵抗力。除了肝、食道等靶器官，还可引起脑脊髓、末梢神经、肺、乳腺、膀胱、阴道等多种器官的癌症以及血液系统的白血病等。*N*-亚硝基化合物具有明显的器官亲和性，对器官的特异性和致癌能力主要取决于这类化合物的化学结构。亚硝胺的化学性质较稳定，是间接致癌物，在体内需要经过肝微粒体细胞色素的代谢活化作用生成烷基偶氮羟基化物后，才产生强致癌作用，所以亚硝胺经皮肤或肌肉注射后，发生癌症的部位往往是肝脏，而不是注射部位；亚硝酰胺是直接致癌物，在体内不需代谢活化就可对接触部位直接致癌。致癌原理是亚硝酸根离子能够影响细胞核中 DNA 的复制，在细胞分裂时改变遗传物质，导致癌变。更加重要的是 *N*-亚硝基化合物可通过胎盘致癌，动物在胚胎期对亚硝酰胺的致癌作用敏感性明显高于出生后或成年，动物在妊娠期间接触 *N*-亚硝基化合物，不仅累及母代和第二代，甚至影响第三代和第四代。各类亚硝胺化合物的致癌性如表 3-11 所示。

表 3-11　亚硝胺类的致癌性

化合物名称	致癌作用	给药途径	主要靶器官
二甲基亚硝胺	+++	口服	肝
二戊基亚硝胺	++	口服、注射	肝、脾
甲基乙烯基亚硝胺	+++	口服	食管
甲基烯丙基亚硝胺	++	静注	肾
亚硝基吡咯烷	+	口服	肝
亚硝基乙酰胺	+++	口服	前胃
亚硝基二甲基尿素	+++	口服	脑、神经系统、脊髓

三、预防及其控制措施

　　N-亚硝基化合物具有较强的致畸、致突变及致癌作用，其前体物在自然界中广泛存在，这使得 *N*-亚硝基化合物的预防与控制工作显得尤为重要。预防亚硝基化合物危害的主要措施有如下几种。

　　预防 *N*-亚硝基化合物中毒的关键是减少食品中的 *N*-亚硝基化合物前提物质。例如，避免食物霉变或被其他微生物污染，霉变过程中食物中的硝酸盐被细菌还原为亚硝酸盐，其中蛋白质成分分解生成胺类物质，导致 *N*-亚硝基化合物的合成，在加工、保存食物过程中，应尽可能避免细菌、霉菌的污染，并采取相应措施抑制细菌、霉菌生长、繁殖。

　　改进食品加工工艺，减少食品加工过程中硝酸盐和亚硝酸盐的使用量，在保证制品色泽情况良好的状态下，控制食品加工中发色剂硝酸盐和亚硝酸盐的用量，或采用相应的替代品；腌制鱼的过程中用精盐代替粗盐腌制食品，可显著降低腌制鱼中亚硝酸盐的含量；在啤酒生产过程中，用间接加热代替直接加热，可明显减少亚硝基化合物的生成。

　　在农业生产中多推广钼肥，改善灌溉条件。钼肥的使用不但可提高农作物的产量，同时能降低作物中硝酸盐水平，提升维生素 C 含量，阻断亚硝基化合物的生成；干旱发生时，蔬菜中硝酸盐含量会出现明显的升高，因此改善灌溉条件可有效控制蔬菜中硝酸盐含量，降低 N-亚硝基化合物的含量。

此外，增加维生素 C 等亚硝基化阻断剂的摄入量，也是控制 N-亚硝基化合物含量的有效方式：维生素 C、维生素 E、鞣酸和酚类化合物可阻断 N-亚硝基化合物合成，香肠制作实验，加入硝酸盐的同时加入维生素 C，可防止香肠制品中出现二甲基亚硝胺（表 3-12）；高浓度的蔗糖、醇类（甲醇、乙醇、丙醇）在 pH 为 3 时，可阻断亚硝基化亚硝基化；大蒜和大蒜素、茶叶、猕猴桃、刺梨、沙棘汁等天然食品也可阻断亚硝基化。需要注意的是一般的亚硝基化阻断剂，如维生素 C、鞣酸、酚类化合物等，对已经合成的 N-亚硝基化合物无作用。

表 3-12　香肠中加维生素 C 对亚硝胺含量的影响

维生素 C 加入量 /(mg/kg)	亚硝酸盐加入量 /(mg/kg)	二甲基亚硝胺含量/(mg/kg)	
		加热 2h	加热 4h
0	1500	11	22
550	1500	0	7
5500	1500	0	4

注意口腔卫生、维持胃酸的分泌量、防止泌尿系统的感染等，减少这些部位 N-亚硝基化合物的内源性合成，抑制体内 N-亚硝基化合物的合成。制定食品中 N-亚硝基化合物限量标准，开展监测，加强监管。目前我国已制定出食品中亚硝酸盐的限量卫生标准（表 3-13）及部分食品中 N-亚硝胺限量卫生标准（表 3-14）。依据现有的标准，对食品中的 N-亚硝基化合物进行严格检测，杜绝超标产品在市场上流通。

表 3-13　我国食品中亚硝酸盐的限量卫生标准

食品类	允许限量/(mg/kg)	标准人消费量/g	亚硝酸盐摄入/μg
蔬菜	4	310.2	1242.2
粮食	3	439.9	1319.7
鱼类(鲜)	3	27.5	82.5
肉类(鲜)	3	58.9	176.7
蛋类(鲜)	5	16	80.0
食盐	2	13.9	27.8
酱腌菜	20	9.7	194.0
牛奶，奶粉	2	14.9	29.8
合计			3151.7

表 3-14　我国食品中亚硝胺的允许限量标准（GB9677—1998）　　　　（单位：μg/kg）

品种	N-亚硝基二甲胺	N-亚硝基二乙胺
海产品	4	7
肉制品	3	5
啤酒	3μg/L	—

第六节　食品熏制烘烤过程与多环芳烃化合物污染

一、污染来源

多环芳烃(PAH)是指分子中含有两个以上苯环的碳氢化合物,迄今已发现萘、蒽、菲、芘等200余种化合物,有些多环芳烃还含有氮、硫和环戊烷。多环芳烃是有机化工的重要基础原料,多种含氧、含氯、含氮、含硫的芳烃衍生物用于生产多种精细化工产品,通常存在于石化产品、橡胶、塑胶、润滑油、防锈油、不完全燃烧的有机化合物等物质中,是重要的环境和食品污染物,因其有强致畸、致癌、致突变和生物蓄积性,已成为环境污染中最重要的监测项目之一,在国际上备受关注。

多环芳烃最早是在高沸点的煤焦油中发现的,后来证实,煤、石油、木材、有机高分子化合物、烟草和许多碳氢化合物在不完全燃烧时产生的挥发性碳氢化合物都是多环芳烃。当温度为650～900℃,氧气不足而未能深度氧化时,最易生成多环芳烃。

环境中存在的多环芳烃主要有天然和人为两种来源。

1. 天然来源　自然环境中多环芳烃可经以下三个途径生成:某些细菌、藻类和植物体内进行杂环芳烃的生物合成;森林、草原野火过后及火山喷发物均发现杂环芳烃;化石燃料、木质素、底泥等中的多环芳烃是经长期地质年代的生物降解再合成的产物。

2. 人为来源　环境中多环芳烃主要来源于人类活动。废物焚烧和化工燃料不完全燃烧产生的烟气(包括汽车尾气,汽油机和柴油机的排气),其生成量同燃烧设备和燃烧温度等因素有关,如大型锅炉生成量低,家庭用煤炉的生成量很高;任何一家排放烟尘的工厂(特别是炼焦、炼油、煤气厂、沥青加工厂、橡胶厂和火电厂)所排出的废气和废水中,都有多环芳烃;水体中的多环芳烃主要来源于工业废水、大气降落物、沥青表面道路的径流及污染土壤的沥滤流。室内多环芳烃则来源于取暖、烹饪(尤以烟熏、油炸为主)以及香烟烟雾等,特别是有研究报道,从香烟中已检测到300种以上的多环芳烃;食品在用煤、木炭、烟进行烘烤或熏制时,燃料的不完全燃烧及食品成分发生热解或热聚反应会产生大量的多环芳烃,其中主要的是苯并[a]芘。据于秀艳和丁永生(2004)等统计,在世界范围内每年约有4.3万吨PAH被释放到大气中,同时约有23万吨进入海洋环境。

食品中的多环芳烃、苯并[a]芘来源主要有以下几个方面:烘烤和熏制的食品加工过程直接污染;食品在热加工或烹调过程中的高温热解或热聚形成;农作物从污染的土壤、大气和水中吸收;食品加工中机油、包装材料污染;柏油路上晒粮食污染;污染水源使水产品受到污染;某些植物和微生物可合成微量的多环芳烃。

多环芳烃广泛存在于人类生活的自然环境,如大气、水体、土壤、作物和食品中。多环芳烃在环境中大多数是以吸附态和乳化态的形式存在,一旦进入环境,便受到各种自然界固有过程的影响,发生变迁。通过复杂的物理迁移、化学及生物转化反应,在大气、水体、土壤、生物体等系统中不断变化,改变分布状况。多环芳烃进入大气后,可通过化学反应、降尘、降雨、降雪等过程进入土壤及水体中。处在不同状态、不同系统中的多环芳烃则表现出不同的变化行为。多环芳烃在环境中的转化和归宿,至今尚不清楚。

二、理化性质

多环芳烃类(PAH)是由两个以上苯环稠合在一起并在六碳环中杂有五碳环的一系列芳香烃化合物及其衍生物，主要包括 16 种同类物质：萘(naphthalene，NAP)；苊烯(acenaphthylene，ANY)；苊(acenaphthene，ANA)；芴(fluorene，FLU)；菲(phenanthrene，PHE)；蒽(anthracene，ANT)；荧蒽(fluoranthene，FLT)；芘(pyrene，PYR)；苯并[a]蒽[benzo(a)anthracene，BaA]；䓛(chrysene，CHR)；苯并[b]荧蒽[benzo(b)fluoranthene，BbF]；苯并[k]荧蒽[benzo(k)fluoranthene，BKF]；苯并[a]芘[benzo(a)pyrene，BaP]；茚苯[1，2，3-cd]芘[indeno(1，2，3-cd)pyrene，IPY]；二苯并[a，h]蒽[dibenzo(a,h)anthracene，DBA]；苯并[g，h，i]芘(二萘嵌苯)[benzo(g，h，i)perylene，BPE]。

PAH 基本结构单位是苯环，苯环的数目和连接方式的不同引起相对分子质量、分子结构变化，进而导致了物理化学性质的差异。室温下，PAH 均为固体，大部分是无色或淡黄色的结晶，个别深色，具有高熔点和高沸点，低蒸气压，水溶性差，脂溶性强，易在生物体内蓄积，易溶于苯类芳香性溶剂，微溶于其他有机溶剂。大部分多环芳烃存在较大的共轭体系，溶液具有一定的荧光。一般而言，随分子质量增加，多环芳烃熔沸点升高，蒸气压减小。多环芳烃的颜色、荧光性和溶解性主要与多环芳烃的共轭体系和分子苯环的排列方式有关，随 p 电子数的增多和 p 电子离域性的增强，颜色加深、荧光性增强，紫外吸收光谱中的最大吸收波长也明显向长波方向移动；对直线状的多环芳烃，苯环数增多，辛醇-水分配系数增加，对苯环数相同的多环芳烃，苯环结构越"团簇"辛醇-水分配系数越大。

通常条件下多环芳烃化学性质稳定，发生反应时，趋向保留其中的共轭环状体系，一般多通过亲电取代反应形成衍生物并代谢为具有致癌性的活泼形式。苯环间结合的方式有两种。其一是芳香稠环化合物，即相邻的苯环至少有两个共用的碳原子，如两个苯环的萘有两个共用的碳原子。若几个苯稠环结合成一横排状，称为直线式稠环，如丁省；若几个苯环不是线性排列，称为非直线式稠环，如苯并[a]芘；若有支链苯稠环则称为支链式稠环，如二苯并[b，g]芘。其二是非稠环型，苯环直接通过单链联结，或通过一个或几个碳原子联结的碳氢化合物，如联苯、联三苯和1,2-二苯基乙烷。

多环芳烃类虽基本单元相同，但性质差异较大，依据化学性质可分为以下几类。

1. 具有稠合多苯结构的化合物　　如三亚苯、二苯并[e，i]芘、四苯并[a，c，h，j]蒽等，与苯有相似的化学稳定性，表明 π 电子在这些多环芳烃中的分布是和苯类似的，分子结构见图 3-5。

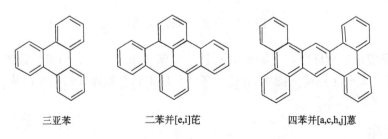

三亚苯　　　　　　二苯并[e,i]芘　　　　　　四苯并[a,c,h,j]蒽

图 3-5　π 电子分布与苯类似的多环芳烃

2. 呈直线排列的多环芳烃 如蒽、丁省、戊省等，比苯的化学性质活泼得多，其分子结构见图 3-6。其反应活性随环的增加而变强，这是由于总 π 电子数增加，每个 π 电子的振动能量减弱，苯环数达到 7 个的庚省，化学性质极为活泼，较难获得纯品。这类多环芳烃进行化学反应的特点，是常在相当于蒽的中间一个苯环的相对碳位(简称中蒽位)上发生。

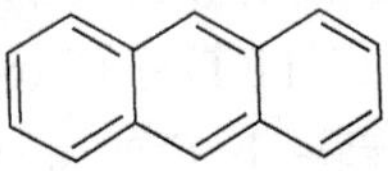

蒽 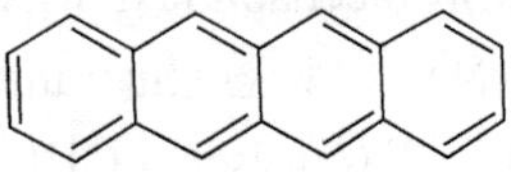   丁省

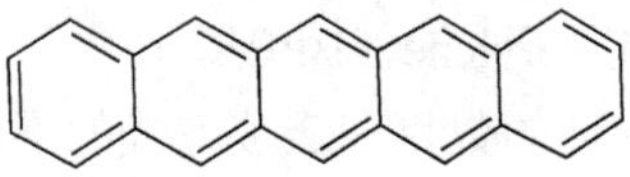

戊省

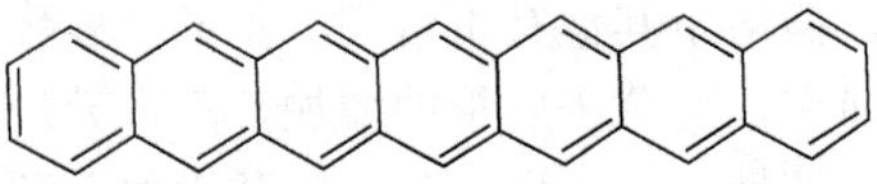

庚省

图 3-6 直线状多环芳烃

3. 呈角状排列的多环芳烃 如菲、苯并[a]蒽等，其活泼程度比相应的直线状异构体低，但基本上也是随环数的增多而增强，其分子结构见图 3-7。在加合反应中，通常在相当于菲的中间苯环的双键部位，即菲的 9 键、10 键(简称中菲键)上进行。π 电子在很大程度上被限定在中菲键上，因此中菲键的化学性质非常接近于烯键。角状多环芳烃含有 4 个以上环的，除了较活泼的中菲键外，还常含有直线多环芳烃类似的活泼对位——中蒽位，如苯并[a]蒽的 7 位、12 位。

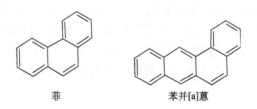

菲   苯并[a]蒽

图 3-7 角状排列的多环芳烃

4. 结构更复杂的稠环烃 如苯并[a]芘、二苯并[a, i]芘等，具有活泼的中菲键，但没有活泼的对位，其分子结构见图 3-8。这类多环芳烃中具有致癌性的不少，其中苯并[a]芘是致癌性最强的多环芳烃。

三、体内代谢

PAH 可以通过肺、胃肠道和皮肤吸收等途径进入机体。因此，人体中 PAH 的主要接触

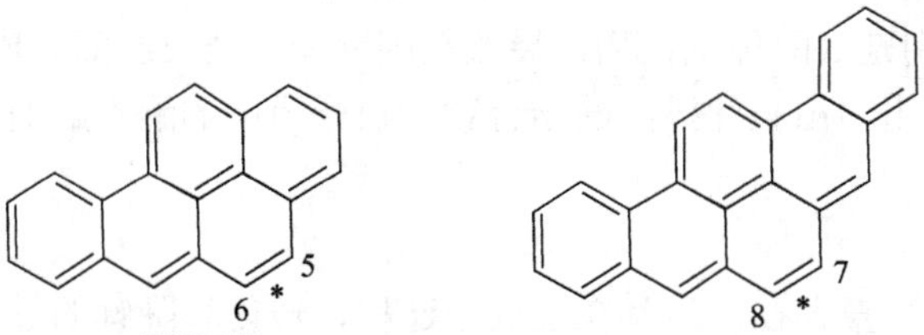

图 3-8 复杂多环芳烃

"*"表示中菲键

途径包括:肺和呼吸道吸入含 PAH 的气溶胶和微粒;经口摄入受污染的食物和饮水,进入消化道中的酸性环境时不甚稳定,可能有部分被降解。PAH 可通过饮食进入人体;皮肤接触携带 PAH 的物质。以任一途径染毒,PAH 均广泛分布,几乎在体内所有脏器、组织中均可发现,但以脂肪组织中含量较高。PAH 能够通过胎盘屏障,在胎儿组织中可以检出,也可通过乳腺至乳汁中,有些能够通过血脑屏障。

毒理学研究表明,PAH 在空气中的分布状态、分子质量大小与其在人体内的呼吸、代谢途径有着密切的关系。气相状态的 PAH 到达肺泡后,经简单扩散而透过呼吸道进入血液;颗粒态 PAH 则通过 3 种途径被吸收:直接从肺泡吸收进入血液、随黏液咳出或咽下胃肠道、游离的或被吞噬的颗粒物可透过肺间质进入淋巴系统。

现有研究发现,PAH 在体内的存在并不持久,其代谢迅速。PAH 进入生物机体后会诱导有关代谢酶系的活力升高,在不同酶系的催化下生成活性中间产物,如活性氧类物质,活性中间产物可与蛋白质、脂类、DNA 等生物大分子相互作用进而改变这些生物大分子的结构与功能,造成机体损伤;同时,活性氧类促使体内抗氧化防御体系活力升高,清除体内的活性氧自由基,但 PAH 摄入量较大时,抗氧化酶系也会被抑制而失去作用导致活性氧的积累造成脂质过氧化,作为一种典型的自由基链反应,脂质过氧化会产生大量的活性中间产物,对生物大分子、细胞膜和组织造成毒害。生物膜是生命系统中最容易发生脂质过氧化的场所。

对多环芳烃在动物体内的代谢过程及其致毒机理的研究,发现其在体内的转化过程分为两大阶段,即Ⅰ相反应阶段和Ⅱ相反应阶段。Ⅰ相反应中通过引入功能基团将非极性和脂溶性的物质转变为更具极性的物质,方便后续Ⅱ相结合反应。Ⅰ相代谢反应包括氧化反应、还原反应和水解反应;Ⅱ相反应是指外源物质及其代谢中间产物通过与某些内源物质分子结合,主要是谷胱甘肽结合反应和葡萄糖醛酸结合反应。Ⅰ相代谢产物与谷胱甘肽、硫酸盐、葡萄糖醛酸结合形成水溶性较强的Ⅱ相代谢产物,以水溶形态被排出体外。

肝脏是多环芳烃转化的主要场所。PAH 在还原型辅酶Ⅱ(NADPH)和 O_2 的参与下,经混合功能氧化酶(非特性组酶,主要存在于肝脏及肺中细胞内内质网上,主要组分是细胞色素 P450 酶系统)系中的芳烃羟化酶作用,转化为具有致癌活性的多环芳烃环氧化物。该产物在体内有 3 种转化途径:通过非酶反应生成羟基化合物,该化合物可与体内的葡萄糖醛酸或硫酸结合形成相应的结合物,随尿排泄;在谷胱甘肽-S-烷基转移酶催化下,与谷胱甘肽结合,生成多环芳烃谷胱甘肽结合物,随尿排泄;经过环氧化物水化酶催化生成二羟二醇衍生物,随尿排泄或再经转化后被肝肠循环随粪便排出,也可经乳腺随乳汁排出。

外源性化学物质大多数经过代谢去毒,但某些 PAH 经代谢被活化成为能够与 DNA 结合的活性代谢产物，特别是二醇环氧化物，导致基因突变，诱发肿瘤。PAH 代谢物(特别是结合物)通过尿和粪便排出，由胆汁排出的结合物能被肠道中的酶水解而被重吸收。

四、毒性表现

PAH 虽在环境中微量存在，但其在生成、迁移、转化和降解的过程中，能通过呼吸道、皮肤、消化道进入人体，由于其缺电子的特性，在体内极易产生氧化胁迫进而引发一系列危害，表现为急性毒性(中等或低毒性)、遗传毒性(PAH 大多数具有遗传毒性或可疑遗传毒性)、致癌性(其中 26 个 PAH 具有致癌或可疑致癌性，最确定的苯并[a]芘可致胃癌)，一般而言，低分子质量(2～3 环)PAH 可呈现显著的急性毒性，而某些高分子质量 PAH 则具有潜在的致癌性。

1. 多环芳烃对生物的遗传毒性 多环芳烃类化合物进入生物体内后可以通过混合功能氧化酶系作用或过氧化反应转化为亲电中间产物并产生活性氧类物质。亲电中间产物可以与 DNA 结合形成 DNA 加合物，活性氧类则攻击 DNA 造成 DNA 损伤。这种与 DNA 相互作用引起生物细胞基因组分子结构的特异改变的有害作用称为遗传毒性。

多环芳烃的致癌性迄今已有 200 多年的研究史，早在 1775 年英国医生波特就确认烟囱清洁工阴囊癌的高发病率与他们频繁接触烟灰(煤焦油)有关。流行病学研究业已证明人们暴露在含有 PAH 的混合物(烟囱、煤炉排放物、香烟烟气、塔顶排放物)中会增加肺癌的概率。多环芳烃的种类很多，常见的具有致癌作用的多环芳烃多为四到六环的稠环化合物，21 世纪后有超过 16 种具有致癌性的多环芳烃被禁用。由于苯并[a]芘是第一个被发现的环境化学致癌物，而且致癌性很强，故常以苯并[a]芘作为多环芳烃的代表，它占全部致癌性多环芳烃的 1%～20%。苯并[a]芘是一种较强的致癌物，主要导致上皮组织产生肿瘤，如皮肤癌、食管癌、上呼吸道癌、肺癌、胃癌、消化道癌等，并可通过母体使胎儿致畸(沙巴特等，1973)。动物实验表明某些 PAH 还会引起肿瘤、白血病、生殖困难、先天缺陷和体重下降等。

多环芳烃自身并无直接毒性，但进入机体后经过代谢活化后可能呈现致癌作用(Rybicki and Nock，2006)。进入机体后，多环芳烃首先经 CYP450 催化，形成多环芳烃环氧化物，然后该环氧化物可被环氧水解酶催化形成多环芳烃二氢二醇衍生物，该衍生物可继续被 CYP450 氧化为二氢二醇环氧化物(diol-epoxide)。这种二氢二醇环氧化物进一步形成具有亲电子性的正碳离子，并与生物体内 DNA 分子形成复合物，从而改变 DNA 的遗传信息发生 (G, T 转换)，诱发癌变。

2. 神经毒性和血液毒性 除致癌性外，PAH 对中枢神经、血液毒性作用很强，主要表现为引起血小板和白细胞减少，髓细胞性贫血及白血病，尤其是带烷基侧链的 PAH，导致神经衰弱症候群，四肢麻木和痛觉减退，新陈代谢紊乱，皮肤损害和致敏，皮肤黏膜出血等症状。

PAH 具有很强的致突变作用，但目前对其机理研究较少，致突变和致畸作用的试验方法有待完善。苯并[a]芘在许多短期致突变实验中均呈阳性反应，属间接致突变物，如在 Ames 试验及其他细菌突变、细菌 DNA 修复、姐妹染色单体交换、染色体畸变、哺乳类细胞培养及哺乳类动物精子畸变等试验中也呈阳性反应。蒽、二苯并[a, h]蒽也有致突变作用，微藻在蒽的胁迫下，生命体的生长会受到抑制，还可使体内活性氧积累而使微藻受到伤害。

3. 光致毒效应 之前对多环芳烃的研究主要集中于其代谢活性产物对生物体的毒作用及致癌活性上，随着研究的深入，发现多环芳烃的真正危险在于它们暴露于太阳光中紫外光辐射时的光致毒效应。所谓光致毒效应，即紫外光的照射对多环芳烃毒性所产生的显著影响。一些研究表明，它在大气中可由于阳光照射而分解，也可与其他物质反应而转化。这种转化有的可以使原来无致突变性的多环芳烃变为有致突变性的，如芘在NO_2的作用下转化为能致突变的 1-硝基芘。但有的转化具有相反的效应。实验表明，同时暴露在多环芳烃和紫外照射下会加速自由基的形成，破坏细胞膜损伤 DNA，体细胞遗传信息发生突变。在好氧条件下，PAH 的光致毒作用可使 PAH 光化学氧化形成内过氧化物，进行一系列反应后，形成醌。例如，由苯并[a]芘产生的苯并[a]芘醌是一种直接致突变物，可引起人体基因的突变，同时也会诱发人类红细胞溶血及大肠杆菌的死亡。

4. 多环芳烃对生物体内抗氧化防御系统的诱导　　PAH 在生物体内经 I 相反应中会转化产生超氧阴离子自由基（$O_2^{\cdot-}$）等活性氧类，抗氧化防御系统酶在活性氧产生和转化的过程中起着非常重要的作用，它们可被参与氧化还原循环的污染物所诱导。其中超氧化物歧化酶（superoxide dismutases，SOD）可催化超氧阴离子自由基 $O_2^{\cdot-}$ 生成 H_2O_2；谷胱甘肽过氧化酶（glutathione peroxidase，GPx）可催化 H_2O_2 形成 H_2O，同时也可将有机过氧化氢物还原成相应的醇；过氧化氢酶（catalase，Ct）也能够还原 H_2O_2 和脂质过氧化物。当污染过于严重，超出甚至抑制体内抗氧化防御酶系的功能时，可导致脂质过氧化（lipid peroxides，LPO）进而造成生物膜损伤、DNA 损伤及酶失活等。养殖鲈鱼的水样中加入芘，能导致鲈鱼肝脏的丙二醛浓度升高，进而引发机体的炎症过程、肌肉萎缩和慢性疾病，如动脉硬化、癌症等。

多环芳烃因抑制 T 淋巴细胞增生而具免疫毒性，研究表明将苯并[a]芘（BaP）注射到一种日青鳉（*Oryzias latipes*）的腹腔内，可产生明显的淋巴细胞增殖抑制。

鉴于种种原因，FAO/WHO 尚未对食品中的 PAH 允许含量作出明文规定。数据显示，成年人每年从食物中摄取的 PAH 总量为 1～2mg，如果累积摄入 PAH 超过 80mg 即可能诱发癌症，因此建议每人每天的摄入总量不可超过 10μg。

五、预防控制

（一）多环芳烃的预防与控制措施

1. 防止污染的发生　　通过治理环境污染减少对农作物和鱼类的污染，制定具体的排放标准，用政策法规来限制多环芳烃的排放，减少其对环境的污染，降低食品污染风险；改进食品加工工艺，尤其是蛋白质含量高的鱼、肉类食品，控制加热温度不要太高，尽量避免油煎、炸或烧烤，减少杂环芳烃的生成，烘烤熏制食品使用纯净的食品用石蜡做包装材料，选用发烟少的燃料配合消烟装置，可有效减少污染量；不在柏油路面上晒粮食、油料种子；加工机械管道使用安全的润滑油或改用食用油为润滑剂。

2. 积极研究开发去毒措施　　对于 PAH 已经造成的污染，可以采用物理、化学及生物方法来处理。去除多环芳烃常规的物理方法有加热法、混凝沉淀法、吸附法（采用活性炭为吸附剂）；化学方法有光氧化和化学药剂氧化两类。物理方法无法彻底降解多环芳烃，常规的化学方法也无法彻底降解多环芳烃，生化法处理时间太长，且去除率只有 30%～40%。目前微生物法降解多环芳烃由于运营成本低、适用范围广而研究较多，工业化程度较高，已被很多有机污染物废水处理厂投入使用，但仍需在高效菌株分离、代谢机理研究、遗传改良微生物性状及与植物联合修复机理研究等方面多作改进。

3. 尽快制订食品中 PAH 允许含量标准　　我国目前制订的食品卫生标准(GB7104—1986)中规定，烧烤或熏制的动物性食品以及稻谷、小麦、大麦中苯并[a]芘含量应≤5μg/kg，食用植物油中含量应≤10μg/kg。

4. 积极开展对环境中及食品中 PAH 的监测　　强化环境质量监控,减少多环芳烃对环境及食品的污染。随着对 PAH 研究的深入，多环芳烃的检测方法日益增多，较早应用的主要有柱吸附色谱、纸色谱、薄层色谱(TLC)和凝胶渗透色谱(GPC)，目前开发的有气相色谱(GC)、反相高效液相色谱(RP-HPLC)、紫外吸收光谱(UV)和发射光谱(包括荧光、磷光和低温发光等)，还有质谱分析、核磁共振和红外光谱技术，以及各种分析方法之间的联用技术等。较为常用的是分光光度法和反相高效液相色谱法。近几年来多环芳烃的分析方法发展迅速，出现了如微波辅助溶剂萃取、固相微萃取、超临界流体等多种新的分析技术，使得 PAH 的监测工作更易进行。

持久性有机污染物(persistent organic pollutants，POP)是指高毒、持久、生物蓄积性的对人类健康和环境具有严重危害的有机污染物质，其持久性、富集性及对包括人类在内的生物产生的"三致"(致癌、致畸、致异变)效应和环境激素效应，对全球环境和人体健康造成的严重危害正日益显著。多环芳烃类化合物(PAH)作为一类 POP，不仅具有潜在的巨大危害性、持久性和普遍性，并且随着人口膨胀及工业化的进展，PAH 通过各种渠道进入环境的速度有增无减，对人类造成的危害日益增多。因此 PAH 越来越受到各国 POP 研究领域科学家的重视。PAH 在环境中的含量虽然很低，但是它可以在我们生活的每一个角落发现，并且可通过数种途径进入人体，而且由于它具有生物累积性，能够对人体产生巨大危害。因此开展多环芳烃危险性评估工作，可以对多环芳烃的危害性进行有效评估，有助于人们更好地保护环境，维护人类健康。

5. 收集人群资料　　根据诸多意外事故数据推测，萘对全身造成影响，成人口服致死剂量为 5000～15 000mg，儿童为 2000mg，经皮或口接触的典型影响是溶血性贫血，也可通过胎盘转移影响胎儿。现有研究尚未阐明膳食中 PAH 与人类癌症发生间的关系，主要的依据来自职业接触。流行病学研究发现，高度工业化区作业人群，如炼焦工人、铝冶炼及沥青作业工人，机体中负荷 PAH 明显增加，原因是 PAH 污染了大气，这些群体中肺癌的发病率较高，且有剂量效应关系，危险性最高的是炼焦工人。

目前对于人群 PAH 内暴露课题研究建立的评价方法中主要以尿中 PAH 代谢产物、尿中硫醇酯、尿中致突变物质和 PAH-DNA 加合物、PAH-蛋白质加合物为生物标志物，其中测定尿中 PAH 代谢产物 1-羟基芘更容易些。研究认为尿中 1-羟基芘与大气中的芘和苯并[a]芘有较好的正相关，可以作为一个生物监测指标来反映人体对 PAH 的暴露情况。同时也有研究证明，1-羟基芘可以作为经人肝活化后的煤焦油的致突变性的一个指标，尿中的 1-羟基芘与尿中的致突变性有很好的正相关。鲫鱼肝脏 EROD 活性可作为反映 BaP 暴露水平的生物标志物。

职业暴露工人暴露于高浓度 PAH 时，尿中的 1-OHP 浓度就会增加。一般职业暴露工人尿中 1-OHP 含量显著高于非职业暴露者(非吸烟者)；非职业暴露者中吸烟者尿中 1-OHP 浓度高于非吸烟者。不同 PAH 暴露人群体内 1-OHP 水平列于表 3-15 中。

表 3-15　职业、非职业 PAH 暴露人群尿样中 1-OHP 浓度水平

工作地点		μmol 1-OHP/mol 肌酐		文献值
		吸烟者	非吸烟者	
调查				9
波兰		0.28	0.26	
		0.51	0.17	
德国		0.12	0.04	
意大利		0.13	0.08	
美国		0.76	0.27	
中国		0.76	0.68	
PAH 暴露的工地				
铸造厂工人		0.25～0.59	0.09～0.13	47
铝厂工人	前期工人	0.43～0.77		48
	后期工人	1.93～3.60		
废物焚烧厂工人		<0.05～0.41[a]		5
设备厂	石墨电极	0.03～20[a]		
	碳电极	1.1～65[a]		
炭黑		0.32～0.35		
摊铺机	沥青和煤焦油黏合剂	0.9～3.2		
	沥青黏合剂	0.7[b]		
杂酚油浸渍		20～90		
焦炉场工人	前期工人	0.24～3.50		7
	后期工人	0.46～11.2		
	非吸烟者	0.94[b]		5
	吸烟者	1.53[b]		
	烤箱顶部	0.8～7.5		
	烤箱附近	0.6～4.1		

注：a. μg/L；b. ng/mL。

调查估计一般人群由食品和水摄入的量。表 3-16 列出 PAH 膳食摄入量，苯并[a]芘水平范围为 0.1～1.6μg/天。据资料数据，在英国，总膳食中 PAH 主要来自油脂，其中 28%来自黄油，20%来自奶酪，77%来自人造奶油，其次为谷物，其中 56%来自面包，12%来自面粉。虽然谷物中 PAH 水平不高，但它们在膳食总量中占很大比例。再次为蔬菜、水果。奶类和饮料不是重要来源。膳食研究得到常见 PAH 摄入量，如芘 1.1μg/(人·天)、荧蒽 0.99μg/(人·天)、苯并[a]芘 0.25μg/(人·天)、苯并[a]蒽 0.22μg/(人·天)。在瑞典，谷物为主要来源，约占 34%，其次为蔬菜(18%)和油脂(16%)，熏鱼和熏肉在饮食中比例较小，因而在 PAH 总摄入量中不占重要地位。

表 3-16　　PAH 膳食摄入量　　　　　　　[最大值：μg/(人·天)]

化合物	1	2	3	4	5	6	7	8
蒽	5.6							
蒽嵌蒽	0.30							
苯并[a]蒽	0.14							
苯并[a]芘	0.36	0.14~1*	0.1~3	0.12~0.42	0.5	0.5	0.48	0.16~1.6
苯并[b]荧蒽	1.0							
苯并[g, h, i]芘	7.6				0.3	0.9		
苯并[j]荧蒽	0.90							
苯并[k]荧蒽	0.30							
晕苯	0.09							
二苯并[a, h]蒽	0.10							
荧蒽	4.3			3	10			
茚酚[1, 2, 3-c, d]	0.31			0.4	<0.3			
芘	0.20							
菲	2.0							
芘	4.0				5.1			

*μg/周。1. 奥地利(1991)；2. 德国(1992)；3. 意大利(1992)；4. 荷兰(1990)；5. 荷兰，总膳食研究(1984)；6. 荷兰，双份饭研究(1984)；7. 英国(1983)；8. 美国(1980)。

(二)常见食品中苯并[a]芘限量卫生标准

然而 PAH 的危险性评估不能仅局限于苯并[a]芘，还应该对 PAH 进行轮廓分析，查明混合物中每种 PAH 的量，特别是有生物活性的 PAH，从而进一步分析混合物总的危险性。计算 PAH 混合物的致癌风险，通常采用各种 PAH 相对于苯并[a]芘的毒性等效因子(toxic equivalency factors，TEF)，将 PAH 混合物的浓度转化为苯并[a]芘等效浓度(BaPeq)。

(三)人体暴露 PAH 的途径

1. 职业暴露　　PAH 性质稳定，工业用品，如石化产品、橡胶、塑胶、润滑油、防锈油、不完全燃烧的有机化合物等物质中均有其身影。职业暴露吸收 PAH 的途径主要是呼吸和皮肤。据估计焦炉工人、木馏油浸提工人和煤液化工人体内的芘分别有 50%、90%和 70%是通过皮肤吸收的。动物实验表明，进入消化道、肺、皮肤内的 PAH 由淋巴和血液输送到其他器官中。

2. 饮食暴露　　PAH 可通过工业"三废"的直接排放、垃圾焚烧和填埋、食品制作、直接的交通排放、轮胎磨损、路面磨损产生的沥青颗粒、道路扬尘及大气沉降等方式进入环境，长期、广泛地存在于大气、水体以及土壤和动植物中。环芳烃在大气的污染为其直接进入食品——落在蔬菜，水果，谷物和露天存放的粮食表面创造了条件，食用植物也可以从受多环芳烃污染的土壤及灌溉水中聚集这类物质；多环芳烃污染水体，可以使之通过海藻、甲壳类动物、软体动物和鱼组成的食物链蓄积。摄入被 PAH 污染的食物(尤其是降解多环芳烃的能力较差的甲壳类动物，如虾、蛤蜊、牡蛎等），是人体暴露 PAH 的主要途径。对动物投食或注射 ^{14}C 标记的芘(Py) 或苯并[a]芘(BaP)，结果表明，无论是通过口投食还是注射，胃肠道系统对 Py 和 BaP 有很高的吸收效率，而主要的生物转化位点应该是肝脏，最后由胆汁(即通过粪便) 排出体外；其次进入循环系统由尿液排出。

3. 宫内及母乳暴露　　蓄积在母体脂肪组织中的 PAH，可通过胎盘和乳汁进入胎儿或婴儿体内。

4. 研究 PAH 的环境行为　　PAH 几乎存在于生活中的各个角落，作用机制多样化。环境中的 PAH 除氧化、挥发、吸附等物理化学行为外，生物转化作用也是多环芳烃重要的环境行为，沉积物和海水中的微生物可降解 PAH，产生顺式二氢醇中间体。PAH 还可与其他物质反应生成相应转化物，转化产物使 PAH 毒性产生不同变化。

美国和欧洲国家在暴露计算和参数选区方面取得了许多成果，在区域程度上进行暴露分析的主要方法是多介质-多途径暴露模型，既可以评价总暴露量，也可以分开评价各种暴露途径对总暴露量的贡献。李新荣等(2009)采用该模型对北京人群对 PAH 的暴露以及评价健康风险进行了估算。结果表明，儿童、青少年和成人对 15 种 PAH 化合物(PAH15)的日均暴露量分别为 $1.83\mu g/(kg \cdot 天)$、$1.44\mu g/(kg \cdot 天)$、$1.20\mu g/(kg \cdot 天)$。暴露途径中食物暴露为主导(88.7%)，其次是呼吸暴露(6.3%)和皮肤暴露(4.9%)。终身暴露量的81%来自成人阶段。3环、4环、5环和6环化合物对总暴露谱的贡献依次减少。不确定分析结果表明，至少50%的人群对 PAH15 暴露量为 $2\sim40\mu g/(kg \cdot 天)$，暴露量极高和极低的人均很少。健康风险评价结果表明，北京人群由于 PAH 暴露引起的平均致癌风险为 3.1×10^{-5}/年，根据动态预期寿命损失方法来估算健康风险，北京地区人群由于 PAH15 终生暴露所导致的预期寿命损失为193min。PAH 对人群健康的影响不容小觑。

第七节　杂环胺类化合物污染

杂环胺(heterocyclic aromatic amines，HCA)是在高温及长时间烹调加工畜禽肉、鱼肉等蛋白质含量丰富的食品过程中产生的一类具有致突变、致癌作用的物质。早在 1939 年，Widmark 就发现用烤马肉的提取物涂布于小鼠的背部可以诱发乳腺肿瘤，但这一重要发现在当时没有引起人们的重视。1977 年，日本科学家 Sugimura 等发现，直接以明火或炭火炙烤的烤鱼在 Ames 试验中具有强烈的致突变性。在烧焦的肉，甚至在"正常"烹调的肉中也同样检出强烈的致突变性。同年，Negao 检测出烤鱼及烤肉的烟气中具有致癌物质，由此，人们对氨基酸、蛋白质热解产物产生了浓厚的研究兴趣，至今，已从经过热处理，如煎、炸、烤的肉类食物中分离鉴别出 30 多种杂环胺化合物，且大多数可导致实验动物多种器官发生癌变。已有实验证明，正常烹调食物中均含有不同量的杂环胺，几乎所有的人都无法避免每天从食物中摄入杂环胺类物质。因此，如何减少其摄入，降低患癌风险已成为研究的热点以及迫切需要解决的问题。

一、分类命名

杂环胺类化合物从化学结构上可以分为氨基咪唑氮杂芳烃(aminoimidazoazaarene，AIA)和氨基咔啉(amino-carboline congener)两大类。

　　氨基咪唑氮杂芳烃包括喹啉类(IQ、MeIQ)、喹喔类(IQx、MeIQx、4,8-DiMeIQx、7,8-DiMeIQx)和吡啶类(PhIP)与呋喃吡啶类(IFP),随后陆续鉴定出的新化合物大多数属于这类化合物,一般在100~300℃的加工温度下形成。AIA均含有咪唑环,其上的α位置有一个氨基,在体内可以转化成N-羟基化合物而具有致癌、致突变活性。由于AIA上的氨基均能耐受2mmol/L的亚硝酸钠的重氮化处理,与最早发现的IQ性质类似,因此AIA又被称为IQ型杂环胺,即极性杂环胺。

　　氨基咔啉包括α-咔啉(AαC、MeAαC)、β-咔啉类(Norharman、Harman)、γ-咔啉(Trp-P-1、Trp-P-2)和δ-咔啉(Glu-P-1、Glu-P-2),一般是在加热温度高于300℃时才产生。氨基咔啉类环上的氨基不能耐受2mmol/L的亚硝酸钠的重氮化处理,在处理时氨基脱落转变成为C-羟基失去致癌、致突变活性,因此称为非IQ型杂环胺,即非极性杂环。其致癌、致突变活性较IQ型杂环胺弱。有关各个杂环胺的分类和系统命名列于表3-17。有关杂环胺的化学结构如图3-1所示。

表 3-17　常见食品中苯并[a]芘限量卫生标准

食品名称	指标/(μg/kg)	来源
烘烤猪肉、鸡、鸭、鹅	5	GB7104—1994
叉烧、羊肉	5	GB7104—1994
火腿、板鸭	5	GB7104—1994
烟熏肉	5	GB7104—1994
熏猪肉	5	GB7104—1994
熏鸡、熏马肉、熏牛肉	5	GB7104—1994
熏红肠、香肠	5	GB7104—1994
植物油	10	GB7104—1994
稻谷	5	GB7104—1994
小麦	5	GB7104—1994
大麦	5	GB7104—1994
食品中调料	0.03	欧共体(1991)
肉及肉制品	1	德国(1988)
食品及饮料	0.03	意大利(1988)

表 3-18　代表性杂环胺化学名称与最初鉴定时的来源

化学名称	最初鉴定时的来源
Ⅰ. 氨基咪唑氮杂芳烃(AIA)	
1.喹啉类	
2-氨基-3-甲基咪唑并[4,5-f]喹啉(IQ)	烤沙丁鱼
2-氨基-3,4-二甲基咪唑并[4,5-f]喹啉(MeIQ)	烤沙丁鱼
2.喹喔啉类	
2-氨基-3-甲基咪唑并[4,5-f]喹喔啉(IQx)	碎牛肉与肌酐混合热解
2-氨基-3,8-二甲基咪唑并[4,5-f]喹喔啉(8-MeIQx)	炸牛肉

续表

化学名称	最初鉴定时的来源
2-氨基-3, 4, 8-二甲基咪唑并[4, 5-f]喹喔啉（4, 8-DiMeIQx）	苏氨酸、肌酐与葡萄糖混合热解
2-氨基-3, 7, 8-二甲基咪唑并[4, 5-f]喹喔啉（7, 8-DiMeIQx）	甘氨酸、肌酐与葡萄糖混合热解
3.吡啶类	
2-氨基-1-甲基-6 苯基-咪唑并[4, 5-6]吡啶（PhIP）	炸牛肉
2-氨基-n, n, n-三甲基咪唑并吡啶（TMIP）	碎牛肉与肌酐混合热解
2-氨基-n, n-二甲基咪唑并吡啶（DMIP）	碎牛肉与肌酐混合热解
Ⅱ. 氨基咔啉类	
1. α-咔啉(9H-吡啶并吲哚)	
2-氨基-9H-吡啶并吲哚（AαC）	大豆球蛋白热解
2-氨基-3-甲基-9H-吡啶并吲哚（MeAαC）	大豆球蛋白热解
2. β-咔啉	
9H-吡啶并[3, 4-b]吲哚（Norharman）	烤鱼烤肉烟气
1-甲基-9H-吡啶并[3, 4-b]吲哚（Harman）	烤鱼烤肉烟气
3. γ-咔啉(5H-吡啶并[4, 3-b]吲哚)	
3-氨基-1, 4-二甲基-5H-吡啶并[4, 3-b]吲哚（Trp-P-1）	色氨酸热解
3-氨基-1-甲基-5H-吡啶并[4, 3-b]吲哚（Trp-P-2）	色氨酸热解
4. δ-咔啉(二吡啶并[1, 2-a:3', 2'-b]咪唑)	
2-氨基-6-甲基二吡啶并[1, 2-a:3', 2'-d]咪唑（Glu-P-1）	谷氨酸热解
2-氨基-二吡啶并[1, 2-a:3', 2'-d]咪唑（Glu-P-2）	谷氨酸热解

二、污染来源

食品中杂环胺类化合物主要产生于高温烹调过程，尤其是蛋白质含量丰富的禽肉、鱼类食品在高温烹调过程中更易产生该类化合物。研究结果表明，食物种类及成分、烹调方式是影响食品中杂环胺形成的主要因素。

（一）食物种类及成分

一般而言，蛋白质含量较高的食物产生的杂环胺较多，常见的杂环胺分子结构式如图 3-9 所示。蛋白质含量丰富的食品提取物（包含 HCA 的组分）的致突变水平比从碳水化合物含量丰富的食物中提取的要高。但对于同样富含蛋白质的不同种类的食物而言，其产生的 HCA 含量和致突变性也存在较大差别。例如，鱼、肉汤汁和牛肉调味品中可检测到较强的致突变性，而在用蔬菜产品制成的粒状汤料和以水解蛋白质为主要成分的调味品中却没有检测出 HCA。

杂环胺形成的主要前体物是肌肉组织中的氨基酸、肌酸或肌酐和糖类。据文献报道，在肉和鱼中加入肌酸或肌酸酐可导致 IQ 类致突变物的增加；在肌酸含量极少或没有的食物中

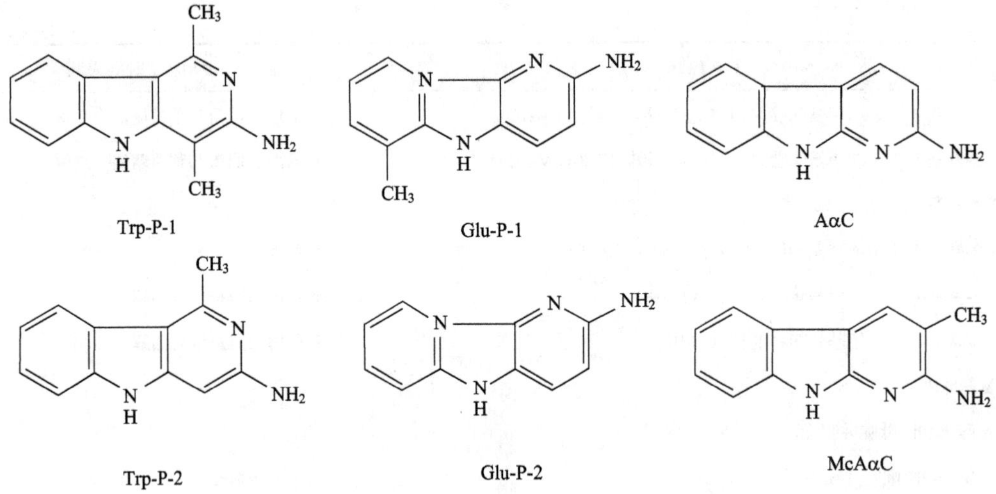

Trp-P-1

Glu-P-1

AαC

Trp-P-2

Glu-P-2

McAαC

氨基咔啉类

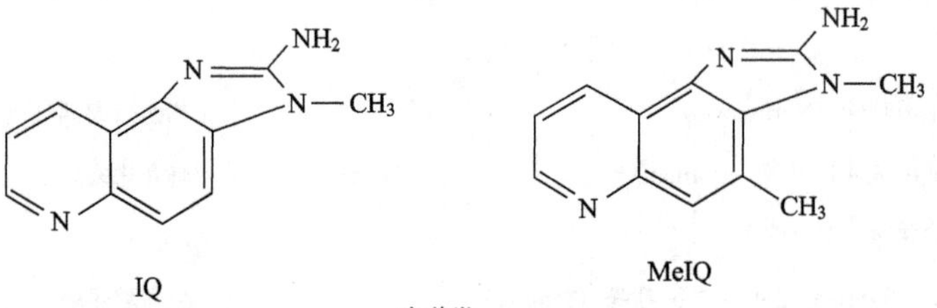

IQ

MeIQ

喹啉类

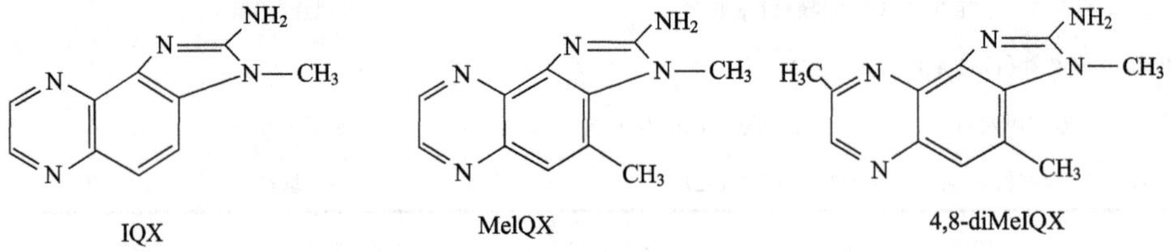

IQX

MeIQX

4,8-diMeIQX

喹喔啉类

PhIP

DMIP

TMIP

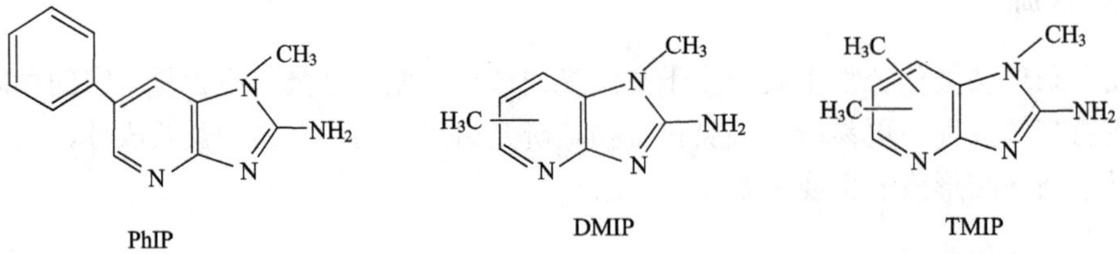

吡啶类

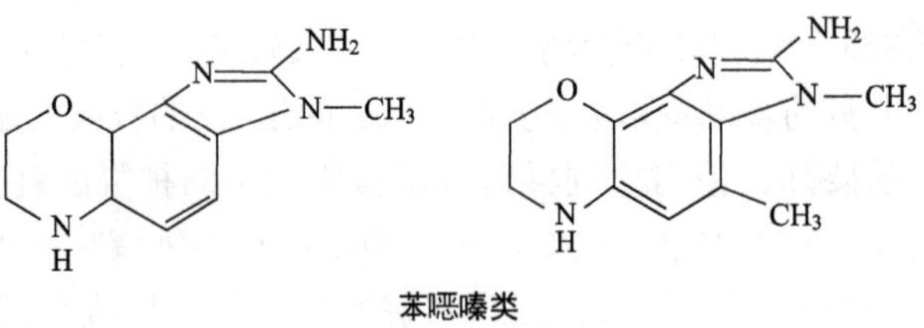

苯噁嗪类

图3-9 常见杂环胺分子结构式

则检测不到杂环胺。此外，只有游离氨基酸才能生成杂环胺，所导致的致突变性随着前体物种类而变化，且不同的氨基酸可以产生相同的致突变物。杂环胺形成的途径主要有两种：蛋白质分解为氨基酸，然后在己糖的参与下转化为吡啶或吡嗪，接着再转化为杂环胺；肌酸转化为肌酐，然后肌酐再直接转化为杂环胺。肌酸或肌酐是杂环胺中 α-氨基-3-甲基咪唑部分的主要来源，故含有肌肉组织的食品可大量产生 AIA 类（IQ 型）杂环胺。

食物种类对杂环胺的生成具有重要影响。目前国内外对杂环胺在不同食品中的检出报道主要集中在畜禽肉制品中，在鱼肉制品、奶酪及咖啡饮料中也有报道。在肉制品加工中出现较多的杂环胺为 MeIQx、4,8-DiMeIQx 和 PhIP。煮制和微波鸡肉中也检测出 Harman 和 Norharman 类杂环胺，这些共致诱变剂本身没有诱变活性，但可以使其他化合物致突变效果显著增强。Sinha 和 Liao 等分别研究了牛排和鸡肉、鸭肉在锅煎、烘烤和烧烤 3 种加工条件下杂环胺的含量。Sinha 等证明锅煎牛肉中 PhIP 和 MeIQx 含量高于烧烤加工的含量，而 Liao 等证明锅煎鸡肉和鸭肉中 PhIP 和 MeIQx 含量低于烧烤加工的含量。肉品种类的不同是可能的原因。牛肉属于红肉而鸡鸭肉属于白肉，两者的脂肪及游离氨基酸含量均有所不同，因此会对最终测定结果产生影响。杂环胺种类众多，不同肉中同种杂环胺的含量也有所不同。PhIP 高温时在鸡肉中的含量一般比牛肉、猪肉、鱼肉中多，而其他杂环胺，如 MeIQx 通常在鸡肉中比在猪肉和牛肉中少。加工时肉品是否带皮也会对产品中杂环胺的含量产生影响。Gasperlin 等研究了在电烘烤与红外烘烤两种烘烤方法下和鸡皮的有无对鸡胸肉中杂环胺含量的影响。研究发现电烘烤无皮鸡胸肉中的杂环胺含量最高，电烘烤和红外烘烤有皮鸡胸肉中的含量介于中间，无皮红外烘烤的鸡胸肉中含量最低。其中电烘烤无皮鸡胸肉比其他两种有皮鸡胸肉高，可能的原因是鸡皮的存在可以起到对内的保护作用；而两种条件下有皮鸡胸肉中杂环胺含量均比无皮高，可能原因是达到相同内部温度时，无皮加工所需要的时间比有皮更长。

除肉制品本身外，杂环胺在肉汁及锅内残余物中也广泛被检出，且含量往往较高。Janoszka 等检测了猪颈肉肉块和肉饼及相应肉汁中 6 种杂环胺的含量，结果表明肉汁中的含量均比肉本身高。其中肉饼及其肉汁中的杂环胺都比相应的肉块含量高，可能原因是肉饼被剁碎后与热源的接触面积相对增大，且游离氨基酸、肌酸(苷)等前体物质更容易渗出而在表面的高温环境中发生化学反应。值得注意的是，杂环胺在卤煮等低温加工条件通常被认为形成量较少，但最近的研究发现猪肉、鸡蛋、豆腐经长时间卤煮也能形成高含量的杂环胺。Lan 等测定了上述 3 种食品经过不同时间卤煮后食品本身及卤煮汁液中杂环胺的含量，结果表明经长时间卤煮后上述几种食品均能产生杂环胺，且汁液中的含量均比食品本身含量高。由此可见，为科学评估杂环胺的摄入量与癌症风险的关系，除考虑食物本身因素外，肉汁或汤也是一个重要因素。

（二）食物烹调方式

食物烹调方式(包括烹调方法、温度和时间等)是影响杂环胺生成的重要因素。通常加工温度越高、时间越长，杂环胺生成量就越多。加热温度是杂环胺形成的重要影响因素，当烹饪温度大于 100℃时，杂环胺开始生成；当温度从 200℃升至 300℃时，杂环胺的生成量可增加 5 倍。一般而言，使食物直接与明火接触或与灼热的金属表面接触的烹调方法，如炭烤、油煎等有助于致突变性杂环胺的形成，因为这种条件下食物表面自由水大量快速蒸发而发生褐变反应；然而通过间接热传导方式或在较低温度并有水蒸气存在的烹调条件下，如清蒸、闷煮等，杂环胺的形成量就相对较少。Balogh 等研究了碎牛肉饼在不同烹饪温度及时间下杂环胺的含量，结果表明，随着温度的升高，杂环胺含量显著增加，在每面煎 10min 的条件下，加工温度为 175℃的样品总杂环胺含量为 9.5ng/g，当温度到达 225℃时，杂环胺含量达到了 50.8ng/g，为原来的 5 倍。烹调时间对杂环胺的生成也存在较大影响。在 200℃油炸时，杂环胺主要在前 5min 生成，在 5~10min 生成减慢，进一步延长烹调时间则杂环胺的生成量不再明显增加。综上所述，食物加工过程中加热温度越高、时间越长、水分含量越少，则食品中产生的杂环胺越多。

三、毒性表现

杂环胺类物质具有极强的致突变性，相当于迄今用 Ames 试验检测到的最有突变活力的毒物的水平，甚至远远大于多环芳烃所产生的致突变性。所有的杂环胺都是前致突变物，必须经过代谢活化才能致癌、致突变。研究证明，杂环胺主要经细胞色素 P450（CYP）IA2 催化生成 N-羟基衍生物，可直接与 DNA 或其他细胞大分子结合。氧化的氨基（NOH）可进一步被乙酰基转移酶、磺基转移酶、氨酰转运 RNA 合成酶或磷酸激酶酯化，形成具有高度亲电子活性的终代谢产物。Ames 鼠伤寒沙门菌致突变测试法已广泛应用于杂环胺及其他典型致癌物的致突变性测定。在该方法中 *Salmonella typhimurium* TA98 与 TA100 菌株是最常用的菌株，前者检测移码突变，后者检测碱基对改变突变。用 Ames 试验检测显示杂环胺在 S9 代谢活化系统中具有较强致突变性，其中 TA98 比 TA100 更敏感，从而提示杂环胺易导致移码突变。与黄曲霉毒素 B$_1$ 相比，IQ、MeIQ、MeIQx、4,8-DiMeIQx、7,8-DiMeIQx、Trp-P-1、Trp-P-2 和 Glu-P-2 对 TA98 的致突变作用相当于其的 6~10 倍。除使细菌发生突变外，杂环胺可使培养的乳腺细胞的染色体发生改变，还可在实验动物多种靶器官或组织中引发突变或肿瘤。例如，PhIP、IQ、MeIQ 能诱导鼠鳞状细胞癌 ras 突变，结肠肿瘤的 Apc、Ctnnbl、lacI 基因突变，结肠和乳腺肿瘤的微卫星不稳定性及杂合性丢失。

杂环胺进入人体后主要是在细胞色素 P450 氧化酶的作用下发生 N-氧化和 O-乙酰化反应生成 DNA 加合物而产生致突变和致癌作用。研究表明，IQ、MeIQ、MeIQx、Trp-P-1、Trp-P-2、Glu-P-1、Glu-P-2、AαC、MeAαC 和 PhIP 对啮齿类动物均具有不同程度的致癌性。除 PhIP 外，杂环胺致癌的主要靶器官为肝脏，见表 3-19。在小鼠 Glu-P-1、Glu-P-2、AαC 和 MeAαC 可诱导肩胛间及腹腔中褐色脂肪组织的血管内皮肉瘤。此外，Glu-P-1、Glu-P-2、IQ、δ-MeIQx 和 PhIP 可诱导大鼠结肠腺癌。尽管化学致癌物诱发的动物肿瘤很少向其他组织转移，但 δ-MeIQx 诱导的小鼠前胃鳞癌的肝转移率却很高。

尽管 AαC 和 MeAαC 的致突变性是 IQ、MeIQ 和 δ-MeIQx 的 1/500，但这几类化合物的致癌性却在同一数量等级。PhIP 致突变性较弱，但在烹调食品中的绝对含量高。PhIP 不能像其他杂环胺那样诱发肝肿瘤，采用 ^{32}P 后标记技术分析 DNA 碱基加合物，结果显示吸收进 PhIP 的大鼠肺、胰和心脏中形成的加合物较肝脏多，而其他杂环胺 DNA 加合物主要在肝脏。据此可以推论 PhIP 的靶器官可能不是在肝脏。目前已有研究证实 PhIP 可诱发小鼠淋巴肉瘤和大鼠结肠及乳腺肿瘤，这与高蛋白高肉类的西方膳食人群癌症谱相吻合。鉴于众多研究结果，国际癌症研究中心（IARC）将 IQ 归类为"对人类很可疑致癌物（2A 级）"，而 MeIQ、MeIQx、PhIP、Glu-P-1、Glu-P-2、Trp-P-1、Trp-P-2 等归为"潜在致癌物（2B 级）"。不同种类的杂环胺对大鼠和小鼠的致癌能力见表 3-19。

表 3-19　不同种类杂环胺对大鼠和小鼠的致癌能力

化合物	动物	饲料中浓度/%	TD$_{50}$/(mg/kg 体重)	靶器官
IQ	大鼠	0.03	0.7	肝、大小肠、皮肤、Zymbal 腺
	小鼠	0.03	14.7	肝、前胃、肺
MeIQ	大鼠	0.03	0.1	大肠、皮肤、口腔、乳腺、Zymbal 腺
	小鼠	0.04	8.4	肝、前胃
δ-MeIQx	大鼠	0.04	0.7	肝、皮肤、Zymbal 腺
	小鼠	0.06	11.0	肝、肺、造血系统
Trp-P-1	大鼠	0.015	0.1	肝
	小鼠	0.02	8.8	肝
Glu-P-1	大鼠	0.05	0.8	肝、大小肠、Zymbal 腺
	小鼠	0.05	2.7	肝、血管
Glu-P-2	大鼠	0.05	5.7	肝、大小肠、Zymbal 腺
	小鼠	0.05	4.9	肝、血管
AαC	小鼠	0.08	15.8	肝、血管
MeAαC	小鼠	0.08	5.8	肝、血管
PhIP	大鼠	0.04	1.0	结肠、乳腺
	小鼠	0.04	31.3	淋巴组织

　　当前如何利用这些动物实验的资料去估价这类物质对人类的危险性，还存在着一些问题。首先是啮齿类与人类在敏感性、生化代谢过程存在较大差异。人肝及猴肝制备的 S9 活化杂环胺的能力与大鼠相似。在猴肝 IQ 可形成肝 DNA 加合物，这也与大鼠相似，且 IQ 致猴肝癌的能力也与大鼠相似，以 10mg/kg 体重的剂量仅需 27 个月可诱发猴肝细胞癌，根据上述结果推测杂环胺对人也可能有致癌作用。由于化学物质的致突变作用和致癌作用存在种属差别，从动物实验结果外推到人应慎重。另外，人类的活动范围较广，每天经常不断地接触各种致癌物和促癌物质，某些促癌物质的存在，可能会使致癌物的作用提高许多倍。当然，人类的食物中也含有许多抑癌物质。所以要真正评价烹调时产生的这些杂环胺类物质对人类的致癌作用，还须在进一步的动物试验中把这些复杂因素一并考虑进去。

四、预防控制

　　由于杂环胺具有强烈的致癌性和致突变性，如何控制肉制品加工过程中杂环胺的产生是科研人员迫切需要解决的问题。影响杂环胺产生的最主要因素是烹调方式，故采用合理的烹调方式可以有效地抑制杂环胺的产生。除此之外，合理添加一些合成或天然抗氧化剂及植物提取物也可有效地抑制杂环胺的生成。

　　1. 采用合理的烹调方式　　油煎、油炸和烧烤等直接与火接触或与灼热的金属表面接触的高温烹调方法，产生的杂环胺含量最大；其次是焙烤和烘焙等间接传热和较低温度的烹调方式，产生中等含量的杂环胺；炖、焖、煨、煮等低温（低于 100℃）且含水量较高的烹调方式几乎没有杂环胺产生。在烹调肉、鱼制品中，应避免采用与火焰直接接触的烹调方式，并控制好加热的时间，这样可以有效地控制杂环胺的生成。另外，生肉在进行煎炸之前，进行适当的微波处理也可以大幅减少杂环胺的生成量。研究表明经过 3min 微波前处理后,尽管杂环胺生成的前体物质(肌酸、肌酸酐、氨基酸和糖)、水分和脂肪只减少了 30%,但煎炸后肉制品中杂环胺的生成量可减少 90% 以上。

2. 添加人工合成的抗氧化剂 人工合成的抗氧化剂包括丁基羟基茴香醚(BHA)、二丁基羟基甲苯(BHT)、没食子酸丙酯(PG)和叔丁基对苯二酚(TBHQ)等,对于杂环胺生成的抑制效果取决于抗氧化剂的种类、添加量和食品体系等因素。研究表明,BHT 在真实的食品体系中有抑制杂环胺生成的效果,但是并不显著。而 Tai 等的研究发现在鱼肉纤维中添加 BHT 后,BHT 对杂环胺的抑制效果取决于 BHT 的添加量,当添加低浓度的 BHT 时会显著促进杂环胺的生成,只有添加高浓度的 BHT 时,才可有效地抑制杂环胺的生成。值得注意的是,人工合成抗氧化剂,如 BHA 和 BHT 等都具有一定的潜在毒性,所以天然抗氧化剂和天然植物组织等成为了替代人工合成抗氧化剂以控制杂环胺产生的理想选择。关于抗氧化剂抑制杂环胺生成的反应机理,目前普遍认为与抗氧化剂清除美拉德(Maillard)反应中间产物的不稳定自由基有关。然而,最新研究表明表没食子儿茶素没食子酸酯(EGCG)抑制 PhIP 生成的机制与 EGCG 清除自由基无关,而是由于 EGCG 与苯丙氨酸经 Strecker 降解产生的中间体苯乙醛形成了一系列稳定的加合物,从而阻断了苯乙醛进一步与肌苷酸反应生成 PhIP。

3. 添加天然抗氧化剂 天然抗氧化剂主要包括维生素、类胡萝卜素和酚类化合物这三大类。不同维生素种类对抑制肉类食品杂环胺的产生效果不同。例如,在炒猪肉松之前添加不同浓度的维生素 C 和 E 的实验结果表明,添加 0.1% 维生素 E 即可显著减少猪肉松中 Norharman、PhIP、AαC 和 MeAαC 的生成量,而无论添加何种浓度的维生素 C 都不能有效抑制杂环胺的生成。Oguri 等分别在包含肌酸酐、葡萄糖和甘氨酸与包含肌酸酐、葡萄糖和 L-苯丙氨酸的模型体系中考察了 14 种酚类化合物分别对 MeIQx 和 PhIP 形成的影响,结果表明绿茶儿茶素、EGCG、毛地黄黄酮、槲皮素和咖啡酸能显著地抑制杂环胺的生成。Cheng 等分别采用包含肌酸、葡萄糖和苯丙氨酸的产生 PhIP 的模型体系与煎碎牛肉饼体系来探讨酚类物质对杂环胺形成的影响。结果证实,在模型体系中茶多酚包括 EGCG、3, 3′-二没食子酸酯茶黄素、表儿茶素没食子酸酯(ECG)和表没食子儿茶素(EGC)都可以有效地抑制杂环胺的生成;同样,黄酮类包括柚皮苷、异槲皮素、橘皮苷也可以显著抑制杂环胺的生成;相反,酚酸类包括迷迭香酸、鼠尾草酸和绿原酸都强烈地促进了 PhIP 的形成。而在煎碎牛肉饼中,酚类物质对 PhIP、4, 8-DiMeIQx 和 MeIQx 这三种杂环胺的抑制效果按递减顺序为:柚皮苷>3, 3′-二没食子酸酯茶黄素>迷迭香酸>ECG>鼠尾草酸。

4. 添加香辛料 近年来,有大量研究表明在烧烤肉制品中加入具有抗氧化性的香辛料提取物可以有效地抑制杂环胺的生成。Oz 等报道在加热高脂肉丸子前添加黑胡椒可有效抑制 PhIP 的生成。Janoszka 的研究表明在猪肉中加入 30%(相当于猪肉质量)的洋葱,可以使猪肉和肉汁中杂环胺的总量减少 31% 以上;当在猪肉中加入相当于猪肉质量 15% 的大蒜时,猪肉和肉汁中杂环胺的总量可减少 26% 以上。Puangsombat 等将 5 种不同提取条件的迷迭香提取物加入到牛肉饼后再烹调,结果表明不同提取条件的迷迭香对杂环胺的生成均有不同程度的抑制作用,尤以迷迭香乙醇提取物的效果最为显著,分析认为该提取物中迷迭香酸、卡诺醇和鼠尾草酸起到了协同抑制作用。另外,Cheng 等在煎碎牛肉饼中添加了苹果、接骨木、葡萄籽和菠萝的提取物,来探讨水果提取物对杂环胺生成的抑制作用,结果表明苹果和葡萄籽提取物最有效地抑制了 MeIQx、4,8-DiMeIQx 和 PhIP 这 3 种杂环胺的生成,并且使杂环胺的总量降低 70%以上；并进一步证实水果中的原花青素、根皮苷和绿原酸是抑制杂环胺的主要活性成分。目前研究还发现松树皮提取物和葡萄籽提取物对极性杂环胺(如 IQ、MeIQ、MeIQx、DiMeIQx 和 PhIP)和非极性杂环胺(AαC、Norharman 和 Harman)都有抑制作用。高纯度的绿茶多酚提取物和高纯度的红茶多酚提取物在煎碎牛肉饼中可以有效抑制杂环胺的生成，抑制率与茶多酚提取物的浓度有关。在高温烹调肉之前加入大豆蛋白，也被证实了可以减少 IQx 和 MeIQx 的生成量。

5. 烹调肉制品前腌泡　　目前已有大量研究证实，在烹调肉制品前进行腌制可以有效抑制杂环胺的生成。例如，在煎碎牛肉饼前以玫瑰茄提取物 *Hibiscus sabdariffa* 葵花油乳状液进行腌泡后可以抑制 MeIQx、PhIP、Norharman 和 Harman 的形成，并且感官评定结果表明腌泡组和对照组在风味上没有显著性差异。Quelhas 等将碎牛肉用绿茶腌泡后煎炸，PhIP 和 AαC 的生成量显著降低，但是 4, 8-DiMeIQx 和 MeIQx 的生成量并没有降低。在煎碎牛肉饼前用洋葱、大蒜和柠檬汁的葵花油和(或)轻榨优质橄榄油腌泡，也可以起到抑制效果，而在有些浓度下洋葱和柠檬汁的实验组相反会轻微地促进非极性杂环胺的生成。Melo 等的研究表明将牛肉用啤酒和红酒腌泡后再烹调，对 PhIP、MeIQx 和 AαC 均有抑制作用。

6. 加强摄入杂环胺的生物学监测　　为了评价烹调食物中杂环胺类致癌物在人类癌症病因学上的作用，则必须了解人类摄入杂环胺的水平。测定各种食物中杂环胺的含量水平可以间接反映人可能的摄入量，但却不能反映实际进入人体内的剂量。一些研究已经表明，人摄入肉类食物后尿中有多种杂环胺及其代谢产物排出。因此，尿中杂环胺及其代谢物的排出量可以作为人体摄入杂环胺水平的直接指标，即接触标志物(marker of exposure)。然而，接触标志物只能证明接触一种毒物，不能体现生物体靶组织对这种物质发生毒性反应与否和反应的程度，而反应程度明显受个体易感性因素(如代谢、损伤修复等)的影响。随着对化学致癌机理的深入理解和检测方法的发展，已建立了一些既能反映接触致癌物水平又能反映机体出现与癌发生有关的损伤的指标，即生物学有效剂量标志物(marker of biological effective dose)。致癌物-DNA 加合物测定就是目前应用较多的该类方法，它既表明接触又直接表明关键靶大分子的损伤。美国国家毒理学研究中心 Kadlubar 实验室用 ^{32}P-后标记和特异的碱水解/气相色谱-质谱方法，检测了 24 份人结肠、胰腺和膀胱外科手术标本中杂环胺 DNA 加合物，发现在 2 份结肠 DNA 样品中含有 PhIP-DNA 加合物。这些初步结果直接提供了人类接触杂环胺并导致 DNA 损伤的证据，提示 PhIP 和其他杂环胺可能是人的一些肿瘤的病因。

目前国外在肉制品中杂环胺的检测、生成机理和控制手段等方面已进行了大量的研究，但国内对于传统肉制品中杂环胺的分析以及控制则罕见报道。该研究领域目前亟须解决的主要问题是建立高灵敏度且特异性强的检测手段，并应用这些手段进行人群分子流行病学研究；同时结合易感性因素指标，如代谢表型、DNA 损伤修复能力等，鉴别高危险性个体。因此，加强杂环胺检测技术的研究，研究杂环胺的生成及其影响因素、体内代谢、毒性作用及其阈剂量，尽快制定食品中杂环胺的允许限量标准，结合我国自身特点开发杂环胺的控制方法对于减少食品中杂环胺的生成，保障人们生活健康具有重要意义。

第八节　二噁英污染

二噁英(dioxin, DXN)，是多氯二苯并-对-二噁英(polychlorinated dibenzo-p-dioxin, PCDD)和多氯二苯并呋喃(polychlorinated dibenzofuran, PCDF)两类近似平面状芳香族杂环化合物的

统称(图 3-9)。PCDD/Fs 分子中苯环上的氯原子取代数目不同而各有 8 类同系物，每类同系物又随着氯原子取代位置的不同而存在众多的异构体，PCDD 有 75 个异构体，PCDF 有 135 个异构体。PCDD/Fs 的毒性与氯原子取代的 8 个位置有关，其中 2,3,7,8-四氯二苯对二噁英(2,3,7,8-tetrachloro-dibenzo-p-dioxin, TCDD)的毒性最强，也是迄今为止人类发现的毒性最强的环境污染物(图 3-10)，其毒性相当于氰化钾的 1000 倍。

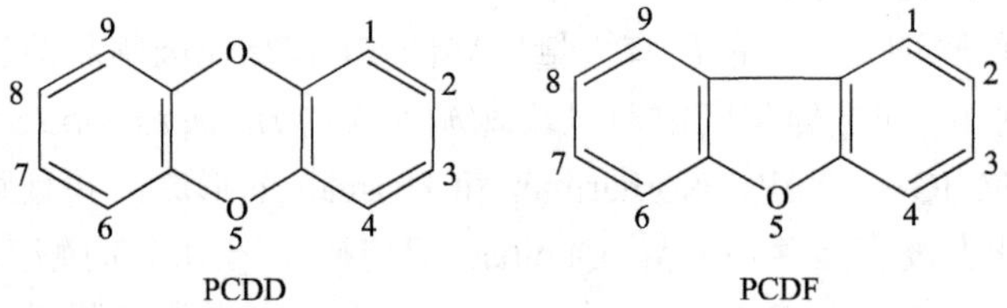

图 3-9　二噁英的结构式

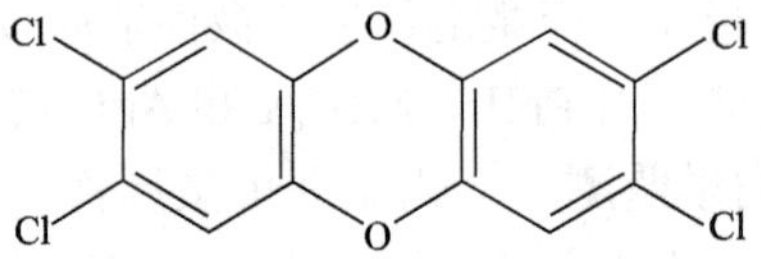

图 3-10　2,3,7,8-四氯二苯对二噁英(TCDD)的结构式

一、污染来源

　　二噁英是人类无意识合成的副产物，自然界产生的二噁英很少。据美国环境保护署的报告，90%以上的二噁英是由人为活动引起的。含铅汽油、煤、防腐处理过的木材及石油产品、各种废弃物特别是医疗废弃物在燃烧温度为 300～400℃时容易产生二噁英。聚氯乙烯塑料、纸张、氯气，以及某些农药的生产环节、钢铁冶炼、催化剂高温氯气活化等过程都可向环境中释放二噁英。另外，有少量是由森林火灾、火山喷发等一些自然过程产生的。科学家分析了 2800 年前智利木乃伊体内的二噁英含量，发现还不及现代人的千分之一。通过对美国湖泊底泥和英国的土壤、植被的研究发现，二噁英的含量在 20 世纪三四十年代才开始快速上升，而这段时间正对应于全球氯化工业迅猛发展的时期。其环境来源可分为工业来源和非工业来源两大类。

　　(一)工业来源

　　(1)固体废物焚烧。生活垃圾、医疗废物及危险废物等固体废物的焚烧是环境二噁英的主要来源。焚烧是生活垃圾处理中常用的方法，然而由于燃烧不充分，可产生大量的有害化合物，如含有聚氯乙烯塑料袋的垃圾在焚烧过程中可能产生酚类化合物和强反应性的氯和氯化氢等，这些物质是合成 PCDD/Fs 的前体物。据估算，每 50 万人在生活当中产生的垃圾经焚烧处理，每天可产生 350～1600mg PCDD/Fs；医疗废物中含有氯代化合物，焚烧时释放的 PCDD/Fs 含量高于生活垃圾；固体废物本身也含有痕量的二噁英。由于二噁英有一定的热稳定性，当固体废物燃烧时，如果没有达到分解破坏二噁英分子的温度等条件，这些二噁英就会随飞灰被释放出来。

（2）工业锅炉燃烧。煤等化石燃料和木材在锅炉等的燃烧。

（3）冶金工业。冶金过程主要包括焦炭的生产和钢、铁、铜、铝、铅、锌等的冶炼过程，其中烧结过程是主要的排放源。典型烧结厂的烟道气浓度为 $3\sim10$ng I-TEQ/m^3。英国钢铁烧结厂年排放量为 $37\sim40$g I-TEQ，占总排放量的比例在逐渐增加。欧盟烧结排放的二噁英量占总量的 19.6%；日本烧结的排放量约占总量的 6%。

（4）金属回收。例如，从电缆回收金属、二次熔铝、熔铜以及锌的回收等也是环境 PCDD/Fs 的来源。由于一般没有安装二噁英减排设施，电弧炉是唯一的具有排放上升趋势的工业来源。

（5）含氯化合物的合成与使用。许多有机氯化学品，如多氯联苯（PCB）、氯代苯醚类农药、苯氧乙酸类除草剂、五氯酚木材防腐剂、六氯苯和菌螨酚等，在生产过程中有可能形成二噁英。目前，大多数发达国家已经开始削减此类化学品的生产和使用，如美国已全面禁止 2, 4, 5-三氯苯氧乙酸的使用，限制木材防腐剂及六氯苯的生成和使用。

（6）纸浆漂白过程通入氯气可以产生 PCDD/Fs，含 PCDD/Fs 的造纸废液会排入水体。

（二）非工业来源

（1）汽油的不完全燃烧。使用含铅汽油的汽车尾气可以释放 PCDD/Fs，减少含铅汽油的使用可以减少此类来源。

（2）家庭燃料。家庭固体燃料（木材和煤）的燃烧排放占 60%的非工业源 PCDD/Fs 排放，其排放与燃料和炉型有关。

（3）偶然燃烧。如五氯酚处理过的木制品和家庭废物的非法燃烧。

（4）焚尸炉。

（5）动物遗骸的销毁。

（6）生化反应。氯酚类可以通过过氧化酶催化氧化产生 PCDD/Fs。氯代-2-苯氧酚可以通过光化学环化反应生成 PCDD/Fs，氯酚可以通过光化学二聚反应生成 OCDD/Fs。OCDD 脱氯可以产生 2, 3, 7, 8-TCDD。

二、理化性质

二噁英在标准状态下为白色固态，熔点为 $303\sim305$℃，沸点 $421\sim447$℃。极难溶于水，常温下水中溶解度仅为 712×10^{-6}mg/L；可以溶于大部分有机溶剂，易溶于二氯苯，常温下在二氯苯中溶解度高达 1400mg/L，故二噁英易溶于脂肪，会在身体内积累，并难以排除。二噁英在 750℃以下非常稳定，750℃以上开始分解，其蒸气压很低，在标准状态下低于 1133×10^{-8}Pa。故在一般环境温度下，不挥发、耐高温、难以氧化、分解或水解。具有超长的物理、化学或生物降解期，在自然沉积物中二噁英的半衰期估计大于 100 年。人和其他动物、植物都没有分解或氧化二噁英的机能或条件。因而其毒性很难在环境中消除，一旦产生或受污染，则只能转移和积累，难以转化，且常随食物链逐级传递和富集，给人类和各种动物带来灾难性影响。

自然界的微生物和水解作用对二噁英的分子结构影响较小，因此环境中的二噁英很难自然降解消除。

三、毒性表现

二噁英被称为"地球上毒性最强的毒物"，它的毒性是氰化物的 130 倍，是砒霜的 900 倍，有"世纪之毒"之称，国际癌症研究中心已将其列为人类一级致癌物。0.1g 的二噁英就能致数十人死亡，致上千只禽类于死地。1996 年，意大利 Seveso 地区一家生产 2,4,6-三氯酚的化工厂发生意外事故，大量的 2,3,7,8-四氯代二苯-并-对二噁英 (2,3,7,8-tetrachloro dibenzo-p-dioxin, 2,3,7,8-TCDD) 外泄，造成牲畜和鸟类的急性死亡，居民中有人也出现了皮肤中毒症状。此外，1999 年比利时鸡饲料污染事件，2001 年香港迪斯尼乐园工地土壤二噁英污染及 2006 年荷兰、比利时、德国三国猪肉二噁英含量超标等一系列事件，也让人们逐渐认识了二噁英的巨大危害。二噁英的生物累积效应非常强，通常它存在于土壤中，其中以河川的淤泥最容易累积。经过研究，绿藻、水螺、鱼比较容易累积，而陆生动物如果活动区域够大，不局限于受污染区，累积情况没有水生生物严重，也可通过食物链进入人体，在人的脂肪中蓄积，对人体健康构成严重威胁。

二噁英的毒性因氯原子的取代数量和取代位置不同而有差异，含有 1～3 个氯原子的被认为无明显毒性；含 4～8 个氯原子的有毒，其中以 2,3,7,8-TCDD 的毒性最强，只要 28.35g，就可以杀死 100 万人，相当于氰化钾 (KCN) 的 1000 倍，这是迄今为止化合物中毒性最强且含有多种毒性的污染物，国际癌症研究中心已将其列为人类一级致癌物；如果不仅 2、3、7、8 位置上被 4 个氯原子所取代，其他 4 个取代位置上也被氯原子取代，那么随着氯原子取代数量的增加，其毒性将会有所减弱。

由于环境二噁英主要以混合物的形式存在，在对二噁英类的毒性进行评价时，国际上常把各同类物折算成相当于 2,3,7,8-TCDD 的量来表示，称为毒性当量 (toxic equivalent quantity, TEQ)。为此，引入毒性当量因子 (toxic equivalency factor, TEF) 的概念，即将某 PCDD/PCDF 的毒性与 2,3,7,8-TCDD 的毒性相比得到的系数。样品中某 PCDD 或 PCDF 的质量浓度或质量分数与其毒性当量因子 TEF 的乘积，即为其毒性当量 (TEQ) 质量浓度或质量分数。而样品的毒性大小就等于样品中各同类物 TEQ 的总和。

世界各国均相继制定了大气二噁英的环境质量标准及每日可耐受摄入量 (tolerable daily intake, TDI)。1998 年 WHO-ECEH/IPCS 重新审议了 2,3,7,8-TCDD 的 TDI 值，提议将二噁英的 TDI 值设定为 1～4pg TEQ/kg。一些国家根据最新的研究进展，相继制定或修订了 2,3,7,8-TCDD 或二噁英的 TDI 值。美国环境保护署 (EPA) 对 2,3,7,8-TCDD 设定的 TDI 值为 0.006pg TEQ/kg，荷兰、德国对二噁英设定的 TDI 值为 1pg TEQ/kg，日本对二噁英设定的 TDI 值为 4pg TEQ/kg，加拿大对二噁英设定的 TDI 值为 10pg TEQ/kg。我国尚未制定二噁英的 TDI 值。

二噁英可经皮肤、黏膜、呼吸道、消化道进入体内，主要靶器官是脂肪组织、免疫系统、肝脏及胚胎，它除了具有致癌毒性以外，还能够产生生殖毒性和遗传毒性，可造成免疫力下降、内分泌紊乱，高浓度二噁英可引起肝、肾损伤，变应性皮炎及出血。

1. 生殖毒性　　二噁英的生殖毒性主要通过对生物个体的性激素影响来实现。一般认为二噁英的生殖毒性对男性和雄性动物较为显著。主要症状表现为睾丸重量减轻、内部形态发生改变、精细胞减少、输精管中精母细胞和成熟精子退化、精子数量减少及生精能力降低。有报道称雄性小鼠在接触 TCDD 后，附睾中精子的超氧化物歧化酶、过氧化氢酶等的活性明显降低，而过氧化氢和脂质过氧化水平显著升高，也就是说 TCDD 可以通过诱导附睾精子的氧化应激状态来影响雄性小鼠的生殖功能。调查显示，在塞维索地区遭受二噁英污染后，后代中女孩的比例要高于男孩；在工业化程度较高的地区，在某些动物身上也发现了这种雌性化增多的现象。二噁英对雌性也有影响，主要表现为子宫重量减轻、卵巢功能障碍、子宫中雌性激素受体减少，严重的将导致不孕及子宫内膜异位。其机制可能是二噁英诱导酶的活化，使雌醇羟化代谢增加，导致血中雌二醇的水平下降，从而改变月经周期和排卵周期。这些症状在动物实验中有比较好的体现，但是目前关于人类的资料还比较匮乏。

2. 遗传毒性　　胚胎和胎儿是二噁英最敏感的靶器官之一，对母体来说不产生毒性作用的剂量常常会导致胚胎和胎儿一系列的生物效应，常见的有生殖结果的改变，神经系统的分化，免疫系统的改变，最终导致胎儿发育异常，最严重的能导致胎儿宫内死亡。二噁英暴露可导致多种物种的宫内死亡，主要是通过影响胎盘雌激素产生，影响胎盘葡萄糖代谢，造成胎盘缺氧。研究表明同等剂量对不同发育阶段的胚胎造成的影响不同，正常的胚胎受到化学物质的影响通常有 4 种状况：死亡、发育迟缓、畸形及组织功能障碍。在动物学上这方面的资料比较充分，尤其是老鼠和猴子。在胚胎期母体接触二噁英的后代通常呈现出畸形、性成熟期延迟、生育率降低及生殖器官损害等症状。但对于人类来说二噁英的致畸较难确认，二噁英及其类似物可导致暴露于二噁英人群的后代的皮肤、黏膜、指甲与趾甲色素沉着增加，新生儿牙齿腐蚀，睑板腺分泌增加，外胚层发育不良等症状。中越边境自卫还击作战期间，美国在越南撒下大量除草剂，其中混入了二噁英，受害地区出生了大量的畸形儿，参战美军的妻子们自发性流产和下一代子女呈现的各种缺陷率增加了 30%。

3. 免疫毒性　　二噁英能够对机体造成免疫抑制，使传染病易感性和发病率增加，疾病加重，免疫功能下降，严重影响机体的抵抗力，且对细胞免疫和体液免疫均有抑制作用。二噁英对细胞免疫的抑制主要体现为胸腺损伤。因为胸腺是诱导 T 细胞分化、成熟的主要场所，其皮质聚集的细胞主要是由不成熟的 T 细胞组成。体内和体外实验研究发现二噁英可引起胸腺内细胞耗竭和胸腺萎缩，细胞减少首先表现在胸腺皮质，后来发展到髓质，而胸腺内最早受损的靶细胞是皮质上皮细胞。除了对胸腺细胞的影响外，研究还发现二噁英对骨髓、肝脏、肺脏中的淋巴干细胞、T 细胞分化等均有一定的影响。有报道称对 20 年前接触 TCDD 多年的工人调查时发现 TCDD 可以长时间抑制辅助 T 细胞的功能。二噁英对体液免疫的影响受染毒的动物品系和染毒方式的影响较大。目前二噁英对人体体液免疫影响的报道较少，但通过对台湾地区食用受 PCFS 和 PCBS 污染的米糠油的居民检查发现，其血清中的 IgA 和 IgM 浓度下降，血液中 T 淋巴细胞百分含量下降，这与在动物试验中观察到的症状相似，说明二噁英对人体体液免疫是有影响的，但其中的一些机理、途径以及影响程度还需要进一步的研究。

4. 内分泌毒性　　二噁英是一种环境激素，它能够对内分泌系统的正常功能造成扰乱，使机体的细胞和分子水平的信号转导作用受到影响，从而影响机体的健康和生殖功能。二噁英会改变甲状腺激素和体内胰岛素的代谢水平，它可以降低胰岛素水平或使胰岛素受体下调，引起糖代谢紊乱。调查发现越战期间接触橙色制剂的美国士兵和意大利遭受二噁英污染的 Seveso 地区人群中糖尿病的发病率显著上升。特别是暴露于 TCDD 的职业人群，其体内 TCDD 的含量显著偏高，而且血浆中游离的甲状腺素和葡萄糖的浓度也比正常人要高。另外二噁英还可以干扰糖皮质激素、维生素 A、血脂和卟啉代谢，引起一系列代谢紊乱。

5. 皮肤疾病　　二噁英导致的皮肤性疾病主要为氯痤疮(chloracne)，主要的症状为黑头粉刺和淡黄色囊肿，一般分布于面部及耳后，有的也分布于后背、阴囊等部位。其形成机理可能是未分化的皮脂腺细胞在二噁英类毒性作用下化生为鳞状上皮细胞，致使局部上皮细胞出现过度增殖、角化过度、色素沉着和囊肿等病理变化。有报道称其形成潜伏期为 1～3 周，而消除期需要 1～3 年。它与青春期痤疮的临床表现比较相似，两者的鉴别主要是依据患者的发病年龄及是否与二噁英接触。

6. 致癌性　　　二噁英对多种动物具有较强的致癌性，尤以啮齿类最为敏感，在对大鼠、小鼠、仓鼠和鱼进行的多次染毒实验中发现其致癌性都呈阳性。对啮齿动物进行的 2,3,7,8-TCDD 染毒的表现为诱发多部位肿瘤，对大鼠、小鼠的最低致肝癌剂量仅为 10ng/kg 体重。流行病学研究表明，二噁英的接触与人类某些肿瘤的发生有关，但其致癌机制还不完全清楚，故有人认为其致癌机制是间接的，主要作用于肿瘤的促进阶段，是一类作用较强的促癌剂。

四、预防控制

二噁英的性质非常稳定，在一般环境中，氧化和水解的速率非常慢，在 750℃以上的高温下才会快速分解，因此在环境中有相当长的持久性。由于人体内脂肪没有分解二噁英的条件，进入体内最长可累积 7 年以上。如果人体受到污染，极难排出，只有减少摄入量，才能避免累积效应。

二噁英污染是关系到人类存亡的重大问题，必须严格加以控制。世界卫生组织于 1997 年将其列为一级致癌物，并于 1998 年规定人体每日耐受量(TDI)由 1990 年的 10pg/kg 体重减少到 1～4pg/kg 体重。随着人们生活水平的提高，产生的垃圾也越来越多，而这些都是二噁英污染的潜在来源，所以如何有效地减少二噁英的产生已成为当务之急。现在世界上主要的工业化国家在以往调查研究的基础上都制定了防治二噁英污染的具体措施。基本包括以下几个方面。

第一，扩大环保宣传和关于食品卫生的宣传，加深人们的环保意识以及对二噁英危害的认识。

第二，限制污染源，尽量减小这些二噁英污染的潜在来源。其中最重要的一条是加强对垃圾的管理。例如，限制垃圾总量，加强废物(如聚氯乙烯塑料袋、焚烧后易产生二噁英的废物)的回收再利用，限制焚烧垃圾量。进行垃圾分类处理，对含氯的垃圾通过填埋等其他的途径处理。对于焚烧炉，则要限制二噁英的排放量，确定允许排放的最高浓度限量标准，以统一的 ng TEQ/m³(纳克，ng=g×10⁻⁹)表示，各国的限量标准如下：德国和荷兰 0.1、美国 0.1～0.3、加拿大 0.14、日本暂定为 80，为了减少二噁英的排放，在焚烧炉的规模、结构和垃圾焚烧的技术等方面，也加以改进，还要设法控制和改进上述夹杂二噁英的有毒产品的生产和使用。

第三，在生产和排放过程中进行控制，减少污染物的产生量和排放量。控制无组织的垃圾焚烧，通过采用新的焚烧技术和设备，从生产阶段对其产生量进行有效的控制。例如，在垃圾燃烧炉中保持足够的燃烧温度(1200℃以上)及停留时间，或适当添加抑制剂等，从而减少二噁英类物质的排放量。

第四，燃烧后再合成控制。当因燃烧不充分而在烟气中产生过多的未燃尽物质，遇适量的触媒物质及 300～500℃的温度环境，则在高温燃烧中已经分解的二噁英将会重新生成。因而，燃烧后区的温度控制尤为重要，如燃烧后气体净化系统的温度维持在 200℃以下将取得较好的控制效果。在烟气中加入氨水可以抑制飞灰表面二噁英的形成，并且氨水可以被还原为 N2，所以可同时控制 NO_x 和二噁英。在欧洲、日本等地的焚烧炉都装有后处理装备，产生的二噁英很少，而我国的焚烧炉技术比较落后，应加紧技术更新使其更加符合环保要求。

第五，禁止有害的二噁英污染食品上市，对食品中二噁英含量提出最高浓度限量标准。例如，按一般国际标准为每克动物脂肪不超 5pg，每克鸡蛋油脂不超过 20pg，比利时毒鸡事件正是由于从鸡脂肪中检出约超出限量标准 160 倍（400～800pg/g）的二噁英，污染的事实才得以确认和揭露，否则，后果不堪想象。

第六，加大监管力度和加快相关法规制定步伐。目前国外对环境中二噁英的迁移转化、毒性、生态毒理、人体暴露、健康影响等方面已经做了很多系统的研究工作，并已经制定了相关的二噁英的环境标准和污染排放标准。例如，对每人、每日、每千克体重的平均二噁英摄取量规定了限量标准，以统一的 pg TEQ 表示（皮克，$pg=g \times 10^{-12}$），世界卫生组织 1998 年建议的限量标准是 1～4pg，许多国家标准为 10pg，美国环境保护署标准为 0.01pg，但国内还未见相关的规定。因此，早日制定符合我们国情的相关标准和法规是今后工作的重要内容。

第七，建立和研究二噁英超痕量定量分析方法，提高对二噁英的分析和监控能力。上述任意一条的严格执行或监督，均离不开检测，这说明二噁英检测是二噁英污染防治的基本环节。目前我国对二噁英类污染物的控制和检测的力度远远不够，传统的分析方法在选择性和灵敏度上已不能满足对现代环境和食品质量监测的需要，因此建立快速、准确、灵敏的检测方法是迫切需要解决的难题。

第八，注意饮食。食用低脂食物，多吃瘦肉，少吃肥油和皮脂，不挑食，尤其是孕妇和婴儿更应注意饮食。

第九节　其他自然环境污染

环境是围绕着人类的外部世界，是人类赖以生存和发展的物质基础，也是人类在地球上进行生产和生活活动的重要场所，其组成与质量的好坏直接或间接地影响着人类的健康和生命安全。人类文明的发展证实了人类对环境的改造和利用是一把双刃剑，既取得了巨大的成就，同时也由于对环境的不适当或过度的开发和利用，使自然资源和生态系统面临的危机逐步上升，导致了环境污染等相关问题的出现。

环境污染是指人类直接或间接地向环境排放超过其自净能力的物质或能量，所引起的环境质量下降而对人类及其他生物的正常生存和发展产生不良影响的现象。随着人类科学技术和物质文明的不断发展和进步，现代化建设进程和生活水平的不断提高，环境污染也在不断增加。环境污染问题已逐渐成为全球各国研究领域共同关心和重视的热点课题之一。当前世界面临的环境问题主要包括：大气污染、温室效应、酸雨、臭氧层破坏；海洋湖泊污染、水资源短缺；土壤污染、土地沙漠化、森林砍伐等，及其有毒有害化学品和危险废物排放。

环境污染物是指以一定浓度进入环境后，使环境的正常组成和性质发生改变，直接或间接有害于人类与其他生物的物质。环境污染物按受污染物影响的环境要素不同，可分为大气污染物、水体污染物和土壤污染物。环境污染物可通过大气、水体、土壤和食物链等多种途径传递、转化、增毒和富集，对食品安全和人类健康产生长期影响和威胁。因此，人类应了解并掌握环境污染物的种类，及其对食品安全性的影响，同时制订有效的预防和控制措施，降低经济损失，保障人类社会健康有序的发展。

一、大气污染物

(一)大气主要污染物来源

大气污染物是指人类活动向大气排放的污染物或由它转化成的二次污染物在大气中的浓度达到有害程度，以至破坏生态系统和人类正常生存和发展的条件，对人或物造成危害的现象。造成大气污染的原因，既有自然因素(如森林火灾、火山爆发等)又有人为因素(如工业废气、生活燃煤、汽车尾气、核反应堆爆炸等)，尤其以人为因素影响最为严重。随着人类经济活动和生产的迅速发展，工业化进程逐步加快，人类向大气中排放的废气、烟尘等物质不断增加，严重影响了大气环境的质量。大气污染物的种类很多，其理化性质非常复杂，毒性也各不相同，主要来源为矿物燃料(如煤和石油等)燃烧和工业生产。

大气污染物对工业、农业的生产，天气、气候的变化，以及人类的健康、生存均造成连带性的不同程度的危害。其中对于人类食物来源的动植物受大气污染的程度直接通过食物链的方式危及人类的健康，造成食品安全问题的出现。其中植物更容易受大气污染危害，首先是因为它们有庞大的叶面积同空气接触并进行活跃的气体交换。其次，植物不像高等动物那样具有循环系统，可以缓冲外界的影响，为细胞和组织提供比较稳定的内环境。此外，植物一般是固定不动的，不像动物可以避开污染。植物受大气污染物的伤害一般分为两类：受高浓度大气污染物的袭击，短期内即在叶片上出现坏死斑，称为急性伤害；长期与低浓度污染物接触，因而生长受阻，发育不良，出现失绿、早衰等现象，称为慢性伤害。

对动植物造成危害的大气污染物种类很多，如 SO_2、NO_x、氟化物、氯气、酸雨、沥青烟雾、金属飘尘等。

(二)常见大气污染物种类及其对食品安全性的影响

1. 二氧化硫(SO_2)　　二氧化硫主要由燃煤及燃料油等含硫物质燃烧产生，其次是来自自然界，如海洋雾沫、火山爆发、森林火灾等产生。二氧化硫对人体的结膜和上呼吸道黏膜有强烈刺激性，损伤呼吸器管可致支气管炎、肺炎，甚至肺水肿呼吸麻痹；对金属材料、房屋建筑、棉纺化纤织品、皮革纸张等制品容易引起腐蚀，剥落、褪色而损坏；同时可使农作物植物叶片变黄甚至枯死。

由于劣质燃煤燃烧产生较大量的二氧化硫，在"逆温"的特定气候条件下，形成无色有窒息性，有臭味和强烈刺激性的有毒气体，对作物产生烟害作用。例如，水稻遇二氧化硫受烟害后，叶片中上部出现水渍状小白斑，常密集成条状或块状，随后全叶变白，叶尖卷曲萎蔫，茎秆稻粒也变白形成枯熟，严重时全株死亡，影响产量。二氧化硫还可使菜豆、大豆、棉花、番茄、胡萝卜等农作物的干物质积累，叶面积和株高增长受到明显抑制，随二氧化硫浓度增加，农作物的生长量呈下降趋势。

2. 氮氧化物(NO_x)　　氮氧化物指的是只由氮、氧两种元素组成的化合物，常见的氮氧化物有一氧化氮(NO，无色)、二氧化氮(NO_2，红棕色)、一氧化二氮(N_2O)、五氧化二氮(N_2O_5)等，其中除五氧化二氮常态下呈固态外，其他氮氧化物常态下都呈气态。作为空气污染物的氮氧化物(NO_x)主要成分是一氧化氮(NO)和二氧化氮(NO_2)。NO_x污染主要来源于生产、生活中所用的煤、石油等燃料燃烧的产物（包括汽车及一切内燃机燃烧排放的 NO_x）；其次是来自生产或使用硝酸的工厂排放的尾气。氮氧化物直接或间接与大气环境问题相关，如光化学烟雾、酸沉降、平流层臭氧损耗和全球气候变化。此外，氮沉降量的增加会导致地表水的富营养化和陆地、湿地、地下水系的酸化和毒化，从而对陆地和水生态系统造成破坏，最终对人体健康和生态环境安全产生不利影响。

氮氧化物也会通过叶面同空气接触进行的气体交换使植物的细胞和组织器官受到伤害，生理功能和生长发育受阻，产量下降，产品品质变坏，群落组成发生变化，甚至造成植物个体死亡，种群消失。但总体而言毒性较小，影响程度低于二氧化硫和氟化物。

3. 氟化物   氟化物是指以气态与颗粒态形式存在的无机氟化物。主要来源于含氟产品的生产、磷肥厂、钢铁厂、冶铝厂等工业生产过程。大气中的氟化物对食品的污染主要分为生活燃煤污染型(取暖炉灶、烧烤食物)和工业生产污染型(铝厂、钢铁厂等工业废气)两大类。氟化物对眼睛及呼吸器官有强烈刺激，吸入高浓度的氟化物气体时，可引起肺水肿和支气管炎。长期吸入低浓度的氟化物气体会引起慢性中毒和氟骨症，使骨骼中的钙质减少，导致骨质硬化和骨质疏松。

氟可通过作物叶片上的气孔或叶缘水孔进入植株体内，使叶尖和叶缘坏死，嫩叶、幼芽受害尤其严重，氟化氢对花粉粒发芽和花粉管伸长有抑制作用。氟具有在植物体内富集的特点，植物体内含氟的浓度比空气中含氟的浓度高百万倍之多，在受氟污染的环境中生产出来的茶叶、蔬菜和粮食一般含氟量较高。氟化物通过禽畜食用牧草后进入食物链，对食品安全造成影响。研究表明，饲料含氟量超过 $30\sim40mg/kg$，牛食用后会得氟中毒症，氟被吸收后95%以上沉积在骨骼里，由氟在人体内的积累引起的最典型的疾病为氟斑牙和氟骨症，表现为齿斑、骨增大、骨质疏松、关节肿痛等。

4. 氯气   氯气常温常压下为黄绿色气体，经压缩可液化为金黄色液态氯，是氯碱工业的主要产品之一，用作强氧化剂与氯化剂。其化学活泼型远不如氟，主要以氯气单质形态存在于大气中，混合 5%(体积)以上氢气时有爆炸危险。氯气具有毒性，主要通过呼吸道侵入人体并溶解在黏膜所含的水分里，会对上呼吸道黏膜造成损害。由食道进入人体的氯气会使人恶心、呕吐、胸口疼痛和腹泻。1L 空气中最多可允许含氯气 0.001mg，超过这个量就会引起人体中毒。氯能与有机物和无机物进行取代或加成反应生成多种氯化物。氯在早期作为造纸、纺织工业的漂白剂。

氯气进入植物组织后产生的次氯酸是较强的氧化剂，由于其具有强氧化性，会使叶绿素分解，在急性中毒症状时，表现为部分组织坏死。氯对植物的毒性不如氟化氢强烈，但较二氧化硫强 $2\sim4$ 倍。氯气危害植物的症状是：叶尖黄白化，渐及全叶；伤斑不规则，边缘不清晰，呈褐色；妨碍同化作用，乃至死亡；玉米呈浅褐色菱状斑；杨树叶呈褐色、卷曲或焦枯；菠菜叶面出现黄斑、稍卷曲等。

5. 酸雨   酸雨是指 pH 小于 5.6 的雨雪或其他形式的降水。雨水被大气中存在的酸性气体污染。酸雨主要是人为地向大气中排放大量酸性物质造成的。我国的酸雨主要是因大量燃烧含硫量高的煤炭而形成的，多为硫酸雨，少为硝酸雨，此外，各种机动车排放的尾气也是形成酸雨的重要原因；其次气象条件和地形条件也是影响酸雨形成的重要因素。近年来，我国一些地区已经成为酸雨多发区，酸雨污染的范围和程度已经引起人们的密切关注。降水pH<4.9 时，将会对森林、农作物和材料产生明显损害。

　　酸雨主要通过两种途径影响农作物：一种是直接接触植物的营养器官和繁殖器官，影响其生长和生产力；另一种是逐渐影响土壤，改变其化学成分，发生淋溶，使土壤贫瘠，从而间接影响农作物的生长和生产力，通过食物链在水生生物以及粮食、蔬菜中积累，给食品安全性带来影响。经国内外研究表明，酸雨可对诸多农作物产量和品质造成不同程度的影响。例如，油菜的生长速率下降；白菜、大豆、小麦等的株高、叶面积和干物质均明显低于对照组，生长受到抑制；番茄维生素 C 和蔗糖的含量下降，影响其营养成分及品质；大豆蛋白质的合成受阻等。

　　6. 粒子状污染物　　空气中的粒子状污染物包括烟煤粉尘、沥青烟雾、金属飘尘等，其数量大、成分复杂，它本身可以是有毒物质或是其他污染物的运载体。其主要来源于煤、汽油、香烟及其他燃料的不完全燃烧而排出的煤烟、工业生产过程中产生的粉尘、建筑和交通扬尘、风的扬尘等，以及气态污染物经过物理化学反应形成的盐类颗粒物。

　　1)烟煤粉尘　　煤烟粉尘是空气中粉尘的主要成分。工矿企业密集的烟囱和分散在千家万户的炉灶是煤烟粉尘的主要来源。对人体危害最大的是 10μm 以下的浮游状颗粒物，称为飘尘。可经过呼吸道沉积于肺泡。慢性呼吸道炎症、肺气肿、肺癌的发病与空气颗粒物的污染程度明显相关，当长年接触颗粒物浓度高于 $0.2mg/m^3$ 的空气时，其呼吸系统病症增加。

　　烟尘中大于 10μm 的煤粒称为降尘，它常在污染源附近降落，在各种作物的嫩叶、新梢、果实等柔嫩组织上形成污斑。叶片上的降尘能影响光合作用和呼吸作用正常进行，引起褐色，生长不良，甚至死亡。果实在早期受害，被害部分木栓化，果皮粗糙，质量降低；在成熟期受害，则受害部分易腐烂。

　　2)沥青烟雾　　沥青烟雾中含有 3,4-苯并芘等致癌物质，受沥青烟雾污染过的作物，一般不能直接食用，同时也不应在沥青制品、柏油路面上晾晒粮食、油料种子等食品，以防止食品受到污染。

　　3)金属飘尘　　金属飘尘是粉尘粒径小于 10μm 的颗粒，其中相当大一部分极其微小，甚至比细菌(0.8μm)还小，人们的肉眼是看不见的。飘尘能长时间飘浮在空气里。铅主要来源于汽车排出的废气，进入人体，可大部分蓄积于人的骨骼中，损害骨骼造血系统和神经系统，对男性的生殖腺也有一定的损害。引起的临床症状为贫血、末梢神经炎，出现运动和感觉异常。我国尿铅 80μg/L 为正常值，血铅正常值小于 50μg/mL。

　　金属飘尘对农作物和农田土壤的污染，主要是下降到地面的部分危害性大。例如，镉是低沸点元素，冶炼中很容易挥发进入大气，造成对农业的污染，炼锌厂的废气中含镉，在离炼锌厂 0.5km 的农田，仅经 6 个月的废气污染后，其表土中含镉量由 0.7mg/kg 增加到 6.2mg/kg。随着工业的发展，排入空气的金属逐渐增加，如铅、铬、镉、镍、锰、砷、汞等以飘尘形式污染空气。它们的毒性很大，对人类健康的危害，已超过农药和二氧化硫。土壤含镉太高，就会使农作物受害，土壤含镉达 4～5mg/kg 时，大豆、菠菜产量会下降 25%。吃了这种豆、菜，人畜体内镉的积累量会加大，影响人畜健康。

二、水体污染物

(一)水体主要污染物来源

　　水体污染物是指造成水体水质、水中生物群落以及水体底泥质量恶化的各种有害物质

（或能量）。水体污染物主要分为自然污染源和人为污染源两大类。自然污染源主要是指火山爆发、洪水灾害等由于特殊的地质或自然条件，使一些化学元素大量富集，或天然植物腐烂中产生的某些有毒物质或生物病原体进入水体，从而污染了水质。人为污染源主要是指工业废水、生活污水和农业废水，如工业生产过程中产生的工业废水和废液，人们日常生活中产生的厕所排水、厨房洗涤排水以及沐浴、洗衣排水等生活污水，农业作物栽培、畜牧饲养、农产品加工等过程中排出的农业废水等。

随着工农业生产的发展和城市人口的增加，工业废水、农业废水和生活污水的排放量日益增加，大量污染物进入河流、湖泊、海洋和地下水等水体，使水和水体底泥的理化性质或生物群落发生变化，造成严重的水体污染，危机食品安全及人类的健康。水体中主要污染物有氨氮、石油类、苯及其同系物、挥发酚、重金属、氰化物、氟化物、酸碱污染物、病原微生物等。

（二）常见水体污染物种类及对食品安全性的影响

1. 氨氮　氨氮是指以氨或铵离子形式存在的化合氨。氨氮主要来源于人和动物的排泄物，生活污水中的平均含氮量可达每人每年 2.5～4.5kg。雨水径流以及农用化肥的流失也是氮的重要来源。另外，氨氮还来自化工、冶金、石油化工、油漆颜料、煤气、炼焦、鞣革、化肥等工业废水中。当氨溶于水时，其中一部分氨与水反应生成铵离子，一部分形成水合氨，也称非离子氨。非离子氨是引起水生生物毒害的主要因子，而铵离子相对基本无毒。

氨氮是水体中的营养素，可导致水富营养化现象产生，是水体中的主要耗氧污染物，对鱼类及某些水生生物有毒害。

2. 石油类　石油类污染主要来源于石油的开采、炼制、储运、使用和加工过程。石油类污染对水质和水生生物有相当大的危害。漂浮在水面上的油类可迅速扩散，形成油膜，影响氧气进入水体，破坏了水体的富氧条件。大量实验结果表明，当海水中油的含量为 1mg/L 或溶于水的石油组分的含量为 1μg/L 时，就能对敏感生物产生危害。油类含有多环芳烃致癌物质，可经水生生物富集后危害人体健康。

油类污染物通过灌溉水进入农田后，对作物产生直接危害。在水田，油漂浮于水面，使作物体内代谢发生障碍，叶片卷曲，数日后低位叶尖端变成褐色，心叶黄白色，严重时使植株枯萎，同时人们食用这种被油类污染的食品会因带有油臭味而感到恶心。

3. 苯及其同系物　苯及其同系物属于有机毒物污染，主要来源于工业有毒化学物质，这些物质在自然界一般难以降解，可以在生物体内高度富集，对人体健康极为有害。苯影响人的神经系统，严重中毒能麻醉人体，失去知觉，甚至死亡；轻则引起头晕、无力和呕吐等症状。

含苯废水灌溉作物会使粮食、蔬菜的品质下降，且在粮食蔬菜中残留，不过残留量较小。以黄瓜为例，用含苯 25mg/L 的污水灌溉，残留量为 0.05mg/L 左右，虽然残留率较低，但其品质大大降低，淡而无味，涩味增加，含糖量下降了 8%左右。

4. 挥发酚　水体中酚污染物主要来源于工业企业排放的含酚废水，如焦化厂、煤气厂、煤气发生站、石油炼厂、木材干馏、合成树脂、合成纤维、染料、医药、香料、农药、玻璃纤维、油漆、消毒剂、化学试剂等工业废水。酚类属有毒污染物，但其毒性较低。

低浓度的酚促进庄家生长，而用较高浓度的含酚废水灌溉农田时，酚在作物体内积累，使植株矮小，根系发黑，叶片狭小，叶色灰暗，养分和水分的吸收受到抑制，光合作用受到影响，产量降低，同时产品食味恶化，带酚臭味，严重影响产品质量。

酚类化合物对鱼类有毒害作用，低浓度的酚影响鱼类的洄游繁殖，高浓度的酚能引起鱼类的大量死亡，水体中酚的浓度达到 0.1～0.2mg/L 时，鱼肉中会带有煤油味，就是受酚污染的结果。

5. 重金属　　重金属是指密度大于 $5g/cm^3$ 的金属元素，特别是汞、镉、铅、铬等具有显著的生物毒性。它们在水体中不能被微生物降解，而只能发生各种形态相互转化和分散、富集过程。长期饮用被重金属污染的水，会使人头痛、头晕、肢体麻木和疼痛，发生急性、慢性中毒或导致机体癌变，危害严重。

未经处理或处理不达标的污水灌溉农田，会造成土壤和农作物的污染。例如，豆类、甜菜、萝卜等对镉表现敏感，当灌溉水含镉量达 2mg/L 时就影响发育。小麦受镉过量危害时，表现为生长不良，叶片萎黄，且出现黑褐色坏死斑块。

重金属对海洋、河流等水生生物同样危害严重，人类长期食用高汞的鱼类和贝类，导致重金属在人体内大量积累，引发多种疾病。

6. 氰化物　　氰化物包括无机氰化物、有机氰化物和络合状氰化物。水体中氰化物主要来源于冶金、化工、电镀、焦化、石油炼制、石油化工、染料、药品生产以及化纤等工业废水。氰化物具有剧毒，一般人只要误服 0.1g 左右的氰化钠或氰化钾就会死亡，当水中 CN^- 含量达到 0.3～0.5mg/L 时便可使鱼类死亡。

但氰化物在水体中较易降解，残留量不高。用含氰 30mg/L 的污水灌溉蔬菜时，产品的氰残留量一般不足万分之一，而且，氰在蔬菜体内消失明显，一般在 24～28h 后，其含氰量即可降到清水灌溉时的含氰水平。

7. 氟化物　　氟污染物主要是氟化氢和四氟化硅，来自铝的冶炼、磷矿石加工、磷肥生产、钢铁冶炼和煤炭燃烧等过程。陶瓷、玻璃、塑料、农药、铀分离等工业也排放含氟化合物。在自然条件下，有的地区土壤和水以及农作物氟含量较高，有时可达有害健康的水平。陆生植物和水生生物能富集环境中的氟污染物，因此即使在污染程度不高时，家畜也可能通过食物链而受到危害。氟化物在人体内会干扰多种酶的活性，抑制骨磷化酶或与体液中的钙离子结合成难溶的氟化钙，导致钙、磷代谢紊乱等。

用含氟废水灌溉植物，会对植物的发芽、生长发育产生不良影响，使产品含氟量增高，其中玉米对氟表现尤为敏感。

8. 酸碱污染物　　酸碱污染物是指废水中有的酸性污染物和碱性污染物。酸碱污染物具有较强的腐蚀性，可以腐蚀管道和构筑物；排入水体会改变水体的 pH，干扰水体自净，并影响水生生物的生长和渔业生产；排入农田会改变土壤的性质，使土地酸化或碱化，危害农作物生长。

以水稻为例，含酸废水进入农田，可使水田土壤表面呈赤褐色，使水稻吸收铁过多从而产生营养障碍。水稻受碱性废水危害时，叶色浓绿，地上部生长受抑制，引起缺锌症状，发育停滞，叶片出现赤枯状斑点。

9. 病原微生物　　病原微生物的水污染危害历史最久，至今仍是危害人类健康和生命的重要水污染类型。病原微生物主要来自生活污水、医院污水、屠宰肉类加工等工业废水，以及由于洪涝灾害造成动植物和人死亡、腐烂而大规模扩散等。动物和人类排泄的粪便中含有细菌、病菌及寄生虫等，会污染水体，通过水体和水生生物传播各种疾病，如肝炎病毒、霍乱、细菌性痢疾、脑炎病毒等。病原微生物的特点是：数量大、分布广、存活时间较长、繁殖速度很快、易产生抗药性，很难消灭，必须予以高度重视。

三、土壤污染物

（一）土壤主要污染物来源

土壤污染物是指人类活动所产生的污染物质，通过各种途径排入土壤，其排入数量和速度超过了土壤本身的自净能力，使污染物质的积累过程逐渐占优势，改变了土壤的组成、结构和功能，使土壤质量下降，并影响到作物的生长发育及其产量和品质，危害人体健康。土壤污染物主要来源于工业和城市的废水和固体废物、农药和化肥、牲畜排泄物、生物残体以及大气沉降物等。

土壤是生态系统物质交换和物质循环的中心环节，是连接地理环境各组成要素的枢纽，在生物界和非生物界之间起着至关重要的作用。首先，可以分解和转化由外界进入的各种物质，将有害物质转化为无害物质，甚至是营养物质，从而被植物利用；其次，土壤是植物营养物质的主要供应地，也是营养物质制造工厂和储藏仓库，起着物质转化和转移的作用。也正因为如此，土壤被污染后，有害物质转移到生物体中，通过食物链传递，危害动植物，造成环境污染，同时危及食品安全与人类健康。

土壤污染物主要有重金属、农药、酚、氰、化肥、油类物质、放射性污染物和病原微生物等。

（二）常见土壤污染物种类及其对食品安全性的影响

1. 重金属　　污染土壤的重金属主要包括汞、镉、铅、铬和类金属砷等生物毒性显著的元素，以及有一定毒性的锌、铜、镍等元素，这些物质在土壤中移动性很小，不易随水淋滤，90%以上残留在土壤中很难消失，且一般多在耕作层积累，往往成为土壤污染的主要问题。它们很容易从土壤转移到生物体内，引起食物污染，造成人体慢性中毒。

过量重金属可引起植物生理功能紊乱、营养失调，镉、汞、铅等元素一般不会引起植物生长发育障碍，但这些污染物在作物籽实中富集系数较高；铬元素污染会使植物出现黄白色斑点、卷缩、须根腐朽，严重时植株萎蔫以至枯死，铬在籽粒中的转移系数很低，污染不严重时，粮食作物种子中铬的积累不至于引起食品安全问题，但研究表明铬在茎叶特别是根中转移系数是很高的。耕作层中重金属大量富集、积累，导致蔬菜、作物中重金属含量严重超标，引发食品安全问题。

2. 农药　　农药在田间的有效使用可以很好地起到防虫抗旱等提高产量并节省劳动力的作用，但农药的残留对人类的危害也是不容忽视的。农药除一部分附着于作物上以外，有相当一部分落入到土壤中，附着在作物上的农药也可以因雨淋而进入土壤。

农药在土壤中的分解速度和效率因农药性质和环境条件的不同而有所区别。一般有机磷农药可以在短时间内被分解，而有机氯农药在土壤内的分解则很慢，据调查"DDT"（农用杀虫剂）在旱地土壤内 10 年左右才能消失 95%。

3. 酚、氰　　土壤中酚、氰的残留相对农药而言，由于其具有的挥发性，在土壤中的净化率较高，残留较少，对植物的影响相对较小。土壤中残留酚可使植物中酚的积累维持在较高水平，植物中酚残留一般随土壤中酚浓度的增加而升高，并且植物中酚残留浓度高于土壤中酚残留浓度；植物中氰残留与酚不同，一般在土壤含氰浓度低时表现不明显，同时植物中氰残留浓度低于土壤中氰残留浓度。

4. 化肥　　化肥中含有丰富的营养元素，有助于植物的吸收并提高植物的产量，但化肥使用量过大，未被吸收的化肥会残留于土壤中过量的积累，反而引起对植物的负面影响。例如，施氮过多的蔬菜中硝酸盐含量超标，人食用后极易引起高铁血红素症，主要表现为行为反应障碍、头晕目眩、意识丧失等，严重的危及生命。

5. 油类物质　　随着工业的发展，石油的需求量大幅度增加，并且在开采、运输、储藏、加工过程中，由于意外事故或管理不当，导致石油排放到农田使土壤遭受污染，直接危害人类生产与生活。石油对土壤的污染主要是破坏土壤结构，影响土壤通透性，损害植物根部，阻碍根的呼吸与吸收，最终导致植物死亡。其次，被石油芳香烃类物质污染的土壤对人及动物的毒性较大，其中的苯、甲苯、二甲苯、酚类等物质，如果经较长时间较高浓度接触，会引起恶心、头疼、眩晕等症状。

6. 放射性污染物　　放射性污染物主要来自核爆炸的大气散落物，工业、科研和医疗机构产生的液体或固体放射性废弃物，它们可释放产生以锶和铯等为主的在土壤中半衰期较长的放射性元素。锶-90 的半衰期为 28 年，铯-137 的半衰期为 30 年，都可在土壤中蓄积而长期污染土壤。土壤被放射性物质污染后，通过放射性衰变，能产生 α 射线、β 射线和 γ 射线，这些射线能穿透人体组织，使机体的一些组织细胞死亡，同时通过饮食进入人体，造成内损伤，产生头昏、乏力、白细胞减少或增多、癌变的现象。

7. 病原微生物　　病原体主要来自含病原体的人畜粪便、垃圾、生活污水、医院污水、工业废水的污染。凡直接施用未经无害化处理的人畜粪肥和污水灌溉或利用其底泥施肥，都会使土壤受到病原体的污染。能污染土壤的肠道细菌有沙门菌、志贺菌、伤寒杆菌、霍乱弧菌等，能在土壤中存活很长时间。被病原体污染的土壤能通过食物链传播伤寒、副伤寒、痢疾、病毒性肝炎等传染性疾病，危及人类健康。此外，土壤又是蠕虫卵或幼虫生长发育的重要场所。它们在一定条件下能存活较长时间，如蛔虫卵在潮湿的土壤中能存活 2 年以上。

四、预防与控制

环境污染的防治主要是解决从污染产生、发展，直至消除的全过程中存在的有关问题和采取防治的种种措施，其最终目的是保护和改善人类生存的生态环境。污染防治对策包括单个污染源或污染物的防治，也包括区域污染的综合防治。根据治理对象的不同，可分为大气污染防治、水污染防治、土壤污染防治等。

（一）大气污染的预防与控制措施

1)健全法律法规，预防大气污染　　人类的生活和生产必然会产生大气污染物，问题是必须严格控制排放数量，使其对人体和食品安全的影响减少到最低限度。

2)搞好城市布局，合理分配能源　　优先供应居民与公共福利事业清洁燃料，积极发展居民生活用天然气和煤气，并开发利用清洁能源，如太阳能、地热、风能等。

3)采用新技术，控制大气污染　　采用新型的烟尘治理技术、排烟脱硫工艺和排烟脱氮技术，可以减少二氧化硫、氮氧化物和烟尘的排放量，从而减少酸雨、煤烟粉尘和金属飘尘的形成，控制大气污染。

4)发展城市绿化，净化空气，防治大气污染　　搞好绿化造林工作，提高植被覆盖率，美化环境，提高大气的自净能力，以减少大气污染物对食品安全的影响。

(二)水体污染的预防与控制措施

1)加强监测管理，制定法律和控制标准，预防水体污染　　为防治水体污染，我国于1984年、1998年分别制定了《中华人民共和国水体污染防治法》和《中华人民共和国水法》。应严格实施防治水污染的标准和法规。

2)减少和消除污染物的排放量，控制水体污染　　首先可采用改革工艺，减少甚至不排废水，或者降低有毒废水的毒性。其次重复利用废水。尽量采用重复用水及循环用水系统，使废水排放减至最少或将生产废水经适当处理后循环利用。同时在治理水环境的基础上，加强农业灌溉用水和养殖用水的管理与监控，将其中的污染物控制在限量范围之内，从而减少或杜绝水污染物进入食品的原料。

3)加强废水净化处理　　坚持预防为主、化害为利的处理原则，发展低能耗、高效率、运转费用低的废水处理工艺。在农村适当发展氧化塘、土地处理等技术，使废水处理与废水资源化结合起来。

4)全面规划，合理布局　　进行区域性综合治理，同时配合必要的宣传教育活动，使每个人意识到保护水体环境的重要性，在制定区域规划、城市建设规划、工业区规划以及个人日常生活时都要考虑水体污染问题，对可能出现的水体污染，要采取预防措施。

(三)土壤污染的预防与控制措施

1)统筹管理，控制和消除土壤污染源　　针对造成土壤污染的不同源头，严格整治，加强管理，根据具体情况，采取相应的措施，如合理使用化肥和农药，加强工业及城市生活中废水、废气、废渣的治理和综合利用等，控制土壤污染物对农作物及食品造成的危害。

2)要重视实用技术的开发，增加治理经费的投入　　特别是要大力开发推广成本低廉、简单易行的实用技术，采用新技术及有效的防治措施对受污染土壤进行修复。例如，近年来的生物修复技术，包括生物提取、生物挥发、生物固定等在工程修复中得到有效的利用，改善了土壤质量，提高净化能力。

3)合理调整污染区种植结构　　施加抑制剂改变污染物质在土壤中的迁移转化方向，减少作物的吸收(如施用石灰)，提高土壤的pH，促使镉、汞、铜、锌等形成氢氧化物沉淀。

4)广泛宣传，提高公众意识　　加大宣传力度，开展科普性教育活动，使人们充分认识到土壤污染的严重性以及给人们造成的后果，认识到这种污染与人们生存环境及身体健康的紧密性，由此使防治土壤污染对食品的危害变成每一位社会公众的责任和义务。

第十节　食品容器和包装材料污染

包装是指为了在流通中保护产品、方便储运、促进销售，按一定技术方法而采用的容器、材料和辅助材料的总称，也指为了达到上述目的而采用容器、材料和辅助物的过程中施加一定技术方法等的操作活动。包装起源于原始人对食物的储运，到人类社会有商品交换和贸易活动时，包装逐渐成为商品的重要组成部分。现代生活离不开包装，而现代包装已成为人们日常生活消费中必不可少的内容。

食品包装的主要目的是保护食品质量和卫生，不损失原始成分和营养，方便储运，促进销售，提高货架期和商品价值。在食品工业高度发展的今天，食品包装已形成集先进技术、材料、设备为一体的完整的工业体系，在食品加工、运输、销售及家庭使用中都占有重要的位置。现代食品包装技术大大延长了食品的保存期，保持食品的新鲜度，提高食品的美观性和商品价值。但是，由于使用了种类繁多的包装材料，如玻璃、陶瓷、搪瓷、金属、纸、橡胶以及塑料等，在一定程度上也增加了食品的不安全因素。

合格的原材料、食品添加剂、包装材料和容器是食品安全的重要环节，《中华人民共和国卫生法》规定了食品容器、包装材料的定义是指包装、盛放食品用的纸、竹、木、金属、搪瓷、塑料、橡胶、天然纤维、化学纤维、玻璃等制品和接触食品的涂料。同时也提出了对食品包装材料及容器的基本要求：除了要适合食品的耐冷冻、耐高温、耐油脂、防渗漏、抗酸碱、防潮、保香、保色、保味等性能外，特别要注意食品容器、包装材料的安全性，即不能向食品中释放有害物质，又不得与食品中营养成分发生反应。

近几年来，我国出口的食品容器、器具、包装材料等与食品接触的材料在国外连连受阻。其中，金属厨具、餐具中镍、铬、镉、铅迁移量超标，陶瓷制品中铅、镉迁移量超标，植物制品、纸制品中微生物、二氧化硫超标，以及其他商品中芳香胺、铅、铬、镍等迁移量超标是主要的安全问题所在。因此，有必要对各种类型包装材料中常见食品安全问题进行总结，并找到解决问题的对策和方法。

一、塑料

塑料是以一种高分子聚合物树脂为基本成分，再加入一些用来改善性能的各种添加剂制成的高分子材料。它可分为热塑性塑料和热固性塑料，是近 30 年来发展最快的包装材料。作为包装材料物质进行应用，大多数塑料材料可达到食品包装材料对卫生安全性的要求，但仍存在着不少影响食品的不安全因素，主要在于塑料制品类型、添加剂等安全问题。

（一）塑料制品类型及其对食品安全性的影响

1) 聚乙烯 (polyethlene, PE)   聚乙烯是乙烯的聚合物，为半透明和不透明的固体物质。聚乙烯塑料本身是一种无毒材料，其污染物主要包括聚乙烯中的单体乙烯、低分子质量聚乙烯、添加剂残留以及回收制品污染物。

2) 聚丙烯 (polypropyrene, PP)   聚丙烯由丙烯聚合而成，属于长直链聚烷烃类。一般认为聚丙烯较安全，其安全性高于聚乙烯塑料。聚丙烯作为食品包装材料安全性问题主要是回收再利用品，与聚乙烯塑料类似。

3) 聚氯乙烯 (PVC)   聚氯乙烯是由氯乙烯聚合而成的。聚氯乙烯塑料是以聚氯乙烯树脂为主要原料，再加以增塑剂、稳定剂等加工制成。聚氯乙烯树脂本身是一种无毒聚合物，但其原料单体氯乙烯具有麻醉作用，同时还具有致癌和致畸作用，它在肝脏中可形成氧化氯乙烯，具有强烈的烷化作用，可与 DNA 结合产生肿瘤。因此，聚氯乙烯塑料的安全性问题主要是残留的氯乙烯单体、降解产物以及添加剂的溶出造成的食品污染。工程用 PVC 常含重金属化合物的稳定剂，如铅、镉、二丁基锡等。

4) 聚苯乙烯(PS)　　聚苯乙烯是由苯乙烯聚合而成。聚苯乙烯树脂本身无味、无臭、无毒、不易生长霉菌。其安全性问题主要是单体苯乙烯及甲苯、乙苯和异丙苯的残留。

5) 复合薄膜　　复合薄膜是塑料包装发展的方向。复合薄膜的突出问题是黏合剂，目前采用的黏合方式有两种：一种是采用改性聚丙烯直接复合，它不存在食品安全问题；另一种是采用黏合剂黏合。目前大多采用聚氨酯型黏合剂，这种黏合剂中含有甲苯二异氰酸酯(TDI)，含聚氨酯型黏合剂的薄膜经蒸煮会使 TDI 迁移到食品中并水解产生具有致癌性的 2,4-二氨基甲苯。

6) 其他　　如聚偏二氯乙烯(PVDC)、丙烯腈共聚塑料、聚碳酸酯树脂(PC)、聚对苯二甲酸乙二醇酯(PET)、三聚氰胺树脂(热固型)等。

(二)塑料添加剂及其安全性

塑料添加剂按其特定功能可分为七大类：改善加工性能的添加剂，如热稳定剂、润滑剂等；改善机械加工性能的添加剂，如增塑剂、增韧剂等；改善表面性能的添加剂，如抗静电剂、偶联剂等；改善光学性能的添加剂，如着色剂等；改善老化性能的添加剂，如抗氧化剂、光稳定剂等；降低塑料成本的添加剂，如增量剂、填充剂等；赋予其他特定效果的添加剂，如发泡剂、阻燃剂、防霉剂等。添加剂都是根据实际需要进行添加的。其安全性主要为如下几类。

1) 稳定剂　　稳定剂是防止塑料制品在空气中长期受光的作用，或长期在较高温度下降解的一类物质。稳定剂主要有硬脂酸锌盐、铅盐、钡盐、镉盐等，但铅盐、钡盐、镉盐对人体危害较大，食品包装材料一般不用这类稳定剂。锌盐稳定剂在许多国家都允许使用，其用量规定为 1%～3%。

2) 增塑剂　　增塑剂，我国港台地区多称为塑化剂，即添加到树脂中，一方面使树脂在成型时流动性增大，改善加工性能，另一方面可使制成后的制品柔韧性和弹性增加的物质。增塑剂主要有邻苯二甲酸酯类、磷酸酯类等。其中，邻苯二甲酸酯类应用最广，其产量占增塑剂总量的 80%，大部分为主增塑剂，毒性较低；磷酸酯类增塑剂中的己二酸二辛酯具有较好的耐低温特性。

其中最常见的添加剂造成的危害主要是 DEHA 增塑剂。DEHA 增塑剂在塑料生产加工过程中应用极为广泛。人们日常生活中常用的 PVC 保鲜膜就含有 DEHA 增塑剂。DEHA 增塑剂树脂本身无毒，但其单体和降解后的产物毒性较大。DEHA 增塑剂遇上油脂或加热时，DEHA 容易释放出来，随食物进入人体后有害健康。而人们对这种增塑剂的危害并没有充分地认识到，在使用过程中也不太注意，有时候会带着保鲜膜与食品一块加热。

3) 其他　　着色剂主要为染料及颜料；润滑剂主要是一些高级脂肪酸、高级醇类或脂肪酸酯类；抗氧化剂一般为 BHA(丁基羟基茴香醚)和 BHT(二丁基羟基甲苯)；抗静电剂有烷基苯磺酸盐、α-烯烃磺酸盐等，毒性均较低。

塑料包装材料中有害物质分类见表 3-20。

(三)塑料制品包装材料存在的安全、卫生问题

1) 塑料包装表面污染问题　　由于塑料易带电，易造成包装表面被微生物及微尘杂质污

表 3-20　塑料包装材料中有害物质分类

分类		举例	备注
添加剂	抗氧化剂	叔丁基对羟基茴香醚(BHA)、2, 6-二叔丁基-4-甲基苯酚(BHT)、抗氧化剂 1010、抗氧化剂 1098、抗氧化剂 1076 等	对人体肝、脾、肺等均有不利影响
	增塑剂	邻苯二甲酸盐类物质：邻苯二甲酸二(2-乙基己)酯(DEHP)、邻苯二甲酸二正辛酯(DNOP)、邻苯二甲酸二丁酯(DBP)、邻苯二甲酸酯(BBP)、邻苯二甲酸二异壬酯(DINP)、邻苯二甲酸二异葵酯(DIDP) 等	在聚氯乙烯(PVC)塑料中，增塑剂易挥发抽提和迁移，而产生毒性
	稳定剂	碱式铅盐类、脂肪酸皂类、有机锡类和复合稳定剂	有利于提高 PVC 耐热性和耐光性，抑制聚合反应
	其他	增黏剂、润滑剂、着色剂、抗静电物质等	—
单体和低聚体	—	苯乙烯、氯乙烯、双酚 A 类型的环氧树脂、异氰酸酯、己内酰胺、聚对苯二甲酸乙二醇酯低聚体等	—
污染物	—	降解物质、环境污染物等	—

染，进而污染包装食品。

2) 塑料制品中未聚合的游离单体及其塑料制品的降解产物向食品迁移的问题　这些游离单体及降解产物中有的会对人体健康造成危害，如聚苯乙烯(PS)中的残留物质苯乙烯、乙苯、异丙苯、甲苯等挥发物质等有一定毒性，单体苯乙烯可抑制大鼠生育，使肝、肾重量减轻。单体氯乙烯有麻醉作用，可引起人体四肢血管收缩而产生疼痛感，同时还具有致癌、致畸作用。这些物质迁移程度取决于材料中该物质的浓度、材料基质中该物质结合或流动的程度、包装材料的厚度、与材料接触食物的性质、该物质在食品中的溶解性、持续接触时间以及接触温度。

3) 油墨、印染及加工助剂问题　塑料是一种高分子聚合材料，聚合物本身不能与染料结合。当油墨快速印制在复合膜、塑料袋上时，需要在油墨中添加甲苯、丁酮、乙酸乙酯、异丙醇等混合溶剂，这样有利于稀释和促进干燥。这样的工艺，对于印刷业来说，是比较正常的事。但现在一些包装生产企业贪图自身利益，大量使用比较便宜的甲苯，并缺乏严格的生产操作工艺，使包装袋中残留大量的苯类物质。另外在制作塑料包装材料时常加入多种添加剂，如添加稳定剂、增塑剂，这些添加剂中一些物质具有致癌、致畸性，与食品接触时会向食品中迁移。

4) 回收问题　塑料材料的回收复用是大势所趋，什么样的回收塑料可以再次用于食品包装，如何用于食品包装，都是亟待解决的问题。关于塑料材料回收的图案及含义见表 3-21。例如，国外已经开始大量使用回收的 PET 树脂作为 PET 瓶的芯层料使用，一些经过清洗切片的树脂也已达到食品包装的卫生性要求，可以直接生产食品包装材料，但是目前中国还没有相应的标准和法规。比较而言，回收 PET 作为夹层材料使用，卫生安全性有保障，但需要较大的设备投资，中国企业很少使用；反而是大量不法企业直接把回收材料当成新材料或掺混在新料中生产食品包装制品，造成食品卫生隐患。国家规定，一般聚乙烯回收再生品不得再用来制作食品包装材料。

表 3-21　塑料材料回收图案及含义

图案	材质	主要用途	注意事项
1	PET(聚对苯二甲酸乙二醇酯)	矿泉水瓶、碳酸饮料瓶	不能加热、暴晒，不可反复使用
2	HDPE(高密度聚乙烯)	用于装牛奶、果汁，也用于装清洁、沐浴产品	不宜盛装食品
3	PVC(聚氯乙烯)	较少用于食品，如果用于食品包装，接触食品的内衬面必须是复合聚乙烯等食品用塑料	受热时容易产生有毒物质
4	LDPE(低密度聚乙烯)	用于保鲜膜、塑料膜等	不适于微波加热
5	PP(聚丙烯)	保鲜盒、微波炉餐盒	能耐高温，不宜长时间保存高油脂类食品
6	PS(聚苯乙烯)	快餐盒、碗装泡面盒、一次性杯子、塑料泡沫等	受热会产生有害物质
	PC(聚碳酸酯)	用于水壶、水杯、奶瓶、水桶	

一次性发泡塑料餐具存在的问题主要是乙酸和正己烷蒸发残渣超标严重。超标的主要原因是生产厂家为降低产品成本在生产中大量使用工业级碳酸钙、石蜡等有毒有害物质，甚至添加来源不明的废塑料等。长期使用的人群，则体内易形成胆结石、肾结石或重金属中毒、肝系统病变、消化不良、神经中枢系统紊乱，严重影响儿童智力发育，甚至致癌等严重后果。据有关专家介绍，当一次性发泡塑料餐具所盛食物温度达到 60℃ 以上时，发泡塑料餐盒就会释放出有毒的物质，这些物质会对人体中枢神经系统产生一定的损害，严重威胁人们的身体健康。一次性发泡塑料饭盒盛装食物严重影响我们的身体健康。当温度达到 65℃ 时，一次性发泡塑料餐具中的有害物质将渗入到食物中，会对人的肝脏、肾脏及中枢神经系统等造成损害。

二、纸基材料

纸或纸基材料构成的包装材料，因其成本低、易获得、易回收等优点，在现代化的包装工业体系中占有非常重要的地位。从发展的趋势来看，纸及其制品作为食品的包装材料的用量越来越大。

纸及其制品的主要特点：加工性能良好、印刷性能良好，具有一定的机械性能，便于复合加工，卫生安全性好，且原料来源广泛，容易形成大批量生产，品种多样、成本低廉、重量较轻、便于运输、废弃物可回收利用、无白色污染等。

常用的食品包装用纸有牛皮纸、羊皮纸和防潮纸等。牛皮纸主要用于外包装；羊皮纸可用于奶油、糖果、茶叶等食品的包装；防潮纸又称涂蜡纸，主要用于新鲜蔬菜等食品的包装。

常用的纸制品包括纸板、纸容器和纸复合罐。常用的纸板有黄纸板、箱纸板、瓦楞纸板、白纸板等；纸容器有纸袋、纸盒、纸杯、纸箱、纸桶等容器；纸复合罐于 20 世纪 50 年代开始用于食品包装。由于选用了高性能的纸板、金属薄层衬里及树脂薄膜，使复合罐密封性能有所提高，多用于粉状、颗粒状干食品或浓缩果汁、酱类的包装。

纯净的纸是无毒、无害的，但由于原材料受到污染，或经过加工处理，纸中通常会有一些杂质、细菌和某些化学残留物，从而影响包装食品的安全性。食品纸制包装材料中有害物质分类见表 3-22，食品包装纸中有害物质的主要来源有以下几个方面。

表 3-22　纸质包装材料中有害物质分类

分类	举例
纸质品生产中添加的功能型助剂	防油剂、荧光增白剂(如二苯乙烯衍生物)、湿强剂(如脲醛三聚氰胺等合成树脂)、消泡剂(如二噁英)
油墨中添加的功能型助剂	甲苯、多氯联苯、重金属及其化合物等
其他	造纸原料中的杀虫剂、农药残留、再生纤维带来的污染及二异丙基萘、米氏酮 4,4-二-(二乙氨基)二苯甲酮、杀菌剂、五氯苯酚等物质

1. 造纸原料中本身的污染物　　制纸原料主要有木浆、草浆、棉浆等。由于作物在种植过程中使用农药等，因此在制纸原料中含有害物质；或采用了霉变的原料，使成品染上大量霉菌；甚至使用社会回收废纸作为原料，铅、镉、多氯联苯等有害物质仍留在纸浆中。因为废旧回收纸虽然经过脱色，但只是将油墨染料脱去，而油墨中有害物质仍留在纸浆中。

2. 过程中的添加物　　制纸中所用的添加物有亚硫酸钠、次氯酸钙、过氧化氢、碳酸钙、硫酸铝、氢氧化钠、次氯酸钠、松香、防霉剂等，这些物质残留将对食品造成污染。为了使纸达到较好的增白效果，一些不法作坊在纸中添加荧光增白剂，使包装纸和原料纸中含有荧光化学污染物，这是食品安全卫生法中明令禁止使用的，因为这种增白剂是一种致癌物。医学实验发现，荧光物质可使细胞变异，如果对荧光剂接触过量，毒性积累在肝脏或其他器官，会成为潜在的致癌因素。长期使用荧光剂超标的纸品后，会引起头痛、干咳、胸疼和腹泻等症状，使用此类产品还易诱发炎症、皮肤湿疹和肺结核等呼吸道传染病。

3. 油墨污染　　目前我国还没有食品包装印刷专用油墨，一般工业印刷用油墨所用颜料及溶剂等还缺乏具体的卫生要求。首先，油墨中含有甲苯、二甲苯及多氯联苯等挥发性物质，以及为稀释油墨常使用的苯类溶剂，都将造成苯类物质残留。其次，油墨中使用的颜料、染料中存在铅、镉等有害重金属元素和苯胺、稠环化合物等物质，具有明显的致癌性。这些物质与食品接触，可对食品造成污染。另外，回收纸的再利用和机械设备的污染也较为严重。

三、金属包装容器

金属包装容器十分普遍，如以铁、铝、不锈钢等加工成型的桶、罐、管、盘、壶、锅等，以及以金属(主要为铝箔)制作的复合材料容器。此外，还有银制品、铜制品和锌制品等。与其他材料相比，金属包装材料的容器具有阻隔性能优良、机械性能优良、表面易装饰、废弃物易处理、加工技术与设备成熟等优点；但也具有化学稳定性差、易被酸碱腐蚀等缺点，特别是金属离子的迁移，不仅会影响食品风味，还会对人体造成损害。

1. 铁质食品容器　　铁质制作的容器在食品中的应用较广，如烘盘及食品机械中的部件。

铁质容器的安全性问题主要有下面两个方面。

(1)白铁皮(俗称铅皮)镀有锌层,接触食品后锌会迁移至食品,国内曾有报道用镀锌铁皮容器盛装饮料而发生食品中毒的事件。在食品工业中应用的大部分是黑铁皮。

(2)铁质工具不宜长期接触食品。

2. 铝制食品容器 铝制品的食品安全性问题主要在于铸铝和回收铝中的杂质。调查表明,精铝食具中金属溶出量明显低于回收铝食具,尤其是回收铝食具中铅的溶出量最大达 170mg/L。可见,回收铝中的杂质和金属难以控制,易造成食品的污染。

铝的毒性主要表现为对大脑、肝脏、骨骼、造血系统和细胞的毒性。临床研究证明,透析性阿尔茨海默症的发生与铝有关。长期接受含铝营养液的患者,可发生胆汁淤积性肝病,肝细胞变性。动物试验也证实了这一病理现象。铝中毒时常发生小细胞低色素性贫血。

3. 不锈钢食品容器 不锈钢用途广泛,型号较多,不同型号的不锈钢加入的铬、镍等金属的量有所不同。使用不锈钢食品容器时要注意其在受高温作用时,不锈钢中的镍会使容器表面呈现黑色,同时由于不锈钢食具传热快、温度会短时间升得很高,因而容易使食物中不稳定物质,如色素、氨基酸、挥发性物质、淀粉等发生变性现象。同时,注意不能使不锈钢容器与乙醇接触,以防镉、镍游离。

金属包装材料化学稳定性差,特别是包装酸性内容物,金属离子易析出而影响食品风味。铁和铝是目前使用的两种主要的金属包装材料,其中最常用的是马口铁、无锡钢板、铝和铝箔等。马口铁罐头盒罐身为镀锡的薄钢板,锡起保护作用,但有时锡也会溶出而污染罐内食品,随着罐藏技术的改进,已避免了焊接处铅的迁移,也避免了罐内层锡的迁移,如在马口铁罐头盒内壁涂上涂料,但有实验表明:由于表面涂料而使罐中的迁移物质变得更为复杂,铝制包装材料主要是指铝合金薄板和铝箔。其主要的食品安全性问题在于铸铝中和回收铝的杂质。目前使用的铝原料的纯度较高,有害金属较少,而回收铝中的杂质和金属难以控制,易造成食品污染。

四、橡胶制品

橡胶可分为天然橡胶与合成橡胶两大类,橡胶制品常用作奶嘴、瓶盖、高压锅垫圈及输送食品原料、辅料、水的管道等。

天然橡胶是以异戊二烯为主要成分的天然长链高分子化合物,本身既不分解也不被人体吸收,一般认为对人体无害,但由于加工的需要,加入了多种助剂,如促进剂、防老剂、填充剂等,给食品带来了不安全的问题。合成橡胶是由单体聚合而成的高分子化合物,而影响食品安全性的问题主要是单体和添加剂的残留。我国规定助剂使用必须符合 GB9685—2008《食品容器、包装材料用助剂使用卫生标准》的要求。合成橡胶中有少数品种的性能与天然橡胶相似,大多数与天然橡胶不同,但两者都是高弹性的高分子材料,一般均需经过硫化和加工之后,才具有实用性和使用价值。

1. 促进剂 硫化促进剂简称为促进剂,凡能加快硫化反应速度,缩短硫化时间,降低硫化反应温度的物质称为硫化促进剂。目前橡胶工业采用的促进剂种类很多,按其性质和化学组成可分为两大类:无机促进剂、有机促进剂。

无机促进剂使用的最早,但因促进效果小,硫化胶性能差,除个别情况下使用外,绝大多数场合已经被有机促进剂所取代,橡胶加工时使用的促进剂有氧化锌、氧化镁、氧化钙、氧化铝等无机化合物,由于使用量均较少,因而较安全(除含铅的促进剂外);有机促进剂促进效果大,硫化特性好,因而发展迅速,但是很多有机促进剂的使用可对人体产生危害,在这点上应引起注意,如橡胶工业普遍使用的硫化促进剂 M,属低毒型、有刺激性气味、刺激皮肤和黏膜、能引起皮炎及难以治疗的皮肤溃疡,因此促进剂 M 不适合做与食物接触的橡胶制品;醛胺类,如乌洛托品,能产生甲醛,对肝脏有毒性;硫脲类,如乙撑硫脲有致癌性;秋兰姆类能与锌结合,对人体可产生危害;另外还有胍类、次磺酰胺类等,它们大部分具有毒性。

2. 防老剂　　防老剂产量及品种居橡胶助剂之首,胺类防老剂因防老化性能良好,是目前产量和用量最大的品种之一,但其分子结构中含有氨基,易产生致癌物质。其他通常使用的防老剂也大多具有毒性。

3. 填充剂　　橡胶制品常用的填充剂有碳酸钙类、炭黑类、纤维素类、硅酸盐类、金属氧化物等,也是一类不安全因子。

橡胶制品由于使用的助剂不同,其对食品污染的情况也有所不同。在食品工业中使用的橡胶制品,为了在外观上能区分是否为食品工业用,规定用红、白两种色泽的橡胶为食品工业用,黑色的橡胶制品为非食品工业用。

国内外对橡胶制品都定有严格的卫生标准,以防止对食品的污染。美国规定食品容器及包装材料用橡胶中使用的助剂应该是安全卫生及允许使用的品种。

我国规定氯丁胶一般不得用于制作食品用橡胶制品,氧化铅、六甲四胺、芳胺类、α-巯基咪唑啉、α-硫醇基苯并噻唑(促进剂 M)、二硫化二甲并噻唑(促进剂 DM)、乙苯-β-萘胺(防老剂 J)、对苯二胺类、苯乙烯代苯酚、防老剂 124 等不得在食品用橡胶制品中使用。

4. 涂料　　食品容器、工具及设备为防止腐蚀、耐浸泡等常需在其表面涂一层涂料。目前,中国允许食用的食品容器内壁涂料有聚酰胺环氧树脂涂料、过氯乙烯涂料、有机硅防粘涂料、环氧酚醛涂料等。

环氧树脂/聚酰胺涂料属于环氧树脂类涂料,而环氧树脂涂料又属于固化成膜涂料。环氧树脂一般由双酚 A(二酚基丙烷)与环氧氯丙烷聚合而成。根据聚合程度不同环氧树脂的分子质量也不同,从卫生角度看分子质量越大(即环氧值越小)越稳定,越不易于有害物质溶出向食品中迁移,因此其安全性越高。聚酰胺作为环氧树脂涂料的固化剂,其本身是一种高分子化合物,未见有毒性报道。聚酰胺固化环氧树脂的质量(环氧树脂的环氧值),与固化剂的配比及固化度密切相关。固化剂配比适当,固化度越高,环氧树脂涂料中向食品中迁移的未固化物质就越少。按照 GB9686—88《食品容器内壁聚酰胺环氧树脂涂料卫生标准》的规定,聚酰胺环氧树脂涂料在各种溶剂中的蒸发残渣应控制在 30mg/L 以下。

过氯乙烯涂料以过氯乙烯树脂为原料,配以增塑剂,经涂刷或喷涂包装桶内壁后自然干燥成膜。过氯乙烯涂料一般分为底漆和面漆。过氯乙烯树脂含有氯乙烯单体,氯乙烯是一种致癌的有毒化合物。成膜后的过氯乙烯涂料中仍可能含有氯乙烯的残留,按照 GB7105—86《食品容器过氯乙烯内壁涂料卫生标准》,成膜后的过氯乙烯涂料中氯乙烯单体残留应控制在 1mg/kg 以下。过氯乙烯涂料中所使用的增塑剂、溶剂等助剂必须符合 GB9685—94《食品容器、包装桶材料用助剂使用卫生标准》的有关规定,不得使用有毒或高毒的助剂。要求涂膜均匀、无气泡、斑点、皱折、脱落现象。

有机氟涂料包括聚氟乙烯、聚四氟乙烯、聚六氟丙烯涂料，这些涂料以氟乙烯、四氟乙烯、六氟丙烯为主要原料聚合而成，并配以一定助剂，喷涂在包装桶的内壁表面。有机氟涂料具有防粘、耐腐蚀的特点，但其耐酸性较差，所以它被广泛应用在盛装蜂蜜的内涂包装钢桶上。

但是，聚酯涂层一般为高度交链热固性树脂，清漆类涂层一般为 PVC 有机溶胶和环氧清漆，有机溶胶要求在大约 200℃下进行固化，而在此高温下 PVC 易分解，因此通常加入净化剂 BADGE(双酚 A 二环氧甘油醚)和 NOGE(酚醛甘油醚)及其衍生物以清除 HCl。双酚 A(BPA)是食品罐涂层环氧树脂和聚碳酸酯(PC)塑料的生产原料，由于在产品的基础上增加环氧树脂和 PC 塑料，人类接触的 BPA 有所增加，将对健康造成危害。

五、其他包装材料

1. 玻璃　玻璃是由硅酸盐、碱性成分(纯碱、石灰石、硼砂等)、金属氧化物等为原料，在 1000～1500℃高温下熔融而成的固体物质。玻璃的种类很多，根据所用的原材料和化学成分不同，可分为氧化铝硅酸盐玻璃、钠钙玻璃、铅晶体玻璃、硼硅酸玻璃等。玻璃是一种惰性材料，无毒无味、化学性质极稳定、与绝大多内容物不发生化学反应，是一种比较安全的食品包装材料。玻璃的食品安全性问题主要是从玻璃中溶出的迁移物，主要是无机盐和离子，从玻璃中溶出的物质是二氧化硅。另外，在高档玻璃器皿中，如高脚酒杯往往添加铅化合物，一般可高达玻璃的 30%，有可能迁移到酒或饮料中，对人体造成危害。

玻璃的高度透明性对某些内容食品是不利的，为了防止有害光线对内容物的损害，通常用各种着色剂使玻璃着色。绿色、琥珀色和乳白色称为玻璃的标准三色。

2. 陶瓷和搪瓷包装材料　搪瓷器皿材料来源广泛，反复使用以及加工过程中添加的化学物质而造成食品安全性问题。其危害主要由制作过程中在坯体上涂覆的瓷釉、陶釉、彩釉引起。釉料主要由铅、锌、锑、钡、钛、铜、铬、钴等多种金属氧化物及其盐类组成。当陶瓷容器或搪瓷容器盛装酸性食品(醋、果汁)和酒时，这些物质容易溶出而迁移入食品，造成污染。据甘肃、广西、上海等省(自治区、直辖市)调查，测定了 600 件搪瓷制品，主要有害金属的溶出量为铅 0～1.3mg/L、镉 0～2.2mg/L、锑 0～1.1mg/L。

3. 复合食品包装材料　复合食品包装材料是食品包装材料中种类最多、应用最广的一种软包装材料。复合食品包装袋的组成材料主要为塑料薄膜、铝箔、黏合剂及油墨，其中薄膜和铝箔约占总成分的 80%，黏合剂占 10%，油墨占 10%。复合食品包装材料的危害主要是材料内部残留的有毒有害化学污染物的迁移与溶出而导致食品污染，主要包括添加剂、油墨、复合用胶黏剂和回收料。

六、预防与控制

1. 积极开展认证工作，加强质量监管和市场准入工作　食品包装工业作为食品加工的一个重要组成部分，应该和食品质量安全一样，依据国家标准、管理规范、认证实施规则，采用巡视、年审、定期检验、监督抽查等监管措施，加大对小企业、家庭作坊企业、未获证企业的严格查处力度，把好产品质量关。

食品质量安全市场准入制度是为了保证食品的质量安全，具备规定条件的生产者才允许进行生产经营活动，具备规定条件的食品才允许生产销售。实行食品质量安全市场准入制度是一种政府行为，是一项行政许可制度。目前食品包装材料在许可范畴内的市场准入制度尚不完善，作为产品质量监管的政府主管部门，要加大投入组织实施好这一市场准入制度。虽然国家对食品用塑料包装和纸包装已经实施市场准入，但相关实施细则应该及时修订更新，增加市场准入的产品种类，如竹木制品、金属制品等食品包装材料还没有实施市场准入等。只有通过加强质量监管，加强市场准入工作，才能不断提高生产管理能力，提高产品质量水平。

2. 加快产品安全方面的标准修改制定工作，建立健全新的法规制度　　当前我国食品包装材料标准还是比较齐全的，但是标龄时间太长，很多常用的卫生标准都是 1988 年的，如食品用聚乙烯树脂的卫生标准《GB9691—1988》、食品用聚苯乙烯树脂的卫生标准《GB9692—1988》、食品用聚丙烯树脂的卫生标准《GB9693—1988》、食品用聚乙烯成型品卫生标准《GB9687—1988》、食品用聚丙烯成型品卫生标准《GB9688—1988》、食品用聚苯乙烯成型品卫生标准《GB9689—1988》等。另外，目前有些标准与生产实际情况有一定的脱节，如食品容器包装材料添加剂的使用，卫生标准《GB9685—2008》中的添加剂列出 959 种，而实际生产中，正常使用的添加剂远不止这 959 种，还有些添加剂等物质无相关检测方法和判定依据。近年来，国家也陆续发布实施了很多食品包装材料的标准，相信标准化工作必将推动食品包装的质量安全，进而保障食品安全。

目前，我国有关部门已经起草食品包装材料的强制性认证标准，预计即将开始执行，这个标准里面就要求所有的食品包装材料生产企业（包括纸制品的、塑料制品的、复合包装的、玻璃的、金属的、陶瓷的等）都必须执行这个强制性的标准，标准要求生产食品包装材料的企业，从原材料的采购到生产工艺，到产品使用过程中对人体的安全，包括使用完的废弃物对环境的安全都有严格地规定。

3. 企业应加强诚信，主动提高产品质量　　企业不仅是经济组织单位，还是社会的重要组成部分。企业在考虑利润时，更重要的是要考虑到企业的社会责任，企业作为食品安全第一责任人，要切实承担起食品安全主体责任，理应加强诚信，主动提高产品质量，认真落实执行国家对食品质量安全的要求。诚实守信是市场经济的基础，也是保障食品质量安全的前提。在借鉴近年来社会信用建设工作实践做法的基础上，应推动食品工业企业诚信体系建设，以保障消费者的安全。

4. 加强引导，提高消费者质量安全意识　　通过加强产品质量安全的宣传，提高消费者质量安全意识，使得消费者深刻体会到产品的质量安全关系到切身利益，使其转变传统的购买食品的观念，由原来的价格优先转向质量与价格并重，提高质量安全关注度，营造优胜劣汰的良好环境，从而促进企业不断提高生产管理和产品质量水平，保证食品包装行业的健康快速发展。

5. 加大科技投入、开发新型绿色包装材料　　近年来，我国食品工业得到迅猛发展。面对如此快速发展的食品工业，食品包装技术也应该跟上步伐：大力发展无苯印刷技术、加强食品包装机械的研发、发展环境调节包装、发展包装辅助材料与复合材料、完善包装材料的法令法规、发展活性包装、开展智能化包装研究、开发可降解包装材料等。

食品作为日常消费的特殊商品，其营养卫生极其重要，由于它又极易腐败变质，因此，包装可作为它的保护手段，在提高商品附加值和竞争力方面发挥越来越重要的作用。总之，食品包装是以食品为核心的系统工程，它涉及食品科学、包装材料、包装方法、标准法规及包装设计等相关知识领域和技术问题。食品包装与人们日常生活密切相关，已成为一个高科技、高智能的产业领域，世界各国在此行业都投资巨大，成为国民经济的支柱产业。

第十一节　食品生物活性调节剂污染

一、激素

1. 激素的概念　　激素(hormone)音译为荷尔蒙，它对肌体的代谢、生长、发育、繁殖、性别、性欲和性活动等起重要的调节作用。激素是由内分泌腺或内分泌细胞分泌的高效生物活性物质，在体内作为信使传递信息，通过调节各种组织细胞的代谢活动来影响人体的生理活动。现在把凡是通过血液循环或组织液起传递信息作用的化学物质，都称为激素。

2. 激素的种类　　激素按化学结构大体分为四类。第一类为类固醇，如肾上腺皮质激素、性激素。第二类为氨基酸衍生物，有甲状腺素、肾上腺髓质激素、松果体激素等。第三类激素的结构为肽与蛋白质，如下丘脑激素、垂体激素、胃肠激素、降钙素等。第四类为脂肪酸衍生物，如前列腺素。

3. 激素的生理作用　　激素的分泌极微量，在毫微克(十亿分之一克)水平，但其调节作用极为高效、广泛，它们不直接参与具体的代谢过程，只对代谢和生理过程起调节作用，调节代谢及生理过程的进行速度和方向，从而使机体的活动更适应于内外环境的变化。一旦激素分泌失衡，便会带来疾病。激素只对一定的组织或细胞(称为靶组织或靶细胞)发挥特有的作用。人体的每一种组织、细胞，都可成为这种或那种激素的靶组织或靶细胞。而每一种激素，又可以选择一种或几种组织、细胞作为靶组织或靶细胞。例如，生长激素可以在骨骼、肌肉、结缔组织和内脏上发挥特有作用，使人体长得高大粗壮。但肌肉也充当了雄激素、甲状腺素的靶组织。激素的作用机制是通过与细胞膜上或细胞质中的专一性受体蛋白结合而将信息传入细胞，引起细胞内发生一系列相应的连锁变化，最后表达出激素的生理效应。

激素的生理作用可以归纳为 5 个方面。第一，通过调节蛋白质、糖和脂肪三大营养物质和水、盐等代谢，为生命活动供给能量，维持代谢的动态平衡。第二，促进细胞的增殖与分化，影响细胞的衰老，确保各组织、各器官的正常生长、发育，以及细胞的更新与衰老。第三，促进生殖器官的发育成熟、生殖功能，以及性激素的分泌和调节，包括生卵、排卵、生精、受精、着床、妊娠及泌乳等一系列生殖过程。第四，影响中枢神经系统和植物性神经系统的发育及其活动，与学习、记忆及行为的关系。第五，与神经系统密切配合调节机体对环境的适应。上述 5 个方面的作用很难截然分开，而且不论哪一种作用，激素只是起着信使作用，传递某些生理过程的信息，对生理过程起着加速或减速的作用，不能引起任何新的生理活动。

激素的作用具有如下特点。第一，高度的专一性，包括组织专一性和效应专一性。前者是指激素作用于特定的靶细胞、靶组织、靶器官。后者是指激素有选择地调节某一代谢过程的特定环节。第二，高效性。激素与受体有很高的亲和力，因而激素可在极低浓度水平与受体结合，引起调节效应。激素在血液中的浓度很低，一般蛋白质激素的浓度为 $10^{-12} \sim 10^{-10}$ mol/L，其他激素在 $10^{-9} \sim 10^{-6}$ mol/L。第三，多层次调控。内分泌的调控是多层次的。相关层次间是施控与受控的关系，但受控者也可以通过反馈机制反作用于施控者。内分泌系统不仅有上下级之间控制与反馈的关系，在同一层次间往往是多种激素相互关联地发挥调节作用。激素之间的相互作用，有协同，也有拮抗。第四，信使性。激素只是充当"信使"启动靶细胞固有的、内在的一系列生物效应，而不作为某种反应成分直接参与细胞物质与能量代谢的环节。

4. 激素残留对人体健康的影响　　　近年来，人们对激素这个词越来越敏感，特别是食品中的激素问题。现代人的饮食中含激素的食品越来越多，尤其是动物性食品和水产品。例如，为了使牛、羊多长肉、多产奶，人们给这些牲畜体内注射了大量雌激素；为了让池塘里的鱼虾迅速生长，养殖户添加了"催生"的激素饲料；在大型集约化养殖场，为了便于科学管理，将氯前列烯醇、孕激素和促性腺激素释放激素等雌激素用于奶牛的同期发情和人工授精，并延长奶牛产奶期。此外，一些水产品小业主在饲养甲鱼的过程中会过多添加甲基睾酮，这种激素会让在野生情况下 3～5 年才能长大的甲鱼不到 9 个月就能长到 500g，他们在饲养黄鳝的时候则会过多添加雌二醇，这是一种性激素，本来 30cm 长的雌性黄鳝会迅速转异成 46cm 以上的雄性黄鳝，重量也自然大了许多。在英国和欧洲大陆，牛的养殖过程中曾经广泛使用天然的和人工合成的激素类生长促进剂。激素的使用，在畜牧业和水产养殖业生产中发挥了一定作用，同时也给食品安全带来了隐患。激素残留超标造成的餐桌污染和引发的中毒事件时有发生，如"瘦肉精中毒"事件，"圣元奶粉"事件，"避孕药黄瓜"事件等。

正常情况下，食物中天然存在的性激素含量很低，不会干扰人体的激素代谢和生理机能。但当人们食用了激素残留的食品后，会在人体内蓄积，引起肥胖症、内分泌调节紊乱，造成人体正常激素调节失常，表现在发育障碍、生殖异常、器官病变、畸胎率增加、母乳减少、男性精子数下降、精神、情绪等多个方面的问题，并可诱发癌症(如女性乳腺癌、卵巢癌、子宫内膜癌、男性睾丸癌等)、女性男性化和男性女性化(尿道下列)等现象，如果未成年人，食用了含性激素的食品，会出现提早发育、早熟的现象，包括个子长高，性器官提前发育等，对于还未成熟的器官，如心脏、肝肾功能会有一定的负担。

较小剂量的甲基睾酮，对妇女会引起类似早孕的反应，大剂量的应用将影响肝脏的功能，引起水肿或血钙过高，有致癌危险。如果是孕妇，可以造成女胎男性化的特征，也可造成畸胎及新生儿溶血症、黄疸等。己烯雌酚，扰乱激素平衡，诱发女性乳腺癌、卵巢癌；可引起恶心、呕吐、食欲缺乏、头痛反应，同时损害肝脏和肾脏，引起子宫内膜过度增生，导致孕妇胎儿畸形。

此外，激素残留对生态环境也造成了严重影响。食品中残留的激素也可进入到生态系统中形成环境激素。一些人工合成的激素不易降解，通过食物链可进行富集，尤其在湖泊、河流中，导致大量野生动物繁殖能力下降。受到环境激素影响的动物有青蛙等两栖类、龟等爬行类、鸟类(尤其食鱼性鸟类，如鸥、鹰)、鲸等海洋哺乳类和猴等灵长类。

外源性雌激素摄入对野生动物的潜在影响实例如下。

鱼：制浆造纸厂的废水和污水中的化学成分可影响其繁殖。

两栖动物：对世界范围内未受污染和受污染的两栖动物栖息地的调查发现，两栖动物群、量均有所减少。

爬行动物：在美国佛罗里达州阿普卡湖生活的短吻鳄所产生的阴茎异常现象是由于高浓度的农药中的雌激素所引起的。

鸟类：接触过滴滴涕的猛禽所产蛋的蛋壳会变薄并且性腺发育不良，它们的种群数量也会下降。

哺乳动物：有机氯污染物已被证明对波罗的海海豹的生殖与免疫功能有不利影响，然而它们的患病率升高及种群数量减少是否是由免疫效应而导致的还不得而知。

二、生长调节剂

(一)植物生长调节剂

1. 植物生长调节剂的概念　　植物生长调节剂(plant growth regulator)是指通过化学合成和微生物发酵等方式研究并生产出的一些与天然植物激素有类似生理和生物学效应的化学物质，是用于调节植物生长发育的一类农药，包括人工合成的化合物和从生物中提取的天然植物激素。习惯上将天然植物激素称为植物内源激素(plant endogenous hormones)，植物生长调节剂则称为植物外源激素(plant exogenous hormones)。两者在化学结构上可以相同，也可能有很大不同，不过其生理和生物学效应基本相同。植物生长调节剂对农业的产量提高、产品品质的改善，劳动强度的降低、劳动生产率的提高起着越来越重要的作用。

2. 植物生长调节剂的种类　　目前公认的植物生长调节剂有生长激素类、赤霉素类、细胞分裂素类、乙烯、脱落酸、油菜素内酯、多胺、水杨酸和茉莉酸九大类。植物生长调节剂按照作用效果和使用目的可分为三大类。第一类为植物生长促进剂，如生长激素类、赤霉素类、细胞分裂素类、油菜素内酯等。第二类为植物生长抑制剂，如脱落酸、青鲜素、三碘苯甲酸等；用三碘苯甲酸可增加大豆分枝。第三类为植物生长延缓剂，如矮壮素、多效唑、烯效唑、缩节安等可用来调控株型。

3. 植物生长调节剂的生理作用　　植物生长调节剂用途很多，因品种和目标植物而不同。例如，控制萌芽和休眠；促进生根；促进细胞伸长及分裂；控制侧芽或分蘖；控制株型(矮壮防倒伏)；控制开花或雌雄性别，诱导无子果实；疏花疏果，控制落果；控制果的形或成熟期；增强抗逆性(抗病、抗旱、抗盐分、抗冻)；增强吸收肥料能力；增加糖分或改变酸度；改进香味和色泽；促进胶乳或树脂分泌；脱叶或催枯(便于机械采收)；切花保鲜等。

植物生长调节剂的作用具有如下特点：第一，作用面广，应用领域多；第二，可适用于种植业中的所有高等和低等生物，如大田作物、蔬菜、果树、花卉、林木、海带、紫菜、食用菌等；第三，用量小、速度快、效益高、残毒少；第四，可对植物的外部形状与内部生理过程进行双调控；第五，针对性强，专业性强。

4. 对人体的危害　　按照登记批准标签上标明的使用剂量、时期和方法，使用植物生长调节剂对人体健康一般不会产生危害。如果使用上出现不规范，可能会使作物过快增长，或者使生长受到抑制，甚至死亡。对农产品品质有一定影响，并且对人体健康产生危害。已发现乙烯利(催熟)对人的脑和肾有一定损害，赤霉素(促进发育)会引起发育紊乱，青鲜素(抑制发芽，延长马铃薯、大蒜、洋葱储藏期)具有致癌作用。我国法律禁止销售，使用未经国家或省级有关部门批准的植物生长调节剂。

(二)昆虫生长调节剂

1. 昆虫生长调节剂的概念　　昆虫生长调节剂(insect growth regulator)是一类特异性杀虫剂，在使用时不直接杀死昆虫，而是干扰虫体内的激素平衡，在昆虫个体发育时期阻碍或干扰昆虫正常发育、变态和生殖，使昆虫个体生活能力降低、死亡，进而使种群灭绝。

2. 昆虫生长调节剂的种类　　昆虫生长调节剂根据其作用方式及化学结构的不同主要分为几丁质合成抑制剂、保幼激素类似物和蜕皮激素类似物等。防治卫生害虫的主要药剂有保幼激素类似物和几丁质合成抑制剂。常见的农药品种有除虫脲、灭幼脲、氟虫脲、米满(虫酰肼)等。

几丁质合成抑制剂(chitin synthesis inhibitor)简称几丁质抑制剂，能够抑制昆虫几丁质合成酶的活性，阻碍几丁质合成，即阻碍新表皮的形成，使昆虫的蜕皮、化蛹受阻，活动减缓，取食减少，直至死亡。目前，形成或开发中的几丁质合成抑制剂商品制剂有 20 种以上，如灭幼脲、伏虫隆、抑太保、氟铃脲、扑虱灵等。按其化学机构可分为苯甲酰脲类、噻二嗪类和三嗪(嘧啶)胺类。

保幼激素类似物(juvenile hormone analog，JHA)是指以昆虫体内保幼激素为先导化合物开发的具有保幼激素活性的化合物，这类化合物能抑制组织对蜕皮激素的感受性，阻止变态的发生，或阻碍几丁质的合成，使昆虫不能顺利蜕皮而死亡。这类化合物在对农、林、仓库害虫、卫生昆虫的防治和益虫的利用上展示了广泛的应用前景。现已开发为商品制剂的有烯虫酯、双氧威、苯氧威等。

蜕皮激素类似物(molting hormone analog，MHA)是指以昆虫体内蜕皮激素为先导化合物开发的具有蜕皮激素活性的化合物，这类化合物的主要作用是促使昆虫不正常早熟(提前蜕皮、化蛹、羽化等)。现已开发为商品制剂的有虫酰肼(米螨)和抑食肼两种。

昆虫生长调节剂在害虫防治中存在以下问题。第一，速效性差。第二，害虫产生抗药性。第三，不同品种昆虫生长调节剂各有一定选择性。第四，苯甲酰脲类昆虫生长调节剂对甲壳类生物(虾、蟹幼体)有毒；虽为低毒，但持续期长，应注意避免污染养殖水域和在作物近成熟期应用。此外，蜕皮激素类似物与人类的避孕药结构相似，危害人体健康。

三、行为调节剂

行为调节剂(behavior regulator)是指调节或改变昆虫行为活动的化学物质，主要是指昆虫信息素和拒食剂。昆虫行为调节剂可被用来扰乱昆虫种间性信息、通信联系及改变昆虫取食等行为，使种群数量减少从而达到防治害虫的目的。

1. 昆虫信息素的概念　　昆虫信息素(message)又称为昆虫外激素(pheromone)，是由一种昆虫个体的特殊腺体分泌到体外，能影响同种(种内信息素)或是异种(种间信息素)其他个体的行为反应的化学通信物质，具有刺激和抑制两个方面的作用。

信息素作为通信工具或化学语言，主要由信息素的释放、传递和接受三部分组成。信息素的释放通常由外分泌腺体和能使化合物分子传递到周围介质中去的特化器一起组成；根据昆虫的生活方式不同，传递介质可以是空气或水，也可以是相关的其他物体；接受部分为嗅觉器官和味觉器官。

2. 昆虫信息素的种类　　昆虫的信息素主要有性信息素(sex pheromone)、性抑制信息素(inhibitory pheromone)、告警信息素(alarm pheromone)、集结信息素(aggregation pheromone)、标迹信息素(trail pheromone)和疏散信息素(dispersion pheromone)等。

性信息素：由某一性别(多为雌性)个体释放，引诱异性前来交尾。例如，家蚕雌蛾腹部的特殊腺体分泌的蚕蛾醇，能引诱雄蛾前来交配。

性抑制信息素：能抑制后代的卵巢发育。例如，蜜蜂蜂后的上颚腺分泌长链不饱和有机物(性抑制外激素 I 和 II)，能抑制工蜂的卵巢发育。

告警信息素：遇敌袭击时，告知同类其他个体警惕或逃生，如蚂蚁、蚜虫等。

集结信息素：招引其他个体前来集结，如小蠹虫等很多甲虫和飞蝗等。

标迹信息素：标记踪迹，如蚂蚁、白蚁、蜜蜂等。

疏散信息素：是昆虫中群密度自我调节的信息物质。例如，大菜粉蝶产卵时在卵壳上留有驱使同种雌虫不在附近产卵的信息素。

因信息素专一性强、反应灵敏、对天敌无杀伤力、不污染环境，故被广泛用于卫生害虫、仓库害虫及农业生产中各种害虫的防治。通过分离和人工合成昆虫信息素，达到管理、控制、诱杀害虫的目的。例如，小卷叶蛾性信息激素可用于虫情预测，也可用作迷向防治、扰乱性信息素。

3. 昆虫拒食剂　　昆虫拒食剂是指能够干扰或抑制昆虫味觉感受器的功能，使其不摄取食物的特异性药剂，可以从天然植物中提取，也可以人工合成。主要化学类型有糖苷、醌和酚、萜烯、香豆素、生物碱、甾族等，如印楝素、野靛碱、马钱子碱、锥丝碱、华勃木醛、异茴芹丙酯、胡椒酮等均是高效拒食剂。人工合成的抑食肼(RH-5849)具有更高的活性。

作为拒食剂的杰出代表，印楝素已投入了商品市场，颇受青睐，取得了很好的经济效益和社会效益。印楝素在防治卫生害虫、仓库害虫、蔬菜害虫方面表现了杀虫活性高、杀虫谱广、作用机理多样性等突出优点。在低浓度下，印楝素可以使雌雄虫不能互相识别性信息素或者交配不正常，也可以使内分泌紊乱，幼虫蜕皮、化蛹不正常，成为"永久性幼虫"或死亡，还可以使害虫体内保幼激素的滴度降低，卵黄不能沉积，卵巢管发生萎缩、畸形；在高剂量下，可使咀嚼式口器的暴食性的害虫拒食，从而使害虫种数量下降，达到控制害虫的目的，且它对环境无污染，对害虫天敌安全，害虫不易产生抗药性，完全符合综合治理的要求。因此很多专家预言，在害虫综合治理中，拒食剂具有广阔的应用前景。

四、预防与控制

随着消费者对食品安全问题的高度关注，对食品中激素、生长调节剂等污染物进行控制，生产出安全性高的食品就成了非常迫切的任务。食品中污染物的控制牵扯到生产、加工、运输、储藏和食品消费过程等诸多方面，需要在政府监管机构的主导下，农业生产人员、食品生产企业、食品加工人员及消费者的共同参与才能取得较好的控制效果。针对目前我国激素食品等问题现状，可以考虑采取以下措施。

第一，加强激素等违禁药物的管理，堵住任何生产和销售源头，防止这些药物流向市场。

第二，加强食品中激素、生长调节剂、行为调节剂的残留监测，开发相应的检测方法。积极引进国外的先进技术，借鉴国外的先进经验，尤其是欧盟、美国、日本等发达国家和地区的技术和经验，进一步加强各级行政管理机构、各级残留检测检验机构的建设，提高相关人员业务素养，结合我国具体情况建立一套科学、合理且符合我国国情的残留监控体系。

第三，加大科技投入力度，加强研制和推广使用天然药物和生物药物，加快研制出可替代的、对人和动物健康安全的、无污染、无残留的绿色环保药物。

第四，加强宣传教育，科学用药。对广大养殖者、畜产品加工者、饲料生产和经营者，广泛宣传相关法规条例，使他们知法、懂法、守法，使他们规范使用兽药，不用激素等违禁药物，严格遵守休药期规定，确保投入品的安全有效。对农业生产者进行培训，使他们严格按照登记批准标签上标明的使用剂量、使用方法和注意事项，规范使用植物生长调节剂、昆虫行为调节剂等农药。

第五，对激素类物质实行严格的登记管理制度。必须进行大量试验，从产品化学、药效、毒理学、残留、环境影响等方面进行严格审查和科学评价，证明具有好的防治效果，同时对人畜健康和环境影响可控，符合保障人体健康和环境安全要求，方可取得登记。

第六，加强环境中污染的激素等生物活性调节剂后处理，避免其进一步污染生态环境。

第十二节　食品放射污染

一、放射性核素及其生物学效应

1. 核衰变与电离辐射　核衰变(nuclear decay)是指某些不稳定的原子核自发地、有规律地发射出某种粒子，从而改变结构转变成另一种原子核的过程。此现象最早于 1896 年由法国科学家贝可勒尔(A. H. Becgueret)首次发现。

在核衰变过程中释放粒子或射线，同时释放出能量的性质称为放射性。放射性物质释放出的射线可以使周围物质引起电离或激发，故称为电离辐射。一般来讲，原子序数在 82 以下的为稳定核素，原子序数为 83 以上的多为放射性核素，目前已有的 2500 余种放射性核素大部分是由人工合成的。

电离辐射包括 α 射线、β 射线、γ 射线和 X 射线。α 射线是氦原子核组成的粒子流，质量大且带电荷多，但穿透力弱，射程短，普通的纸就能挡住。但如果进入人体，会造成很大危害，因此在防护上要特别防止 α 发射体进入人体内。β 射线由高速电子组成。与 α 射线相比具有较大的穿透力，能穿透皮肤的角质层而使活组织受到损伤，但它很容易被有机玻璃、塑料或铝板等材料所屏蔽。其内照射的危害也比 α 射线小。γ 射线与 X 射线类似，也是由看不见的光子组成的。它的穿透力最强，能穿透 1m 多厚的水泥墙。因此在外照射的防护中对 γ 射线的防护最重要。但由于 γ 射线是不带电的光子，它不能直接引起电离，所以它对人体内照射的危害要比 α 射线、β 射线都小。

电离辐射的单位常用厘米-克-秒制(Cgs)，20 世纪 70 年代以后国际辐射单位测量委员会(ICRU)推荐使用国际制单位(SI)(表3-23)。表示电离辐射的单位有放射性活度、吸收剂量、剂量当量和照射量(暴露剂量)等。放射性活度表示放射性核素自发衰变的强弱程度，可简称活度。可根据质量、体积、表面积等参数表示为比活度、活度浓度和表面活度。吸收剂量是

表 3-23　电离辐射单位及换算关系

项目	SI 单位	Cgs 单位	换算关系
吸收剂量	Gy (gray)	rad	$1Gy=1J/kg=100rad=2.94\times10^{-2}C/kg$ $1rad=0.01J/kg=1.14R$
剂量当量	Sv (sievert)	rem	$1Sv=1J/kg=100rem$ $1rem=0.01J/kg$
放射性活度	Bq (becquerel)	Ci (cueie)	$1Bq=1$ 衰变$/s=2.7\times10^{-11}Ci$ $1Ci=3.7\times10^{10}Bq$
照射量	C (coulomb)	R (reentgen)	$1R=2.58\times10^{-4}C/kg=0.877rad$ $1C/kg=3877R=3400rad$

指电离辐射给予单位质量物质的平均能量，是研究辐射作用引起物质变化的一个重要物理量。但是由于辐射类型不同，即使同一物质吸收相同的剂量，引起的变化却不等同。而剂量当量正是为统一衡量不同类辐射产生等同效应而引入的概念，即某类辐射的权重因子和吸收剂量的乘积。

2. 电离辐射的生物学效应　　根据发生辐射对人体造成伤害的辐射源位置，辐射可分为外辐射和内辐射。外辐射是指放射性物质在体外对人体产生的照射伤害，主要由 α 射线、β 射线、中子射线和 γ 射线。内辐射是指放射性核素通过呼吸道、皮肤黏膜或伤口、食物、水黏附于人体表层或进入人体内部而对人体引起辐射伤害。这种损伤主要是由 α 射线或 β 射线造成的，其中 α 射线的辐射损伤较大。一般内辐射损伤是由放射性事故中的违规操作，医疗诊断和治疗中放射性物品的使用不当，或接触了污染的水、食物或浮尘引起的。外辐照射能引起淋巴细胞染色体的变化，还会增加白血病和各种癌症的发病率。内辐照射能够造成长时间的低剂量照射损伤，目前大量的研究结果表明内辐照能够引起机体的病变和功能损伤，并具有一定的致癌毒性。

铀： 在核工业生产中应用广泛的天然铀化合物，对机体损伤主要以化学毒性为主。难溶铀在慢性吸入时，其对肺部和肺门淋巴结会引起辐照损伤。不同铀化合物的毒性研究表明其主要损伤器官均为肾脏，沉积部位是肾脏皮质近曲小管的上皮细胞壁上，能够导致肾小管上皮细胞变性、坏死和脱落。

钍： 吸入钍会导致中性粒细胞与淋巴细胞数下降，研究数据表明其肺部剂量与肺癌发生率间呈指数函数的量效关系。钍在体内主要沉积在肝脏和骨骼中，能够引发肺癌和骨肉瘤。钍可导致肝细胞不断坏死并伴有纤维结缔组织的增生，最终形成肝硬化。血流中的钍可被骨髓内网状内皮细胞吞噬，在海绵状骨的骨小梁、小梁内膜及小梁间隙初髓腔中大量沉积。钍在肝中的存量会随时间因肝脏外排而降低，但骨钍生物半排期较长，因此长期辐照会损伤骨小梁内膜，使骨小梁周围的骨血管和哈佛氏管腔纤维化，最终形成死骨。

氚： 由于氚在核反应堆和生物医学研究中的广泛应用，加之易于环境释放，其生物效应研究工作一直备受关注。氚对动物的影响主要集中在性腺和后代脑部发育。氚水对仔鼠的脑重、脑组织结构及脑机能发育影响明显。当成年大鼠受氚水照射后，性腺的绝对重量和相对重量皆明显降低，导致各类精细胞变性坏死，曲细精管空虚，基底膜增厚，卵巢中卵母细胞减少。

碘： 随着医用放射性碘的使用量和接触人数逐年增加，碘辐照生物学效应也日益备受关注。目前已知放射性碘主要会引起甲状腺退行性变和促进良性肿瘤的生成。从诱发肿瘤效应来看，$^{132}I > ^{131}I > ^{125}I$，其中 ^{131}I 诱发大鼠甲状腺良性肿瘤以滤泡性腺瘤为主，其次为乳头状腺瘤，恶性肿瘤以乳头状腺癌和混合癌为主。而 ^{132}I 诱发的甲状腺癌以滤泡性腺癌和未分化癌为主。在诱发甲状腺肿瘤的同时，可并发性腺、肾上腺肿瘤、睾丸间质细胞瘤、卵巢腺纤维瘤及肾上腺囊腺瘤等。

二、污染源与污染途径

1. 反射性污染源　　放射性污染的来源主要分两类：一类是自然界本身固有的，包括宇宙射线和天然放射性同位素；另一类是人为产生的，如核工业和放射性矿产的开采等。

天然放射性同位素主要是指地球形成时就已存在的核素及其衰变产物，如 ^{238}U、^{235}U 等；

此外宇宙射线粒子与大气层相互作用也会产生放射性核素，如 ^{14}C 和 ^3H。天然放射性污染是自然界本身固有的，未受人类活动影响的。由于生命有机体与环境之间存在着持续的新陈代谢，即物质交换过程，所以绝大多数动植物来源的食品中都不同程度的含有天然放射性物质，这种天然放射性水平称为食品的放射性本底。

人为产生的放射性污染主要包括：和平利用放射能所产生的放射性物质，核武器试验及航天事故产生的沉降物，放射性矿产的开发利用以及工业、农业、医疗、科研等部门排放的含有放射性物质的废水、废气、废渣等。这一类环境中人为的污染是食品放射性污染的主要来源。例如，某些鱼类能富集 ^{137}Cs 和 ^{90}Sr，牡蛎能富集大量 ^{65}Zn，某些鱼类能富集 ^{55}Fe 等，尤其是半衰期长且不易排出体外的放射性污染对生物的危害十分严重。

2. 放射性污染途径　　放射性物质对食品污染主要是通过大气、水及土壤的污染，进而污染包括动物、植物和微生物的生命有机体，再经过生物圈污染食品原材料，并且可以通过食物链转移。

2011 年的日本福岛核电站泄漏后，日本茨城县附近海域捕捞的玉筋鱼幼鱼体内检测出了放射性铯和锶超标。因露天生长的大叶、表面有微小绒毛的蔬菜容易吸附空气中沉降的放射性物质，因此中国卫生部选择了菠菜进行放射性污染监测。结果发现北京、天津和河南等地区露天种植的菠菜中均呈现微量的 ^{131}I 放射性污染。虽然放射性污染的监测结果微量，不会影响公众健康，但这证明了放射性污染的速度和范围都超出了人们的预期。

放射性污染物能够通过食物进入人体的消化系统，进而危害人体健康；也可以通过空气和悬浮颗粒进入呼吸道，污染肺部及血液循环系统；此外，具备可溶性或挥发性的放射物质还可以通过皮肤或伤口侵入身体。常见的人为放射性污染核素主要有 ^{131}I、^{90}Sr、^{89}Sr 和 ^{137}Cs。

三、对人体的危害

放射性污染对人体的主要危害是破坏机体的主要基础物质，如蛋白质和 DNA。辐射损伤能使人体细胞的衰亡加速，抑制新细胞的生成，造成细胞畸形或影响人体内生化反应。放射性损伤的程度受照射剂量、时间等多种因素的影响，机体接受的剂量越大，时间越长，损伤越严重。在辐射剂量较低时，人体本身对辐射损伤有一定的修复能力，不表现出危害效应或症状。但如果剂量过高，超出了人体内各器官或组织具有的修复能力，就会引起局部或全身的病变。一般来说，人体能够耐受一次 $25×10^{-2}Sv$(希) 的集中照射而不致遭受损伤，但也因个体差异和抵抗能力有所不同。目前国际上公认的辐射导致的人体伤害见表 3-24。

表 3-24　全身受照射剂量产生的人体伤害

全身受照射剂量	对人体的伤害
0~0.25Sv	没有显著的伤害
0.25~0.50Sv	可以引起血液的变化，但无严重伤害
0.50~1.0Sv	血球发生变化且有一些损害，但无疲劳感
1.0~2.0Sv	有损伤，而且可能感到全身无力
2.0~4.0Sv	有损伤，全身无力，体弱者可能死亡
4.0Sv	50%的致死率
6.0Sv 以上	可能因此而死亡

放射性污染对人体损伤的主要症状表现为：感染、乏力、呕吐、腹泻、便血、造血功能障碍，甚至会发生中枢神经损伤直至死亡。日本广岛、长崎遭受原子弹爆炸辐射的受害者在3～6周死亡的人，几乎全部具有出血症状。放射性污染还能破坏神经系统，引起四肢抽搐、高度兴奋、皮肤烧伤、红肿、脱屑、角化，毛发脱落，色素沉着，视力减退等症状。此外，超量受辐射者的后代可能会出现先天畸形、器官发育异常、呆傻、小头症以及遗传性死亡等症状。

食品放射性污染对人体的危害主要是通过摄入污染食品后放射性物质对人体内各种组织、器官和细胞产生的低剂量长期内照射损伤。其能够直接破坏细胞的组织结构，导致蛋白质分子键断裂，破坏代谢途径中各种酶蛋白，产生不可逆的机体和遗传损伤。主要表现为对免疫系统、生殖系统的损伤和致癌、致畸和突变作用。

四、预防与控制措施

1. 放射性污染的防护　　由于放射性污染具有无声、无色、无味的特征，其造成伤害的过程一般是在毫无察觉的情况下发生的，所以一方面我们应在工作和生活中时刻注意防护，防止过量照射，避免给家庭和社会带来损失；另一方面应严格执行国家相关标准，加大监测力度，使食品中放射性物质的含量控制在一定范围内。

我国政府一直非常重视放射性污染的预防和控制工作，早在20世纪50年代我国政府就制定了相关标准，几经修改，于2002年发布实施了GB18871—2002《电离辐射防护与辐射源安全基本标准》。标准对相关领域从业人员和公众接受放射性照射的剂量做了明文限定：公众个人平均照射的年剂量限值不得高于1mSv/年；对于相关从业人员5年内平均照射量不得高于20mSv/年。

针对外照射损伤，重点防护的是β射线、γ射线、X射线和中子射线。其中γ射线和中子射线的穿透能力强，易于损伤各种组织和器官；而α射线射程短，穿透力弱，虽然剂量较大时可造成皮肤烧伤，但基本不存在外照射危害。但是如果α射线进入人体，其能量将基本滞留在体内，造成的内辐射伤害最大。

外辐射损伤的预防措施主要包括三个因素：时间、距离和屏蔽方式。由于受照剂量与受照时间成正比，即受照时间越长所接受的照射剂量越高，所以尽量减少被辐照的时间是减少放射性污染危害的重要途径。当遇到放射性污染事故时，应及时离开辐射现场，不了解现场辐射强弱时，不要盲目进入；若发现放射性物品，尽快与人隔离。对于点放射源，辐射量与距离的平方成反比，即离放射性污染源越远，接受的放射性照射越少，所以远离放射源是减少放射性污染的有效方式。屏蔽防护是指通过安装或使用屏蔽物，使放射性污染与人员物理性隔离，从而达到防护的目的的方法。不同的射线因性质不同应采用不同的屏蔽材料进行防护：防护γ射线和X射线常用铅、水泥、石头或混凝土等高密度材料；防护β射线常用铝或有机玻璃；防护中子射线常用石蜡或硼化物。

防止内辐射污染的唯一方法就是防止一切污染物进入人体的途径，包括吸入、食用和皮肤渗透。勿食用被放射性物质污染的食品，不要滞留在被放射性物质污染的空间，避免放射性尘埃吸入或渗入体内。此外，对污染源的卫生防护、定期的放射性污染监测、进一步完善相关法规标准，都是预防放射性污染的重要措施。

2. 放射性污染的监测　　放射性监测按监测对象可分为现场监测、个人剂量监测和环境监测。具体测量内容包括：放射源强度、半衰期、射线种类及能量；环境和人体中放射物质含量、放射性强度、空间照射量或电离辐射剂量。

监测方法一般分为样品采集、前处理和仪器测定三个步骤。一般根据监测目的和待测核素的特性来确定采集样品的种类。样品预处理的目的是富集对象核素、去除干扰、转换物理形态以便于检测。一般包括衰变法、共沉淀法、灰化法和电化学法等。

最常用的放射性检测器有三类，即电离型检测器、闪烁检测器和半导体检测器。电离型检测器是通过测量电离室中气体产生的电离电荷来测量的。常用的有电离室、正比计数管、盖革弥勒计数管。电离室适用于测量强放射性，正比计数管和盖革弥勒计数管适合弱放射性的测量。闪烁探测器是利用射线能使某些闪烁体发生闪光的原理进行测量的，用光电倍增管将闪光讯号进行放大和记录。闪烁探测器具备高灵敏度和高计数率的优点，能够定量分析多种放射性核素的混合物。此外，这种仪器还能测量照射量和吸收剂量。半导体探测器是利用辐射与半导体晶体相互作用产生电子空穴对来测量的，具有能量分辨率高且线性范围宽等优点。

一般水样总 α 放射性浓度不会超过 0.1Bq/L，主要由镭、氡及其衰变产物产生；β 放射性浓度的安全水平为 1Bq/L，主要来自钾、锶、碘等核素的衰变。样品制备包括定量取样、过滤、酸化、蒸干和灰化。以空测量盘的本底值和已知活度的标准样品为参考，来确定样品的相对放射活度。

土壤放射性监测的样品制备分为采集、除杂、烘干、压碎、灼烧、冷却后研细等步骤。具体方法与水检测相同，用相应的探测器分别测量 α 和 β 比放射性活度。

氡是一种天然产生的放射性气体，来源于自然界中铀的放射性衰变，它本身会发生天然衰变并产生具有放射性的衰变产物。氡能使空气电离，因而可用电离型探测器通过测量电离电流测定其浓度。测量时可采用活性炭吸附法浓缩样品中的氡，水体中氡的测定也可用闪烁探测器通过测量由氡及其子体衰变时所放出的 α 粒子测定其浓度。

碘 131 (^{131}I) 的半衰期短，裂变产额高，作为核裂变产物之一，可用做反应堆中核燃料元件包壳完整性的监测指标，也可以作为核爆炸后有无新鲜裂变产物的信号。各种化学形态的 ^{131}I 可用四氯化碳萃取法制得样品，然后置于测量盘中测 β 计数。大气环境监测时，可在低流速下连续采样一周以上，然后用 γ 谱仪定量测定。

思 考 题

1. 食品农药残留的种类有哪些？其限量标准是多少？食品农药残留的危害是什么？

2. 食品农兽药残留的预防和控制措施有哪些？

3. 试述杂环胺类化合物污染、N-亚硝基化合物污染、多环芳烃化合物污染的来源以及预防与控制措施。

4. 概述食品容器和包装材料问题造成的食品安全问题以及预防与控制措施。

第四章 转基因食品安全

【本章提要】

本章主要介绍了转基因食品的研究现状及发展趋势。在此基础上，对转基因食品的安全性评价原则及转基因成分的检测技术也分别加以介绍。

【学习目标】

1. 了解转基因食品的研究现状及发展趋势；
2. 了解转基因食品的安全性评价原则；
3. 了解转基因成分的检测技术。

【主要概念】

转基因食品、食用安全性评价、转基因成分检测。

第一节 转基因食品的发展现状与趋势

随着生物技术的快速发展，基因工程技术已在相关领域得到广泛应用。该项技术的研究始于 20 世纪 70 年代，90 年代被广泛应用到农业生产中。与此同时，基因工程技术在食品领域中也得到了广泛的应用，并以转基因食品的形式出现。将某些生物来源的外源基因通过基因工程的方法转入到目标物种中，使其在性状、营养品质、消费品质方面向人们所需要的目标转变，以上述转基因生物加工生产的食品、食品原料和食品添加剂均称为转基因食品。根据转基因食品来源的不同，可将转基因食品分为植物性转基因食品、动物性转基因食品及微生物性转基因食品。

一、植物性转基因食品

与动物性和微生物性转基因食品相比，对植物性转基因食品已开展了广泛而深入的研究。根据植物转基因作物的研究进展，可将其分为第一代转基因作物和第二代转基因作物。第一代转基因作物是指通过插入某一特定基因而使其具有特殊性质，这些特殊性质包括抗虫、抗除草剂、抗病毒、抗旱、抗盐碱等，开发此类转基因作物主要是以提高产量为目的，因此第一代转基因作物被认为是缓解世界人口日益膨胀、粮食资源日渐匮乏的有效手段，目前该类转基因作物已在全球进行广泛的商品化生产。根据国际农业生物技术应用咨询服务中心(ISAAA)统计，全球转基因作物的种植面积由 1996 年的 260 万 hm^2 猛增到 1999 年的 4148 万 hm^2，2000 年为 4420 万 hm^2，2007 年全球转基因作物种植面积扩大了 1230 万 hm^2，达到 1.143 亿 hm^2，比上年度增加 12.1%，是过去 5 年来的第二大增幅。2009 年全球转基因作物种植面积继续攀升，达到 1.34 亿 hm^2。目前，种植转基因作物的主要国家是：美国、巴西、阿根廷、加拿大、中国、巴拉圭、南非。发展中国家在转基因作物增长趋势下不断发挥着重要作用，值得注意的是巴西在 2008~2009 年，以 35% 的增长比例，在 2009 年替代阿根廷占据全球第二的位置。目前已批准商品化生产的转基因植物主要有大豆、玉米、油菜、番茄、马铃薯、甜椒、西葫芦、木瓜、甜菜、西瓜等，用这些转基因植物生产加工的产品有近万种。转入的外源基因主要包括抗除草剂基因、抗虫基因、抗真菌病害基因、抗细菌病害基因、抗干旱基因、抗盐碱基因、改良品质基因、控制雄性不育基因等。应用这些基因创造出的转基因植物能更有效地防治害虫和杂草，全面减少农药的应用，避免农药对人体健康所造成的威胁，有效地保持土壤中的水分、土壤结构、植物养分和防范水土流失等。

第二代转基因作物是指通过品质改良而有益于消费者健康，与通过抗虫除草来提升作物产量的第一代转基因作物相比，第二代转基因作物的研制和开发，主要从提升作物适应能力的角度来进行生物技术突破，因而会取得更持久稳定的增产效果，并为农业生产带来更深刻的变革。特别值得注意的是，以提高作物抗逆性和改善营养、增进健康为主要目标的新一代转基因作物的研究开发速度近年显著加快，已成为国内外生物技术领域的研究热点。目前国内外正在积极研究的"第二代"转基因作物，主要包括富含维生素、不饱和脂肪酸等营养成分的水稻、大豆、玉米，具有保健、防病或抗癌功能的蔬菜、油料作物等。较之以防治病虫草害为目标的第一代转基因作物，第二代转基因作物的市场开发前景更为广阔。与转基因抗虫水稻同时获批的转植酸酶基因玉米无疑是第二代转基因作物的最典型代表之一。目前我国玉米总需求量近80%用于饲料加工，与此同时，家禽和家畜饲料中的玉米用量也都在50%以上。植酸酶可有力促进饲料玉米中富含磷元素的吸收。玉米中所含65%以上的磷以植酸磷形式存在，然而许多单胃动物，如猪、鸡、鸭等畜禽，由于消化道内缺乏植酸酶，无法将这些有机磷转化为无机磷加以吸收。为了解决上述问题，饲料企业一般会在饲料中额外添加矿物磷，这会造成没有利用的植酸磷随动物粪便排出，产生对江河湖泊等水体的有机磷污染。欧洲、日韩等发达国家和地区为降低畜牧业的环境影响都强制要求添加植酸酶，然而现有的植酸酶制取主要通过微生物学方法来完成，成本较高。转基因植酸酶玉米获得批准进行商业化种植，可极大提高植酸磷的利用效率，明显降低饲料成本。转植酸酶基因玉米无疑将具有广阔的发展空间。

二、动物性转基因食品

动物性转基因食品是指以含有转基因动物为原料的转基因食品。转基因动物是指通过基因工程技术将供体物种体内带有特定优良遗传性状的目的基因直接或通过载体导入受体物种胚胎内而培育出来的动物，并且能够稳定地遗传给后代。对转基因动物的研究是生命科学研究领域中最具有发展前景的热点之一。目前作为食品来源的转基因动物的研究领域主要包括利用转基因技术改良动物的重要经济性状及利用转基因技术生产食品源蛋白质和其他生命活性物质。

随着基因工程技术的广泛应用，对转基因动物的研究已取得了飞速发展。美国波士顿大学的研究人员开发了一种增加动物脂肪酸的转基因技术。他们从土壤中的一种线虫体内提取了 ω-3 脂肪酸基因，然后把它导入到一种无害的病毒中，后者可以把这种基因转移给动物。用这样的方法也可以培育出富含脂肪酸的鸡、牛、羊及猪等。美国波士顿麻省总医院的研究人员已培育出能产下富含脂肪酸蛋的鸡。中国水产研究院黑龙江水产研究所的梁利群等克隆大麻哈鱼的生长激素基因，在体外经过和鲤鱼 MT 启动子基因重组，导入黑龙江野鲤，选育出了"超级鲤"。中国农业大学李宁实验室先后成功培育了转有人乳清白蛋白、人乳铁蛋白、人岩藻糖转移酶的转基因奶牛，为我国的"人源化牛奶"产业化奠定了重要的基础。上海医学遗传研究所与复旦大学合作，将富含人凝血因子的基因转入到羊的乳腺，所获得的转基因羊的乳汁中含有人的凝血因子，既可以食用，又可以药用，为通过动物廉价大量生产人类的珍贵药物迈出了重大的一步。目前生长快、抗病强和肉质好的转基因兔、鸡、猪、牛等动物都已问世。随着转基因动物种类的不断增加，转基因动物食品的原料也更加丰富。转基因动物性食品作为一种新型的食品也开始呈现。目前，转基因动物技术普遍存在的问题是转化效率低，这是制约转基因技术应用的一个主要的制约因素。此外，外源 DNA 引入受体细胞后可以随机地插入受体细胞基因组中的任意位置，容易导致内源有利基因结构的破坏和失活，或激活有害基因(如癌基因)，其结果将导致转基因阳性个体出现不孕、胚胎死亡、四肢畸形等异常，因此需要进一步深入研究和开发转基因动物产品。

三、微生物性转基因食品

微生物性转基因食品，是指以含有转基因微生物为原料的转基因食品。微生物性转基因食品的研究开始于 20 世纪 80 年代中期，随着生物技术的高速发展，利用转基因技术生产微生物性转基因食品的研究已成为生命科学领域的又一个研究热点之一。利用基因工程技术将酶、蛋白质、氨基酸和香精以及其他多种物质的基因转入合适的微生物宿主细胞中从而实现这些物质的大量表达。1981 年上市的第一个治疗糖尿病的基因重组人胰岛素产品，就是把人的胰岛素基因转入到大肠杆菌中，从而能够在体外生产人胰岛素，大肠杆菌成了名副其实的生产胰岛素的"活工厂"。利用大肠杆菌表达系统可以表达多种人体所需的生命活性物质，如调节人体发育、促进组织再生、参与免疫调节的生长激素、促红细胞生成素、人粒细胞集落刺激因子、肝细胞生成素等。丹麦诺和诺德(Novo-Nordisk)公司与荷兰吉斯特(Gist-Brocades)公司是国际上利用转基因微生物生产食品用酶的两大公司，由这两大公司所生产的食品用酶目前已有几十种。利用转基因微生物生产的食品用酶中值得注意的是凝乳酶，开发基因工程凝乳酶的目的在于改善干酪的生产方法与提高凝乳酶性能，其研究始于 1970年。目前被批准使用的转基因微生物凝乳酶产品有 3 种，以其所制造的干酪在收率与品质上均优于以小牛胃凝乳酶制造的乳酪。酵母菌为食品工业上很重要的发酵菌株，目前已获批准商业使用的转基因酵母菌有面包酵母与啤酒酵母。转基因面包酵母为荷兰 Gist-Brocades 公司之产品，在相同的面团发酵时间，转基因面包酵母所产生的二氧化碳较面包酵母多 11%，保质期与原面包酵母基因类似，1990 年 3 月获准商业化使用。转基因啤酒酵母为英国 Brewing Research International 公司的产品，含有转植葡萄糖淀粉酶基因，可分解麦芽糖汁中的淀粉及糊精，于 1994 年 2 月获得英国农业部和卫生部(Agriculture and Health Ministers)批准商业化使用。

四、转基因食品的发展趋势

尽管在世界范围内对转基因食品的安全性存在着很多争议，但这并不影响转基因食品科学技术的迅速发展。转基因技术是一项投入和产出都十分巨大的高新技术，有着巨大的知识价值和经济价值。随着新的转基因食品的不断问世，可以预计转基因食品将具有极为广阔的发展前景，并将成为 21 世纪人类解决粮食安全问题的一条重要途径。21 世纪生物技术的特点是科学化、集约化、商品化、环保化和国际化，世界各国都把生物技术特别是转基因技术的研究确定为 21 世纪经济和科技发展的关键技术。毫无疑问，现代生物技术将为农业带来新的绿色革命，给人们带来更丰富、更有利于健康、更富有营养的食品，将为人类的衣食住行和保健发挥无穷的力量。

第二节　主要安全问题

转基因食品的发展是伴随着争论一路走来的。1996年第一例转基因玉米商业化生产后不久，1998年苏格兰科学家普兹泰声称研究发现食用转基因马铃薯的大鼠生长发育异常、免疫系统受损。这一研究结果虽然后来遭到了科学界的广泛批评，但是却奠定了欧洲对转基因食品持反对态度的基调。此后，科学界关于转基因食品安全性始终争论不休，这也是造成现在消费者比较困惑的原因之一。从这些转基因安全事件和科学界对转基因产品的争论中，可以总结出人们对转基因食品安全性的担忧主要有以下 7 个方面。①转基因食品的营养性问题。人们担心转基因操作可能导致某种营养物质的减少甚至缺失，影响食用价值，尤其是像转基因水稻等粮食作物长期大量食用后对人体产生的影响难以预料。②转基因食品的毒性问题。人们担心新引入的蛋白质具有毒性。例如，经常有人将转基因抗虫作物与化学农药相比，提出"虫子不能吃，人能吃吗"的疑问。③转基因食品的过敏性问题。转基因操作转入的蛋白质可能来自一种过敏原，从而使原来不具有过敏性的食品成为新的过敏原。例如，曾经出现过将巴西坚果中的 2S 清蛋白转入大豆中，结果对巴西坚果过敏的人对这种大豆也过敏的案例，使这个产品终止研发。④转基因食品中的抗生素抗性标记基因的耐药性问题。转基因生物基因组中插入的外源基因通常连接了抗生素标记基因，用于帮助转化体的选择。抗生素标记基因可能产生的不安全因素包括两个方面：标记基因的表达产物可能有毒或有过敏性；标记基因的水平转移。人们担心标记基因转移到人体胃肠道有害微生物体内，导致微生物产生耐药性，影响抗生素的治疗效果。⑤转基因食品的非期望效应。由于基因的插入是随机的，无法精确控制，因此可能会产生没有预料的效果。例如，引起某种有用基因沉默从而导致某种营养成分的减少，或者激发某种抗营养因子水平的增加。⑥转基因生物环境安全性问题。抗虫抗除草剂的转基因生物引发了人们对转基因作物对环境安全的担忧，如对非靶标昆虫的毒性、"超级"杂草等。

一、营养平衡

1. 转基因食品营养学争论　　转基因食品与传统食品相比，最大的区别就在于转基因食品中人为地引入了来自其他物种的基因或者人为地改变了生物本身的某种基因的表达，从而改变了转基因生物体内的基因表达，获得目标性状。这种遗传物质的改变是否会对转基因生物的营养平衡造成影响应从三个方面来看。①对于以抗虫、抗除草剂等农艺性状为主要目标的第一代转基因作物来说，其目标非常明确，是在不改变作物原有的营养平衡的前提下进行基因修饰，因此在其商业化之前要进行严格的营养成分全面比较，以确保转基因作物与传统作物在营养成分上的"实质等同性"。②以"黄金水稻"、高油酸大豆等为代表的以改变作物营养组成为目的的"营养改良型"第二代转基因作物，这一类作物的目的就是要改变现有作物的营养平衡，使其更符合人类营养需求、更适应食物加工的需要，因此，势必会产生与原物种营养成分差异较大的新品种。对于这一类转基因作物，需要对其营养成分进行全面分析和比较，以评估其是否达到预期性状，基因操作是否对其他非目标成分水平造成影响，以及新增的营养物质是否具有预期的生物学功效。③作为生物反应器的转基因作物是一类特殊的转基因生物，这一类转基因作物用来表达人们所需要的功能性成分，如疫苗、药物蛋白等。这一类转基因作物虽然不会直接作为食品来源，但其提取了功能成分之后的废料很有可能作为饲料进入到食物链中。对于这一类转基因作物的营养平衡，除了要评估基因操作对原始材料的营养成分的影响外，还要考虑提取操作对营养成分的影响。

虽然现有的大量数据表明，我们目前广泛食用的第一代转基因作物的营养成分与传统作物具有实质等同性，可以为人类提供日常营养所需，但长期食用转基因食品是否会对身体健康产生不良影响，对此一直存在争议。转基因食品安全可能存在两个方面的问题。①转基因食品中存在的不同于传统食物的化学成分，是否会影响人体健康。一些转基因载体含有的报告基因、抗性基因和过表达基因产物，前两者一般是食品中不含有的；过表达基因产物可能是受体本身所含有的，只是含量高得多，或者来自其他生物的基因组。从原理上讲，目前的报告基因、抗性基因都是酶类或荧光蛋白，对人体应该是比较安全的，进入人体后会逐渐降解；过表达的基因产物实际上在我们日常食用的食品中也存在，只是含量比较低。食用这些蛋白质成分短期内对健康应该是无害的，长期的效应目前也没有充足的证据去表明其危害性。当然这些基因可能会影响其他基因的表达，某些安全性检测实验表现出来的不良反应，很可能是这些基因所影响的代谢产物的变化，其复杂性近乎于无法预测，只有长期的追踪检测，方能最终决定其是否安全。总之，这些不同于原来食品的成分会不会对人体健康造成危害，是人们争论的焦点。②遗传物质对人类基因组的影响。由于转基因农产品通常都插入了外源基因的片段，人们怀疑长期食用这些食品会不会使人也获得这些基因并改变人类的特征。这种担心的理由是 DNA 进入消化道后不是完全降解，甚至在排泄产物中都可以检测到转基因成分。但从食物的食用历史来看，我们并不需要过分担心这个问题。所有食物都含有基因组DNA，我们食用猪肉和大米已经有数千年了，我们并没有因此获得猪或水稻的特征，可见食物中的遗传物质向人体转移的可能性是微乎其微的。

2. 转基因食品营养学评价　　1990 年，FAO/WHO 召开的联合会议上提出了"用相似的传统食品作物标准评价源于生物技术作物的食品，并考虑到食品的加工和用途"的观点，在此基础上，1993 年，OECD 提出了"实质等同性"的概念。该概念的原义为：现有的粮食作物食品或食物来源的生物体可当作评价改良的或新的食品或食品成分的基本对照。该概念提出后，广泛为各国际组织及各国政府所接受，将之用于转基因食品的安全性评价中去。"实质等同性"分析实际上是引入了一个比较的原则，即将转基因食品与有长期安全食用史的食品对照物进行比较，分析它们的差别，在此基础上再决定是否进行进一步的评价分析。因此，它是转基因作物安全性评价的起点而不是终点，在此基础上，进一步的安全性分析应是逐步的(stepwise)和按个例处理(case by case)。

"实质等同性"分析主要是将转基因作物及来源的食品与对照物在表型、农艺性状、组成成分等方面进行详细的比较，从而得出转基因作物与对照物是否具有实质等同性的结论。表型和农学性状主要包括：形态学、生长情况、产量、抗病性及其他有关育种方面的信息；成分分析包括：关键的营养素(脂类、蛋白质、碳水化合物、矿物质、维生素)及天然毒素或抗营养素(特别是与该物种相关的毒素，如马铃薯中的马铃薯素、番茄中的番茄素、谷物中的植酸)的水平测定，并考虑到地域及季节等引起的自然丰度变化，这需要建立各种作物成分的数据库。为此，国际生命科学研究院（ILSI）美国分部创建了作物成分数据库（http://www.cropcomposition.org），另外，欧洲也建立了近 300 种食用作物的有关营养及毒性成分的数据库 BASIS（http://www.vfd2.dk/basis/），这两个数据库的数据均可通过互联网获得。此外，经济合作与发展组织（OECD）出台了一系列的生物营养成分手册，提供不同作物及其加工产品的营养检测指标，并提供了相应的历史数据和参考文献，目前已经出版的包括油菜籽、大豆、甜菜、土豆、玉米、小麦、水稻、棉花等 18 种生物。

根据"实质等同性"分析的结果，可将转基因作物归纳为以下 3 类。①转基因作物与对照物具有实质等同性。在这种情况下，转基因作物就被认为与对照物具有同等安全性，不需要进行进一步的安全性分析。但这种情况并不多见，用转基因作物加工的产品，如精炼油、玉米淀粉、精制糖等可以归为此类。②除了一些明确的差异外，转基因作物与对照物具有实质等同性。目前第一代转基因作物大都在此范畴内，对此类产品的进一步安全性分析主要应围绕这些差异（即转入基因表达的蛋白质）进行。③在许多方面转基因作物与对照物不具有实质等同性，或找不到可进行比较的传统对照物，当然这并不能说明此转基因作物就是不安全的，但在这种情况下，需要对该转基因作物进行全面彻底的安全性分析，部分第二代转基因作物属于此范畴。

二、抗营养因子

几乎所有的植物性食品中都含有抗营养因子，这是植物在进化过程中形成的自我防御的物质。目前，已知的抗营养因子主要有蛋白酶抑制剂、植酸、凝集素、芥酸、棉酚、单宁、硫苷等。虽然植物食品中天然毒素和抗营养素已经被认识和研究了许多年，但是随着研究的深入，一些旧的观念不断被更新。通常抗营养素定义为植物中对机体代谢途径尤其是消化途径有抑制或阻断作用的物质，它们使机体对营养素（尤其是蛋白质、维生素或矿物质等）的吸收、利用降低，最终妨碍了食物中营养素的最大利用、降低了食物的营养价值。这些物质称为抗营养因子或者抗营养素。超过一定剂量，许多抗营养素也可能具有毒性，如在豆科植物中的凝血素类和有害氨基酸类；在马铃薯和小麦中可以抑制胰蛋白酶和淀粉酶活性的酶抑制剂；存在于植物类食物中的酚类和生物碱类，叶类蔬菜中的亚硝酸盐类以及动物食品毒素等。然而大多数抗营养素的有害作用是由未加工的食物引起的，经过简单的处理都会消失，如加热、浸泡和发芽处理。多数的抗营养素在摄入量较大时也可产生毒性作用，如草酸盐或生氰酸等。近年来也有一些报道证明了天然毒素和抗营养素对人体的有益作用，如抗癌和抗病毒活性等。

由于这些食品安全潜在风险因子的存在，转基因操作是否会导致转基因生物体内的抗营养物质水平的改变成为了转基因生物安全性评价中的一个重要的关注点。对转基因食品的抗营养因子的安全评价，是将转基因品种中的抗营养因子含量与其对照非转基因食品进行比较，其评估方法与营养成分的评估方法一致。一些研究认为从食品本身的多样性考虑，转基因食品中天然有害物质和抗营养因子的含量范围与其相应的原物种可以认为基本一致。但出于安全性的考虑，在转基因生物的安全性评价过程中都要求进行抗营养因子和天然毒素的水平检测。在评价抗营养因子时，要根据植物的特点选择抗营养因子进行检测和分析。植物食品中常见的天然毒素和抗营养素名称及其抗营养效应见表 4-1。

表 4-1 植物食品中常见的天然毒素和抗营养素

序号	名称	存在植物	抗营养效应
1	植酸	所有植物种子和谷物	降低钙、镁、铁、锌、铜、锰等元素的生物利用率，使蛋白质和淀粉的利用率降低
2	草酸盐	菠菜、块根芹、甜菜根、大黄叶、番茄等	与钙、铁、锌等结合形成不溶性的草酸盐结晶，降低矿物质的代谢
3	胰蛋白酶抑制剂	植物种子、豆类、花生、谷类、玉米、马铃薯、苹果等	抑制胰蛋白酶活性，使蛋白质的消化率降低
4	凝集素	谷类、大豆、其他豆类等	破坏肠黏膜，减少营养素，如维生素 B_{12} 和脂类的重吸收和氮储留(抑制蛋白质合成)，并可降低酶活性
5	棉子酚	棉籽	结合金属离子，使金属离子的吸收减少，并可抑制酶活性
6	生氰糖苷	甜马铃薯、水果	阻断细胞呼吸，引起胃肠症状，影响碳水化合物和钙的转运，高剂量还可引起碘缺乏症状
7	硫代葡萄糖苷(包括芥子酸胆碱、黑芥子硫苷酸钾等)	油菜籽、芥菜籽、胡萝卜、白菜、花生、大豆、洋葱等	致甲状腺肿物质，使甲状腺增生，甲状腺素合成减少，影响机体代谢；使碘的吸收减少和蛋白质消化率降低
8	羟基生物碱(茄碱和番茄素)	马铃薯、番茄	抑制胆碱酯酶，引起胃肠症状和肾脏炎症；结合金属离子，使其吸收减少，并可抑制酶活性
9	黄酮类(类黄酮、异黄酮、绿原酸)	蔬菜、水果、谷类、大豆、马铃薯、茶、咖啡、植物油等	破坏或抑制硫胺素，形成金属离子复合物使微量元素的利用率降低；另外，有雌激素效应和降低血胆固醇作
10	皂苷	大豆、茶、花生	与蛋白质和类脂(如胆固醇)组成复合物，可引起胃炎，但大部分是无害的
11	单宁酸	在植物食品中广泛分布，所有水果、茶、咖啡等中	抑制胰酶活性，降低硫胺素、蛋白质和铁的生物利用率

三、毒性

1. 转基因食品毒性争论 对于转基因食品食用安全性问题，是否产生新的毒性无疑是人们最关心的问题。转基因食品的毒性问题可能来自于两个方面：一是新引入的外源蛋白本身是否是毒性物质；二是转基因操作是否会引发受体体内的天然毒性物质表达量升高。对于后者，通常会通过检测已知天然毒素水平的方法来进行筛查，而对于前者，就要对新引入的蛋白质进行详细的安全性评价。

发生在英国的"普斯泰事件"是影响比较广泛的关于转基因食品是否产生新的毒性问题的事件。1998 年秋天，苏格兰 Rowett 研究所的科学家阿帕得·普斯泰(Arpad Pusztai)通过电视台发表讲话,说他在实验中用转雪花莲凝集素基因的马铃薯喂食大鼠,随后,大鼠"体重和器官重量严重减轻,免疫系统受到破坏"。此言一出,即引起国际轰动,在绿色和平等环保组织的推动下,把这种土豆说成是"杀手",并策划了破坏转基因作物试验地等行动,在欧洲掀起反转基因浪潮。随后,普斯泰的实验遭到了权威机构的质疑。英国皇家学会对"普斯泰事件"高度重视,组织专家对该实验开展同行评审。1999 年 5 月,评审报告指出普斯泰的实验存在失误和缺陷,主要包含 6 个方面:不能确定转基因与非转基因马铃薯的化学成分有差异;对试验用的大鼠仅仅食用富含淀粉的转基因马铃薯,未补充其他蛋白质以防止饥饿;供实验用的动物数量太少,欠缺统计学意义;实验设计差,未按照该类试验的惯例进行双盲测定;统计方法不恰当;实验结果无一致性。通俗地讲,该试验设计不科学,试验的过程错误百出,试验的结果无法重复,因此结果和相应的结论不可信。不久之后,普斯泰博士本人就此不负责任的说法表示道歉。Rowett 研究所宣布普斯泰提前退休,并不再对其言论负责。

　　之后,关于转基因食品的毒理学争议一直没有停歇。例如,2007 年,法国研究人员 Seralini 及其同事对孟山都公司转抗虫基因玉米的原始实验数据进行统计分析,认为大鼠在食用转基因玉米后受到了一定程度的不良影响。当时,一些科学家和监管机构就指出他们的工作存在着大量的错误和缺陷。来自美国、德国、英国和加拿大的 6 位毒理学及统计学专家组成同行评议组,对 Seralini 等及孟山都公司的研究展开复审和评价,评议组认为 Seralini 等对孟山都公司原始实验数据的重新分析,并没有产生有意义的新数据来表明转基因玉米在三个月的老鼠喂养研究中导致了不良副作用。并在《食品与化学品毒理学》上发表了评价结果。2009 年,Seralini 及其同事再次把欧盟批准的美国孟山都公司的实验数据重新做了统计分析,在 2009 年第 7 期《国际生物科学学报》上发表文章,指出食用了 90 天转基因玉米(抗除草剂玉米 NK 603、抗虫玉米 MON 810 和 MON 863)的大鼠,与食用转基因玉米不到 90 天的大鼠,其肝肾生化指标有差异。据此把这种差异解释成食用转基因玉米后造成的。该文章发表后,便受到了监管机构及同行科学家的批评:法国生物技术高级咨询委员会指出,Seralini 及其同事发表的论文中仅列出了数据的差异,却没能给予任何生物学或毒理学上的解释,而且这种差异仅反映在某些老鼠和某个时间点上,不能说明任何问题。此外,Seralini 及其同事没有进行独立实验,仅仅是对孟山都公司原始数据做了重新分析,显得粗略、证据不足或解释错误,根本不足以推导出转基因产品会导致某些血液学上的、肝肾的毒性迹象这样的结论。总之,Seralini 等的论文没有任何新的科学信息。另外,澳大利亚新西兰食品标准局通过对 Seralini 等论文数据的调查分析指出,此论文的统计结果与组织病理学、组织化学等方面的相关数据之间缺乏一致性,且没能给予合理解释。该机构同时认为,喂食转基因玉米后老鼠表现出的差异性是符合常态的。对于这篇文章最大的质疑在于,Seralini 等的实验结果仍然和 2007 年的文章一样,不是建立在亲自对老鼠进行独立实验的基础之上,文中进行统计分析的数据,仍然是来源自孟山都公司之前的实验,他们仅仅是对数据选择了不合适的、不被同行使用的统计方法作了重新分析。因此结果和结论都是不科学的。

　　2. 转基因食品毒性评价　　在实际操作中,如果在进行营养成分的评价时,发现有非等同性情况出现,则在化学水平上不能确认转基因食品的安全性,就需要借助生物学的手段进行进一步的安全性评价。对转基因食品的毒理学评价通常从两个方面进行。一方面,评价新引入的外源蛋白本身的安全性,通常采用的方法有与已知毒素的序列同源性分析、蛋白质模拟消化与热稳定性试验、小鼠急性经口毒性试验、遗传毒理学试验等。另一方面,主要从转基因生物的整体进行评价，以评估转基因操作对作物可能产生的非预期的不良影响，常采用的试验有大鼠 90 天亚慢性毒性试验等。但是，传统的对单一化学成分物质的毒理学评价方法不能简单地应用到转基因食品的安全性评价上。因为转基因食品本身的成分复杂，且掺入量有限，不能达到人类正常摄入量的几百倍甚至几千倍。因此，对于转基因食品的毒理学评价实验要慎重设计，避免出现掺入量过高影响动物正常营养水平，掩盖了食品的安全性，而导致错误的结论。

1)急性毒理研究　　在进行化学物质的急性毒性分析时采用的是纯物质进行评价，而转基因食品中的目的蛋白(外源蛋白)表达量一般都比较低，如 Bt 蛋白通常表达量小于 1%。在此情况下用转基因食品直接进行的急性毒性评价意义不大。关键是要对转入的外源蛋白进行毒理学评价。但是，外源蛋白通常不易获得。国际通用的做法是将外源蛋白转入微生物中，分析微生物表达的蛋白质与转基因植物中表达的蛋白质在分子质量、免疫原性、糖基化、氨基酸序列及生物活性等方面具有等同性后，发酵表达大量的外源蛋白，用纯化的蛋白质进行急性毒性评价。通常计算出人类正常的食物摄入中转基因食品的最大摄入量(即假设摄入的同类食品均为该种转基因食品)，再根据转基因食品中外源蛋白的含量，计算出外源蛋白的最大摄入量，然后以最大摄入量的百倍甚至千倍的比例系数对小鼠进行灌胃，观察两周内动物中毒及死亡的情况，计算外源蛋白的半数致死量(LD_{50})或者最大耐受剂量，最后宰杀动物，观察内脏病变。对于超过人体摄入量百倍甚至千倍的耐受剂量的蛋白质通常认为不会对人体产生急性毒性。

2)亚慢性毒理学研究　　动物亚慢性毒理学试验可以反映出转基因食品对于生物体的中长期营养与毒理学作用，因此是转基因食品食用安全性评价工作的重要评价手段之一。通常试验动物选择大鼠。在评价方法上，亚慢性毒理学试验与营养学评价是相似的，在不影响动物膳食营养平衡的前提下，按照一定比例(通常设高、中、低三个剂量组)将转基因食品掺入到动物饲料中，让动物自由摄食，喂养 90 天时间(NY/T1102－2006)。观察动物的中毒表现，死亡情况，定期称量动物体重与进食量。试验末期，宰杀动物，观察是否有脏器病变，称量脏器重量，计算脏体比，如果发现有病变脏器，则应进行毒理切片观察。最后，检测实验动物的血液学指标和尿液指标，进一步观察动物体内各种营养素的代谢情况。并将转基因食品与非转基因食品及正常动物饲料组的各项指标进行比较，分析动物的生长情况，对食物的利用情况，以及各项生理指标，观察转入基因是否对生物体产生了不良的营养学与毒理学作用。

由于目前没有更为有效的、快速的方法观察转基因食品对于人类健康的长期影响，所以，亚慢性毒理学试验为转基因食品的长期影响提供了重要的评价手段。通常，转基因食品的亚慢性毒性试验无异常反应的话，可以认为其不会在长期的食用过程中对人体造成不良影响。但是，一旦亚慢性毒性试验显示转基因食品可能会对生物健康产生不良作用，则应延长试验时间，通常为两年，进行长期毒性试验。

3)致畸性研究　　人们对转基因食品一项重要的顾虑就是其是否会对遗传产生影响，即这些食品会不会在短期内观察不到明显的作用而会对子孙后代造成不良的影响。目前还没有可靠的方法能够验证转基因产品的长期影响，而毒理学评价中的致畸性试验则有一定的借鉴意义。其评价方法与传统的致畸性评价类似，将转基因食品按照比例掺入到动物膳食中，使动物正常生长发育，交配繁衍，检测子代出现畸形、死胎的概率。最好进行三代以上的繁衍。这样能够观察更长期的效果，得出的结论更科学。

四、致敏性

1. 转基因食品过敏性争论　　食物过敏是一种特殊的人体免疫反应。通俗地说，就是指某些人在吃了某种食物之后，引起身体某一组织、某一器官甚至全身的强烈反应，以致出现各种各样的功能障碍或组织损伤。一般认为，食物过敏在成人中的患病率为 2%，而儿童则高达 8%。食物过敏最常见的临床表现为出现皮肤症状，并可见呼吸道症状和消化道症状，如皮肤瘙痒、湿疹、荨麻疹、头晕、恶心、呕吐、腹泻。严重的食物过敏会引起喉水肿而造成窒息、急性哮喘大发作、过敏性休克。常见的过敏性食物有 8 大类：鸡蛋、牛奶、鱼、贝壳类海产品、坚果、花生、黄豆、小麦。在我国，芝麻、水果等食物过敏也相当常见。因此，过敏不是转基因食品所独有的。但是，由于转基因技术打破了自然界中物种间的遗传物质不能相互转移的生物屏障，为防范由于转基因技术造成的物种间过敏原的转移，进行过敏性评价就成为转基因食品上市前必要的评价环节。关于转基因食品过敏性的争论比较典型的是转巴西坚果 2S 清蛋白大豆过敏事件。

为提高大豆中的含硫氨基酸的含量，1994 年 1 月，美国先锋(Pioneer)种子公司的科研人员将巴西坚果中富含甲硫氨酸和半胱氨酸的 2S 清蛋白基因转入大豆中。研究结果表明转基因大豆中的含硫氨基酸的确提高了。但是，要对这种大豆进行产业化开发就必须明确其食用安全性。研究人员对转 2S 清蛋白的大豆测试之后，发现对巴西坚果过敏的人同样会对这种大豆过敏，2S 清蛋白可能正是巴西坚果中的主要过敏原。先锋种子公司立即终止了这项研究计划。

2. 转基因食品过敏性评价　　目前，国际上公认的转基因食品中外源基因表达产物的过敏性评价是国际食品法典委员会于 2003 年颁布的《重组 DNA 植物及其食品安全性评价指南》(CAC/GL 45—2003)中的附件 1 中所述的程序和方法，该方法是等同采用了 2001 年由 FAO/WHO 颁布的过敏评价程序和方法，其评价程序如图 4-1 所示。

2001 年，FAO/WHO 生物技术食品致敏性联合专家咨询会议进一步发展和完善了已有的致敏性评价程序，公布了转基因食品潜在致敏性树状评估策略。其评价过程是：首先判断外源基因是否来自于已知的致敏源，常见的 8 大类致敏性食品为花生、大豆、牛奶、鸡蛋、鱼类、贝类、小麦和坚果；然后对转入蛋白的氨基酸序列与 GenBank、EMBL、SwissProt、PIR 等大型数据库中致敏蛋白序列进行相似性比较，比较的原则是连续 6~8 个氨基酸完全一致，或者连续 80 个氨基酸序列具有 35%以上的相似性；如果发现外源蛋白和已知致敏原存在序列同源性，就可判定该外源蛋白为可能致敏原，无需进行下一步试验。如果来源于已知过敏源的外源蛋白和已知致敏原间不存在相似序列，则需用对基因来源物种过敏患者的血清进行特异 IgE 抗体结合试验。如果特异 IgE 抗体检测试验结果为阳性，就可判定该外源蛋白为可能致敏原，无需进行下一步试验；如果试验结果为阴性，则需进行定向筛选血清学试验。对于来源于非常见过敏原且与已知致敏原无序列相似性的外源蛋白，则应直接进行定向筛选血清学试验。定向筛选血清学试验结果为阴性的外源蛋白则需进行模拟胃肠液消化试验和动物模型试验。最后综合判断该外源蛋白的潜在致敏性的高低。

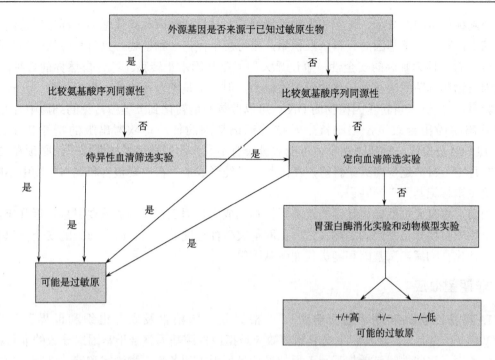

图 4-1　转基因食品中外源基因表达产物过敏性评价程序

五、抗生素抗性基因

1. 转基因食品抗生素抗性争论　　转基因生物基因组中插入的外源基因通常连接了抗生素标记基因，用于帮助转化体的选择。常用的标记基因有那霉素抗性基因（npt Ⅱ）、潮霉素抗性基因（hpt）、草胺膦抗性标记基因（bar、pat）、草甘膦抗性基因（epsps）、氯磺隆（chlorsulfuron）抗性基因、二氢叶酸还原酶基因（DHFR）、庆大霉素抗性基因（Gent）、红霉素抗性基因（MLS）、四环素抗性基因（Tet）等。此外，还有报告基因，如冠瘿碱基因（opine）、β-葡糖苷酸酶基因（GUS）、β-半乳糖苷酶（LacZ）、氯霉素乙酰转移酶基因（Cat）等。目前被认为可安全使用的标记基因是抗生素抗性基因（npt Ⅱ）及抗除草剂基因 epsps、bar/pat 等。

抗生素标记基因可能产生的不安全因素包括两个方面。一是标记基因的表达产物是否有毒或有过敏性，以及表达产物进入肠道内是否继续保持稳定的催化活性。由于对标记基因表达产物的结构和功能了解的比较详细，因此一般不存在毒性和过敏性，在正常的肠道环境下，这类蛋白质也很易分解，不会继续保留催化活性。标记基因的第二个不安全因素在于基因的水平转移。由于微生物之间可能会通过转导、转化或接合等形式，进行基因水平转移。因此，在构建转基因微生物时，要求不能使用目前治疗中有效的抗生素的抗性基因做标记基因，并应修饰载体，以减少基因转移至其他微生物的可能性，同时提倡发展无标记基因技术，以减少标记基因可能带来的危害。不过，有学者认为，人类肠道菌从转基因作物中获得并开启了耐受抗生素的基因，也不是什么大问题。因为正常情况下，微生物的耐药突变率就非常高，对于现在众多耐药菌来说，从转基因食品中获得耐药基因是微不足道的。

2. 转基因食品抗生素抗性评价　　由于人们对标记基因的安全性的担忧，对其进行安全性检测仍是转基因食品评价中的重要环节。WHO 曾提出了关于标记基因的安全性检测原则：

一是明确标记基因的分子、化学和生物学特性；二是标记基因与其他基因一样进行检测；三是原则上，某一标记基因的资料一旦积累，应可用于任何一种植物，也可与任何一种目的基因连接。对于标记基因的安全性，争议最大的就是基因水平转移。综合自然界的各种因素，转基因植物和细菌间的基因转移的可能性极小，但也不是绝对不可能。有报道称，在理想化的实验室条件下，来自转基因植物的 DNA 可以低频率地转化到土壤中常见的细菌中。因此，世界各国纷纷出台政策，限制抗生素抗性标记基因的使用，欧盟出版的指令（Directive, 2001/18/EC）公告说，转基因生物中可能对健康有不利作用的抗生素抗性标记，必须在 2008 年 12 月 31 日前逐步淘汰。目前，在国际上已经形成了"在主要粮食和饲料作物中不应该含有抗生素标记基因"的共识。

当前，培育无抗性标记基因的转基因植物已成为基因工程育种的重要目标。近几年，转基因植物中抗性标记基因的剔除技术，已取得突破性进展。目前有应用前景的安全标记基因主要包括化合物解毒酶基因和糖类代谢酶基因等。

六、非期望效应

1. 转基因食品非期望效应争论　　根据联合国粮食及农业组织和世界卫生组织（FAO/WHO）的定义，转基因生物非预期效应是指由外源基因整合于基因组导致的非目标性的性状改变。这些性状包括与基因工程的设计目标无关的各种表型性状和遗传性状，如农艺性状、代谢产物（如营养成分、抗营养因子、毒性成分和致敏成分）、内源基因的转录产物及表达产物等。这些性状变异中的一部分基于目前对植物生物学、代谢途径等的认识水平可以预见，属于可预见性非预期效应；而大部分是超出人类目前认识水平的非预见性非预期效应。研究表明，外源基因整合于受体植物基因组后，可能通过以下几种机制改变内源基因的表达谱进而导致非预期效应的产生：①外源基因插入内源基因的"阅读框"，破坏基因的核酸序列使其不能有效表达；②外源基因插入内源基因调控元件的"功能区"，使调控基因失去功能，导致受其调控的内源基因不能有效表达；③外源基因插入基因组的某个"敏感域"内，使原本"沉默"的内源基因被"激活"而高效表达；④外源基因的转录或表达产物成为诱导或抑制内源基因表达的活性因子，直接或间接地使这些内源基因的表达发生质或量的改变。

在转基因操作中，外源基因的插入位点是随机的，无法准确控制。人们对外源基因与植物基因组之间可能存在的各种复杂的相互作用以及由此产生的代谢变化了解甚少，对于外源基因插入位点的不确定性因素引起的非预期效应难以准确预测。这些非预期效应可以引起植物的营养成分和代谢产物的含量发生变化，甚至有可能使转基因食品产生一些新的毒性物质。转基因食品的非预期效应是人们对其食品安全性问题的关注原因之一，也是进行转基因食品食用安全评价的关注焦点之一。

2. 转基因食品非期望效应评价　　非期望效应的研究是国际上生物技术食品安全性研究的前沿课题，对其研究的分析手段涉及了现代分析仪器技术和现代分子生物学研究技术。目前的研究主要在以下两个方面进行。

一是定向方法（targeted approaches）检测非期望效应。对一些重要营养素和关键毒素进行单成分分析的定向方法，作为实质等同性概念的一部分，已经被国际团体广泛接受，并且被成功地应用到第一代转基因作物的安全评价中。的确可以说，使用定向方法来进行特定组分的比较分析，在确定转基因系与非转基因亲本之间遗传修饰的非期望效应差异上，很显然是极为有用的。选择要分析的化合物是做定向分析的第一步，然而要完成风险评估过程，缺乏规定了所需分析范围的公认指导原则。此外，一些学者认为定向方法的结果是有偏倚的，只集中于研究已知的化合物以及预料到的、可预料的效应，而对未知的和不可预料的效应则永远是个盲区。

二是非定向方法(non-targeted approaches)检测非期望效应。压型分析方法(profiling method)包括，用微阵列分析基因表达(功能基因组学)、蛋白质双向电泳和质谱(蛋白质组学)分析蛋白质、液谱结合核磁共振分析化合物(代谢组学)。有学者认为，压型方法在食品安全评价中会是完善定向方法的补充方案，因为用定向方法可能比较不出转基因与非转基因作物的组成差异。使用这套方法可以以非选择性、无偏倚的方式筛选出被修饰寄主生物在细胞或组织水平的生理或代谢水平的可能变化。

七、环境安全性问题

(一)转基因食品环境安全性争论

转基因植物的大规模环境释放可能会带来环境安全问题，已经成为全球最受关注和备受争议的领域之一。目前，全球已经形成共识的转基因植物环境安全问题主要包括以下五个方面：①转基因向非转基因植物品种及其野生近缘种逃逸并由此产生的生态风险；②抗虫或抗病转基因对生态系统中非靶标生物的影响；③转基因植物长期和大规模种植对土壤生物(包括微生物)群落的影响；④抗虫和抗病转基因植物的长期种植导致靶标生物对转基因的抗性进化；⑤转基因植物对农业生态系统以及系统外生物多样性的直接或间接影响。

以下分析几个典型的转基因植物的环境安全性事件，对转基因植物的环境安全性争议进行解读。

1. 帝王蝶(monarch butterfly)事件　　1999 年 5 月，康奈尔大学昆虫学教授洛希(Losey)在 *Nature* 杂志发表文章，称其用拌有转基因抗虫玉米花粉的马利筋杂草叶片饲喂帝王蝶幼虫，发现这些幼虫生长缓慢，并且死亡率高达 44%。洛希认为这一结果表明抗虫转基因作物同样对非目标昆虫产生威胁。然而，洛希的实验受到了同行科学家们和美国环境保护署的质疑：这一实验是在实验室完成的，并不反映田间情况，且没有提供花粉量数据。美国环境保护局(EPA)组织昆虫专家对帝王蝶问题展开专题研究。结论认为转基因抗虫玉米花粉在田间对帝王蝶并无威胁，原因如下所示。①玉米花粉大而重，因此扩散不远。在田间，距玉米田 5m 远的马利筋杂草上，每平方厘米草叶上只发现有一粒玉米花粉。②帝王蝶通常不吃玉米花粉，它们在玉米散粉之后才会大量产卵。③在所调查的美国中西部田间，转抗虫基因玉米地占总玉米地面积的 25%，但田间帝王蝶数量却很大。同时，美国环保局在一项报告中指出，评价转基因作物对非靶标昆虫的影响，应以野外实验为准，而不能仅仅依靠实验室数据。

2. 墨西哥玉米事件　　2001 年 11 月，美国加利福尼亚大学伯克利分校的微生物生态学家 David Chapela 和 David Quist 在 *Nature* 杂志发表文章，指出在墨西哥南部 Oaxaca 地区采集的 6 个玉米品种样本中，发现了一段可启动基因转录的 DNA 序列——花椰菜花叶病毒(CaMV)"35S 启动子"，同时发现与诺华(Novartis)种子公司代号为"Bt11"的转基因抗虫玉米所含"adh1 基因"相似的基因序列。墨西哥作为世界玉米的起源中心和多样性中心，当时明文禁止种植转基因玉米，只是进口转基因玉米用作饲料。此消息一出，便引起了国际上的广泛关注，绿色和平组织甚至称墨西哥玉米已经受到了"基因污染"。然而，David Chapela 和 David Quist 的文章发表后受到了很多科学家的批评，指其实验在方法学上有很多错误。经反复查证，文中所言测出的"CaMV35S 启动子"为假阳性，并不能启动基因转录。另外经比较发现，两人在墨西哥地方玉米品种中测出的"*adh1* 基因"是玉米中本来就存在的"*adh1-F* 基因"，与转入"Bt 玉米"中的"*adh1-S* 基因"序列并不相同。对此，*Nature* 杂志于 2002 年 4 月 11 日刊文两篇，批评该论文结论是"对不可靠实验结果的错误解释"，并在同期申明"该文所提供的证据不足以发表"。同时，墨西哥小麦玉米改良中心也发表声明指出，通过对其种质资源库和新近从田间收集的 152 份玉米材料进行检测，并未在墨西哥任何地区发现"35S 启动子"。

(二)转基因食品环境安全性评价

对上述几个环境生物安全问题的研究构成了转基因植物环境安全评价的主要内容。

1. 转基因向非转基因植物品种及其野生近缘种逃逸并由此产生的生态风险　　转基因生物环境安全性争议的焦点问题之一就是基因漂移。基因漂移是指某一个生物群体的遗传物质通过媒介转移到另一个生物群体中的过程。而转基因逃逸则是指转基因植物中的外源基因通过基因漂移或天然杂交转移到栽培植物的非转基因品种或其野生近缘种的现象。作物之间或作物与其野生近缘种间的基因漂移是长期存在的自然现象，因此对于作物基因漂移频率的研究，在转基因植物商品化之前就有大量的研究。例如，美国著名学者 N. C. Ellstrand 就在 1999 年对全球 13 种最重要的作物与其野生近缘种间的天然杂交和基因漂移的可能性进行过综述。而当转基因植物开始大规模商品化种植以后，这一领域又成为植物学领域的研究热点。目前，国际上对于转基因漂移的研究已经十分成熟，通常采用的研究策略包括：①研究花粉漂移及其时空分布，确定转基因逃逸的可能性及其空间范围；②研究栽培植物与野生近缘种群体间的杂交亲和性，探讨转基因逃逸的生物学基础；③借助特殊形态性状或分子标记，在受控的实验条件下或自然环境中研究栽培植物与野生近缘种群体间的异交率，确定基因漂移频率；④以转基因为筛选标记，研究外源基因从转基因作物向其非转基因亲本或野生近缘种群体逃逸的频率。而国际上不同国家和地区的研究重点也因各国家和地区对不同作物的重视程度及是否存在其野生近缘种的分布而有所不同：在欧洲，对转基因漂移的研究主要集中在转基因胡萝卜和甜菜上；在美洲，由于抗除草剂转基因油菜、大豆以及抗虫转基因玉米和向日葵的发展，对以上几种转基因作物的基因漂移研究十分重视；而在亚洲，尤其是东亚和东南亚，对于抗虫转基因水稻和棉花的基因漂移较为关注。

2. 抗虫或抗病转基因对环境中非靶标生物的影响　　抗虫或抗病转基因可能会对环境中的非靶标生物造成影响，其主要原因包括：①转基因的直接表达产物对非靶标生物有毒害作用；②转基因的间接作用，如转基因的表达改变了转基因植物的化学和营养组成，影响非靶标生物的取食行为。国际上对该领域的研究开展较早，1998 年有学者报道 Bt 转基因玉米的花粉可能会影响美国大斑蝶的存活，而后者是一种极其稀有的物种。虽然很快就有学者通过研究表明这一结果并不准确，但掀起了关于抗虫或抗病转基因对环境中非靶标生物的影响研究的热潮，之后有大量相关研究跟进，研究了转基因对环境中非靶标生物的影响，其中绝大多数研究都表明抗虫转基因或抗虫转基因对非靶标生物影响很小，当然也有部分研究报道了抗虫转基因对非靶标生物的负面影响。

3. 转基因植物长期和大规模种植对土壤生物(包括微生物)群落的影响　　转基因植物长期和大规模种植对土壤生物(包括微生物)群落的影响基于两种机制。①抗虫或抗病转基因的表达产物能通过植物根系分泌到土壤中，并在土壤中富集，这就可能改变土壤的微环境，影响土壤生物群落。在 1999 年 Saxena 等就发现转基因玉米根系分泌的 Bt 蛋白能在土壤中存在350 天，后继的众多研究也表明 Bt 蛋白在土壤中的半衰期较长，这引起了种植 Bt 转基因作物可能影响土壤生物群落的担心。不过通过大量研究发现土壤中的 Bt 蛋白并不会对土壤原生动物、线虫、弹尾目昆虫等造成显著影响；Bt 蛋白同样不会对放线菌、好气固氮菌和钾细菌产生显著影响，而对一些细菌和真菌则起到促进生长的作用。②种植抗除草剂转基因作物后，大量使用的除草剂残留可能影响土壤生物群落。目前研究表明，大量使用草甘膦等除草剂可能会促进土壤中的真菌、放线菌、假单胞菌的生长，但会抑制细菌的数量；不过尚未了解到这些影响对土壤生态的长期效应。同时为了研究转基因可能对土壤生物，尤其对微生物群落的影响，除了传统的平板培养技术方法外，许多检测方法也被陆续开发出来，如 Biology 微孔板鉴定系统、脂肪酸甲脂分析、变性梯度凝胶电泳技术、扩增性核糖体 DNA 限制酶切片段分析法等，极大丰富了对微生物群落的研究手段。

4. 抗虫和抗病转基因植物的长期种植导致靶标生物对转基因的抗性进化　　抗虫和抗病转基因植物的长期种植导致靶标生物对转基因的抗性进化并不是一个新问题，在大量使用单一化学农药的情况下，靶标生物也同样会对化学农药产生抗性进化，但致靶标生物对转基因的抗性进化影响到该转基因可持续性利用，因此也是环境生物安全评估的重要内容之一。

目前国际上对这一领域的研究十分重视，早在 1996 年转基因植物诞生之初，就有学者开始研究靶标昆虫的抗性进化。目前唯一在世界上广泛种植的抗虫转基因作物是 Bt 基因家族，因此对于这一基因家族的研究最为深入，研究的对象主要包括棉铃虫和水稻二化螟。这一领域的研究包括三部分内容：研究不同地理种群对 Bt 蛋白的敏感性或耐受性，饲养室喂养实验和抗性位点的发现和频率变化研究。目前已有的研究结果表明，不同地理种群的棉铃虫或二化螟对 Bt 蛋白的敏感性不同，揭示了抗性位点在自然种群中的存在；通过连续多代的喂养和筛选，能提高靶标害虫对 Bt 蛋白的耐受性；大量的分子实验已经检测到多个与抗性进化相关的基因位点，并已经揭示出多个靶标害虫针对 Bt 毒蛋白的抗性分子机制。根据已有的资料，通过抗性治理模型分析，表明如果单一种植转基因棉花，则棉铃虫很有可能在 3~4 年内进化出抗性。为了应对抗虫和抗病转基因植物的长期种植导致靶标生物对转基因的抗性进化，抗性治理也是这一研究领域的重要内容之一，目前已经提出多种措施和策略，包括高剂量与庇护所策略和多转基因堆砌策略。研究表明，采取避难所策略在内的抗性延缓技术，可将转基因棉花的有效种植时间从 3~4 年提高到 10 年。

5. 转基因植物对农业生态系统以及系统外生物多样性的直接和间接影响　　关于转基因植物对农业生态系统以及系统外生物多样性的直接和间接影响的研究还比较少，Watkinson等 2000 年发现在英国长期种植抗除草剂转基因作物的地区，云雀的种群动态受到影响，其原因可能是除草剂的使用改变了杂草种群，减少了云雀的食物来源。其后关于种植抗除草剂影响生态系统内节肢动物种群影响的报道越来越多。除了抗除草剂转基因作物以外，最近又有学者发现，抗病毒的会对蜜蜂的采粉行为造成影响，蜜蜂更偏爱转基因作物的花粉，但是究竟会对农业生态系统产生什么样的影响，则需要进一步观察。

虽然人们对于转基因食品有这样那样的争议，但是，我们也看到，转基因食品具有各种优越的特性,可以为解决世界粮食危机、促进农业可持续发展、保护生态平衡做出重要贡献。因此,要做好转基因食品的安全评价与管理工作,在转基因食品上市前采用科学严谨的手段来严格评价转基因食品的食用安全性,在其商业化种植以后,采用合理有效的防治手段控制其环境安全性,可以保证转基因食品的食用与环境安全性,使其更好地为人类服务。

第三节　转基因食品安全性分析原则

到 20 世纪 80 年代后期,随着第一例基因重组转基因食品牛乳凝乳酶的商业化生产,转基因生物的食用安全性受到了越来越广泛的关注。特别是在 20 世纪 90 年代中期,一些研究结果对转基因食品的安全性提出严峻的考验,转基因食品的研究工作也从狂热趋于理性化。1998 年英国的普兹泰(Pustai)在《科学》杂志上发表文章,报道用转有植物雪花莲凝集素的转基因马铃薯饲养大鼠,可引起大鼠器官发育异常,免疫系统受损。这件事情如果得到证实,将对生物技术产业产生重大影响。在经过英国皇家协会组织的评审后,认为该研究存在重大缺陷,所得出的结论不科学。虽然最终评审结果表明实验结果的不可靠性,但由此产生的对转基因生物食用安全的怀疑却无法从人们心中消除。1999 年,美国康奈尔大学在《自然》杂志上发表文章,报道斑蝶幼虫在食用了撒有转 Bt 基因玉米花粉的马利筋草(milkweed)后有44%死亡,此事引起了公众的极大关注。但一些科学家认为,这个实验的结果是在实验室条件下,通过人工将花粉撒在草上,不能代表田间的实际情况。2001 年 11 月,美国加利福尼亚大学伯克利分校的两位研究人员在《自然》杂志上发表文章,称从墨西哥采集的 6 个玉米地方品种样本中,发现了来自花椰菜花叶病毒的 CaMV35S 启动子和转基因玉米 Bt11 中 *adh1*基因相似的核酸序列。认为墨西哥的玉米已经受到了美国转基因玉米的污染,使墨西哥的玉米原产地受到了威胁。后来经过重新抽样和复查,证明检测结果是错误的。

2003 年 10 月,上海一位消费者状告世界著名食品制造商雀巢公司在其食品中使用转基因成分而不标识,损害了消费者的知情权。这是绿色和平组织在香港指责雀巢公司在转基因问题上对中国和欧盟使用双重标准的继续。同时,也是自欧盟对转基因食品采取标识管理后,对转基因食品带来的又一场风波。这一事件表明对转基因食品的标识管理对贸易、技术和消费者产生了不同的影响,也表明如何对转基因食品进行标识和标识的范围已经成为世界各国讨论的焦点。

虽然转基因生物代表着未来的发展方向,但其仍然存在一定的潜在风险,因此必须建立科学合理的安全检测技术体系,加强转基因生物的安全管理,积极促进生物技术在农业和食品领域的发展,使生物技术可以更好地为人类服务。目前,全球还没有统一的适用于各类转基因食品的安全性评价方法,各国的法律、法规及管理体制也不尽相同。但是国际上对转基因食品安全性评价基本遵循以科学为基础、个案分析、实质等同性和逐步完善等原则。

一、科学原则

科学原则是指对转基因食品进行安全评价必须遵循严谨态度和科学方法,通过充分利用最先进的技术和公认的生物安全评价方法,经过严格的科学实验及对数据进行科学的统计分析,才能够得出有关转基因食品是否安全的科学结论。科学原则是对转基因食品进行安全性评价首先需要遵循的原则。基于科学基础的转基因食品安全性评价会对整个生物技术的进步和产业发展起到非常关键的推动作用。

二、实质等同原则

实质等同性原则是国际经济合作与发展组织(OECD)于 1993 年提出的转基因食品安全性分析的原则。通过对转基因食品的主要营养成分、抗营养因子、毒性物质及过敏性成分等物质的种类与含量进行分析测定，如果与同类传统食品相比无差异，则两者具有实质等同性，可认为该转基因食品不存在安全性问题；如果转基因食品与传统食品无实质等同性，需逐条对转基因食品进行安全性评价。实质等同性比较的主要内容有：生物学特性的比较，对植物来说包括形态、生长、产量、抗病性及其他有关的农艺性状；对微生物来说包括分类学特性(如培养方法、生物型、生理特性等)、定殖潜力或侵染性、寄主范围、有无质粒、抗生素抗性、毒性等；动物方面是形态、生长生理特性、繁殖、健康特性及产量等。营养成分比较，包括主要营养素、抗营养因子、毒素、过敏原等。主要营养素包括脂肪、蛋白质、碳水化合物、矿物质、维生素等；抗营养因子主要是指一些能影响人对食品中营养物质的吸收和对食物消化的物质，如豆科作物中的一些蛋白酶抑制剂、脂肪氧化酶及植酸等。毒素是指一些对人有毒害作用的物质，在植物中有马铃薯的茄碱、番茄中的番茄碱等。过敏原是指能造成某些人群食用后产生过敏反应的一类物质，如巴西坚果中的 2S 清蛋白。一般情况下，对食品的所有成分进行分析是没有必要的，但是，如果其他特征表明由于外源基因的插入产生了不良影响，那么就应该考虑对广谱成分予以分析。对关键营养素的毒素物质的判定是通过对食品功能的了解和插入基因表达产物的了解来实现的。但是，在应用实质等同性评价转基因食品时，应该根据不同的国家、文化背景和宗教等的差异进行评价。

若某一转基因食品或成分与某一现有食品具有实质等同性，那么就不用考虑毒理和营养方面的安全性，两者应等同对待。若某一转基因食品与现有食品及成分具有实质等同性，但存在某些特定差异。这种差异包括：引入的遗传物质是编码一种蛋白质还是多种蛋白质，是否产生其他物质。是否改变内源成分或产生新的化合物。在这种情况下，主要针对一些可能存在的差异和主要营养成分进行比较分析。目前，经过比较的转基因食品大多属于这种情况。如果某一转基因食品与现有食品无实质等同性，这并不意味着它一定不安全，但必须考虑这种食品的安全性和营养性。首先应分析受体生物、遗传操作和插入 DNA、遗传工程体及其产物，如表型、化学和营养成分等。由于目前转基因食品还没有出现这种情况，故在这方面的研究还没有开展。1996 年在世界粮食及农业组织(FAO)/世界卫生组织(WHO)通过"实质等同性"的原则适应于所有转基因生物(植物、动物和微生物)的安全性评价。对于转基因动物食品而言，实质等同性本身不是危险性分析，是对新的转基因动物食品与传统销售食品相对的安全性比较。它是一种动态的过程，既可以是很简单的比较，也可能需要很长的时间进行对比，这完全取决于已有的经验和动物食品及其动物食品成分的性质。

三、预先防范原则

自 1953 年沃森(Watson)和克里克(Crick)揭示了遗传物质 DNA 双螺旋结构，现代分子生物学的研究进入了一个新的时代。转基因技术作为现代分子生物学最重要的组成成分，是人类有史以来，按照人类自身的意愿实现了遗传物质在四大系统，即人、动物、植物和微生物之间的转移。早在 20 世纪 60 年代末斯坦福大学教授贝尔格(Berg)尝试用来自细菌的一段

DNA 与猴病毒 SV40 的 DNA 连接起来，获得了世界第一例重组 DNA。这项研究就受到了其他科学家的质疑，因为 SV40 病毒是一种小型动物的肿瘤病毒。可以将人的细胞培养转化为类肿瘤细胞。如果研究中的一些材料扩散到环境中将对人类造成巨大的灾难。正是转基因技术的这种特殊性，必须对转基因食品采取预先防范作为风险性评估的原则。必须采取以科学为依据，对公众透明，结合其他评价的原则，对转基因食品进行评估，防患于未然。预防原则一词大约出现于 1988 年，是一个道德原则，主要是指如果一项技术的应用所产生的后果是未知的，且经过一些科学家的判断，从道德观点来看会产生较高的负面影响，在环境法中首先采取该原则。欧盟则将这项原则应用到了转基因生物安全管理法规中，欧盟坚持严格的预防原则，即科学是存在局限性的，对科学评估转基因食品所需的完整数据要等到许多年后才能获得，无论研究方法多么严格，结论总会具有某些不确定性，而政府不能等到最坏的结果发生后才采取行动。

四、个案评价原则

由于转基因食品的研发是通过不同的技术路线、选择不同的供体、受体和转入不同的目的基因，在相同的供体和受体中也会采用不同来源的目的基因，因此必须对不同的转基因食品进行逐个评估。用个案评价原则分析转基因食品的安全性，可以最大限度地发现安全隐患，保障食品安全。转基因动物要以个案分析为基础，以它的亲本动物作为对照，只有与亲本动物同样安全，才能进行下一步的评价。

五、逐步评估原则

转基因食品的研发一般要经过实验室研究、中间试验、环境释放、生产试验及商业化生产等多个环节，每个环节对人类健康和环境所造成的风险是不同的，因此对转基因食品进行安全性评价应当分阶段进行，且对每一阶段设置具体的评价内容，从而逐步而深入地开展评价工作。实验规模既影响所采集的数据种类，又影响检测某一个事件的概率。一些小规模的试验有时很难评估大多数转基因生物及其产品的性状或行为特征，也很难评价其潜在的效应和对环境的影响。逐步评估的原则就是要求在每个环节上对转基因生物及其产品进行风险评估，并且以前一步的实验结果作为依据来判定是否进行下一阶段的开发研究。一般来说，有三种可能：第一，转基因生物及其产品可以进入下一阶段试验；第二，暂时不能进入下一阶段试验，需要在本阶段补充必要的数据和信息；第三，转基因生物及其产品不能进入下一阶段试验。例如，1998 年在对转入巴西坚果 2S 清蛋白的转基因大豆进行评价时，发现这种可以增加大豆甲硫氨酸含量的转基因大豆对某些人群是过敏原，因此，进一步的开发研究不得不提前终止。逐步评估原则可以有效提高工作效率，并且能够在最短的时间内发现可能存在的风险。

六、熟悉性原则

所谓的熟悉性原则是指通过了解某一转基因生物的目标性状、生物学、生态学和预期效果等背景信息，从而获得对与之相类似的转基因生物进行安全性评价的经验。转基因食品的风险评估既可以在短期内完成，也可能需要长期的监控。这主要取决于人们对转基因食品有关背景的了解和熟悉程度。在风险评估时，应该掌握这样的概念：熟悉并不意味着转基因食品安全，而仅仅意味着可以采用已知的管理程序；不熟悉也并不能表示所评估的转基因食品不安全。也仅意味着对此转基因食品熟悉之前，需要逐步地对可能存在的潜在风险进行评估。因此，"熟悉"是一个动态的过程，不是绝对的，而是随着人们对转基因食品的认知和经验的积累而逐步加深的。

七、风险效益平衡的原则

发展转基因技术就是因为该技术可以带来巨人的经济和社会效益。但作为一项新技术，该技术所可能带来的风险也是不容忽视的。因此，在对转基因食品进行评估时，应该采用风险和效益平衡的原则，综合进行评估，以获得最大利益的同时，将风险降到最低。

第四节　转基因食品的检测技术

目前，国内外报道的对转基因成分的检测方法主要是基于核酸水平和基于蛋白质水平两大类。基于核酸水平进行检测，主要通过 PCR 方法检测椰菜花叶病毒(caMV)35S 启动子、胭脂碱合酶 NOS 终止子、标记基因(主要是一些抗生素抗性基因，如卡那霉素、新潮霉素抗性基因等)和目的基因(抗虫、抗除草剂、抗病和抗逆等基因)等。主要检测技术包括：普通 PCR、多重 PCR、巢式和半巢式 PCR 及荧光定量 PCR 等。基于蛋白质水平进行检测，主要利用酶联免疫吸附测定(ELISA)方法检测目的基因所表达的蛋白质。

一、基于核酸水平的检测技术

1. 普通 PCR 技术　　普通 PCR 方法已经成为转基因检测中常用的方法。利用该方法对转基因抗除草剂大豆 Roundup Ready(TM) soybean(RRS)和转基因抗虫玉米系列标准品 Bt176 Maxi Maizer 进行检测，可以检测到仅为 0.5% 的转基因成分。普通 PCR 方法早在 2003 年就成为我国出入境检验检疫系统的行业标准。这些标准涉及的转基因作物有大豆(SN/T1995—2003)、玉米(SN/T1996—2003)、棉花(SN/T1999—2003)、油菜籽(SN/T1997—2003)和马铃薯(SN/T 1998—2003)。目前该项技术广泛应用于进出口商品的转基因成分检测。

2. 多重 PCR 技术　　多重 PCR 技术是对常规 PCR 方法的改进，多重 PCR 的特点在于只需要进行一个反应就可以检测多个目标基因序列，因此这种方法具有更大的可靠性和适应性，并且能降低检测成本。多重 PCR 的基本原理与普通 PCR 相同，区别是在同一个反应体系中加入 1 对以上的引物，如果存在与各对引物特异性互补的模板，则它们分别结合在模板相对应的部位，同时在同一反应体系中扩增出 1 条以上的目的 DNA 片段。多重 PCR 既有单个 PCR 的特异性和敏感性，又较之快捷和经济，在引物和 PCR 反应条件的设计方面表现出很大的灵活性。多重 PCR 还能提供内部对照，指示模板的数量和质量。

3. 巢式和半巢式 PCR 技术　　巢式 PCR(nested PCR)是在普通 PCR 基础上发展起来的一种 PCR 技术。其原理是设计 2 对引物，其中一对引物在另一对引物扩增产物的片段上，通过二次 PCR 反应对某个基因进行检测。半巢式 PCR(semi nested PCR)的原理与巢式 PCR 基本相同，只是半巢式 PCR 只有一对半引物，第一套引物中的一个引物与新设计的另外一个引物共同组成了新一轮扩增所需的引物。这两种方法不但可以减少假阳性的出现，而且可以使检测的下限下降几个数量级。因此，可以广泛应用于转基因产品的 PCR 检测。

4. 实时荧光定量 PCR 技术　　　实时荧光定量 PCR 是对食品中转基因成分进行定量检测的一种非常重要的技术。自 1993 年实时荧光 PCR 技术问世以来，该项技术得到了飞速发展。1996 年美国应用生物系统（Applied Biosystems）公司生产出世界第一台全自动实时荧光 PCR 仪。所谓实时荧光定量 PCR 技术，是指在 PCR 反应体系中加入荧光基团，利用荧光信号积累实时监测整个 PCR 进程，最后通过标准曲线对未知模板进行定量分析的方法。这种方法采用一个双标记荧光探针来检测 PCR 产物的积累，可非常精确地定量转基因含量。与常规 PCR 相比该技术实现了 PCR 从定性到定量的飞跃，而且它具有特异性更强、有效解决 PCR 污染问题、自动化程度高等特点。

5. 生物芯片技术　　　随着新技术和新仪器的不断出现，转基因食品的检测技术得到了快速发展。当今应用于转基因 PCR 检测的主要前沿技术当属生物芯片技术。该方法可以同时对数以千计的样品进行处理分析，大大提高了检测效率，降低了检测成本。通过使用该项技术已成功实时定量检测 Roundup Ready 转基因大豆和 Bt176 玉米。目前，欧洲基因时代（GeneScan）公司也已经推出了商品化的转基因检测芯片试剂盒（GMO chip kit），该试剂盒可以对指定的转基因作物中的几种转基因成分作定性检测。欧盟的转基因芯片研究小组正致力于将基因芯片技术应用于转基因成分鉴定及定量检测。

二、基于蛋白质水平的检测技术

1. 酶联免疫吸附技术　　　酶联免疫吸附法（enzyme linked immunosorbent assay, ELISA）是依赖抗原（导入基因在受体作物中得到正确表达产生的蛋白质）和抗体能发生特异性结合免疫学评估技术。酶联免疫吸附测定法是最常用的一项免疫学测定技术，该种方法具有很多优点，如特异性强、灵敏度高、样品易于保存、结果易于观察、可以定量测定、仪器和试剂简单等。目前，这种方法已经被广泛地用于分析测定转基因作物中外源基因表达的靶蛋白质的水平。近几年来，科学家们以 ELISA 法为基础将特异性蛋白抗体涂抹在支撑物上，建立了测流试剂条（如 lateral flow）和试剂盒等快速检测方法。实际分析时只需将试剂条直接与样品中的蛋白质抗原接触即可，使操作过程趋于简单化和自动化，可不受场地及实验室条件限制，灵敏度高，方便快捷，适合于田间快速检测，并且可以对转基因产品实行半定量分析。

2. 蛋白质印迹法　　　蛋白质印迹法（Western blot）是将电泳较高的分离能力、抗体的特异性和显色酶反应的灵敏性三个方面的特点相结合，是检测复杂化合物中特异蛋白质的最有力的工具之一，普遍用于对目的蛋白质的分离和检测，灵敏度为 $1\sim5$ng。蛋白质印迹法可用于确定一个样品中是否含有低于或超过预定限值水平的目的蛋白质，特别适用于不可溶蛋白质的分析。

第五节　中国转基因食品的管理

一、法律规章

1. 法律体系　　　早在 1990 年，中国政府就制定了《基因工程产品质量控制标准》，成为我国第一个有关生物安全的标准和办法。1993 年，原国家科学技术委员会发布了《基因工程安全管理办法》，对基因工程的定义、安全等级及安全性评价的划定、申报及审批程序等作了规定。在转基因技术在国际上开始进入商品化的 1996 年，农业部又相应制定《农业生物基因工程安全管理实施办法》，具体规定农业生物基因工程安全等级的划分标准，明确各阶段的审批权限，以及相应的安全性控制措施；对农业生物技术的全过程，从实验研究，到中间试验，遗传工程体及其产品的环境释放，到遗传工程体及其产品的商品化生产实施管理，其适用范围涵盖我国自己研发的工作，也包括国外研制的相应产品在我国境内的各个阶段的试验、研究、应用。在联合国环境规划署(UNEP)和全球环境基金(GEF)的支持和资助下，2000年国家环保总局牵头编制了《中国国家生物安全框架》，提出了我国生物安全管理体制、法规建设和能力建设方案。2000年通过的《中华人民共和国种子法》，要求转基因植物品种的选育、试验、审定和推广必须进行安全性评价，并采取严格的安全控制措施。销售转基因植物品种种子的，必须用明显的文字标注，并提示使用时的安全控制措施。这是我国第一次要求对转基因产品进行标识。

2001年国务院颁布实施《农业转基因生物安全管理条例》。2002年，农业部发布施行《农业转基因生物安全评价管理办法》《农业转基因生物进口安全管理办法》和《农业转基因生物标识管理办法》三个配套管理规章，这4个法规成为我国对转基因食品管理的基础。2004年，国家质检总局发布了《进出境基因产品检验检疫管理办法》。根据我国《中华人民共和国食品安全法》，2011年1月8日公布的《国务院关于废止和修改部分行政法规的决定》(中华人民共和国国务院令第588号)在《农业转基因生物安全管理条例》中新增了"县级以上各级人民政府有关部门依照《中华人民共和国食品安全法》的有关规定，负责转基因食品安全的监督管理工作"的规定。

根据《农业转基因生物安全管理条例》和《农业转基因生物安全检测管理办法》的规定，我国建立农业转基因生物安全检测制度，主要检测农业转基因生物对人类、动植物、微生物和生态环境构成的危险或潜在风险。具体工作由国家农业转基因生物安全委员会负责，农业部依据检测结果在20日内作出批复。安全检测工作按照植物、动物、微生物三个类别，以科学为依据，以个案审查为原则，实行分级分阶段管理。根据危险程度，将农业转基因生物分为尚不存在危险，具有低度、中度、高度危险4个等级；根据农业转基因生物的研发进程，将安全检测分为实验研究、中间试验、环境释放、生产性试验和申请领取安全证书5个阶段。对于安全等级为Ⅲ和Ⅳ的实验研究和所有安全等级的中间试验，实行报告制管理；对于环境释放、生产性试验和申请领取安全证书，实行审批制管理。凡在我国境内从事农业转基因生物研究、试验、生产、加工以及进口的单位和个人，应按照《农业转基因生物安全管理条例》的规定，根据农业转基因生物的类别和安全等级，分阶段向农业部报告或提出申请。通过国家农业转基因生物安全委员会安全检测，由农业部批准进入下一阶段或颁发农业转基因生物安全证书。

2. 管理制度　　《农业转基因生物安全管理条例》确立了我国管理转基因生物及其产品的5项基本管理制度，即安全评价制度、生产许可证制度、经营许可证制度、标识制度、进出口管理制度。

(1) 安全评价制度。凡在中国境内从事农业转基因生物的研究、试验、生产和进出口活动，都必须进行安全性评价。安全评价按照动物、植物和微生物三个类别，根据安全等级Ⅰ(该转基因活生物体及其产品的开发工作对生物多样性、生态环境和人体健康尚不存在危害)、Ⅱ(该转基因活生物体及其产品的开发工作对生物多样性、生态环境和人体健康具有低度危险)、Ⅲ(该转基因活生物体及其产品的开发工作对生物多样性、生态环境和人体健康具有中度危险)、Ⅳ(该转基因活生物体及其产品的开发工作对生物多样性、生态环境和人体健康具有高度危险)的不同以及实验研究、中间试验、环境释放、生产性试验和申请安全证书 5 个不同的阶段进行报告和审批。国家农业转基因生物安全委员会负责农业转基因生物的安全评价，并对农业转基因生物安全管理的政府决策提供技术咨询。该办法还规定了申报与审批程序、安全评价与技术监测规范以及各级农业行政主管部门的监管责任。该制度适用于所有农业转基因生物的安全性评价，只有经过批准后才能开展相应的工作。

(2)生产许可证制度。所有研发单位在开展转基因植物种子、种畜禽、水产苗种的生产应用时，只有在安全评价的基础上，获得了相应转基因生物的生物安全证书，并申请取得农业部颁发的种子、种畜禽、水产苗种生产许可证，才能开展相应的生产活动。

(3)经营许可证制度。转基因植物种子、种畜禽、水产苗种经过安全性评价获得了相应的生物安全证书后，所有从事这类转基因生物经营的单位和个人，必须申请并取得农业部颁发的种子、种畜禽、水产苗种经营许可证，才能从事相应的转基因生物经营活动。

(4)标识制度。凡在中国境内销售列入农业转基因生物标识目录的农业转基因生物，必须实行标识；未标识和不按规定标识的，不得进口或销售。标识目录由农业部会同国务院有关部门制定、调整并公布。根据规定，转基因生物标识的标注方法有 3 种。 ①转因动植物(含种子、种畜禽、水产苗种)和微生物，转基因动植物、微生物产品，含有转基因动植物、微生物或者其产品成分的种子、种畜禽、水产苗种、农药、兽药、肥料和添加剂等产品，直接标注"转基因××"。②转基因农产品的直接加工品，标注为"转基因××加工品(制成品)"或者"加工原料为转基因××"。用农业转基因生物或用含有农业转基因生物成分的产品加工制成的产品，但最终销售产品中已不再含有或检测不出转基因成分的产品，标注为"本产品为转基因××加工制成，但本产品中已不再含有转基因成分"，或者标注"本产品加工原料中有转基因××，但本产品中已不再含有转基因成分"。

第一批实施标识管理的农业转基因生物包括大豆种子、大豆、大豆粉、大豆油、豆粕，玉米种子、玉米、玉米油、玉米粉(含税号为 11022000、11031300、11042300 的玉米粉)，油菜种子、油菜籽、油菜籽油、油菜籽粕、棉花种子和番茄种子、鲜番茄、番茄酱，共 5 类 17种。出于对食品安全的考虑，中国政府对转基因食品上市的态度十分慎重。为了加强对转基因食品的监督管理，保障消费者的健康权和知情同意权，依据《中华人民共和国食品卫生法》的相关规定，2002 年实施了由卫生部颁布的《转基因食品卫生管理办法》(以下简称《办法》)。这个《办法》规定，从 2002 年 7 月 1 日后，对"以转基因动植物、微生物或者其直接加工品为原料生产的食品和食品添加剂"必须进行标识。在这部包括 6 个章节 26 条的法规中，清楚地写道：食品产品中(包括原料及其加工的食品)，含有基因修饰有机体和(或)表达产物的，要标注"转基因××食品"或"以转基因××食品为原料"。转基因食品来自潜在致敏食物的，还要标注"本品转××食物基因，对××食物过敏者注意"。这是保护消费者"知情权"的一项重大措施。

(5)进出口管理制度。对进口农业转基因生物按照用于研究试验、用于生产、用作加工原料三种类型实施安全管理，根据不同的类型制定了相应的管理措施和规定。例如，境外公司向中国出口农业转基因生物用作加工原料的，首先由境外研发商提出申请，经农业部委托的技术检测机构进行环境安全和食用安全检测，并经过国家农业转基因生物安全委员会评价合格后，由农业部颁发农业转基因生物安全证书，在采取一定安全控制措施的情况下，可以出口到我国。

二、安全管理

转基因生物安全管理牵涉众多部委，为了防止出现管理上的缺位、越位等现象，必须建立一个协调机构，为此，我国建立了农业转基因生物安全管理部际联席会议，保证了转基因生物安全管理的统一性和高效性。部际联席会议成员单位包括：农业部、国家发展和改革委员会、科学技术部、卫生部、商务部、国家质量监督检验检疫总局、国家环境保护总局等。它的主要职责是协调农业转基因生物安全管理工作中的重大问题以及审定主要转基因作物准许商品化生产的政策。

农业部作为我国农业转基因生物安全管理的具体主管部门，在维护转基因生物安全方面扮演着主导性的角色。为此，农业部成立了由主管部长为组长，有关司局负责人组成的农业转基因生物安全管理领导小组和农业部农业转基因生物安全管理办公室。领导小组的主要任务是审议草拟或修订的农业转基因生物安全管理方面的法律法规，研究重要农业转基因生物安全审批、生产与经营许可、进出口政策以及指导农业转基因生物安全管理办公室的工作。安全管理办公室是全国农业转基因生物安全管理的日常行政机构，它的主任由科技教育司司长兼任，副主任由科技教育司的一名副司长和两名处长兼任。安全管理办公室主要负责全国农业转基因生物安全的监督管理，统一受理农业转基因生物的安全评价申请、标识审查认可申请和进口申请，审批与发放有关证书、批件，以及国家农业转基因生物安全评价与检测机构的认证、管理和安全监测体系建设等。

各省、自治区和直辖市也相应建立了农业转基因生物安全管理机构。这些省级安全管理机构基本上都挂靠在农业行政部门的科教处。它的主要职责是负责本行政区域的农业转基因生物安全监管工作。农业部要求省级农业行政部门加强对农业转基因生物安全管理问题的调查研究，建立农业转基因生物安全管理信息反馈制度。各省农业行政主管部门要明确一名专职联络员，及时将有关农业转基因生物安全监督检查和标识审查认可情况上报到农业转基因生物安全管理办公室。

国家环保总局设立了国家生物安全管理办公室。转基因生物的环境释放和商业化生产涉及环境污染问题，国家环保总局作为我国环境保护的主管部门，而且我国政府已向联合国环境署和《生物多样性公约》确认国家环保总局作为我国生物安全的国家联络点和主管部门，因此，它在农业转基因生物安全管理方面也履行着一定的职责。

三、安全评价

1. 安全评价制度　《农业转基因生物安全管理条例》及配套规章规定，我国对农业转基因生物实行分级分阶段安全评价制度，国家农业转基因生物安全委员会负责农业转基因生物安全评价工作。安全评价按照实验研究、中间试验、环境释放、生产性试验和申请安全证书 5 个阶段进行。实验研究，是指在实验室控制系统内进行的基因操作和转基因生物研究工作；中间试验，是指在控制系统内或者控制条件下进行的小规模试验；环境释放，是指在自然条件下采取相应安全措施所进行的中规模的试验；生产性试验，是指在生产和应用前进行的较大规模的试验；在生产性试验结束后，可以向农业部申请领取安全证书，经农业转基因生物安全委员会安全评价合格，由农业部颁发农业转基因生物安全证书。获得安全证书后，可以办理有关转基因植物种子、种畜禽、水产苗种、农药、兽药、肥料、添加剂等审定、登记、审批和试验材料进口手续。是否需要转入下一个阶段，由研究试验单位和个人提出。我国对于实验研究和中间试验总体上实行的是报告制，对环境释放、生产性试验和申请领取安全证书实行审批制。以'华恢1号'和'Bt汕优63'转基因水稻为例，两种水稻于1999～2000年开展了中间试验，2001～2002年开展了环境释放，2003～2004年开展了生产性试验，2004～2005年对'华恢1号'和'Bt汕优63'的目标性状进行了检测验证，2007～2008年对其分子特征、环境安全和食用安全的部分指标进行了检测验证。经过11年的严格评价审核，于2009年依法批准发放了转基因抗虫水稻'华恢1号'及杂交种'Bt汕优63'的生产应用安全证书。

2. 安全评价机构　　进行安全评价，就需要有专门的评价机构，为此，我国建立了国家农业转基因生物安全委员会。这一委员会的成员来自不同的部门和不同的专业，每届任期三年。2002年7月8日，第一届国家农业转基因生物安全委员会成立。这届安委会由58名委员组成，分为植物、植物用微生物、动物与动物用微生物和水生生物4个专业组，其中植物专业组29名委员，植物用微生物专业组9名委员，动物与动物用微生物专业组12名委员，水生生物专业组6名委员，分别来自农业部、卫生部、国家质检总局、国家环保总局、外经贸部、科技部、教育部、中国科学院等多个部门，涉及农业转基因生物研究、生产、加工、检验检疫、卫生、环境保护、贸易等多个领域，其中中国科学院和中国工程院院士6名。2005年6月22日，第二届国家农业转基因生物安全委员会成立。这届农业转基因生物安全委员会由74位委员组成。这些委员主要来自农业部、国家发展和改革委员会、科技部、卫生部、商务部、国家质检总局、国家环保总局、教育部、国家食品药品监督管理局、国家林业局、中国科学院、中国工程院等部门及其直属单位。第二届安委会在原来涉及转基因技术研究、生产、加工、检验检疫、卫生、环境保护、贸易等专业领域的基础上，增加了食用安全、环境安全、技术经济、农业推广和相关法规管理方面的专家。通过各个领域、各种知识背景的专家从不同角度对转基因产品进行风险与收益的评估，保证转基因产品的安全性评价的全面性与公平性。2009年第三届安委会成立，共有60名委员，其中植物及植物用微生物专家29名，动物及动物用微生物专家11名，食用安全专家18名，管理类专家2名，分别来自教育、中国科学院、卫生、食品药品监督管理、环境保护、质检和农业系统。

四、技术检测

1. 检测机构建设　　技术检测体系由农业转基因生物安全技术检测机构组成，服务于安全检测与执法监督管理。检测机构按照动物、植物、微生物三种生物类别，转基因产品成分检测、环境安全检测和食用安全检测三类任务要求设置，并根据综合性、区域性和专业性三个层次进行布局和建设。为此，2003年农业部确定了第一批农业转基因生物技术检测机构筹备单位，分别是中国农业大学、中国疾病预防控制中心营养与食品安全所、天津卫生防病中心承建的转基因生物及其产品食用安全检测中心。2004年，农业部编制了《国家农业转基因生物安全检测与监测体系建设规划》和《国家农业转基因生物安全检测与监测中心基建项目规划》，在全国范围内筹建了49个农业转基因生物安全检测机构，包括1个国家级检测机构和48个部级检测机构。在48个部级检测机构中，食用安全检测机构3个、环境安全检测机构19个、产品成分检测机构26个，初步形成了以国家级检测机构为龙头的覆盖国内31

个省(自治区、直辖市)的农业转基因生物安全检测机构体系。截至 2011 年，我国已有 36 个检测机构通过了国家计量认证、农业部的考核和审查认可，具有独立开展相关检测工作的法律资质。

农业转基因生物安全检测机构是我国农业转基因生物安全管理技术支撑体系的重要组成部分，在我国农业转基因生物行政监管、安全评价、风险交流等活动中发挥了至关重要的作用。

(1)支撑行政监管。农业转基因生物安全管理技术性和政策性很强，转基因生物安全管理的及时、准确、科学的决策，取决于所获得的科学、客观、公正的信息资料的支持，检测机构通过对转基因生物及其产品的成分、食用安全、环境安全进行检测，不断为行政主管部门提供科学、公正的技术数据，为转基因安全管理提供了重要的技术支撑。转基因检测机构在转基因生物安全的日常监管和应对"亨氏营养米粉"、"湖北转基因水稻"等突发事件方面都发挥了积极的重要支撑作用。

(2)服务安全评价。安全评价是农业转基因生物安全管理的核心，是利用现有科学知识、技术手段、科学试验数据对转基因生物可能对生态环境和人类健康构成的潜在风险进行综合分析和评估的活动。评价工作由国家农业转基因生物安全委员会负责，而评价的依据除了研发人员提供的资料外，还包括环境安全类和食用安全类转基因生物安全检测机构提供的科学、公正的第三方数据，这些数据为转基因生物安全评价工作提供了科学依据。

(3)主导标准研制。检测标准是农业转基因生物安全检测机构开展日常检测工作的基础依据，是检测机构必须遵照执行的作业指导书。在我国，检测机构除了是技术标准的使用者，还是检测方法的研发者和标准文本的起草者。截至目前，农业部已发布实施转基因生物安全检测标准 60 项，包括产品成分检测标准 25 项、环境安全检测标准 30 项、食用安全检测标准 5 项，全部由国家级检测中心牵头组织，部级检测中心参与研制和起草。目前，参加过标准研制的部级检测中心已超过 20 家。

(4)开展风险交流。风险交流是一个包括管理者、研发者、生产者、消费者等在内的多方面互动的信息交流过程。近年来，国家级检测中心组织北京、长春等地的部级检测中心，制作了一系列转基因生物安全科普作品，并开展了形式多样的科普活动，为创造良好的转基因生物研发舆论环境作出了突出贡献。

2. 技术标准建设　　与此同时，我国还成立了由全国农业转基因生物安全管理标准化技术委员会、标准研制机构和实施机构组成的技术标准研发体系。为了保持农业转基因生物安全管理的规范化，农业部在 2004 年成立了全国农业转基因生物安全管理标准化技术委员会。由 41 名委员组成，秘书处设在农业部科技发展中心。按照《中华人民共和国标准化法》的规定和《农业转基因生物安全管理条例》的要求，开展农业转基因生物安全管理、安全检测、技术检测的标准、规程和规范的研究、制订、修订和实施工作，为安全检测体系、监测体系和开展执法监督管理工作提供标准化技术支持。主要负责转基因植物、动物、微生物及其产品的研究、试验、生产、加工、经营、进出口及与安全管理方面相关的国家标准制修订工作，对口食品法典委员会(CAC)的政府间特设生物技术食品工作组(CX-802)等技术组织以及负责与农业转基因生物安全管理有关的标准制定工作。截至目前，农业部已发布实施转基因生物安全检测标准 60 项，包括产品成分检测标准 25 项、环境安全检测标准 30 项、食用安全检测标准 5 项，全部由国家级检测中心牵头组织，部级检测中心参与研制和起草。这些标准的制订完善发展了我国的转基因生物安全评价和检测的技术标准体系，使得我国的转基因生物安全管理工作做到有法可依。

思 考 题

1. 什么是转基因食品？转基因食品包括哪几大类型？这几大类型转基因食品的研究现状如何？

2. 如何进行转基因食品的安全性评价？对转基因食品的安全性评价一般遵循哪些原则？

3. 试述对转基因成分进行定性或定量检测的主要技术。

第五章 食源性疾病的预防和控制

【本章提要】

本章主要介绍了食源性疾病的概念以及分类；详细介绍了细菌性食物中毒、真菌性食物中毒、化学性食物中毒、有毒动植物食物中毒4类食物的特点以及预防和控制措施；介绍了几种常见的感染性食源性疾病及新发食源性疾病；概述了食源性疾病的报告与检测程序。

【学习目标】

1. 掌握各类食物中毒的特点以及防治措施；
2. 了解常见的感染性食源性疾病；
3. 了解食源性疾病的报告和检测工作流程。

【主要概念】

食物中毒、食源性疾病、食源性腹泻、食源性寄生虫

第一节 食源性疾病概述

一、 食源性疾病的概念

食源性疾病(foodborne disease)是世界上分布最广、最常见的疾病之一，同时也是对人类健康危害最大的疾病之一。"食源性疾病"一词由传统的"食物中毒"发展而来。世界卫生组织(WHO)在1984年对食源性疾病做了如下定义："食源性疾病是指经过摄食进入人体内的各种致病因子(病原体)所引起的、通常具有感染性质或者中毒性质的一类疾病。"目前，全世界已知的食源性疾病已达250多种，其中绝大多数病例是由细菌引起的，其次则为病毒和寄生虫。食源性疾病是一大类与摄入食物有关的疾病，包括营养素摄入不均衡等原因所造成的营养失调等。随着人们对食源性疾病认识的逐渐加深，食源性疾病所包含的范畴也在不断地扩大，如由于摄入被有毒化学物质和致病微生物等污染的食物或有毒动植物所致的食物中毒，也包括寄生虫病、食源性传染病和慢性中毒等，均属于食源性疾病的范畴。

食源性疾病应具有三个基本特征：①食源性疾病在暴发或传播流行的过程中，病原物质是通过食物传播的；②食物中所含有的各种致病因子是引起食源性疾病的病原物质；③其临床特征是急性中毒性表现或是感染性表现。食源性疾病暴发的因素通常是与病原物质对食物的污染或在食品中增殖、残存等因素有关。如果食品中仅含有少量病原体，未达到致病剂量时，一般不会引起疾病暴发。能够引起人体感染或毒性反应所需要病原物质的最低含量或数量称为最低感染剂量(MID)或者最小中毒剂量(MID)。在食源性疾病暴发的时候，可能有一种或者数种影响因素使得食品中已经污染或存在的病原体数量达到人体最低感染剂量或最小中毒剂量，从而引发食源性疾病。如果食用者人数较多或者范围较广，就可能会引起较大规模食源性疾病的暴发或流行。

食源性疾病的流行表现具有一定的地方性，如海产食品所引起的食物中毒多发生在沿海

地区，是指某种食源性疾病在某一地区范围内长期持续存在，其发病规模或病例数还没有达到流行的一种疾病现象。其病例可多可少，甚至有的时候仅发生少数散发病例，如从海里钓鱼后直接烧烤，但是烧烤得不彻底，可能会有活的寄生虫存在，造成食源性寄生虫感染。病原存在或污染也具有一定的特点，如空肠弯曲菌、沙门菌等通常在动物性食品中污染较多，也比较常见于动物性食品中，其中空肠弯曲菌在禽类产品上的污染检出率可达 50%~90%；蜡样芽孢杆菌则存在于植物性食品当中较多，因此，发病也常见于这些食品。这类情况通常与病原因子、环境因素以及人群免疫水平三者的互相作用与影响有关。当三个条件发生了变化并且存在引起上述流行条件的时候，就有可能在一定范围内引起以地方性为发病特点的某种食源性疾病的流行。

食源性疾病流行还有另一个特点就是暴发性，食源性疾病发生通常是以暴发或散发的形式出现。暴发是指在多人食用同一食物以后出现相似疾病的发病事件，同一疾病暴发事件中涉及的患者存在着人、时间、地点的关联。发病人数多少与进食人数的多少有关，也就是说某一人群共同进食某些食物以后，许多症状相似的患者在较短的时间内突然出现。散发则是指已知患有某种疾病的人在时间及地点的分布和病例相互之间并没有关联的一种发病表现形式，患者通常是以单个病例的分布形式存在。

食源性疾病无论在发达国家还是在发展中国家都已经成为一个日益严重的公共卫生问题。世界卫生组织(WHO)公布，在发达国家每年约有 1/3 的人发生食源性疾病，而这一问题在发展中国家更为严重。食源性疾病的全球发病率很难精确估计，根据报告，仅 2005 年就有 180 万人死于腹泻病，其中绝大部分可以归因于食品和饮用水的污染。在工业化国家，每年患食源性疾病的人口百分比高达 30%。在美国，每年约发生 7600 万例食源性疾病，造成了 325 000 人次住院和 5000 人死亡，由沙门菌、弯曲杆菌、单核细胞增生李斯特菌和 O157 大肠杆菌所引起的食源性疾病每年在美国造成将近 70 亿美元的经济负担。根据 1992~2001 年对全国 13 个监测地区的食源性疾病的上报资料统计分析，报告中的 5770 件食源性疾病暴发事件中，涉及的患者人数高达 162 995 人。微生物所引起的食源性疾病事件和涉及人数最多，分别占总体的 44.3% 和 50.9%。而化学物引起的食源性疾病事件和涉及人数分别占总体的 37.5% 和 28.6%。如果按食物中毒事件统计，家庭是食物中毒的首要责任单位，其次则是宾馆饭店和集体食堂。根据 2003~2005 年的监测，我国食源性疾病暴发事件的病因构成中，病原微生物所占比例仍然是最大的，3 年所占的比例分别是 46.1%、37.1% 和 31.1%。在暴发事件原因食品构成中，动物类占 27.9%，植物类占 34.9%。

虽然大多数的食源性疾病都是散发性，并且没有正式报告，但在某些情况下，食源性疾病可出现极大规模的暴发。例如，1994 年美国发生了一次由被污染的冰淇淋引起的沙门菌病暴发，估计影响 224 000 人。1998 年中国由食用被污染的蛤蜊所引起的甲肝暴发影响了约 30 万人。为了有效地预防和控制食源性疾病的暴发，WHO 一直在努力制定相关政策以进一步保障食品安全，这些政策涵盖了从生产到消费的整个食品链，并且将利用不同类型的技术改善人类食品的食用环境。

现在，食品安全是一个严重的公共卫生问题。尽管科学技术已经发展到了很高的水平，但食源性疾病在如今社会仍然普遍存在，而且发病率持续增高，新的病原体感染正在不断出现。食源性疾病的现状警示我们，公共卫生正面临新的挑战。由于不利的环境因素和人口因素，现在的食品安全形势将会变得更加严峻。

二、食源性疾病的分类

(一)食源性疾病按病原物性质分类

食源性疾病按病原物性质分类可以分为生物性、物理性和化学性三类。以生物性病原物种类最多,引起的食源性疾病也最为常见。

1. 生物性病原物   生物性病原物是食源性疾病最为常见的病原物,主要有细菌、真菌、病毒、寄生虫等。细菌及其毒素可以引起细菌性食物中毒、肠道传染病以及人畜共患病,最为常见的有沙门菌属、葡萄球菌肠毒素和肉毒毒素等引起的食物中毒。病毒主要是肠道病毒,最常见的是甲型肝炎病毒所引起的肠道传染病。寄生虫及其虫卵主要引起人畜共患病;与食品关系比较密切的真菌毒素主要有黄曲霉毒素、杂色曲霉毒素、玉米赤霉烯酮等。近年来,口蹄疫、禽流感、疯牛病的暴发流行引起了全社会对新的食源性疾病的广泛关注。

2. 物理性病原物   物理性病原物主要来源于放射性物质的开采、冶炼、生产及其在生活中的应用与排放。其中 ^{131}I、^{137}Cs、^{89}Sr、^{90}Sr 都是可能污染食品的放射性核素,其通过3 个主要步骤向人体转移,通过环境向农田作物和水生生物体转移,再通过食物链向动物体转移,然后再通过动植物食物进入人体,从而引起人体慢性损害以及远期的损伤效应。

3. 化学性病原物   化学性病原物来源复杂而且种类繁多。例如,来自生产、生活和环境中的污染物(农药、有害金属、多环芳烃等);从容器、包装材料、涂料等溶入食品中的原材料、单体、助剂等物质;滥用食品添加剂、植物生长促进剂等。

引起人群食源性疾病的化学性病原物主要有污染食品的金属、非金属、有机以及无机化合物,如铅、汞、砷、镉、有机磷、亚硝酸盐等。这些物质可以经过多种途径、多种方式进入食物,如通过环境污染以及生物富集作用进入食物。

(二)食源性疾病按引起发病的致病因子分类

食源性疾病按照致病因子分类可分成以下 8 类。

1. 细菌性食源性疾病   细菌性食源性疾病由于致病菌生长繁殖的条件须具备温度、时间、水分、氧(部分为厌氧)等条件,因此,细菌性食物中毒大多在气候炎热的季节发生。一般发病都是在特定致病菌的潜伏期内,但是根据进食量、个人抵抗能力的不同,同餐进食者的发病时间、病情轻重可能会有差异。中毒症状一般有胃肠道感染或肠毒素中毒症状,如腹泻、腹痛、呕吐、身体乏力、脱水、痉挛等症状,患者一般可在 3～5 天内恢复,预后良好。目前较为常见的细菌性食源性疾病的病原包括沙门菌、副溶血性弧菌、葡萄球菌、变形杆菌、蜡样芽孢杆菌、霍乱弧菌、致病性大肠埃希菌、李斯特菌、产气荚膜梭状芽孢杆菌、肉毒杆菌、耶尔森菌、链球菌、空肠弯曲菌等。

2. 病毒性食源性疾病   目前已经得以确认的食源性病毒包括甲型肝炎病毒、脊髓灰质炎病毒、轮状病毒、诺沃克样病毒、小圆病毒和戊型肝炎病毒等。食源性病毒疾病主要是由于粪便污染了食品造成的。由于病毒在食品中不能生长繁殖,并且在食用食品前,病毒也比较容易被灭活。目前应用最广泛、最有效的灭活食品中的病毒方法是彻底加热。

3. 食源性寄生虫病   食源性寄生虫病指人通过食物或者饮水,感染寄生虫或虫卵而引起的寄生虫病的暴发或散发流行。食源性寄生虫病的传播途径是食物经口传染,具有一般传染病的特点，病情变化通常经过潜伏期、前驱期、发病期和恢复期，并且具有一定的季节性。近年来由于生食动物性食品的日益增多，一些罕见的寄生虫病也有报道，如生食淡水鱼感染棘颚口线虫；生食福寿螺感染广州管圆线虫病；生食淡水鱼感染阔节裂头绦虫；生食龟血感染喉兽比翼线虫；生食蛇血、蛇胆感染舌形虫病等。

4. 化学性食物中毒　　食品中的有害化学物质主要包括天然有毒物质、环境污染物及天然植物毒素等。引发化学性食物中毒的原因主要是有毒化学物直接污染食品。例如，食用喷洒农药不久的水果蔬菜；误食盛装化学毒物或是被污染的容器盛装食品；误将化学毒物用作调味剂或食品添加剂，如将亚硝酸盐作食盐；滥用有毒化学物质，如用甲醇勾兑的白酒；有毒化学物间接污染食品，如食用吸收了有毒化学物质的动植物。无毒或者毒性小的化学物在体内转化成为有毒或毒性强的化学物质，如硝酸盐在肠道细菌的作用下转变成为毒性较强的亚硝酸盐。

化学性食物中毒的发病情况与进食中所含的有毒化学物食物、食用量及进食时间有关。通常情况下进食后不久就会发病，进食量大的人，发病时间短、病情严重；发病通常具有群体性，发病患者具有相同的临床表现；发病者通常没有地域性和季节性，也没有传染性；剩余食品、血和尿等材料中可以检测出有关化学毒物。处理化学性食物中毒时强调一个"快"字！及时处理不仅对挽救患者的生命十分重要，同时也对控制事态的发展，尤其是群体中毒和尚未明确化学毒物时更加重要。

5. 真菌性食物中毒　　真菌在谷物或者其他食品中生长繁殖产生有毒代谢产物，人和动物摄入这种毒性物质引起的中毒症称为真菌毒素食物中毒，简称真菌性食物中毒。

真菌性食物中毒具有以下几个特点。其发生主要是通过被真菌污染的食品；一般的烹调处理方法不能破坏食品中的真菌毒素；其没有传染性、免疫性，真菌毒素通常都是小分子化合物，对机体产生不了抗体；真菌的生长繁殖及其产生毒素需要一定的温度和湿度条件，因此中毒往往具有比较明显的季节性和地区性。

6. 动物性食物中毒　　动物性食物中毒食品主要包括将含有天然有毒成分的动物当做食品，如鱼胆中毒、河豚中毒和含高组胺鱼类中毒；一定的条件下产生大量有毒成分的可食动物性食品，如贝类中毒等。

近年来，发生在我国的动物性食物中毒，主要包括河豚中毒、鱼胆中毒，它们的病死率都比较高。动物性食物中毒的发病率和病死率根据动物性中毒食品的不同而有所差异，具有一定的地区性。

7. 植物性食物中毒　　植物性食物中毒一般是因为误食有毒植物或有毒植物的种子，或是因为烹调加工的方法不当，没把有毒物质去掉而引起。植物中的有毒物质有很多种，毒性的强弱差别也比较大，临床表现各异，救治方法不同，预后通常也不一样。除了急性胃肠道症状，神经系统症状也较为常见，抢救不及时可能会引起死亡。

植物性中毒的特点是散发多于暴发，而散发又多见于家庭，有时集体食堂、公共饮食业也会发生暴发。由于植物的种植受到气候、地理条件的影响，不同地区的饮食习惯也不相同，植物性中毒通常具有明显的地区性和季节性，但是随着种植技术的不断提高和商品流通业的发展，地区性和季节性也随之有了淡化的倾向。

最为常见的植物性食物中毒主要有毒蘑菇中毒、菜豆中毒等；可以引起死亡的有毒蘑菇、马铃薯、苦杏仁、银杏、桐油等。植物性中毒大多没有特效疗法，对于一些能够引起死亡的严重中毒，尽早排除毒物对中毒者的预后是非常重要的。

8. 其他的食源性疾病 由于食源性致病因子具有复杂性、食源性疾病暴发流行时通常不能获得相关样品用于实验室检测分析及实验室分析技术的局限性，食源性疾病的实验室确诊率受到很多的限制。

第二节 食 物 中 毒

一、 细菌性食物中毒

(一)概念

细菌性食物中毒是指食用含有细菌或细菌毒素，或者被细菌或细菌毒素污染的食物，引起的急性或亚急性的中毒性疾病，通常具有感染性质或中毒性质。细菌性食物中毒通常有细菌流行区域差异大，中毒人群易发生改变，季节性特点发生变化，病原菌的类型易发生改变等特点。

(二)流行病学

细菌性食物中毒的发生和饮食习惯有密切关系，在美国因为多食用肉、蛋、糕点类，因此葡萄球菌食物中毒为最多，次之是沙门菌食物中毒。日本人吃海产品较多，所以副溶血性弧菌食物中毒为最多，葡萄球菌和沙门菌次之。我国以沙门菌食物中毒为主，这与我国饮食结构中的畜禽肉、禽蛋类有关；其次是变形杆菌和副溶血性弧菌食物中毒，与海产品中毒有关；居于第四位的是葡萄球菌引起的食物中毒。细菌性食物中毒发病主要有以下特点。

(1)发病率相对较高，死亡率较低。在食品安全问题造成的食物中毒中，细菌性食物中毒发病次数多，发病数目大。但是，除少数细菌中毒(如肉毒梭菌毒素、椰毒假单胞菌、霍乱弧菌)死亡率较高外，大多数细菌性食物中毒周期短、死亡率低。

(2)季节性较强。通常在全年都有可能发生细菌性食物中毒，但气温较高的 5~10 月对细菌生长较为有利，是细菌性食物中毒的高发季。

(3)细菌性食物中毒主要由动物性食品引起，其中有肉、禽、奶、蛋类等及其制品。另外葡萄球菌肠毒素中毒主要由植物性食品，如剩米饭、大米制品引起；副溶血性弧菌主要由海产品(如墨鱼、带鱼、虾、蟹)、盐渍食品引起。

不同的致病菌流行病学特征不完全相同。

沙门菌食物中毒全年都能发生，但在夏秋两季比较多见。主要由动物源性食品引起，特别是畜肉类中的禽肉，蛋类、乳类及其制品。

致病性大肠杆菌引起的食物中毒多发生在夏秋两季,主要污染生或半生的肉、奶、果汁、发酵肠、蔬菜等食物。

副溶血性弧菌食物中毒多发在沿海地区，7~9 月常是其高发季节，以青壮年发病较多，可反复感染。

金黄色葡萄球菌全年都能发生，夏秋两季最多。引起中毒的食物主要是乳制品、肉类、剩饭等食品。

肉毒梭菌食物中毒主要发生在 4~5 月，带菌的食物有蔬菜、鱼类、豆类、乳类、肉类等。

李斯特菌食物中毒主要在夏秋季，成季节性增长，引起该中毒的主要食品有：乳、肉、水产、蔬菜及水果。其中在冰箱中保存时间过长的乳制品、肉制品最容易引起食物中毒。

蜡样芽孢杆菌食物中毒的发生季节性明显，以 6～10 月最为多见。引起中毒的食品种类包括乳、肉、蔬菜、米粉、米饭等，以米饭、米粉最为常见。

志贺菌食物中毒多发于 7～10 月，引起该中毒的食品主要是冷盘和凉拌菜，人类是唯一的患者和带菌者，主要感染结肠黏膜层，一般不入血。

空肠弯曲菌食物中毒夏季最多，污染的家禽家畜的肉、奶、蛋类，如进食前未加工或加工不适当，吃凉拌菜等，均可引起传染。

（三）常见病原菌

1. 沙门菌　　世界粮油卫生组织的专家对微生物的危险性给出了评估，指出沙门菌的发病率分别是：澳大利亚 38/105、美国 14/105、德国 120/105、荷兰 16/105、日本 73/105。沙门菌食物中毒是世界上出现最多的食物中毒，也一直居于我国细菌性食物中毒的首位。沙门菌（*Salmonella* spp.）是革兰氏阴性杆菌，很多具有周鞭毛，没有荚膜，也不形成芽孢，长 2～3μm，宽 0.4～0.5μm，需氧或兼性厌氧。沙门菌适宜生存温度为 20～30℃，不够耐热，55℃条件下 1h 或者 60℃ 条件下 15～30min 就能够将其杀死，对氯等普通消毒剂较为敏感，能够在自然水中生存较长时间，在温度适宜富有营养的食品中时，沙门菌可以正常生存，而且繁殖。沙门菌主要分为以下 5 类：猪霍乱沙门菌（*Salmonella choleraesuis*）、肠炎沙门菌（*Salmonella enteritidis*）、伤寒沙门菌（*Salmonella typhi*）、亚利桑那沙门菌（*Salmonella arizonae*）和鼠伤寒沙门菌（*Salmonella typhimurium*）。沙门菌产生后易被忽视，因为食物受污染后没有明显感官性状变化。该菌在哺乳动物、禽类、两栖类动物和爬行动物的肠道内存在，以食物为载体到达人体肠道内，并通过生长增殖，造成急性肠炎和败血症。沙门菌主要污染动物源性食品，并且也广泛存在于自然环境中，是一种主要的食源性致病菌。存在的绝大多数沙门菌对人体和动物是有危害的，以猪霍乱沙门菌、鼠伤寒沙门菌和肠炎沙门菌最为严重。

2. 致病性大肠杆菌　　人和动物的肠道中广泛存在着大肠杆菌，自然界也有很多。绝大部分菌株不致病，但在某些情况下可造成肠道外感染。大肠杆菌（*Escherichia coli*）是两端钝圆的杆菌，革兰氏染色阴性，宽 0.4～0.7μm，长 1～3μm，有的大肠杆菌能呈现卵圆形，不能够形成芽孢；大多数具周身鞭毛，能运动；一般无荚膜，部分菌株有荚膜；需氧或兼性厌氧菌，能发酵多种糖类，可产酸产气，在自然界中有较强的生命力。营养要求不高，普通培养基上可良好的生存。最适生长温度为 37℃，最适 pH 为 7.2～7.4。某些致病性细菌在血液琼脂培养基上可产生 β 型溶血。在伊红美兰琼脂（EMB）培养基上产生紫黑色带金属光泽的菌落。在麦康凯琼脂上培养 18～24h，产生红色菌落。现在已经确认能够对人类产生致病性的菌株有 6 种，如下所述。

（1）产肠毒素性大肠埃希菌（ETEC）：主要感染较大儿童和成人，引起痢疾样腹泻，故又称痢疾样大肠埃希菌。

（2）肠侵袭性大肠埃希菌（EIEC）：又称为"志贺样大肠杆菌"，可引起痢疾样腹泻，与志贺菌有共同抗原，故在流行时易误诊。

（3）肠致病性大肠埃希菌（EPEC）：是引起流行性婴儿腹泻和成人食物中毒的病原菌。

(4)肠出血性大肠埃希菌(EHEC)：产生的毒素与志贺菌产生的毒素基本相同，也称志贺样毒素。

(5)肠集聚性大肠埃希菌(EAEC)。

(6)扩散黏附型大肠杆菌(DAEC)。

3. 副溶血性弧菌 副溶血性弧菌是一种呈半弧状、杆状、丝状的近海的海洋细菌，革兰染色阴性，兼性厌氧，有鞭毛，无芽孢。在含 2%～4% NaCl 的普通培养基上生长最好；最适 pH 是 7.7；最适温度是 37℃。在 15～40℃条件下能生长，当温度为 30～37℃、pII 为 7.4～8.2、含盐 3%～4%时生长良好；无盐条件下不生长，为"嗜盐菌"。菌落在固体培养基上隆起，呈现圆形状态，菌落表面光滑湿润。副溶血性弧菌在 56℃条件下 5min，或 90℃条件下 1min，或 1%食醋处理 5min，或稀释 1 倍的食醋处理 1min 均可被杀死。副溶血性弧菌在淡水中生存不超过 2 个月，在海水中可生存近 50 天。副溶血性弧菌培养液离心沉淀后，上清液或滤液中可分离出耐热性溶血毒素。该毒素有溶血作用，并且具有细胞毒、心脏毒、肝脏毒等毒性，其耐热性能好，100℃下加热 10min 不能被破坏。另外，不耐热的溶血毒素和肠毒素等有毒物质也可以在副溶血性弧菌的培养液中得到。

4. 金黄色葡萄球菌 一般情况下金黄色葡萄球菌呈现球状，显微镜下可以看到葡萄串状。该菌无芽孢、鞭毛，大多数无荚膜，为革兰氏染色阳性菌。金黄色葡萄球菌能够在普通培养基上良好的生长，为需氧或兼性厌氧，最适生长温度是 37℃，最适生长 pH 为 7.4。金黄色葡萄球菌在平板上能够形成厚菌落，为圆形凸起，具有光泽，直径为 1～2mm。在血平板菌落形成溶血环，有耐盐性，可在 10%～15% NaCl 肉汤的培养基中生长。能分解糖类物质，产酸不产气，甲基红反应呈阳性，VP 反应呈弱阳性。有些菌株能分解精氨酸，水解尿素，还原硝酸盐，液化明胶。金黄色葡萄球菌对外界有较强的抵抗力，在 80℃加热 30～60min 才能杀死。

金黄色葡萄球菌致病性很强，能产生多种毒素和酶，主要有肠毒素、溶纤维蛋白酶、溶血毒素、杀白细胞毒素、凝固酶等。其中肠毒素是引起食物中毒的主要毒素。一半以上的金黄色葡萄球菌菌株在实验室条件下能产生肠毒素，并且一种菌株能产生两种或两种以上肠毒素。

5. 肉毒梭菌 肉毒梭菌属于革兰染色阳性的杆菌，厌氧，在 20～25℃下形成位于菌体的次极端或中央芽孢。肉毒梭菌芽孢在高压蒸气 121℃、30min，或干热 180℃、5～15min，或 100℃、5h 能被杀死。肉毒梭菌产生的外毒素——肉毒毒素，其产生的适宜温度是 18～30℃，是一种强烈的神经毒素，毒性是氰化钾的 1 万倍。我们按照肉毒素的抗原性质的不同将其分为 A、B、CQ、CB、D、E、F、G 八个类型。A、B、E、F 四种类型为人中毒型别，其中以 A、B 型最为普遍。在我国，肉毒毒素中毒多为 A 型。该毒素对热极不稳定，在 80℃条件下 30min 或 100℃条件下 10～20min，可将毒素破坏。肉毒梭菌主要存在于动物的粪便、土壤、淤泥和尘土中。其中 A 型菌主要分布在山区和荒地；B 型菌存在于草原区耕地；E 型菌存在于土壤、湖海淤泥中。

6. 李斯特菌 李斯特菌宽 0.4～0.5μm，长 0.5～2.0μm，两头呈钝圆形，V 字形排列，兼性厌氧、无芽孢的直或稍弯革兰阳性短杆菌，有时会呈现卵圆形，通常无荚膜，但营养丰富的生长条件下可形成荚膜。李斯特菌对营养要求不高，在 20～25℃培养时，菌体有动力，显微镜下的菌可见翻跟斗运动。生长范围为 2～42℃，最适宜温度为 35～37℃，在中性或弱碱性、氧分压稍低、二氧化碳浓度稍高的环境生长良好。在固体培养基上，菌落形成初期很小，透明且边沿整齐，液滴状，当菌落增大时，渐变得不透明。在血平板上可产生窄小的溶血环。

7. 志贺菌　　志贺菌又被称为痢疾杆菌，是细菌性痢疾的常见致病菌。该菌没有荚膜、没有鞭毛，有菌毛，宽 0.5~0.7μm，长 1~3μm，大部分不分解乳糖，对酸敏感，对化学消毒剂敏感，在 37℃水中能存活 20 天，在体外环境下生长力不强。光照下 30min 或加热 58~60℃条件下 10~30min 可被杀死。该菌比较耐寒，在冰块中可以存活 3 个月。其中宋内志贺菌和福氏志贺菌是志贺菌中引起食物中毒的主要菌种。志贺菌的菌毛能吸附在回肠和结肠的上皮细菌表面，然后在侵袭蛋白的作用下穿入上皮细胞内，形成感染。痢疾杆菌有强烈的内毒素，其作用于肠壁，使通透性增大，造成发热，神志不清，严重时引起中毒性休克。另外内毒素可以破坏各种黏膜，造成组织溃疡，出现明显的脓血黏液便。内毒素还能引起肠功能紊乱、肠蠕动失调和痉挛，出现腹痛、频繁便意等症状。志贺菌还可产生外毒素，称为志贺毒素。该毒素具有神经毒性，作用于中枢神经系统，能够造成四肢麻痹、死亡；同时还有细胞毒性和肠毒性，损伤细胞，引起水样腹泻。

8. 蜡样芽孢杆菌　　蜡样芽孢杆菌是需氧或兼性厌氧芽孢链锁状杆菌，为革兰氏阳性，有鞭毛，没有荚膜，培养 6h 后能够形成芽孢；生存最适温度为 28~35℃，当温度为 10℃以下时不能进行生长繁殖，营养体 100℃，20min 可被杀死，当 pH 小于 5 时该菌营养体的生长繁殖受到抑制。该菌能够产生引起人类食物中毒的肠毒素，包括腹泻毒素和呕吐毒素。其中的腹泻毒素不能耐热，45℃加热 30min 或 56℃加热 5min 能够使其失去活性；容易被蛋白酶及胰蛋白酶消化降解。呕吐毒素为耐热的肠毒素，126℃加热 90min 不能被破坏；酸碱、胃蛋白酶、胰蛋白酶对该毒素影响不大。

9. 空肠弯曲菌　　空肠弯曲菌是革兰氏阴性螺旋菌。空肠弯曲菌在水中可生存 35 天，在人或动物排出的粪便中能生存 30 天。该菌纤长，没有芽孢，有荚膜，呈现弧形、螺旋形和逗点等形状，宽 0.2~0.8pm，长 0.55μm，两个细菌可以形成短链，呈现海鸥翼状或 S 形。生有鞭毛，长度可达菌体的 2~3 倍，能进行螺旋状运动。在陈旧培养物中菌体变成球状，丧失动力，当菌体置于空气后，形成球状体。该菌为微需氧菌，在大气或厌氧环境中不能生存，最适生长条件为 5%氧气、10%二氧化碳和 85%氮气。适宜生长温度是 25~45℃。在pH 范围为 7.0~9.0 时可以生存，最适 pH 7.2。空肠弯曲菌对生长的营养条件要求较高，常用有 Butzler、Skirrow、Campy-BAP、Preston 等的选择性培养基进行培养。该菌能形成两种菌落：一种为细颗粒状、低平、带灰色、半透明和边缘不规则、在接种线蔓延密集连接起来；另一种类型为圆形、隆起、光滑而有光泽、边缘半透明、中心颜色较暗。在血琼脂培养基上呈现非溶血。在液体培养基的生长物中会出现油脂状沉淀。

另外，还有椰毒假单胞菌、小肠结肠炎耶尔森菌和霍乱弧菌（*Vibrio cholerae*）等。

（四）发病类型与机制

1. 根据中毒症状的不同将细菌性食物中毒分为 4 类

（1）轻度胃肠型。该类型的中毒一般潜伏期为 0.5~1h，所出现的病症较轻，呕吐或腹泻一次后一般较快恢复。该类型中毒主要包括葡萄球菌中毒、赤霉病麦中毒和蜡样芽孢杆菌中毒等。

（2）急性胃肠炎型。该类型中毒潜伏期较长，一般为 3~10h，具有典型的恶心、呕吐、腹痛、腹泻、发热症状，使用抗生素治疗效果明显。该类型中毒主要包括沙门菌、致病性大肠杆菌、副溶血性弧菌、小肠结肠炎耶尔森菌和空肠弯曲菌中毒等。

(3)神经麻痹型。该类型潜伏期为1~3天，长者可达一周，主要表现为神经系统的症状，包括吞咽困难、视线模糊、失音、窒息等。肉毒中毒就属于该类型中毒。

(4)重笃型。该类型潜伏期较短，1~2h出现恶心和呕吐的症状，随着时间的延长，症状加重，出现昏迷、抽搐、发热、尿少，血尿、尿闭而死亡。该类型的中毒使用抗生素没有效果。酵米面中毒为该类型的中毒。

前两种类型的食物中毒在我国较为常见，其中急性胃肠炎型占首位。轻度胃肠型因为症状轻恢复快，通常不被重视，在报告食物中毒时也经常被忽视。

2. 根据中毒机制的不同将细菌性食物中毒分为3类　　细菌性食物中毒分为感染型、中毒型和混合型，其中溶血性链球菌食物中毒和沙门菌食物中毒属于感染型的细菌性食物中毒。而金黄色葡萄球菌、蜡样芽孢杆菌属于中毒型细菌性食物中毒。肉毒梭菌、产气荚膜梭菌、大肠埃希菌、椰酵假单胞菌等细菌则能产生毒素，引起食物中毒。副溶血性弧菌食物中毒、致病性大肠杆菌属于混合型食物中毒，不仅细菌本身对机体有害，而且产生毒素。

3. 不同细菌的中毒机制不同

(1)在沙门菌属中，致病性与血清型或菌株的不同对机体的致病机制有所不同。该菌的致病性分为两种。一种是造成人类伤寒症的血清型，通常能引起肠伤寒和副伤寒，人们对这些细菌较为敏感，但不易使动物致病。该菌一般以食物与患者接触为媒介，感染易感人群。另一种是造成动物伤寒症或败血症的血清型，包括马流产沙门菌、羊流产沙门菌、猪霍乱沙门菌、都柏林沙门菌、鸡沙门菌、肠炎沙门菌和鼠伤寒沙门菌等，能引起特定生物的伤寒症和败血症。除了马流产和羊流产沙门菌没有发现对人感染的病例，其他血清型常能从人的急性胃肠炎中分离。

(2)致病性大肠杆菌中能确认能够对人类产生致病性的菌株有6种，分别是：产肠毒素性大肠埃希菌主要依赖侵袭力和内毒素致病，能产生两种毒素：一种是耐热型肠毒素，经100℃加热30min不被破坏；另一种是不耐热的，称作不耐热毒素，经65℃处理30min即可被破坏。肠侵袭性大肠埃希菌可引起痢疾样腹泻，与志贺菌有共同抗原，故在流行时易误诊。肠致病性大肠埃希菌是引起流行性婴儿腹泻和成人食物中毒的病原菌。肠出血性大肠埃希菌主要血清型是 O157：H7，可产生志贺样毒素，有极强的致病性，能引起出血性肠炎。另外侵入人体一些部位时，可引起感染，如腹膜炎、肠膜炎、胆囊炎和腹泻等。

(3)副溶血性弧菌能在肠道内进行大量繁殖，损害肠黏膜，造成急性胃肠道症状。在肠道内繁殖过程中能产生的耐热性溶血毒素，也起到一定的致病性，但不占主导地位。组织学检查表明肠道有侵蚀病灶、黏膜坏死及中性粒细胞浸润。

(4)葡萄球菌中毒是葡萄球菌肠毒素经小肠黏膜细胞以完整的分子吸收入血，到达中枢神经系统后刺激呕吐中枢而导致以呕吐为主要症状的食物中毒。金黄色葡萄球菌产生的溶血毒素能损伤血小板，破坏溶酶体，引起肌体局部缺血和坏死；杀白细胞素可破坏人的白细胞和巨噬细胞；血浆凝固酶使血液或血浆中的纤维蛋白沉积于菌体表面或凝固，阻碍吞噬细胞的吞噬作用，造成局部感染；此外，还能产生脱氧核糖核酸酶、肠毒素、溶表皮素、明胶酶、蛋白酶、脂肪酶、肽酶等。

(5)肉毒梭菌中毒的发病机制主要为活的肉毒梭菌产生无毒的毒素前体物,细菌死亡自溶后,释放出来污染食物,并随食物进入小肠内,被活化释放出神经毒素。神经毒素被小肠黏膜细胞吸收入血后,作用于相关神经,使神经冲动的传递受阻,最后造成肌肉的麻痹和瘫痪。严重时出现脑及脑膜充血、水肿及血栓形成。

(6)李斯特菌中毒主要是大量李斯特菌的活菌侵入肠道所致,此外与其溶血素 O 有关。

(7)志贺菌通过食物或苍蝇传播,进入消化道后,先附着在肠上皮细胞上,继而侵入其中繁殖,所产生的内毒素增加肠壁通透性,肠黏膜坏死脱落形成溃疡。毒素还对中枢神经系统、心血管系统及肠壁的植物性神经产生作用。

(8)致病性蜡样芽孢杆菌属于条件性致病菌,有时会引起人的眼部感染,严重时会造成心内膜炎、脑膜炎等,但最常见的是导致腹泻型食物中毒和呕吐型食物中毒。由于肠毒素在胃中会被破坏,所以一般认为腹泻型食物中毒是由残留下来的蜡样芽孢杆菌在小肠中生长,产肠毒素引起的,具体过程尚未完全明了。

(9)空肠弯曲菌中毒发病机制是大量活菌侵入肠道引起的感染型食物中毒,或者是其产生的热敏型肠毒素作用。

(五)临床表现

细菌性食物中毒多以急性胃肠炎症状为主,以腹痛、腹泻、恶心、呕吐为主要症状,腹泻粪便多为稀便或黏液便,严重时可引起脱水,另外还伴有发热、头晕、全身酸痛等症状。对于不同的细菌性中毒还有不同的临床表现。

1. 沙门菌食物中毒　　潜伏期一般为 4～24h,潜伏期的长短因个人体质、中毒程度以及年龄等而有所不同。发病迅速,先有腰痛、恶心、食物中毒引起腹痛、腹泻、呕吐,继而腹泻、水样便、恶臭,偶带脓血,一日大便数次至数十次不等,体温 38～40℃,或更高的高热,还有早期的菌血症,严重时可引起抽搐、惊厥、谵妄、痉挛、长绀、尿闭,甚至昏迷。如果不能及时抢救,可因循环衰竭而死亡。部分体弱者较易死亡,其死亡率约为 1%。一般 3～5 天内减轻,快速恢复。除了最常见的是胃肠炎型,此外还有类霍乱型、类伤寒型、类感冒型和败血症型。

2. 致病性大肠杆菌食物中毒　　不同类型的大肠杆菌致病后临床表现不同:肠产毒性大肠埃希菌引起的中毒潜伏期一般为 10～15h,患者出现水样腹泻、腹痛、恶心、发热;肠出血性大肠埃希菌引起的中毒初始症状为腹部痉挛性疼痛和短期的发热、呕吐,1～2 天内会有非血性腹泻,然后出现出血性结肠炎、严重腹痛和便血等症状;肠侵袭性大肠埃希菌,患者出现血性腹泻,其临床症状类似痢疾;肠致病性大肠埃希菌引起的中毒临床症状主要为水样腹泻、腹痛。人在感染大肠杆菌后的症状为胃痛、呕吐、腹泻和发热。感染可能是致命性的,尤其是对孩子及老人。

3. 副溶血性弧菌食物中毒　　潜伏期为 2～40h,初期表现为上腹部疼痛或胃痉挛。有恶心、呕吐、腹泻症状,体温一般为 38～40℃。后腹痛加剧,出现脐部阵发性绞痛,会有水样、黏液、血水样或脓血便。严重时患者出现脱水和意识不清、血压下降,病程 3～4 天,恢复迅速。

4. 金黄色葡萄球菌引起的食物中毒　　潜伏期较短,通常为 2～5h,发病速度快,有恶心、呕吐、中上腹痛和腹泻症状。以呕吐最为明显,呕吐物可含胆汁、血及黏液。严重的呕吐和腹泻可引起脱水和肌痉挛等。大多数体温正常或略高,一般 1～2 天内得到恢复。儿童较成年人敏感，发病率较高，病情也比成年人重，但病程短，极少死亡。

5. 肉毒梭菌食物中毒　潜伏期一般为1～7天，最短者6h，长者可达8～10天，通常潜伏期越短，病情越严重。肉毒梭菌中毒的临床表现以运动神经麻痹症状为主，胃肠道症状比较少。发病初期表现为乏力、食欲缺乏、头晕、头痛等，部分患者出现胃肠道症状。突出的特征是出现对称性颅脑神经受损，表现为视力不清及延髓麻痹。最初出现眼肌及调节功能麻痹、视力模糊等症状，后出现咽部肌肉麻痹，继续发展可出现呼吸肌麻痹，并因此死亡。通常很少出现肢体麻痹的情况。患者得不到抗毒素治疗时，易导致死亡，死亡率为30%～70%。大多数患者1～3个月自然恢复。

6. 李斯特引起的食物中毒　临床表现为侵袭型和腹泻型。侵袭型潜伏期为2～6周，表现为败血症、脑髓膜炎、脑膜炎、发热，能导致孕妇流产、死胎等，死亡率可达20%～50%；腹泻型潜伏期8～24h，表现为腹泻、腹痛、发热。

7. 志贺菌　潜伏期通常为10～20h，患者会出现剧烈的腹痛、呕吐和腹泻，伴有水样便，混有血液和黏液，出现恶寒、发热，体温可达40℃以上，少数患者可出现痉挛。

8. 蜡样芽孢杆菌食物中毒　在临床上可分为呕吐型和腹泻型两类。呕吐型的潜伏期为0.5～6h，症状以恶心和呕吐为主，有的会伴有腹部痉挛或腹泻，病程一般不超过一天。腹泻型的潜伏期为6～15h，表现为水泻、腹痉挛、腹痛，少数情况下出现恶心，但呕吐很少见，病程约一天。

9. 空肠弯曲菌食物中毒　潜伏期为3～5天，表现为胃肠道症状，具体为：突发性腹部绞痛，水样便或黏液便腹泻，严重患者有血便，腹泻次数达10余次，带有腐臭味，出现发热，体温可达38～40℃，另外还有头疼、倦怠、呕吐等症状，严重者可致死。

（六）救治原则

1. 迅速排除毒物　对于进食时间不久的人，有毒物质可能还未完全被吸收，应采取迅速有效地方法使毒物迅速彻底的排出。常用的方法有催吐、洗胃等。对肉毒中毒早期病例可用清水或1∶4000高锰酸钾溶液洗胃。

2. 对症救治　根据不同症状采取不同的治疗措施，如禁食、止吐、止泻、纠正酸中毒、补液、发热时消炎、抢救循环衰竭和呼吸衰竭等对症救治。

3. 特殊救治　一般的细菌性食物中毒要用抗生素治疗，而葡萄球菌肠毒素中毒通常不需要，以保暖和饮食调节为主。肉毒中毒和椰毒假单胞菌食物中毒时要尽早使用多价抗毒素血清；椰毒假单胞菌食物中毒时要尽快找到共同食用致病食物的人，作为患者对待，进行催吐、洗胃后，并对脏器进行保护。

（七）诊断和鉴别诊断

1. 细菌性食物中毒的诊断一般遵循的原则

（1）细菌性食物中毒有明显的发病季节性，通常为夏季、秋季。肉毒毒素中毒大多数发生在蔬菜供应淡季。

（2）发病者都摄取了相同的引起中毒的食物，没摄入的人不出现食物中毒。

（3）所有患者的临床表现特征与某种特定的食物中毒特征相符合。细菌学及血清学检查对可疑食物、患者呕吐物及粪便进行细菌学培养，分离鉴定菌型，做血清凝集试验。

(4)动物试验。疑为葡萄球菌肠毒素中毒时，可取细菌培养液或肠毒素提取液喂猫(或灌胃)，观察有无胃肠道症状，特别是呕吐反应，其他内毒素也可注入小白鼠腹腔观察其有无症状出现。

符合以上各原则，结合临床特征性表现，我们可以对某种细菌性食物中毒进行确定性诊断。

2. 实验室检查

(1)血常规。副溶血弧菌和 O157：H7 肠出血性大肠杆菌所引起的中毒白细胞数量增多，多在 $10 \times 10^9/L$ 以上，中性粒细胞也会升高，沙门菌中毒白细胞一般正常。肉毒中毒血象、大便常规及脑积液检查通常属于正常范围。

(2)粪便检查。感染性者粪便镜检可以检出白细胞和脓细胞，有时伴有红细胞。

(3)细菌学检查。收集可疑食物以及患者呕吐物、粪便做细菌培养，而后分离鉴定，如果是同一病原菌(菌种、型别以及抗原结构相同)则有确诊意义。肉毒中毒时将可疑食物或患者呕吐物煮沸 1h 杀灭非芽孢菌后接种在血琼脂平板厌氧培养基上，能够发现肉毒杆菌。

(4)血清凝集试验。沙门菌、变形杆菌导致的食物中毒，可以将分离得到的病原菌分别处理并制成菌体抗原和鞭毛抗原，与患者的血清做凝集试验，如果病程中抗体滴度能够提高 4 倍以上则有诊断意义。

(5)细菌毒素的毒性试验。将变质的食物或呕吐物浸出液上清液或者用分离得到的可疑菌制备粗毒素，并给小白鼠灌胃，椰酵假单胞菌引起者通常在 1min 内出现典型的中毒症状，表现为兴奋、躁动、走动不稳、肢体瘫痪并且抽搐，于 2～3min 内死亡；将变形杆菌培养液注入小白鼠腹腔内，则于半小时后出现后腿抽筋、僵直、呼吸困难以及鼻充血。将蜡样芽孢杆菌培养液注入兔结扎肠曲中，可出现肠内液体积聚；若疑似金葡菌食物中毒，可将剩余的可疑食物或者呕吐物的浸出液加热 100℃持续 30min(用以破坏其内毒素，而葡萄球菌肠毒素耐热不会被破坏)后取其上清液接种于幼猫的腹腔内，如果 3h 内出现呕吐、腹泻等症状则能证实金葡菌的存在，有确诊意义。肉毒杆菌外毒素的检查是将可疑食物或呕吐物浸出液上清液及其胰酶激活液分别接种于小白鼠的腹腔内，接种原液以及 1：10 的稀释液分别于 3h、5h 后发病死亡，而接种经过胰酶激活处理液者提前 2h 发病死亡。小白鼠的主要中毒症状为松毛、四肢瘫痪及呼吸困难等瘫痪症状，如果将上述待检液煮沸 10～30min 后再接种到小鼠腹腔内则不导致发病。

(6)肉毒毒素定型。可以用小白鼠中和试验法：被检品毒力 $100LD_{50}/mL$ 时，取其原液上清液 0.8mL，分别加入混合 A、B、E 型肉毒诊断血清 0.2mL，混匀，置于 37℃条件下，45min 后分别接种于小白鼠腹腔内，如果检品中毒素型与诊断血清相同时，由于其毒性被中和而不引起小白鼠发病，据此推断检品中毒素的型别。

(八)预防和控制

(1)做好食品污染的防治，强化传染源的管理，牲畜宰前宰后进行严格的卫生检疫，严禁染菌及病死畜流入市场；禁止患乳腺炎的牛所产的奶出售；禁止患化脓性皮肤病或上呼吸道感染的患者在治愈前接触食品工作。防止食品在生产、储藏、销售、流通过程中污染。各食品相关行业要对食品加强管理，防止食品交叉污染。厨房、食堂等食品地点要防鼠、防蝇，并严格执行食品安全法规及标准。食品容器、砧板、刀具等需生熟分开使用，做好清洗消毒。严格遵守饮食行业和炊事人员的个人卫生制度。

(2)食品应低温保存，以控制病原体繁殖及外毒素的形成，大多数致病菌生长繁殖的最适宜温度是 20～40℃，10℃以下生长减缓；温度低于 0℃多数细菌不能正常繁殖和产毒，食品企业和公共食堂等和食品储藏相关行业内均应配置冷藏设备，并严格按照保藏的卫生要求存放食品。或者，通过储存环境的气体调节，食品内酸碱度和离子浓度的调节，也可以实现控制病原菌的繁殖。

(3)为了防止细菌对食品的污染，彻底加热能使病原体和毒素的致病性破坏或降低。加热时，应注意时间和温度的控制，如肉块深部温度应达到80℃持续 12min，蛋类应 8～10min。加热之后的熟肉制品应储存在 10℃以下通风良好的环境中。

(4)认真贯彻食品卫生安全法规和管理条例。食品各行业严格遵守《中华人民共和国食品安全法》；加强食品安全质量检查和监督工作，严格执行《食品卫生管理条例》；对食品进行严格的管理和要求。

(5)深入广泛开展食品安全卫生教育，普及食品安全卫生知识，使人们对细菌性食物中毒有更为深入的认识。多数细菌性食物中毒的发生是由于人们的细菌性食物中毒知识匮乏。因此，要对广大居民进行食品卫生知识的宣传教育，养成良好的个人卫生和生活习惯。

沙门菌细菌性食物中毒的预防，应当加强个人卫生习惯的培养，经常洗手消毒，注意防止粪便污染水源。要加强对屠宰场所卫生及畜禽胴体卫生的检验以及食品加工储运和烹调等各环节的管理。严格控制食物中沙门菌的生长繁殖，采用低温短期储存。食用前食品应经过高温处理以彻底杀灭致病菌。

副溶血性弧菌植物中毒的预防重点是要抓住防止污染、控制繁殖以及杀灭病原菌三个方面。采取低温储藏，熟制时应加热到 100℃并持续 30min，凉拌食物需洗净并在食醋中浸泡10min 或者是在沸水中热烫几分钟。

致病性大肠杆菌食物中毒的预防，应保证食品原料和加工用水的卫生以及生产、加工处理、销售的安全。尽量不吃生食，要养成并保持良好的个人卫生习惯，饭前便后洗手，避免引起接触性传播。高温加热处理食品以彻底杀灭病原菌。存放直接入口的食品须低温冷藏、生熟分开，防止交叉污染。剩余饭菜应彻底加热。

金黄色葡萄球菌食物中毒的预防，从事畜禽宰割以及厨房加工分切的人员，须严格避免伤口感染。餐饮从业人员尤其应注意个人卫生和操作卫生，凡是患有化脓性疾病以及上呼吸道炎症者，要禁止从事直接食品加工或供应的工作。带奶油的糕点以及其他奶制品需要低温保藏，存放在冰箱内的食物要及时食用，防止肠毒素的形成，食物要冷藏或置于阴凉通风的地方，放置时间不应超过 6h，食用前彻底加热。

肉毒梭菌食物中毒的预防，对食品原料应当进行彻底的清洁处理，以除去泥土、粪便。建议牧民改进肉类的储藏方式还有生吃牛肉的饮食习惯。自制发酵酱类时，盐量需要达到 14%以上，并且要提高发酵温度以抑制肉毒梭菌产毒。加工处理后的食品应迅速冷却并于低温环境下储藏，避免再次污染或者在较高温度、缺氧条件下存放。在食用可疑食物前应进行彻底加热。生产罐头食品时，应加入硝酸盐或亚硝酸盐以抑制肉毒梭菌的生长繁殖。

李斯特菌食物中毒的预防，在冰箱中冷藏的熟肉制品以及直接入口的方便食品、牛乳等，食用前应彻底加热。

志贺菌食物中毒的预防，勿食在较高温度下存放时间过久的食品，注意将食品彻底加热以及食用前再加热。不吃不干净的食物以及腐败变质的食物，不喝生水。要养成良好的个人卫生习惯，在接触直接入口的食品之前还有便后必须彻底地用肥皂洗手消毒。

蜡样芽孢杆菌食物中毒的预防，被蜡样芽孢杆菌污染的食品通常没有腐败变质的异味，不容易被察觉。因此，剩饭剩菜一定要回锅加热。要注意食品的储藏卫生条件，注意防止昆虫、尘土以及其他不洁物污染食品。剩余饭菜及其他熟食品必须在 10℃以下短时间内储存，食用前要彻底加热，一般应该在 100℃加热 20min。

空肠弯曲菌食物中毒的预防，与动物或者动物制品接触后要及时洗手。尤其要注意对动物性食品的储存，防止生熟交叉污染。肉类食品要特别注意烹调方法，要煮熟，煮透。牛奶要经过加热消毒后食用，并且要养成良好的个人卫生习惯。

二、真菌性食物中毒

（一）概念

1. 真菌　　谈及真菌，很多人都会感到生疏。其实，日常生活中人们经常接触到很多种类的真菌，并且还要和它们打交道。例如，我们食用的木耳，在我国古代被认为能够使人长生不老的灵芝；美味可口的蘑菇以及治病的某些药材，如茯苓、银耳、虫草都是真菌；馒头、面包等食物放置时间过长，也会有真菌生长繁殖；玉米灰包中的黑粉；在潮湿环境中食品或其他物品上长出的毛状物、霉状物；地里生了病的庄稼，叶片或者茎秆上长出的霉斑；植物发生锈病或白粉病后分别在病部产生的铁锈状粉末和白色粉斑等，以上都是真菌。又如，人类的某些皮肤病、脚气病也常是真菌为害的结果。还有很多抗生素和农业中应用的生长刺激素也是由真菌制作的。由此可见，真菌是一种和人们日常生活有着非常密切关系的、种类繁多、数量庞大的生物类群。真菌广泛分布于水中、土里、空气及动植物体上，从高山、高空到田野、森林，从海洋、湖泊到赤道、两极，几乎地球上的每个角落都有真菌的踪迹。真菌虽然不能够在空气中生长繁殖，但它的孢子却能够大量的飘浮在天空中，因此在人类日常生活中每时每刻离不开真菌。

真菌是微生物中的高级生物，其形态和结构比细菌更为复杂，有单细胞的酵母菌、单细胞或多细胞的丝状霉菌及能够产生子实体的大型真菌蕈菌。它们是指一类有细胞壁，没有光合色素，无根、茎、叶，生物体大都为分枝繁茂的丝状体，菌落大多呈棉絮状、绒毛状或粉状，以寄生或腐生的方式生存，能进行有性或无性繁殖的生物。真菌属于真核生物，细胞中具有完整的细胞核，和高等生物一样，可以进行有丝分裂。它们既有有性繁殖器官，还具有无性繁殖器官，因此真菌是能进行有性或无性繁殖的微生物。它们大多数对人体无害，但是有些真菌因为能够产生真菌毒素从而对人类产生危害。

虽然有些真菌被广泛应用于食品工业，如面包制造、酿酒、制作酱油等，但是有些真菌也会给人类生活带来危害。例如，许多霉菌会引起工农业产品发霉变质；还有真菌产生毒性很强的毒素，如黄曲霉毒素等，使人畜中毒；一部分真菌本身是病原菌，会引起动植物和人体的许多病害，甚至给人们带来灾难。目前已知的真菌毒素已有 200 多种，其中有不少毒素具有较强的致癌和致畸形作用。目前，已知真菌属种黄霉属、青霉属、交链孢霉属、镰刀菌属等能够污染粮食及食品并发现它们具有产毒能力。

2. 真菌性食物中毒及真菌毒素　　当食入被真菌及其毒素所污染的食物或直接误食含有毒物质的真菌子实体引起的食物中毒称为真菌性食物中毒。真菌毒素就是指由产毒真菌菌株污染食品后在其适宜的环境条件下产生的有毒次生代谢产物，通常分为霉菌毒素和蘑菇毒素两类。

它们通常是一些结构复杂的化合物，一般具有无抗原性、致病力强而且不易破坏、耐高温、主要损害实质器官的特性，而且多数真菌毒素有致癌作用。这种菌毒素在粮食、糕点生产原料或制品中最易潜藏，甘蔗等也可以引起真菌繁殖或真菌毒素污染。因为这些食品含糖量高，微酸性，水分活性适宜，适于霉菌繁殖。由于气候、食品种类、饮食习惯等不同，霉菌毒素的中毒发生有一定的地区性和季节性。

真菌毒素按其作用的靶器官可以分为肝脏毒、细胞毒、肾脏毒、神经毒、光过敏性皮炎等。真菌毒素一般是通过减少细胞分裂，抑制 DNA 复制和蛋白质合成，从而影响核酸合成，降低免疫应答等。真菌产毒仅限于少数的产毒真菌，并且不是全部的产毒菌株都产毒。经过多代培养的产毒菌株的产毒能力不是一成不变的，甚至会失去产毒能力。而且产毒菌株必须在条件适宜的条件下才能产毒。

真菌毒素暴露的途径一般是因为人和动物摄取了被污染的食品和饲料。另外重要的暴露途径是皮肤和吸入。真菌毒素直接引起的危害是引发急性疾病，并同时会出现严重的症状。这些严重的症状是与毒性真菌毒素的暴露有关的。另外，由于长期低毒性真菌毒素的暴露而可能导致许多神秘症状(如免疫功能下降、生长减慢、抗病能力差)和慢性疾病的产生(如肿瘤的形成)。一般若食品和饲料的质量越好，那么含有的真菌毒素就会越少，因此低水平的暴露需要足够的重视。真菌毒素对人类的间接暴露是存在的，如牛奶、禽蛋、动物肉等食品中可能存在有真菌毒素残留物和代谢物，若人食入后也可能中毒。

(二)中毒的特点

真菌性食物中毒主要有以下特点。

(1)真菌性食物中毒主要是通过食入被真菌毒素污染的食品引起的，有些被真菌毒素污染的食品从外观上就可以看出，如发霉的花生、大米、玉米、面包、糕点、馒头等，但是有些能导致中毒的食品不容易辨别，如面粉、玉米粉等，即使食品上的霉斑、霉点被擦掉，但是真菌毒素还存留在食品中，也可能造成中毒。真菌性食物中毒的特点是潜伏期短，食后不久就会发生频繁呕吐、腹痛，很少腹泻，依各种霉菌毒素的不同作用出现相应的症状，出现肝、肾、神经、血液等系统损害。急性中毒者 $40\% \sim 70\%$ 死亡。慢性中毒可以引起癌症。以往报告的真菌性食物中毒有：黄曲霉毒素中毒、黄变米中毒、霉甘蔗中毒、赤霉素中毒、灰变米中毒、臭米面。

(2)真菌毒素十分耐热，蒸、煮、炒等一般的烹调方法均不能将其破坏，所以发霉的谷物虽经高温加工处理，食后仍可引起中毒。

(3)真菌毒素中毒没有传染性，也不会产生抗体。

(4)真菌生长繁殖和产生毒素需要适宜的温度和湿度，因此真菌毒素食物中毒的发生通常具有比较明确的季节性和地区性，如赤霉病麦毒素中毒通常发生在产麦区新麦收割以后，霉变甘蔗中毒多发生在北方地区的 1~3 月或 4 月。

(5)不同种类真菌毒素的毒性强弱不同，毒素损害的部位也不尽相同，因此治疗处理方法也不相同。黄曲霉毒素的毒性很强，主要损害肝脏，处理时除了一般对症治疗外，必须注意肝脏的保护，特别是中毒严重者。3-硝基丙酸也是一种毒性很强的真菌毒素，主要损害中枢神经系统，导致大脑水肿、豆状核缺血软化等病变，因此要消除脑水肿，改善脑部血液循环。呕吐毒素毒性比较低，处理比较简单，一般不需要治疗，对病情严重的人可以采取对症治疗措施。

(三)常见真菌性食物中毒

1. 黄曲霉毒素中毒　　　黄曲霉毒素(aflatoxin)主要是由黄曲霉和寄生曲霉产生的活性物质。黄曲霉菌是真菌的一种，存在于空气和土壤中，特别是在有氧、温度较高和潮湿的环境中更有利于它们的生长，由于其营养来源主要是糖、少量的氮源和无机盐，因此，极易在大米、花生、玉米、小麦、棉籽和大豆等农产品上生长，使之霉变，使食品失去了原有的色、香、味。黄曲霉素对食品原料和成品的污染是一个广泛存在的问题，尤其是在黄曲霉毒素污染率较高的地方，如印度、美国、一些东南亚国家和我国南方地区的粮产品中。黄曲霉素中毒四季均可以发生，但多发季节是在阴雨连绵的收获季节。儿童更易发生黄曲霉毒素中毒，根据历史资料分析，黄曲霉毒素中毒的最危险年龄为1~3岁。

温特曲霉、灰绿曲霉、黑曲霉、米曲霉、赤曲霉等20多种真菌也能产生黄曲霉素。目前已分离出的黄曲霉毒素有10多种，主要有黄曲霉毒素B1、黄曲霉毒素B2、黄曲霉毒素G1、黄曲霉毒素G2等。黄曲霉毒素是一类结构相似的化合物，已发现的黄曲霉毒素有20多种，几乎全都无色，黄曲霉毒素是迄今已发现的各种真菌毒素中最稳定的一种。黄曲霉毒素耐热，100℃、20h也不能将其全部破坏，它可寄生在各种农作物和粮油食品上，各种坚果、特别是花生和核桃中，调味品、牛奶、奶制品等制品中也经常发现黄曲霉毒素。黄曲霉素中毒中以黄曲霉毒素B1的毒性最强，并有强烈的致癌作用。急性中毒对肝脏和肾脏均有很强的毒性，出现食欲减退、发热、黄疸、昏迷、腹水等肝炎症状，并可表现为心脏扩大，肝细胞、肾细胞变性坏死还有较强的致癌性，1周左右死亡。慢性中毒可致肝癌、肾癌。对疑为黄曲霉毒素中毒者，应立即停止食用被污染的食物，如中毒症状比较轻，只有恶心、呕吐、头痛等表现，只要停止食用，症状就会逐渐消失，一般不需要医治。如果症状比较严重，应立即送到医院治疗进行专业治疗，重症患者按中毒性肝炎治疗。由于黄曲霉毒素具有极强的毒性，世界各国都对食物中的黄曲霉毒素含量作出了严格的规定。我国黄曲霉毒素的最大允许量：玉米、花生及其制品：20μg/kg；大米和食用油脂(花生油除外)：10μg/kg；其他粮食、豆类和发酵食品：5μg/kg；酱油和醋：5μg/kg；婴儿代乳品：不得检出。

2. 霉变甘蔗中毒　　　甘蔗清甜爽口，富含蔗糖和多种维生素，很受人们的喜爱。但是近年来，因食用霉变甘蔗而中毒的事件日益增加。

霉变甘蔗中毒是食用因储存不当而霉变的甘蔗引起的急性食物中毒。霉变甘蔗外皮失去光泽、有酒味、酸味或霉味，瓤部呈灰黑色、棕褐色或浅黄色、结构疏松变软。霉变甘蔗中毒主要发生在初春的2~4月。因为甘蔗经过冬季在不良条件下的储存，到第二年出售过程中，霉菌大量生长繁殖并产生毒素，人们食用此种甘蔗可导致中毒。尤其是尚未完全成熟的甘蔗，渗透压低，含糖量低，有利于霉菌等微生物的生长。引起甘蔗霉变的主要原因是一种称为"节菱孢霉菌"的霉菌，该霉菌污染甘蔗后大量迅速繁殖，产生一种耐热的称为3-硝基丙酸的强烈毒素。这种含有霉菌毒素的霉变甘薯，不论生吃或熟吃都能引起中毒。这种毒素为亲神经性的，可损伤人的中枢神经系统，使大脑出现水肿和脑血管扩张。患者大多为儿童，本病有一定的潜伏期，一般在食后5h内出现症状，轻者表现为胃肠功能紊乱，如呕吐、恶心、腹痛等，并有时出现头痛、复视等神经系统症状。重者在出现上述症状后，并很快出现抽搐、昏迷。发病 3～5 天后常伴有体温升高。每日可多次发作阵发性痉挛性抽搐，并有眼球上吊、瞳孔散大等，并可能发生呼吸衰竭、急性肺水肿、肝功能异常及血尿。有的患者可遗留有全身性痉挛性瘫痪并常有阵发性痉挛发作等造成肢体残废的后遗症。

3. 黄变米中毒　　黄变米又称为黄霉米，由于稻谷收割后和储存时含水分过多（超过15%），没有晒干，遇到高温、高湿，容易被一些霉菌污染，发生霉变，霉变的谷子碾成大米后，有霉变味，手感湿润，颜色即呈深黄色或褐色，这就是黄变米。产生黄变米与 15 种以上的霉菌有关，主要发生于大米，也可发生在小麦和玉米，使米变黄的霉菌，一般多是黄曲霉菌和青霉菌，这些菌株侵染大米后产生毒性代谢产物，称为黄变米毒素。它们产生的菌素主要有以下几种。

1)黄绿青霉毒素　　黄绿青霉毒素是由黄绿青霉产生的。稻谷水分在 14.6%时易感染黄绿青霉，在 12～14℃便可形成黄变米，产生黄绿青霉毒素。黄绿青霉毒素的纯品为深黄色针状结晶，该毒素不溶于水，易溶于乙醇、苯和丙酮，熔点 100～110℃，加热至 270℃失去毒性；为神经毒，毒性强，毒素会选择性地抑制运动神经元，先出现下肢瘫痪，以后逐渐向上发展，进而心脏及全身麻痹，最后呼吸停止而死亡。

2)橘青霉毒素　　橘青霉污染大米后变成橘青霉黄变米，米粒呈黄绿色。一般精白米易污染橘青霉形成橘青霉黄变米。橘青霉可产生黄绿青霉、橘青霉毒素(citrinin)、点青霉、扩展青霉、土曲霉等霉菌，暗蓝青霉、变灰青霉也能产生这种毒素。该毒素难溶于水，其主要的毒性作用是引起肾脏功能的损害，中毒后引起血管扩张及支气管收缩等。

3)岛青霉毒素　　岛青霉污染大米后形成岛青霉黄变米，岛青霉会产生岛青霉毒素，使米粒呈黄褐色溃疡性病斑，岛青霉菌所产生的毒素为肝脏毒，中毒后会出现肝功能受损、肝大，重者发生肝硬化。

由于黄变米中有产毒菌株，因而能使人中毒，食入较多黄变米，可发生急性食物中毒，黄变米是不能加工成食品的。为了防止黄变米危害，如果米中黄粒很少，可以拣出来，如果很多，应当多淘洗几遍，淘时用手搓。

4. 食物中毒性白细胞缺乏症　　食物中毒性白细胞缺乏症(alimentary toxic aleukia, ATA)也称败血病疼痛(septic angina)，是一种由霉菌中毒所引起的严重疾病。该疾病主要是由于食用了被镰刀菌属的拟枝孢镰(*Fusarium sporotrichioides*)和三线镰刀菌(*Fusarium tricinctum*)污染的谷物所引起的，与该霉菌产生的 T-2 毒素有关。该病分别在 1913 年和 1932 年出现过两次暴发性流行。该病的暴发性流行常常是突发性的，死亡率通常高于 50%，病死率较高。该菌属中以梨孢镰刀菌和拟枝孢镰刀菌的毒性最强，其生产的主要毒素为单端孢霉烯族化合物，能够引起造血组织可逆性抑制，内脏和消化道出血，白细胞减少以及血管内血栓形成等。急性中毒表现为恶心、呕吐、咽痛，重症出现出血倾向、惊厥、高热、心力衰竭。亚急性中毒的主要表现为造血功能障碍，白细胞减少，主要是粒细胞系统减少，淋巴细胞相对增多，同时可能出现血小板减少以及贫血，皮肤黏膜及脏器出血，可能发生咽喉坏死。严重者出现脑膜炎症状。细胞和粒细胞数量减少、凝血时间延长、内脏器官出血及骨髓造血组织坏死。俄罗斯科学家对该病有较为详细的研究，并列出了该疾病的 4 个病程。第一阶段症状在食入有毒食物后很快就会表现出来，包括口、喉、食管和胃有灼烧感，紧接着可能因为胃肠黏膜感染而出现呕吐、腹泻、腹痛等症状；在此阶段也能感觉到头痛、发热、麻木和心动过速。这些症状能够持续 3~9 天，然后消退，但这也意味着第二阶段的发生。第二阶段患者可能感觉稍好，有正常的活动能力。在这一阶段，血细胞形成系统被破坏，淋巴细胞持续减少并伴有贫血，对细菌感染的抵抗能力下降，身体虚弱、头痛并且血压下降。这种症状可以持续几周或几个月。这时如果停止食用有毒食物并且住院治疗，恢复概率非常大。但是如果继续食用有毒食物则可能会导致第三阶段的发生。在这一阶段，人体会出现皮肤、口腔、舌、黏膜及胃肠的出血症状，食管等组织出现坏死性损伤，导致咽喉水肿以及呼吸困难，许多患者因此窒息而死。如果患者在第三阶段能够继续存活，通过输血和提供抗生素，恢复期即第四阶段将会开始。通常而言，造血系统的完全恢复需要几个月的时间。

目前，ATA 的病因尚不完全清楚。早期研究者发现此类疾病是因为食用了弃在田里过冬后的谷类引起的。通过检验 ATA 流行期过冬后谷类的真菌菌落表明其富含镰刀菌属（Fusarium）真菌，包括三线孢镰刀菌、梨孢镰刀菌和拟支孢镰刀霉菌。它们是很常见的真菌，但是在特殊的条件(如在接近 0℃的生长温度)下可以产生毒性物质和增加毒性物质数量。将真菌提取物涂在兔子皮肤上进行鉴定，可以分离出大量的毒性化合物，其中与 ATA 暴发性流行相关的化合物主要有三线镰刀霉素(trichothecin)和 T-2 毒素。将 T-2 毒素做成明胶胶囊饲喂小鼠，可以产生具有 ATA 特征的所有中毒症状，如果从镰刀菌提取物中去除 T-2 毒素，此提取物的毒性则完全消失，表明 T-2 毒素主要污染大麦、小麦、燕麦、玉米和饲料等，大部分国家都有不同程度的污染，其中欧美各国的谷物、饲料污染较为严重。T-2 毒素对雏鸡和新生小鼠的 LD_{50} 分别是 1.75mg/kg 体重和 10.5mg/kg 体重。T-2 毒素有致畸性和致突变性，在 Ames 实验中显示为诱变阳性，但是其致癌活性比较弱，用含有 T-2 毒素 1~4mg/kg 的饲料饲喂大鼠约 27 个月，能观察到垂体、胰腺和十二指肠腺癌，但是用低剂量的饲料饲喂小鼠和鳟鱼约一年也诱导不出肝癌。研究表明，不同物种的生物对 T-2 毒素的反应不同。用 0.2mg/kg 体重的 T-2 毒素经口饲喂小鼠和猪超过 78 天，也没能诱导出临床出血症状。很多物种可能对食物中 T-2 毒素的易感效力具有耐受性，或者是在实际发生的霉菌毒素中毒中，其他毒素可能比 T-2 毒素更重要。此外，饮食和其他因素也可能会改变 T-2 毒素的毒性。

5. 赤霉病麦中毒　　赤霉病麦中毒是食用了被镰刀菌污染的谷物类引起的以呕吐为主要症状的一种急性食物中毒。赤霉病麦食物中毒是真菌性食物中毒的一种。赤霉菌属真菌把小麦污染成红色。赤霉病麦中毒在东北地区、华北地区、我国长江流域较易发生，尤其是春季低温多雨季节更易发生。赤霉病麦毒素镰刀菌属产生的毒素有多种，已鉴定的至少有 42 种。赤霉毒素类为单端孢霉烯族化合物，是镰刀菌产生的霉菌代谢产物，毒素具有耐热性较强，在 110℃下 1h 不被破坏。该菌在气温 16~24℃、相对湿度为 85%时最适于在谷物上繁殖。人类进食一定量的病麦及其加工品即可中毒。人畜食用除大麦、小麦外，甜菜叶、玉米、甘薯、蚕豆、稻秆等也可感染赤霉病麦，这种粮食均可引起中毒。急性中毒潜伏期 10min 至 36h，毒素主要是侵犯神经系统，轻者仅头晕、腹胀，较重者出现眩晕、腹泻、出冷汗、头痛、腹痛、恶心、呕吐、全身乏力的症状，对于老、幼、体弱或食用病麦量较大者，一般症状较重。尚未见死亡病例的报道。一般病程较短，症状会自行消失，预后较佳。本病尚无特殊药物治疗，主要疗法是维持水、电解质与酸碱平衡及对症治疗。

6. 臭米面中毒　　臭米面是我国北方农村将玉米、高粱米、小米等粮食以水浸泡发酵后制成的一种食物。由于有毒真菌污染而致中毒。可能为串珠镰刀霉菌或杂色曲霉的毒素所引起。中毒后主要表现为中毒性脑病、中毒性肝病及中毒性肾病，并可有胃肠麻痹及出血倾向。

7. 黑色葡萄穗状霉菌中毒　该中毒由葡萄穗霉菌属的真菌所产生的毒素引起，主要引起造血组织的损害。许多组织可呈现出血及坏死。中毒初期表现为流涎、黏膜充血、颌下淋巴结肿大，持续 8～12 天或更长时间后，出现造血器官损害，开始白细胞增多，以后减少，并有血小板减少，凝血时间延长。最后出现高热、血小板及白细胞进一步减少，同时出现腹泻、脱水、黏膜坏死及出血，重症很快出现神经系统症状，可于 72h 内死亡。

8. 灰变米中毒　由半裸镰刀霉菌引起，主要表现为胃肠道症状。

9. 霉玉米中毒　由镰刀霉菌及青霉菌属引起，主要为胃肠道症状。

（四）真菌性食物中毒的预防和控制

1. 防止霉菌毒素中毒的措施

1）防霉方法

（1）选用抗病品种。一些能够使人类中毒的霉菌也能使禾谷类作物得病，如某些曲霉菌、镰刀菌、赤霉菌、青霉菌、麦角菌等，它们不仅引起作物病害，而且使之减产，造成严重的经济损失，也有可能危害人体健康，可以看出选用抗病品种对两者都有重要性。

（2）作物收获时要及时晒干、脱粒。禾谷类作物收获季节遇上阴雨天气，导致未能及时晒干、脱粒致使产生霉菌毒素。

（3）粮食的储存管理。仓储的粮食要注意通风防潮，及时翻晒。有的黄变米就是在大米的储存过程中，由于未能保持干燥和通风，因此在仓库中沤黄的。并且尽可能保持皮壳完整，使霉菌不易侵入。有条件的地方还可以采用低温、惰性气体等储存方法。

（4）食品加工前应测定毒素含量。在食品加工前应进行霉菌毒素含量分析。因为霉菌毒素在一般的高温、食品加工洗涤等工序中都不能被破坏，无论制作成什么种类的食品，其毒素仍存留其中。若等到食品加工为半成品时检验，结果显示不合格，就已经造成了不必要的经济损失。

（5）不吃霉变食品。提高自我保护意识，不吃发霉食品。因为在一般情况下，被霉菌污染的食品，其颜色、气味、光泽、质地等都会发生一定的变化，人们可以用感官加以辨别分析。对于能用肉眼看到的，如发霉的大豆、米粒、花生粒等，将其挑出。发霉严重的食品禁止食用，对食用者来说，不仅营养价值降低或完全丧失，而且还可能引起霉菌毒素中毒。

2）预防霉菌的繁殖

（1）密封包装，以防止霉菌的污染。可以先包装然后杀菌或者先杀菌然后包装。

（2）在谷物收获和储存的过程中控制其水分含量，控制温度和湿度以及用防霉剂防止霉菌生长等。

（3）预防霉菌生长的重要手段之一是控制原料的水分含量。原料中的水分含量超过 15% 时就会导致霉菌大量的生长繁殖；水分含量为 17%～18% 时是真菌繁殖产毒的最适条件。例如，玉米的水分含量不应该超过 14%，收获后的农作物要迅速地进行干燥和储藏，把水分减到霉菌生长极限以下。为防止其再吸湿，有条件的地方可以考虑低温（15℃以下）或低湿储藏；进行脱氧包装，充入 CO_2 气体之后封口等手段。

3）污染霉菌后的补救措施

（1）机械脱毒。机械脱毒是指采用人工或者机械的方法，将谷物和饲料中发霉的颗粒除掉，或者通过机械的碾轧去除毒素含量较高的外皮从而降低其毒素含量。

(2)生物脱毒。生物脱毒法主要有酶解法和微生物发酵法两种。酶解法主要选用某些特定酶，利用它们的降解或破坏毒素的功效。

(3)化学脱毒。某些毒素可以被单乙胺氢氧化钙、臭氧和氨水降解。特别是氨化作用，它对黄曲霉毒素的降解作用明显，但是这种方法对其他毒素的作用效果不好，同时也可能会因为氨在谷物中的残留而影响人体的生命健康。

(4)物理脱毒。物理脱毒法主要包括吸附法、水洗法、溶剂提取法、辐射法、脱胚去毒法、剔除法等。

(5)制定限量标准。因霉菌毒素广泛地存在于各种粮食食品内，因此制定食品中霉菌及霉菌毒素的限量标准也是防止霉变食物及其毒素危害人体的一项重要措施。

(6)其他脱毒方法。

2. 黄曲霉毒素的防治与去除

1)黄曲霉毒素的防治　　防霉是防止黄曲霉毒素污染最根本的措施。要加强作物的田间管理，从预防黄曲霉毒素的产生需要从农作物在田间生长、成熟以及收获等环节着手。做好粮食收获和入库前的准备工作。控制粮油食品中的水分含量，因为食品中的水分含量及环境温度、湿度是影响霉菌生长、产毒的主要条件，粮食收获后应迅速降低其水分含量，并且储存在低温干燥处。要改善储藏条件，配有通风设施，在粮食储存前，库房应当采取降温降湿措施。粮油生产加工以及储存运输期间，适量使用水杨酸、苯甲酸钠等防霉剂。霉菌对射线反应极其敏感，利用射线照射可以控粮食制品中的霉菌污染。培育和选用抗霉能力强、高产、优质的作物品种，可使作物受霉菌侵染的概率大大降低。

2)黄曲霉毒素去除的主要方法

(1)挑选霉粒，反复搓洗，碾磨加工。

(2)吸附法。常用的吸附剂主要有沸石、活性炭、活性白陶土等。选择合适的霉菌吸附剂是控制霉菌毒素的根本保障。

(3)辐射处理。太阳光、紫外线、微波、红外辐射以及γ射线均可有效地破坏黄曲霉毒素的结构从而降低其毒性。

(4)碱处理法。碱炼是油脂精炼的一种加工处理方法，在油脂中添加1%的NaOH溶液，黄曲霉毒素内酯环就会被破坏从而形成香豆素钠盐。

(5)氨处理法。将被霉菌污染的饲料用塑料薄膜密封，加氨然后封闭，氨与黄曲霉毒素B1发生脱羟作用，致使黄曲霉毒素B1的内酯环发生裂解从而达到脱毒目的。

(6)有机溶剂萃取法。黄曲霉毒素是一种脂溶性毒素，易溶于有机溶剂，可用异丙醇、丙酮、水合乙醇、正己烷和水的混合物等进行提取分离、去毒。

(7)氧化降解法。漂白粉、过氧化氢、臭氧、氯气等氧化剂可迅速将黄曲霉毒素氧化去除，其中以漂白粉去毒效果最好。

(8)二氧化氯法。霉变染有黄曲霉毒素B1的玉米，用50μg/mL浓度的二氧化氯浸泡30～60min，能够很好地去除黄曲霉毒素B1的毒性。

(9)生物学方法。乳酸菌黏附法是通过乳酸菌自身的黏附作用及其所分泌代谢产物的抑菌作用来去除黄曲霉毒素的。

(10)添加营养素法。肝脏能够转化被动物吸收的黄曲霉毒素，但是转化过程需要谷胱甘肽的参与，谷胱甘肽是由蛋氨酸和胱氨酸等组成的。脱毒时耗尽蛋氨酸会影响身体代谢。故而可以添加蛋氨酸。

(11)中草药去毒法。1976 年我国首次发现了山苍子中的挥发油能够彻底去除食品中的黄曲霉毒素。挥发油中的某些成分可以与黄曲霉毒素发生加成、缩合反应，改变了毒素的分子结构从而达到去毒的目的。黄曲霉毒素超过国家标准 20 倍的玉米和稻谷或超标 2500 倍的花生经过大剂量山苍子芳香油的处理可彻底去毒。此法简单易行，特别适宜家庭使用，并且对食品质量和营养成分没有任何的影响。此外，甘草、茴香、葫芦巴、羽扁豆、五香粉、大蒜等也具有去除黄曲霉毒素的作用。

(12)酶解法。酶的降解去毒主要是利用酶的专一性，高效地把黄曲霉毒素催化、降解为无毒化合物或小分子无毒物质的方法。

(13)添加微生物提取物。葡甘露聚糖酯化物结合毒素的能力主要是由于它巨大的表面积，1kg 的葡甘露聚糖酯化物有着高达 $2.2m^2$ 的表面积，具有添加量少但是作用显著，结合霉菌毒素范围广等特点。

三、化学性食物中毒

(一)概念

化学性食物中毒是一类十分重要的食源性疾病，指的是由于摄入了被有毒有害化学物质污染的食品所引起的食物中毒，具有发病快、潜伏期短、病死率高等特点。它的发生关系着广大人民群众的身体健康和生命安全，直接影响到经济发展以及生活秩序的稳定，关系着社会的和谐稳定。近年来，化学性食物中毒频有发生。其中，2005 年我国食物中毒事件中化学性食物中毒报道数和死亡人数最多。亚硝酸盐食物中毒、砷中毒、有机磷农药中毒、锌中毒、甲醇中毒是比较常见的化学性食物中毒，以下将从 5 个方面介绍化学性食物中毒的特征。

1. 亚硝酸盐食物中毒 引起亚硝酸盐食物中毒的原因主要包括意外事故性中毒，是指误将亚硝酸盐当作食盐而引起中毒；或由于食品加工过程中，作为发色剂的硝酸盐或亚硝酸盐加入过量而引起的中毒。意外事故性中毒虽然不多见，但偶尔也会有中毒发生的报告。通常情况下，引起中毒的原因是由于食入含有大量硝酸盐、亚硝酸盐的蔬菜或食物所致。

亚硝酸盐食物中毒的机理：亚硝酸盐俗称"工业用盐"，中毒剂量为 0.3～0.5g，致死剂量为 1～3g。亚硝酸盐是一种强氧化剂，进入血液后可以使血液中的低铁血红蛋白氧化成为高铁血红蛋白，从而丧失输送氧的功能，从而导致组织缺氧，出现青紫症状而中毒。

亚硝酸盐主要有以下几个来源。第一，蔬菜在生长过程中可以从土壤中吸收大量的硝酸盐。蔬菜储存时间过长尤其腐烂的时候以及煮熟的蔬菜放置过久，蔬菜中原有的硝酸盐在还原菌的作用下转化为亚硝酸盐。第二，腌制不久的蔬菜往往含有大量的亚硝酸盐，尤其在加盐量少于 12%、气温高于 20℃的情况下，可以使菜中的亚硝酸盐含量明显增高。但是通常情况下于腌制 20 天后消失。第三，有个别地区的井水含硝酸盐较多(俗称"苦井"水)，如果用这种水煮饭，并且在不卫生的条件下存放时间过长，在细菌的作用下，硝酸盐被还原成亚硝酸盐。第四，亚硝酸也可以在体内形成。当胃肠道功能紊乱、贫血、患肠道寄生虫病以及胃酸浓度降低时，会使胃肠道硝酸盐还原菌大量生长繁殖。如果再大量食用硝酸盐含量比较高的蔬菜，就可以使肠道内亚硝酸盐形成速度过快、数量过多而导致机体不能及时地将亚硝酸盐分解成为氨类物质，从而使亚硝酸盐大量吸收入血导致中毒，患病人员出现青紫的症状，俗称"肠原性青紫症"。儿童最容易出现，多为散在性发生。

2. 有机磷农药中毒　　有机磷农药具有神经毒性，在生产使用过程中若不加以防护，往往会发生食物中毒，中毒起数和人数都比较多，病死率高。在酸性条件下，有机磷农药稳定，在碱性溶液中容易分解失去毒性，所以绝大多数有机磷农药与碱性物质，如肥皂、苏打水、碱水接触时被分解破坏，但是敌百虫例外，其遇碱可以生成毒性更大的敌敌畏。

除了经过皮肤、呼吸道进入人体外，引起有机磷农药中毒的主要原因包括：第一，没有按照《农药合理使用准则》施药，导致粮、油、果、菜等食物中的农药残留过高；第二，盛过有机磷农药的容器再盛装食物，这种情况引起的中毒在农村最为常见；第三，储运过程中有机磷农药污染了食物；第四，对于拌过有机磷农药的种粮，缺乏严格的发放、使用以及回收制度，造成误食；第五，喷过有机磷农药后，不洗手直接拿食物进食；第六，误食被有机磷农药毒死的畜、禽及水产品。

有机磷农药有100多种，根据毒性大小可以分为三类。剧毒类：如甲拌磷(3911)、内吸磷(1059)、对硫磷(1605)；高毒类：如敌敌畏、异丙磷、甲基1059；低毒类：如敌百虫、杀螟松、乐果。当有机磷农药进入人体后，会与体内胆碱酯酶迅速结合形成磷酰化胆碱酯酶，从而使胆碱酯酶活性受到抑制，失去了催化水解乙酰胆碱的能力，结果使大量的乙酰胆碱蓄积在体内，致使以乙酰胆碱为传导介质的胆碱能神经处于过度兴奋的状态而出现中毒症状。

3. 砷中毒　　砷普遍存在于环境、动植物体内。砷以及砷化合物在工业、农业、医药上用途很广泛。砷和无机砷的化合物通常都有剧毒，一般来说三价砷化合物毒性大于五价砷化合物，最常见的有三氧化二砷(俗称砒霜)、亚砷酸钠、砷酸钙、砷酸铅等，这些砷以及砷化物都有剧毒。由于这些含砷化合物用途广泛，与人类接触的机会比较多，因此极易引起中毒。

引起砷中毒的原因主要有4个方面。第一，误将砒霜当作面碱、食盐食用，或者误食含砷农药拌过的种粮。第二，不按照规定滥用含砷农药喷洒果树、蔬菜，造成果蔬中砷的残留量过高。或者喷洒含砷农药后不洗手即直接进食。第三，盛过含砷化合物的器具，没有经过清洗直接盛装或者运送食物，从而导致食品受到砷的污染。第四，食品工业用原料或者添加剂质量不合格，砷含量超过食品卫生标准。

砷的毒性及其中毒机制：砷的成人经口中毒剂量以三氧化二砷(俗称砒霜)计为5~50mg，致死量为60~300mg。三价砷是原浆毒，其毒性主要有以下4个方面。第一，砷在机体内可以与细胞内酶的巯基结合而使其失活，从而影响组织细胞的新陈代谢，致使细胞死亡。如果这种毒性作用发生在神经细胞就会引起神经系统的病变。第二，砷对消化道有直接腐蚀作用，接触部位会产生急性炎症、糜烂、溃疡、出血，甚至出现休克。第三，砷会麻痹血管运动中枢和直接作用于毛细血管，导致血管扩张、充血、血压下降。第四，砷中毒严重的人可能出现肝脏、心脏以及脑等器官的缺氧性损害。

4. 锌中毒　　锌是人体内所必要的微量元素，保证锌的营养素供给量对于维持人体健康和促进人类生长发育具有重要的意义。然而锌的供给量与中毒剂量相差不多，即安全带很窄。人的锌供给量为10~20mg/天，而中毒量仅为80~400mg。目前市场上充斥着各式各样补锌制剂和保健食品，滥补现象十分严重，虽然还没有见到因补锌而引起的中毒报告，但是应该引起高度的重视。

目前为止，锌中毒的发生还主要是由于使用镀锌容器存放酸性食品或者饮料所致。锌不溶于水，但是能在弱酸或果酸中溶解，致使被溶解的锌以有机盐的形式大量混入食品，就会引起食物中毒。

5. 甲醇中毒　　酒类通常分为蒸馏酒、发酵酒和配制酒等。甲醇中毒大部分是由于饮用蒸馏酒和配制酒引起的。蒸馏酒的制作所使用的主要原料为粮食、糠麸、谷壳、硬果类、薯类、甜菜、水果和糖蜜等，经过糖化、发酵再经过蒸馏而制成白酒，乙醇含量一般为50%～70%，此外还含有酯类、酸类、醛类、甲醇、杂醇油、氢氰酸等成分。配制酒则是以蒸馏酒或食用乙醇为原料，再加水、糖、食用色素及食用香精等配制而成，乙醇含量较蒸馏酒低。如果制作蒸馏酒的原料含有较多的果酸、木质素或者半纤维素等膳食纤维，并且原料中出现腐烂等现象，则制成的蒸馏酒中甲醇浓度就比较高，足以引起甲醇中毒。另外，近些年来一些不法商贩为了牟取暴利，利用工业乙醇兑制白酒，大量销售从而造成甲醇中毒，甚至死亡。

（二）中毒的特点

误食亚硝酸盐纯品引起的亚硝酸盐食物中毒，潜伏期短，一般只有十几分钟；大量食用水果蔬菜等引起的中毒，潜伏期一般为1～3h，有时甚至长达20h。

有机磷农药中毒潜伏期一般为0.5h左右，短者数分钟，长者可达2h。误食农药者即刻发病。食用了被有机磷农药污染的食物后，短时间内会因全血胆碱酯酶活性的下降而出现以毒蕈碱样、烟碱样及中枢神经系统症状为主的全身性疾病。主要表现为神经系统、平滑肌和横纹肌的功能紊乱。需要特别注意的是有些有机磷农药，如马拉硫磷、对硫磷、敌百虫、甲基对硫磷、乐果等含有迟发性神经毒性，即在急性中毒后第二周才产生神经症状，主要表现有下肢软弱无力、运动失调以及神经麻痹等。

砷中毒特点是潜伏期因食入毒物量的多少而有所不同，快的人即刻发病，慢则4～5h，一般情况下1～2h发病。

神经系统损害可能出现剧烈头痛、烦躁不安、惊厥、昏迷、抽搐等。血管损害可造成全身的出血倾向，皮下出血、齿龈肿胀出血、呕血、咯血、眼耳鼻口出血。砷中毒也会损害肝肾。患者常常死于呼吸循环衰竭或者肝肾衰竭等。患者到中后期伴有多发性神经炎和皮肤色素沉着。

锌中毒的潜伏期很短，仅有数分钟至1h。

甲醇有蓄积作用，毒性很强，视神经对其较为敏感。摄入4～10g就能引起严重中毒症状。

（三）临床表现和救治原则

亚硝酸盐食物中毒的主要症状为口唇、指甲及全身皮肤出现青紫等组织缺氧表现；自觉症状主要有头晕、头痛、乏力、心律快、嗜睡或烦躁不安、呼吸急促，并伴有恶心、呕吐、腹痛、腹泻，严重者甚至昏迷、惊厥、大小便失禁，可因呼吸衰竭而导致死亡。

轻度中毒一般不需要治疗，重度中毒要及时抢救治疗。首先要进行催吐、洗胃和导泻；然后及时口服或注射特效解毒剂美兰，用量为每次1～2mg/kg体重。通常将1%的美兰溶液用25%～50%葡萄糖溶液20mL稀释后，缓慢静脉注射。1～2h后，如果青紫症状没有消退或再现，便重复注射以上剂量或者半量。美兰也可以口服，剂量为每次3～5mg/kg体重，每6h 1次或者1天3次。使用美兰抢救亚硝酸盐毒时，要特别注意美兰的用量，一定要准确，不能过量，否则不但无法解毒，反而会加重中毒。另外在用美兰抢救的同时，补充大量的维生素 C, 可以起到辅助治疗的作用。

　　有机磷农药中毒根据病情轻重可以将急性中毒分为以下三种类型。

　　第一，轻度中毒血液胆碱酯酶的活性降至正常值的 50%～70%。患者出现头晕、头痛、恶心、呕吐、出汗、视物模糊、瞳孔缩小、乏力、全身不适等症状。

　　第二，中度中毒血液胆碱酯酶的活性降至正常值的 30%～50%。除出现轻度中毒症状外，还伴有持续的肌束震颤、多汗、流涎、腹痛、腹泻、发音含糊、血压稍有升高、呼吸轻度困难、走路蹒跚、神志模糊等症状。

　　第三，重度中毒血液胆碱酯酶的活性降至正常的 30% 以下，肌束震颤更加明显，瞳孔缩小如针尖，呼吸极度困难，更是伴有肺水肿、发绀、惊厥、昏迷、大小便失禁，少数患者会因为呼吸麻痹而死亡。

　　有机磷农药中毒急救的处理原则为迅速排出毒物，及时应用特效解毒药，并且注意对症治疗。

　　排除毒物：迅速采用催吐、洗胃等方法彻底排出毒物，必须反复多次洗胃，直至洗出液中不含有有机磷农药臭味为止。洗胃液一般采用 2%苏打水或清水，不过误服敌百虫者不能用苏打水等碱性溶液，可采用 1∶5000 高锰酸钾溶液或 1%氯化钠溶液。注意 1059、1605、3911、乐果等中毒时不能应用高锰酸钾溶液，以免这类农药被氧化从而使毒性增强。

　　应用特效解毒药：轻度中毒者可以单独给予阿托品，以拮抗乙酰胆碱对副交感神经的作用，解除支气管痉挛并且防止肺水肿和呼吸衰竭；中度、重度中毒者，需要阿托品和胆碱酯酶复能剂合用。胆碱酯酶复能剂能够迅速恢复胆碱酯酶活力，对于解除肌束震颤、恢复患者神态有很好的效果。敌敌畏、乐果、敌百虫、马拉硫磷中毒时，因为胆碱酯酶复能剂的疗效不好，治疗应当以阿托品为主。

　　砷中毒的初期表现为黏膜刺激症状，口中金属味，口干，咽部有烧灼感。继而出现恶心、呕吐、剧烈的阵发性腹绞痛、腹泻，起初为水样便，随后为米汤样便。剧烈呕吐和腹泻可能造成脱水，血管扩张可造成血压下降，严重时甚至休克。

　　砷中毒抢救原则为尽可能快速地将有毒物排出，及时应用特效解毒剂以及对症处理。

　　排出毒物采用催吐、洗胃等方法，然后立即口服氢氧化铁。将硫酸亚铁水溶液(1∶3)和20%氧化镁水溶液分别配制保存，临用时将其等量混合，每 5～10min 喂服一汤匙，直到呕吐为止。

　　特效解毒剂主要有二巯基丙醇、二巯基丙磺酸钠等。这类药物的巯基与砷有很强的结合力，能够夺取与酶系统结合的砷，形成无毒物质，并且随同尿液排出。一般首选二巯基丙磺酸钠，因为其吸收快、毒性小、解毒作用强。采用肌肉注射，用量为 5mg/kg 体重。第 1 天 6h 1 次，第 2 天 8h 1 次，以后每天 1～2 次，共计 5～7 天。

　　对症处理应当注意纠正脱水、维持电解质平衡。

　　锌中毒的临床表现主要是胃肠道刺激症状，如恶心、呕吐、上腹部绞痛、口中烧灼感以及麻辣感，常常伴有眩晕及全身不适，体温不升高，有时甚至降低。中毒严重者可因剧烈呕吐、腹泻导致虚脱。病程短，几个小时至一天便可痊愈。

　　对于误服大量锌盐者可使用 1%鞣酸液，5%活性炭悬液或 1∶2000 高锰酸钾液洗胃，如果呕吐物带有血液，应避免用胃管和催吐剂。根据情况酌量服用硫酸钠导泻，内服牛奶以沉淀锌盐。如有必要则输液以纠正水和电解质紊乱，并给祛锌疗法。

甲醇中毒的初始表现为头痛、恶心、胃痛、衰竭、视力模糊等症状，继而会出现呼吸困难、呼吸中枢麻痹、发绀、昏迷，甚至死亡；恢复后常常出现视力障碍甚至失明。甲醇在体内蓄积可引起慢性中毒，其症状有头痛、眩晕、昏睡、消化障碍、视力模糊和耳鸣等。

甲醇中毒应及时进行对症和支持治疗。严密观察中毒者呼吸和循环功能，保持呼吸道通畅。重度中毒患者旁边应放置呼吸器，以备突发呼吸骤停时使用。积极防治脑水肿，使用糖皮质激素、利尿剂、脱水剂，有脑疝者可以考虑进行手术。有意识模糊或嗜睡等轻度意识障碍者可给予纳洛酮；有癫痫发作者可应用苯妥英钠。纠正水与电解质的平衡失调。适当增加营养，补充多种维生素。并且用纱布、眼罩遮盖双眼，避免光线直接刺激。

（四）预防和控制

亚硝酸盐食物中毒的预防措施如下所述。首先，保持蔬菜的新鲜，禁食存放过久或变质的蔬菜；剩菜不可在高温下存放过久后食用；腌菜时所加盐的含量应在12%以上，勿食刚刚腌制不久的腌菜，需腌制15天以上再食用。其次，应严格按照国家卫生标准的规定添加肉制品中硝酸盐、亚硝酸盐。切忌用苦井水煮粥。

有机磷农药中毒的预防措施：预防措施应在遵守《农药安全使用标准》的基础上，特别注意以下几个方面。①有机磷农药须由专人保管，必须有专用的储存场所，周围不能存放任何食品。②喷药以及拌种应有专用的容器，操作地点应当远离畜圈、水源和瓜菜地，以防污染。③喷药时必须穿工作服、戴口罩、手套，并在上风向喷洒；喷药后须用肥皂洗净手、脸，方可进食。④喷药以及收获瓜、果、蔬菜的时候必须遵守安全间隔期。⑤禁止食用因剧毒农药致死的畜禽。⑥禁止孕妇、哺乳期妇女参加喷药工作。

砷中毒的预防措施：第一，含砷化合物及农药要健全完善管理制度，实行专人专库、领用登记。盛装砷制剂农药的容器须有鲜明、易识别的标志，标明"有毒"字样，以防误食。农药不能与食品混放、混装。第二，因为砷中毒死亡的家禽，应当深埋销毁，严禁食用。第三，水果蔬菜于收获前半个月内停止使用砷酸钙、砷酸铅等农药，以防止水果蔬菜农药残留量过高；喷洒农药后，须洗净手和脸方能进食。第四，食品加工处理过程中使用的原料、添加剂等，其砷含量必须符合国家卫生标准。

锌中毒的预防措施：主要是禁止用锌铁桶盛放酸性食物、醋及清凉饮料；食品加工、运输和储藏过程中均不能使用镀锌容器和工具接触到酸性食品。另外，加强对补锌制剂和保健食品的审批，并加强对市场的监督管理。是否需要补锌以及补锌剂量应当在临床医生指导下进行，切忌自己乱补乱用。

甲醇中毒的预防措施：严禁使用工业乙醇和药用乙醇来勾兑白酒销售。应当降低蒸馏酒中的甲醇含量，如乙醇蒸馏中添设甲醇分蒸塔，用以除去甲醇；选择糖化能力强而又不产生甲醇的霉菌种来代替黑曲霉菌，因为黑曲霉菌能够在发酵过程中增加酒中甲醇的含量。制作配制酒时，使用的蒸馏酒等原料必须符合卫生质量标准。

我国规定的蒸馏酒、配制酒中甲醇含量标准：以谷类为原料的甲醇不得超过0.049/100mL，以薯干和代用品为原料的不得超过0.129/100mL。

四、有毒动植物食物中毒

(一)河豚中毒

河豚又名气泡鱼、河鲀、鲢鲤鱼，我国沿海各地以及长江下游均有出产，属于无鳞鱼的一种，在海水、淡水中都能生活。河豚是一种含有剧毒物质的鱼类，但是其味道鲜美。民间流传着一句俗语"拼死吃河豚"，可见河豚味美诱人，食之却要冒生命危险。

有毒成分：引起中毒的河豚毒素可以分为河豚素、河豚酸、河豚卵巢毒及河豚肝脏毒素。其中河豚卵巢毒素是毒性最强的非蛋白质神经毒素。河豚毒素为无色的针状结晶，微溶于水，易溶于稀乙酸，对热稳定，煮沸、日晒、盐腌均不能将其破坏。河豚毒素主要存在于河豚的肝、脾、肾、睾丸、卵巢、卵子、皮肤、血液以及眼球中，其中以卵巢的毒性最大，肝脏次之。新鲜洗净的鱼肉一般不含有毒素，如果鱼死后较久，其内脏毒素就会渗透到肌肉中，仍然不可忽视；另外有的河豚品种鱼肉本身就含有毒素。每年春季的2～5月为河豚鱼的生殖产卵期，这时毒素含量最多，因此春季最容易发生中毒。

中毒机理：河豚毒素主要是作用于神经系统，阻碍神经传导，致使神经末梢和中枢神经发生麻痹。起初为知觉神经麻痹，继而运动神经麻痹，导致外周血管扩张，血压下降，最后出现呼吸中枢和血管运动中枢麻痹。

中毒症状：河豚中毒的特点是发病急速而剧烈，潜伏期短，一般在10min至3h。起初感觉手指、口唇、舌有刺痛，然后出现恶心、呕吐、腹泻等症状。同时伴有四肢无力、发冷、口唇、指尖和肢端知觉出现麻痹，并有眩晕。严重者瞳孔和角膜反射消失，四肢肌肉麻痹，致使身体摇摆、共济失调，甚至全身麻痹、瘫痪，最后语言不清、血压和体温下降。一般预后不良，常因呼吸麻痹、循环衰竭而死亡，快者可在食后1.5h致死。

抢救与治疗：河豚毒素中毒至今还没有特效解毒药，一般以排毒和对症处理为主。排出毒物的方法主要有催吐、洗胃和泻下。催吐可以用1%硫酸铜口服或灌下；洗胃用1∶2000～1∶4000高锰酸钾溶液；导泻可用硫酸钠。对症处理时，如果出现呼吸困难，可用山梗菜碱、尼可刹米等药物注射；肌肉麻痹可用番木鳖碱；另外可以用高渗葡萄糖液以保护肝脏，并促进排毒。

预防措施如下所述。

第一，大力开展宣传教育：首先要让广大居民认识到河豚有毒勿食；其次要能识别河豚防止误食。河豚鱼的外形比较特殊，头部呈棱形，眼睛内陷半露眼球，上下颌各具有2个板状门齿，中缝明显。鳃小不明显，体背灰褐色，体侧稍带黄褐色，腹面白色，皮肤表面光滑无鳞，呈黑黄色。

第二，加强对河豚鱼的监管：首先，禁止河豚流入市场，应集中加工。加工处理时，应先断头并且弃掉，充分放血，去除内脏、皮，最后再用清水反复冲洗，将其制成干制品。其次，市场出售海杂鱼前，必须经过严格地挑选，挑出河豚并将河豚进行掩埋等适当处理，不可以随便扔弃，以防拣食后中毒。

(二)麻痹性贝类中毒

太平洋沿岸地区有些贝类可在3～9月使人中毒，中毒的特点为神经麻痹，故称之为麻痹性贝类中毒。

有毒成分的来源：在某些地区、某个时期贝类的毒性与海水中的藻类有关。当贝类食入有毒的藻类，如膝沟藻科的藻类后，藻毒素即进入贝体内，并且在贝体内呈结合状态，但是对贝类本身没有毒性。当人食用这种贝类后，毒素迅速从贝肉中释放出来，对人体呈现毒性作用。目前已从贝类中分离、提取和纯化了几种毒素，其中发现最早的是石房蛤毒素，为一种白色、溶于水、耐热、分子质量较小的非蛋白质毒素，易被胃肠道吸收。该毒素耐热，一般烹调温度很难将其破坏。毒赤潮发生的时候，贝类大量食入有毒藻，藻毒素在贝类体内累积，当毒素含量超过人类的食用安全标准时，人类食用此类贝类产品通常就会有发生中毒的危险。染毒贝类不能通过外观和味道的新鲜程度来加以辨别，而且冷冻和加热均不能使其完全失活。

中毒机制：石房蛤毒素是一种神经毒，主要作用为阻断神经传导，作用机制与河豚毒素类似。该毒素的毒性很强，对人的经口致死量为 0.84～0.9mg。

中毒症状及治疗：麻痹性贝类中毒潜伏期短，仅有数分钟至 20min。起始为唇、舌、指尖麻木，随后腿、颈部麻痹，引起运动失调。患者还会伴有头痛、头晕、恶心、呕吐，最后出现呼吸困难。膈肌对此毒素尤其敏感，严重者通常在 2～24h 因呼吸麻痹而死亡，致死率为 5%～18%。病程超过 24h 者，则预后良好。

目前为止，对贝类中毒尚无有效解毒剂，有效的抢救措施是尽早采取催吐、洗胃、导泻等方法，用以去除毒素，同时对症治疗。

预防措施：主要是进行预防性监测，当发现贝类生长的海域存在大量海藻时，应当测定捕捞贝类所含的毒素量。美国 FDA 规定，新鲜、冷冻以及生产罐头食品的贝类中，石房蛤毒素最高允许含量不得超过 80μg/100g。

（三）毒蕈中毒

蕈类俗称蘑菇，属于真菌植物。目前，我国已鉴定的蕈类中，可食用蕈类 300 多种，有毒类有 80 多种，其中含剧毒能致死的有 10 多种。虽然毒蕈所占比例较少，但是因为蕈类种类繁多，形态特征复杂以致毒蕈与可食用蕈不易区别，常因误食而中毒。

有毒成分和临床表现：按临床表现通常将毒蕈中毒分为 4 型。

1. 胃肠型　潜伏期一般为 10min 至 6h，多在食用后 2h 左右发病，症状主要为恶心、呕吐、阵发性腹痛，不发热。经过适当处理后可迅速恢复，预后良好，一般病程 2～3 天，很少死亡。引起此型中毒的毒蕈主要为黑伞蕈属和乳菇属的一些蕈种，毒性成分可能为类树脂物质、类甲酚、苯酚、胍啶或蘑菇酸等。

2. 神经精神型　此型中毒的潜伏期一般为 6～12h。临床症状除胃肠炎外，主要表现有精神神经症状，如神经兴奋或抑制，精神错乱，部分患者可能有迫害妄想，类似精神分裂症。另外尚有明显的副交感神经兴奋症状，如多汗、流涎、流泪、瞳孔缩小、脉缓等。病程短，无后遗症。可用阿托品类药物及时治疗，可以迅速缓解症状。病程一般 1～2 天，死亡率低。导致此型中毒的毒蕈种类很多，毒素主要有 4 大类：毒蝇碱，存在于毒蝇伞蕈、丝盖伞属及豹斑毒伞蕈、杯伞属蕈等；蜡子树酸及其衍生物，存在于毒伞属的某些毒蕈中；光盖伞素和脱磷酸光盖伞素，存在于裸盖菇属以及花褶伞属蕈类；幻觉原大多存在于橘黄裸伞蕈中。

3. 溶血型 中毒潜伏期通常为 6～12h，临床表现除急性胃肠炎症状外，还会出现贫血、黄疸、血尿、肝脾肿大等溶血症状。中毒严重者有心律不齐、抽搐等症状。给予肾上腺皮质激素治疗可很快控制病情，病程 2～6 天，病死率不高。引起此型中毒的毒蕈为鹿花蕈，其有毒成分是鹿花蕈素，属于甲基联胺化合物，有强烈的溶血作用。鹿花蕈素具有挥发性，对碱不稳定，可溶于热水，烹调时弃去汤汁可除去大部分毒素。

4. 肝、肾损害型 此型中毒最为严重，由于是不同毒素所引起的，所以临床表现十分复杂。根据其病情发展一般可以分为 6 期。潜伏期：大多数人在食入毒蕈后 10～24h 发病，短者为 6～7h。胃肠炎期：患者出现恶心、呕吐、腹痛、腹泻，多在 1～2 天后缓解。假愈期：胃肠炎症缓解后，患者暂时没有症状，或仅有轻微乏力、没有食欲，实际上毒素已逐渐进入内脏，肝脏损害已经开始。轻度中毒者肝损害不严重，由此进入恢复期。内脏损害期：严重中毒者在发病 2～3 天后出现心、脑、肝、肾等内脏损害的症状，如黄疸、肝肿大、转氨酶升高，甚至出现肝昏迷、肝坏死；肾损害症状可出现少尿、无尿或血尿，严重的可出现肾衰竭、尿毒症。精神症状期：此时的症状主要是由于肝脏的严重损害而出现肝昏迷所引起的。主要表现为烦躁不安、表情淡漠、嗜睡，继而出现惊厥、昏迷，甚至死亡。有些患者在胃肠炎期后迅速出现精神症状，但见不到肝损害的明显症状，这种情况属于中毒性脑病。恢复期：经过积极治疗的患者，一般可在 2～3 周进入恢复期，各种症状逐渐消失并且痊愈。

引起此型中毒的毒素主要有毒肽类、鳞柄白毒肽类、毒伞肽类、非环状肽的肝肾毒，这些毒素主要存在于毒伞属蕈、褐鳞小伞蕈及秋生盔孢伞蕈中。此类毒素有剧毒，如毒肽类对人类的致死量仅为 0.1mg/kg 体重，因此肝肾损害型中毒十分危险，死亡率高，一旦发生中毒，应及时抢救。

毒蕈中毒的急救与治疗原则：及时催吐、洗胃、导泻、灌肠，尽快排出毒物。食入毒蕈后 10h 内应彻底洗胃，洗胃液用 1：4000 高锰酸钾溶液。然后给予活性炭可吸附残留毒素。对于不同类型毒蕈中毒，应根据不同的症状和毒素情况采取不同的治疗方案。胃肠炎型可按一般的食物中毒处理。神经精神型可用阿托品治疗。溶血型可用肾上腺皮质激素治疗；一般状态差或出现黄疸者，应尽早采用较大量的氢化可的松，同时给予保肝治疗。肝、肾型中毒可用二巯基丙磺酸钠治疗，二巯基丙磺酸钠可以破坏毒素，保护体内含巯基酶的活性，并用保肝疗法和其他对症治疗。

预防措施：可食用蕈与毒蕈很难鉴别，虽然民间有一定的实际经验，但是还不够完善、可靠。因此为了预防毒蕈中毒的发生，最可靠的方法是切勿采摘并食用自己不认识的蘑菇；毫无识别毒蕈经验的人，千万不要自己采摘蘑菇食用。

(四)含氰苷类食物中毒

1. 流行病学特点 含氰苷类食物中毒主要是由果仁(苦杏仁、苦桃仁、枇杷仁、李子仁、樱桃仁、亚麻仁等)、蚕豆(特别是利马蚕豆、毒蚕豆)和木薯中的含氰苷类化合物水解后释放出氢氰酸引起的食物中毒。其中苦杏仁中含氰苷(苦杏仁苷)含量最高，生食数粒即可致中毒。

2. 有毒成分的来源 含氰苷类食物(如木薯)或氰苷类食物果仁中的有毒成分为氰苷，在亚麻仁、木薯中含有的氰苷为亚麻苦苷(linamarin)，苦杏仁、枇杷仁、李子仁、桃仁、樱桃仁中含有的氰苷为苦杏仁苷(amygdalin)，两者的毒性作用具有相似性。其中苦杏仁的有毒成分含量最高，平均为3%；而甜杏仁含量平均却为0.11%，其他果仁平均为0.4%~0.9%。当果仁在口腔内咀嚼和在胃肠内进行消化时，果仁中所含的水解酶将氰苷水解后释放出氢氰酸，并迅速被黏膜吸收入血以致中毒。

3. 中毒机制　　许多高等植物中均含有氰苷，其中以苦杏仁和木薯中毒最为常见。氰苷是一种含有氰基(—CN)的苷类，氰苷易溶于水，它可在酸和酶的作用下释放出氢氰酸(HCN)，氢氰酸为原浆毒，当被人体的胃肠黏膜吸收后，氢氰酸中的氢离子可与细胞色素氧化酶中的铁离子结合，从而致使呼吸酶失去活性，而氧不能被组织细胞利用，致使组织缺氧而陷于窒息状态。此外，氢氰酸还能直接损害延髓的呼吸中枢和血管运动中枢，即指麻痹，最后导致死亡。

4. 中毒原因

(1)苦杏仁中毒多发生于杏子成熟的初夏季节，多因儿童不了解苦杏仁毒性生食而中毒或未经医生处方自用苦杏仁治疗小儿咳嗽而引起中毒。

(2)苦杏仁氰苷为剧毒，对人的最小致死口服剂量0.5~3.5mg/(kg·bw)，相当于1~3粒苦杏仁。小孩吃6粒，大人吃10粒苦杏仁就能引起中毒；小孩吃10~20粒，大人吃40~60粒可以导致死亡。

(3)苦杏仁中毒的潜伏期短的为0.5h，长的为12h，一般为1~2h。

(4)木薯中毒主要是木薯产区(特别是新产区)的群众，因不了解木薯的毒性而食用未经加工处理的木薯或者是生食木薯而造成的。因木薯内含有的有毒成分为亚麻苦苷，亚麻苦苷水解后也释放出氢氰酸，但是亚麻苦苷在酸性的胃中不能水解，需要在小肠内进行水解，所以木薯中毒病情发展较缓慢。

(5)木薯中毒的潜伏期短的为2h，长的为12h，一般为6~9h。

5. 中毒症状

(1)苦杏仁中毒时，主要症状表现为口中苦涩、心悸、呕吐、恶心、头晕、头痛、流涎、肿块以及四肢无力等症状。

(2)随着组织细胞缺氧的加重，患者会表现出程度不同的呼吸困难，呼吸不规则，有时可以嗅到苦杏仁味。

(3)严重患者意识不清、四肢冰冷、昏迷、呼吸微弱、时常发生尖叫，继之意识丧失、牙关紧闭、眼球呆视、瞳孔散大、对光反射消失、全身阵发性痉挛，最后会因心跳停止或呼吸麻痹而死亡。

(4)此外，也有引起多发性神经炎者，主要症状为触觉与痛觉迟钝、肢端麻木、视物模糊、下肢肌肉呈迟缓或轻度萎缩及腱反射减弱等。

(5)木薯中毒的临床表现与苦杏仁中毒表现相似。

(6)病情的轻重与年龄、体质、食入量以及空腹程度等因素有关。年幼儿、体弱者及空腹者中毒症状比较重，其中儿童的病死率高。

6. 急救与治疗

(1)导泻、静脉输液、催吐与洗胃。可口服5%~10%的硫代硫酸钠100~200mL洗胃。

(2)解毒治疗。在彻底洗胃后应尽快使用特效解毒剂，即使用硫代硫酸钠、亚硝酸异戊酯及亚硝酸钠综合治疗解毒。解毒剂的使用方法如下所述。①中毒严重者应立即吸入0.2mL的亚硝酸异戊酯，每隔1~2min吸15~30s；之后改为缓慢静脉注射3%的亚硝酸钠溶液10~

20mL（儿童为 1%的亚硝酸钠溶液 5mL），以每分钟注射 2～3mL 为宜，若出现血压突然下降的状况，可注射 0.1%的肾上腺素；继而立即再用新鲜配制的 25%～50%的硫代硫酸钠溶液 25～50mL（儿童用 10%～25%的硫代硫酸钠液 10～50mL）进行缓慢静脉注射。用完以上药物，必须严密观察患者的反应，如果未见好转或者症状再度出现，1h 之后，用以上药物的全量或者半量重复治疗，直至病情好转为止。②以 1%的美兰 50mL 进行静脉注射（儿童为 1%的美兰，每次 8～10mL/kg 体重），在注射时，如果指甲、口唇出现轻度青紫现象应立即停药，之后再以①中硫代硫酸钠溶液的剂量进行注射。③单纯以美兰或者硫代硫酸钠注射，剂量如上，但是效果没有 A、B 交替使用好，与此同时应给予大量高渗葡萄糖和维生素 C。④若吃含氰苷类果仁，须经热水浸泡至少 0.5～1 天，并且要勤换水、去皮，然后在不加盖的情况下煮熟，尝之不苦、无毒时方可食用且食用量不可过多。

（3）对症治疗。根据患者的情况给予输氧、升压药、强心剂及呼吸兴奋剂等，对于重症患者应该静脉滴注细胞色素 c。

7. 预防措施

（1）加强对广大居民，尤其是儿童的宣传教育，勿食苦杏仁、李子仁等果仁，包括干炒果仁。

（2）合理的加工及使用方法如下所述。①氰苷具有较好的水溶性，水浸时含氰苷类食物的大部分毒性会被除去。类似于杏仁的核仁类食物在食用前要经过较长时间的浸泡和晾晒，并使其充分加热从而毒性消失。②不宜生食木薯，而且木薯食用前必须去皮（木薯中 90%的氰苷存在于皮内。将木薯洗净切片后加大量水置于敞锅中煮熟，然后再煮一次或者用水浸泡 16h 以上弃去汤水后食用，虽然如此，但是木薯中仍含有一定量的氰化物。所以，不能一次性吃太多木薯，也不可空腹食用，老、幼、孕妇及体弱者均不宜食用。③治疗小儿咳嗽用苦杏仁作药物时，要遵医嘱且必须经过去毒处理后才能食用。

（五）四季豆食物中毒

1. 病原简介　　四季豆又名扁豆、菜豆角、芸豆角、梅豆角、京豆、刀豆等，它与一般蔬菜相比，具有丰富的脂肪、蛋白质、铁、钙及胡萝卜素等各种维生素，是人们普遍食用的蔬菜，一般不会引起食物中毒。但它还含有非营养成分 non-flu-trient 中的有生物学效应的某些物质，过量食用会引起食物中毒。四季豆引起食物中毒可能与季节、产地、品种、进食量及烹调方法等有关，一般引起中毒的品种有菜豆角（*Phascolus vulgaris* L.）、白豆角或洋扁豆（*Phascolus lunatus* L.）等。

2. 中毒致病因子　　目前一般认为四季豆中毒可能与皂苷（皂素）、植物血球凝集素、胰蛋白酶抑制物等有关。

（1）皂苷（皂素）一般存在于豆荚外皮中，它是植物中的一种苷类物质。皂素对消化道黏膜具有强烈的刺激性，能够引起局部黏膜细胞充血、肿块及出血性胃肠道炎症。此外，皂素也能破坏红细胞，引起一系列溶血症状。但是因为豆荚存在于外层，容易受到加热烹调的破坏，所以其中毒症状往往表现不够明显。

（2）植物血球凝集素（phytohemagglutin，PHA）主要存在于某些豆种的豆粒中，它是一种具有明显凝血作用的毒蛋白，能够像抗体一样凝集红细胞，同时也能引起呕吐和腹泻。

(3)胰蛋白酶抑制物存在于豆仁中，可抑制胃肠胰蛋白酶的活性，引起消化不良、恶心、腹痛、胃胀等。

(4)若四季豆存放过久，亚硝酸盐的含量就会增加，它也是有毒物质。

3. 中毒特点　　四季豆中毒主要是由于食用了未熟透的四季豆，如水焯后做凉拌菜、炒食、包饺子等。

(1)四季豆中毒的季节性比较强，虽然一年四季均有发生，但大多发生于秋季霜期前后。北方多在 9 ~ 10 月，南方在 10 ~ 11 月。中毒多与豆角储藏过久有关，而与炒煮但不够熟透的菜豆角有明显关系。在习惯吃嫩、脆，带有轻微涩、苦、生味豆角的人群中容易发生。摄入未熟透的豆角后，中毒发病率为 10%～100%，平均不超过 60%。在黑龙江省人们在秋季习惯食用用大火长时间焖煮的豆角(加热 100℃，1h)，使豆角失去鲜绿色，变得非常柔软，所以并不发生中毒现象。这就是中毒与否与烹调方法有关的最好证明。

(2)四季豆中毒计量的多少，很难用进食豆角量表示，因为菜豆中有毒物质的含毒量常与其品种含毒量和加热后破坏量有关。在四季豆食物中毒调查中未炒熟的鲜菜豆原料 100～150g 就可以使多数人中毒。

4. 临床表现　　摄入烹调未煮熟的菜豆后其发病率为 36%～68%，发病潜伏期为 1.5～6h，多数为 3～4h。主要临床表现为胃肠炎症状，如呕吐、恶心、腹泻、腹痛等。呕吐少的为 3～4 次，多的为 20 多次，5～10min 一次，呕吐开始为胃内容物，继为黄色苦水及水样黏液，个别严重者会呕吐出胆汁。腹泻时为无脓血的水样便，体温正常。中毒患者还会出现神经系统症状，如头痛、头晕、胸闷、出冷汗、畏寒等。少数患者还可出现心慌、背痛、四肢麻木、胃部烧灼感等症状。大多数患者血液中白细胞总数和嗜中性粒细胞数增高，体温一般正常。

5. 急救与治疗　　对四季豆中毒患者的急救治疗主要采取对症处理的原则。

对腹泻、呕吐中毒较轻的患者，无需特殊治疗，吐泻之后也可迅速自愈。一般可采取导泻、输液、洗胃、催吐、利尿等排除毒物的措施。若有溶血现象，可给予输血、糖皮质激素，而且要用碳酸氢钠碱化尿液；若有凝血现象，可给予肝素、低分子右旋糖酐等疏通微循环，降低血黏度、抗血小板凝集。重症中毒患者可静脉滴注 10%葡糖糖盐水和维生素 C，来促进毒物的排泄，以纠正水和电解质代谢紊乱的症状。呕血者可注射维生素 K。

6. 预防措施　　烹煮四季豆前，应事先加水浸泡，或者是洗净后用开水氽过，再经过炒熟煮透，最好炖食，使四季豆失去原有的生绿色，食用时无生味和苦硬感，这样就可以彻底破坏毒素，不致中毒。吃凉拌菜时必须将菜豆煮沸 10min 以上，为了使菜豆烹调后保持原有的绿色，可先经水煮，煮熟后用冷水冲凉，再用急火炒就可以达到想要的目的。

(六)有毒动植物食物中毒的预防和控制

1. 有毒动植物食物中毒

(1)有毒动物中毒，如河豚、动物内脏、鱼类组胺、腺体(甲状腺等)、动物内脏(过冬的狼和狗内脏)等所引起的食物中毒。

(2)有毒植物中毒，如木薯、四季豆、毒蕈、生豆浆、发芽马铃薯、新鲜黄花菜等所引起的食物中毒。

2. 有毒动植物食物中毒的特点

(1)动物性食物中毒的特点。自身含有天然有毒成分的动物性食品。在一定的条件下产生有毒成分的动物性食品(如鲐鱼等)。因为中毒食品的不同而出现一定的地区性。动物性食物中的有毒成分很难通过加热或者其他加工方法祛除或者破坏。在我国发生的动物性食物中毒中，主要是河豚食物中毒，多发生在沿海各省市；其次是鱼胆中毒，多发生在南方各省市。潜伏期短，多发生在夏季、秋季，人与人之间一般不传染。

(2)植物性食物中毒的特点。不同植物所含有毒物质的毒力差别较大，临床表现各不相同，但主要以神经系统症状较为常见。因误食有毒的植物种子或者有毒植物，或者加工烹调的方法不合适，并没有把有毒物质去掉而引起的中毒。有一定的区域性和季节性，但就目前来看这种状况已不太明显。病发大多为散发，有时餐饮业、集体食堂也会暴发。最常见的植物性食物中毒为毒蘑菇、四季豆中毒。病死率较高，其中以马铃薯、毒蘑菇、苦杏仁、曼陀罗、桐油、银杏等最危险。潜伏期短，多发生在夏季、秋季，人与人之间一般不传染。

3. 中毒发生的原因

(1)食品在加工、储存过程中不注意卫生、生熟不分造成食品污染，食用前又未充分加热处理。

(2)原料选择不够严格，有可能食物本身就有毒或者食品已经腐败变质。

(3)食品保藏不当，致使马铃薯发芽可能造成食物中毒。

(4)加工烹调不当，四季豆未煮熟炒透食用后中毒。

(5)有毒化学物质混入食品中并达到中毒剂量。

4. 有毒动植物食物中毒的预防和控制

(1)加强宣传教育，普及动植物食物中毒的相关知识，以避免误食而引起中毒的现象。

(2)切勿生食动植物食物，掌握安全的食用方法。

(3)及时报告当地卫生行政部门。

(4)对患者采取紧急措施：①停用中毒食品；②进行急救处理，包括洗胃、催吐、清肠；③对症治疗和特殊治疗，如使用特效解毒药，防止脑、心、肝、肾等的损伤。

五、食物中毒的现场调查

在我国现行的卫生管理体制条件下，对食物中毒调查、处理应以国家有关法规、法律和标准进行，如《食品中毒诊断标准及技术处理总则》(GB 14938)等。食物中毒调查处理的主要目的是：以最快的速度确定中毒的食物，控制住中毒食品，阻止中毒事态的扩大；查明中毒的原因，防止同类食物中毒的再次发生；对中毒者实施针对性的抢救与治疗；加强食品卫生的管理与监控。

收治患者的相关医疗机构要负责患者的救治，并及时向卫生行政部门报告，做好患者血样、排泄物、呕吐物等样品的采集和保存工作，密切配合卫生监督机构和疾病防控机构做好食物中毒事故的调查取证。

(一)现场调查处理总则

1. 食物中毒现场调查处理的原则

(1)及时向当地卫生行政部门报告，并且卫生部门根据《食物中毒事故处理办法》的规定，确定发生食物中毒或疑似食物中毒事故的单位、接收患者进行治疗的单位，遇到有中毒死亡或者中毒人数超过 30 例等的情况，应该实施紧急报告。

(2)对中毒患者的紧急处理。①停止使用可以中毒食品，及时向当地食品卫生监督部门报告。②采集患者的血液、尿液、吐泻物等为标本，以备送检。③进行急救治疗，包括洗胃、清肠、催吐；对症治疗与特殊治疗，如使用特效解毒剂、纠正水和电解质失衡，防止脑、心、肝、肾的损伤。④积极妥善的救治患者，以幼、老、重患者为救治重点。

(3)对中毒食品的控制处理。①保护现场，封存可疑有毒食品或者是有毒食品。已经被封存的食物未经卫生部门或者专业人士的许可，不得解封。②追查并且收缴已经售出的可疑中毒食品。③剩余的中毒食品可以采样，以备送检。④对中毒食品进行无害化的处理或者销毁。

(4)对中毒场所的处理。①对接触过有毒食品的食具、炊具、容器和设备等，可以用 1%～2%的碱水或肥皂水进行洗涤，用清水清洗干净后煮沸或用蒸汽消毒。②对患者的排泄物要用 20%的石灰乳、5%的来苏儿或者 3%的漂白粉进行消毒。③对于中毒环境的现场，在必要的时候要进行消毒处理，用 0.5%的漂白粉溶液冲刷地面。④对于炊事人员或者食品销售人员中的带菌者或者上呼吸道感染、肠道传染病、化脓性皮肤病者，应该调离食品工作岗位并积极治疗。

(5)中毒原因的确定。为了查明中毒的原因可以在调查和检验的基础上得出所要的结果，可以以中毒食品或者可疑食物为线索，依据患者吃剩食物的检验和动物急性毒性试验的结果确定；食品生产、运输、储藏、销售流转或者饲养种植过程中的卫生学调查；采用对比的方法来比较所吃食品的种类和数量与发病的关系；用统计分析的方法来统计发病前 48h 以来发病组和健康组所吃食品种类的差异。

2. 食物中毒现场调查处理的基本任务和要求

(1)以最快的速度查明食物中毒暴发事件的发病原因：①确定食物中毒的病例；②查明中毒的食物；③确定食物中毒的致病因素；④查明中毒的原因(致病因素的来源及其污染、残存或者增殖的原因)。

(2)提出和采取控制食物中毒的一系列措施。

(3)协助医疗机构对中毒的患者进行救治。

(4)收集对违法者实施处罚的一系列证据。

(5)提出预防类似事件再次发生的建议和措施。

(6)积累食物中毒的资料，为制定食品卫生政策措施提供相应的依据。

(二)现场调查处理程序与内容

发生可疑食物中毒的事故时，卫生行政部门应该依照《食物中毒事故处理办法》《食品卫生监督程序》《食物中毒诊断标准及处理总则》的要求及时组织和开展现场调查、对患者的紧急抢救和对可疑食品的控制、处理等工作，与此同时要注意收集与食物中毒事故有关的违反《中华人民共和国食品卫生法》的证据，做好对违法者追究其法律责任的证据收集工作。

1. 准备工作

(1)建立制度，明确职责：明确疾病预防控制、卫生监督、医疗机构三个方面的职责，各地的卫生行政部门要充分调动这三个方面的积极性和主动性，使其充分发挥各自的职能，建立协调机制。开展食物中毒调查处理的监测和技术培训，包括如下几个。①疾病预防控制：

医疗机构应该有计划性地开展食物中毒流行病学的监测和常见食物中毒的病原学研究，加强对食物中毒危险因素的监测。②开展针对性的培训：卫生部门要做好对有关卫生医疗机构食物中毒报告和处理的技术培训，以提高食物中毒的抢救效率，诊断和控制的水平，降低死亡率。③卫生监督机构应该加强食品生产经营单位对食物中毒知识的宣传，使其掌握发生食物中毒后的报告和处理方法。

（2）经费与各类急救物资的保障。首先，地方财政应该保障调查和处理食物中毒事故所需要的各项经费。其次，食物中毒抢救所需的常备物资以及必要的设备、仪器和设施，应该由各级政府卫生行政部门有计划的装备和调配，以此来保证开展食物中毒调查处理工作的需要。再次，疾病防控机构应该配备常用的食物中毒诊断试剂（包括各类化学及生物标准品，诊断试剂盒），指定相应医疗机构配备特效治疗药物（如抗毒素等解毒药），并定时予以补充、更新。

2. 报告登记　　　地方的卫生行政部门在接到食物中毒或疑似食物中毒事故的报告时，应该按照以下要求做好报告登记和报告处理的工作。

（1）详细记录食物中毒的发病情况。应该使用全国统一的专门表格（食物中毒报告登记表）登记有关的内容，应该尽可能包括发生食物中毒的时间（日、时、分）、地点、单位、可疑中毒的食品、可疑和中毒患者的发病人数、进食的人数、患者就诊地点、临床的症状及体征、诊断、抢救治疗情况等。

（2）通知报告人要保护现场，留存患者粪便、呕吐物及可疑中毒食物，以备取样送检。

（3）应该立即向主管领导汇报食物中毒报告登记的情况。

3. 组织开展调查工作

（1）卫生行政部门成立调查小组或者承担食物中毒调查工作的卫生机构在接到食物中毒或者疑似食物中毒事故的报告之后，应该立即着手在 2h 以内做好人员和设备的准备工作，组成调查处理小组赶赴现场。调查处理小组应该由有经验的专业技术人员领导，由检验人员、食品卫生监督人员、流行病学医师等组成。调查人员应该分头对患者和中毒场所进行彻底的调查。

（2）开展现场流行病学和卫生学的调查。现场卫生学和流行病学调查内容包括对患者、同餐进食者的调查，对可疑食品加工现场的卫生学调查，采样进行现场快速检验或动物实验、实验室检验，依据初步调查的结果提出可能的发病原因及防止食物中毒扩散的控制措施等的内容。对于上述内容的调查应进行必要的分工，尽可能同时进行。

a. 对患者和进食者进行调查。调查人员在协助抢救患者的同时，应该向患者详细了解有关发病的情况，包括各种临床的症状、体征及诊治情况，重点观察与询问患者的主诉症状、精神状态、发病的经过和呕吐、排泄物的症状；详细登记发病时间、食用量、可疑餐次（无可疑餐次应调查发病前 72h 内的进餐食谱情况）的进餐时间等。通过对患者的调查完成对发病人数、共同进食的食品、可疑餐次的同餐进食人数及范围，以及去向、临床表现和共同点（包括潜伏期、临床症状、体征）、用药情况和治疗的效果、需要进一步采取的抢救和控制的措施的了解。对患者的调查应该注意：高度重视首发的病例，并且做好详细记录，第一次发病的时间、症状。尽可能的调查到所发生的全部病例，以及与该起事件有关的所有人员（厨师、有毒有害物的管理人员、食品采购人员等）的发病情况。认真将患者的调查结果登记在病例个案调查登记表中。对疑难食物中毒的事故进行调查的时候，应该对有关的可疑食物列表并且分别进行询问调查，调查时应该注意具有相同进食史的发病者与未发病者进食食物的差别，以方便通过计算、分析患病率并进行统计学的显著性检验。调查完毕后被调查者需要在个案调查登记表上签字认可。调查时应该注意了解是否存在食物之外的其他可能与发病有关的因素，以确定或者排除非食物性中毒。对可疑的刑事中毒案件应该将情况及时通报给公安部门。

b. 对可疑中毒食品加工过程的调查。首先，向企业负责人或者加工制作场所的主管人员详细了解可疑中毒食品的加工、制作流程和加工制作人员的名单。其次，找到了解事件情况的相关人员(包括患者)了解事件发生的过程，包括要详细了解有关食品的来源、加工过程(包括使用的原料和辅料、调料、食品器具等)、加工方法、食用方法、存放条件、进食人员及食用量等情况。再次，将可疑中毒食品的各个加工操作环节绘制成操作流程图，标明各加工操作环节人员的姓名，分析可能会存在或产生的危害和发生危害的危险性，并且要在有关加工操作环节上注明。另外，对可疑中毒食品的加工制作过程进行初步的检查，重点要检查食品的原(配)料及其来源，加工的方法是否能够消除或者杀灭可能的致病性因子，是否存在不适当的储存过程(如非灭菌食品在室温下存放超过 4h)，加工的过程是否存在直接或间接的交叉污染，和剩余食品是否重新加热后要再进行食用等的内容。还有，详细了解厨师或其他食品加工人员的健康状况，请相关加工制作人员回忆可疑中毒食品的加工制作方法，必要时通过观察其实际加工制作的情况，对可疑中毒食品的加工制作环节进行详细的危害性分析。还要按照可疑中毒食品的原料来源以及加工制作环节，选择并且采集食品原(配)料、食品加工设备和工(容)具等样品进行检验。最后，在现场调查过程中对发现的违反食品卫生法律、法规的情况及食品污染状况进行记录，必要时进行照相、录像。

4. 现场调查工作程序

(1)初步调查。到达现场后，首要任务是要组织、协调和帮助临床医生进行患者的急救工作；大致了解中毒发生的情况，包括中毒发生的时间、地点、可疑中毒食物、进食与中毒人数及进食的场所、时间、发病症状等；并且要根据发病的流行病学特点和中毒的表现，明确引起中毒的病原物质，方便指导临床医生采取有针对性的抢救措施。

(2)保护现场。为了有效并且迅速的制止中毒，调查时必须对现场进行有效的处理。立即将中毒食品或者疑似中毒食品收集和就地封存，并且要尽快采样，与此同时还要收集患者的呕泻物。还要注意对接触有毒食品的容器、用具、食具、设备等进行煮沸或者蒸汽消毒 15～30min。

(3)对中毒患者的询问调查。①对中毒患者进行 48h 的进餐食谱调查，找出他们共同的进餐食物和餐次，并与有相同餐次而未发病的就餐者的食谱相比较，找出可疑的中毒食物。②对发病情况进行调查，包括最早出现的潜伏期、中毒症状和主要症状。③询问调查时要有两个人同时做记录，做完询问后要由询问人和被询问人签字。④对调查现场进行拍照、录像并留下视听证据。⑤调查中继续补充采集样品。

5. 食物中毒的调查处理

(1)对于食品生产经营者所造成的食物中毒，应该根据《中华人民共和国食品卫生法》的相关规定进行行政处罚；而对非食品生产经营者造成的食物中毒，不能够给予行政处罚。

（2）对于患者停用中毒食品：采样，以备送检；对患者的急救治疗主要包括洗胃、清肠、催吐、对症治疗、特殊治疗。

（3）对中毒食品采取的控制性处理：保护现场，封存中毒或者疑似中毒的食品；返回已售出的中毒或者疑似中毒的食品；对中毒食品进行无害化处理或者销毁。

（4）对中毒场所的消毒处理：依据不同的中毒食品，对中毒现场采取相应的消毒处理。

6. 采样检验　　一般通过采样检验不仅可以确定诊断，而且有助于查明病原体或毒物的来源，对于弄清中毒原因及致病因子具有重要的意义。采样要做到及时准确，采样时最好是选择剩余的可疑食物，如果没有已剩余食物时，也可以用容器的灭菌生理盐水洗液，在有必要的状况下还可以采取可疑食物的半成品及原料等。

采取的患者呕吐物、排泄物及洗胃水应当是新鲜的，而且要注意避免混入其他的杂质。为了查明食物被污染的途径，还可以根据生产过程来进行系统的采样，可以采取原料、半成品和成品或容器、用具洗涤水进行细菌的培养。对于直接接触此类食品的人员可以进行带菌的检查。

所采的样品应该迅速送往化验室；采样和送样的过程中要防止过程污染，做细菌检验的样品必须要注意无菌操作；在夏季送检样品时，应该注意冷藏；送检的样品必须标明编号、名称、采样日期，严格封闭包装，而且要向化验室阐明中毒的情况、检验重点和目的，从而缩小检验的范围；各个样品的数量应该保证符合检验项目的需要，并且要保存一部分以便复检。

7. 调查资料的技术分析

（1）通过对现场进食情况的分析和核实的有关发病情况来确定病例，提出中毒病例的共同特征，并且依此为标准，对已发现或者报告的可疑病例进行鉴别。对就诊的符合病例确定标准或者尚未报告的患者要做进一步的登记调查。病例的确定标准可以参考以下方面：计算患者的潜伏期、体征频率和各种临床症状，确定患者的伴随症状和突出症状；按照是否有临床诊断的确定病例是否就诊；依照临床发病的情况确定患者病情的轻重。

（2）对病例的初步流行病学的分析：①按照病例发病的时间来绘制发病流行的曲线，分析病例发病时间的分布特点以及相关联系，明确疾病最有可能的传播途径；②绘制病例发病地点或者场所的分布图，分析病例发病地区的分布特点以及联系，确定可能的发病地点或场所。

（3）分析事件有可能的病因。依据确定的病例流行病学分布的特点和病例的标准，应该做出是否是一起食物中毒事件的意见，而且要就该起发病事件可能的传播类型的性质，进食可疑中毒食品的时间、地点，事件的性质，中毒食品等形成病因假设，以方便指导抢救患者和进一步开展病因调查以及中毒的控制工作。

（4）在获取现场卫生学的调查资料和实验室检验的结果后，结合流行病学的资料、可疑食品加工制作的状况、临床的表现和实验室的检验结果进行相关汇总分析，依照各类食物中毒的诊断标准确定的判定依据和原则做出综合的判定。

8. 事件控制和处理　　对可疑食物中毒事故应该尽早采取预防和控制措施，主要包括如下几个。

（1）尽快采取控制或通告停止销售、食用可疑中毒食品等的相应的一系列措施，以防止食物中毒进一步扩大和蔓延。

(2)若调查发现食物中毒的范围仍在扩展时，应当立即向当地政府部门报告。如果发现中毒的范围已超出本辖区范围时，应该立即通知有关辖区的卫生行政部门，并且要向共同的上级卫生行政部门报告。

(3)按照事件控制情况的需要，建议政府组织卫生、公安、广播电视、医疗、工商、医药、邮电、交通、民政等部门采取相应的控制和预防措施。

(4)按照相关法律、法规的规定对有关的食品和相关单位进行处理。

(5)根据中毒的原因和致病的因子对中毒场所以及有关的食品加工的物品、用具和环境提出消毒和善后处理的相关意见。

(6)在调查工作结束后撰写食物中毒调查专题的总结报告，而且要留存作为档案备查，最后还要按照规定向有关部门报告。调查报告的内容应当包括：发病经过、治疗和患者预后的情况、控制和预防措施的建议、临床和流行病学的特点以及参加调查的人员等。与此同时应该按照《食物中毒调查报告管理办法》中的相关规定及时填报食物中毒调查报告表。

(三)食物中毒的依据与诊断

食物中毒的诊断主要是以流行病学的调查资料、中毒患者的潜伏期时间、特有的临床表现等为根据，并且通过必要的实验室诊断步骤确定中毒病因。

1. 食物中毒的依据

(1)在相近时间内中毒的患者都食用过某种共同可疑的中毒食品，而未食用者均没有发病。在停止食用这种食品之后，病症的表现很快停止。

(2)同种食物中毒患者的临床表现呈现基本相似的状态。

(3)病症潜伏期一般都比较短，发病时效根据中毒者的差异和病原种类而有所不同。

(4)一般没有人和人之间的直接传染。

(5)在中毒食品和中毒患者的生物样品中检查出了可以引起与中毒临床表现一致的病原。

(6)在没有得到充足的实验室诊断资料时，可以判定为原因不明的食物中毒，必要时可让3名副主任医师以上的食品卫生专家进行检查评定。

2. 食物中毒的诊断　　根据现场调查应作出是否是食物中毒的诊断，并且要尽可能的找出中毒的病因。

(1)食物中毒的诊断原则。食物中毒的诊断标准主要是以流行病学调查资料、中毒的特有表现、患者的潜伏期及现场卫生学调查资料为根据的，实验室的诊断是为了明确中毒的病因而进行的。为了使食物中毒得以确定应该尽可能的有实验室的诊断资料，但是有时因为采样的不及时或者患者已用药物或其他技术、学术上的原因而未能取得实验室的诊断资料时，可以依据明确的流行病学和中毒的临床表现特点，将其判定为原因不明的食物中毒，必要的时候也可以由3名副主任医师以上的食品卫生专家进行评定。最终诊断应该由食品卫生监督检验机构依据现行国家食物中毒诊断标准及技术处理总则来确定。

(2)食物中毒诊断工作的完成。包括食物中毒调查、临床诊断、实验室诊断三个方面。

(3)食物中毒诊断的任务。主要回答是不是食物中毒，是哪种食物中毒。

(4)食物中毒患者的诊断。主要由食品卫生医师以上(含食品卫生医师)专业人员诊断确定。

第三节　感染性食源性疾病

感染性食源性疾病是指食品污染致病微生物(细菌、病毒)和寄生虫所引起的传染病和人畜共患病等。

一、常见肠道传染病

肠道传染病是由细菌、病毒及寄生虫等病原体污染环境，经口传播的急性肠道传染病。常见的肠道传染病包括痢疾(细菌性与阿米巴)、伤寒、甲型肝炎和霍乱等。

(一)痢疾

1. 细菌性痢疾　　细菌性痢疾是指由痢疾杆菌引起的肠道传染病，简称菌痢。传染源是痢疾患者和带菌者。主要通过肠道传播。病原菌随患者粪便排出，污染食物、水、生活用品或手，经口使人感染。人群普遍易感，以儿童发病率最高，其次为中青年。潜伏期为数小时至 7 天，平均 1～2 天。

本病全年均可发生，但多发生在夏季、秋季。

主要临床表现：轻症仅有腹泻、稀便。急性普通型：急性起病、腹泻、腹痛、里急后重，可伴发热、脓血或黏液便、左下腹压痛；急性中毒型：高热、严重毒血症，有休克型与脑型。

2. 阿米巴痢疾　　潜伏期为 1～2 周，可短至 4 天，长达 1 年以上。临床上可分为如下几种。①普通型：起病缓，腹痛，腹泻大便带血和黏液、色暗红、腥臭味，右下腹压痛，体温轻至中度升高，中毒症状较轻。②暴发型：起病急，高热，头晕、呕吐、乏力中毒症状明显，大便失禁，奇臭，可有脱水、休克、较易发生大量肠出血与肠穿孔。③慢性型：常因普通型患者未能做出有效的病原治疗或有效药物疗程不足所致。病程超过 2 个月。腹泻腹痛症状迁延不愈。可伴有贫血、营养不良、消瘦、精神疲乏。

(二)伤寒和副伤寒

伤寒和副伤寒是分别由伤寒杆菌和副伤寒杆菌甲、乙、丙引起的急性肠道传染病。传染源是伤寒或副伤寒患者和带菌者。主要通过肠道传播。伤寒杆菌和副伤寒杆菌通过患者或带菌者的粪便排出，污染水、食物，经口使人感染；还可通过日常生活接触、苍蝇与蟑螂等传递病原菌而传播。伤寒杆菌在水中不仅可以存活并保持毒力，而且还可以繁殖，因此，水源被污染后，易造成伤寒和副伤寒的流行。

人群普遍易感，以儿童和青壮年发病率最高。病后免疫力持久。此病潜伏期为 10～14 天。此病全年均可发生，但多发生在夏季、秋季。

主要临床表现：临床上以持续高热(40～41℃) 1 周以上，相对缓脉、特征性中毒症状、肝脾大、皮肤玫瑰疹与白细胞减少等为特征。肠出血、肠穿孔为主要并发症。

(三)甲型肝炎

甲型肝炎是由甲型肝炎病毒引起的一种病毒性肝炎。历史上曾发生过多次大流行。我国是甲肝高流行地区，常年散发流行，其发病率占急性病毒性肝炎的首位。洪涝灾害容易引起病毒的散播，是重点防治的病毒之一。

　　传染源是甲型肝炎患者和病毒携带者。主要传播途径以粪便排出，经口使人感染，多由日常生活接触传播。水和食物的传播，特别是水生贝类等，是甲型肝炎暴发流行的主要传播方式。潜伏期平均为 30 天。

　　儿童发病率高。患者康复后通常会终身免疫，不会成为长期带病毒者。秋季、冬季为发病高峰。

　　分为如下几种类型。

　　1)急性无黄疸型肝炎　　近期内出现连续几天以上，无其他原因可解释的乏力、食欲减退、厌腻、恶心、腹胀、稀便、肝区疼痛、发热等，儿童常有恶心、呕吐、腹痛、腹泻、精神不振、不爱动等，部分病例以发热、头痛、上呼吸道症状等为主要表现，或近期有甲肝流行，就可做出诊断。此时做化验检查会发现血清谷丙转氨酶异常升高。甲型肝炎的特异诊断：血清甲型肝炎 IgM 抗体阳性或免疫电镜在粪便中见到甲肝病毒颗粒。

　　2)急性黄疸型肝炎　　除具有急性无黄疸型肝炎的症状外，同时还伴有小便赤黄、眼巩膜变黄、全身皮肤变黄，少数患者可有大便变灰。

　　3)急性重症型肝炎　　急性黄疸型肝炎患者出现高热、严重的消化道症状，如食欲缺乏、频繁呕吐、重度腹胀、乏力、黄疸加重。出现肝性脑病的前驱症状，如嗜睡、烦躁不安、神志不清等。当发展成肝性脑病者，因抢救不及时或不当极易死亡。

　　(四)霍乱

　　霍乱是由霍乱弧菌引起的急性肠道传染病，是发病急、传播快、波及面广、危害严重的甲类传染病。传染源是霍乱患者和带菌者。患者在潜伏期末即可排菌，恢复期带菌一般不超过 1 周。健康带菌者排菌时间较短，一般为 1～2 天，少数可达 2 周。慢性带菌者(指 3 个月以上)少见。

　　霍乱弧菌主要是通过粪-口途径传播。病原体经水、食物、苍蝇和日常生活接触传播，以经水传播为主。

　　人群普遍易感。病后可获得短时间免疫，但不巩固，仍可再次感染。潜伏期由数小时至 5 天不等，通常为 2～3 天。夏季、秋季为霍乱流行季节，沿海地区流行较多。

　　主要临床表现：绝大多数患者无前驱症状，而以急剧腹泻和呕吐起病，不伴有里急后重，可有腹痛，大便多为黄水样，少数为米泔水样或洗肉水样，每日排便次数可达数十次。呕吐呈喷射状和连续性。由于大量失水，患者可迅速出现水盐失调而导致循环衰竭。根据病情，可分为四型：轻型、中型、重型及暴发型。

　　(五)肠道传染病的防控要点

　　肠道传染病以粪-口传播为主，有一个共同特点，就是"病从口入"。因此，在防控上要注意如下几点。

　　1)控制传染源　　急性患者应隔离治疗。一旦发现或者怀疑有传染病疫情发生时，应及时报告当地疾病控制部门，迅速采取果断措施，以做到早预防、早发现、早报告、早隔离、早治疗。

　　2)切断传播途径　　应加强包括水源、饮食、环境卫生、消灭苍蝇、蟑螂及其孳生地综合性措施，即做好"三管一灭"(管水、管粮、管饮食，消灭苍蝇)，加强饮水水源与饮水卫生管理，及时做好饮水消毒，落实食品卫生措施，不买、不卖、不食腐烂变质食品。教育群众提高卫生水平和自我保护意识。如果发生疫情暴发，要做好疫情报告，并采取果断措施切断传播途径，防治疫情蔓延。

3) 保护易感人群　　广泛开展宣传教育，使广大人民群众了解痢疾、伤寒、病毒性肝炎等肠道传染病的预防知识，提高自我防护能力。另外注射疫苗是保护易感人群的方法之一，现在很多传染病可以通过注射疫苗来控制，其中包括甲型肝炎。

二、食源性腹泻

食源性腹泻以有不洁饮食史引起腹泻作为诊断标准。饮食因素引起的腹泻有非感染性腹泻和感染性腹泻。

（一）非感染性腹泻

如食物过敏和食物吸收不良及有毒食物中毒引起的腹泻。

1. 食物过敏引起的腹泻　　如麦胶性肠病是由于对饮食中的麦胶过敏，致小肠黏膜受损引起的疾病。典型的麦胶性肠病多在小儿 6 个月至 2 岁时出现症状，该病是对一定的谷物的过敏作用、遗传因素、环境因素三者相互作用的结果。只有长期食用含有麦胶蛋白的食物，如小麦、黑麦、大麦才会引起麦胶性肠病。典型病例表现为脂肪泻，粪便色淡、量多、泡沫状或油脂状，常漂浮于水面，多具恶臭；病变累及回肠以后，则表现为水样便，少数可表现为暴发性腹泻。小肠黏膜活检是标准的诊断方法，在患者小肠活检标本上可见到上端小肠黏膜广泛受损，是该病的特点，绒毛变短、变平，隐窝加深，小肠内皮表面可见到淋巴细胞形成的不规则滤泡。麦胶性肠病治疗需终身无麦胶饮食。腹泻剧烈时氢化可的松治疗可减轻症状，确诊后用胰酶治疗可使体重不增得到改善。

2. 食物吸收不良引起的腹泻　　如海藻糖不耐受症。本病是小肠黏膜刷状缘缺乏海藻糖酶的一种疾患。海藻糖存在于食用蕈类，如蘑菇中，进食含有海藻糖的食物（如鲜蘑菇）后约 15min 即可出现肠绞痛，水样便，肠鸣亢进，禁食含有海藻糖的食品（鲜蘑菇）则不再发病。

3. 有毒食物中毒引起的腹泻　　有毒的蕈误食后可引起中毒。毒蕈有 100 多种，含有不同的毒素，其中胃肠毒素主要刺激胃肠道，引起胃肠炎症状，可表现为暴发性水样泻。

扁豆中含有豆素和皂素等有毒物质，食入大量未熟透的扁豆可导致中毒，出现腹泻的症状。

动物肝脏中含有大量维生素 A、维生素 D，进食大量的动物肝脏可以引起急性中毒，在食后 3～6h 可出现腹泻。食鱼胆后中毒，可出现腹泻，大便呈水样或蛋花汤样。

另外，蓖麻子、发芽马铃薯、白果等中毒都可出现腹泻症状。以上食物中毒除了腹泻之外常还伴有其他器官系统的严重症状，有些食物中毒时腹泻可能还不是主要症状。

（二）感染性腹泻

目前已知的能引起感染性腹泻的病原体有 10 种之多。但以细菌和病毒引起的腹泻为主。

1. 沙门菌病　　沙门菌病是所有沙门菌引起的疾病的统称，是重要的食源性疾病。主要通过消化道传播，也有病原菌形成气溶胶通过呼吸道感染的报道。

常见引起沙门菌食物中毒的食品主要是动物性食品，如肉、禽、蛋、乳和水产品等。中毒患者均食用过某些可疑原因食品，出现的临床症状基本相同，潜伏期多为 4～48h。

　　沙门菌食物中毒全年均可多发生，夏秋两季呈明显的高峰。以水源性和食源性暴发多见。人类沙门菌感染的临床表现有 5 种类型：肠热症、肠炎型（食物中毒）、败血症、慢性肠炎、无症状带菌者。

　　沙门菌食物中毒的主要症状有：恶心、头晕、头痛、寒战、冷汗、全身无力、食欲缺乏、呕吐、腹泻、腹痛、发热，重者可引起痉挛、脱水、休克等。急性腹泻以黄色或黄绿色水样便为主，有恶臭。以上症状可因病情轻重而反应不同。

　　2. 肠出血性人肠杆菌 O157：H7 感染性腹泻　　肠出血性人肠杆菌（EHEC）O157：H7 感染性腹泻是近年来新发现的危害严重的肠道传染病。自 1982 年美国首次发现该病以来，世界上许多国家相继暴发和流行，其流行已成为全球性的公共卫生问题之一。肠出血性大肠杆菌 O157：H7，是埃希菌属的一种血清型，其毒性最强，产生强毒素，造成肠出血。

　　该病可引起腹泻、出血性肠炎，继发溶血性尿毒综合征（HUS）、血栓性血小板减少性紫癜（TTP）等。HUS 和 TTP 的病情凶险，病死率高。一般腹泻病原携带者有潜伏期携带者、恢复期携带者、慢性携带者、健康携带者，而健康携带者引起的传播已被证实。因此对饮食服务业、托幼机构等重点人群定期进行病原检查，病后治疗随访，具有重要的流行病学意义。O157：H7 大肠艾希菌感染是一种人畜共患病。牛、猪等动物是该菌的主要传染源，带菌家畜、家禽和其他动物往往是动物源食品的污染根源，另外，带菌动物在自然界活动可通过排泄物污染当地的食物、草地、水源和其他水体及场所，往往造成交叉污染和感染，危害更大。肠出血性大肠杆菌 O157：H7 感染性腹泻的传播途径主要是粪-口途径，以食源性传播为主，水源性传播和接触性传播也是重要的传播途径。整个人群对 O157：H7 大肠艾希菌普遍易感染，但感染后可获得一定程度的特异性免疫力。肠出血性大肠杆菌 O157：H7 感染性腹泻全年都可发病，夏季、秋季多发。

　　3. 轮状病毒性肠炎　　轮状病毒为 RNA 病毒，可感染人与动物。主要引起婴幼儿腹泻，以秋季最多，夏季最少，主要经粪-口传播，也可经呼吸道传播。

　　潜伏期为 2～3 天，大多症状较轻，少数婴儿病情严重甚至致死。主要表现为水样泻，大便每日 10～20 次，伴呕吐。部分有发热、腹胀，重症患者有脱水及电解质紊乱。病程一般 5～7 天。成人轮状病毒性肠炎症状较轻，老年人中也可有重型腹泻者。

　　腹泻的预防措施大都具有共性。只要针对流行过程的 3 个环节，开展以切断传播途径为主的综合措施，包括改善饮水条件，严格执行污水及粪便的消毒处理原则，杜绝各种水体污染的可能性；灭蝇、灭蟑螂等；搞好环境卫生、饮食卫生，养成良好的个人卫生习惯，坚持食前及便后用流水洗手，不吃生冷、不洁的食物。

三、食源性寄生虫病

　　食源性寄生虫病（food born parasitic diseases）是易感个体摄入污染病原体（寄生虫或其虫卵）的食物而感染的、潜伏期相对较短的人体寄生虫感染性疾病。这是一类重要的食源性疾病。常见的食源性寄生虫病有旋毛虫病、绦虫病、华支睾吸虫病、蛔虫病、姜片虫病、猪弓形体病、肺吸虫病、线虫病等。

　　1. 绦虫病和囊尾蚴病　　绦虫病是猪肉绦虫或牛肉绦虫寄生于人体小肠所引起的一种常见的人畜共患的寄生虫病，其中以猪肉绦虫最多见。绦虫的成虫为乳白色，半透明，长 2～8cm，有节片 800～1000 个，头节呈球形，直径 0.6～1mm，有 4 个吸盘。成虫依赖头节牢牢吸附于小肠壁上寄生并吸取营养。猪囊虫大小如黄豆，呈半透明水泡状，膜上有一内翻头节，似"米粒状"，主要寄生在猪的骨骼肌、心肌和大脑，形成"米猪肉"、"痘猪肉"。

人可以被成虫寄生，也可被猪肉绦虫的幼虫(囊尾蚴)寄生。生食或食用未煮熟的已感染绦虫的猪肉或牛肉可感染绦虫病。绦虫幼虫进入体内经 2～3 个月在小肠发育为成虫，大量掠夺机体营养以维持生存，可引起宿主出现贫血、消瘦及消化道和神经系统其他症状。人若食入被猪肉绦虫卵污染的食物就会感染上囊尾蚴病。有成虫寄生的可引起自体感染。囊虫寄生于肌肉可引起肌肉酸疼；囊虫寄生于脑组织可因受压迫引起癫痫、抽搐、瘫痪甚至死亡；囊虫寄生于眼睛可导致视力减退甚至失明等。

本病的预防措施是：大力开展宣传教育，加强肉品卫生检验与管理；积极倡导食用烧熟煮透的肉类食品，不吃生肉和未熟肉品；加工工具、盛器要生熟分开，及时消毒；要人人讲究卫生，养成良好的卫生习惯。

2. 旋毛虫病　　　旋毛虫病是人畜共患的寄生虫病，它是以损害骨骼肌为主的一种全身性疾病。旋毛虫为雌雄异体的小线虫，一般肉眼不易看出，雌虫为$(3～4)\,mm×0.06mm$，雄虫为$(1.4～1.5)\,mm×0.05mm$。成虫和幼虫均寄生于同一宿主，如人、猪、狗、猫、鼠等几十种哺乳动物。人因生食或食用未熟的含有旋毛虫幼虫包囊的猪肉或其他动物肉类而感染，其中以猪肉最多见，占发病人数的 90% 以上。也可经肉屑污染的餐具、手、食品等感染，尤其在烹调加工中生熟不分造成污染而引起人的感染。粪便中、土壤中和苍蝇等昆虫体内的旋毛虫也可成为人感染的来源。

当人摄入含有旋毛虫包囊的食物后，其包囊中的幼虫逸出并钻入小肠壁发育为成虫并产幼虫，幼虫穿过肠壁随血液循环到达全身的骨骼肌形成包囊。包囊可在数月或 1～2 年开始钙化，包囊钙化并不影响虫体生命，虫体死亡后也钙化。骨骼肌旋毛虫的寿命可达数年。

人感染旋毛虫可引起肠炎；幼虫移行和以包囊寄生时可引起急性血管炎和肌肉炎症，出现头痛、高热、颜面水肿及全身肌肉疼痛等症状。重者可因毒血症或其他并发症死亡。包囊的抵抗力较强，盐腌、烟熏不能杀死肉块深层的虫体。在盐腌肉块深层的包囊幼虫可保持活力 1 年以上，在外界的腐败肉里幼虫可存活 100 天以上。包囊耐低温，在-20℃可活 57 天，-23℃可活 20 天。

第四节　　新发食源性疾病

近年来，新发食源性疾病给人类带来的巨大威胁正逐渐引起国家公共卫生部门的高度重视。从全球来讲，新发食源性疾病的威胁来源于很多方面。例如，近年来人们饮食习惯方面发生变化，食物生产及其流通系统和微生物适应性方面发生的变化，以及公共卫生资源和设施的缺乏已导致新的和传统食源性疾病的出现。随着旅行和贸易机会的增多导致食品生产系统的改变和食品供应的全球化发展，无意中将病原体输入到新的地区，导致旅游者、难民和移民暴露于新的食源性致病因子。食物相关疾病的威胁是巨大的和多变的，因此，我们应未雨绸缪，早加防范，充分认识新病原体，制定相应卫生标准和管理办法，以最大限度杜绝这类食品安全问题。

一、阪崎肠杆菌感染症

阪崎肠杆菌（*Enterobacter sakazakii*）为肠杆菌属的一个种，有周鞭毛，能运动，无芽孢。菌体可呈卵圆形、球杆状，成对排列，有时也可见短链，有菌毛；是人和动物肠道内寄生的一种革兰氏阴性无芽孢杆菌，也是环境中的正常菌属。分布在土壤、水和日常食品中。在1980年以前，这种细菌一直被称为"产黄色色素的阴沟肠杆菌"，是一种食源性条件致病菌。

1. 传染源与传播途径　阪崎肠杆菌的自然宿主尚不清楚，初步认为，家蝇等昆虫叮咬奶牛后使牛奶带菌。阪崎肠杆菌的存在不仅限于婴儿配方奶粉产品及其生产单位，而是广泛分布于环境中，包括医院和家庭。因此，奶粉生产、运输、食用的各个环节均有被污染的可能。阪崎肠杆菌耐热性较强，不同菌株耐热性也有很大的差异。冲调奶粉的水温过低（低于70℃）、冲调好的奶粉保温时间过长或在室温下长时间搁置而使病原菌大量繁殖，是增加感染危险的重要因素。阪崎肠杆菌对脱水的抗性很强，在婴儿配方奶粉中至少可存活9个月以上；在6～47℃范围内均可生长，36℃左右是最适温度，菌落总数为1CFU/mL的冲调好的奶粉在室温下放置10h，菌落数可达到10^5CFU/mL。部分菌株产毒，但对其毒理作用机制尚不清楚。

2. 易感人群　作为一种新型食源性条件致病菌，可以在任何年龄段的人群引起疾病，但主要是侵袭婴儿，特别是出生28天以内的新生儿、早产儿、低体重儿或免疫缺陷的婴幼儿更容易被感染；成人也偶有阪崎肠杆菌感染的病例发生，均为患有严重疾病的继发感染。此病全年皆可发生，所以引起了广泛关注。

3. 主要感染疾病与治疗　1961年，英国学者Urmenyi和Franklin首次报道了两例由阪崎肠杆菌引起的脑膜炎病例，以后丹麦、美国、荷兰、希腊、冰岛、比利时、以色列等国家相继报道了新生儿阪崎肠杆菌感染事件。阪崎肠杆菌能引起严重的新生儿脑膜炎、败血症及新生儿坏死性小肠结肠炎，并且可能遗留严重的神经系统紊乱，死亡率高达50%以上。成人阪崎肠杆菌感染的脑膜炎病例发生，均为神经外科手术后的继发感染，可能是由于创伤破坏了中枢神经的屏障作用，从而导致感染发生。治疗主要是应用敏感性抗生素治疗、对症治疗、并发症治疗和支持疗法。目前，阪崎肠杆菌耐药菌株的报道还很少见。

4. 预防和控制　最近的流行病学调查研究显示，该菌广泛存在于食品厂（奶粉、巧克力、谷物类食品、马铃薯和面食）和家庭、医院的食品、水和环境中，该菌在环境和食品中可能比原来想象的分布更广泛。进一步的流行病学研究显示，婴幼儿配方奶粉以及用于调制奶粉的器具是导致感染的主要渠道。目前，配方奶粉中阪崎肠杆菌污染问题已成为食品微生物污染控制的重要目标之一。阪崎肠杆菌引起的感染有散发，也有暴发。在许多案例中，这些暴发事件均是由被污染的婴幼儿配方奶粉引起，特别是容易发生在新生儿加护病房。阪崎肠杆菌也曾在其他食品中检出，但是只有婴儿配方奶粉与疾病的暴发相关，这可能与婴儿配方奶粉的生产方式有关，因为有的这类食品不经过高温加工，有可能残留阪崎肠杆菌。

2004年2月，WHO/FAO在日内瓦就婴幼儿配方奶粉含阪崎肠杆菌这个课题共同召开专家会议，提出婴儿配方奶粉中微量的阪崎肠杆菌污染也能导致感染的发生。所以，对奶粉和婴儿配方奶粉的加工制作过程、家庭/医院的灭菌过程以及婴儿配方奶粉的储存和食用等关键控制点进行严格管理，是减少该类产品潜在危险性的重点。WHO/FAO作出了初步的危险性评估，提出了4条危险度降低措施：降低婴幼儿配方奶粉中各原料的污染程度及污染范围；

冲调制备好的奶粉在食用前应通过加热降低其污染水平；在准备期间，将冲调的奶粉被污染的可能性降到最低；冲调好的奶粉尽快食用，防止阪崎肠杆菌繁殖。初步的危险评估表明上述第 2 条和第 4 条能最大限度地降低危险度。专家会议向 CAC 各成员国提出两条建议：修改现行的法规及条文，以便致力于解决婴幼儿配方奶粉中微生物的危险度；制订婴幼儿配方奶粉中阪崎肠杆菌相应的微生物标准。向各国政府、企业及相关团体提出 4 条建议：制定婴幼儿配方奶粉的制备、使用及处理的指导说明，以降低危险度；加强危险度的交流、训练、标识与培训活动，确保大众对危险问题所在及使用操作关键点的了解；鼓励企业降低阪崎肠杆菌在生产环境及产品中的存在程度及范围；鼓励企业开发更广泛的经过商业灭菌的替代产品，以供高危人群使用。预防与控制致病微生物感染要从防止污染、抑制繁殖与产毒及杀灭微生物 3 个方面采取措施，这 3 个方面在以上措施中均能体现。

5. 阪崎肠杆菌的检验　　患者标本的采集，包括暴发期间受感染婴幼儿的肛门拭子、胃抽吸液、血液及脑脊液；环境标本的采集，包括食用的奶粉、冲调奶粉的容器、冲调奶粉的水，如果奶粉中检出含有病原菌，还应在生产设备及生产原料中进一步采样。阪崎肠杆菌产生 α-葡萄糖苷酶，是检验和鉴定的关键指标。我国制订了国家标准检验方法，2009 年 3 月开始实施。尽管阪崎肠杆菌感染疾病在国内未见报道，阪崎肠杆菌的潜在污染应引起奶粉生产商提高警惕，建立有效的控制措施，把代乳品的危险性降到最低。

二、Norovirus 急性胃肠炎

1968 年，在美国俄亥俄州的诺瓦克（Norwalk）发生了流行性胃肠炎，从患者的粪便中分离出一种新病毒，人们称之为诺瓦克样病毒（Norwalk-like viruses, NLV），2002 年国际病毒分类学委员会将其命名为 Norovirus（NoV），为小圆状结构病毒（SRSV）。诺瓦克病毒是 RNA 病毒，仅感染人和猩猩，不感染其他动物。最近几年，Norovirus 的活性不断增强，被国际上认为是急性胃肠炎暴发最重要的病原。

1. 发病情况　　USCDC 仅在 2002 年 11～12 月，就接到来自华盛顿、新罕布什尔和纽约 3 个州的 104 起 Norovirus 引起的胃肠炎暴发报告；欧洲 10 个监测系统的数据显示，Norovirus 应该对 1995～2000 年超过 85％的病毒性食源性疾病负责；日本仅 2003 年 10 月一个月，在青森、岩手和滋贺 3 个县就相继发生 4 起 Norovirus 引起的胃肠炎暴发；同时，日本冬季儿童腹泻的主要病原也是 Norovirus。我国至今还没有 Norovirus 引起急性胃肠炎大规模暴发的报道，但我国 1995 年首次在腹泻患儿粪便中发现 Norovirus 后，1997 年即报道北京市 8 岁以上人群的感染率接近 100％。根据国际上的经验，这种无症状的感染很容易通过食品及水等引发大规模的传播和暴发。因为粪便中可高度浓缩 Norovirus，并且可长时间持续存在，使得食品很容易被无症状感染者污染；而 Norovirus 导致感染所需的病毒量又非常少（10～100个病毒粒子即可造成感染），所以食品中即使被有限地污染，也极易导致重大暴发。

2. 传染源与传播途径　　传染源为患者，粪便与呕吐物中均含有病毒。传染途径为粪-口传播，水源和食物污染，人与人之间传播也有发生。在家庭、学校、部队等人群集中地可暴发流行。

食品（尤其是非加热使用的食品和牡蛎等新鲜海产品）及水是主要传播途径，食品加工人员和餐饮业从业人员如是无症状感染者，会立即引起经食品的暴发，暴发后患者的粪便和呕吐物都有很强的传染性，可传染给他人而产生第二、第三代患者；Norovirus 感染的患者、隐

性感染者及健康携带者也可为传染源。病毒可在感染者粪便中高度浓缩，并且可持续存在很长时间；导致感染的病毒量很小。家畜也是 Norovirus 的宿主，从猪、鸡、小牛圈棚内粪便中采样，发现 44% 的小牛粪便、2% 的猪粪便为阳性结果，还在猪粪便中见有 Norovirus 颗粒。目前还没有证据表明 Norovirus 感染者会像乙肝那样成为长期带毒者，但病毒在痊愈后患者的粪便中可持续存在 2 周左右，这期间仍然可传染给别人或造成食品污染。由于 Norovirus 遗传基因的变异性非常大，人类感染它之后无法获得持久的免疫力，因此一生可多次遭受 Norovirus 的感染。

3. 易感人群　　本病遍及全球，各国资料表明，Norovirus 感染一年四季都可发生，流行于 9 月至翌年 4 月间，冬季是高发季节。人群普遍易感，主要见于年长儿和青年人，呈散发流行也可暴发流行。任何人、任何食品都有被 Norovirus 感染和污染的可能，发病率在年龄和性别上没有明显差别，但最近的研究证明 O 型血的人对 Norovirus 的敏感性最强，即最易被感染。

4. 临床表现　　潜伏期一般为 24～48h，但最短可在感染后的 12h 发病：恶心、剧烈呕吐、腹泻（或不腹泻）并伴有腹部绞痛；有时还会出现头痛、发热或寒战、肌肉疼痛和疲劳。病毒经口入体，主要在空肠引起病变，小肠黏膜有组织学改变，小肠绒毛的肠细胞受损，双糖酶活性降低，引起乳糖、蔗糖等吸收障碍而引起腹泻。感染后 10～21 天血清抗体上升，在 6～14 周内能抵抗同型病毒的再感染，但对异型病毒无交叉免疫力。病程一般虽只持续 1～2 天，但患者在这期间会感到病得很重，1 天内会数次突然剧烈呕吐，因剧烈呕吐和腹泻而脱水。Norovirus 感染后，一般不会留下后遗症，但幼儿、老人、体弱多病者和免疫力低下者可能产生严重后果。

5. 治疗和处理　　如发生暴发，应在患者的粪便和呕吐标本及传播源中查出 Norovirus；如无法检查病毒，可根据患者恢复期血清中 Norovirus 的抗体浓度明显高于初发期的浓度来诊断；暴发时，厨师和有关餐饮从业人员的血清和粪便标本必须被检查，以帮助确诊和寻找传染源。确诊为 Norovirus 感染或暴发后，要让患者大量喝水和果汁或通过静脉点滴输液，以防止脱水；运动饮料对脱水没有任何帮助，因为它们不能补充丢失了的营养素和矿物质。除此之外，没有其他方法可治疗 Norovirus 感染的患者，人类还没有研制出抗 Norovirus 的药物，也没有研制出预防 Norovirus 感染的疫苗。

6. 预防和控制　　Norovirus 流行大多源于某种食物或水的污染，再因人传人而流行，故预防措施需全面着手。在流行区避免进食生冷食物，注意饮水卫生；应特别关注牡蛎、蛤等贝类水生物，这类生物依赖滤食水中浮游物生长，从而可将 Norovims 大量浓集在体内，且用消灭大肠埃希菌的方法不能净化；限制向海水排污，防止养殖水体污染；水型暴发相对少见，但已有市政供水网、井水、溪水、湖水、游泳池水和市售商品冰介导的暴发报道。Norovirus 急性胃肠炎有明显的家庭聚集性，家庭中一旦有 Norovirus 感染的患者，要用家用漂白剂类消毒剂彻底消毒物体表面，餐布、毛巾和内衣要彻底煮开消毒。Norovims 常在冬季引起暴发流行，在 4℃ 冷藏食品中更易生存，加热 60% 不能将其灭活，因此新鲜海产品必须彻底煮沸才能将其中的 Norovirus 杀死。目前，很多国家都相继建立了 Norovirus 的监测和预警系统。

三、先天性弓形体病

弓形体病是一种人兽共患的传染病，由刚地弓形虫引起，猫科动物是其唯一的终宿主。全球都有发病。人类可通过胃肠道、损伤的皮肤黏膜、输血和器官移植等途径获得感染，也可经胎盘致先天感染。因为绝大部分人类获得性感染症状很轻或没有临床症状，所以弓形体感染对人类的主要危害是先天性弓形体病。所谓先天性弓形体病是指母亲在怀孕期间感染弓形体，发生了弓形体血症，弓形体经胎盘传染给胎儿，引起胎儿宫内感染。它是人类先天性畸形、缺陷及其他先天性疾病的重要原因之一。发生在妊娠早期的感染可引起流产、早产、死产、死胎。有文献报道隐性弓形体感染可能是习惯性流产、不孕的原因。

1. 临床表现　　先天性弓形体病一般无明显的临床症状或仅有轻微的症状，但如感染的是免疫缺陷的人或孕妇腹中的胎儿就会出现严重的病症。先天性弓形体病引起的中枢神经系统受损和眼症状最突出，脉络膜视网膜炎、脑积水、脑钙化灶是先天性弓形体病常见的三联征。先天性弓形体最常见的症状体征有脑积水、小头畸形、抽搐、精神发育迟滞、颅内钙化、眼部症状。在先天性弓形体病约有 80％病儿有眼球受累，其中脉络膜视网膜炎占 76％。眼部症状可表现为小眼、斜视、眼球震颤、白内障、弱视、单侧或双侧盲、脉络膜视网膜炎、葡萄膜炎、虹膜睫状体炎、晶状体混浊等。累及其他器官时可有相应的表现，如嗜酸细胞增多症、血小板减少症、紫癜、肝脾肿大、腹水、淋巴结肿大等。

文献报道仅 20％～30％的先天性弓形体病患儿在出生时有严重的症状和体征，其余的出生时症状很少或表现正常，而在出生后数月甚至儿童期或青少年才表现出各种各样的症状。

2. 弓形体寄生虫感染的预防　　孕妇怀孕期间如得了急性弓形体病，就会通过胎盘感染胎儿，但孕妇在怀孕前感染就几乎没有经胎盘感染婴儿的可能。因此，孕妇怀孕期间如果检测血清中弓形体寄生虫抗体阳性，不能证明就是怀孕期间的急性感染，也不一定会发展成为弓形体病；但如果怀孕期间抗体阴性，就一定要避免吃不安全的食物，这些不安全的食物包括应该加热后吃而未彻底加热的食物，未彻底煮过的海鲜、肉类和蛋类，并且要避免吃、喝任何有可能被猫的粪便等排泄物和土壤污染了的食物和水，以免感染上弓形体寄生虫。澳大利亚和新西兰等国家的法定报告疾病监测系统里，弓形体病是主要被监测的食源性疾病之一。

第五节　食源性疾病的报告和监测

食源性疾病，特别是由病原菌导致的微生物性食物中毒暴发是国际性公共卫生问题。建立健全国家食源性疾病监测体系，是保护 13 亿人民健康、保障国家食品安全的重要目标。我国自 2000 年起建立国家食源性致病菌的监测网，目前国家食源性疾病监测网络的运行及重要食物病原菌监测技术达到了国际同类研究工作的水平。

一、食源性疾病的报告

食源性疾病监控数据来源应包括疾病报告、实验室报告、环境指数（食品公司检验的原始数据；农业、兽医和食品分析）、暴发调查报告、科学研究、发病率报告、病例调查、观察岗报告、调查报告、人口普查和媒体报道。由若干机构收集的有关致病因子、疾病特征、运输车辆等信息，这些信息可以成功地用于减少食源性疾病的发生。虽然多数国家都已具有疾病报告系统，但很少包括食源性疾病监测项目，世界范围对食源性疾病的了解均较少。仅有少数国家建立了食源性疾病年度报告系统，包括美国、英国、加拿大及日本。过去 10 年间，一些欧洲国家在 WHO 控制食源性感染及中毒检测项目的指导和赞助下，已开始进行食源性疾病的报告。此外，有些国家也欲开展此项目，但是由于缺乏资金，该项目未能展开。

除年度报告，全世界的科学家还进行暴发流行的报告，并积极进行病例对照研究以确定最相关的危险因素，其工作通常是建立在特定基础上的，所提供的信息对于认识新的及正在出现的食源性疾病具有重要价值。

(一) 我国食源性疾病报告制度的发展

中国疾病预防控制中心营养与食品安全所从 2000 年始就已经建立了食物中毒报告网络，到 2008 年年底已经覆盖全国 21 个省、自治区和直辖市。根据《国家突发公共卫生应急预案》和《国家突发公共卫生事件报告管理工作规范(试行)》规定，中国疾病预防控制中心于 2004 年建立的突发性公共卫生事件报告平台中涵盖了食物中毒的报告模块。该模块上报的食物中毒事件主要包括发病超过 30 人或出现死亡病例的事件，以及部分特殊场所、特殊时期发病 5 人及以上的事件；对未达到报告标准或无定级标准的情况以及食源性慢性健康损害事件等未做要求。虽然卫生行政部门处理的食物中毒案件中有大量 30 例以下的中毒事件，但并未将所有实际发生的食源性疾病(包括食物中毒)事件上报。为了全面掌握我国食源性疾病的发生情况，及时调整食品安全监管措施，从 2010 年始，国家开始建立以搜集信息和数据为目的的全国食源性疾病(包括食物中毒)报告网络。

在报告范围上，将中国疾病预防控制中心营养与食品安全所于 2000 年建立的食物中毒报告网络从 21 个省扩充到全国 31 个省；并由原来的省级报告延伸到地(市)级和县(区)级；在报告内容上，由中心要求的发病人数超过 30 人或出现死亡病例的事件扩充到所有级别的食源性疾病(包括食物中毒)事件；同时将数据采集与管理分析相分离，提高报告系统的有效性。

我国食源性疾病(包括食物中毒)报告系统是在部分省(自治区、直辖市)级疾病预防控制中心的食物中毒报告网络的基础上，对监测目的、报告主体、监测范围上进行拓展与完善。形成在全国 31 个省(自治区、直辖市)范围内以搜集食源性疾病(包括食物中毒)信息为目的的疾病报告体系，为开展食源性疾病防治工作提供技术依据。在各级各地疾病预防控制中心完成食源性疾病(包括食物中毒)事件处置工作后，按照既定的格式填报报告表，实现国家、省(自治区、直辖市)、地(市)和县(区)四级食源性疾病(包括食物中毒)的网络直报；同时将疑似食源性异常病例/异常健康事件报告中，已明确认定的食源性健康事件纳入食源性疾病(包括食物中毒)报告系统。

为了提高工作质量，保证报告系统监测结果准确可靠，由中国疾病预防控制中心营养与食品安全所负责对两个监测报告系统进行质量控制，包括开展全国性技术培训、统一培训教材或培训视频材料、现场考核和督导等。

(二) 食源性疾病(包括食物中毒)报告系统的工作流程

医疗机构在日常诊疗中一旦发现疑似食源性疾病(包括食物中毒)的个案或事件，均需按照《中华人民共和国食品安全法》的要求上报当地卫生行政部门。

当地卫生行政部门在完成食物中毒事件处置工作后的一周内，由所在地疾病预防控制中心登录国家食源性疾病(包括食物中毒)报告数据采集平台完成食源性疾病(包括食物中毒)事件的报告。

中国疾病预防控制中心营养与食品安全所每日登陆报告系统，查看各地食源性疾病(包括食物中毒)发生情况，并完成季度、年度全国食源性疾病(包括食物中毒)分析报告提交卫生部。

二、食源性疾病的检测

(一)检测现状

食品安全离不开科学技术,食源性病原微生物的检测技术是预防和控制的关键技术环节,检测是保证食品安全最为基础的手段。技术手段的不足,直接导致了对一些问题食品检验的困难。例如,食用河豚中毒死亡人数占食物中毒总死亡人数的33%,但我国目前并没有检验河豚毒素 TIN 的快速检测方法。从目前的情形来看,我国的食源性疾病的实验室检测技术和能力难以满足日益复杂的食源性疾病调查的需要,表现在如下几个方面。

1. 仪器和技术落后　　检测功能、技术手段比较落后,仪器设备配置均达不到国家疾病控制机构建设实验室的主要仪器装备标准,特别是基层疾控机构缺乏有效的应对食源性疾病的现场病原学与病因学快速诊断、判断、评价和处置的关键技术和仪器设备,直接影响食源性疾病原因的快速查明。

2. 检验能力低　　多数基层疾控机构实验室达不到规定开展的检验能力标准,缺乏化学性和生物性危害因素监测、暴露评估、风险监测等,对食源性疾病只能检测相关微生物等指标,对最常见的农药中毒和化学毒品基本无法检测。

3. 新技术缺乏　　由于疾病谱、毒物品种不断变化,检验人员专业知识面相对狭窄,检测技术不过硬,对食源性疾病的检验知识储备不足,缺乏引进新技术、新方法的力度,其实验条件也难以适应各种食源性疾病调查的需要。

(二)检测技术的发展

我国正努力提升食品安全技术,在食源性致病菌控制方面也进行了大量的研究工作,包括传统的检测方法,分子生物学新技术的应用与开发,来促进我国检测技术的发展。这些检测技术一种是跟踪国际先进技术;另一种是面向国内市场的一些快速、简便的检测技术,以满足监管部门日常监管工作所需。例如,一些便携式的检测仪,可以在现场执法的过程中,对一些食品不安全因素进行检测,这样可以大大增加执法的公信力。

传统的食源性疾病的检测方法都要经过分离培养、生化鉴定等步骤,对致病菌的检测特异性不高、操作较为繁琐,耗时长,检测灵敏度低,容易出现假阴性,不能实现有效的实时快速监测和防控,因此快速、简便、特异的检测方法成为研究的热点。

一些快速检测的方法满足了食源性致病菌快速并大量样本检测的需求。这些方法用浓缩代替了增菌步骤(如免疫磁性分离),或者对最终测定步骤进行了改进,从而缩短了检测时间。但食源性致病菌的快速检测方法在我国的国家标准中仍然沿用着传统的选择性增菌、生化鉴定等方法,至少耗时 4~5 天,在基层的检测中不能达到良好的时效性,所以很难应对和控制大型食源性疾病的暴发。所以,食源性疾病在基层检测中必须普及较为快速、灵敏的方法代替目前的滞后状况。

与传统的检测方法相比较,新型的微生物检测技术正逐渐从传统的培养和生理化,向快速的分子生物技术、免疫学技术、代谢技术、基因指纹图谱技术、自动化仪器、生物传感器等方向发展。一些新型快速检测技术如下。

1. API 手工生化鉴定系统　　最常见的有用于革兰氏阴性杆菌鉴定的 API20E。

2. 以免疫学方法建立的快速检测技术　　免疫测定法的代表技术是 ELISA 技术,是抗原或抗体吸附到固相载体上作为一种试剂，来检测标本中有无相应的抗体或抗原的一种方法。ELISA 具有高度的特异性和敏感性，几乎所有可溶性的抗原抗体反应系统均可检测。与免疫荧光技术相比，ELISA 敏感性高，不需特殊设备，结果观察简便。

3. 分子生物学方法鉴定系统　　是从分子生物学水平上研究生物大分子，特别是核酸结构及其组成部分。在此基础上建立的众多检测技术中，核酸探针和聚合酶链反应以其敏感、特异、简便、快速的特点成为世人瞩目的生物技术革命的新产物。除了可用于初筛检测，由于其具有高特异性和敏感性，也可直接用于微生物的鉴定。

4. 自动化仪器　　半自动微生物鉴定系统：是由微量生化检测系统发展而来。其原理是将各种不同的生化反应组成专一鉴定试剂条(或板)。经培养后用光电读数器自动读数，将数据自动传送到计算机，由计算机分析处理，并打印结果分析报告。这一类的鉴定系统主要有：ATB(法国梅里埃公司)、BIOLOG(美国 BIOLOG)等，半自动微生物鉴定系统除了鉴定微生物外，也可进行药敏试验。

Vitek 全自动细菌鉴定系统：采用光电技术、计算机技术和细菌八进位制数码鉴定相结合。对各反应孔底物进行光扫描，动态观察反应变化，一旦试卡内终点指示孔达临界值，指示反应完成，系统将最后一次判读的结果所得生物数码与菌种库标准菌生物模型相比较，经矩阵分析得出鉴定值和鉴定结果，并自动打印报告。

快速检测的方法种类繁多，但各有优缺点：免疫学技术在试剂选用恰当的情况下能表现出较好的特异性、准确性、高效率、价廉、不需要大型仪器、技术含量低等的优点，但当待测物中含有目标菌的竞争性物质时则很有可能出现假阳性；分子生物学方法虽然也有快速、高效、特异性等优点，但由于价格昂贵、基因测序的研究还不完全等缺陷，导致该方法不易于推广。所以，若要达到食源性疾病检测系统的完善，应该在不断发展新技术的同时，综合现有的技术得到更有效的检测方法，将不同的方法应用到其适合推广的领域，使我国食源性疾病的检测达到理想的效果。

三、食源性疾病的监测

食品安全监督管理的主要任务和最终目标是降低食源性疾病的发生,对食源性疾病进行主动监测和早期预警,对于制订新的预防措施,降低食源性疾病的发生率具有十分重要的意义。

1. 食源性疾病监测的法律根据　　《中华人民共和国食品安全法》第十一条规定："国务院卫生行政部门会同国务院有关部门制定、实施国家食品安全风险监测计划。"明确提出由国务院卫生行政部门牵头负责国家食品安全风险监测计划的制订与实施，在全国范围内开展食源性疾病、食品污染物和食品中有害因素的监测。

《中华人民共和国食品安全法》第七十四条明确规定："发生食品安全事故，县级以上疾病预防控制机构应当协助卫生行政部门和有关部门对事故现场进行卫生处理，并对与食品安全事故有关的因素开展流行病学调查。"

2. 食源性疾病监测的定义和目的　　食源性疾病监测是食品安全风险评估的主要组成部分，其内涵是对食品中各类对人体健康有危害的因素及其导致食源性疾病发病情况的监测。

食源性疾病监测的目的：一是对食源性疾病经济负担的评估，确定公共卫生重点，评价公共卫生干预措施的效果。二是确保食品安全的有效措施，确定食源性致病菌在人群相关食品中的分布情况，控制食品被污染的各个环节，确定食品安全新问题和科研需求，从而增强应对突发事件的能力，有助于快速探明疾病暴发的原因并做出反应。三是风险评估最主要的信息源——监控数据，对于进行风险评估和最终制定风险管理方案和实施风险信息通报有着重要的意义。四是通过食品安全风险监测指导客观地发布食品安全风险预警信息，科学评价食品安全实际状况，普及食品安全知识，确保人民群众对食品安全风险的知情权、消费选择权。同时监测的数据对指导食品安全标准的制定具有重要的意义。

四、食源性疾病的预警

1. 全球食源性疾病的监测与预警　　在国际一级，为了加强在全世界范围进行沙门菌的分离、鉴定、血清分类以及抗菌药物耐药性测试，WHO 于 2000 年开始建立全球沙门菌的监控网络。成员有 148 个国家的 129 个公共卫生机构。该网络由人类健康、兽医和与食品有关的学科等领域的机构和个人(流行病学家和微生物学家)组成。

美国法定报告的食源性疾病有：炭疽病、肉毒中毒、布氏杆菌病、霍乱、肠出血性大肠埃希杆菌感染、隐孢子虫病、圆孢子虫病、贾第鞭毛虫病、溶血性尿毒综合征(腹泻后)、甲型肝炎、李斯特菌病、沙门菌病、产毒素的大肠杆菌感染、志贺菌病、旋毛虫病(毛线虫病)、伤寒、弧菌感染。

欧盟的 17 个国家成立了沙门菌、产志贺毒素的大肠杆菌 O157 国际监测网，加拿大、澳大利亚、新西兰、日本和南非也加入了这个网络。通过对公共卫生事件的调查和分析，在国家之间及时开展信息沟通，使得欧洲及其他地方公共卫生事件处置更迅速有效。

2. 我国食源性疾病监测与预警　　我国目前在着手建立和完善食源性疾病的预警和控制系统，另外，我国还初步建立了国家电子网和国家食品安全监测信息系统，并在不断完善。

2012 年我国将开展食源性疾病主动监测，启动食品安全风险监测数据交换平台，并组建国家食品安全风险评估中心。

卫生部正在加强食源性疾病监测，具体包括：一是进一步完善食物中毒的报告系统；二是在 300 多家医院建立了异常状况监测系统，在临床上发现异常情况，研究是否可能和食品有关，如果和食品有关，可能要尽早进入调查和原因分析，起到及时发现、早控制的作用。对于食源性疾病的主动监测，将在全国选一些有代表性的点，通过回顾性地了解发病情况，最后来估算食源性疾病的发病率在全国到底处于什么水平。

3. 运用预警系统控制食源性疾病　　在食源性疾病大规模肆虐的环境下，完善的食源性疾病预警与控制系统，不仅提供给公众有效的食品安全保障体系，充分保障人民群众的生命财产安全，而且会产生积极的社会效果，有助于树立社会安全、稳定的良好形象，并间接地提升竞争力，促进社会的发展。然而，建立和完善食品污染物监测网络，有效地收集有关食品污染信息，是创建食源性疾病预警系统的前提。尽管在国际上尚未规定有一个标准的食源性疾病监测方案以及预警系统模式，但从美国较为完善的食源性疾病监测网络并成功建立起有效的预警系统可以看出，在主动监测保证数据收集的完整性的基础上，根据当地的人口学、经济学等流行病学特征制定预警系统是控制食源性疾病的一个有效途径。

思　考　题

1. 细菌性食物中毒常见的病原菌有哪些？临床表现如何？救治原则是什么？
2. 化学性食物中毒的特点是什么？救治原则是什么？
3. 有毒动植物食物中毒的预防和控制措施有哪些？
4. 试述几种常见的感染性食源性疾病。

第六章 各类食品安全及其管理

【本章提要】

食品在生产、运输、储存、销售等环节可能受到生物性、化学性及物理性的有毒有害物质的污染。食物的种类不同，出现的安全问题也不相同。例如，粮食类食品易遭受霉菌及霉菌毒素污染，而动物性食品易出现人畜共患传染病的危害，水产食品则有渔药、有害重金属残留等问题。因此，在食品的安全管理上各有所侧重。为了帮助读者了解各类食品的安全问题及相应的安全管理措施，确保食用安全，本章重点介绍畜、禽肉及鱼类食品、奶和蛋类食品、粮、豆、蔬菜、水果、茶叶类食品、糕点、冷饮、食糖、蜂蜜、糖果、即食食品、方便食品、转基因食品、保健食品等易出现的安全问题及其安全管理措施。研究和掌握各类食品及食品加工的安全学问题和安全管理要求，有利于采取适当措施，确保食品安全。

【学习目标】

1. 掌握动物性食品、植物性食品及其加工制品等各类食品的特点；

2. 了解引起各类食品安全问题的危害因素及食品安全管理的方法，以便更好地从事这些食品的安全管理。

【主要概念】

食品安全、人畜共患传染病、兽药残留、农药残留、方便食品、转基因食品、保健食品

第一节 畜、禽肉及鱼类食品安全与管理

一、畜肉食品安全与管理

（一）畜肉食品的安全性问题

1. 肉类的安全性问题

1）畜肉的自溶和腐败变质　　宰杀后的畜肉若在常温下存放，使畜肉原有体温维持较长时间，则其组织酶在无菌条件下仍然可继续活动，分解蛋白质、脂肪而使畜肉发生自溶。自溶为细菌的侵入、繁殖创造了条件。细菌的酶使蛋白质、含氮物质分解，使肉的 pH 上升，该过程即为腐败过程。腐败变质的主要表现为畜肉发黏、发绿、发臭。腐败肉含有的蛋白质和脂肪分解产物，如吲哚、硫化物、硫醇、粪臭素、尸胺、醛类、酮类和细菌毒素等，可使人中毒。

2）人畜共患传染病

（1）炭疽。炭疽是由炭疽杆菌引起的烈性传染病。发现炭疽病畜必须在 6h 内立即采取措施，隔离消毒，防止芽孢形成。病畜一律不准屠宰和解体，应整体(不放血)高温化制或 2m 深坑加生石灰掩埋，同群牲畜应立即隔离，并进行炭疽芽孢疫苗和免疫血清预防注射。屠宰中发现可疑患畜应立即停宰，将可疑部位取样送检。确证为炭疽后，患畜前后邻近的畜体均须进行处理。屠宰人员的手和衣服需用 2%来苏液消毒并接受青霉素预防注射。饲养间、屠

宰间需用含20%有效氯的漂白粉液、2%高锰酸钾或5%甲醛消毒45min。

(2) 鼻疽。鼻疽是由鼻疽杆菌引起的牲畜烈性传染病。感染途径为消化道、呼吸道和损伤的皮肤及黏膜。病畜在鼻腔、喉头和气管内有粟粒状大小、高低不平的结节或边缘不齐的溃疡，在肺、肝、脾也有粟米至豌豆大小不等的结节。对鼻疽病畜处理同炭疽。

(3) 口蹄疫。口蹄疫病原体为口蹄瘟病毒，是猪、牛、羊等偶蹄动物的一种急性传染病，是高度接触性人畜共患传染病。病畜表现为体温升高，在口腔黏膜、牙龈、舌面和鼻翼边缘出现水疱或形成烂斑，口角线状流涎，蹄冠、蹄叉发生典型水疱。

(4) 猪水泡病。猪水泡病病原体为滤过性病毒，只侵害猪。人的感染途径以接触感染为主。在牲畜集中，调度频繁的地区易流行此病，应予注意。患传染性水泡性皮炎的病猪症状与口蹄疫难以区别，主要依靠实验室诊断。

(5) 布氏杆菌病。布氏杆菌病是由布氏杆菌引起的慢性接触性传染病，绵羊、山羊、牛及猪易感。布氏杆菌分为6型，其中羊型、牛型、猪型是人类布氏杆菌病的主要致病菌，羊型对人的致病力最强，猪型次之，牛型较弱。主要经皮肤、黏膜接触传染。患病雌畜表现为传染性流产、阴道炎、子宫炎，雄畜为睾丸炎。患羊的肾皮质中有小结节，患猪则表现为化脓性关节炎、骨髓炎等。

(6) 囊虫病。囊虫病病原体在牛为无钩绦虫，猪为有钩绦虫，家畜为绦虫中间宿主。幼虫在猪和牛的肌肉组织内形成囊尾蚴，主要寄生在舌肌、咬肌、臀肌、深腰肌和膈肌等部位。囊尾蚴在半透明水泡状囊中，肉眼为白色，绿豆大小，这种肉俗称"米猪肉"或"痘猪肉"。

当人吃了有囊尾蚴的肉后，囊尾蚴在人的肠道内发育为成虫并长期寄生在肠道内，引起人的绦虫病。可通过粪便不断排出节片或虫卵污染环境。由于肠道的逆转运动，成虫的节片或虫卵逆行入胃，经消化孵出幼虫，幼虫进入肠壁并通过血液达到全身，使人患囊尾蚴病。根据囊尾蚴寄生部位不同，可分为脑囊尾蚴病、眼囊尾蚴病和肌肉囊尾蚴病，严重损害人体健康。

(7) 旋毛虫病。旋毛虫幼虫主要寄生在动物的膈肌、舌肌和心肌，形成包囊。当人食入含旋毛虫包囊的肉后，约一周幼虫在肠道发育为成虫，产生大量新幼虫钻入肠壁，随血液循环移行到身体各部位，损害人体健康。人患旋毛虫发病与嗜生食或半生食肉类习惯有关。

3) 兽药残留 食品动物在使用兽药(包括药物添加剂)后，兽药的原形及其代谢物、与兽药有关的杂质等有可能蓄积或残存在动物的细胞、组织或器官内，或进入泌乳动物的乳，或产蛋家禽的蛋中，这就是兽药残留。兽药残留的种类很多，抗菌素为抗微生物药物，是最主要的兽药添加剂和兽药残留，约占药物添加剂的60%。兽药残留的危害表现为：引起耐药性、引起中毒反应、引起二重感染、引起变态反应。例如，经常食用含抗生素残留的畜肉可使人产生耐药性，影响药物治疗效果；对抗生素过敏的人群具有潜在的危险性。而饲料中添加盐酸克仑特罗后可使牲畜和禽类生长速率、饲料转化率、胴体瘦肉率提高10%以上，其商品名为"瘦肉精"。盐酸克仑特罗中毒症状为头晕、头痛、肌肉震颤、心悸、恶心、呕吐等，严重者可出现心律失常。

4) 掺假注水 肉类掺假注水主要表现在增重和掩盖劣质，牟取暴利。在"注水肉"里可能带入重金属、农药残留等有毒、有害物质和各种寄生虫、病原微生物等，使肉品失去营养价值，易腐败变质，产生细菌毒素，还可能传播动物疫情。

2. 肉制品的安全性问题

1) 滥用食品添加剂　　不按照 GB 2760—2011《食品安全国家标准　食品添加剂使用标准》的规定,任意扩大食品添加剂的使用范围和使用量,如有些不法商贩在烤鸡上染黄色冒充"三黄鸡"。

2) 多环苯烃和亚硝胺类的污染　　在多环芳烃中的代表性化合物是苯并[a]芘,具有很强致癌性。苯并[a]芘在熏、烤、烧的肉制品中含量较高,如香肠在加工前为 0.1μg/kg,经熏制后即增高至 1.66μg/kg。

亚硝胺是公认的致癌污染物之一,对肉制品的污染也与加工方法有关。例如,生鱼的亚硝胺为4μg/kg,经熏制后可增至9μg/kg,如果经硝酸盐发色后再烟熏处理,可增高至14～26μg/kg。

(二)畜肉食品的安全管理

1. 屠宰场地和设施的要求　　厂房设计要符合流水作业,避免交叉污染。应按饲养、屠宰、分割、加工冷藏的顺序合理设置。厂房与设施必须结构合理、坚固、便于清洗和消毒。车间墙壁要有不低于 2m 的不透水墙裙,地面要有一定的斜坡度,表面无裂缝,无局部积水,易于清洗消毒;各工作间流水生产线的运输应有悬空轨道传送装置;屠宰车间必须设有兽医检验设施,包括同步检验、对号检验、内脏检验等。

2. 屠宰的要求

1) 候宰　　即进屠宰场之前的牲畜,等待屠宰。要求宰前 12～24h 休息,停止饲喂(猪12h,牛羊 24h),宰前 3h 停止饮水。

2) 宰前检验及处理　　屠宰必须进行宰前检验,这是为了确定病畜或疑似病畜,防止恶性传染病畜混入,污染健康畜体。通过宰前检查作出判定和处理,包括准宰、急宰、缓宰、留养、扑杀销毁等。

3) 淋浴　　屠畜宰前须经过一次清水淋浴,冲洗皮毛上的污秽,使畜体表面无灰尘、污泥、粪便,以防止污染宰后肉品,同时也可增加麻电的效果。

4) 屠宰过程　　电麻放血:屠宰场(点)均应经电麻后倒挂放血,以保证血液流尽,防止宰后细菌沿血管流至畜体各部,影响肉品质量。

泡烫刮毛:主要对宰猪而言,有的地区羊也有刮毛的。刮毛与水烫相连,水温一般在 65℃左右,浸烫 5～7min。水温太高,有损皮肉,影响质量。烫水要定时更换,保持清洁。

体表检查:基于大多数猪传染病常在肉尸体表显示病变,因此体表检查一般可做出诊断。一旦发现异常,当按规定检验顺序仔细剖检,也可采取暂移出正常生产线,留待鉴定。

剥皮:指剥皮屠宰法。应置畜尸剥皮架上,剥去除头、蹄、尾外的皮。要求各项设备工具清洁。操作技术熟练,尽可能避免鲜肉被污染。

开膛:要求在泡烫刮毛后立即悬挂开膛,否则体温散发缓慢,细菌容易繁殖。开膛后,首先应从肛门、直肠将内脏完整取下,严禁粪便或肠内容物污染肉尸。然后充分冲洗胸腔、腹腔。做到"五不带"(毛、血、粪、病肉和淋巴结)。

肉尸劈半:用电锯或肉斧将肉尸沿脊髓对半分开,成为两片肉尸以便鲜肉冷冻储藏。

修整:对经过检验合格的肉尸、内脏必须要经过一个专设的修整工序,以保证清洁、整齐、符合肉品卫生安全要求。

肉畜经屠宰，除鬃毛、内脏、头尾、四肢下部后的躯体即为胴体。

5) 宰后检验及处理　　宰后对动物头部、胴体和内脏的检验应该按照有关兽医规定处理。应利用宰前检验信息和宰后检验结果，判定肉类是否适合人类食用。感官检验不能准确判定肉类是否适合人类食用时，应进一步检验或进行实验室检测。废弃的肉类或动物的其他部分，应做适当的标记，并用防止与其他肉类交叉污染的方式处理。废弃处理应做好记录。为确保能充分完成宰后检验，主管兽医有权减慢或停止屠宰加工。宰后检验应做好记录，宰后检验结果应及时分析，汇总后上报有关部门。

6) 实验室检验　　在宰前、宰后检验中发现怀疑时均须进一步作出实验室诊断，必须依照卫生部制订的食品安全国家标准以及兽医实验室诊断规程的规定方法进行检验。对留待取得检验报告后处理的肉尸或脏器应隔离冷藏。

7) 病害动物和病害动物产品生物安全处理　　按照 GB16548—2006《病害动物和病害动物产品生物安全处理规程》的规定执行。视情况进行销毁、消毒和化制。

3. 肉类的储藏、运输和销售

1) 储藏　　储存库内应保持清洁、整齐、通风，温度应符合储存肉类的特定要求。同一库内不得存放可能造成相互污染或者串味的食品。有防霉、防鼠、防虫设施，定期消毒。对肉制品储存的卫生控制关键是低温保存与生熟分开。一般熟肉制品应在 0～4℃条件下储存；腌腊制品要在 20℃以下，相对湿度为 80%～85%条件下储存；而肉干、肉松则需储存在低温、干燥通风的库房中。

2) 运输　　肉类运输应做到专车专用，合格鲜肉或冻肉与条件食用肉和熟肉必须分车装运，并有明显标志。运输合格鲜肉或冻肉力求使用密闭保冷车，敞车只做短途运输并应上盖下垫。运输熟肉制品必须要有专用冷藏车。运输病畜、鲜肉、熟肉等的操作人员应明确分工，严格分开，不能混用。

3) 销售　　进入市场的肉品必须是经检验合格的鲜肉或冻肉，并盖有国家统一制定的兽医验讫印戳。肉类销售应备有清洁的鲜肉台架，不堆放在地上。销售冻肉随卖随解冻，内脏与胃肠应设专柜专摊与肉品分开销售。绞肉原料应用合格新鲜的肉，经洗净后再绞。并要专柜、专用工具容器，每次用后清洗干净，专人负责。由于细菌在肉馅上的繁殖速度比在完整鲜肉上快 3～4 倍，销售不完的绞肉，应保存在冰箱里并不得超过 6h。提倡随绞随卖，日产日清。

4. 肉制品的加工要求　　肉制品加工时必须保证原料肉的卫生质量，在加工各环节应防止细菌污染，使用的食品添加剂必须符合 GB2760 规定，防止滥用添加剂。在制作熏肉、火腿、烟熏香肠及腊肉时，应注意降低多环芳烃的污染，加工腌肉或香肠时应严格限制硝酸盐或亚硝酸盐用量。

二、禽类食品安全与管理

禽肉的自然变化、安全性问题和安全管理与畜肉类似。禽类宰杀后，其肉品也会经过僵直、后熟、自溶、腐败 4 个阶段的变化，因其肌肉中结缔组织含量少，禽肉的僵直、后熟期较畜肉短，所以禽肉比畜肉易腐败变质。

（一）禽类食品的安全性问题

1）细菌污染　　污染禽肉的病原体多见于沙门菌、弯曲菌、金黄色葡萄球菌，也常见于其他致病菌，这些细菌侵入肌肉深部，食用前未充分加热可引起食物中毒。

2）重金属和砷污染　　禽肉中重金属铅和汞的污染，主要来源于地理环境和农用化学物质的使用及工业"三废"的排放。国家对砷制剂的使用有严格规定，但常发生不遵守停药规定和超标使用的情况。人若食用残留砷制剂的畜、禽产品可致癌。

3）农药残留　　我国早已禁止使用六六六、DDT、敌敌畏等农药，但由于土壤中仍有较高的残留和一些养殖户的违规使用，使禽类的生活环境中含有较高含量的六六六、DDT、敌敌畏等农药而造成残留。

4）抗生素残留　　为了防疫，禽类的饲料中常违规添加抗生素，在动物体内残留过量，转移到人体后会给健康带来难以估量的危害，导致人体对抗生素的耐药；我国的禽产品进入国际市场时，由于抗生素残留量超标而被退货、销毁，甚至中断贸易往来的事件时有发生。

5）雌激素残留　　养殖户在饲料中违规添加的激素一般为性激素，以维持副性征和生殖周期，使动物增重，提高饲料转化率和改良肉质；人类长期食用含有激素的肉制食品，即使含量甚微，但由于其作用极强，也会明显影响机体的激素平衡，且有致癌危险，对幼儿可造成发育异常。

（二）禽类食品的安全管理

1）宰前、宰后管理　　禽类宰前、宰后的管理及病禽处理等与畜肉相同。家禽在宰前24h停食，停食时间与屠宰加工方法（全净膛、半净膛、不净膛）有关。一般鸡、鸭停食时间是12～24h，鹅为8～16h。宰前发现病禽应及时隔离、急宰，宰后检验发现的病禽肉尸应根据情况作无害化处理。禽类的宰杀过程类似牲畜，为吊挂、放血、浸烫（50～54℃或56～65℃）、拔毛、通过排泄腔取出全部内脏。宰后冷冻保存，宰后禽肉在 $-30\sim-25℃$、相对湿度为80%～90%的条件下冷藏，可保存半年。

2）减少抗生素使用，降低药物残留　　影响养殖场使用抗生素和激素的因素很多，必须采取综合控制措施。

3）鲜、冻禽肉的安全标准　　鲜、冻禽肉的卫生要求须符合 GB16869—2005《鲜、冻禽产品》规定。该标准对鲜、冻禽产品的理化指标如表 6-1 所示。

表 6-1　鲜、冻禽肉的卫生要求

项目	指标
冻禽产品解冻失水率/%	≤6
挥发性盐基氮/(mg/100g)	≤15
汞(Hg)/(mg/kg)	≤0.05
铅(Pb)/(mg/kg)	≤0.2
砷(As)/(mg/kg)	≤0.5
六六六/(mg/kg)脂肪含量低于10%时，以全样计	≤0.1

续表

项目	指标
脂肪含量不低于 10%时，以脂肪计	≤1
DDT/(mg/kg)脂肪含量低于 10%时，以全样计	≤0.2
脂肪含量不低于 10%时，以脂肪计	≤2
敌敌畏/(mg/kg)	≤0.05
四环素/(mg/kg)肌肉	≤0.25
肝	≤0.3
肾	≤0.6
金霉素/(mg/kg)	≤1
土霉素/(mg/kg)肌肉	≤0.1
肝	≤0.3
肾	≤0.6
磺胺二甲嘧啶/(mg/kg)	≤0.1
二氧二甲砒啶酚(克球酚)/(mg/kg)	≤0.01
己烯雌酚	不得检出

三、鱼类食品安全与管理

鱼类食品量多类广，带来的食品安全问题很多，如何防腐保鲜、防污染、防毒害、加工过程中如何加强质量控制以及对产品进行质量检验和评价，都是必须要面对的问题。

(一)鱼类食品安全性问题

1. 腐败变质　鱼类离开水后很快死亡，鱼死后的变化与畜肉相似，其僵直持续的时间比哺乳动物短。鱼中含有丰富的蛋白质和非蛋白质氮，但碳水化合物较少，这导致鱼类死后的 pH 较高(pH>6.0)，另外深海的多脂鱼类有较高的类脂化合物，主要含有带长链的高度不饱和脂肪酸，上述物质在氧存在的储藏条件下，对腐败过程有着重要影响。

1)微生物导致的腐败　鱼类的初期质量下降是自溶变化，而造成腐败主要是因为细菌的作用。鱼体上初期菌落主要为嗜冷革兰氏阴性菌，而热带捕获的鱼可能携带稍多量的革兰氏阳性和肠道菌。

2)化学性腐败(氧化作用)　化学变质过程发生在鱼的不饱和脂类的自动氧化作用。第一步形成过氧化物，虽无味但可以造成鱼组织变褐色或黄色，接着过氧化物分解产生具有强烈油脂酸败味的醛和酮。当鱼体与铜、铁器具接触时氧化作用会加快。

3)自溶腐败　鱼死后由于体内酶的作用，鱼体蛋白质分解，肌肉逐渐变软失去弹性，出现自溶。自溶时微生物易侵入鱼体。由于酶和微生物的作用，鱼体出现腐败。

2. 致病菌　致病菌可分为自身原有细菌和非自身原有细菌。自身原有细菌广布于各地海域及海滩上，嗜冷性细菌肉毒梭菌和李斯特菌常见于较冷气候的地区，而嗜热性类型霍乱弧菌、副溶血性弧菌则代表着一部分滨海或温暖热带水域中鱼体上的自然种群。非自身的细菌与水污染和在不卫生条件下加工鱼类产品有关，如鱼制品上的肠杆菌科(沙门菌、志贺菌、大肠埃希菌)和金黄色葡萄球菌,最常见的感染途径是水环境被粪便或污物污染以及通过带菌的食品加工者传播。

3. 病毒　由于人畜粪便和生活污水对水体的污染,使其受肠道病原体的污染较重,最常见的是诺沃克病毒、甲肝病毒和副溶血性弧菌的污染。人们已了解到这些病毒是由带病毒食品加工者或被污染的水域造成的,会引起与水产鱼类有关的疾病。

4. 河豚毒素(TTX)　河豚毒素是一种强烈而性质较稳定的神经毒。河豚毒素主要存在丁各种河豚的卵、卵巢、精巢、肝脏、血液和肠道中,其毒力强弱随品种、季节、个体生长水域等因素有较大差异。由于河豚毒素性质较稳定,盐腌、日晒、煮沸等均不能使之破坏,我国水产品卫生管理办法明确规定,河豚有剧毒,不得流入市场,应剔出集中妥善处理。在加工处理上采取"三去加工"的方法,即先去除内脏、皮、头,再洗净血污,经盐腌晒干,安全无毒后方可出售和食用。河豚中毒在食入 10~45min 后发生,主要为神经病学症状,表现为面部和四肢刺痛感、麻痹、呼吸困难和心血管衰竭,严重者数小时内死亡。

5. 组胺　组胺中毒是由于摄食含组胺较多的鱼类而引起。鲣鱼、鲐鱼、金枪鱼等红色肉色类,天然组氨酸含量高,在死鱼体内组氨酸经细菌脱羧作用而生成大量组胺。组胺中毒潜伏期短(几分钟至几小时),主要症状表现在皮肤上,诸如面部发红、风疹、水肿,以及消化系统(恶心、呕吐、腹泻)和神经系统(头痛、刺痛、唇部灼烧感)症状。

6. 寄生虫　目前,已知鱼体和贝类中有 50 多种蠕虫寄生引起人类疾病,常见的有阔节裂头绦虫、猫后睾吸虫、横川后殖吸虫、异形吸虫、卫氏并殖吸虫、有棘颚口线虫、无饰线虫、华支睾吸虫等,其中最常见的是华支睾吸虫(肝吸虫)。淡水鱼类为华支睾吸虫的中间宿主,人们会因食用生的或未经烹调的水产品而被污染。

7. 化学性污染　鱼类及其他水产品常因生活水域被污染使其体内含有较多的重金属(如汞、镉、铬、砷、铅等)、农药和病原微生物。据报道我国水产品汞含量平均为 0.04mg/kg,占最大残留限量标准的 13.3%。平均每人每天从水产品中摄入汞的量为 1.0μg、镉 0.5μg。此外鱼类及其他水产品还可受到有机磷、有机氯等农药的污染。

N-亚硝胺是一类潜在致癌物质。鲜度下降甚至变质的鱼类中含有亚硝胺的多种前体物,如二甲胺、三甲胺等,若鱼类加工过程中原料鱼不新鲜、使用了含有大量硝酸盐的粗盐,即胺类在一定条件会亚硝化形成亚硝胺。

(二)鱼类食品安全问题

1. 鱼类保鲜　鱼的保鲜就是要抑制酶的活力和微生物的污染和繁殖,使自溶和腐败延缓发生。有效的措施是低温、盐腌、防止微生物污染和减少鱼体损伤。

低温保鲜有冷藏和冷冻两种,冷藏多用冰块使鱼体温度降至 10℃左右,保存 5~14 天;冷冻储存是选用鲜度较高的鱼在-25℃以下速冻,使鱼体内形成的冰块小而均匀,然后在-18~-15℃的冷藏条件下,保鲜期可达 5~9 个月。

盐腌保藏用盐量视鱼的品种、储存时间及气温高低等因素而定,盐分含量为 15%左右的鱼制品具有一定的储藏性。此方法简易可行,使用广泛。

2. 运输销售的卫生要求　生产运输渔船(车)应经常冲洗,保持清洁卫生,减少污染。外运供销的鱼类应达到规定的鲜度,尽量冷冻调运,用冷藏车船装运。

鱼类在运输销售时应避免污水和化学毒物的污染,凡接触鱼类的设备用具应由无毒无害的材料制成。

　　为保证鱼品的卫生质量，供销各环节均应建立质量验收制度，不得出售和加工已死亡的鱼类；含有天然毒素的水产品，如鲨鱼等必须去除肝脏。河豚不得流入市场。

第二节　　乳及乳制品安全与管理

　　乳业是关系国民身体素质和民族持续发展的一个特殊产业，但是奶农利益问题、乳品企业经营管理问题、乳业食品安全问题一直困扰着我国乳业的发展。近年来，随着政府和社会各界对乳品质量安全的关注以及一系列法规和标准的出台，我国的乳品质量安全状况有所改善，消费者信心逐渐恢复。为确保消费者的健康和我国奶业的健康发展，必须切实做好乳及乳制品的安全管理工作。

一、奶源安全与管理

（一）奶源的安全性问题

　　乳品质量安全在加工过程中比较容易控制，而奶源质量的控制却较为复杂（主要表现在来自奶牛散养户的奶源质量难以保证，存在药物残留以及饲料的安全问题），并且不少企业为了争夺奶源，经常放松对原料奶质量和安全的控制。因此，原料奶的质量和安全成为影响乳品质量安全的关键所在。现将奶源中存在的安全性问题介绍如下。

　　1. 抗生素残留　　抗生素残留是指给动物使用抗生素药物后积蓄或储存在动物细胞组织或器官内的药物原型、代谢产物和药物杂质。抗生素残留，是国内外普遍关注的公共卫生问题，其对人类健康危害严重，对畜牧业生产影响巨大。主要原因是养殖户不遵守休药期规定，滥用抗生素。

　　2. 有毒有害物残留　　根据残留物的来源不同分为有农药残留物，如杀虫剂、除草剂等可在饲料饲草作物的籽实、根、茎或叶中大量残留；毒素残留，如饲喂变质的饲料饲草，受到霉菌浸染，不仅营养价值降低，而且产生的霉菌毒素可能导致畜禽急性、慢性中毒并在畜禽产品中残留；重金属残留，主要有汞、铅、砷等有害元素残留，由环境污染或违规使用添加剂所造成；激素，目前多种激素用于畜牧业中，如雌二醇、催产素、黄体酮等均可引起残留。

　　3. 微生物污染　　造成微生物污染的途径主要有两种：一是由于奶牛场的饲养管理、挤乳、储藏运输方法不当等使牛奶中微生物感染、数量超标所引起；二是内源性污染，在牛奶挤出之前受到微生物的污染，如乳房炎等。

　　4. 病原污染　　由于奶牛养殖时的检疫防疫措施不当，牛只感染人畜共患病，通过牛奶传播影响人类健康。主要存在的病原有布氏杆菌、结核杆菌、炭疽杆菌等。

　　5. 营养指标低　　绝大多数农户采用传统的饲养方式，日粮配方搭配不合理、缺乏优质的粗饲料，营养水平难以满足奶牛生产需要，从而导致牛奶中干物质、乳脂肪、乳蛋白等指标偏低，影响奶源质量。

　　6. 掺杂掺假　　在市场监管不力的情况下，部分奶农或奶站为获得更高的利益，在奶牛饲养和原料奶销售过程中，添加蛋白质和脂肪类物质，如米汤、豆浆、碱和各类添加剂等或将变质奶销售，在鲜奶中添加抗生素、小苏打等，导致奶源出现质量安全问题。

（二）奶源的安全管理

1. 乳畜的卫生　根据《中华人民共和国动物防疫法》要求，奶牛场每年必须对全部奶牛至少进行一次结核病和布鲁菌病的检疫，对检出阳性的奶牛一律淘汰或扑杀，健康奶牛获得《奶牛健康证》。为了防止人畜共患病（结核病、布鲁杆菌病、炭疽病、狂犬病和口蹄疫等）的传播及对产品的污染，奶牛应每年进行炭疽疫苗的预防注射，牛群每年逐头进行检疫。凡检出病牛必须做到隔离饲养，工作人员及用具等均须严格分开：病牛、健康牛群所挤奶汁必须分别处理。

奶牛中如发生烈性传染病时，应立即向当地农业、卫生等主管部门报告，并采取有效的消毒、隔离措施，被污染的奶汁不得食用。

2. 挤奶卫生

1）挤奶前要做好的准备工作　将牛舍内部打扫干净，保持良好通风，避免异味。挤奶前 0.5～1h 应停喂干饲料，避免投饲气味浓厚的青饲料，使奶汁不会带有明显的饲料味。此外，禁止使用被污染的饲料喂饲乳畜。挤奶前要保持牛体清洁，牛乳头和乳房可用 0.1%的高锰酸钾温水清洗，再用消毒毛巾擦干。凡与奶接触的挤奶工具、用具，用前都应彻底清洗、杀菌。挤奶员要经过健康检查，挤奶前要将手洗净，穿戴清洁的工作服、帽、口罩等。

2）挤奶时应注意的几个问题　要求把乳畜尾巴夹住。应将头几把奶汁废弃以减少杂菌的污染。挤奶时要注意检查奶汁中有无干酪或奶块、脓块，如发现应把该牛所挤的奶与其他正常奶分开单独处理。

3）挤奶后的卫生要求　挤下的奶应立即用多层灭菌纱布过滤于储奶桶内，以除去挤奶中可能带进的毛屑等异物杂质，并迅速将奶进行冷却。

3. 收奶和运输奶的卫生

1）收奶卫生　奶挤出后，为保证其质量和新鲜度应在尽可能较短的时间里到达收奶站并在过滤后尽快给予冷却，再送入储奶缸储存或及时送去加工。刚刚挤出的奶，温度在 36℃左右，是微生物生长繁殖的最适宜温度，所以降低奶温非常重要，要求在挤奶后 2h 使奶温冷却到 10℃以下。

收购的生鲜牛奶是指从正常饲养的、无传染病和乳房炎的健康母牛乳房内挤出的常奶。牛奶的验收按 GB GB19301—2010《食品安全国家标准 生乳》进行。牛奶经检验、过滤、计量、冷却后再送入具有保温绝热层的储奶缸或带冷却夹套的冷缸中，待运。

2）牛奶的运输　牛奶的运输包括把牛奶运送至加工厂及在工厂各个工序之间的输送。用于加工厂以外运送牛奶的容器主要有奶桶、奶槽车。用于厂内各个工序之间的输送机械通常是离心泵，也称奶泵。

大量生奶运输，最好用带有保温层的奶槽车，夏天它能防止牛奶在运输途中因暴晒而升温太高，微生物大量繁殖，从而防止牛奶酸败。冬天可防止牛奶冻结而影响其加工性能。

少量生奶运输一般可使用奶桶，最好是使用不锈钢桶或铝桶。奶桶应有足够的刚性，经久耐用，内壁光滑，转角做成圆弧形，便于清洗，内壁材质应对牛奶无污染。桶的外形尺寸要符合机械化洗桶设备的要求。结构上既要保证开盖方便，又要保证运输过程中无渗漏。夏季奶桶要尽量装满盖严，防止因震荡引起奶组织状态的改变，从而使奶脂互相撞击形成乳酪团。冬季应防止奶桶装得太满，以防在运输中由于奶的冻结使奶桶破裂，造成污染。

如使用奶槽车运输，该槽车应为不锈钢槽车。运输过程中要保持密闭洁净，使用前要严格消毒。

奶桶和槽车在使用后要及时清洗和消毒。消毒后奶桶最好倒置控干。

作为各工序之间的输送机械的奶泵要便于拆装，表面光洁，有防止吸入空气的措施，泵体材料要对人体无害，泵的选用应与所需工艺参数相匹配。

二、巴氏杀菌乳的安全与管理

(一)巴氏杀菌乳的安全性问题

巴氏奶(fresh milk)是巴氏杀菌鲜牛奶的简称，是指采用 62～65℃/30min 或 72～75℃/15s、75～85℃/15～20s 等低温杀菌方法进行处理所得的乳制品。这种低温处理方法既能杀灭牛奶中的致病菌，有效保证食品的公共卫生和消费者的食用安全，又能最大限度地保留牛奶的营养和纯正口味，是营养学家一致公认和推荐的牛奶制品。巴氏杀菌一般只能杀灭乳中 90%～99% 的微生物，因此其保质期不是很长，要求的保存环境是低温冷藏。光是引起巴氏杀菌乳中维生素损失的重要原因，其他营养成分也会因光化学反应而发生分解，因此乳品包装需要避光。氧气也是不可忽视的重要因素之一，如果包装内顶隙氧气过多，或容器透氧过大，会使得包装内的乳品氧化反应加剧，质量迅速下降。常用的包装有玻璃瓶、复合纸盒以及塑料袋。

(二)巴氏杀菌乳的安全管理

1. 原料乳的验收和分级　　消毒乳的质量取决于原料乳。因此，对原料乳的质量必须严格管理，认真检验。只有符合标准的原料乳才能生产消毒乳。

2. 生奶净化　　生奶净化主要是为除去奶中的杂质，净化的方法有过滤法和离心法。经过净奶可减少杂菌总数而增进杀菌效果。

3. 净化后再次冷却　　牛奶在经验收、净奶后要再一次进行冷却，主要是为了保持投产前生奶的质量。冷却用的制冷剂可采用水、冰水或盐水，但使用不锈钢的冷却设备时，宜使用冷水而不宜使用含氯离子、硫酸根离子的溶液。

4. 均质　　均质是乳品生产过程中重要的加工过程。均质除可使混合料均匀一致外，还有使分散介质微粒化的作用，牛奶进行均质时的温度宜控制在 50～65℃(在此温度下脂肪处于熔融状态)，如果均质温度太低，也有可能发生黏滞现象。

5. 巴氏杀菌　　杀菌的目的首先是要杀灭致病性微生物、杂菌及破坏或抑制奶中的酶类，如氧化-还原酶、磷酸酶等。巴氏消毒一般分为低温长时间杀菌法(62℃，30min)、高温短时间杀菌法(75℃，15s)，鲜奶的杀菌一般采用第二种方法。因巴氏杀菌不能有效地杀灭芽孢菌，所以其保质期短，而且常需冷藏，所以产品销售有局限性。

6. 奶灌装过程　　杀菌后的奶要尽快冷却到 4～6℃，然后灌装。灌装工人要保持良好的个人卫生，严格按操作规程操作，防止灌装过程的再次污染。盛装牛奶的容器其材料必须与牛奶不发生化学反应，对人体无害。装瓶后的奶要尽快送到 2～10℃的冷库中保存，保存时间不得超过24h。保存在冷库中的瓶奶在堆放时应有一定的间隙。冷库的温度应保持均匀。

7. 巴氏杀菌乳的技术要求　　巴氏杀菌乳应达到 GB19645—2010《食品安全国家标准巴氏杀菌乳》的要求。

1) 原料要求　　生乳应符合 GB 19301 的要求。

2) 感官要求　　感官要求应符合表 6-2 的规定。

表 6-2　感官要求

项目	要求	检验方法
色泽	呈乳白色或微黄色	取适量试样置于 50mL 烧杯中，在自然光下观察色泽和组织状态。闻其气味，用温开水漱口，品尝滋味
滋味、气味	具有乳固有的香味，无异味	
组织状态	呈均匀一致液体，无凝块、无沉淀、无正常视力可见异物	

3) 理化指标　　理化指标应符合表 6-3 的规定。

表 6-3　理化指标

项目	指标	检验方法
脂肪 [a]/(g/100g)	≥ 3.1	GB 5413.3
蛋白质/(g/100g)		GB 5009.5
牛乳	≥2.9	
羊乳	≥2.8	
非脂乳固体/(g/100g)	≥ 8.1	GB 5413.39
酸度/(°T)		GB 5413.34
牛乳	12～18	
羊乳	6～13	

注：a 仅适用于全脂巴氏杀菌乳

4) 污染物限量　　污染物限量应符合 GB 2762 的规定。

5) 真菌毒素限量　　真菌毒素限量应符合 GB 2761 的规定。

6) 微生物限量　　微生物限量应符合表 6-4 的规定。

表 6-4　微生物限量

项目	采样方案 [a] 及限量(若非指定，均以 CFU/g 或 CFU/mL 表示)				检验方法
	n	c	m	M	
菌落总数	5	2	50 000	100 000	GB 4789.2
大肠菌群	5	2	1	5	GB 4789.3 平板计数法
金黄色葡萄球菌	5	0	0 /25g(mL)	—	GB 4789.10 定性检验
沙门菌	5	0	0 /25g(mL)	—	GB 4789.4

注：a 样品的分析及处理按 GB 4789.1 和 GB 4789.18 执行

7)其他　　　应在产品包装主要展示面上紧邻产品名称的位置，使用不小于产品名称字号且字体高度不小于主要展示面高度 1/5 的汉字标注"鲜牛(羊)奶"或"鲜牛(羊)乳"。

三、乳制品安全要求与管理

(一)乳制品的安全性问题

乳制品种类较多，主要包括：乳粉类(全脂乳粉、脱脂乳粉、全脂加糖乳粉和调味乳粉、婴幼儿乳粉、其他配方乳粉)；液体乳类(杀菌乳、灭菌乳、酸牛乳、配方乳)；炼乳类(全脂无糖炼乳、全脂加糖炼乳、调味/调制炼乳、配方炼乳)；乳脂肪类(稀奶油、奶油、无水奶油)；干酪类(原干酪、再制干酪)；其他乳制品类(干酪素、乳糖、乳清粉等)。乳制品生产链及可能发生的不安全因素如表 6-5 所示。

表 6-5　乳制品生产链及可能产生的不安全因素

生产环节	污染来源和途径	主要不安全因素
原料乳生产	饲料	环境污染，重金属，农药，亚硝酸盐，饲料添加剂
	产乳家畜	用于预防、治疗的抗生素
	挤乳	微生物，清洗用水，清洗剂和消毒剂
	储藏	微生物及其代谢产物
	原料验收与预处理	原辅材料不符合验收标准
乳制品加工	配料	清洗和消毒剂，水，各种食品添加剂
	加工	制品成分的变化
包装储藏	成品包装	包装材料的污染
	成品储藏	成分发生的理化变化和微生物变化

在我国乳与乳制品生产环节中突出的问题是人为掺假和农药、抗生素的残留，食品添加剂的滥用。人为掺假表现在原料乳生产中，其目的是虚增乳量、隐瞒质量、阻止乳酸败，这一现象已经引起社会的重视，并加强了奶源的管理。另外，掺假也表现在乳制品的生产中。例如，为了迎合消费者的感官心理而在纯牛乳中添加增稠剂、增香剂，为了达到蛋白质指标而在酸性乳饮料中添加动物水解蛋白、甘氨酸，在标识上却不加以注明等。例如，2008 年的三聚氰胺毒奶粉事件，正是在婴儿奶粉中加入了三聚氰胺以提高蛋白质测定的结果值。这些不法行为导致食品安全事故的发生，危害人民群众的身体健康，必将受到法律的制裁。

(二)乳制品的安全管理

1. 乳制品生产企业的要求　　　中华人民共和国国务院令第 536 号《乳品质量安全监督管理条例》中第四章"乳制品生产"规定从事乳制品生产活动，应当具备下列条件，取得所在地质量监督部门颁发的食品生产许可证：

(1)符合国家奶业产业政策；

(2)厂房的选址和设计符合国家有关规定；

(3)有与所生产的乳制品品种和数量相适应的生产、包装和检测设备；

(4)有相应的专业技术人员和质量检验人员；

(5)有符合环保要求的废水、废气、垃圾等污染物的处理设施；

(6)有经培训合格并持有有效健康证明的从业人员；

(7)法律、行政法规规定的其他条件。

乳制品生产企业应当建立质量管理制度，采取质量安全管理措施，对乳制品生产实施从原料进厂到成品出厂的全过程质量控制，保证产品质量安全。

乳制品生产企业应当符合良好生产规范要求。国家鼓励乳制品生产企业实施危害分析与关键控制点体系，提高乳制品安全管理水平。生产婴幼儿奶粉的企业应当实施危害分析与关键控制点体系。对通过良好生产规范、危害分析与关键控制点体系认证的乳制品生产企业，认证机构应当依法实施跟踪调查；对不再符合认证要求的企业，应当依法撤销认证，并及时向有关主管部门报告。

乳制品生产企业应当建立生鲜乳进货查验制度，逐批检测收购的生鲜乳，如实记录质量检测情况、供货者的名称以及联系方式、进货日期等内容，并查验运输车辆生鲜乳交接单。查验记录和生鲜乳交接单应当保存 2 年。乳制品生产企业不得向未取得生鲜乳收购许可证的单位和个人购进生鲜乳。乳制品生产企业不得购进兽药等化学物质残留超标，或者含有重金属等有毒有害物质、致病性的寄生虫和微生物、生物毒素以及其他不符合乳品质量安全国家标准的生鲜乳。

生产乳制品使用的生鲜乳、辅料、添加剂等，应当符合法律、行政法规的规定和乳品质量安全国家标准。生产的乳制品应当经过巴氏杀菌、高温杀菌、超高温杀菌或者其他有效方式杀菌。生产发酵乳制品的菌种应当纯良、无害，定期鉴定，防止杂菌污染。生产的婴幼儿奶粉应当保证婴幼儿生长发育所需的营养成分，不得添加任何可能危害婴幼儿身体健康和生长发育的物质。

乳制品的包装应当有标签。标签应当如实标明产品名称、规格、净含量、生产日期，成分或者配料表，生产企业的名称、地址、联系方式，保质期，产品标准代号，储存条件，所使用的食品添加剂的化学通用名称，食品生产许可证编号，法律、行政法规或者乳品质量安全国家标准规定必须标明的其他事项。使用奶粉、黄油、乳清粉等原料加工的液态奶，应当在包装上注明；使用复原乳作为原料生产液态奶的，应当标明"复原乳"字样，并在产品配料中如实标明复原乳所含原料及比例。婴幼儿奶粉标签还应当标明主要营养成分及其含量，详细说明使用方法和注意事项。

出厂的乳制品应当符合乳品质量安全国家标准。乳制品生产企业应当对出厂的乳制品逐批检验，并保存检验报告，留取样品。检验内容应当包括乳制品的感官指标、理化指标、卫生指标和乳制品中使用的添加剂、稳定剂以及酸奶中使用的菌种等；婴幼儿奶粉在出厂前还应当检测营养成分。对检验合格的乳制品应当标识检验合格证号；检验不合格的不得出厂。检验报告应当保存 2 年。

乳制品生产企业应当如实记录销售的乳制品名称、数量、生产日期、生产批号、检验合格证号、购货者名称及其联系方式、销售日期等。

乳制品生产企业发现其生产的乳制品不符合乳品质量安全国家标准、存在危害人体健康和生命安全危险或者可能危害婴幼儿身体健康或者生长发育的，应当立即停止生产，报告有关主管部门，告知销售者、消费者，召回已经出厂、上市销售的乳制品，并记录召回情况。

乳制品生产企业对召回的乳制品应当采取销毁、无害化处理等措施，防止其再次流入市场。

2. 销售乳制品的要求 从事乳制品销售应当按照食品安全监督管理的有关规定，依法向工商行政管理部门申请领取有关证照。乳制品销售者应当建立并执行进货查验制度，审验供货商的经营资格，验明乳制品合格证明和产品标识，并建立乳制品进货台账，如实记录乳制品的名称、规格、数量、供货商及其联系方式、进货时间等内容。从事乳制品批发业务的销售企业应当建立乳制品销售台账，如实记录批发的乳制品的品种、规格、数量、流向等内容。进货台账和销售台账保存期限不得少于 2 年。

乳制品销售者应当采取措施，保持所销售乳制品的质量。销售需要低温保存的乳制品的，应当配备冷藏设备或者采取冷藏措施。

禁止购进、销售无质量合格证明、无标签或者标签残缺不清的乳制品。禁止购进、销售过期、变质或者不符合乳品质量安全国家标准的乳制品。

乳制品销售者不得伪造产地，不得伪造或者冒用他人的厂名、厂址，不得伪造或者冒用认证标志等质量标志。

对不符合乳品质量安全国家标准、存在危害人体健康和生命安全或者可能危害婴幼儿身体健康和生长发育的乳制品，销售者应当立即停止销售，追回已经售出的乳制品，并记录追回情况。乳制品销售者自行发现其销售的乳制品有前款规定情况的，还应当立即报告所在地工商行政管理等有关部门，通知乳制品生产企业。

乳制品销售者应当向消费者提供购货凭证，履行不合格乳制品的更换、退货等义务。乳制品销售者依照前款规定履行更换、退货等义务后，属于乳制品生产企业或者供货商的责任的，销售者可以向乳制品生产企业或者供货商追偿。

进口的乳品应当按照乳品质量安全国家标准进行检验；尚未制定乳品质量安全国家标准的，可以参照国家有关部门指定的国外有关标准进行检验。

出口乳品的生产者、销售者应当保证其出口乳品符合乳品质量安全国家标准的同时还符合进口国家(地区)的标准或者合同要求。

3. 乳制品的食品安全标准 表 6-6 列出各类别乳制品须符合的食品安全国家标准。

表 6-6 各类别乳制品须符合的食品安全国家标准

类别	产品品种	应符合的标准
乳粉类 液态或粉状	全脂、脱脂、部分脱脂乳粉和调制乳粉	《食品安全国家标准 乳粉》(GB 19644—2010)
	乳基婴儿配方食品	《食品安全国家标准 婴儿配方食品》(GB 10765—2010)
液态奶类	全脂、脱脂和部分脱脂巴氏杀菌乳	《食品安全国家标准 巴氏杀菌乳》(GB 19645—2010)
	全脂、脱脂和部分脱脂灭菌乳	《食品安全国家标准 灭菌乳》(GB 25190—2010)
	全脂、脱脂和部分脱脂发酵乳	《食品安全国家标准 发酵乳》(GB 19302—2010)
	全脂、脱脂和部分脱脂调制乳	《食品安全国家标准 调制乳》(GB 25191—2010)
炼乳类	淡炼乳、加糖炼乳和调制炼乳	《食品安全国家标准 炼乳》(GB 13102—2010)
奶油类	稀奶油、奶油、无水奶油	《食品安全国家标准 稀奶油、奶油和无水奶油》(GB 19646—2010)
干酪类	成熟干酪、霉菌成熟干酪和未成熟干酪	《食品安全国家标准 干酪》(GB 5420—2010)
其他类	脱盐乳清粉、非脱盐乳清粉、浓缩乳清蛋白粉、分离乳清蛋白粉	《食品安全国家标准 乳清粉和乳清蛋白粉》(GB 11674—2010)
	乳糖	《食品安全国家标准 乳糖》(GB 25595—2010)

第三节　蛋的安全与管理

我国蛋产丰富，涉及品种繁多，蛋制品的种类也较多。在居民日常生活和食品加工业中，蛋及蛋制品消费量较大，蛋类食品在生产、加工、储存、运输等方面由于污染和变质而带来的食品安全问题将影响人体健康，必须加以认识和解决。

一、蛋的安全问题

(一)蛋的变质过程

鲜蛋类具有良好的防御结构和多种天然抑菌杀菌物质，对微生物穿透蛋壳和在蛋液中生长具有一定的抵抗力。蛋壳具有天然屏障作用，表面的胶质膜可保护外部微生物的入侵，表面直径为 7~40μm 的微孔，大部分是半透性的，有机械阻挡微生物入侵的作用；蛋白内含有多种重要的溶菌、杀菌及抑菌因子，如溶菌酶、伴清蛋白和抗生物素蛋白等。但蛋类又含有丰富的营养物质，是生物性污染物生长繁殖的良好基质，污染多来自养殖环境、饲料、不洁的产蛋场所、卵巢、生殖腔和储运各环节。腐败变质与很多因素有关，包括蛋被粪便、灰尘、土壤等的污染程度，以及与水的接触情况、蛋壳的完好情况、蛋的储存时间和储存条件等。粪便严重污染、用湿手收集或湿容器储存搬运、用水洗蛋壳、蛋壳有裂纹、储存温度较高或潮湿等情况均易导致蛋的腐败变质。

土壤与水中存在的荧光假单胞菌因其运动能力和产生绿脓素而比其他微生物更容易穿透蛋壳，是首先经蛋壳气孔进入蛋内生长繁殖的细菌，随后其他腐败菌侵入并在蛋内生长繁殖，最终导致蛋的腐败变质。蛋的腐败特征与菌种有密切关系，如恶臭假单胞菌可使蛋白呈绿色并带荧光，荧光假单胞菌产生的卵磷脂酶能在卵黄表面形成桃红色沉淀，普通变形杆菌和气单胞菌能产生较强的蛋白水解酶使蛋白溶解、卵黄膜受损、蛋白与蛋黄位置不能固定而使蛋白与蛋黄混合在一起，分解产物(如硫化氢、氨和各种胺化物)使腐败变质的蛋具有酸臭味或粪臭味。

在潮湿条件下，蛋还容易受霉菌污染而造成禽蛋变质。常见有枝霉属、芽枝霉属、交链孢霉等。这些霉菌先在蛋壳表面上生长，菌丝可由气室部位的气孔进入蛋壳，若在壳内膜上生长，则膜呈灰绿色斑点或斑块；若进入卵白或卵黄，则卵白呈黏稠样胶冻状，而卵黄则呈蜡样质化。

(二)蛋的安全性问题

1. 微生物污染　　鲜蛋的主要生物性污染问题是致病菌(沙门菌、空肠弯曲菌和金黄色葡萄球菌)和引起腐败变质的微生物污染。清洁的卵壳表面有细菌 $4×10^6$~$5×10^6$ 个，而较脏的蛋壳表面细菌多达 $1.4×10^8$ 个。一般来说，鲜蛋的微生物污染途径以下有 3 种。

1)卵巢的污染(产前污染)　　禽类感染沙门菌及其他微生物后，可通过血液循环而进入卵巢，当卵黄在卵巢内形成时被污染。

2)产蛋时污染(产道污染)　　禽类的排泄腔和生殖腔是合一的，蛋壳在形成前，排泄腔里的细菌向上污染输卵管，从而导致蛋受污染。蛋从泄殖腔排出后，由于外界空气的自然冷却，引起蛋内容物收缩，空气中的微生物可通过蛋壳上的小孔进入蛋内。

3)产蛋场所的污染(产后污染) 蛋壳可被禽类、鸡窝、人手以及装蛋容器上的微生物污染。此外,蛋因搬运、储藏受到机械损伤而致蛋壳破裂时,极易受微生物污染,发生变质。

为了防止微生物对禽蛋的污染,提高鲜蛋的卫生质量,应加强禽类饲养条件的安全管理,保持禽体及产蛋场所的清洁卫生。鲜蛋应储存在 1~5℃,相对湿度 87%~97% 的条件下。出库时应先在预暖室放置一段时间,防止因产生冷凝水而造成微生物对禽蛋的污染。

2. 蛋的化学物污染 蛋的化学性污染与禽类的化学性污染密切相关。饲料受抗生素、生长激素和农药、兽药、重金属及无机砷污染,以及饲料本身含有的有害物质(如棉饼中游离棉酚、菜籽中硫代葡萄糖苷)可以向蛋内转移和蓄积,造成蛋的污染。

鲜蛋的化学污染物主要是汞,蛋中汞的来源可为空气、水和饲料等,致使所产蛋中含有汞。一般空气及饮用水中含汞极微,因此可认为蛋中所含汞主要来自饲料(如鱼粉、谷物等)及土壤等。一般海水的汞含量为 0.15μg/L,天然水体一般不超过 0.01μg/L。但当含汞的工业废水污染水体后,由于水生物往往有浓集作用,水体中的汞通过"食物链"而在鱼体内蓄积,在一些严重污染的水域中,鱼、贝类含汞甚高。土壤中汞含量一般为 0.03~0.8mg/kg,如用含汞废水灌溉或含汞农药使用不当,往往可使土壤及农作物含汞增高,如直接喷洒含汞农药时,谷物中含汞量可达 0.1mg/kg。如果母鸡生活在被汞污染的环境和吃了被汞污染的鱼粉及谷物,所生的蛋中汞含量将会增高。为杜绝或降低蛋中汞含量,必须对鸡的饮水和饲料及生活环境加以严格控制,以防被汞污染。

此外,农药、激素、抗生素、霉菌毒素及其他化学污染物均可通过禽饲料及饮水进入母禽体内,残留于所产蛋中,特别是近年来有些畜禽在饲养过程中,不科学的使用添加剂及抗生素对禽蛋产品造成污染,已受到消费者广泛关注,值得引起注意。

3. 违法、违规加工蛋类 我国曾发生过使用化学药品人工合成假鸡蛋事件。假鸡蛋的蛋壳由碳酸钙、石蜡及石膏粉构成,蛋清和蛋白则主要由海藻酸钠、明矾、明胶、色素等构成,蛋黄主要成分是海藻酸钠液加柠檬黄一类的色素,成本只是售价的 25% 左右。假鸡蛋不但没有任何营养价值,长期食用可因明矾含铝更有可能引致记忆力衰退、阿尔茨海默症等严重后果。

我国还发生过为了生产高价红心蛋,违法在鸡蛋或鸭蛋中掺入苏丹红的事件。

4. 其他因素的影响

1)异味 鲜蛋是一种有生命的物质,它不停地通过气孔进行呼吸,因而它具有吸收异味的性质。如果在收购、运输、储存过程中与农药、化肥、煤油等化学物品以及葱、蒜、鱼、花椒、香烟等有异味的食品或腐烂变质的动植物放在一起,就会使鲜蛋产生异味,影响食用。

2)结冻 鲜蛋在温度低于-2℃时,就会使蛋冻裂导致蛋液渗出,-7℃时,蛋液开始冻结,此时极易遭受微生物污染。一旦条件适宜,它们将会迅速繁殖,使蛋变质。因此,遇气温过低时,必须做好保暖防冻工作。

3)自身的生理变化 经过受精的蛋在 25~28℃温度条件下开始发育,当在最佳温度 35℃时,胚胎发育较快。最初在胚胎周围产生鲜红的小血圈形成血圈蛋,以后逐步发育成血筋蛋、血环蛋,若孵化后鸡胚已形成则成为孵化蛋,若在发育过程中死亡则形成死胚蛋。胚胎一经发育则蛋的品质就会显著下降。

二、蛋的安全管理

(一)鲜蛋的安全管理

1. 包装　　包装是禽蛋运输、储藏的重要环节，包装科学与否，直接影响禽蛋的质量。包装材料要因地制宜进行选择，力求经济、安全、干燥、适用和环保。常用的有竹篓、木箱、塑料箱、硬纸箱、鸡蛋托(盒)等。铺垫物，如草秆或谷糠等也要清洁、干燥、柔软、有弹性、无异味。在冬季包装时要注意防寒，在夏季包装要注意箱(篓)内的空气流通。

2. 储藏　　按照《鲜蛋卫生标准》(GB 2748—2003)产品入库前破壳蛋应及时清除，产品应储藏在阴凉、干燥、通风良好的场所，储存冷库温度为-1～0℃，不得与有毒、有害、有异味、易挥发、易腐蚀的物品同处储存。

鲜蛋最适宜在 1～5℃、相对湿度 87%～97% 的条件下储藏或存放。当鲜蛋从冷库中取出时，应在预暖间放置一定时间，以防止因温度升高产生冷凝水而引起出汗现象导致微生物对禽蛋的污染。鲜蛋用硅酸钠(水玻璃)液浸泡后，放置在 10℃的室温下可保存 8～12 个月，但易造成蛋散黄。若无冷藏条件，鲜蛋也可保存在米糠、稻谷、木屑或锯末中，以延长保存期。

鲜蛋储存的方式很多，大规模和工业化的储存常采用冷藏法，具有保存时间长和品质变化小的特点。但冷藏储存蛋必须科学管理，才能发挥效果，反之将使鲜蛋发生变质。因此在储藏过程中要特别注意以下问题。

(1)对库房应预先做好消毒和通风，杀灭库中微生物。

(2)挑拣出不洁或破损划伤的蛋品，防止鲜蛋污染发霉。

(3)鲜蛋入库前要进行预冷。蛋的内容物是半流动液体，如骤然退冷，内容物收缩变小。外界微生物会随空气一起进入蛋内；同时如果把温度较高的蛋直接送到冷藏间，不但会使库温上升，也会使蛋出汗，加快鲜蛋变质，冷却可在专用冷却间或冷库的过道进行，温度逐步下降。

(4)避免与带有异味的物品和蔬菜、水果同放在一库内。

(5)保持库房内温度为 0～21℃，最好在 1～3℃，并且温度的偏差不得超过 0.5℃，因为温度升高将造成蛋品出汗，增加蛋的污染机会。库内湿度保持在 85%～88% 较为适宜，如果湿度太小，会使蛋内水分蒸发而降低蛋的品质。

(6)要定期抽捡，抽样范围要按抽样原则进行，使之有广泛的代表性。对长期储存的蛋要每 2～3 个月进行一次翻箱。

(7)掌握好蛋的储存期，对鲜蛋而言，一类鸡蛋可在 9 个月以上；二类鸡蛋为 6～9 个月；三类鸡蛋为 3～6 个月。鸭蛋气室比鸡蛋大，更易受污染、易受潮、霉变，储存期较鸡蛋短，一类鸭蛋为 3～5 个月；二类鸭蛋为 2～3 个月为宜。

(8)鲜蛋出库时，要让蛋缓慢升温，使蛋温升到比外界温度低 3～5℃时出库较好，如与外界温差太大，应预先在预备室内预暖，不然蛋壳会出汗，将为微生物侵入和繁殖创造条件。

防止蛋品变质及保鲜的原则如下。

(1)避免碰、挤压，保持蛋壳完整无破损。

(2)改善环境条件，尽量减少蛋内水分的蒸发和维持蛋内二氧化碳的一定浓度，抑制蛋内酶的活性等，以保持鲜蛋原有的理化特性。

(3)防止微生物的污染和侵入。

(4)阻止蛋内和蛋上的微生物繁殖及活动。

(5)远离化学污染物及有刺激气味的物品。

上述五条原则应贯穿在蛋品的收购、包装、储存和销售的各个环节。

3. 运输　运输过程应尽量避免发生蛋壳破裂。用于运输的容器、车辆应清洗消毒。装蛋的容器和铺垫的草、谷糠应干燥、无异味。运输时避免与装有对人体有毒有害的物品或有挥发性气味，或影响产品质量的物品混装运输。对装过化工原料、农药、化肥等有毒、有害、有异味的运载工具，要彻底冲洗干净后再使用。运输途中要防晒、防雨、风沙和震动，要防止破损和污染，搬运时要轻拿稳放，以防止蛋的变质和腐败。到达后不得露天堆放，以防蛋质变化。

4. 销售　鲜蛋销售前必须进行安全检验，符合鲜蛋要求方可在市场上出售。

(二)蛋制品的安全管理

1. 蛋制品的分类　按照国家标准《蛋制品生产管理规范》(GB/T25009—2010)中蛋制品的定义，蛋制品是以禽蛋为主要原料(蛋含量占50%以上)，经相关加工工艺制成的各类成品或半成品。蛋制品主要分为三大类型，即再制蛋、干蛋类和冰蛋类。再制蛋是鲜蛋经过盐、碱、糟、卤、炸等工艺制作后，未改变蛋形的蛋制品，主要包括皮蛋、咸蛋、糟蛋，以及各种熟制蛋。干蛋类和冰蛋类则是鲜蛋经过去壳和加工处理后，改变了蛋形的蛋制品，主要有各种蛋粉、冰蛋和蛋松等。

2. 蛋制品加工要求　加工蛋制品的蛋类原料须符合鲜蛋质量和卫生要求。不得使用腐败变质的蛋。

皮蛋制作过程中须注意碱、铅的含量，目前以氧化锌或碘化物代替氧化铅加工皮蛋可明显降低皮蛋的铅含量。制作冰蛋和蛋粉应严格遵守有关的卫生制度，严防沙门菌、空肠弯曲菌等禽蛋类食品常见病原菌和其他腐败菌的污染，加工人员及其操作步骤、加工工具等应严格遵守卫生操作规定。

3. 蛋制品的卫生标准　按照国家标准《蛋制品的卫生标准》(GB2749—2003)的规定，蛋制品的卫生要求如下。

1)感官指标　感官指标应符合表6-7的规定。

表6-7　感官指标

品种	指标
巴氏杀菌冰全蛋	坚洁均匀，呈黄色或蛋黄色，具有冰全蛋的正常气味，无异味，无杂质
冰蛋黄	坚洁均匀，呈黄色，具有冰蛋黄的正常气味，无异味，无杂质
冰蛋白	坚洁均匀，白色或乳白色，具有冰蛋白正常气味，无异味，无杂质
巴氏杀菌全蛋粉	呈粉末状或极易松散之块状，均匀淡黄色，具有全蛋粉的正常气味，无异味，无杂质
蛋黄粉	呈粉末状或极易松散之块状，均匀黄色，具有蛋黄粉的正常气味，无异味，无杂质
蛋白片	呈晶片状，均匀浅黄色，具有蛋白片的正常气味，无异味，无杂质

续表

品种	指标
皮蛋	外壳包泥或涂料均匀洁净，蛋壳完整，无霉变，敲摇时无水响声；剖检时蛋体完整，蛋白呈青褐色、棕褐色或棕黄色，呈半透明状，有弹性，一般有松花花纹。蛋黄呈深浅不同的墨绿色或黄色，略带溏心或凝心。具有皮蛋应有的滋味和气味，无异味
咸蛋	外壳包泥(灰)或涂料均匀洁净，去泥后蛋壳完整，无霉斑，灯光透视时可见蛋黄阴影；剖检时蛋白液化，澄清蛋黄呈橘红色或黄色环状凝胶体。具有咸蛋正常气味，无异味
糟蛋	蛋形完整，蛋膜无破裂，蛋壳脱落或不脱落。蛋白呈乳白色、浅黄色，色泽均匀一致，呈糊状或凝固状。蛋黄完整，呈黄色或橘红色，半凝固状。具有糟蛋正常的醇香味，无异味

2) 理化指标　　理化指标要符合表 6-8 的要求。

表 6-8　理化指标

项目	指标	项目	指标
水分/(g/100g)		巴氏杀菌全蛋粉	≤4.5
巴氏杀菌冰全蛋	≤76.0	蛋黄粉	≤4.5
冰蛋黄	≤55.0	挥发性盐基氮/(mg/100g)	
冰蛋白	≤88.5	咸蛋	≤10
巴氏杀菌全蛋粉	≤4.5	酸度(以乳酸计)/(g/100g)	
蛋黄粉	≤4.0	蛋白片	≤1.2
蛋白片	≤16.0	铅(Pb)/(mg/kg)	
脂肪/(g/100g)		皮蛋	≤2.0
巴氏杀菌冰全蛋	≥10	糟蛋	≤1.0
冰蛋黄	≥26	其他蛋制品	≤0.2
巴氏杀菌全蛋粉	≥42	锌(Zn)/(mg/kg)	≤50
蛋黄粉	≥60	无机砷/(mg/kg)	≤0.05
游离脂肪酸/(g/100g)		总汞(以 Hg 计)/(mg/kg)	≤0.05
巴氏杀菌冰全蛋	≤4.0	六六六、滴滴涕	按 GB 2763 规定执行
冰蛋黄	≤4.0		

3) 微生物指标　　微生物指标见表 6-9。

表 6-9　微生物指标

项目	指标	项目	指标
菌落总数/(CFU/g)		大肠菌群/(MPN/100g)	
巴氏杀菌冰全蛋	≤5000	巴氏杀菌冰全蛋	≤1 000
冰蛋黄、冰蛋白	≤1 000 000	冰蛋黄、冰蛋白	≤1 000 000
巴氏杀菌全蛋粉	≤10 000	巴氏杀菌全蛋粉	≤90
蛋黄粉	≤50 000	蛋黄粉	≤40
糟蛋	≤100	糟蛋	≤30
皮蛋	≤500	皮蛋	≤30
		致病菌(沙门菌、志贺菌)	不得检出

第四节　食用油脂安全与管理

一、油脂概述

食用油脂是人类赖以生存和发展的最基本生活资料之一。油脂是食品中不可或缺的重要成分，是人体必需的三大营养素之一。

国际上将常温（20℃）下呈液体状态、具有流动性的脂肪称为油，呈现固态并保持形状的脂肪称为固体脂。陆地动物中提取的熔点较高的牛脂、猪脂、羊脂、鸡脂等脂肪称为动物脂肪。海洋动物中提取的脂肪，如鱼油、鱼肝油等在常温下呈液态故用"油"称呼。从植物的种子或胚芽中提取的油脂在室温下除个别（可可脂，呈固态）外几乎都以液体状态存在。从植物种子或胚芽中得到的油脂有大豆油、菜籽油、葵花子油、亚麻籽油、小麦胚芽油、橄榄油、玉米油等种类，经常应用于巧克力的原料，如可可脂和椰子油等熔点较高，在常温下呈固体状态，这些都称为植物脂。

油脂的主要生理功能是储存热能和提供热量，在代谢过程中可以提供的热量比糖类和蛋白质约高 1 倍，达到 39.8kJ/g。除给人体提供热量以外，油脂还为我们的身体提供人体本身无法合成但又不可缺少的必需脂肪酸（亚油酸、亚麻酸）与各种脂溶性维生素，这些物质必须由外界提供，通常需通过食品的摄取而得到。油脂中通常还包含有磷脂、甾醇、色素等微量成分，具有一定的生理功能。

油脂广泛应用于食品加工过程中，对于改善食品品质，增强食品的风味，赋予食品一定的造型，增加可口性等方面具有一定的作用。

二、油脂生产安全与管理

天然的食用油脂中除主要成分甘油三酯以外，还有少量的游离脂肪酸、甘油单酯、甘油二酯和蜡质等，而且油脂中还包含微量成分磷脂、维生素类、色素等物质。最初从原料中提取的毛油中含有不溶于油脂的蛋白质、纤维、糖脂以及胶质等物质，将这些杂质与不需要的成分去除的过程称为精炼过程。

油料作物的种子中存在对人体有害的成分，这些物质在油脂提炼过程中残留在饼粕里或逸出，而大部分转入到油脂中，必须进行监控管理。食用油脂中天然存在的有害物质有芥子苷、芥酸、棉酚等。如果原料受到污染则可能使油脂中含有一些化肥、农药、工业污染物等以及由霉菌造成的霉菌毒素污染。这些内在的与外在的有害物质通过油脂精炼加工进行有效控制。

一般的油脂精炼过程，包括毛油—脱胶—脱酸—脱色—脱臭。

1. 脱胶工艺　　应用物理、物理化学或化学方法将粗油中的胶溶性杂质脱除的工艺过程称为脱胶。毛油杂质大致可分为物理杂质、脂溶性杂质和水溶性杂质三大类。毛油中的胶质主要是磷脂，还有蛋白质及其分解产物、黏液质以及胶质与微量元素形成的各种金属盐类化合物。胶质不仅影响成品油的品质和储藏稳定性，而且对后续的精炼工艺和油脂的深加工具有重要影响。

毛油脱胶的方法有多种，包括水化脱胶法、酸调分级脱胶法、络合脱胶法、酶水解脱胶法、吸附脱胶法及膜过滤脱胶法等。工业上经常使用的方法为水化脱胶法。水化脱胶时，一定数量的水或低浓度电解质溶液在加热、搅拌的作用下，使胶质吸水膨胀、絮凝成密度较大的胶团，再借助重力和离心力的作用，使油脚和油脂分离。水化脱胶的工艺如下：

毛油—预处理—预热—加水混合—离心分离—加热干燥—脱胶油

脱胶过程中会引入一些化学药品，由于工艺流程较长其危害会比较明显。主要为化学危害，即化学药品的残留以及不当工艺造成的残留胶质促使油脂变质。

对于脱胶过程中可能引起的化学危害，通过实施 HACCP 对脱胶油进行实时监控并在后续的加工工序中控制化学危害，使其降低到可接受水平。

2. 脱酸工艺 毛油中脱除游离脂肪酸的过程称为脱酸。大量的游离脂肪酸的存在影响食品的风味以及油脂的稳定性。油脂中游离脂肪酸的含量作为评判油脂品质的指标之一，去除毛油中的游离脂肪酸是保证油脂品质的重要保证。

油脂生产中广泛采用的方法有碱炼法与物理精炼法。碱炼法是利用碱液中和毛油中的游离脂肪酸生成脂肪酸盐与油脂分离的方法。此种方法也可以将磷脂进行皂化脱除。物理精炼是油脂在加热和高真空条件下，通入蒸汽使油脂中的游离脂肪酸以及低分子挥发性物质随着蒸汽一同脱除的精炼方法。

利用碱炼法进行脱酸处理时，对于游离脂肪酸含量较高的油脂需要加入大量的碱液，则会产生大量的皂角，皂角中夹带着大量的油脂致使炼耗增加。同时，由碱炼法工艺产生的废水应处理，否则污染环境。与碱炼法相比较，物理精炼法具有一定的特点：①可以直接去除游离脂肪酸，降低因皂角夹带油脂导致油脂损失的情况；②利用直接蒸汽蒸馏获得高浓度的游离脂肪酸，降低碱液的消耗、废水的排放和环境污染问题；③适合于低胶质的油脂。但是油脂需要在高温下经过较长时间的处理，会导致油脂分解、氧化影响油脂品质。同时油脂中的一些有益成分，如维生素 E 和植物甾醇等会随着蒸汽一同蒸馏逸出，致使油脂抗氧化能力与功能性效果降低。

对于油脂脱胶过程产生的不良后果，采用适度原则碱炼法中控制碱液浓度、碱液用量、碱炼温度与混合搅拌程度降低炼耗提高产率。物理精炼法中主要控制加热温度、真空度、蒸馏时间与直接蒸汽压力及用量，保证油脂脱除游离脂肪酸的效率与油脂品质。

3. 脱色工艺 纯粹的甘油三酯在液体状态时无色，固态时呈现白色。但是，食用油脂呈现各种深浅不一的颜色，这是由于油脂中含有各种色素所造成的。色素的存在不仅影响油脂的稳定性，还对外观与风味产生影响。

油脂中的色素分为天然色素和非天然色素。脂溶性天然色素主要包括 α-胡萝卜素、β-胡萝卜素、叶绿素 A 和 B、棉酚色素等。非天然色素主要来源于油脂在储藏、加工过程中的有机降解产物，包括蛋白质、碳水化合物、胶质及磷脂的降解产物，使油脂呈现棕褐色，在油脂中形成乳化体而存在。脱色工艺除了脱除色素之外，还可以去除微量金属以及具有相对极性的皂类、胶质和呈味物质以及生育酚、甾醇及其氧化产物。

脱色方法很多，工业上普遍采用的方法是物理化学吸附脱色法。利用吸附材料将溶解于油脂中或以胶体形式分散于油脂中的色素吸附脱除。工业上经常使用的吸附材料，如活性白土、活性炭、凹凸棒土、硅藻土及硅胶等对色素具有较强的吸附能力。

脱色工艺中影响脱色效果的因素有油脂的品质、吸附剂种类与用量、脱色时间、温度、搅拌等。待脱色油脂中含皂量高，则皂会被脱色剂吸附导致增加脱色剂的用量，造成脱色效果差及脱色效率低等不良后果，引起油脂品质的降低。活性白土表面不仅进行色素的物理性吸附，而且还能与油脂中的不稳定成分进行化学反应。活性白土中的金属离子作为油脂氧化的催化剂，使油脂生成氧化产物降低油脂品质。脱色时提高真空度防止油脂氧化、劣败的发生。

油脂中的水分含量直接影响到脱色效果，水分使活化白土发生钝化现象，显著地降低活化白土的吸附能力，导致脱色效果低下。脱色还要在一定的真空度条件下以适宜的脱色温度和时间进行，保证油脂不发生氧化、劣败现象。

4. 脱臭工艺　　油脂中主要成分为甘油三酯。纯净的甘油三酯是无臭无味（除个别外）的。但是各种加工得到的油脂具有不同程度的原料气味，主要为低分子质量的挥发性成分，如醛、酮、醇、游离脂肪酸与碳氢化合物等物质。工业上采用汽提脱臭的方法去除阈值低的挥发性成分。汽提脱臭是利用油脂中的主要成分甘油三酯与臭味分子的饱和蒸汽压差存在较大的差异，在高温、高真空条件下，通入水蒸气使臭味分子、游离脂肪酸、生育酚与甾醇等随着水蒸气一起蒸馏的过程。

脱臭工艺中影响脱臭效果的因素有脱臭温度、时间、脱臭时的真空度和水蒸气用量。在高温条件下甘油三酯中的不饱和脂肪酸容易发生异构化反应生成反式脂肪酸以及发生油脂的氧化、劣败，还产生过度精炼现象使油脂中的有益成分，如生育酚、甾醇的过度损失。水蒸气过量容易引起甘油三酯的水解反应，使油脂中游离脂肪酸含量增加。

为防止油脂过度精炼带来的危害，应根据油脂品质特点，合理利用蒸馏脱臭的温度和时间以及水蒸气用量。

油脂精炼过程中除去的杂质成分见表6-10。

表 6-10　精炼过程中除去的杂质成分

过程	分离成分
脱胶	磷脂，黏液质，树脂，甾醇，金属盐
脱酸	游离酸，脂溶性磷脂，着色成分，金属盐
脱色	色素（叶绿素、胡萝卜素），皂化物，金属化合物
脱臭	游离酸，色素，不皂化物，残留农药，呈味物质等

三、油脂储藏安全与管理

一般经过精炼的食用油脂具有淡淡的口味且无气味。食用油脂与光和空气隔离时可保存较长时间。但是，将食用油脂暴露在空气、光照条件下放置一段时间后精炼油脂会失去新鲜风味，产生不良气味和颜色变深，即回味和回色现象。随着放置时间的延长油脂过氧化物值升高，酸价增大。这是食用油脂在常温下发生了由自动氧化形成的氧化、劣败现象。油脂在保存过程中风味的变化表现在气味和颜色的变化。含有不饱和双键的油脂吸收空气中的氧气形成过氧化物。通过游离基的形成油脂开始被氧化进行连锁反应称为自动氧化现象。过氧化物分解生成的羰基化合物是产生气味的主要来源，随着聚合物的增加油脂黏度升高。过氧化物含量很低的情况下大豆油产生回味现象。通过研究在大豆油回味成分中发现了71种挥发性化合物，其中19种酸性物质，39种非酸性物质，2-己烯醛呋喃、癸炔是回味的主要物质。随着在常温条件下的自动氧化的深入，过氧化物值（POV）上升并发生分解、聚合，其生成物与氧反应生成二次氧化产物。生成的分解、聚合产物不易被消化，无法成为生物体能量源。经动物实验表明氧化油脂呈现毒性（肝脏肥大），其中具有4-过氧化物-2-烯醛结构的物质毒性最大。极度氧化的油脂风味无法使人接受自然产生拒绝食用现象。

在自然条件下，金属特别是铜对油脂氧化、劣败的催化作用非常明显。金属的影响顺序如下：铜＞锰＞铁＞铬＞镍＞锌＞铝。

光照射对油脂自动氧化有显著的影响。可见光的影响随着频率的不同对油脂氧化、劣败的影响力有差异。可见光对油脂稳定性的影响如下：紫外光＞紫-蓝＞青-绿＞橙-黄＞红-褐＞红外线。

紫外线的影响最大。为了防止油脂的自动氧化，须隔绝 550nm 以下的光线照射。油脂的自动氧化初期生成的过氧化物发生分解形成多种化合物成为回味、酸败、黏度升高的原因。大豆油的回色与生育酚的氧化产物有关。回色现象发生在自动氧化的诱导期期间，即过氧化物值尚未上升的初期，在 430～470nm 波长下出现最大吸收。

为了防止在常温下的油脂氧化，采用以下方法：

(1)隔绝与空气中的氧气接触；

(2)光、放射线、热源的隔绝；

(3)利用抗氧化剂的协同增效作用；

(4)控制油脂中金属的催化作用。

四、油脂加工安全与管理

食品加工时烹炸温度一般为 160～180℃。高温氧化过程中生成的聚合物达到 8%时，开始产生连续性起泡现象。氧化聚合物的构造以甘油三酯的二聚体，即碳-碳直接结合形式为骨架，含有羟基、羧基、环氧基等极性基团。具有此结构的甘油三酯二聚体是使油脂营养降低，产生毒性的主要原因。高温条件下油脂的氧化、劣败反应包含与水的加水分解、空气氧化及其分解、聚合物的形成。游离脂肪酸的含量超过约 1%(AV 2)时，油脂氧化、劣败速度加快。烹调油在高温下的氧化、劣败的原因如下：

(1)与空气接触产生的氧化；

(2)高温引起的热分解和热聚合；

(3)烹调食品时食品中的水分参与的水解作用；

(4)从烹调食品中溶出的各种成分的相互反应；

油脂氧化、劣败的现象如下：

(1)油脂颜色变深，挥发性成分增加，刺激眼睛；

(2)油脂的黏度上升，油脂表面产生连续性的气泡；

(3)油脂发生水解生成游离脂肪酸、甘油单酯、甘油二酯的含量增加，酸价升高；

(4)氧化、劣败的指标之一，羰基值升高；

(5)氧化酸、极性化合物含量的增加；

(6)油脂炸不透食品；

(7)烟点降低，产生大量的油烟。

刺鼻性气味中含有乙醛、丙烯醛、2,4-癸二烯醛等物质。150℃以上的温度下氧化形成的过氧化物迅速分解变成羰基化合物，使过氧化物值保持较低水平。

对于含有大量多不饱和脂肪酸的油脂的保护，主要使用生育酚为主并配以磷脂、抗坏血酸以及天然提取物胡萝卜素、多酚类化合物、类黄酮、类胡萝卜素等的协同增效作用。根据其不同的溶解能力，天然产物中提取的胡萝卜素、类黄酮、类胡萝卜素对脂溶性较大的体系效果为佳。O/W 型乳油液中水溶性较好的维生素 C 的增效效果最佳。维生素 E 的生理活性按以下顺序递减：α-生育酚＞β-生育酚＞γ-生育酚＞δ-生育酚。

维生素 E 的抗氧化性按以下顺序递减：δ-生育酚＞γ-生育酚＞β-生育酚＞α-生育酚。

长时间连续进行油炸食品的加工或反复使用油炸食用油脂会使油脂颜色加深，挥发性成分增多形成刺激性气味，油脂表面产生细小的持续性气泡并且降低油炸效果。使用氧化、劣败的油脂煎炸食品会使食品更容易被氧化产生不愉快的气味使其无法食用。

为了防止食用油脂在高温条件下的氧化、劣败采取以下措施：

(1)在食品加工过程中严格控制温度；

(2)尽量减少油脂与空气的接触；

(3)在油脂中添加抗氧化剂。

第五节　罐头食品安全与管理

一、　罐头食品概述

罐头食品是将符合要求的原料经分选、修整等处理后装入一定的容器中，经排气、密封、杀菌、冷却而制成的具有一定真空度的罐藏食品。

公元前 3500 年，人类就知道利用冰雪冷藏方法使食物冻结，达到储存食物的目的。在 18 世纪末，拿破仑为了解决军队在行军打仗时的食物供应问题，向社会征求食物保藏的新方法。巴黎的食品烹调师尼古拉·阿培尔经过多年研究，在 1804 年发明了用玻璃瓶罐藏食品的方法。接着在 1810 年英国的杜兰德将玻璃瓶换成了镀锡薄板金属罐，使罐头食品得以投入手工生产并进一步的改进和推广了此方法。其后在 1864 年，法国的著名科学家巴斯德发现食物的腐败是由微生物的生长繁殖引起的，从而阐明了罐藏的原理，并科学地制定出罐头生产工艺，发明了"巴氏消毒法"，至今仍在采用此方法。至此，罐头工业进入到现代世界食品工业当中。

20 世纪初，美国学者 Bigelow 和 Esty 通过研究食品的 pH 对细胞芽孢的耐热性的影响，为罐头食品根据 pH 进行分类确定罐头食品杀菌方法。

进入到 20 世纪，随着罐藏科学的深入研究，罐头工业得到了迅猛的发展。我国食品工业中的罐头工业起步较早，发展较快。罐头工业的发展不仅体现在生产量的增长，还反映在品种的多样化、生产技术的进步、市场需求等方面的变化。以罐头食品的人均消费量计算，美国约为 90kg，西欧为 50kg 左右，而我国仅为 1kg。随着人民生活水平的提高和生活节奏不断加快，风味独特、易于储藏、携带方便、食用快捷的罐头食品逐渐进入到家庭餐桌。

二、罐头食品分类

罐头食品分为畜肉类罐头、禽类罐头、水产动物类罐头、水果类罐头、蔬菜类罐头、干果和坚果类罐头、谷类和豆类罐头以及其他类罐头八大类。

（一）畜肉类罐头

按照加工及调味方法不同，分为以下几种。

1)清蒸类畜类罐头　　将处理后的原料直接罐装，在罐中按不同品种分别加入食盐、胡椒、洋葱和月桂叶等而制成的罐头产品，如清蒸猪肉、原汁猪肉、清蒸牛肉等。

2) 调味料畜肉罐头　　将经过处理、预煮或烹调的肉块装罐后加入调味汁而制成的罐头产品，如红烧猪肉、五香牛肉、浓汁排骨等。

3) 腌制类畜肉罐头　　将处理后的原料经混合盐(食盐、亚硝酸钠、砂糖等按一定配比组成的盐类)腌制等工序制成的罐头产品，如火腿、午餐肉、咸牛肉、咸羊肉等罐头。

4) 烟熏类畜类罐头　　经处理后的原料经预腌制、烟熏而制成的罐头产品，如火腿蛋、烟熏肋肉等罐头。

5) 香肠类畜类罐头　　处理后的原材料经腌制、加香辛料斩拌成肉糜装入肠衣，再经烟熏(烘烤)等工序制成的罐头产品，如香肠、对肠等罐头。

6) 内脏类畜肉罐头　　以猪、牛、羊等的内脏及副产品为原料，经处理、调味或腌制后加工成的罐头产品，如猪舌、卤猪杂等罐头。

（二）禽类罐头

1) 白烧类禽罐头　　将处理好的原料经切块、罐装，加入少许盐(或稀盐水)等工序制成的罐头产品，如白烧鸡等罐头。

2) 去骨类禽罐头　　将处理好的原料经去骨、切块、预煮后加入调味盐(精盐、胡椒粉、味精等)等工序制成的罐头产品，如去骨鸡、去骨鸭等。

3) 调味类禽罐头　　将处理好的原料切块(或不切块)调味预煮(或油炸)后装罐，再加入汤汁、油等工序制成的罐头食品。这类产品又可分为红烧、咖喱、油炸、陈皮、五香、酱汁、整只、香菇等不同种类，如红烧鸡、咖喱鸭、炸子鸡、全鸡等罐头。

（三）水产动物类罐头

1) 油渍(熏制)类水产罐头　　将处理过的原料预煮(或熏制)后罐装，再加入精炼植物油等工序制成的罐头产品，如油渍鲭鱼、油渍烟熏鳗鱼等罐头。

2) 调味料类水产罐头　　将处理好的原料腌渍脱水(或油炸)后装罐，加入调味料等工序制成的罐头产品。这类产品可分为红烧、茄汁、葱烤、鲜炸、五香、豆豉、酱油等，如茄汁鲭鱼、葱烤鲫鱼、豆豉鲮鱼等罐头。

3) 清蒸类水产罐头　　将处理好的原料经预煮脱水(或在柠檬酸水中浸渍)后罐装，再加入精盐、味精而制成的罐头产品，如清蒸对虾、清蒸蟹、原汁贻贝等罐头。

（四）水果类罐头

1) 糖水类水果罐头　　把经分级去皮(或核)、修整(切片或分瓣)、分选等处理好的水果原料装罐，加入不同浓度的糖水而制成的罐头产品，如糖水橘子、糖水菠萝、糖水荔枝等罐头。

2) 糖浆类水果罐头　　把处理好的原料经糖浆熬煮至可溶性固形物达 45%～55%后罐装，加入高浓度糖浆等工序制成的罐头产品，又称液态蜜饯罐头，如糖浆金橘等罐头。

3) 果酱类水果罐头　　按配料及产品要求的不同分为果冻罐头和果酱罐头。果冻罐头又分为果汁果冻罐头和含果块(或果品)罐头。果冻罐头是将处理过的水果加水或不加水煮沸，经压榨、取汁、澄清后加入白砂糖、柠檬酸(或苹果酸)、果胶等配料，浓缩至可溶性固形物

65%～70%装罐而制成的罐头产品。果酱罐头是将一种或几种符合要求的新鲜水果去皮(或不去皮)、核(芯)后,软化磨碎或切块(草莓不切),加入砂糖,熬制(含酸及果胶量低的水果须加适量酸和果胶)成可溶性固形物 65%～70%和45%～60%两种固形物浓度,罐装而制成的罐头产品。

4) 果汁类水果罐头　　将符合要求的果实经过破碎、榨汁、筛滤或浸取、提汁等处理制成的罐头产品。又分为浓缩果汁罐头、果汁罐头和果汁类罐头。

(五) 蔬菜类罐头

1) 清渍类蔬菜罐头　　选用新鲜或冷藏好的蔬菜原料,经加工处理、预煮漂洗(或不预煮),分选装罐后加入稀盐水或糖盐混合液等而制成的罐头产品,如青刀豆、清水笋、清水荸荠、蘑菇等罐头。

2) 醋渍类蔬菜罐头　　选用鲜嫩或盐腌蔬菜原料,经加工修整、切块装罐,再加入香辛料或乙酸、食盐混合液而制成的罐头产品,如酸黄瓜、酸甜薤头等罐头。

3) 盐渍(酱渍)类蔬菜罐头　　选用新鲜蔬菜,经切片(块)(或腌制)后罐装,再加入砂糖、食盐、味精等汤汁(或酱)而制成的罐头产品,如雪菜、香菜心等罐头。

4) 调味类蔬菜罐头　　选用新鲜蔬菜及其他小配料,经切片(块)、加工烹调(油炸或不油炸)后装罐而制成的罐头产品,如油焖笋、八宝斋等罐头。

5) 蔬菜汁(酱)类蔬菜罐头　　将一种或几种符合要求的新鲜蔬菜榨成汁(或制酱),并经调配、罐装等工序制成的罐头产品,如番茄汁、番茄酱、胡萝卜汁等罐头产品。

(六) 干果和坚果类罐头

将以符合要求的坚果、干果原料,经挑选、去皮(壳),油炸拌盐(糖或糖衣)后装罐而制成的罐头产品,如花生米、核桃仁等罐头。

(七) 谷类和豆类罐头

经过处理后的谷类、干果及其他原料(桂圆、枸杞、蔬菜等)装罐制成的罐头产品,如八宝粥、八宝饭、蔬菜粥、茄汁黄豆等罐头。也包括经过处理后的面条、米粉等经油炸或蒸煮、调配装罐制成的罐头产品,如茄汁肉末面、鸡丝炒面等罐头。

(八) 其他类罐头

1) 汤类罐头　　以符合要求的肉、禽、水产及蔬菜原料,经切块(片或丝)、烹调等加工后装罐而制成的罐头产品,如水鱼汤、猪肚汤、牛尾汤等罐头。

2) 调味类罐头　　以发酵面酱或番茄为基料,加入多种辅料及香辛料加工制成各种不同口味的调味料,经罐装制成的罐头产品,如香菇肉酱、番茄沙司等罐头。

3) 混合类罐头　　将动物和植物类食品原料分别加工处理,经调配装罐制成的罐头产品,如榨菜肉丝、豆干猪肉等罐头。

4) 婴幼儿辅助罐头　　根据婴幼儿不同月龄营养素的要求,将食品原料经加工、研磨等处理制成的泥状罐头食品,如肝泥、菜泥、肉泥等罐头。

三、罐头食品的生产工艺

罐头食品加工流程经过原料处理、分选、修整、装罐、密封、杀菌、冷却而制成，与其他食品一样，加工环境、机械设备、加工用水、辅料及操作人员都可能成为微生物污染源。在我国，罐头是传统出口商品。产量最大的是水果类罐头，其次是蔬菜类罐头。

1. 糖水水果类罐头的加工工艺　　原料处理→糖液的配制→分选装罐→排气、密封→杀菌、冷却→检验→成品

原料处理主要去除不可食用的部分及一切杂质。糖液的配制，一般根据水果的种类、品种和产品的质量标准要求进行。按照产品标准要求，选除不合格水果(变色、斑点、软烂、切削不良等)并装罐。糖水罐头装罐加液后，一般需经过排气并进行密封。通过加热方法杀灭罐内有害微生物，延长保质期并使果肉适当熟化，改善口感及风味。

2. 果酱类罐头的加工工艺　　原料挑选→原料处理→加热软化→果酱配方→加热浓缩→装罐排气密封→杀菌、冷却→检验→成品

原料要求含果胶及酸量多、芳香味浓、成熟度适宜。分选处理不合格品，如霉烂、成熟度低的原料。通过加热软化果肉组织，使其便于打浆或糖液渗透。加热使原料中的酶发生钝化，防止变色和果胶水解。使果肉组织中果胶溶出，并蒸发部分水分，缩短浓缩时间。加热浓缩过程进一步蒸发水分，杀灭有害微生物及酶活性并使砂糖、酸、果胶等配料均匀分布在果肉中改善酱体组织形态及风味。

3. 果菜汁类罐头生产工艺　　原料处理→破碎榨汁→澄清、过滤→果汁调配→均质与脱气→装罐排气密封→杀菌、冷却→检验→成品

水质直接影响果菜汁的成品质量，因此必须按照水质要求进行前期处理并对原料进行选择与清洗。为了提高出汁率对原料进行适当的压榨破碎。制取澄清果汁时，通过澄清过滤除去悬浮物以及容易发生沉淀的颗粒。测定果菜汁的酸与可溶性固形物含量，根据成品的要求调整果菜汁的糖酸比，加入适当的悬浮剂，混浊果菜汁、果肉汁及植物蛋白饮料需要进行均质并脱气去除空气，消除氧化效应带来的品质降低的问题。然后进行装罐密封加热杀菌。

4. 蔬菜类罐头生产工艺　　原料挑选、分级→漂洗、预煮→装罐→排气密封→杀菌、冷却→检验→成品

挑选、分级的蔬菜进行漂洗，由于蔬菜中所含的多酚类物质在多酚氧化酶的作用下发生酶促褐变严重影响感官质量。为了减轻或阻止发生有害的变色作用，一般采取护色处理，通过预煮破坏酶活性稳定色泽，改善风味和组织，排除原料中的空气，脱除部分水分及杀灭部分附着于原料的微生物。

5. 畜、禽肉类罐头生产工艺　　原料解冻→原料的预处理→原料的预煮→原料的油炸→装罐→排气密封→杀菌、冷却→检验→成品

对所有的肉禽原料均要求采用来自非疫区、健康良好、宰前宰后经兽医检验合格的原料，冷冻两次或质量不好的肉不得使用。肉类原料经过解冻后方可进入到生产环节。原料的预处理包括洗涤、去骨、去皮(或不去骨、去皮)、除去淋巴及不宜加工的部分。添加配料后，对原料进行预煮使各种蛋白质受热发生不可逆变性。经过油炸提高了肉制品的稳定性与营养价值，同时改善了肉类的风味和色泽。装罐后，通过排气密封抑制好氧性细菌的繁殖，防止风

味恶化。

6. 水产动物类罐头生产工艺　　原料解冻、清洗→原料的预处理→腌渍→脱水→装罐→排气密封→杀菌、冷却→检验→成品

水产动物经过解冻以后进行清洗。清洗是将附着在原料外表面的泥沙、黏液、杂质等污物洗净。通过原料的预处理主要去头、鳍、内脏、去壳取肉。处理后再进行清洗将腹腔内的血污、黑膜、黏液等污物清除。盐渍是脱除部分血水和可溶性蛋白质，改变成品的色泽，防止罐内蛋白质凝结且还可使鱼肉组织收缩变硬，防止鱼皮脱离，并使鱼肉吸收适量的盐分。脱水的目的是使原料蛋白质凝固，肉质变紧密使水产肉具有一定的硬度便于装罐。脱水的同时使调味成分充分渗入到肉中。

四、罐头食品安全与管理

罐头生产过程中，由于微生物的滋生与包装材料的腐蚀发生罐头的胀罐、平盖酸坏、变色、发霉等罐头变质的现象。为了防止此类变质现象的发生，应对罐头的生产过程进行控制。

（一）罐头容器的选择

金属罐头的外壁容易受到腐蚀、氧化作用发生生锈直至罐壁穿孔，内壁腐蚀导致金属含量超标、氢胀罐等问题，还可以与罐头内容物发生反应产生管内壁的变色造成罐头食品的营养价值降低。容器的选择应采用以下原则：

(1) 对人体没有毒害，不污染食品，保证食品符合卫生要求；

(2) 具有良好的密封性能，保证食品经消毒杀菌之后与外界空气隔绝，防止微生物污染，使食品能长期储存而不致变质；

(3) 容器内壁、外壁具有良好的耐腐蚀性；

(4) 适合工业化生产，能随承受各种机械加工；

(5) 容器应易于开启，取食方便，体积小，重量轻，便于携带，利于消费。

（二）装罐

罐头食品的装罐要求每一罐中的食品的大小、色泽、形态等基本一致。如果食品原料暴露、延误装罐则易造成污染，细菌繁殖，造成杀菌困难。若杀菌不足则会造成腐败，不能食用。所以原料处理后应尽快装罐。装罐时应保持一定的顶隙。罐内顶隙的作用很重要，需要留得恰当，不能过大也不能过小，顶隙过大过小都会造成一些不良影响。

1) 顶隙过小的影响　　杀菌期间，内容物加热膨胀，使顶盖顶松，造成永久性凸起，有时会和由于腐败而造成的胀罐混淆。也可能使容器变形，或影响缝线的严密度。有的易产生氢的产品，易引起氢胀，因为没有足够的空间供氢的累积。有的材料因装罐量过多，挤压过稠，降低热的穿透速率，可能引起杀菌不足。

2) 顶隙过大的影响　　引起装罐量的不足，不合规格，造成伪装。顶隙大，保留在罐内的空气增加，氧气含量相应增多，氧气易与铁皮产生铁锈蚀，并引起表面层上食品的变色、变质。若顶隙过大，杀菌冷却后罐头外压高于罐内压，易造成瘪罐。因而装罐时必须留有适度的顶隙。

(三)排气和密封

食品装罐后、密封前应尽量将罐内顶隙、食品原料组织细胞内及食品间隙的气体排除,通过排气不仅能使罐头在密封、杀菌冷却后获得一定真空度,而且还有助于保证和提高罐头的质量。排气效果以杀菌冷却后罐头所获得的真空度大小来评定,排气效果好,罐头的真空度就高。一般不新鲜的原料,高温杀菌时会发生分解而产生各种气体使罐内压力增大,真空度降低。罐头食品的酸度较高时,易腐蚀金属罐内壁而产生氢气,使罐内压力增加,真空度下降。

(四)杀菌和冷却

杀菌是罐头生产过程中的重要环节,是决定罐藏食品保存期限的关键。

通过加热抑制微生物的生长繁殖,杀灭罐藏食品中能引起疾病的致病菌和腐败菌。杀菌的同时抑制食品中酶的活性,降低酶对食品的影响。罐头食品种类不同,罐头内出现的腐败菌也各有差异。各种腐败菌的生长特点不同,应采取不同的杀菌工艺要求。因此,根据罐头腐败原因及其菌类合理选择加热和杀菌工艺。罐头食品的 pH 对罐头的杀菌效果具有非常重要的影响。对绝大多数微生物来说,在 pH 中性范围内耐热性最强,pH 升高或降低都可减弱微生物的耐热性。特别是在偏酸性时,促使微生物耐热性减弱作用更明显。酸度不同,对微生物耐热性的影响程度不同。同一微生物在同一杀菌温度,随着 pH 的下降,杀菌时间可以大大缩短。所以食品的酸度越高,pH 越低,微生物及其芽孢的耐热性越弱。pH 低的食品杀菌温度低一些,时间可短一些,pH 高的食品杀菌温度高一些,时间长一些。

罐头在加热杀菌结束后,必须冷却降温。罐头冷却可减少高温对罐内食品的继续作用,保持食品良好的色香味,减少食品组织软化,减轻罐壁腐蚀,所以冷却时间越短越好。

第六节　粮、豆、蔬菜、水果、茶叶安全与管理

一、粮、豆的安全与管理

(一)粮、豆安全性问题

1)霉菌和霉菌毒素的污染　　粮、豆在农田生长期、收获及储存过程中的各个环节均可受到霉菌的污染。当环境湿度较大、温度增高时,霉菌易在粮、豆中生长繁殖并分解其营养成分,产酸产气,使粮、豆发生霉变。这不仅改变了粮、豆的感官性状,使其降低甚至失去营养价值,而且还可能产生相应的霉菌毒素,对人体健康造成危害。常见污染粮、豆的霉菌有曲霉、青霉、毛霉、根霉和镰刀菌等。

2)农药残留　　残留在粮、豆中的农药可转移到人体而损害机体健康。粮、豆中农药残留可来自:防治病虫害和除草时直接施用的农药;农药的施用对环境造成一定的污染,环境中的农药又通过水、空气、土壤等途径进入粮、豆作物。

3)有毒有害物质的污染　　粮、豆中的汞、砷、铅、铬和氰化物等主要来自未经处理或处理不彻底的工业废水和生活污水对农田、菜地的灌溉。

4)仓储害虫　　我国常见的仓储害虫有甲虫、螨虫(粉螨)及蛾类(螟蛾)等 50 余种。仓

储害虫在原粮、半成品粮、豆上都能生长并使其发生变质失去或降低食用价值。每年因病虫害造成的世界粮谷损失为5%～30%，因此应予以积极防治。

5）其他污染　　包括无机夹杂物和有毒种子的污染。泥土、砂石和金属是粮、豆中的主要无机夹杂物，可来自田园、晒场、农具和加工机械，不但影响粮、豆的感官性状，而且可能损伤牙齿和胃肠道组织。麦角、毒麦、麦仙翁籽、槐籽、毛果洋茉莉籽、曼陀罗籽、苍耳子等均是粮、豆在农田生长期和收割时混杂的有毒植物种子。

（二）粮、豆的安全管理

1）粮、豆的安全水分　　粮、豆含水分的高低与其储藏时间的长短和加工密切相关。在储藏期间粮、豆水分含量过高时，其代谢活动增强而发热，使霉菌易生长繁殖，致使粮、豆发生霉变，而变质的粮、豆不利于加工，因此应将粮、豆水分控制在安全储存所要求的水分含量以下。粮谷的安全水分含量为12%～14%，豆类为10%～13%。

2）仓库的卫生要求　　为使粮、豆在储藏期不受霉菌和昆虫的侵害，保持原有的质量，应严格执行粮库的卫生管理要求。此外，仓库使用熏蒸剂防治虫害时，要注意使用范围和用量，熏蒸后粮食中的药剂残留量必须符合国家卫生标准才能出库加工和销售。

3）粮、豆运输、销售的卫生要求　　粮、豆运输时，铁路、交通和粮食部门要认真执行安全运输的各项规章制度，搞好粮、豆运输和包装的卫生管理。运粮应有清洁卫生的专用车以防止意外污染。对装过毒品、农药或有异味的车船未经彻底清洗消毒的，不准装运。粮、豆包装必须专用并在包装上标明"食品包装用"字样。包装袋使用的原材料应符合卫生要求，袋上油墨应无毒或低毒，不得向内容物渗透。销售单位应按食品卫生经营企业的要求设置各种经营房舍，搞好环境卫生。加强成品粮卫生管理，做到不加工、不销售不符合卫生标准的粮、豆。

4）防止农药及有害金属的污染　　为控制粮、豆中农药的残留，必须合理使用农药，严格遵守《农药安全使用规定》和《农药安全使用标准》，采取的措施是：①针对农药毒性和在人体内的蓄积性，不同作物及条件选用不同的农药和剂量；②确定农药的安全使用期；③确定合适的施药方式；④制定农药在粮豆中的最大残留限量标准。使用污水灌溉应采用的措施是：①污水应经活性炭吸附、化学沉淀、离子交换等方法处理，必须使灌溉水质符合《农田灌溉水质标准》，并根据作物品种掌握灌溉时期及灌溉量；②定期检测农田污染程度及农作物的毒物残留量，防止污水中有害化学物质对粮、豆的污染。

5）防止无机夹杂物及有毒种籽的污染　　在粮、豆加工过程中安装过筛、吸铁和风车筛选等设备有效去除有毒种籽和无机夹杂物。有条件时，逐步推广无夹杂物、无污染物的小包装粮、豆产品。

为防止有毒种籽的污染应做好以下工作：①加强选种、种植及收获后的管理，尽量减少有毒种籽含量或完全将其清除；②制定粮豆中各种有毒种籽的限量标准并进行监督。我国规定，按重量计麦角不得大于0.01%，毒麦不得大于0.1%。

6）执行 GMP 和 HACCP　　在粮食类食品的生产加工过程中必须执行良好生产规范（GMP）和危害分析关键控制点（HACCP）的方法，以保证粮食类食品的卫生安全。

二、蔬菜、水果的安全与管理

(一) 蔬菜、水果的安全性问题

1. 细菌及寄生虫的污染　　由于施用人畜粪便和生活污水灌溉菜地，使蔬菜被肠道致病菌和寄生虫卵污染的情况较严重，据调查有的地区在蔬菜中的大肠埃希菌阳性检出率为 67%～95%，蛔虫卵检出率为 48%，钩虫为 22%。

2. 有害化学物质对蔬菜、水果的污染

1) 农药污染　　蔬菜和水果施用农药较多，其农药残留较严重。例如，我国标准明确规定蔬菜中不得检出对硫磷，但部分蔬菜中仍可检出对硫磷(1.70μg/kg)，显然这是违反《农药安全使用规定》滥用高毒农药所致。

2) 工业废水中有害化学物质的污染　　工业废水中含有许多有害物质，如镉、铬等，若不经处理直接灌溉菜地，毒物可通过蔬菜进入人体产主危害。据调查我国平均每人每天摄入镉 13.8μg，其中 23.9% 来自蔬菜，2.9% 来自水果。

3) 其他有害化学物质　　一般情况下蔬菜、水果中硝酸盐与亚硝酸盐含量很少，但在生长时遇到干旱或收获后不恰当地存放、储藏和腌制时，硝酸盐和亚硝酸盐含量增加，对人体产生不利影响。

(二) 蔬菜、水果的安全管理

1) 防止肠道致病菌及寄生虫卵的污染　　应采取的措施如下所述。

(1) 人畜粪便应经无害化处理后再施用。例如，采用沼气池处理不仅可杀灭致病菌和寄生虫卵，还可增加能源途径并提高肥效的作用。

(2) 用生活污水灌溉时应先沉淀去除寄生虫卵，禁止使用未经处理的生活污水灌溉。

(3) 水果和生食的蔬菜在食前应清洗干净。

(4) 蔬菜、水果在运输、销售时应剔除残叶、烂根、破损及腐败变质部分，推行清洗干净后小包装上市。

2) 施用农药的卫生要求　　具体措施如下所述。

(1) 应严格遵守并执行有关农药安全使用规定，高毒农药不准用于蔬菜、水果，如甲胺磷、对硫磷等。

(2) 控制农药的使用剂量，根据农药的毒性和残效期来确定对作物使用的次数、剂量和安全间隔期(即最后一次施药距收获的天数)，如 40% 乐果乳剂以每苗 100g、800 倍稀释喷洒大白菜和黄瓜时，其安全间隔期分别不少于 10 天和 2 天。

(3) 制定农药在蔬菜、水果中最大残留限量标准。

(4) 应慎重使用激素类农药。

3) 工业废水灌溉卫生要求　　利用工业废水灌溉菜地应经无害化处理，水质符合国家工业废水排放标准后方可使用。

4) 蔬菜、水果储藏的卫生要求　　储藏的关键是保持蔬菜、水果的新鲜度。储藏条件因蔬菜、水果的种类和品种特点而异。一般保存蔬菜、水果的适宜温度是 0℃左右。此温度既能抑制微生物生长繁殖，又能防止蔬菜、水果间隙结冰，避免在冻融时因水分溢出而造成蔬菜、水果的腐败。蔬菜、水果大量上市时可用冷藏或速冻的方法保存。

三、茶叶的安全与管理

茶叶是我国具有资源优势和消费传统的特色农产品。茶叶质量安全事关广大人民群众的身体健康和生命安全，不容忽视。

(一)茶叶的安全性问题

影响茶叶产品质量安全的环节很多，从茶树种植、鲜叶采摘、加工、包装一直到消费者手中，其中任何一个环节出现偏差都可能致使茶叶质量出现问题。因此，茶叶质量安全问题的实质是"过程安全"。

1. 农药残留　　造成茶叶中农药残留的因素较多，主要可归纳为以下几个方面：一是生态环境的污染，从而造成对周围或附近茶园一定程度的影响；二是直接喷施农药，如农药喷洒后还未到安全间隔期即采摘鲜叶，在茶园中使用氰戊菊酯等不易降解的农药，甚至使用高毒禁用的甲胺磷、甲基 1605 农药等，使茶叶农药残留超标率大大提高；三是间接污染，如土壤、水流、空气、运输、包装等，尤以空气和土壤污染为主。因此，间接造成茶叶污染的因素同样不可忽视，如稻田中大量使用甲胺磷农药，一方面可能会随着茶园用水转移到茶树新梢上，另一方面稻田周边的茶园会因稻田中的甲胺磷挥发、漂移致使茶树新梢被农药残留污染。

三氯杀螨醇、八氯二丙醚等新农药及一些水溶性农药引起的农药残留超标，成了影响我国茶叶质量安全和出口的"元凶"。相对而言，乌龙茶、花茶问题突出些，红茶、绿茶相对好些。农业部已决定自 2008 年 1 月 1 日起禁止销售含八氯二丙醚的农药产品。

2. 有害重金属残留　　茶叶中重金属含量超标源于以下因素。

1)土壤污染　　土壤母质中重金属含量较高时，茶树在多年生长的过程中慢慢从土壤中吸收累积，构成茶叶中重金属的残留；对肥料方面的投入会使土壤酸度明显增加，从而导致铅的可溶性相应提高。

2)茶叶加工和包装工程中的污染　　加工机械中的重金属元素(如铅、铜)，会在茶叶的揉捻过程中，因茶叶与机械表面接触而残留在茶叶中。

3)环境污染造成　　由于工业"三废"不合理地排放，加上农用化学物质的大量施用，导致农业生态环境日益恶化，水、土、气中重金属及有毒有害物质超标严重。因此处于农业生态环境中的茶叶所遭受的外来污染主要就来自工厂、矿山、交通排放的废气、废水、废渣及大量诸如塑料、洗涤剂等许多人工合成的有机化合物。这些污染源中含有的许多有害、有毒物质随着气流飘移、下沉，并通过降雨，污染广大农区空间、水体和土壤，致使茶园和茶叶不断受到污染。茶园的施肥(如过多或不合理地施用有机肥和磷肥)和在茶园使用汽油、柴油采茶和修剪等机械也会造成对茶园的污染。

我国茶叶中有害重金属残留主要是铅超标的问题。与其他植物相比，茶树鲜叶中的铅含量偏高。铅是一种人体并不需要、吸收过量对人体有害的重金属。现有的技术表明：公路边茶园土壤及茶叶中的铅含量较高，汽车尾气对茶园土壤和茶叶中的铅含量有较大影响。因此，土壤母质中含铅量高、汽车尾气中排出的铅为茶树所吸附或吸收等因素都是形成茶叶重金属超标的外因。

3. 化学肥料的影响　　在茶叶生产活动中，化肥的使用一方面极大地推动了茶叶生产的发展，另一方面则由于化肥施用过量或不当，对茶叶产生不良影响。茶园中化肥的大量使用，长期积累不但会使土壤酸化，加速铅的溶出造成污染，而且化肥本身所含的有毒有害物质也会污染茶园、茶叶。例如，施用磷肥会夹带砷、镉、铬、汞、铅、镍等重金属和氟离子，不仅污染土壤，还会增加植物对有毒物质的吸收和污染残留。安全茶园施肥应以有机肥为主，施用方式以基肥为主，追肥为辅，基肥来源主要采用饼肥、绿肥、栏肥、堆沤肥或商品有机肥等，通过开沟施入茶园。并且在重施有机肥的同时，要优化施肥技术，适时适量追肥，在茶叶开采前 15~30 天开沟 10cm 左右，确保化学氮肥和每亩每次施用量不超过 15kg，或年最高量不超过 60kg；配合使用经农业部登记注册的叶面肥或微生物肥料，并需在采摘前 10 天停止使用。

4. 有害微生物残留超标　　茶叶中有害微生物的来源：一是鲜叶采摘或鲜叶加工过程中所接触的污染，二是加工后的成品茶在包装运输过程中引起的污染。目前，我国茶叶生产加工还是以分散、小型农户为主，尤其是茶叶的初制加工，人手接触过多，鲜叶和再制品的落地都会造成茶叶的接触污染等。由于生产经营者自身的因素所限，加工规模小，生产设备简陋，生产环境和卫生条件较差，茶叶中含水量超标，这也是导致茶叶质变，引起有害微生物产生的重要原因之一。从我国的茶叶精制厂来看，许多厂房都是 20 世纪六七十年代建造的，有的甚至是 50 年代初建设的，厂房及设备陈旧，资金短缺，职工素质和茶叶卫生安全意识淡薄，是造成有害微生物超标的重要原因之一。

5. 非茶异物和粉尘污染　　在茶叶生产、加工、储运过程中，经常有树叶、杂草、沙土、粉尘等非茶类物质混入。茶叶中的非茶异物，包括磁性物等，是茶叶物理危害的主要来源。有的茶厂因加工环境和技术手段等原因，致使茶叶中的非茶类夹杂物含量较高。

造成茶叶中含有非茶异物的主要原因：一是在茶叶采摘过程中将一些非茶类物质带入；二是在加工过程中由于筛分、风选时没有达到规定的标准要求，使成品茶中含有一些茶类或非茶类夹杂物；三是在运输与储存过程中，非茶类物质的混入；茶叶中的粉尘也与茶叶的采摘和加工有着密切的关系，另外是茶叶精制过程的除尘设施也十分重要；四是人为因素造成，在我国极个别地区有的不法商人受经济利益的驱动在茶叶中添加了人工色素甚至还使用工业染料等着色剂、滑石粉、水泥、糯米粉、香精、白糖等，经媒体曝光后，给整个茶叶产业带来严重的负面影响。此外，由燃料及木材燃烧产生的多环芳烃类污染物也应引起重视，尽量控制制茶过程中远离燃料燃烧，减少污染。

6. 其他残留　　近年来的检验分析表明：茶叶中稀土超标近年呈上升趋势，稀土超标主要由使用生长调节剂引起。我国的国家标准《食品中污染物限量》（GB 2762—2005）中规定茶叶的稀土限量为≤2mg/kg。

另外茶叶中氟含量超标主要集中在一些边销茶上。茶树是富氟植物，常因茶树的生理性原因造成茶树对氟的富集。不同产区和品种的茶叶，氟含量的差异较大。每千克茶叶中氟含量低的为几十毫克，高的达数百毫克，最高的可超过 1000mg。我国国家标准《砖茶含氟量》（GB19965—2005）规定砖茶中含氟量为每千克砖茶允许含氟量＜300mg。虽然人体少量摄入氟有利于健康，但如果摄入过多，则会对人体健康带来危害。上述这些来自茶叶生产系统外的污染，生产者往往无法加以控制。

7. 加工储藏的影响　　我国茶叶加工技术与设备落后，茶叶加工厂普遍存在设备落后、厂房破旧、卫生状况差的情况，难以达到食品生产的卫生要求，由此造成茶叶卫生质量不能保证。例如，一些老的茶叶加工机械所用的合金中含有铅，致使加工过程中鲜叶被铅污染；茶叶中苯含量的高低与制茶技术关系很大，尤其是杀青、干燥过程，如烘炒时间过长或烟气直接接触或火温过高引起芽叶烟焦气味等；茶叶企业的卫生状况欠佳使茶叶中的有害细菌含量偏高，如在茶叶加工过程中放置不当，将茶叶半成品或成品直接放置在地上造成微生物污染，产品的卫生质量不能保证；包装材料被微生物污染也可能对茶叶造成污染，影响茶叶品质；从事茶叶加工、包装等工作人员的健康有问题，也可能导致茶叶被致病性病源微生物污染。

(二)茶叶的安全管理

1. 农药残留的控制　　我国茶园生物灾害的治理主要依赖于化学防治，茶叶中农药残留主要是由直接不合理用药和间接污染所致。

目前已有研究者指出，"安全茶叶应实行病虫害综合防治，以降低农残，提高茶叶安全性"，具体措施有：①采用农业技术措施减少和防治茶树病虫害，如及时采摘和修剪茶树以改变病虫生产的适宜环境，并把部分病虫枝叶清出茶园，减少病原；②利用天敌和使用生物农药防治茶树病虫害，实现以虫治虫，以菌治虫，以菌治菌，如利用茶园蜘蛛控制小绿叶蝉，核型多角体病毒或杀螟杆菌防治茶尺蠖，茶毛虫病毒或苦参素防治茶毛虫，BTA 防治茶小绿叶蝉等；③加强病虫测报工作，采取局部用药或挑治等办法进行局部防治，或采取摘除、捕杀、诱杀等物理及机械防治方法，在茶季结束后使用石硫合剂封园，以减少翌年病虫的发生量。

2. 重金属铅的控制　　茶叶铅污染，关键是要改善茶园生态环境减少灰尘污染；加强茶园土壤和投入品监测；严格茶的鲜叶采摘标准；加工过程中原料、半成品和产品不直接接触地面，加工设备应清洁卫生。

3. 肥料的施用与安全管理　　按照无公害茶叶生产标准的要求，茶园施肥应充分利用农业生态系统中的自身有机肥源，经过无害化处理(目前主要有 EM 堆腐法、自制发酵催熟堆腐法以及工厂无害化处理三种方法)，合理循环使用。使用商品有机肥则要注意重金属和有害微生物含量指标。在幼龄茶山空地可有规划的种植绿肥，既能绿化环境，又具有经济效益，是现代生态茶园用肥的发展趋势。施肥上把握以有机肥为主，有机肥与无机肥相配合的施肥原则，尽量控制和减少化肥的使用，有机茶园则绝对禁止使用化肥。同时，通过铺草覆盖、土壤翻耕、滴水灌溉等措施，调节土壤中的水分、空气、温度，充分发挥土壤中的有益微生物对提高土壤肥力的作用，促进茶树生长，提高茶叶产量和质量。

4. 微生物污染控制　　已有的初步研究结果表明，茶叶在加工过程中，鲜叶直接摊放在地面上，工厂地面上的灰尘含有的大肠菌群会污染茶鲜叶；加工完成的半成品、成品茶接触地面和不清洁的设备，也会造成茶叶受到微生物污染；茶叶包装过程中工人的不卫生行为是茶叶微生物污染的关键因素。因此，控制茶叶微生物污染关键是要保证茶树生长环境和采摘人员的卫生以及茶叶加工和包装过程的清洁卫生。

5. 引水灌溉与水源安全管理　　喷药用水与茶园灌溉用水一定要水质洁净，没有污染。特别是使用河流、湖泊之水应经常监测水源，避免使用含有重金属离子、有害化合物的污水灌溉，避免对茶叶和茶园环境造成二次污染。

6. 茶园采摘、运输、作业机械、器具的安全管理　　在鲜茶叶的采摘中，采摘、储运都要符合有关标准，保证鲜叶完整、新鲜、匀净，不夹带老叶、病叶与非茶类夹杂物。采摘后的鲜叶要及时运进加工厂生产，防止日晒、堆压，储运工具与堆放场所要保持洁净卫生，防止鲜叶污染、变质。进厂后要严格验收登记，分别记载进厂时间、品种、来源、级别，不同鲜叶要分别摊放，专人管理。

茶叶采摘、茶园管理与运输过程中使用的机械设备、器具、动力用的燃料与排放物都不能对茶园生态环境与茶叶造成污染。避免在茶园中加注燃油，以防止燃油污染茶树；采茶机、拖拉机必须使用无铅汽油，防止铅污染；收集鲜叶的器具必须卫生、干净、透气，最好用竹制、藤制的箩筐盛装鲜叶，防止运输过程受压、堆积、升温而不新鲜，甚至红变，不得使用农药、化肥包装袋、塑料袋盛装茶叶；运输车斗、机具都要清洁卫生，防止将污染物带至茶园；喷药用的药瓶、塑料包装物等均不得丢弃在茶园内。

7. 清洁化加工　　茶叶加工厂要按食品厂的要求进行设计、建造，要有隔离室，人员进出通过隔离室进行卫生防护。车间的门窗应安装防尘纱窗、纱门，以防煤灰尘埃飘入车间；要安装除烟、除尘装置，以利烟尘顺利排出，减轻对茶厂和在制品的污染；茶厂的废料，如茶灰、茶梗等做到及时清理，运出厂外。地面要使用不渗水、不吸水、无毒、防滑的材料铺砌，保证不积水，容易清；茶叶加工机械设备中直接接触茶叶的零部件不宜使用含铅与铅锑合金、铅青铜、锰黄铜、铸铝及铝合金等材料制造。从各方面做到清洁、卫生、无毒、安全，确保加工过程的茶叶脱离污染。从业人员要经专门培训，熟悉茶叶加工工艺与操作技术规范，能严格执行茶叶加工卫生质量要求，具备茶叶食品加工所需的基本素质者方能上岗。茶叶加工按产品标准化、连续化生产工艺要求，茶叶不着地，环环相扣，每个步骤都必须严格控制，实行移接登记手续，建立起可追溯制度，防止茶叶加工过程受到污染。

8. 储存　　按照我国供销合作行业标准《茶叶储存通则》（GH/T1071—2011）的规定，储存茶叶的库房应具有较好的封闭性。黑茶和紧压茶的库房应具有较好的通风功能。茶叶的包装宜选用气密性良好且符合卫生要求的塑料袋（塑料编织袋）或相应复合袋。黑茶和紧压茶的包装宜选用透气性好、且符合卫生要求的材料。对库房的温度和湿度要做好控管。

第七节　糕点类食品安全与管理

糕点是以谷物粉、糖、油、蛋等为主料，添加（或不添加）适量辅料，经配制、成型、熟制等工序制成的食品。糕点的种类很多，通常分为中式糕点和西式糕点两大类。中式糕点因地域和饮食文化的差异形成了广、苏、扬、潮、京、清真、宁绍、高桥、闽等不同地方风味；西式糕点主要有面包、蛋糕、点心三大类。糕点类食品通常不经加热直接食用，因此在糕点类食品的加工过程中，从原料选择到销售等各个环节的安全卫生管理工作尤为重要，否则极易引起食源性疾病的传播等食品安全事故的发生。

一、糕点的安全问题

糕点类食品营养丰富，适宜微生物生长繁殖，从原料到成品的各个加工环节，都可能造成细菌污染，从而造成糕点变质。例如，面粉的含水量在15%以上，霉菌就很易繁殖。受污染的面粉若被制成糕点、面包，虽经烘烤仍能残存霉菌。霉菌在30℃环境中储存4天即可大量滋生，此时掰开面包、糕点，可见丝丝缕缕的菌丝，并有霉腐气味。若被乳酸芽孢杆菌污染可出现酸败，被小球菌污染则呈红色。奶油存放过程中，更易受各种霉菌污染，如黑曲霉、毛霉、黄曲霉等。制作糕点的其他油脂，如猪油、豆油、花生油、葵花籽油、芝麻油等存放时间过长或与阳光、空气接触，环境潮湿，都可引起酸败。用这种酸败油脂制作的糕点，食后往往出现胃部不适、恶心呕吐、腹痛腹泻等中毒症状。其中尤以葵花籽油加工的糕点更易酸败，食后中毒的也最多，这可能与其不饱和脂肪酸含量特别高，容易氧化有关。糕点辅料中的核桃仁、花生仁、松子仁、瓜子仁、芝麻等不饱和脂肪酸的含量也比较高，因此，也易发生酸败或霉变。已加工成的糕点，也随时可能受到污染。例如，含奶油的点心和蛋糕，因营养丰富，水分含量高，最适宜葡萄球菌繁殖，这种细菌可在蛋糕中生存很长时间，遇到适宜的温度、湿度，便能很快产生肠毒素；毛霉和根霉的污染，则可在蛋糕表面生成毛发状长菌丝，食后均可发生中毒事故。

1. 原辅料的安全问题　　面粉是糕点生产的主要原料，但由于储存不当容易受到仓储害虫的污染，仓库害虫种类很多，它们不但使面粉受到污染，而且可使面粉带有不良的气味，降低面粉质量，在微生物的进一步作用下，可造成面粉发霉变质。油脂受阳光、空气、温度的影响，可造成油脂酸败变质。糕点加工厂未对原料进行检验，或使用不符合国家标准的原料、辅料，将变质、生虫、酸败的油当作原料掺入使用；糕点所用的鸡蛋未经照验，不清洗、不消毒；使用的食品添加剂超越了使用范围和使用量，或使用工业级添加剂，或者糕点生产用的水等未经有效处理，未达到《生活饮用水卫生标准》等，均可影响糕点的卫生质量。

2. 生产过程的安全问题　　生产加工场所缺乏防蝇、防尘、防鼠等设施；生产时不能做到机械化的连续性生产、而是半机械化或手工操作；所用工具、容器未获卫生部门批准，或未经卫生部门检验合格的产品，或使用前未经清洗消毒，或清洗消毒不符要求；从业人员未经过食品安全法及食品安全知识的培训，不按规定进行健康检查，有的甚至患有肠道传染病及其他有碍食品工作的疾病上岗操作。

3. 储藏运输中的安全问题　　储藏场所无防潮、防鼠设施，且存放在潮湿无光线的地方；运输车辆不专用，未经清洗消毒，无防日晒与雨淋设施；装糕点的容器不清洁，下不垫纸上不加盖，且直接放在地面上；外包装上未注明生产日期，不能做到先生产，先出售；含水分在9%以上的糕点存放在塑料袋内。这些因素均可造成糕点出现安全问题。

4. 销售过程的安全问题　　未经包装的糕点小食品在无防蝇、防尘设施的条件下进行销售；销售时不采用售货工具取货，用未经消毒的双手直接取货于纸袋中，货款不分，纸袋不经消毒，用手张袋，或用嘴吹开袋口；销售单位无冷藏设施，使含蛋、奶的糕点容易使细菌繁殖，特别易使葡萄球菌繁殖并产生毒素，使食用者发生中毒。

综上所述，糕点变质主要表现为霉变和酸败。霉变的主要原因是糕点含水分较高，没有烘透，同时还与生产条件和工艺、糕点包装和存放条件有关。酸败主要是由于存放时间过长（有时食品未冷却就装盒、桶，也易造成酸败），所含油脂在阳光、空气和温度等因素作用下发生变化，脂肪水解为油脂和脂肪酸，脂肪酸氧化产生醛或酮类化合物。含果仁糕点的脂肪酸败往往是由于使用存放过久或已酸败的果仁，轻度酸败的果仁在加工过程中受温度和湿度影响会加重酸败。

二、糕点的安全管理

(一)原辅料的安全管理

1)粮食及其他粉状原辅料　　生产中使用的粮食原料(如面粉类)要求无杂质、无霉变、无粉螨。储存时要有防霉措施,周转期要短,有结块现象的应予以剔除。所有粮食原料,包括其他粉状原辅料使用前必须过筛,且过筛装置中须增设磁铁装置,以去除金属杂质。

2)糖类　砂糖、饴糖　　应有固有的外形、颜色、气味、滋味,无昆虫残骸和沉淀物。化学饴糖因生产过程中利用盐酸水解淀粉,及质量差的盐酸中往往含有较多的重金属杂质,而使饴糖中砷、铅等含量超标,故应尽可能地采用麦芽饴糖。使用前糖浆应煮沸后经过滤再使用。

3)油脂　　应无杂质、无酸败,防止矿物油、桐油等非食用油混入。为防止酸败,油脂储存时及用于生产需较长时间存放的糕点(如压缩饼干)的油脂,最好加入适量的抗氧化剂。制作油炸类糕点时,由于油脂反复高温加热可形成聚合物而污染糕点。因此,煎炸油最高温度不得超过250℃,每次使用后的油应过滤除渣并补充新油后方可再用。

4)乳及乳制品　　为防止含乳糕点受到葡萄球菌的污染,作为糕点的原料乳及乳制品,须经巴氏消毒并冷藏,临用前从冰箱或冷库取出。

5)蛋及蛋制品　　蛋类易受沙门菌污染,因此,制作糕点用蛋需经仔细挑选,剔除变质蛋和碎壳蛋,再经清洗消毒后方可使用。蛋壳消毒通常采用 0.4%氢氧化钠溶液或漂白粉溶液(有效氯浓度为 0.08%～0.1%)浸泡 5min。打蛋前操作人员要洗手,消毒蛋壳和打蛋应避免糕点加工车间。若用冰蛋应在临用前从冰箱或冷库中取出,置水浴中融化后使用。水禽蛋极易污染沙门菌,不得作为糕点原料。高温复制用冰蛋也不得作为糕点原料。

6)食品添加剂　　糕点类加工中使用的各类食品添加剂,其使用范围和使用量必须符合GB2760—2011《食品安全国家标准　食品添加剂》。用作防黏剂的滑石粉,规定铅、砷含量应在 2.5mg/kg 以下,且在成品中含量不得超过 0.25%。目前,我国糕点行业多采用淀粉来替代滑石粉作防黏剂。

(二)生产场所及从业人员的安全管理

糕点类生产企业选址应远离污染源,设备布局和工艺流程合理,有专用的原料库和成品库,以防生熟食品或原料与成品交叉污染;还应设有与产品种类、数量相适应的原料处理、加工、包装等车间,并具有防蝇、防尘、防鼠设施,包装箱洗刷消毒、流动水洗手消毒、更衣等卫生设施。直接接触食品的操作台、机器设备、工具和容器等应用硬质木材或对人体无毒无害的其他材料组成,表面光滑,无凹坑或裂痕,使用前必须清洁消毒。

加工、销售糕点类食品的从业人员每年应进行一次健康体检及卫生知识培训,必要时做临时健康检查,体检合格后方可上岗。凡是患有痢疾、伤寒、病毒性肝炎等消化道传染病(包括病原携带者),活动性肺结核,化脓性或渗出性皮肤病,以及其他有碍食品安全的疾病的人员均应调离岗位。生产、检验和管理人员要养成良好的卫生习惯,保持个人清洁卫生,不得将与生产无关的物品带入车间;工作时不得佩戴首饰、手表,不得化妆;进入车间操作前须洗手、消毒并着工作服、鞋、帽,离开车间时换下工作服、鞋、帽;工作服、鞋、帽应集中管理,统一清洗、消毒,统一发放。不同卫生要求的区域或岗位的人员应穿戴不同颜色或标识的工作服、帽,以便区别。不同区域人员不应串岗。

(三)加工过程中的安全管理

糕点加工过程中,烘烤、油炸时的湿度及成熟后的冷却直接关系到成品的卫生质量。温度过高而相对湿度过低,容易造成外焦里不熟;反之,温度过低会造成成品不熟。因此,要求以肉为馅心的糕点,中心温度应达到 90℃以上,一般糕点中心温度应达到 85℃以上。成品加工完毕,须彻底冷却再包装,否则容易使糕点发生霉变、氧化酸败等变化,使其失去食用价值。冷却最适宜的温度是 30~40℃,室内相对湿度为 70%~80%。

直接包装糕点的纸、塑料薄膜、纸箱必须符合相应的国家标准。包装上应按标准法规的相关规定,标出品名、产地、厂名、生产日期、批号或代号、保质期、规格、配方或主要成分及食用方法等。

(四)运输、储存及销售的安全管理

运输糕点的车辆须用专用防尘车。车辆应随时清扫、定期清洗、保持清洁,运输时须严密遮盖。消毒后的成品专用车不得储存其他物品。运输糕点过程中注意防雨、防尘、防晒,并不许与其他货物同车运输,以防污染。各种运输车辆一律禁止进入成品库。

糕点成品库应专用,成品库应有防潮、防霉、防鼠、防蝇、防虫、防污染措施。库内通风良好、干燥。储存糕点时应分类、定位码放,离地 20~25cm。离墙 30cm,并有明显的分类标志。库内禁止存放其他物品。库内须通风良好、定期消毒,并设有各种防止污染的设施和温控设施。不合格的产品一律禁止入库。散装糕点须放在洁净的木箱或塑料箱内储存。

销售糕点的场所须具有防蝇、防尘等设施;销售散装糕点的用具要保持清洁;包装用的纸、盒、袋要符合相应标准;销售人员不得用手直接接触糕点。

(五)糕点出厂前的安全管理

糕点在出厂前需进行卫生与质量的检验,内容包括感官、理化及微生物指标等。符合相应标准的糕点方可出厂。按照《糕点、面包卫生标准》(GB 7099—2003)的规定,各类糕点的理化和微生物指标如下。

1)理化指标 理化指标应符合表 6-11 的规定。

表 6-11 理化指标

项目	指标
酸价(以脂肪计)(KOH)/(mg/g)	≤5
过氧化值(以脂肪计)/(g/100g)	≤0.25
总砷(以 As 计)/(mg/kg)	≤0.5
铅(以 Pb 计)/(mg/kg)	≤0.5
黄曲霉毒素 B1/(μg/kg)	≤5

2)微生物指标 微生物指标应符合表 6-12 的规定。

表 6-12 微生物指标

项目	指标	
	热加工	冷加工
菌落总数/(CFU/g)	≤1 500	10 000
大肠菌群/(MPN/100g)	≤30	300
霉菌计数/(CFU/g)	≤100	150
致病菌(沙门菌、志贺菌、金黄色葡萄球菌)	≤不得检出	

第八节　酒类安全与管理

一、酒概述

　　酒的起源经历了从自然酿酒到人工酿酒的过程。我国人工酿酒的历史源远流长，大约在7000年前的仰韶文化时期。按照我国酒类分类标准，乙醇含量大于0.5%的饮料和饮品均称为酒或乙醇饮料。我国饮料酒包括发酵酒、蒸馏酒和配制酒三大类。

　　1)发酵酒　　发酵酒是以粮谷、水果、乳类等为主要原料经发酵或部分发酵酿制而成的饮料酒。酒中除了乙醇和挥发性香味物质之外，还含有一定量的营养物质——糖类、氨基酸、蛋白质、肽、矿物质等。饮料酒依据使用原料的不同分为啤酒、葡萄酒、果酒(发酵型)、黄酒、奶酒(发酵型)以及其他发酵酒。

　　2)蒸馏酒　　蒸馏酒是以粮谷、薯类、水果、乳类等为主要原料，经发酵、蒸馏、勾兑制成的饮料酒。其酒精度要高于发酵酒，主要物质除乙醇之外含有一定量的挥发性风味物质。蒸馏酒包含中国白酒、白兰地、威士忌、伏特加(俄得克)、朗姆酒、杜松子酒(金酒)、奶酒(蒸馏型)以及其他蒸馏酒。

　　3)配制酒　　以发酵、蒸馏酒或食用乙醇为酒基，加入可食用的辅料或食品添加剂，进行调配、混合或再加工制成的，已改变了其原酒风格的饮料酒。配制酒分为植物类配制酒、动物类配制酒、动植物类配制酒以及其他类配制酒，主要有中国药酒、五加皮酒、鸡尾酒、劲酒等。

二、酒类生产安全与管理

　　中国的酿酒历史悠久，其中具有独特风格的白酒与黄酒闻名于世。白酒酿造多采用固态发酵方法，其主要成分为乙醇与水以及少量的香味物质。黄酒以谷物为原料发酵形成了低酒精度发酵原酒，保留了发酵过程中产生的各种营养成分和活性物质，具有较高的营养价值。

　　1. 白酒的生产　　原料处理→辅料与填充料→蒸煮→糖化发酵→蒸馏→分级储存→勾调→罐装→成品

　　生产传统白酒的主要原料为粮谷原料，其中以高粱为主，其次为小麦、玉米、大米、糯米、荞麦等。不同原料生产出的酒，风格差异较大；产地不同，粮谷的品质、成分产生差异，其产出质量和出酒率也有所不同。采用优质原料，经过粉碎增加其受热面，有利于淀粉颗粒的膨润、糊化，增加与酶的接触面积使原料被充分利用。

　　酿造白酒过程中经常使用到的辅料有麸皮、谷糠、高粱糠，常用的填充剂有稻壳、酒糟等。麸皮是制造麸曲的主要原料，具有营养种类全面、吸水性强、表面积及疏松度大等特点，本身具有一定的糖化能力，而且还是各种酶的良好载体。稻壳作为填充剂是理想的疏松剂和保水剂。但是，稻壳中含有多缩戊糖和果胶质，在白酒生产过程中生成糠醛和甲醇，且含有不良气味物质(4-乙烯基苯酚、4-乙烯基愈创木酚、硫化氢、乙醛等)需要在使用前经过清蒸去除异味。

　　原料经过润水后发生一定程度的膨胀，通过蒸煮使淀粉颗粒进一步吸水、膨胀、糊化，有利于淀粉酶的作用。同时，原辅料在高温蒸煮条件下灭菌并去除一些不良气味成分。

　　糖化发酵是在大曲中含有的多种微生物菌系和各种酿酒酶系作用下，原料发生分解生成酒的过程。与酿酒有关的酶系主要有淀粉酶、蛋白酶、脂肪酶、纤维素酶和酯化酶等。微生物菌系包括细菌、霉菌、酵母菌和少量的放线菌。在白酒生产中，乙醇的生成主要是在酵母菌作用下完成的。微生物的代谢产物和原料的分解产物以及相互之间重新生成的化合物，直接或间接地构成了酒的风味，使不同产地的白酒具有各自的特征风味。白酒风味物质主要由有机酸、醇、酯、羰基化合物、芳香族化合物等物质构成。

蒸馏过程是将乙醇与其他生成的香味成分从糖化发酵液中分离浓缩，得到具有独特风味的白酒。在蒸馏过程中，白酒中的一些成分通过相互作用形成新的物质对白酒的香气具有一定的增香作用，如乙醇等醇类物质在高温条件下与有机酸反应生成少量的酯类，蒸馏时产生少量乙醛(氧化、还原作用)，还可以发生美拉德反应等。

在蒸馏过程中，酒精浓度不断变化，呈香物质也发生变化。蒸馏出的酒分为酒头、主体酒、尾酒，对主体酒进行分级储藏。酒头的主要成分是酯、醛和杂醇油等芳香气味较重的物质，尾酒中酸类含量较高。通过储存过程使白酒老熟，减轻新酒的刺激性和辛辣感，口味变得醇和、柔顺，香气得到改善。

酒中的酸、酯、醛、醇等物质含量适中时，就会产生独特的令人愉悦的香味，形成白酒特有的风格。运用勾兑和调味技术，调整各种成分间的比例和含量形成专有风味并进行罐装。

2. 黄酒的生产　　原料处理→蒸饭→落缸→糖化发酵→压榨、澄清→煎酒→过滤、杀菌→罐装→成品

黄酒是以稻米、黍米、玉米、粟米等谷物为原料，辅以小麦、大麦、麸皮等，通过加曲、酵母等糖化发酵而制得的发酵酒。稻米进行除糠、除杂前处理，然后通过浸米工艺使米充分吸水膨胀便于蒸煮，同时为了使米酸化并取得米浆水，作为酿制黄酒的重要配料。在原料米中含有少量糖分以及在米粒本身含有的淀粉酶的作用下淀粉分解生成糖，溶解到水中被乳酸菌利用发酵生成有机酸，形成酸的浆水。

将沥去浆水的大米进行蒸煮。蒸饭要求达到外硬内软，内无生心，疏松不糊，透而不烂且均匀一致。蒸饭不完全则饭粒中含有生淀粉使糖化不完全，成品酒的酒度降低。蒸饭过于糊烂则易造成米粒结团，不利于糖化和发酵。

落缸就是将冷却的蒸饭放入清洁的缸中，同时投入麦曲、酒母和浆水搅拌均匀，控制好温度促进发酵菌繁殖。

糖化发酵分为前发酵与后发酵两部分。前期主要是酵母的繁殖，温度上升缓慢，温度控制在酵母的发酵温度。经过长时间的糖化发酵后，形成较高的酒精度且淀粉被糖化发酵较彻底。发酵过程是放热的过程，因此控制好温度成为直接关系到成品酒质量的关键因素。前发酵阶段结束后进入后发酵阶段，保持低温状态(10～15℃)由搅拌期转入静置期，主要利用残余淀粉和糖分继续缓慢地进行糖化发酵，提高酒精度协调酒体风味。

糖化发酵后的黄酒通过压榨分离得到生酒，利用调色后静置使酒液澄清。生酒中含有淀粉、酵母、不溶性蛋白质和少量纤维素等物质。澄清需要在低温下进行，防止酒质变败。澄清期主要是残余的糊精和淀粉分解，蛋白质、肽进一步分解成氨基酸促进了酒的老熟，使酒的风味更加丰厚甘醇。

澄清后还要进行煎酒，以杀灭酒液中的微生物以及各种生物酶活性，并使酒体中的蛋白质等胶体物质组分发生热变性沉淀析出，去除低沸点的生酒味成分，以确保黄酒质量稳定。

煎酒后的酒液进行过滤、杀菌。杀菌的目的是杀灭酒液中的酵母和细菌，使酒中沉淀物凝固酒体进一步澄清，酒体成分得到固定。后罐装成为成品。

三、酒类储藏安全与管理

1. 白酒的储藏及有害成分　　经过发酵、蒸馏得到的新酒，还需要经过一段时间的储存，使新酒具有的辛辣感和刺激性减轻，口感变得醇和、柔顺。新酒中主要含有较多的硫化氢、硫醇、硫醚等挥发性物质，以及少量的丙烯醛、丁烯醛、游离氨等低沸点的杂味物质使酒体产生辛辣刺激感，通过较长时间的储存使其挥发形成柔和的口感。

白酒经过长时间的储存后，乙醇分子与水之间的氢键缔合体变大，缔合度增加使乙醇分子自由度降低，减少了酒的刺激性使酒体变得柔和。白酒中的微量香气成分对缔合体的形成具有一定的影响。白酒中的有机酸明显地促进氢键的缔合作用。

白酒在储藏过程中发生缓慢的化学反应达到新的平衡赋予酒体特殊风味，其中有机酸含量逐渐增加主要来源于酯的水解，其次是醇、醛的氧化。

白酒的生产过程中会产生一些有害物质，如甲醇、杂醇油、重金属、氰化物以及其他的有害物质。白酒中的甲醇主要来自于原料中的果胶质。果胶质分解时产生甲氧基，甲氧基还原生成甲醇。所以选择原料时，尽量采用果胶质较少的原料降低甲醇的生成量。

杂醇油主要以异戊醇、正丁醇、异丁醇等脂肪醇为主，它们也是构成白酒香味的成分。杂醇油含量过高则饮酒易产生头痛易醉现象。这是由于杂醇油在体内代谢缓慢，体内滞留时间长导致。杂醇油是酵母代谢氨基酸的产物。蛋白质含量高时生成的杂醇油较多，蛋白质含量过少时酵母菌可将糖转化为杂醇油。所以原料中蛋白质含量的控制成为关键因素之一，杂醇油的沸点较低，在酒头中含量较高，因此采取多截流酒头的方法减少酒中杂醇油的含量。

白酒中的重金属(铅、锰等)主要来自于生产设备及储存容器中重金属的迁移。设备材料中的有机物质(构成有机材料的单体、增塑剂等)也可以通过迁移的方式进入到酒体中。因此保证生产设备和储存容器的材质符合生产要求，成为消除白酒食用安全隐患的一大关键。

使用木薯或野生植物果实酿酒有可能产生氰化物，因为这些植物体内氰化物通常与糖分子结合以含氰糖苷形式存在，因此在使用这些原料时必须进行预处理去除毒害。预处理的方法有温水浸泡、清蒸、持续沸煮等。

粮食原料储存不当发生霉变则会产生黄曲霉毒素，也会进入到酒体中引起中毒，一些残留的农药也会随着不合格原料的使用进入到酒体中。因此在保证原料品质的基础上，做好原料的保存、预处理成为质量保证的关键一步。

2. 黄酒的储藏及有害成分　　新酒成分的分子排列紊乱，乙醇分子活度较大，稳定性较差，使新酿的黄酒口感辛辣，香味不足。新酒经过一段时间的储存，酒质发生变化使香气浓厚、口感醇和，色泽随着储存时间的延长而变深。储存过程中，酒体中各分子发生氧化、缔合、除醛、酯化、融合及分子间的有序排列等复杂的物理、化学变化，使香气增加，酒味柔和，酒中多种成分之间趋于协调，风味质量得以提高。黄酒在储存期间的变化主要来自于酒体中醇类物质的变化，醛、酸的变化，酯类物质的增加、氨基酸含量的降低等构成了酒体色、香、味的变化。

黄酒在发酵过程中硫蛋白降解生成硫化氢、氨、硫醇的硫化物，以及发酵生成的乙醛、糠醛、苯甲醛、游离氨等杂味物质。由于这些物质沸点较低，极易挥发，阈值低，导致新酒具有杂味和粗糙辛辣感。这些沸点低的物质在储存过程中极易挥发,经过一段时间的储存酒体风味发生明显的变化。

黄酒中的醇类物质主要是乙醇。少量乙醇在黄酒储存中发生酯化反应,其余高级醇类物质,丁醇类、戊醇类、芳香醇类(如苯乙醇、对羟基苯乙醇等)、丙醇等是黄酒香气的主要组成成分。随着黄酒储存时间的增加,高级醇类化合物发生氧化反应生成有机酸使其含量不断减少。黄酒在发酵过程中,除产生乙醇外,还形成各种挥发性和非挥发性的代谢副产物,包括高级醇、酸、酯、醛、酮等,这些成分在储存过程中发生氧化、缩合、酯化等反应,使黄酒的香气得到加强。

乙醇和水相互缔合形成氢键,加强了乙醇的水分子束缚力,降低了乙醇的活度,反映在酒体口感圆润柔和,同时也伴随着其他成分的调和。除乙醇和水分子具有极性外,其他香味物质,如高级醇等也具有氢键作用,其分子质量越大,氢键作用力越小,随着缔合的大分子增加,酒液中受到互诱的极性分子越多,酒质也就趋向绵醇适口。

黄酒中的氨基酸主要是曲霉菌的酸性蛋白酶和酸性肽酶作用于经蒸煮后的原料米中的蛋白质而产生的。由于在黄酒后发酵期间酵母产生自溶,除可将酵母菌体内所含的水解酶溶出以加速蛋白质分解外,还可将菌体内的氨基酸游离出来。黄酒在储存期间氨基酸与糖分发生氨基—羟基反应产生类黑精,从而使黄酒颜色逐渐加深。氨基酸中部分被酵母所同化合成酵母蛋白原料,且生成高级醇,这些物质赋予黄酒香味的浓厚感,如缬氨酸反应产生异戊醇,苯丙氨酸反应生成苯乙醇,并与有机酸作用生成芳香酯。

黄酒中存在着一些潜在的不安全因素,如黄酒原料及成品黄酒中的农药残留、重金属残留,黄酒中外来添加物、黄酒中微量的氨基甲酸乙酯等。主要采取采用合格原料,使用符合标准的生产设备及储存容器防止重金属的迁移。

氨基甲酸乙酯是由氨甲酰化合物与乙醇自发反应生成。在黄酒储存时,酒液中的尿素和乙醇反应,成品酒的尿素含量越多、储存温度越高、储存时间越长则形成的氨基甲酸乙酯越多。随储酒时间的延长,氨基甲酸乙酯的含量增加。所以应降低储存温度,抑制反应的进行减少危害物的产生。

第九节　冷饮食品安全与管理

冷冻饮品(也称冷食品)系指以饮用水、甜味料、乳品、果品、豆品、食用油脂等为主要原料,加入适当的香料、着色剂、稳定剂、乳化剂等食品添加剂,经配料、灭菌、凝冻而制成的冷冻固态制品。

冷冻饮品因其含乳、蛋、糖及淀粉等营养物质,风味各异,价格便宜而普遍受到消费者欢迎,尤其得到儿童喜爱。但由于有些冷冻饮品营养较丰富,适于微生物繁殖,如在加工制作、销售过程中受到致病菌污染,极易引起食物中毒。

常见的冷冻饮品有冰淇淋、雪糕、冰棍、食用冰和冰霜等产品。

一、冷饮食品的安全问题

1. 微生物污染　冷冻饮品和饮料中含有较多的乳、蛋、糖及淀粉类物质,适宜于微生物的生长繁殖,配料、生产制作、包装及销售等各个环节均可受到微生物的污染。而冷冻饮品在夏季大量上市时，正是急性肠道疾病(如肝炎、痢疾和食物中毒等)的流行季节，因此冷冻饮品就可能会成为夏季肠道疾病的重要传播途径。比较常见的病原体是金黄色葡萄球菌和变形杆菌等。

微生物指标是反映食品质量安全状况和质量控制水平的重要指标。国家标准《冷冻饮品卫生标准》(GB2759.1—2003)规定：含乳蛋白冷冻饮品，菌落总数≤25 000 个，大肠菌群≤450MPN/100mL。含淀粉或果类冷冻饮品，菌落总数≤3000 个，大肠菌群≤100MPN/100mL。在以往的冷冻饮品质量抽查结果中，微生物指标超标是造成冷冻饮品不合格的主要原因。其中有的产品的菌落总数实测值为 158 000 个，是国家标准的 5.3 倍，大肠菌群实测值为 11 000 MPN/100mL，超过国家标准的 23.4 倍。

2. 原料污染 冷冻饮品和饮料中的乳、蛋原料作为病原体的良好载体而易被其污染；乳畜和蛋禽在养殖过程中如果患有传染病或被饲以农药、兽药、重金属和无机砷污染的饲料，则其产品也具有相应的危害。如果在生产加工中采用不清洁的水，也会造成污染。

3. 滥用食品添加剂 冷冻饮品和饮料使用的食品添加剂主要有食用色素、食用香料、酸味剂、人工甜味剂、防腐剂等，如超范围使用或使用量过大都可影响产品的安全性。例如，2011 年 11 月湖南省工商局公布了第三季度全省范围内的冷冻饮品的抽样检查结果，冷冻饮品合格率仅为 61.8%，其中不合格项目就有甜味剂超标，甜蜜素和糖精钠等超标。GB 2760—2011《食品安全国家标准——食品添加剂使用标准》规定：冷冻饮品中糖精钠的最大使用量为 0.15g/kg；甜蜜素的最大使用量为 0.65g/kg。在已经公布的抽查结果中就发现有一些产品超限量使用甜味剂，其中 1 种产品的糖精钠实测值为 0.27g/kg，超过标准限值的 0.8 倍；甜蜜素实测值为 1.92g/kg，超过标准限值的 2 倍。由于甜味剂不易被人体吸收，若长期食用甜味剂严重超标的食品，会影响人体健康。

4. 重金属污染 冷冻饮品和饮料多是含酸量较高的食品，当与某些金属容器或管道接触时又可将某些有害金属(如铅、镉等)溶出而污染内容物，造成产品中重金属含量超标，危害消费者的健康。

5. 总固形物、蛋白质、脂肪等重要理化指标含量偏低 总固形物、蛋白质、脂肪含量均是冷冻饮品中重要的理化指标。我国国内贸易行业标准 SB/T 10013—2008《冷冻饮品 冰淇淋》、SB/T 10015—2008《冷冻饮品 雪糕》SB/T10016—2008《冷冻饮品 冰棍》中对总固形物、蛋白质、脂肪的最低含量均做出了明确规定。在以往的抽查中就发现有些产品总固形物、蛋白质、脂肪含量不符合国家标准要求。

6. 标识标注不规范 产品标识标注不仅要符合 GB7718—2004《预包装食品标签通则》的规定，而且应在标签的醒目位置清晰地标示产品真实属性的名称和类型。产品标识是消费者了解食品信息的主要途径，产品标识不规范就不能如实反映产品的真实信息。在以往的抽查中就发现有些产品标识标注不符合标准要求。主要是产品配料表标注不全、食品名称不规范、产品类型未标注等。

二、冷饮食品的安全管理

(一)冷饮食品原料的安全要求

1. 冷饮食品用水 水是冷饮食品生产中的主要原料，一般取自自来水、井水、矿泉水

(或泉水)等原水。无论是地表水还是地下水，均含有一定量无机物、有机物和微生物，这些杂质若超过一定范围就会影响到冷饮食品的质量和风味，甚至引起食源性疾病。因此，原料用水须经沉淀、过滤消毒，达到国家《生活饮用水卫生标准》方可使用，并在每年枯水季节对水质各进行一次全面监测。人工或天然泉水须按允许开采量开采。天然泉水应建立自流式建筑物，以免天然因素或人为因素造成污染。

2. 原辅材料　　冷饮食品所用原辅料种类繁多，其质量的优劣直接关系到最终产品的质量，因此冷饮食品生产中所使用的各种原辅料，如乳、蛋、果蔬汁、豆类、茶、甜味料(如白砂糖、绵白糖、淀粉糖浆、果葡糖浆)等必须新鲜、无腐败变质，并符合各自的食品安全标准。所用的各种食品添加剂，均必须符合国家相关的食品安全标准。不得使用糖蜜或进口粗糖(原糖)、变质乳品、发霉的果蔬汁等作为冷饮食品原料。

(二)加工过程的管理

1. 杀菌冷却　　冷冻饮品工序为配料、熬料、消毒、冷却和冷冻。冷冻饮品加工过程中的主要安全问题是微生物污染，因为冷冻饮品原料中的乳、蛋和果品常含有大量微生物，因此，原料熬制及化糖的温度与时间是否充分，对能否杀灭致病性微生物，保证产品质量至关重要。所以原料配制后的杀菌与冷却是保证产品质量的关键。为防止微生物污染和繁殖，不仅要保持各个工序的连续性，而且要尽可能地缩短每一工序的时间间隔，其中应特别注意熬煮料采用68～73℃加热30min或85℃加热15min，能杀灭原料中几乎所有的繁殖型细菌，包括致病菌(混合料应该适当提高加热温度或延长加热时间)。消毒杀菌后应迅速冷却，至少要在4h内将温度降至20℃以下，以避免残存的或熬料后重复污染的微生物在冷却过程中有繁殖机会而再次污染。有条件的企业可采用片式冷热交换器，在数秒内把温度降至10℃以下。目前冰淇淋原料在杀菌后常采用循环水和热交换器进行冷却。冰棍、雪糕普遍采用热料直接灌模，用冰水冷却后立即冷冻成型，这样可以大大提高产品的卫生质量。

2. 设备管道卫生　　由于冷冻饮品是直接入口的食品，熬料后再无卫生处理工艺，为防止化学物质污染，冷冻饮品生产中所接触的设备、管道、模具，其材质应符合国家有关容器、包装材料卫生标准，最好选用食品级的不锈钢材料，保证内壁平滑无痕无凹陷，结构上便于拆卸和洗刷消毒。所有设备、管道，尤其是冰棍模具所用焊锡纯度应为99%以上，防止焊条中铅对食品的污染。设备、管道的清洗、消毒是防止微生物污染的重要环节，有条件的企业应建立设备、管道自动清洗系统，一般企业可采用热蒸汽或用含有有效氯浓度为200mg/L的氯制剂消毒液消毒，清洗冰淇淋机应将主要部件卸下，置于有效氯浓度为200mg/L的氯制剂冲洗消毒液中浸泡5min消毒。模具要求完整、无渗漏；在冷水熔冻脱膜时，应避免模边、模底上的冷冻液污染冰体。冰棍模具及冰霜炒锅等工具均应采用氯制剂浸泡或擦拭消毒，并冲洗干净。

3. 包装　　冷冻饮品生产过程，部分(冰淇淋)或全部(低档冰棍)地处于暴露状态，因而包装全过程要严防微生物污染。包装间应有净化措施，班前、班后应采用乳酸或紫外线对空气进行消毒。从事产品包装的操作人员应特别注意个人卫生，操作时要穿戴洁白的工作衣帽和口罩。双手在上岗前须用含有效氯浓度为150～200mg/L的氯制剂液浸泡3min消毒。操作过程尚须每隔15～30min用浸有消毒过的毛巾或75%酒精棉球擦拭。产品的包装材料，如纸、盒及冰棍扦等接触冷食品的工具容器须经过高压灭菌后方可使用。产品包装要完整严密，做到食品不外漏。成品出厂前应做到批批检验。成品必须检验合格后方可出厂，应在-10℃以下的冷库或冰箱中储存。冷库或冰箱应定期清洗、消毒。

4. 储存　产品储存时应放在-18℃以下的冷库中存放，不能与有毒、有害、有异味、易挥发、易腐蚀的物品混放，防止交叉污染。

(三)冷饮食品的安全管理

随着经济的发展和人民生活水平的提高，冷饮食品的市场发展十分迅速，其种类之多、销售量之大和消费人群之广对其安全卫生管理工作提出了严峻的挑战。我国已经颁布多项相关的卫生标准、卫生规范和管理办法，为冷饮食品经营者开展科学管理和食品卫生监督人员的监督执法提供了理论和实践依据，在保障食用者安全上发挥着重要作用。

1. 严格执行规定　严格执行冷饮食品安全管理办法的有关规定，实行企业生产经营卫生许可证制度。新企业正式投产前必须经食品卫生监督机构检查、审批，获得卫生许可证后方可生产经营。冷饮食品的许可证每年复验一次。

2. 场地要求　冷饮食品生产企业应远离污染源，周围环境应经常保持清洁。生产工艺和设备布置要合理，原料库和成品库要分开，且设有防蝇、防鼠、防尘设施。冷冻饮品企业必须有可容纳三天产量的专用成品库，专有的产品运输车。生产车间地面、墙壁及天花板应采用防霉、防水、无毒、耐腐蚀、易冲洗消毒的建材，车间内设有不用手开关的洗手设备和洗手用的清洗剂，入口处设有与通道等宽的鞋靴消毒池，门窗应有防蝇、防虫、防尘设施，车间还须安装通风设施，保证空气对流。灌(包)装前后所有的机械设备、管道、盛器和容器等应彻底清洗、消毒。生产过程中所使用的原辅料应符合卫生要求。

3. 对从业人员的要求　对冷饮食品从业人员，包括销售摊贩每年要进行健康检查，季节性生产的从业人员上岗前也要进行健康检查，每个人必须有健康证。凡患痢疾、伤寒、病毒性肝炎的人或病原体携带者，以及患活动型肺结核、化脓性或渗出性皮肤病者均不得直接参与生产和销售，建立健全从业人员的培训制度和个人健康档案。进入工作间时，穿戴好工作衣、帽、雨鞋、口罩，并将双手在消毒液中浸泡，双脚在消毒池里踩踏后方可进入车间，出入车间时，必须更换工作衣、帽、鞋。

4. 检验　冷饮食品企业应有与生产规模和产品品种相适应的质量和食品安全检验能力，做到批批检验，确保合格产品出厂。不合格的产品可视具体情况允许加工复制，复制后产品应增加三倍采样量复检，若仍不合格应依具体情况进行食品加工或废弃。

5. 包装及标志　产品包装要完整严密，做到食品不外露。商品标志应有产品名称、生产厂名、厂址、生产日期、保存期等标志以便监督检查。

第十节　调味品安全与管理

一、调味品概述

调味品是指在饮食、烹饪和食品加工中广泛应用的，用于调和滋味和气味且具有去腥、除膻、解腻、增香、增鲜等作用的产品。在中国，食用调味品具有悠久的历史。其中有属于东方传统的调味品，也有引进的调味品和新兴的调味品品种。根据调味品终端产品进行分类。分为17类调味品。

1) 食用盐　　食用盐又称为食盐，以氯化钠为主要成分，用于烹调、调味、腌制的盐，按其生产和加工方法分为精制盐、粉碎洗涤盐、日晒盐。

2) 食糖　　用于调味的糖，一般指用蔗糖或甜菜精制的白砂糖或绵白糖，也包括淀粉糖浆、饴糖、葡萄糖、乳糖等。

3) 酱油　　主要以大豆(或脱脂大豆)和小麦或其他粮食为原料，经微生物发酵制成的具有特殊色、香、味的液体调味品，分为酿造酱油、配制酱油和营养强化酱油。

4) 食醋　　单独或混合使用各种含有淀粉、糖类的物料或乙醇，经微生物发酵酿制而成的液体调味料。根据生产工艺分类食醋分为酿造食醋和配制食醋。

5) 味精　　以淀粉质、糖质为原料，经微生物发酵、提取、中和、结晶精制而成的谷氨酸钠不小于 99%、具有特殊鲜味的白色结晶或粉末。味精分为味精、加盐味精、增鲜味精。

6) 芝麻油　　芝麻油又称香油。从油料作物芝麻的种子中制取的植物油，可用于调味的油脂。

7) 酱类　　酱类含有豆酱、面酱、番茄酱、辣椒酱、芝麻酱、花生酱、虾酱和芥末酱。

8) 豆豉　　以大豆为主要原料，经蒸煮、制曲、发酵、酿制而制成的呈干态或半干态颗粒状的制品。

9) 腐乳　　以大豆为原料，经加工磨浆、制坯、培菌、发酵而制成的调味、佐餐制品，分为红腐乳、白腐乳、青腐乳、酱腐乳和花色腐乳。

10) 鱼露　　以鱼、虾、贝类为原料，在较高盐分下经生物酶解制成的鲜味液体调味品。

11) 蚝油　　利用牡蛎蒸、煮后的汁液进行浓缩或直接用牡蛎肉酶解，再加入食糖、食盐、淀粉或改性淀粉等原料，辅以其他配料和食品添加剂制成的调味品。

12) 虾油　　从虾酱中提取的汁液称为虾油。

13) 橄榄油　　以橄榄果为原料，经压榨加工而成的植物油，多用于西餐调味。

14) 调味料酒　　以发酵酒、蒸馏酒或食用酒精为主要原料，添加食用盐(可加入植物香辛料)配制而成的液体调味品。

15) 香辛料和香辛料调味品　　香辛料主要来自各种自然生长的植物的果实、茎、叶、皮、根等，具有浓烈的芳香味、辛辣味。以各种香辛料为主要原料，添加或不添加辅料制成的制品为香辛料调味品，包括香辛料、香辛料调味品、香辛料调味粉、香辛料调味油、香辛料调味汁和油辣椒。

16) 复合调味料　　用两种或两种以上的调味品配制，经特殊加工而成的调味料。复合调味料分为固态复合调味料、液态复合调味料和复合调味酱。固态复合调味料包括鸡精调味料、鸡粉调味料、牛肉粉调味料、排骨粉调味料、海鲜粉调味料及其他固态复合调味料。液态复合调味料具有代表性的产品有鸡汁调味料、糟卤及其他液态复合调味料。复合调味酱包括风味酱、蛋黄酱、沙拉酱及其他复合调味酱。

17) 火锅调料　　食用火锅时专用的调味料，包括火锅底料及火锅蘸料。

二、调味品生产安全与管理

酱油是烹饪中的一种亚洲特色的调味料，普遍使用大豆为主要原料，加入水、食盐等经过制曲和发酵，在各种微生物繁殖分泌的各种酶的作用下，酿造出来的一种液体。我国的酱油生产量与消费量居世界第一位。

1. 酱油的生产　　原料(豆粕，麸皮等)→蒸料、冷却→制曲→发酵→浸泡淋油→灭菌、配兑→成品。

原料要求蛋白质含量较高，碳水化合物含量适中有利于制曲、发酵和取油。将原料粉碎成较细的颗粒，以保证原料吸水速度相同，蛋白质变性速度一致，提高原材料的利用率。加水润水使原料含有一定水分后膨胀、松软，以便于蒸煮时蛋白质适度变性，淀粉易于充分糊化。加水量的控制与酱油质量有密切的关系。

天然蛋白质必须经过适度地变性才能被蛋白酶利用、水解。蒸料使原料中的蛋白质发生适度变性、淀粉充分糊化易于酶作用。如果过度蒸料则使蛋白质发生过度变性，由松散紊乱状态重新紧密聚合，不易被酶利用，降低了蛋白质利用率且与糖类发生褐变反应。原料未蒸熟时，结构没有被破坏的蛋白质不易被蛋白酶水解，导致酱油中出现混浊、沉淀现象。降低了蛋白质的利用率，直接影响酱油的品质。蒸煮可提高原料的利用率，杀灭附着在原料上的微生物，提高制曲的安全性，所以控制蒸煮程度是非常关键的步骤。

原料经过蒸煮、冷却后即可接入菌种进行培养制曲。制曲是酱油酿造过程中重要的工序之一。制曲过程主要是提供曲霉最适宜生长的条件，使曲霉菌等有益微生物充分发育繁殖大量分泌出需要的蛋白酶、淀粉酶、脂肪酶等大量酶系。制曲原料、温度、湿度、时间、通风等因素对曲霉生长和酶的形成具有重要影响。制曲过程中按照曲霉生长阶段可分为孢子发芽期、菌丝生长期、菌丝繁殖期及孢子着生和孢子成熟期。每一个生长阶段所需要的条件是不相同的，都有其最适宜的范围。一般而言，在孢子发芽期，温度控制在(30±2)℃范围。菌丝生长期与菌丝繁殖期的温度维持在35℃左右为宜。如果能在控制温度的基础上根据生长阶段的不同严格把握，则会使制曲生长处于最佳阶段。制曲工艺中主要危害是杂菌污染，防止杂菌污染成为制曲的关键控制点。

发酵过程是形成酱油特有的色香味成分的重要阶段。发酵过程主要利用微生物分泌的各种酶系，使原料进一步降解，包括大分子物质的分解与新物质的合成。酱醅的食盐浓度、发酵时间与温度、成曲拌(盐)水量和酱醅的 pH 直接影响发酵效果。酱醅中食盐浓度过高，抑制不耐盐的杂菌繁殖防止腐败。同时，还会抑制酶活性。

一般采用浸出法提取酱油。浸出是将发酵成熟的酱醅，利用浸泡和过滤的方法分离酱油。酱油浸出的一般工艺为：成熟酱醅→第一次浸泡→头渣→第二次浸泡→二渣→第三次浸泡→三渣→第四次浸泡→酱渣。

浸泡是为了使酱醅中的可溶性物质溶出进入到浸提液。酱醅中所含的糖、盐等小分子物质可以较容易溶出，但在发酵过程中，蛋白质、淀粉等大分子物质在酶的作用下生成最终产物葡萄糖和氨基酸，同时产生多肽、蛋白胨、糊精等分子质量较大的物质，其溶出速度缓慢。为了提高提取率可适当延长浸泡时间，提高浸泡温度。影响滤油效果的因素有过滤面积、酱渣阻力等。增大过滤面积，酱醅厚度变薄都可提高滤油效率。

浸泡提取的生酱油需要经过加热处理。生酱油的含盐量在 16%左右，经过加热可以杀灭大量的微生物同时破坏酶活性，提高酱油的食用期限。生酱油加热可以调和香气及改善风味，加热过度则可使一些香气成分损失。在加热条件下发生非酶褐变的美拉德反应增加了酱油的色泽。加热使酱油中部分蛋白质发生沉淀并带动悬浮物及其他杂质一起沉淀，使酱油变得澄清。因此加热的温度与时间的控制对于酱油的品质至关重要。生产中每批酱油的质量各不相同，根据国家质量标准和工厂标准进行配兑，调制出不同品种规格的酱油。酱油经过加热后，根据不同风味酱油的需要添加助鲜剂、甜味剂以及其他香辛料等物质满足市场的需要。

2. 酱油的生产管理　　酱油生产过程中的危害主要是生物危害。生物危害物包括产生毒素的霉菌和杂菌污染；化学危害物主要来自大豆、小麦等原料在生长与储藏期间所使用的杀菌剂、杀虫剂等农药残留及重金属残留；物理危害物在酱油生产中虽然不起主要作用，仍需要考虑这部分危害。因为瓶装酱油是一个稳定的产品，货架期相对较长，管理好每一步生产过程成为生产质量合格产品的重要保证。

1) 原料质量及原料储藏　　来自原料及原料储藏过程中的危害物有残留在大豆、小麦、面粉中的农药、重金属以及产生毒素的病原微生物污染生产原料及种曲，在酱油的加工过程中残留的农药、重金属及病原菌产生的抗热毒素等不易被消除，因此控制原料的质量非常关键。针对收购的原料进行严格的农药残留、重金属残留及微生物检验；大豆、小麦、面粉等储藏温度低于 25℃，相对湿度为 10%，储藏环境设立有效的杀菌防虫系统；种曲保藏要严格按要求操作。

2) 原料的准备　　原料准备过程中可能发生的危害有：由于水或大豆被污染，大豆浸泡时微生物生长，环境物理危害物的进入，如石头、金属等；大豆蒸熟时，由于温度和时间选用不当，使病原微生物及耐热霉菌存活造成危害。种曲接种时被产生毒素的霉菌所污染，导致产品不合格。因此选用合格的大豆和可以饮用的合格水进行浸泡；蒸熟温度达到杀灭有害微生物的程度，每次制曲都选用纯化培养的种曲接种于制曲的原料，保证得到质量合格的曲子。

3) 混合与制曲　　蒸熟大豆、面粉、小麦等和种曲混合过程中产生的危害有来自不清洁混合容器的微生物交叉污染，来自空气中微生物、昆虫等污染以及来自混合容器的固体危害物。为了防止危害的发生，混合前清洗混合设备，使之达到生产卫生要求以及混合过程应在各种条件能够控制的专门曲室内进行，避免手工混合产生污染。

4) 盐水浓度　　由于盐水浓度达不到要求，可能造成杂菌滋生繁殖。所以要严格按照生产工艺技术要求维持盐水浓度。

5) 发酵　　由于发酵温度、时间和盐水浓度使用不当，致使杂菌繁殖，影响产品质量。根据微生物生长的不同阶段对发酵温度进行有效控制抑制杂菌的繁殖并保持盐水浓度。

6) 浸提　　使用不清洁的压榨机和过滤器，造成产品微生物交叉污染，因此在压榨与过滤之前对使用的设备需进行全面的清洗与消毒，保证产品不受污染。

7) 灭菌　　灭菌温度达不到要求或灭菌时间短，杀菌不彻底，使一些有害微生物及产生毒素的霉菌继续繁殖，在产品储存和销售过程中造成危害，所以灭菌过程成为产品质量控制的主要步骤。过度灭菌也会发生不利反应产生有害化学物质。

8) 装瓶　　包装物主要是瓶和盖，瓶和盖卫生条件达不到要求而造成产品微生物污染，装瓶为关键控制点。瓶在灌装之前，必须进行严格消毒。

三、调味品的储藏安全与管理

酱油在储藏过程中发生品质降低、安全隐患的问题主要是产生霉变现象。酱油发生霉变是微生物繁殖的结果，因此防止酱油霉变的发生是至关重要的。

1) 加热灭菌　　生酱油的加热作用除灭菌外，还有调和酱油色、香、味的作用。由于酱油中的微生物耐热性不同，控制加热温度和时间成为关键。

2) 调整成分增加防霉能力　　由于人们对天然食品的认可，通过调整酱油成分进行防霉成为趋势。利用控制食盐浓度与酱油中的水分活性抑制微生物的生长。添加乙醇(2%～3%)在提高防霉效果的同时，增加酱油的风味。

3) 防霉剂的应用　　加热杀菌是较为简单的方法，为了保证酱油在储藏期间的质量与安全，我国食品相关法律中规定了用于酱油的防霉剂。主要的防霉剂有苯甲酸、苯甲酸钠和对羟基苯甲酸酯类，并规定了使用量。防霉剂的效果根据酱油的 pH 不同而产生差异，因此防霉剂的使用应与酱油的生产工艺紧密联系，单独或联合使用提高防霉效果。

第十一节　食糖、蜂蜜、糖果安全与管理

一、食糖的安全与管理

食糖主要成分为蔗糖，以甜菜、甘蔗为原料压榨取汁制成，包括粗制糖和精制糖。前者是将原料压榨汁煮炼，挥发干其中水分所获得的低纯度粗糖(红糖或黄砂糖)；后者是将原料压榨汁经净化、煮炼、结晶、漂白等工序处理而获得的结晶颗粒，称白砂糖；白砂糖经粉碎处理而获得粉末状糖称绵白糖。食糖是人们日常生活必备的调味品，很多消费者并没有意识到，食糖质量也可能存在安全隐患。

(一)食糖的安全性问题

2012 年 5 月国家质检总局网站公布了由国家食糖及加工食品质量监督检验中心承检的食糖产品质量国家监督抽查结果。本次共抽查了辽宁、山东、广东、广西、海南、云南 6 个省、自治区 85 家企业生产的 85 种食糖产品，包括白砂糖、单晶体冰糖、冰片糖、赤砂糖 4 个种类。本次抽查依据强制性国家标准 GB317—2006《白砂糖》、GB13104—2005《食糖卫生标准》及相应产品标准的要求，对食糖产品的色值、蔗糖分、还原糖分、总糖分(蔗糖分加还原糖分)、二氧化硫、日落黄、柠檬黄、胭脂红、苋菜红、亮蓝、赤藓红、总砷、铅、菌落总数、大肠菌群、致病菌(沙门菌、志贺菌、金黄色葡萄球菌、溶血性链球菌)、酵母菌、霉菌、螨等 22 个项目进行了检验。抽查发现有 7 种产品不符合标准的规定，涉及菌落总数、蔗糖分、还原糖分项目。

这表明食糖的食品安全问题不容忽视。市场上的食糖容易出现两大质量问题：生螨虫和二氧化硫超标。

1. 螨虫　　GB13104—2005《食糖卫生标准》规定，食糖不得检出螨虫。但食糖尤其是白糖在运输、储存过程中发潮或存放地点不洁，容易受病原微生物污染，尤其是极易被螨虫污染。如果螨虫进入消化道寄生，会引起不同程度的腹痛、腹泻等症状，医学上称之为"肠螨病"。如果螨虫浸入泌尿系统，还可能引起尿频、尿急、尿痛等症状。而且我们的肉眼根本看不见这些螨虫，它们只有在显微镜下才会显露原形。直接做凉拌菜用的白糖、给婴幼儿或老年人食用的白糖更需要特别注意。最好将添加白糖的食物加热处理，加热到 70℃，只需 3min 螨虫就会死亡。家庭购买白糖量不宜过多，尤其是夏天气温高，更不可以久存，购买的食糖宜储藏在干燥处，并加盖密封。

2. 二氧化硫超标　　GB 13104—2005《食糖卫生标准》规定原糖的二氧化硫含量小于等于 20mg/kg，白砂糖的二氧化硫小于等于 30mg/kg，绵白糖的二氧化硫小于等于 15mg/kg，

赤砂糖的二氧化硫小于等于 70mg/kg。生产企业应对成品进行检验。成品符合卫生标准方可出厂。

二氧化硫对食品有漂白和防腐作用,是食品加工中常用的漂白剂和防腐剂,使用二氧化硫能够达到使产品外观光亮、洁白的效果,但必须严格按照国家有关范围和标准使用,否则会影响人体健康。部分地方的个体商贩或有些食品生产企业为了使其生产的食糖有良好的外观色泽(发白),超量使用二氧化硫类添加剂,食用二氧化硫超标的食糖将对我们的身体构成危害。颜色特别白的食糖要谨慎购买。

(二)食糖的安全管理

1. 原辅料要求　　生产加工食糖不得使用变质发霉或被有毒物质污染的原料,生产用水和食品添加剂需符合相应的卫生标准。

原料在储存过程中失水、枯萎和腐烂变质是影响蔗糖产量和质量的关键。甘蔗产于热带或亚热带地区,生长期 8～16 个月,如安排得当,可做到随收获随加工,不必长期储存。另外,以甘蔗为原料生产蔗糖,多分两步进行,即先以简易工艺生产粗糖(黄糖),以粗糖作为原料运往精制糖厂加工成市售商品白砂糖、绵白糖和精制糖。很显然,以粗糖作为生产商品蔗糖的原料,从经济上和安全性考虑都是合理的。

甜菜一般产于温带,多为秋季一次性收获,储存几乎是避免不了的事实。甜菜储存的卫生要求有以下几个方面:

(1)选抗病力强、耐储藏的品种;

(2)妥善安排播种时期,尽量做到分期收获,分批加工,减少储存时间;

(3)起收的甜菜及时去除青头和直径 1cm 以下的尾根和须根;在起收、运输、装卸过程中尽量避免块根受伤,以防霉烂;

(4)储藏的关键是控制堆温,冷藏理想温度为 1～3℃,及时挑出破损霉烂的块根;冻藏堆温保持在-12℃以下,冷藏时堆内用自然通风或强制通风及冻藏时防止冻化。堆藏前撒放熟石灰粉是消毒防霉的有效方法。

2. 生产过程的卫生　　生产经营过程中所用的工具、容器、机械、管道、包装用品、车辆等应符合相应的卫生标准和要求,并应做到经常消毒保持清洁。

3. 包装和储藏的要求　　包装和储存环境条件与微生物和螨类污染有关。螨类属节肢动物门蜘蛛纲,大多对营养要求不高,并可在高渗透压基质上生长繁殖。在食糖中发现的螨类多为糖螨和矮粉螨,包装车间、仓库中的垃圾和尘埃是其主要污染源。由于螨的组织成分和排泄物作为致敏源可引起皮疹、支气管哮喘等过敏性疾患,因而引起广泛重视。GB 13104—2005《食糖卫生标准》规定不得检出螨类。食糖必须采用两层包装袋包装出厂,其内层为食品包装塑料袋,积极推广采用小包装。

食糖的储藏应有专库,做到通风、干燥、防潮、防尘、防蝇、防鼠、防虫,保证食糖不受外来因素污染和潮解变质。此外,库温应在 5～25℃;糖包应与墙壁、暖气、水泥柱等保持 1m 以上的距离;25kg 袋装糖,垛高不应超过 45 包,底层距地面不应低于 0.1m。

二、蜂蜜的安全与管理

蜂蜜是蜜蜂用从植物花的蜜腺所采集的花蜜与自身含丰富转化酶的唾液腺混合酿制而

成。新鲜蜂蜜在常温下为透明或半透明黏稠状液体，较低温度时可析出部分结晶。具有蜜源植物特有的色、香、味；无涩、麻、辛辣等异味。蜂蜜相对密度为 1.401～1.443，葡萄糖和果糖含量为 65%～81%，蔗糖约为 3%，含水量 16%～25%，糊精、矿物质及有机酸等成分约占 5%，此外尚含有酵素、芳香物质、维生素和花粉渣等。因其蜜源不同，蜂蜜成分有一定的差异。

（一）蜂蜜的安全性问题

1）蜂蜜的抗生素残留 抗生素，如四环素常被蜂农用于防治蜜蜂的疾病，因此，蜂蜜中可能污染抗生素。我国规定蜂蜜中四环素残留量应≤0.05mg/kg。

2）蜂蜜中铅、锌的污染 蜂蜜因含有机酸而呈微酸性，pH 为 3.5～4.0，这是导致铅、锌等重金属污染的主要原因。故不可盛放或储存于镀锌铁皮桶中，用镀锌容器储存的蜂蜜含锌量可高达 625～803mg/kg，超过正常含量的 100～300 倍。含锌过高的蜂蜜通常味涩、微酸、有金属味，不可食用。我国 GB 14963—2011《食品安全国家标准 蜂蜜》规定蜂蜜中锌含量应≤25mg/kg。

3）毒蜜 有毒植物的花蜜和花粉常常有很强的毒性。当蜜蜂集中采吸有毒蜜源时，就会使蜂蜜带毒，甚至会造成食用者中毒。具有杀虫作用的中草药，如雷公藤、钩吻属等有多种生物碱，食用以其花粉为蜜源的蜂蜜常可引起中毒，表现为乏力、头昏、头疼、口干、舌麻、恶心及剧烈的呕吐、腹泻，大便呈洗肉水样，皮下出血、肝脏肿大，严重时可导致死亡。我国福建、云南等地都曾报道因蜂蜜含有雷公藤生物碱引起中毒的案例。除此之外，山踯躅、附子等蜜源植物引起的蜂蜜中毒在国外也曾有过报道。因此，应加强有关毒蜜的宣传教育，放蜂点应远离有毒植物，避免蜜蜂采集有毒花粉。

4）肉毒梭菌的污染 我国肉毒中毒高发区蜂蜜肉毒梭菌检出率约为 5%，有文献报道婴儿肉毒中毒可能与进食含有肉毒梭菌的蜂蜜有关。因此，建议婴儿不宜食用蜂蜜是恰当的。

5）四环素 四环素药物常被用来防治蜜蜂病害，因此有可能造成人为污染。我国 GB 14963—2011《食品安全国家标准 蜂蜜》规定蜂蜜中兽药残留限量应符合相关标准的规定。

（二）蜂蜜的安全管理

蜂蜜要符合 GB 14963—2011《食品安全国家标准 蜂蜜》的规定。不得掺假、掺杂及含有毒有害物质，放蜂点应远离有毒植物，防止蜜蜂采集有毒花蜜。接触蜂蜜的容器、用具、管道和涂料及包装材料，必须清洁、无毒、无害，符合相应食品安全标准和要求。严禁使用有毒、有害的容器，如镀锌铁皮制品、回收的塑料桶等。为防止污染，蜂蜜的储存和运输不得与有毒有害物质同仓共载。食品安全监督机构对生产经营者应加强经常性监督工作。

三、糖果的安全与管理

糖果系指以白砂糖（绵白糖）、淀粉糖浆、可可粉、可可脂、乳制品、凝胶剂等为主要原料，添加各种辅料，按一定工艺加工制成的固体食品，包括糖果和巧克力，前者根据原料组成、加工工艺、产品结构和卫生学特点，又分为硬糖、半软糖、夹心糖和软糖 4 类。

（一）糖果的安全性问题

1. 微生物污染 糖果的微生物污染程度主要取决于原料的种类、质量和加工方法。一般说来，经过高温熬煮的硬糖只含有少量的细菌，菌相单一，而且多为耐热的芽孢菌。含乳、蛋制品的糖果，菌相就较复杂。由于乳制品的微生物污染常较严重，含乳、蛋的糖果在生产过程中加工温度又相对较低，时间较短，所以终产品中常保留乳品原料的菌相。其中包括较耐热的肠系膜明串珠菌、乳酸杆菌、乳酸链球菌、乙酸杆菌、乙酸梭菌、普通酵母和霉菌等。造成糖果产品微生物不合格的主要原因是对原料卫生要求控制不严，生产条件和卫生条件差，生产中机械化程度低，手工操作较多，工人卫生意识差，企业管理不善，使产品受到污染诸多因素所致。

我国 GB 9678.1—2003《糖果卫生标准》中关于微生物指标的规定见表 6-13。

表 6-13　糖果的微生物指标

项目		指标
菌落总数/(CFU/g)		
硬质糖果、抛光糖果	≤	750
焦香糖果、充气糖果	≤	20 000
夹心糖果	≤	2 500
凝胶糖果	≤	1 000
大肠菌群/(MPN/100g)		
硬质糖果、抛光糖果	≤	30
焦香糖果、充气糖果	≤	440
夹心糖果	≤	90
凝胶糖果	≤	90
致病菌(沙门菌、志贺菌、金黄色葡萄球菌)		不得检出

2. 偷工减料，理化指标不达标　　据国家质检总局在近年来发布的有关糖果的监督抽查结果来看，有的糖果的蛋白质、脂肪不合格。乳脂糖主要原料是白砂糖、乳制品和油脂。有的企业片面追求利润，在配方中减少乳制品用量。同时为了达到既少加乳制品，又不使口味有较大的变化，就在糖果中加入较多的各类香精。抽查中发现，有一种奶油椰子糖蛋白质、脂肪含量仅为 0.50% 和 1.09%，只有强制性国家标准规定指标下限值的 1/3。

3. 标签标注不规范　　糖果食品标签标注不规范，误导消费的问题仍较为突出。在抽查中，有一些产品的标签未按国家标准规定要求标注，造成产品标签不合格。主要是产品名称不规范，不能反映产品的真实属性，缺少保质期，未标明使用的色素名称，引用标准错误等。有些企业在推出新产品时，盲目追求产品名称的新、奇、特，而忽视了国家标准对食品标签的有关规定。例如，有些产品的名称为"香浓牛奶"、"香橙果酱雪丽糍"、"亿利甘草良咽"等，单从字面上看，很难将这些产品与糖果联系起来，使消费者对所要购买的食品真实属性产生误解和混淆。

（二）糖果的安全管理

1. 原辅料　　生产糖果的所有原料应符合相应的食品安全标准。生产过程中使用的食品添加剂品种和使用量必须符合 GB 2760—2011《食品安全国家标准　食品添加剂使用标准》。

生产糖果中不得使用滑石粉做防黏剂，使用淀粉做防黏剂应先烘(炒)熟后才可使用并用专门容器盛放。

2. 生产过程　　糖果生产企业应按照 GB/T 23822—2009《糖果和巧克力生产质量管理要求》的规定进行生产。工厂应根据实际生产情况制定生产操作规程。规程应详细规定产品配方、生产工艺流程、生产操作程序、环境条件、生产管理规定，还应包括原辅材料管理及机械设备操作与维护标准等内容。规程应符合安全卫生原则，应保证产品满足 GB9678.1 或 GB9678.2 的规定，并应尽可能减少物理因素、化学因素和生物性因素导致的污染。应指导和监督生产人员按照生产操作规程进行作业，配方及工艺条件非经核准不得随意更改。

3. 人员要求　　生产操作人员必须保持良好的个人清洁卫生和良好的个人卫生习惯，遵守卫生规范。应按规范穿着清洁、统一的服装、鞋、帽；清洁区的生产人员还应该佩戴口罩，不得穿工作服和鞋进入厕所或离开加工场所。操作人员的手与食品或食品直接接触面接触时，应先按要求进行严格消毒，或视需要穿戴一次性手套。一次性手套如果弄脏或破损，应立即更换。

4. 包装　　糖果包装纸应符合 GB 11680—1989《食品包装用原纸卫生标准》，油墨应选择含铅量低的原料并印在不直接接触糖果的一面，若印在内层，必须在油墨层外涂塑或加衬纸(铝箔或蜡纸)包装，衬纸应略长于糖果，使包装后的糖果不直接接触到外包装纸，衬纸本身也应符合卫生标准，用糯米纸作为内包装纸时其铜含量不应超过 100mg/kg，没有包装纸的糖果及巧克力应采用小包装。

5. 储存运输　　成品仓库应干燥、通风、阴凉、无不良气味；应设防蝇、防尘、防鼠、防虫等设施，仓库容量应与生产能力相适应。经检验合格的成品按期储存，要求储放于成品库内，不得与有毒、有害、有异味、易挥发、易腐蚀的物品同处储存。仓库中的物品应定期检查，发现异常及时处理。做好仓库保管记录。

运输产品装运前应对进出货用的容器、车辆等运输工具进行卫生检查。运输工具应无污染、无虫害、无异味。不得与有毒、有害、有异味或有可能造成污染原料、半成品和成品的物品，以及影响产品质量的物品混装储运。糖果在储运时应避免日光直射、雨淋和撞击，并根据产品的特性，在气候炎热时宜配备空调设施专运。

第十二节　即食、方便食品安全与管理

方便食品(convenience food)在国外称为快速食品(instant food)或快餐食品(quick food)、备餐食品(ready to eat foods)、即食食品(ready to food)。方便食品的出现反映了人们在繁忙的社会活动后，为减轻繁重家务劳动而出现的一种新的生活需求。因此，有人将方便食品定义为那些不需要或稍需加工或烹调就可以食用，并且包装完好、便于携带的预制或冷冻食品。方便食品不是国家食品分类系统中的类别，而是以其食用、携带的方便性进行的分类。1983年的美国农业手册将方便食品定义为"凡是以食品加工和经营代替全部或部分传统的厨房操作(如洗、切、烹调等)的食品，特别是能缩短厨房操作时间、节省精力的食品"。目前，食品产业界较公认的定义是：由工业化大规模加工制成的、可直接食用或简单烹调即可食用的食品。这个定义既限定了所涵盖的食品必须是工业化大规模生产的产品，同时也明确其必须具备"方便"的特征。由此可见，方便食品涵盖的领域较宽，具有丰富的内涵和意义。

一、即食、方便食品的安全问题

(一)方便食品的种类及特点

方便食品种类繁多,目前已有 12 000 余种,其分类方法也很多、通常可以根据食用和供应方式、原料和用途、加工工艺及包装容器等的不同来分类。

1)方便食品的种类

(1)按食用和供应方式分类。即食食品:是指经过加工,部分或完全制作好的,只要稍加处理或不作处理即可食用的食品,如方便面、汉堡、粥品、寿司、便当,夏季消暑的冰品、饮料,大型量贩店熟食区的炒饭、卤味、凉拌菜等。近年来,随着生活节奏的加快,即食性食品的消费量与日俱增。然而,由于不重视食品卫生,导致即食性食品受到污染而引发的食品安全事件也在频繁发生。即食食品通常主料比较单一,并未考虑合理的膳食搭配。

快餐食品:是指商业网点出售的,由几种食品组合而成的,做正餐食用的方便食品。这类食品通常由谷物、蛋白质类食物、蔬菜和饮料组成,营养搭配合理。特点是从点菜到就餐时间很短,可在快餐厅就餐,也可包装后带走。

(2)按原料和用途分类。方便主食:包括方便面、方便米饭、方便米粉、包装速煮米、方便粥、速溶粉类等。

方便副食:包括各种汤料和菜肴。汤料有固体的和粉末的两种,配以不同口味,用塑料袋包装,食用时水冲即可。方便菜肴也有多种,如香肠、肉品、土豆片和海苔等。

方便调味品:方便调味品有粉状和液体状,如方便咖喱、粉末酱油、调味汁等。

方便小食品:方便小食品是指做零食或下酒的各种小食品,如油炸锅巴、香酥片、小米薄酥脆等。

其他方便食品:是指除上述 4 种以外的方便食品,如果汁、饮料等。

2)方便食品的特点

(1)食用简便迅速,携带方便。方便食品都有规格的包装,便于携带;进餐时加工简单只需要复水、解冻或稍微加热就可食用,省时省力。

(2)营养丰富,卫生安全。方便食品在加工中经过合理的配料和食物搭配,并经过严格的卫生检验、灭菌和包装,因此,营养较丰富,安全可靠。

(3)成本低,价格便宜。方便食品采用大规模的工业化集中生产。能充分利用食物资源,实现综合利用,因此大大降低了生产成本和销售价格。

(二)方便食品的安全性问题

我国方便食品在生产加工、营养均衡和标准制定等方面还存在着较大隐患,随着生活节奏的日益加快和家庭劳动社会化进程的不断加剧,方面食品的安全问题也越来越凸显。

1)油炸方便食品的丙烯酰胺含量　　油炸方便面的丙烯酰胺含量尚无国家限量标准,造成我国对油炸方便食品中丙烯酰胺含量"无规范、无标准、无监督"的三无状态。

卫生部曾发布公告,建议国人尽可能避免食用经长时间或高温油炸的淀粉类食品,以降低因摄入致癌物丙烯酰胺可能导致的健康危害。由中国疾病预防控制中心营养与食品安全研究所提供的资料显示,在监测的 100 余份样品中,丙烯酰胺含量较多的食品依次为薯类油炸食品、谷物类油炸食品、谷物类烘烤食品，另外速溶咖啡、大麦茶、玉米茶也含有丙烯酰胺。卫生部发布的公告列出了丙烯酰胺含量较高的食物名单，薯类油炸是第一位，第二位是谷物油炸。油炸的谷物食品在我国很普遍，包括油条、油饼、油炸糕点，还有油炸方便面。油炸薯条并不是国人摄入最多的油炸食品，跟国人饮食结构最密切相关的是薯片(零食)、油条及油炸方便面。经检测，油炸薯类的丙烯酰胺含量是最高的，为 0.109～1.250mg/kg。在谷物油炸食品中，油炸方便面丙烯酰胺含量为 0.0298～0.1416mg/kg，因为油炸方便面的油温基本在135～140℃，这个温度非常容易产生丙烯酰胺；非油炸方便面就要安全得多。丙烯酰胺属中等毒类，对眼睛和皮肤有一定的刺激作用，可经皮肤、呼吸道和消化道吸收，在体内有蓄积作用，主要影响神经系统，急性中毒十分罕见。密切大量接触可出现亚急性中毒，中毒者表现为嗜睡、小脑功能障碍以及感觉运动型多发性周围神经病。长期低浓度接触可引起慢性中毒，中毒者出现头痛、头晕、疲劳、嗜睡、手指刺痛、麻木感，还可伴有两手掌发红、脱屑，手掌、足心多汗，进一步发展可出现四肢无力、肌肉疼痛以及小脑功能障碍等。丙烯酰胺慢性毒性作用最引人关注的是它的致癌性。丙烯酰胺具有致突变作用，可引起哺乳动物体细胞和生殖细胞的基因突变和染色体异常。

2) 即食食品的配料复杂　　目前，即食食品的配料一般都含多种，甚至几十种物质，有关部门无法每次都 100％准确地检验出它们的来源、安全性和质量水平；同时，复杂的食品生产链会增加食品出现安全问题的概率，加大追踪潜在问题食品的难度。

3) 食品添加剂种类多及超标使用　　方便食品中常添加多种食品添加剂，分别起着增色、漂白、调节口味、防止氧化、延长保存期等多种作用，尽管合理使用的食品添加剂对人体无害，但如长期摄入食品种类单一，有可能导致某种食品添加剂蓄积，造成危害。

据近年来国家质检总局已发布的方便食品的监督检测结果，在部分方便食品中存在柠檬黄超标使用的情形。

4) 食盐配量过高　　方便食品的配料中食盐量较大，摄入食盐过多易患高血压等疾患。

5) 膳食结构失衡　　选配不当时，尤其是长期以方便食品为主时，可导致营养失衡，如微量营养素和维生素(特别是水溶性维生素)、膳食纤维等摄入不足。还会摄入较多的脂肪，特别是饱和脂肪，对健康产生不利的影响。在西方国家，食用方便食品过多被认为是引起冠心病、骨质疏松症的主要原因。

二、即食、方便食品的安全管理

方便食品种类繁多，一般均为简单处理或直接食用的食品，因此每一种方便食品从感观指标、理化指标到微生物指标都应该符合相应标准的要求。对目前我国尚未颁布食品安全标准的方便食品，可参照国外类似产品的标准。

对方便食品生产加工企业进货台账与销售台账、生产加工质量安全关键点控制记录、原料进厂与产品出厂检验记录及检验报告、产品留样、问题食品处理、产品召回记录及消费者投诉处理记录等应加强监督检查。通过监督检查，督促企业落实各项质量安全控制制度。滥用添加剂和非食品物质等违法行为应重点监督检查。建立和完善食品生产加工环节高风险项目风险监测制度、风险预警制度和不安全食品召回制度。开展健康教育和健康促进活动，使消费者摄入方便食品时可适当搭配些含维生素丰富的蔬菜，以平衡膳食。

（一）在管理上就其共性问题应考虑的方面

1）原料　　粮食类原料应无杂质、无霉变、无虫蛀；畜、禽肉类须经严格的检疫，不得使用病畜、禽肉作原料，加工前应剔除毛污、血污、淋巴结、粗大血管及伤肉等；水产品原料挥发性盐基氮应在 15mg/kg 以下；果蔬类原料应新鲜、无腐烂变质、无霉变、无虫蛀、无锈斑，农药残留量应符合相应的卫生标准。

2）油脂　　应无杂质、无酸败，防止矿物油、桐油等非食用油混入；有油炸工艺的方便食品，应按 GB 7102.1—2003《食用植物油煎炸过程中的卫生标准》严格监测油脂的质量。

3）食品添加剂　　方便食品加工过程中使用食品添加剂的种类较多，应严格按照 GB 2760—2011《食品安全国家标准　食品添加剂使用标准》控制食品添加剂的使用种类、范围和剂量。

4）调味料及食用香料　　生产中使用调味料的质量和卫生应符合相应的标准；食用香料要求干燥、无杂质、无霉变、香气浓郁。

5）生产用水　　应符合 GB 5749—2006《生活饮用水卫生标准》。

6）包装材料　　方便食品因品种繁多，其包装材料也各具特色，如纸、塑料袋(盒、碗、瓶)、金属罐(盒)、复合膜、纸箱等，所有这些包装材料必须符合相应的国家标准，防止微生物、有毒重金属及其他有毒物质的污染。

（二）人员健康和卫生要求

从事食品生产、检验和管理的人员应符合《中华人民共和国食品安全法》关于从事食品加工人员的卫生要求和健康检查的规定。每年应进行一次健康检查，必要时做临时健康检查，体检合格后方可上岗。直接从事食品生产、检验和管理的人员，凡患有影响食品卫生疾病者，应调离本岗位。生产、检验和管理人员应保持个人清洁卫生，不得将与生产无关的物品带入车间；工作时不得戴首饰、手表，不得化妆；进入车间时应洗手、消毒并穿着工作服、帽、鞋，离开车间时换下工作服、帽、鞋；工作帽、服应集中管理，统一清洗、消毒，统一发放。不同卫生要求的区域或岗位的人员应穿戴不同颜色或标志的工作服、帽，以便区别。不同区域人员不应串岗。制馅、成型、加热、预冷、内包装人员应戴口罩和戴有发罩的帽子。

（三）加工过程控制

对于加工过程中的重要安全、卫生控制点，应制定检查/检验项目、标准、抽样规则及方法等，确保执行并做好记录。加工中发生异常现象时，应迅速追查原因并加以纠正。每次开始操作及休息后的第一件制品应加以检验。食品添加剂的称量与投料应建立复核制度，有专人负责，使用添加剂前操作人员应再逐项核对并依序添加，确实执行并做好记录。

加热工序应制定文件化的程序对加热过程实施有效控制。应制定加热工艺规程，严格控制加热温度，明确监控项目、关键限值、监控频率、监控人员以及纠正和预防措施等，并形成记录。应控制冷却时间，冷却水应符合饮用水水质标准。同时定期清洗该设施，防止耐热性细菌的生长与污染。

速冻工序要求冷却后的食品应立即速冻。食品在冻结时应以最快的速度通过食品的最大冰晶区(大部分食品是−5～−1℃)。食品冻结终了温度应达到或低于−18℃。速冻加工后的食品在运送到冷藏库时，应采取有效的措施，使温升保持在最低限度。包装速冻食品应在温度能受控制的环境中进行。

(四)标识、包装、运输及储存

标识按照 GB7718 的规定执行。

包装应采用密封、防潮包装，能保护产品品质；包装材料应干燥、清洁、无异味、无毒无害，且应符合食品包装材料卫生标准的要求。

运输工具应干燥、清洁、无异味、无污染；运输时应防雨、防潮、防晒；不得与有毒、有害、有异味或影响产品质量的物品混装运输。

产品应储存在干燥、通风良好的场所，不同类别的产品应按照产品要求储存，不得与有害、有毒、有异味、易挥发或影响产品质量的物品混装运输。通常要专库专用，库内须定期消毒，并设有各种防止污染的设施和温控设施，避免生、熟食品的混放或成品与原料的混放。

第十三节　保健食品安全与管理

保健食品(health food，functional food，dietary supplement)是一类能够调整人体功能的食品。我国卫生部在《保健食品管理办法》中将保健食品定义为："表明具体特定保健功能的食品。适宜于特定人群食用，具有调节机体功能，不以治疗疾病为目的的食品。"

一、保健食品的安全性问题

1)法律法规不健全　　保健食品法律法规不健全，严重影响对保健食品的监管。《中华人民共和国食品安全法》仅明确了食品药品监督管理部门对保健食品实施严格监管，并未对保健食品生产、经营的监管等方面做出明确规定，《保健食品监督管理条例》仍未出台，打击违法生产销售保健食品行为缺乏法律依据，严重影响了对保健食品的监管工作。

2)中草药污染　　出于我国保健食品中大量以中药提取物为原料，如灵芝、银杏、五味子等已形成产业化，而我国在中药种植方面尚未全面实行 GAP 管理，中药质量标准体系还不够完善，生产工艺及制剂技术水平较低，多种中药粗提取物的毒性也成为保健食品质量安全问题之一。

3)非法添加化学药品　　为牟取疗效，一些企业违法添加药物，如在减肥类产品中非法添加西布曲明、酚酞等。

4)虚假宣传　　一些保健食品经销商为牟取暴利，利用广播电视等媒体大肆进行虚假宣传，夸大产品功效，误导消费者。一是虚编疗效，宣传产品具有治疗疾病的作用；二是产品标签不按批准内容印制，擅自增加保健功能，扩大适用人群，故意混淆食品与药品的界限；三是不法分子以普通食品文号、食品生产许可证号、地方食品批准文号等冒充保健食品销售。

目前，保健食品广告内容由省级药监部门审查，广告监测在市、县两级药监部门，而对广告的监管和违法广告的查处则在各级工商行政管理部门。这种监管模式容易导致部门之间工作衔接存在障碍，难以形成有效的保健食品广告监管机制。

5)违规生产和委托加工　　部分企业为了节约生产成本，在生产过程中违反《保健食品良好生产规范》的要求，还有个别企业不按照批准的配方、工艺组织生产，给产品安全留下了隐患。另外，保健食品生产委托加工现象普遍，由于委托双方各自所负的责任不够明确，难以保证产品质量。而目前对委托加工行为没有专门的管理规定，存在不少监管漏洞。同时，异地委托加工也加大了保健食品监管难度。

二、保健食品的安全管理

我国《中华人民共和国食品安全法》和《保健食品管理办法》规定对保健食品的功能、卫生和安全性、质量可靠性、功效成分的科学性与稳定性以及产品说明实行行政审批制度，所有的国产和进口保健食品必须获得卫生部《保健食品批准证书》及批准文号方可进行生产经营，并必须在产品标签上印有批准文号和卫生部统一规定的保健食品标志。

在保健食品评审过程中，有关保健食品质量评审的内容包括：配方是否科学和合理；生产工艺是否可保证功效成分稳定和产品安全；产品检验指标是否符合申报者提出的产品质量标准(或企业标准)；各种评价试验设计是否合理和项目指标设计是否规范；产品名称、说明书与产品特点及法规要求是否一致等。

保健食品的安全性评价主要是考虑到产品原料的安全性。进行保健食品安全性评价的原则包括：除了有足够材料证明产品的安全性外，其他情况均必须按照《食品安全性毒理学评价程序和方法》的规定完成安全性毒理学评价试验。

《中华人民共和国食品安全法》规定：国家对声称具有特定保健功能的食品实行严格监管。保健食品不得对人体产生急性、亚急性或者慢性危害，其标签、说明书不得涉及疾病预防、治疗功能，内容必须真实，应当载明适宜人群、不适宜人群、功效成分或者标志性成分及其含量等；产品的功能和成分必须与标签、说明书相一致。

2011 年 12 月国务院食品安全委员会办公室发布了《关于进一步加强保健食品质量安全监管工作的通知》的通知。要求各级食品药品监管部门要以全面加强质量安全监管为核心，以规范许可，加强生产经营、标签标识和广告监管为重点，严格落实企业主体责任，完善监管机制和制度，严厉打击违法违规行为，加强监管能力建设，加强组织领导，确保保健食品质量安全。

思　考　题

1. 动物性食品如何做好食品安全管理？
2. 植物性食品常发生的食品安全性问题有哪些？
3. 食品的法律法规和标准在各类食品的安全管理中如何发挥作用？
4. 按照危害因素分类，食品的安全性问题有哪些？

第七章 食品安全监督管理

【本章提要】

本章主要介绍了食品安全监督管理内容，食品安全监督管理的手段，国内外食品安全监督管理体制以及食品安全风险评估；重点介绍了我国食品安全管理体系建设情况以及国家食品安全事故应急预案。

【学习目标】

1. 掌握食品安全监督管理的主要内容和常见办法；
2. 了解国内外食品安全监督管理体制；
3. 了解国家食品安全事故应急预案的原则和程序。

【主要概念】

食品安全监督管理、食品风险评估、食品安全事故应急预案

第一节 食品安全监督管理概述

目前我国学术界对食品安全监督管理尚未有统一、科学的定义。广义上的食品安全监督管理(supervision and administration of food safety)是指国家职能部门对食品生产和经营企业的食品安全行使监督管理的职能，具体负责食品生产和加工、食品销售和餐饮服务等环节的食品安全日常监督管理，实施许可、强制检验等食品质量安全市场准入制度，组织查处生产经营不合格食品等违法行为及食品安全事故，制定食品安全标准及实施食品安全风险监测和评估工作等。根据我国 2015 年颁布的《食品安全法实施条例》，食品安全监督管理定义包含了 4 层含义。第一，食品安全监督管理的主体是政府食品安全监督管理相关部门，主要包括食品药品监督管理局、农业部门和质量监督检验检疫部门。第二，食品安全监督管理的客体是与食品有关的各环节，包括食品生产和加工(简称食品生产)、食品销售与餐饮服务(简称食品经营)；食品添加剂的生产经营；用于食品的包装材料、容器、洗涤剂、消毒剂和用于食品生产经营的工具、设备(简称食品相关产品)的生产经营；食品生产经营者使用食品添加剂、食品相关产品；食品的储存和运输；对食品、食品添加剂和食品相关产品的安全管理。第三，食品安全监督管理是永久性的，且会随着社会发展经常进行调整。第四，食品安全监督管理是通过对食品安全一系列活动的调节控制，使食品市场表现出有序、有效、可控制的特点，以确保公众健康安全及社会稳定，促进社会经济发展。

狭义上的食品安全监督管理是各级政府相关行政部门对辖区内或者规定范围内的食品生产经营者、食品生产经营活动及违反《中华人民共和国食品安全法》的行为行使食品安全监督和管理职责的执法过程。

一、食品安全监督管理内容

1. 建立和完善食品安全法律法规及食品安全标准 食品安全法律法规和食品安全标

准是食品安全监督管理的依据和基础。食品安全法律法规是进行食品安全监督管理工作的法律保障，世界各国都非常重视食品安全法律法规的制定和完善。改革开放以来，我国相继颁布实施了《中华人民共和国食品卫生法》《中华人民共和国食品安全法》《中华人民共和国农产品质量安全法》《餐饮服务食品安全监督管理办法》等，并不断修订完善，使食品生产和（或）经营者依照法律、法规和食品安全标准从事生产经营活动，保证食品安全。2015 年 10 月我国修订实施的《中华人民共和国食品安全法》被称为"史上最严"的食品安全法律。

　　食品安全标准是对食品、食品添加剂及食品相关产品中存在或者可能存在的对人体健康产生不良作用的化学性、生物性、物理性等物质进行风险评估后制定的技术要求和措施，是食品进入市场的最基本要求，也是食品生产经营和食品监督管理依照执行的技术性法规。食品安全标准是世界各国政府对食品安全进行监管的最重要措施之一，对保证食品安全、预防食源性疾病及维护食品的正常贸易发挥着重要的作用。

　　2. 监督管理食品生产经营活动　　为使食品、食品添加剂及食品相关产品的生产经营活动符合相应的安全标准，需对其实施监督管理。食品、食品添加剂及食品相关产品的生产经营企业是食品安全的第一责任人，因此，强化企业的食品安全责任制，提高食品从生产到销售的全产业链各环节的安全是食品安全监督管理的关键。此外，食品安全监督管理既包括对普通食品（包括网络食品）的经常性监督与管理，也包括对保健食品、新资源食品、辐照食品、特殊营养食品、婴幼儿主辅食品、进出口食品、食品添加剂、食品用工具、设备、食品容器、包装材料等的审批与监督管理。《中华人民共和国食品安全法》规定了禁止生产经营的食品、食品添加剂及食品相关产品，也需对其进行监督管理，并查处生产经营不合格食品的违法行为。

　　3. 食品检验　　食品检验是依据相应的食品安全标准,对食品原料、辅助材料、半成品、成品及副产品的质量安全进行检验，以确保食品质量合格。检验内容包括食品感官检测，食品中营养成分、添加剂、有害物质的检测等。《中华人民共和国食品安全法》规定食品安全监督管理部门可自行或委托具有法定资质的食品检验机构对食品进行定期或不定期的抽样检验。

　　4. 食品安全事件应急处置　　制定食品安全法律法规的目的是为了杜绝食品安全事件的发生，保护消费者的身体健康，因此食品安全法强调食品安全监督管理部门和食品生产经营企业要积极做好食品安全事件发生的预防措施。对发生的食品安全事件，食品安全监督管理部门和发生食品安全事件的食品生产经营企业要立即处置，依据制定的食品安全事件应急处置预案，积极应对食品安全事件，启动应急机制和采取紧急措施，最大限度地减少食品安全事件对公众健康与生命安全的危害，维护正常的社会经济秩序，这也是食品安全监督管理的重要内容之一。

　　5. 责任追究和行政处罚　　食品安全监督管理部门对违反食品安全法律法规的行为追究责任，并依法对违法企业或个人进行警告、销毁违法食品、责令停止生产经营或使用、没收违法所得及罚款、责令改正、收缴或吊销许可证等行政处罚。

二、食品安全监督管理手段

　　1. 食品生产和经营许可　　食品生产和经营许可是通过事先审查方式提高食品安全保障水平的重要的预防性措施。我国对食品生产和经营实行许可制度，对从事食品生产、食品销售、餐饮服务的企业或个人应依法取得许可，但食用农产品销售不需取得许可。食品生产许可实行一企一证原则，食品经营许可实行一地一证原则，且许可证上需标注生产或经营的许可品种。强制食品生产和经营许可，严格准入门槛，严格审查把关，严格发证检验，通过"严进"把好食品安全的第一道关口。

2. 食品安全监督检查　　为保证食品安全，食品生产加工环节要着重抓原料，食品经营环节要着重抓食品进货渠道，注重过程控制，盯住每个关键环节，严把每道重要关口。《中华人民共和国食品安全法》规定县级以上食品安全监督管理部门有权对食品生产和经营企业或个人进行监督检查，记录监督检查情况，发现有违法行为时依法查处，采样进行现场或实验室检测分析。国家食品药品监督管理总局分别于 2015 年和 2016 年颁布实施了《食品安全抽样检验管理办法》和《食品生产经营日常监督检查管理办法》，规范了食品安全监督检查行为。

3. 食品安全监督管理行政处罚　　根据《中华人民共和国食品安全法》相关条款，食品安全监督管理部门有权依法查处违法的食品生产经营企业和个人，没收违法生产经营的食品、生产经营的工具、设备、原料等物品及违法所得，并处以相应的罚款；情节严重者，吊销食品生产或经营许可证，由公安机关对直接负责的主管人员和直接责任人员处以刑事处罚。依据相关法律，食品安全监督管理部门汇总了 56 种行政处罚案由及处罚依据。

4. 食品安全监督管理行政指导　　行政指导是对食品安全监督管理手段的充实与完善，如采取行政建议、行政提示、行政告诫、行政约见等行政指导方式，在确保监督管理效果的前提下，可有效地减少生产经营者的对立情绪，从而促进了食品安全监管的水平，营造了良好的食品安全消费环境。有效地运用行政指导能使由生产经营许可、监督检查、行政处罚组成的食品安全监督管理链条实现无缝链接。强化食品安全监督管理的行政指导，发挥行政指导在食品安全监督管理中柔性管理作用，是确保食品安全的有效手段。

第二节　食品安全监督管理体制

建立责权明确、协调一致、高效运转的食品安全监督管理体制是提高食品安全水平的基础。随着食品产业的发展、食品贸易量的增加、新食品种类的快速增加、新的食品技术的发展及饮食方式的改变，食品安全问题日益受到各国关注。微生物污染、农兽药残留超标、人畜共患病等问题不仅直接威胁到公众健康，而且对食品国际贸易也产生了非常明显的影响，对本国食品产业的国际竞争力和国民收入水平的提高也带来了直接的影响。"疯牛病"、"二噁英"、"苏丹红"等事件发生后，许多国家认为食品安全监督管理体制不完善是导致食品安全事件频发和制约食品安全水平提高的主要问题之一，为此一些国家相继调整了食品安全监督管理体制。

一、我国食品安全监督管理体制

改革开放以来，我国食品安全监督管理体制经历了卫生部一段式统一监督管理，卫生部、农业部、质量监督检验检疫总局、工商行政管理总局与食品药品监督管理局等多部门分段式监督管理，食品药品监督管理总局和农业部的两段式集中监督管理三个发展阶段。

1. 卫生部一段式监督管理体制　　1983～1995 年，卫生防疫站为食品卫生监督管理的法定执法主体，履行食品卫生监督职责。1982 年全国人大常委会通过了《中华人民共和国食品卫生法(试行)》，将食品卫生监督职责授予各级卫生防疫站。

1995～2004 年，卫生监督机构为法定执法主体，行使食品卫生监督职权。1995 年全国人大常委会通过了经过修订的《中华人民共和国食品卫生法》，规定了各级卫生行政部门(卫生监督所)是食品卫生监督的执法主体，全面履行食品卫生监督职责。

2. 多部门分段式监督管理体制　　　2004～2013年，按照一个监督管理环节由一个部门监督管理的原则，食品安全采取分段监督管理为主、品种监督管理为辅的方式。2004 年，为理顺食品安全监督管理职能，国务院对食品安全监督管理体制作出了重大调整，实行"分段管理"体制，将"从农田到餐桌"的食物链分为 4 段，由 4 个部门负责食品安全监督管理，即农业部门负责初级农产品生产环节的监督管理、质量监督检验检疫部门负责食品生产加工环节的监督管理、工商行政管理部门负责食品流通环节的监督管理、卫生行政部门负责餐饮业和食堂等消费环节的监督管理。同时，为解决多部门监督管理间的协调问题，食品药品监督管理部门负责食品安全的综合监督、组织协调和依法组织查处重大食品安全事件。2009 年，《中华人民共和国食品安全法》再次调整了部门间的食品安全监督管理工作，食品药品监督管理局负责餐饮服务行业的食品安全监督管理工作，卫生部门负责食品安全综合协调、组织查处食品安全重大事件。2010 年初，国家成立了国务院食品安全委员会，作为食品安全工作的高层次议事协调机构负责分析食品安全形势，研究部署、统筹指导食品安全工作，提出食品安全监督管理的重大政策措施，督促落实食品安全监督管理责任等工作。

3. 两部门统一监督管理体制　　　2013 年至今，实行了食品药品监督管理总局和农业部统一集中的食品安全监督管理体制。2013 年国务院组建新的国家食品药品监督管理总局，整合了国家食品安全管理办公室的职责、食品药品监督管理局的职责、质量监督检验检疫部门的生产环节食品安全监督管理职责、工商行政管理部门的流通环节食品安全监督管理职责，但保留了国务院食品安全委员会，具体工作由国家食品药品监督管理总局承担(国家食品药品监督管理总局加挂国务院食品安全委员会办公室牌子)。2015 年修订的《中华人民共和国食品安全法》固定了两段式的食品安全监督管理体制，即食品药品监督管理部门承担食品生产、经营和消费环节的监督管理责任，农业部门负责农产品质量及转基因食品的安全监督管理。同时，国家卫生与计划生育委员会为食品安全监督管理提供技术支撑，负责食品安全风险监测和评估、食品安全标准制定等工作；质量监督检验检疫部门负责食品相关产品生产加工的监督管理。

我国食品安全监督管理体制工作一直处于探索中，目前尚未找出一条适合中国特色的食品安全监督管理体制。食品安全监督管理体制的日益完善会使食品安全问题得到稳步的解决，使人民更安全放心地食用各种食品，提高生活品质。

食品安全监督管理责任主要由地方政府承担。中央政府负责部署、统筹和指导食品安全工作，划分国务院相关部委的食品安全监督管理职责。地方政府(县级以上地方人民政府)负责领导、组织、协调本行政区域的食品安全监督管理工作，建立健全食品安全监督管理工作机制，统一领导指挥食品安全突发事件应对工作，完善落实食品安全监督管理责任制，对食品安全监督管理部门进行评议、考核。基层食品安全监督管理部门，即县级以上农业行政部门、食品药品监督管理部门、质量监督管理部门按照各自职责分工，依法行使职权，承担责任。目前，我国有部分地区的地方政府成立了市场监督管理局，整合农业行政部门、食品药品监督管理部门和质量监督管理部门的职责，统一监督管理基层食品安全工作。

二、国外食品安全监督管理体制

各国食品安全监督管理体制是由各自的食品安全相关法律所决定的，职能整合、统一管理是发达国家食品安全监督管理体制的显著特征和变革趋势。许多国家成立了专门的食品安全监督管理机构，且注重机构间的协调，以提高食品安全监督管理的效率。

国外食品安全监督管理体制大致可分为三类：第一类是由中央政府各部门按照不同职能共同监督管理的体制，以美国为代表；第二类是由中央政府某一职能部门负责食品安全监督管理工作，并负责协调其他部门进行食品安全监督管理，以加拿大为代表；第三类是中央政府成立专门的、独立的食品安全监督管理机构，由其全权负责国家食品安全监督管理工作，以英国为代表。

1. 美国食品安全监督管理体制　　美国食品安全监督管理是多部门分工负责，其中最重要和权限最广泛的、具有中央权威和主导作用的管理部门为卫生与人类部的下辖机构——食品药品管理局（FDA），除 FDA 外，还有对食品安全负有全国责任的其他四个联邦结构，即农业部（USDA）、全国疾病控制中心（CDC）、环境保护署（EPA）和国土安全部（DHS）。各部门间食品安全监督管理职责是按照食品类别为标准进行划分，即一个部门独立负责一种或数种食品的监督管理工作，实行了"从农田到餐桌"的全程跟踪管理，每种食品的安全监督管理责任主体明确。各州和地方政府的卫生检疫和农业部门是食品安全的具体执法者。2011 年，美国在食品安全监督管理领域进行了一次力度最大的改革，大规模修订了 1938 年通过的《联邦食品、药品及化妆品法》，总统奥巴马签署了《食品安全现代化法》（Food Safety Modernization Act），授予了 FDA 更大的监督管理权力，明确 FDA 要与相关的职责机构进行深入的合作和协调，并把工作中心从"回应食品安全事故"转向"防范食品安全事故"的风险监督管理。

2. 加拿大食品安全监督管理体制　　1997 年之前，加拿大食品安全实行多部门监督管理，存在着协调不够、监督管理不力的弊病。1997 年，加拿大制定了《加拿大食品检验局法》，并依据该法将分散的食品安全监督管理职能和资源归并整合，设立了专门的食品安全监督管理机构——加拿大食品检验局（CFIA）。CFIA 承担着食品安全监督管理的大部分职能，涵盖了除餐饮和零售业之外的整个食品链条，但其管理范围限于涉及国际贸易和跨省（或地区）贸易的食品生产经营活动，除此之外的其他食品生产经营活动由地方公共卫生及相关部门负责监督管理。此外，该国还建立了多部门、多层次的食品安全协调机制和合作伙伴关系。这种协作关系涉及联邦政府各部门之间、CFIA 和地方政府之间，协作的形式有两种，即成立专门委员会和签订合作协议。

3. 英国食品安全监督管理体制　　英国作为欧盟成员国，具有欧盟及国家两个层级的食品安全监督管理体制。欧盟食品安全监督管理部门包括欧洲食品安全局（EFSA）、健康与消费者保护总司（DG SANCO）及欧盟食品兽医办公室（FVO），各食品安全监管机构各司其职。在欧盟统一指导下，英国食品安全监督管理由中央（联邦）政府、地方政府和口岸卫生执法部门共同承担，由食品标准局总体负责。1999 年，英国颁布《食品标准法》；2000 年，根据该法设立了食品标准局（FSA）。FSA 是不隶属于任何内阁部门的非内阁部委，是独立的食品安全监督机构，负责食品安全总体事务和制定各种食品安全标准，代表英国女王履行职责，并通过卫生大臣向议会负责。FSA 在英国的食品安全管理体制中处于核心地位，其职能包括食品安全政策制定、公众服务、检查和监督。

4. 国外食品安全监督管理体制的启示

(1) 完善的法律体系是有效进行食品安全监督管理的前提。食品安全的法律法规规定了食品安全的指导原则和具体操作程序，使食品安全的监督管理有法可依。欧盟为使各成员国形成统一的食品安全监督管理体制，先后制定了 20 多部食品安全法规，形成了比较完整的法律体系。在此基础上，各成员国根据欧盟的要求，也相继制定了涵盖各食品类别及环节的法律法规。2006 年，欧盟实施新的《欧盟食品及饲料安全管理法规》，进一步强化了现行的食品安全监督管理体制，在欧盟内部实行更严格的食品安全标准。19 世纪末至 20 世纪初，美国相继颁布了多项与食品有关的法律，其中《食品、药品和化妆品法》是此后颁布的《食品质量保护法》《公共卫生服务法》《联邦肉类检查法》等法律的基础。我国目前也逐步建立了较为完善的食品安全的相关法律法规，2015 年 10 月实施的新的《中华人民共和国食品安全法》让食品企业知道了谁管他们，让碰到食品问题的消费者知道了该找谁，被称为"史上最严"的食品安全法。

(2) 统一监督管理机构是有效进行食品安全监督管理的组织保证。加强食品安全管理部门间的协调是目前国际的普遍做法，而统一的执法机构进行集中监督管理是保证监督管理成效的重要手段。欧盟各国将原有的食品安全监督管理部门合并为一个独立的食品安全监督管理机构，对食品生产、流通、贸易和消费全过程实行统一管理，彻底解决了部门间协调性差的问题。尽管美国食品安全监督管理权分属多个部门，但由食品安全管理委员会实行垂直管理，各部门分工明确，各司其职，实际上也实现了"分散到统一"的管理体制。

(3) 预防为主的管理理念是有效进行食品安全监督管理的逻辑起点。各国坚持预防为主的理念，注重从源头防范食品安全问题，从而大大减少爆发食品安全危机的概率。HACCP制度要求关注食品行业全过程，对食品生产和经营环节中的危害进行分析，按照相关标准实施产品控制，防止食品安全事故发生，被认为是当今确保食品安全最有效的措施。此外，欧盟《食品安全白皮书》中明确提出了加强食品安全预警能力。2002 年建立的欧盟快速报警系统收集来自各成员国的食品安全信息，发现存在危害人体健康的食品安全问题时，立即通报给各成员国食品安全监督管理部门，再由其进行危害评估，启动应急机制和采取紧急措施，确保食品安全。

三、食品安全风险评估

食品安全风险评估是运用科学方法，根据食品安全风险监测信息、科学数据及有关信息，对食品、食品添加剂、食品相关产品中生物性、化学性和物理性危害因素进行风险评估。食品安全风险评估结果是制定和修订食品安全标准和实施食品安全监督管理的科学依据。国家建立了食品安全风险监测与风险评估制度，食品安全风险监测和风险评估可为政府及食品安全监督管理部门把握食品安全态势、制定监督管理政策和措施提供参考，进而有效防范食品安全事故的发生，保障公众身体健康和生命安全。国家卫生与计划生育委员会、食品药品监督管理总局、质量监督检验检疫局负责制定和实施国家食品安全风险监测计划。卫生部门负责组织食品安全风险评估工作，食品药品监督管理部门负责发布食品安全风险评估结果，提出和公布食品安全风险警示。各级政府卫生行政部门会同同级食品药品监督管理部门、质量技术监督部门，根据国家食品安全风险监测计划，结合本行政区域的具体情况，制定和调整本行政区域的食品安全风险监测方案。

第三节　食品安全监督管理主要环节

食品生产经营链条长、涉及面广，影响和制约食品安全的因素众多。食品安全监督管理的环节主要包括食品生产、食品经营与农产品。

一、食品的生产环节

国家对食品生产实行食品生产许可制度，按照《食品生产许可管理办法》（国家食品药品监督管理总局令第 16 号）取得食品生产许可证。食品生产许可实行一企一证原则，即同一个食品生产者从事食品生产活动应取得一个食品生产许可证。

1. 食品原料　《中华人民共和国食品安全法》对食品原料的监督管理规定非常少，缺乏实质性的立法。《中华人民共和国食品安全法》规定利用新的食品原料生产食品或者生产食品添加剂新品种、食品相关产品新品种应向国务院卫生行政部门提交相关产品的安全性评估材料。

2. 食品生产过程　食品药品监督管理部门对食品（包括食品添加剂）生产过程的监督管理涵盖食品生产者的生产环境条件、进货查验结果、生产过程控制、产品检验结果、储存及交付控制、不合格品管理和食品召回、从业人员管理、食品安全事故处置等内容。对保健食品等特殊食品生产环节的监督管理除上述项目外，还包括生产者资质、产品标签及说明书、委托加工、生产管理体系等情况。食品药品监督管理部门行使食品（包括食品添加剂、特殊食品）监督管理职责，可采取进入生产和（或）经营场所实施现场检查；对生产和（或）经营的食品（包括食品添加剂）进行抽样检验；查阅、复制有关合同、票据、账簿及其他有关资料；查封、扣押有证据证明不符合食品安全标准的食品（包括食品添加剂），违法使用的食品原料、食品添加剂及用于违法生产经营或者被污染的工具、设备；查封违法从事食品（包括食品添加剂）生产活动的场所等措施。此外，进口的食品及食品添加剂应符合我国食品安全国家标准。

二、食品的经营环节

国家对食品经营实行食品经营许可制度，按照《食品经营许可管理办法》（国家食品药品监督管理总局令第 17 号）取得食品经营许可证。食品经营许可实行一地一证原则，即食品经营者在一个经营场所从事食品经营活动应取得一个食品经营许可证。

1. 食品销售　食品药品监督管理部门对食品销售过程的监督管理包括食品经营许可、从业人员健康管理、一般性规定执行、禁止性规定执行、销售过程控制、进货查验结果、食品储存、不安全食品召回、标签和说明书、特殊食品销售、进口食品销售、食品安全事故处置等情况及柜台出租者、展销会举办者、食品储存及运输者等履行法律义务的情况。

2. 餐饮服务　餐饮服务（包括单位食堂）是食品经营环节中的一项重要内容，也是目前食品安全监督管理的重点内容之一。食品药品监督管理部门对餐饮服务进行全程监督管理时，重点监督检查餐饮服务许可情况(包括经营地址、许可类别与实际经营是否一致等)，从业人员健康证明、食品安全知识培训和建立档案情况，环境卫生、个人卫生，食品用工具及设备、食品容器及包装材料、卫生设施、工艺流程情况，餐饮加工制作、销售、服务过程的食品安全情况，食品、食品添加剂、食品相关产品进货查验和索票索证制度及执行情况，制定食品安全事故应急处置预案及执行情况，食品原料、半成品、成品、食品添加剂等感官性状、产品标签、说明书及储存条件，餐具、饮具、食品用工具及盛放直接入口食品的容器的清洗、消毒和保洁情况，用水的卫生情况等。

餐饮服务提供者为重大活动提供餐饮服务时，食品药品监督管理部门应按照《重大活动餐饮服务食品安全监督管理规范》(国食药监食[2011]67 号)的要求，在活动期间加强对重大活动餐饮服务提供者的事前监督检查，检查发现安全隐患时及时提出整改要求，并监督整改。餐饮服务食品安全监管部门应对重大活动餐饮服务提供者提供的食谱进行审定，制定重大活动餐饮服务食品安全保障工作方案和食品安全事故应急预案。

3. 网络食品 　《中华人民共和国食品安全法》规定了网络食品交易第三方平台参照实体市场监督管理的市场准入式监督管理模式，赋予第三方交易平台管理的权利和义务。2016年 10 月实施的《网络食品安全违法行为查处办法》，使我国成为全球第一个在食品安全法中明确网络食品交易第三方平台义务和相应法律责任的国家，也是全球第一个专门针对网络平台食品安全交易的政府规章。《网络食品安全违法行为查处办法》引入第三方平台作为监督管理的主体，规定了网络食品交易第三方平台提供者建立登记审查制度、建立通过第三方平台或自建的网站进行交易的食品生产经营者(简称入网食品生产经营者)档案、检查经营行为、发现入网食品生产经营者严重违法行为时停止提供平台服务等义务。县级以上食品药品监督管理部门可通过网络购样进行抽检，规定入网食品生产经营者对抽检结果需承担责任，检验结果表明食品不合格时，入网食品生产经营者应当采取停止生产经营、封存不合格食品等措施，控制食品安全风险。当发生网络食品交易第三方平台提供者或分支机构的食品安全违法行为时，由网络食品交易第三方平台提供者所在地或者分支机构所在地县级以上地方食品药品监督管理部门负责查处；当发生入网食品生产经营者食品安全违法行为时，由入网食品生产经营者所在地或者生产经营场所所在地县级以上地方食品药品监督管理部门负责查处；因网络食品交易引发食品安全事故或者其他严重危害后果，也可由网络食品安全违法行为发生地或者违法行为结果地的县级以上地方食品药品监督管理部门负责管辖和查处；当消费者因网络食品安全违法问题进行投诉举报时，由网络食品交易第三方平台提供者所在地、入网食品生产经营者所在地或者生产经营场所所在地等县级以上地方食品药品监督管理部门负责受理和查处。

成千上万分散的食品生产经营者和消费者集中到第三方平台上进行经营，可见第三方平台对入网食品经营者的依法管理、有效管理是确保食品在互联网销售监督管理的重要环节，因此，网络食品经营监督管理中，第三方平台起着非常关键的作用。

三、食用农产品环节

食用农产品是指来源于农业活动的初级产品，即在农业活动中获得的，供人食用的植物、动物、微生物及其产品。

1. 田间地头农产品　　依据《中华人民共和国食品安全法》和《中华人民共和国农产品质量安全法》，农业部门负责食用农产品从种植、养殖到进入批发、零售市场或生产加工企业前的监督管理职责，如食用动植物产品中使用的农业化学品(农药、兽药、鱼药、饲料及饲料添加剂、肥料)等的审查、批准和控制工作，境内动植物及其产品的检验检疫工作等。农业行政部门行使食用农产品的监督管理职责时，有权行驶进入种植和(或)养殖场所实施现场检查；对种植和(或)养殖的食用农产品进行抽样检验；查阅、复制有关合同、票据、账簿及其他有关资料；查封、扣押有证据证明不符合食品安全标准的食用农产品等监督管理措施。

2. 批发、零售农产品　　依据《中华人民共和国食品安全法》和《食用农产品市场销售质量安全监督管理办法》，食品药品监督管理部门负责食用农产品进入批发、零售市场或生产加工企业后的监督管理，监督管理办法同食品生产和经营环节的监督管理，但食用农产品销售不需取得许可。

四、食品的相关产品的监督

质量技术监督部门负责组织开展食品相关产品安全监督管理工作，可采取文件审查和现场审查形式，对食品相关产品生产企业遵守《中华人民共和国食品安全法》情况进行监督检查。进口的食品相关产品应符合我国食品安全国家标准。

第四节　食品安全监督管理体系

一、我国食品安全法律法规体系

民以食为天，食以安为先。食品安全问题关系到人民的生命安全与身体健康，关系到经济的发展与社会的稳定，世界各国都非常重视强化法律层面的监管，建立了相关的法律体系。我国于 1995 年通过了《中华人民共和国食品卫生法》，又先后制定了《中华人民共和国产品质量法》《中华人民共和国消费者权益保护法》《中华人民共和国农业法》《中华人民共和国农产品质量安全法》《中华人民共和国标准化法》等一系列法律，均与食品安全有密切关系。特别是，2009 年 2 月 28 日第十一届全国人大常委会第七次会议通过的《中华人民共和国食品安全法》是涉及食品安全的一部基本法律，该法的实施，对我国食品安全监管工作产生深远的影响。下面简要介绍一下我国与食品安全有关的主要法律和规章。

(一)我国食品安全有关法律

1.《中华人民共和国食品安全法》　　自 2009 年 6 月 1 日起正式实施的《中华人民共和国食品安全法》(以下简称《食品安全法》)共分为 10 章 104 条，分别为总则、食品安全风险监测和评估、食品安全标准、食品生产经营、食品检验、食品进出口、食品安全事故处置、监督管理、法律责任和附则。法律规定，食品生产经营者应当依照法律法规和食品安全标准从事生产经营活动，对社会和公众负责，保证食品安全，接受社会监督，承担社会责任。法律明确规定，国务院设立食品安全委员会，国务院卫生行政部门承担食品安全综合监督职责，组织查处食品安全重大事故等，国务院质量监督、工商行政管理和国家食品药品监督管理部门依照本法和国务院规定的职责，分别对食品生产、食品流通、餐饮服务活动实施监督管理。国家建立食品安全风险监测和评估制度，对食品生产经营实行许可制度，对食品添加剂生产实行许可制度,食品安全监督管理部门对食品不得实施免检。《食品安全法》规定,除食品安全标准外,不得制定其他强制性标准。国务院卫生行政管理部门应当对现行的食用农产品质量标准、食品卫生标准、食品质量标准和有关食品的行业标准中强制执行的标准予以整合,统一为食品安全国家标准。进口食品、食品添加剂以及食品相关产品应当符合我国食品安全国家标准。此外,《食品安全法》还对食品安全的事故处置、监督管理及法律责任做了规定。

2015 年 4 月 24 日,十二届全国人大常委会第十四次会议表决通过了新修订的《食品安全法》。新版《食品安全法》共十章,154 条,于 2015 年 10 月 1 日起正式施行。新版《食品安全法》在原有食品安全法基础上对食品安全全程追溯,添加剂许可生产,食品召回,剧毒、高毒农药禁用,农产品抽查,网络食品交易实名,保健食品标签,婴儿乳粉配方,食品违法举报,监管部门责任及处分等多个食品安全的盲点区域提出了新的规定和要求,该法范围涵盖广泛,从重处罚,从严排查,确保食品安全,被誉为"最严食品安全法"。

2.《中华人民共和国农产品质量安全法》 2006 年 11 月 1 日起实施的《中华人民共和国农产品质量安全法》(以下简称《农产品质量安全法》)共 8 章 56 条。该法适用于未经加工、制作的初级农产品,是继《中华人民共和国农业法》之后的又一部综合性的农业法律。与《中华人民共和国畜牧法》《中华人民共和国动物防疫法》《中华人民共和国渔业法》等农业法律相衔接,进一步完善了我国现代农业的法律体系。《食品安全法》第二条规定,供食用的源于农业的初级产品的质量安全管理,遵守《农产品质量安全法》的规定。

《农产品质量安全法》明确规定县级以上人民政府相关部门按照职责分工负责农产品质量安全有关工作;要求国务院农业行政主管部门设立农产品质量安全风险评估专家委员会,对可能影响农产品质量安全的潜在危害进行风险分析和评估;授权国务院农业行政主管部门和省、自治区、直辖市人民政府农业行政主管部门发布农产品质量安全信息。《农产品质量安全法》还明确规定了不符合农产品质量安全标准和国家有关强制性技术规范的农产品不得上市销售的五种情形。同时,对农产品质量安全管理的公共财政投入、农产品质量安全科学研究与技术推广、农产品质量安全标准的强制性措施、农产品的标准化生产、农业投入品的监督抽查和合理使用也进行了规定。

3.《中华人民共和国产品质量法》 《中华人民共和国产品质量法》(以下简称《产品质量法》),适用于包括食品在内的经过加工、制作,用于销售的一切产品。它是我国加强产品质量监督管理,提高产品质量,保护消费者合法权益,维护社会经济秩序的主要法律。《产品质量法》明确了我国产品质量的监督管理机制,明确国务院产品质量监督部门主管全国产品质量监督管理工作。国务院有关部门和县级以上地方人民政府在各自的职责范围内负责产品质量监督工作。规定了产品质量国家监督抽查、产品质量认证等产品质量监管制度,规范了产品生产者、销售者、检验机构、认证机构的行为及相关法律责任。

4.《中华人民共和国标准化法》 《中华人民共和国标准化法》(以下简称《标准化法》)规定了对包括食品在内的工业产品应制定标准,并明确了标准制定、实施和相关职责及法律责任。

对需要在全国范围内统一的技术要求,应当制定国家标准,行业标准由国务院有关行政主管部门制定,并报国务院标准化行政主管部门备案,在公布国家标准之后,该项行业标准即行废止。企业生产的产品没有国家标准的,应当制定企业的产品标准作为组织生产的依据。

企业的产品标准报当地政府标准化行政主管部门和有关行政主管部门备案。已有国家标准和行业标准的，国家鼓励企业制定高于国家标准或行业标准的企业标准，在企业内部适用。国家标准、行业标准分为强制性和推荐性。

5. 《中华人民共和国消费者权益保护法》　　《中华人民共和国消费者权益保护法》（以下简称《消费者权益保护法》）是 1993 年 10 月 31 日颁布的，于 2013 年 10 月进行了第 2 次修正，其立法宗旨是为了保护消费者的合法权益，维护社会秩序，促进社会主义市场经济健康发展。《消费者权益保护法》分总则、消费者的权利、经营者的义务、国家对消费者合法权益的保护、消费者组织、争议的解决、法律责任、附则 8 章 63 条。消费者的权利是指国家法律规定赋予或确认的公民为生活消费所需而购买、使用商品或接受服务时享有的权利。经营者义务包括依法或约定履行义务的义务、接受监督的义务、保障安全的义务、保证质量的义务等。消费者合法权益的保护包括国家对消费者合法权益的保护和消费者组织对消费者合法权益的保护两个方面。违反《消费者权益保护法》的法律责任有民事责任、行政责任和刑事责任三种。

6. 《中华人民共和国进出口商品检验法》　　该法于 1989 年 2 月 21 日第七届人大常委会第六次会议通过，1989 年 8 月 1 日正式实施。其中规定了对进出口商品要进行检验，明确了对进出口食品要进行卫生检验，并制定了进出口商品检验的监督管理和法律责任。1992 年 10 月 7 日国务院批准，10 月 23 日原国家进出口商品检验局第 5 号令发布实施《中华人民共和国进出口商品检验法实施条例》，对进出口商品检验工作作出了具体的规定。2013 年 6 月 29 日第十二届全国人民代表大会常务委员会第三次会议通过了对该法的第二次修正。

7. 《中华人民共和国进出境动植物检疫法》　　该法于 1991 年 10 月 30 日第七届人大常委会第二十二次会议通过，1991 年 10 月 30 日正式实施。其中规定了对进出境的动植物产品和其他检疫物，以及装载动植物、动植物产品和其他检疫物的容器、包装物等要进行检疫。1996 年 12 月 2 日国务院令第 206 号发布，1997 年 1 月 1 日施行《中华人民共和国进出境动植物检疫法实施条例》。

（二）我国食品安全的行政法规和部门规章

国务院发布的与食品安全有关的行政法规有《国务院关于进一步加强食品安全工作的决定》（国发[2004] 23 号）、《国务院关于加强食品等产品安全监督管理的特别规定》（国务院令第 503 号，2007 年 7 月 26 日）、《中华人民共和国工业产品生产许可证管理条例》《中华人民共和国认证认可条例》《中华人民共和国进出口商品检验法实施条例》《中华人民共和国进出境动植物检疫法实施条例》《中华人民共和国兽药管理条例》（国务院令第 404 号，2004 年 4 月 9 日）、《中华人民共和国农药管理条例》（国务院令第 326 号，1997 年 5 月 8 日）、《中华人民共和国进出口货物原产地条例》《中华人民共和国标准化法实施条例》《无照经营查处取缔办法》《饲料和饲料添加剂管理条例》《农业转基因生物安全管理条例》《生猪屠宰管理条例》等近 40 部。

另外，农业、质检、卫生、工商等国务院有关部门还制定了一批与食品安全有关的部门规章，如《无公害农产品管理办法》《食品生产加工企业质量安全监督管理实施细则（试行）》《中华人民共和国工业产品生产许可证管理条例实施办法》《食品卫生许可证管理办法》《食品添加剂卫生管理办法》《进境肉类产品检验检疫管理规定》《进出境水产品检验检疫管理办法》《流通环节食品安全监督管理办法》《农产品产地安全管理办法》《农产品包装和标识管理办法》《食品标识管理规定》《新食品原料安全性审查管理办法》《出口食品生产企业备案管理规定》等。

(三)我国与食品生产相关的法律法规

我国已经颁布实施与食品生产相关的法律法规，除前面已经提到的《食品安全法》《农产品质量安全法》《产品质量法》《标准化法》《消费者权益保护法》等外，还有一批与食品生产密切相关的法律法规，以下分别作简单介绍。

1.《食品生产加工企业质量安全监督安全管理办法》　　为从源头加强食品质量安全的监督管理，提高食品生产加工企业的质量管理和食品质量安全水平，国家质检总局于 2003 年 7 月 18 日发布实施《食品生产加工企业质量安全监督安全管理办法》(以下简称《办法》)。《办法》适用于中国境内从事以销售为目的的生产加工活动，规定了食品生产加工企业在环境条件、设备、加工工艺、原材料、标准、人员、检验能力、质量管理体系、包装材料、储存、运输 11 个方面必须具备的条件，规定了对食品生产加工企业实施生产许可，对食品质量安全实施强制检验和市场准入 QS 标志制度，明确了对食品生产加工企业监督管理、检验人员、审查人员的具体要求及相关法律责任。

2.《食品生产许可管理办法》　　《食品生产许可管理办法》由国家食品药品监督管理总局局务会议审议通过，自 2015 年 10 月 1 日起施行。该办法是根据《中华人民共和国食品安全法》《中华人民共和国行政许可法》与其实施条例及产品质量、生产许可等法律法规的规定而制定，明确规定企业未取得食品生产许可，不得从事食品生产活动，国家食品药品监督管理部门在职责范围内负责全国食品生产许可工作。

3.《食品召回管理办法》　　《食品召回管理办法》于 2015 年 3 月 11 日经国家食品药品监督管理总局局务会议审议通过，自 2015 年 9 月 1 日起施行。《食品召回管理办法》内容包括总则、停止生产经营、召回、处置、监督管理、法律责任、附则 7 章 46 条，为落实食品生产经营者食品安全第一责任、强化食品安全监管、保障公众身体健康和生命安全提供法律依据。国家食品药品监督管理总局在职权范围内统一组织、协调全国食品召回的监督管理工作。

4.《生猪屠宰管理条例》　　《生猪屠宰管理条例》(以下简称《条例》)于 1997 年 12 月 19 日国务院令第 238 号发布，2007 年 12 月 19 日国务院第 201 次常务会议修订通过，2008 年 8 月 1 日起实施。于 2011 年 1 月 8 日《国务院关于废止和修改部分行政法规的决定》进行第二次修订，2016 年 1 月 13 日国务院第 119 次常务会议第三次修订，于 3 月 1 日发布施行。制定该《条例》的目的是加强生猪屠宰管理，保证生猪产品质量安全，保障人民身体健康。条例中对屠宰地点、监督管理、法律责任进行了限制和说明，省、自治区、直辖市人民政府确定实行定点屠宰的其他动物的屠宰管理办法，由省、自治区、直辖市根据本地区的实际情况，参照条例制定。任何单位和个人不得从事生猪屠宰活动，但农村地区个人自宰自食除外，国务院商务主管部门负责全国生猪屠宰行业的管理工作。

此外，与食品生产相关的部门规章还有国家质检总局发布实施的《食品标识管理规定》《定量包装商品计量监督管理办法》《进出口预包装食品标签检验监督管理规定》等一些与食品安全密切相关配套的法规、行为规章、卫生标准、检验规程等。我国地方政府也根据本地实际出台了大量地方性法规和行政规章。这一系列与食品安全相关的法律、法规、条例和规章，构成了我国食品安全的法律体系，为提高我国的食品安全水平奠定了重要的法律基础。

二、我国食品安全主要标准体系

(一)我国食品标准的概况

经过半个多世纪的发展，中国已初步建立了包括国家标准、行业标准、地方标准和企业标准的食品标准框架体系，有力地促进了中国食品产业的发展和质量的提高。近年来，在国家标准化管理委员会的统一管理及卫生、农业、质检、食品药品等相关部门的共同参与下，食品标准化工作取得了较快的进展。目前，中国已初步形成了门类齐全、结构相对合理、具有一定配套性和完整性的食品质量安全标准体系。食品安全标准包括农产品产地环境、灌溉水质、农业投入品合理使用准则，动植物检疫规程，良好农业操作规范，食品农药、兽药、污染物、有害微生物等限量标准，食品添加剂及使用标准，食品包装材料卫生标准，特殊膳食食品标准，食品标签标志标准，食品安全生产过程管理和控制标准，以及食品检测方法标准等方面，涉及粮食、油料、水果、蔬菜及乳制品、肉禽蛋及制品、水产品、饮料、酒、调味品、婴幼儿食品等可食用农产品和加工食品，基本上涵盖了从食品生产、加工、流通到最终消费的各个环节。据国家标准化管理委员会的统计，截至 2006 年年底，中国已有涉及食品安全的国家标准 1965 项，其中强制性标准 634 项，推荐性标准 1331 项，行业标准 2892 项。

(二)我国食品标准工作中存在的问题

1)加工食品标准体系不够合理　　食品标准体系的结构、层次不够合理，基础和管理标准、产品标准、方法标准不够协调，国家标准、行业标准的配套、互补性较差，重要标准短缺。

2)强制性标准、推荐性标准定位不合理　　国家标准与行业标准、强制性标准与推荐性标准定位不够合理。一些标准强制范围过宽，不符合 WTO/TBT、WTO、SPS 原则，不利于企业新产品开发和食品多样化发展。

3)各类标准之间不够协调，重复"制标"现象比较严重　　食品中同一成分的限量标准重复制定甚至矛盾，致使生产企业、监督检查机构无所适从；部分方法原理相同、分析步骤基本相同，仅是样品处理有区别的食品方法标准，少则几项，多则十几项等。

4)采用国际标准比例偏低　　与我国加工食品国家标准有对应关系的国际食品法典委员会标准，我国仅采用 12%，国际标准化组织/食品技术委员会的标准仅采用 40%，国际制酪业联合会的标准仅采用 5%。

5)标准的时效性较差　　1995 年和 1995 年以前发布，至今尚未复审、修订的加工食品国家标准占 52%、行业标准占 57%。甚至有些食品国家标准和行业标准已无存在的必要。

(三)我国食品标准的近期发展目标及任务

近年来，国际贸易和国际标准化不断发展对全球食品和食品贸易产生着重要影响。我国食品标准近期应开展的工作如下所述。

(1)建立健全一整套与国际食品标准体系接轨，能适应社会主义市场经济迅速发展，满足进出口贸易需要，科学、合理、完善的加工食品标准体系。

（2）力求使强制性标准与推荐性标准定位准确，国家标准与行业标准相互协调，基础标准、产品标准、方法标准和管理标准相互配套。

（3）加快已发布的加工食品国家标准和行业标准的重审工作，加快完成新的加工食品国家标准和行业标准的制定和修订工作。

（4）努力采用国际标准，逐年提高我国加工食品标准采用国际标准的比例，如采用国际标准化组织/食品技术委员会标准、国际食品法典委员会标准、国际制酪业联合会标准。

（5）积极参与国际标准化活动，如参与国际标准指南和技术文件的制定工作，尽快引进国际标准和国外先进标准，包括基础和管理标准、产品标准、方法标准；积极力争承担有关国际标准化技术秘书处工作，加快各类标准的制定。

三、我国食品安全检验检测体系

（一）我国食品安全检验检测体系的基本情况

我国食品安全检验检测机构分布在农业、质检、卫生、工商、食品药品、商务等多个政府部门。根据中国的食品安全状况"白皮书"提供的情况，我国已建立了一批具有一定资质的食品检验检测机构，初步形成了以国家级检验检测机构为龙头，省级和部门检验检测机构为主体，市、县级食品检验检测机构为补充的食品安全检验检测体系。检测能力和水平不断提高，基本能够满足对产地环境、生产投入品、生产加工、储藏、流通、消费全过程实施食品质量安全检测的需要以及国家标准、行业标准和相关国际标准对食品安全参数的检测要求。我国已认证了一批食品检验检测机构的资质，共有 3913 家食品检测实验室通过了资质认定（计量认证），其中食品类国家产品质检中心 48 家，重点食品类实验室 35 家，这些实验室的检测能力和水平达到了国际较先进的水平。在进出口食品监管方面，形成了以 35 家国家级重点实验室为龙头的进出口食品安全技术支持体系，全国共有进出口食品检验检疫实验室163 个，拥有各类大型精密仪器 10 000 多台（套），全国各进出口食品检验检疫实验室直接从事检验检测的专业技术人员 1189 人，年龄结构、专业配置基本合理。各实验室可检测各类食品中农兽药残留、添加剂、重金属含量等 786 个安全卫生项目及各种食源性致病菌。至 2006年，已建成国家级（部级）农产品检测中心 323 个，省地县级农产品检测机构 1780 个，初步形成部、省、县相互配套、互为补充的农产品质量安全检验检测体系，为加强农产品质量安全监管提供了技术支撑。国家质检总局系统依法设置和授权建立了 3000 多个食品质量检测机构，其中在黑龙江、安徽、河南、吉林、大连等省市建立了近 30 个食品类国家级质量监督检验中心；在全国 31 个省、自治区、直辖市和 5 个计划单列市以及相关产业部门建有 173个省部级食品检验技术机构。目前，全国（质检系统）食品检验设备上万台（套），检验人员逾10 万。其中，70% 以上人员有大学专科以上学历。特别是近年来，根据国际食品安全形势的发展，还专门建立了疯牛病检测实验室、转基因产品检测实验室等。全国疾病预防控制中心负责相关的食品安全工作，并形成了从中央到省、市、县的检验检测体系，全国共有 10 万左右卫生监督员，20 余万卫生检验人员。工商部门建起了食品安全快速检测系统，并与部分具有资质的食品检测机构建立了合作关系。商务部门目前在全国大型农副产品批发市场和部分超市配备了食品安全检测设备和专职技术人员。

（二）我国食品安全检验检测体系存在的问题

目前我国虽然已初步形成食品安全检验检测体系，但食品检验检测机构也仍存在着许多突出的问题，导致我国对食品安全的状况"家底不清"。

目前，我国食品中农药和兽药残留以及生物毒素的污染状况尚缺乏系统监测资料。更令人担心的是一些对健康危害大而贸易中又十分敏感的污染物，如二噁英及类似物（包括多氯联苯）、氯丙醇和某些真菌毒素的污染状况至今仍然不清楚。再如，疯牛病与人的克雅氏病的关系在欧洲已经确定，而我国每年都有克雅氏病发生，但情况尚不清楚。之所以出现这种现象，原因有以下几个方面。

1. 体系不健全，检验监测的环节、对象和地域范围有限　　从检测体系的构成来看，我国主要是政府机构的强制性检验检测，而食品业者自身的检验检测意识不够，也缺乏相应的要求。从监管环节来看，发达国家通常都建立食品安全例行监测机构，对食品实施"从农田到餐桌"的全过程监管。而我国食品质量检验检测体系不健全，传统式、突击式和运动式抽查较多，监管检测不能全程化、日常化，导致有害食品生产销售依然普遍。目前监管的重点只放在最终产品监督上，对过程控制还不够重视。从监管对象看来，管理检查的大都是好企业，没有人愿意监管不合规范的企业，对分散的农户的食品的监管，更是无人问津。从地域分布来看，现有质检机构在各地分布不均衡。特别是中西部地区食品安全监测体系的建设滞后，面向广大市场准入急需的地（市）级和县级基层综合性食品检测机构力量薄弱。从检测对象来看，现有的检测机构数量与社会需求尚存在较大差距，特别是食品中农药、兽药残留等安全检测机构的数量和检测能力均不能满足目前我国食品安全监管的需要。

2. 机构重复，浪费资源　　由于检验机构分属不同部门，缺乏统一的发展规划，低水平重复建设情况比较普遍。各部门竞相购置了相同或相近的检测设备，造成设备利用率不高，严重浪费资源。农业、卫生、质检和工商四个部门各自执法。卫生部门查许可证、卫生标准、生产环境，农业部门管行业规范，工商部门管违规经营，质检部门管质量标准和生产许可。在实施食品卫生质量抽检方面，四部门检测机构都有权依据法律的规定，各自实施或者委托食品检测机构进行食品卫生质量安全的抽检；在信息公布方面，四部门都能对外公布食品卫生质量安全抽检的结果；在对违法行为的行政处罚方面，对同一违法行为，四家执法人员都能分别根据有关法规给予行政处罚。虽然监管如此密集，成本巨大，然而成效并不明显。

3. 部门分割，互不认账　　我国食品安全检验检测机构数量众多，总体具有一定实力，但分布广泛，实力比较分散。一是区域分布广泛，我国省、市、县各级都设有食品安全检验检测机构；二是部门分布广泛，各级质量技术监督、检验检疫、农业、商贸、卫生防疫及疫病控制、工商、环保部门，以及科研院所、大专院校及企业都设有食品检验检测机构，但这些机构相互交流不多，工作不协调，检测数据不能共享，影响了检验检测体系整体作用的发挥。对于食品卫生和食品质量问题的检测结果，部门之间差距较大。例如，卫生部 2002 年公布的 2001 年对全国粮食、植物油、食品添加剂等 21 类定型包装和散装食品的检验结果，认为全国食品卫生检测平均合格率高达 88.6%。而根据质检总局 2002 年对全国米、面、油、酱油、醋五类食品的质量抽查和质量保障条件调查结果，发现 64% 的出厂产品检验不合格或没有进行检验，25% 的厂家没有相关标准或不执行标准。其中，酱油合格率仅略超过 31%，醋的合格率仅为 47% 左右，植物油合格率为 79%，大米合格率为 85%。

4. 支撑保障不完善　　主要表现在以下几个方面。

(1)食品安全监测没有形成制度化。保证食品安全是政府的重要职能。发达国家通常都由政府出资，建立食品安全例行监测制度，对食品实施"从农田到餐桌"的全过程监控。而我国目前对食品安全监测的投入十分有限，市场准入性检测费用大都由食品生产者或经营者支付，既影响了政府监督职能的发挥，又增加了企业成本。

(2)检测手段落后，缺乏速检方法和手段。我国食品检验检测仪器设备数量虽多，但多为小型和常规设备，自动化和精密程度较低。拥有原子吸收仪、气(液)相色谱仪、气质联用仪等先进仪器设备的检验机构不多。质量检验机构受经费限制，设备维护和更新的投入不能得到完全保障，一些国家级质检中心还处于用 20 世纪七八十年代的仪器设备，检测 90 年代末产品的落后状况。检验设备落后已成为检验机构扩大规模、提高水平的瓶颈。缺乏速检方法和手段，不仅抑制了食品检验检测体系效率的提高，甚至造成不得不放弃严格检验的程序。

(3)检验监测技术落后，缺乏对可操作技术的掌握。与国外同类机构相比，我国质检机构的检测能力亟待提高。国外的农业环境质检机构在大气、水、土壤和污染源等方面的可检测项目有 680 个左右，而我国同类质检机构能检项目约 140 个，差距明显。我国现有的质检机构缺乏相应的技术储备和适应市场需求的应变能力，缺乏对可操作技术的掌握。迫切需要在加强引进和消化国外先进检测技术和方法的基础上，结合中国实际情况，研究制定适合不同层次检测的技术方法，并形成一定规模的技术储备，缩小与国外发达国家检测技术水平的差距。

(4)许多实验室的环境条件达不到检测标准规定的要求。主要表现在检测实验室的房屋陈旧，布局结构欠合理；实验室辅助设施落后，排污、通风、温度控制系统不健全；检测用房面积小，缺乏功能性用房、配套的样品室、样品检前处理室，检测没有专用电源或备用电源等。

(5)专业人员素质亟待提高。第一是检验人员学历水平不高，高学历人才和学术带头人匮乏，具有硕(博)士研究生学历的检验人员很少。第二是管理型、经营型人才缺乏，对国际、国内市场研究不够，对检验机构走向市场认识不足，直接影响了检验机构参与市场竞争的能力。第三是对业务骨干专业培训不够，导致技术更新和专业技能提高的速度缓慢，难以适应更高要求。第四是没有建立良好的用人激励机制，造成人才流失严重。第五是质检机构参与国外学术技术交流的机会较少，从而影响了检测工作的深入开展和与国际标准的对接。

(三)建立统一、权威、高效食品安全监测体系

1. 加强现有检验检测机构的能力建设　　根据我国加入世贸组织的承诺，2004 年以后检验市场将逐步开放。我国检验检测机构面临挑战，需要一批高水平的质检技术机构携手合作，发挥龙头作用，提高同国外检测机构的竞争能力。同时，面对国际贸易中技术壁垒日趋严重的趋势和国外食品的冲击，迫切需要国家级食品技术机构，通过引进高科技人才，开展技术创新，加快研究和掌握前沿的技术、先进的检测方法和技术手段，为有效破除国外技术壁垒，促进我国食品顺利出口提供保障。要从以下几个方面进一步加强现有检验检测机构的能力建设。

(1)跟踪国际食品检验检测技术发展，加强食品科学技术和食品检验检测技术方法的研究。引进国际上先进的检验检疫技术，建立一批我国监督执法工作中迫切需要，并拥有部分

自主知识产权的快速筛选方法；加强农药和兽药残留系统检测方法以及快速检测方法的研究；加强对食品添加剂、饲料添加剂及食品当中的环境持久性有毒污染物、生物毒素和违禁化学品监控技术的研究；开展食源性疾病和人畜共患病病原体(细菌、病毒、寄生虫)的监测与溯源技术设备的研究。

(2)建立检验检测信息管理网络，实现监督管理快速反应。利用信息技术，构建我国食品安全检验检测数据资源共享平台，形成各部门有机配合和共享的检验检测网络体系，及时记录、监控我国食品安全状况，排除食品安全监管工作受地方和部门经济利益的影响，切实发挥检测体系的技术性支持功能，切实保护好消费者的合法权益。

(3)建立一支高素质的食品安全检验检测队伍。对现有监测机构的专业技术人员加强培训，对急需的专业人才采取公开招聘、择优录取的方法补充到检验检测队伍中来；对企业食品安全检验人员实行职业资格制度，集中培训、统一考试、持证上岗；通过培养、引进、交流等方式，形成门类齐全、结构合理的食品安全检验检测队伍。

2. 整合现有检验监测机构　　一个高效的食品安全检验监测体系应该做到政府监测、中介组织监测和企业监测相结合。我国现有的检验监测体系以政府机构为主，今后工作应注意加强企业自检和中介组织监测，以行业监测为代表的中介组织监测既可以对食品企业进行监督，也可以对政府的检验监测机构进行监督并提供建议。

为建立高效权威的食品安全检验监测体系，必须对我国现有官方检验监测机构进行整合。在充分利用现有各部门及各地方已经建立的监测网络、发挥各自优势的基础上，通过条块结合的方式实现中央机构与地方机构之间、中央各部门机构之间、国内和进出口食品安全检验检疫机构之间的有效配合。

3. 加强企业食品安全的自我检验检测　　食品生产加工和流通企业应根据法律规定和相关标准规定，对其自身的原料采购、生产、加工、储存、运输和销售等各个环节所涉及的设备、人员、环境和有害物等进行自我检测，尽最大可能减少食品安全问题的出现。企业食品安全的自身检验可以从源头上保证食品的安全。整个食品产业链上各环节的经营单位进行自我检验检测，是确保我国食品安全的主要环节。政府机构及中介机构的检验检测是确保食品安全的重要保障手段，只有被动抽检而没有主动自检，食品安全隐患还会存在。

四、我国食品安全认证认可体系

(一)我国食品安全认证认可体系概述

1. 认证、认可的基本含义

1)认证　　认证是指由认证机构证明产品、服务、管理体系符合相关技术规范及其强制性要求或者标准的合格评定活动。

认证按认证对象可分为体系认证和产品认证，如 GMP、HACCP、QS 均属体系认证，绿色食品、有机食品等属产品认证。

认证按强制程度分为强制性认证和自愿性认证。强制性认证包括中国强制性产品认证(CCC)和官方认证。CCC 认证是中国国家强制要求的对在中国大陆市场销售的产品实行的一种认证制度。无论是国内生产还是国外进口，凡列入 CCC 目录内且在国内销售的产品均需要获得 CCC 认证。官方认证即市场准入性的行政许可，是国家行政机关对列入行政许可目录的项目所实施的许可管理。凡是需经官方认证的项目，必须获得行政许可方能生产、经营、仓储或销售。行政许可针对的是产品，但考核的是管理体系。QS(食品质量安全体系)就属官方认证。

自愿性认证是企业(组织)根据企业本身或顾客、相关方面的要求自愿申请的认证。自愿性认证多是管理体系认证，也包括企业对未列入 CCC 认证目录的产品所申请的认证。目前我国与食品质量安全有关的自愿性管理体系认证包括如下几个。

HACCP 认证。该项认证是根据国家认监委(CNCA)2002 年第 3 号文件《食品生产企业危害分析和关键控制点(HACCP)管理体系认证管理规定》开始实施的。相当于(CAC)国际食品法典委员会《危害分析和关键控制点(HACCP)体系及其应用准则》。

食品安全管理体系认证，依据 GB/T22000—2006，等同于 ISO 22000:2005。

质量管理体系认证，依据 GB/T19001—2008，等同于 ISO 9001:2008。

环境管理体系认证，依据 GB/T24001—2004，等同于 ISO 14001:2004。

GAP 认证。良好农业规范的简称，主要是针对初级农产品的种植业和养殖业的一种操作规范，保证初级农产品生产者生产出安全健康的产品。

GMP 认证。良好操作规范的简称，它规定了食品生产、加工、包装、储存、运输和销售的规范性卫生要求，其主要目标是保证食品生产企业生产出卫生、安全的食品。

GHP 认证，良好卫生规范。

GDP 认证，良好分销规范。

GRP 认证，良好零售规范。

以上是食品产业链中，特别是食品生产环节中所涉及的各种认证，因在下面章节还要详述，本节不再展开。

2)认可　　根据中华人民共和国认证认可条例第二条的规定：认可是指由认可机构对认证机构、检查机构、实验室以及从事评审、审核等认证活动的人员的能力和执业资格，予以承认的合格评定活动，是对从业者和从业单位专业性的肯定，是对合格评定机构满足所规定要求的一种证实，这种证实大大增强了政府、监管者、公众、用户和消费者对合格评定机构的信任，以及对合格评定机构所评定的产品、过程、体系、人员的信任。这种证实在市场，特别是国际贸易以及政府监管中起到很重要的作用。一般情况下，按照认可对象分类，认可分为：认证机构认可、实验认可、检查机构认可及相关机构认可等。

2. 无公害农产品、绿色食品、有机食品认证　　我国食品产品认证多属自愿性认证，其中由国务院有关部门推动的认证主要有无公害农产品认证、绿色食品认证和有机食品认证。这三种食品认证方式的渊源和发展历程各不相同，适用标准和认证规范程度也有很大差别。下面对这三种常见食品产品认证作一个简单的介绍。

1)无公害农产品认证　　无公害农产品认证是根据国家认监委授权的认可机构认可的认证机构依据认证认可规则和程序，按照无公害农产品安全标准，对未经加工或初加工的食用农产品产地环境、农业投入品、生产过程和产品质量等环节进行审查验证，向经审查合格的农产品颁发无公害农产品认证证书，并允许使用全国统一的无公害农产品标志。

无公害农产品认证包括产地认定和产品认证，产地认定由省级农业行政主管部门组织实施，产品认证由农业部农产品安全中心组织实施，获得无公害农产品产地认定证书的产品方可申请产品认证。

为规范无公害农产品认证，全面实施"无公害食品行动计划"，国家质检总局和农业部于 2002 年 4 月下发了《无公害农产品管理办法》，规定无公害农产品认证采取"政府推动，并实行产地认定和产品认证的工作模式"，不得收取认证费用。作为一种政府推动的以提高我国基本农产品安全为目的的认证方式，将在一定时期内存在。

2) 绿色食品认证　　绿色食品标准分为两个技术等级，即 AA 级绿色食品标准和 A 级绿色食品标准。其中 A 级绿色食品生产中允许限量使用化学合成生产资料，AA 级绿色食品则较为严格地要求在生产过程中不使用化学合成的肥料、农药、兽药、饲料添加剂、食品添加剂和其他有害于环境和健康的物质。从本质上讲，绿色食品是从普通食品向有机食品发展的一种过渡性产品。绿色食品标准以全程质量控制为核心，由产地环境质量标准、生产技术标准、产品质量标准、包装标签标准 4 个部分组成，共有 11 项通用性标准，若干项产品标准和生产技术规程构成绿色食品标准体系。

农业部 1990 年成立了中国绿色食品发展中心，在全国倡导、推动发展绿色食品，具体负责绿色食品认证工作。目前绿色食品发展中心在各省、自治区、直辖市及部分计划单列市建立了委托工作机构、定点环境监测机构和定点产品质检机构，全国统一的绿色食品认证、检测体系已基本形成。

3) 有机食品认证　　有机食品是指符合国家食品卫生标准和有机食品技术规范的要求，在原材料生产和产品加工过程中不使用农药、化肥、生长激素、化学添加剂、化学色素和防腐剂等化学物质，不使用基因工程技术，并通过有机认证使用有机食品标志的农产品及其加工产品，具体包括粮食、蔬菜、奶制品、禽畜产品、蜂蜜、水产品、调料等。生产有机食品比生产其他食品难度要大，需要建立全新的生产体系和监控体系，采用相应的病虫防治、地力保持、种子培育、产品加工和储存等替代技术。

有机食品认证是国际通行的认证方式。我国有机食品的认证工作从 1994 年开始，目前，CQC(中国质量认证中心)、万泰、OFDC(南京国环有机产品认证中心)等认证机构已获得最大的有机农业国际性组织——IFOAM(国际有机农业运动联盟)的认可或成为其成员。

3. HACCP 认证　　HACCP 作为控制食品安全的一种重要手段，在世界范围内得到了广泛的应用。2002 年国家认监委下发了《食品生产企业危害分析和关键控制点(HACCP)管理体系认证的规定》，并且明确了管理机构验证和第三方认证的区别，为规范 HACCP 认证奠定了良好的基础。

此外，在我国还有食用农产品安全认证、安全食品认证、安全饮品认证及 GAP(良好农业规范)、SSOP 等体系认证。

(二)食品安全认证认可在食品安全控制体系中的作用

1. 切实提高食品安全水平　　无公害农产品、绿色食品、有机食品、HACCP 等认证除注重对种植、养殖、加工、运输、储藏、销售环节的过程管理外，都对食品安全化学因素包括农药、兽药残留、有毒物质含量指标进行了规定并进行检测。例如，HACCP 体系可对微生物污染进行有效控制，因此通过推广实施，可切实保护消费者健康安全。

2. 食品卫生控制体系的重要组成部分　　食品安全控制在于明确体系中的风险。对风险进行有效管理，及时采取纠偏措施。例如，HACCP 是一种简便、合理、科学、先进且专业性很强的预防性食品安全控制体系，设计这种体系是为了保证食品生产过程中可能出现危害的环节能得到控制，以防止发生危害公众健康的问题。通过建立 HACCP 体系，可使企业对影响安全的关键点进行有效管理，建立 GMP 和 SSOP 体系能最大限度地控制和减少生产过程中的风险。

3. 促进企业自觉提高食品安全控制能力　　由于通过认证的产品能得到消费者认同，可给企业带来丰厚的利润回报，所以吸引企业积极通过认证，可以促使企业自觉完善食品安全控制体系，提高食品安全水平。

4. 带动食品标准的提高和完善　　认证依赖于标准，认证的发展又能促进标准的提高。随着认证产品的普及，必然会带来认证产品的地区间流动和相互认可的问题，这就要求采用标准的统一或等同。采用标准较低的地区或国家会处于某种劣势，就必须采取措施提高标准或采用国际一致的标准，而标准的提高又能使产品质量得到普遍提高。

5. 提高政府监督管理效率　　我国食品加工企业有约 10 万个，农副产品加工企业有 15 000多个，饮料生产企业有 7000 多个(卫生部公布食品生产企业有 432 万家)，为这些企业提供原料的生产企业就更多。如此众多的企业、生产者如果仅依靠政府的力量进行监督、检查、检测，实现"从农田到餐桌"全过程管理，显然是不现实的。利用认证手段，直接采用由处于第三方地位的认证机构作出的认证结果，则可以既保证客观、公正，又能提高政府监管效率。

(三)食品安全认证认可中存在的问题及完善该体系的措施

1. 我国食品认证认可中存在的问题　　我国认证认可体系发展的时间还不长，在认证认可体系的完整性和协调性、认证认可技术和能力、认证认可的普及程度以及与国际接轨方面还存在较大的差距。具体而言，主要表现在以下几个方面。

(1)体系严重残缺：国外的认证认可体系是比较完整的。除了认证认可机构以外，还有认证认可咨询机构和培训机构，它们是认证认可机构高效运转的基础，也利于保持认证认可机构的权威性。目前，我国只有认证认可机构，没有认证认可咨询机构和培训机构，缺乏对申请认证认可的食品企业和农户在标准化生产、科学化管理、规范化申报方面的培训和指导。由于缺乏这方面的支持，很多有需要认证认可的企业和农户无法获得认证。

(2)各部门各自为政，很多认证认可机构前身是各行业部门的下属组织，认证认可过程中不能充分体现第三方认证认可机构的客观公正性，同时带有明显的行政色彩。由于食品安全是消费者日益重视的问题，很多机构随意炒作"安全""绿色""无公害"等概念，并形成了名目繁多的认证认可形式。这样的认证认可机构往往坐地称雄，既不承认其他认证认可机构的结果，自己的结果也不能为他人所接受，与建立统一、开放、竞争、有序的大市场的要求背道而驰。

(3)缺乏认证认可专业技术和人才，认证认可结果缺乏权威性。有的认证认可机构在人员、资质方面不能满足认证要求，认证认可水平较差，认证认可结果缺乏科学基础，自然也就没有权威性。目前国家认证认可人员注册类别中缺少农业类检查员(审核员)、咨询师和培训师系列，农产品认证认可专业化队伍难以建立。

(4)食用农产品认证知识普及程度差。目前我国公众对认证概念很模糊，认证产品不能得到广泛认同，同时认证中存在的虚假认证和消费者没有对认证产品建立起足够信心。这样，认证市场不能得到充分发育，认证产品所占份额极低并且与非认证产品价格差距不大，不能为申请认证企业带来经济效益。

(5)我国农产品及食品认证与国际接轨程度相当低。受认证技术和水平的制约，在国内认证的结果不能得到国际认可，企业为使产品出口有更合理的价格，只能请国外认证机构进行认证。

2. 完善认证体系的措施　　为提高我国的食品安全水平，未来应该加强认证认可体系建设。主要措施包括以下几点。

(1)建立统一的认证认可体系。以与国际接轨为目标，结合国情建立国家食品标准，建立统一、规范的食品认证认可体系。对食品认证培训机构、食品认证人员实施注册、备案制度。实行统一的食品认证认可机构、认证认可咨询机构和认证认可培训机构的国家制度。

为加强全过程的安全控制，在食品原料生产、加工、运输、销售企业中大力推广 HACCP 体系和 GAP、GMP、GSP 等体系认证。

(2)进一步加强对认证机构的监督管理。要制定有利于社会监督和促进有序竞争的食品认证标志(标识)管理办法，适时对直接食用的食品实行强制性产品认证制度和出口验证制度。要制定有关在目标部门采用各认证体系的法则，以及开发协调一致的各认证体系管理方法等。

(3)积极推进认证认可机构社会化改革，规范认证行为，提高认证的有效性，杜绝虚假认证。充分采用认证结果，提高政府监管有效性。按照国际惯例，建立我国食品认证补贴制度。

(4)为开展认证认可工作的部门和企业提供服务。应建立和完善相关的服务部门对有关在目标部门强制采用认证认可体系的法规制定提供咨询意见，在各种企业推进认证认可体系的实施战略，为各认证认可体系管理方法的制定提供技术咨询，制定培训战略，开发国家认证认可体系标准，制定评价指南，为管理者开发在检查中应用的技术指南，为各认证认可体系在各种企业中的实施制定时间表。

(5)要积极宣传和普及食品认证认可知识。要使消费者认识认证认可在安全卫生方面的优势，具体形式有行业研讨班、制定培训要求、建立"通信网"、开发与消费者共享的信息以及制定媒体宣传计划等。

(6)加强国际合作和国际互认。因为 WTO 对食品的国际贸易还存在多项漏洞，许多国家往往以食品安全等绿色壁垒来阻碍食品进口。我国应该与不同国家签订有关食品卫生措施的双边国际协定，开展等效食品卫生措施的承认，这对扫除食品安全壁垒的障碍非常重要。同时，为了符合在 SPS 协议中达成的应尽义务，我国必须保证全部有关 SPS 标准的法律中包含的对等效性的认同。国家除了积极参与 WTO 的各项谈判之外，还应该与潜在的食品进口国签订双方与多边贸易协议。通过双边互换协议，可以减少不必要的贸易阻力，扩大食品出口。

五、我国食品安全风险评估体系

(一)食品安全风险评估的基本概念

食品安全风险评估，是指对食品、食品添加剂中生物性、化学性和物理性危害对人体健康可能造成的不良影响所进行的科学评估，包括危害识别、危害特征描述、暴露评估、风险特征描述四部分内容，如图 7-1 所示。通过食品安全风险评估，从众多监测信息甄别风险信息，逐步建立起我国食品安全的评估体系，对食品安全工作具有重大意义。

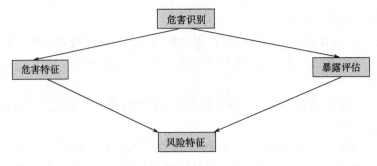

图 7-1　食品安全风险评估内容

(二)食品安全风险评估的原则

国家食品安全风险评估专家委员会和承担风险评估任务的机构应以监测信息和科学数据以及其他有关信息为基础,遵循科学、透明和个案处理的原则,独立开展风险评估,保证风险评估结果的科学、客观和公正。

(三)食品安全风险评估任务下达和方案制订

1. 风险评估部门　　目前,我国食品安全风险评估工作由国务院卫生行政部门负责。主要工作包括组建国家食品安全风险评估专家委员会,下达风险评估任务,并根据食品安全风险评估结果,及时依法采取相应的监测、检测、通报和监督措施。国家食品安全风险评估专家委员会进行风险评估,可以委托有关技术机构具体承担相关科学数据、技术信息、检验结果的收集、处理、分析等任务。国务院有关部门向国务院卫生行政部门提出的食品安全风险评估的建议,应按照有关法律法规和本规定的要求提供有关信息和资料。

2. 评估范围　　以下情形经国务院卫生行政部门审核同意后下达食品安全风险评估任务。

(1)为制定或修订食品安全国家标准提供科学依据。

(2)通过食品安全风险监测或者接到举报发现食品可能存在安全隐患,在组织进行检验后认为需要进行食品安全风险评估的。

(3)国务院农业行政、质量监督、工商行政管理和国家食品药品监督管理等有关部门提出食品安全风险评估的建议并提供有关信息和资料的。

(4)国务院卫生行政部门根据法律法规的规定认为需要进行风险评估的其他情形。

3. 评估建议　　国务院农业行政、质量监督、工商行政管理、食品药品监督管理部门根据以下方面的需要,可以向国务院卫生行政部门提出风险评估的建议,并同时提供《风险评估项目建议书》、食品安全风险监测信息、科学数据以及其他相关信息和资料。

(1)发现某一食品、食品原料、食品添加剂、食品相关产品可能存在安全性隐患的。

(2)因科学技术发展,需要对某一食品或食品危害因素进行重新评估的。

(3)为确定食品安全监督管理的重点领域、重点品种的需要的。

4. 不予评估的情形　　对于下列情形之一的,经国家食品安全风险评估委员会提出意见,国务院卫生行政部门可以作出不予评估的决定。

(1)食品生产经营过程存在违法行为,通过依法采取控制措施可以解决的。

(2)对于食品安全风险较低或者可以通过简单的风险管理措施解决的而缺乏评估必要性的。

(3)国际已有风险评估结论且适于我国膳食危害暴露模式的。

上述情形在发现有新的科学数据和有关信息证明仍有必要开展风险评估的，国务院卫生行政部门应重新作出风险评估的决定。

5. 任务下达　　国务院卫生行政部门以《风险评估任务书》的形式向国家食品安全风险评估专家委员会下达风险评估任务。《风险评估任务书》应包括风险评估的目的、需要解决的问题和结果产出形式等内容。

国务院卫生行政部门下达食品安全风险评估任务时，应向提出风险评估建议的部门收集以下信息：

(1)危害的性质、涉及的食品种类、食品数量和分布范围；

(2)危害进入食品的途径和含量；

(3)危害可能引起的健康危害；

(4)危害涉及的人群和数量；

(5)国内外现有的监督管理措施；

(6)其他与风险评估相关的信息。

6. 制订评估方案　　国家食品安全风险评估专家委员会应根据评估任务提出风险评估实施方案，报国务院卫生行政部门备案。对于需要进一步补充信息的，可向国务院卫生行政部门提出数据和信息采集方案的建议。

7. 与食用农产品风险评估关系　　根据《中华人民共和国食品安全法》的规定，国务院农业行政部门应当及时将已有的食用农产品质量安全风险评估的结果等相关资料，向国务院卫生行政部门通报。

(四)食品安全风险评估的实施

国家食品安全风险评估专家委员会按照评估方案，遵循危害识别、危害特征描述、暴露评估和风险特征描述的结构化程序开展风险评估。

1. 工作报告　　风险评估过程中，受委托承担风险评估具体任务的风险评估机构应根据国家食品安全风险评估专家委员会、国务院卫生行政部门的需要，及时提交工作进展情况的报告。对于风险评估过程中需要进一步补充数据才能进行的，国家食品安全风险评估专家委员会应向国务院卫生行政部门做出报告和工作建议。

2. 评估结果　　风险评估机构应当在国家食品安全风险评估专家委员会要求的时限内提交风险评估结果，经国家食品安全风险评估专家委员会审议通过后上报国务院卫生行政部门。国家食品安全风险评估专家委员会和有关风险评估机构应对风险评估结果和报告负责。国务院卫生行政部门应当依法向社会公布食品安全风险评估结果。风险评估结果由国家食品安全风险评估专家委员会负责解释。

3. 信息发布　　食品安全风险评估信息和风险警示信息由国务院卫生行政部门统一发布；其影响限于特定区域的，也可以由有关省(自治区、直辖市)人民政府卫生行政部门公布。

4. 应急评估　　发生下列情形，国务院卫生行政部门可以要求国家食品安全风险评估专家委员会立即研究分析，对需要开展风险评估的事项，国家食品安全风险评估专家委员会应当立即成立临时工作组，制订应急评估方案，并按照应急评估程序和应急评估方案进行风险评估，及时向国务院卫生行政部门提出风险评估结果报告。

(1)处理重大食品安全事故需要的。

(2)公众高度关注的食品安全问题需要尽快解答的。

(3)国务院有关部门监督管理工作需要并提出应急评估建议的。

(4)处理与食品安全相关的国际贸易争端需要的。

(5)其他需要通过风险评估解决的食品安全事件。

5. 预警管理　　国家食品安全风险评话专家委员会根据食品安全风险评估结果和食品安全监督管理信息，对食品安全状况进行综合分析，对表明可能具有较高程度安全风险的食品，向国务院卫生行政部门及时提出食品安全风险警示的建议。国务院卫生行政部门应当会同国务院质量监督、工商行政、食品药品监管部门共同研究分析食品安全风险警示建议，并决定是否予以公布。

第五节　国家食品安全事故应急预案

一、 总则

(一)编制目的

建立健全应对食品安全事故运行机制，有效预防、积极应对食品安全事故，高效组织应急处置工作，最大限度地减少食品安全事故的危害，保障公众健康与生命安全，维护正常的社会经济秩序。

(二)编制依据

依据《中华人民共和国突发事件应对法》《中华人民共和国食品安全法》《中华人民共和国农产品质量安全法》《中华人民共和国食品安全法实施条例》《突发公共卫生事件应急条例》和《国家突发公共事件总体应急预案》，制定本预案。

(三)事故分级

食品安全事故，指食物中毒、食源性疾病、食品污染等源于食品，对人体健康有危害或者可能有危害的事故。食品安全事故共分四级，即特别重大食品安全事故、重大食品安全事故、较大食品安全事故和一般食品安全事故。事故等级的评估核定，由卫生行政部门会同有关部门依照有关规定进行。

(四)事故处置原则

(1)以人为本，减少危害。把保障公众健康和生命安全作为应急处置的首要任务，最大限度减少食品安全事故造成的人员伤亡和健康损害。

(2)统一领导，分级负责。按照"统一领导、综合协调、分类管理、分级负责、属地管理为主"的应急管理体制，建立快速反应、协同应对的食品安全事故应急机制。

(3)科学评估，依法处置。有效使用食品安全风险监测、评估和预警等科学手段；充分发挥专业队伍的作用，提高应对食品安全事故的水平和能力。

（4）居安思危，预防为主。坚持预防与应急相结合，常态与非常态相结合，做好应急准备，落实各项防范措施，防患于未然。建立健全日常管理制度，加强食品安全风险监测、评估和预警；加强宣教培训，提高公众自我防范和应对食品安全事故的意识和能力。

二、组织机构及职责

（一）应急机制启动

食品安全事故发生后，卫生行政部门依法组织对事故进行分析评估，核定事故级别。特别重大食品安全事故，由卫生部会同食品安全办向国务院提出启动Ⅰ级响应的建议，经国务院批准后，成立国家特别重大食品安全事故应急处置指挥部（以下简称指挥部），统一领导和指挥事故应急处置工作；重大、较大、一般食品安全事故，分别由事故所在地省、市、县级人民政府组织成立相应应急处置指挥机构，统一组织开展本行政区域事故应急处置工作。

（二）指挥部设置

指挥部成员单位根据事故的性质和应急处置工作的需要确定，主要包括卫生部、农业部、商务部、工商总局、质检总局、食品药品监管局、铁道部、粮食局、中央宣传部、教育部、工业和信息化部、公安部、监察部、民政部、财政部、环境保护部、交通运输部、海关总署、旅游局、新闻办、民航局和食品安全办等部门以及相关行业协会组织。当事故涉及国外，中国港、澳、台地区时，增加外交部、港澳办、台办等部门为成员单位。由卫生部、食品安全办等有关部门人员组成指挥部办公室。

（三）指挥部职责

指挥部负责统一领导事故应急处置工作；研究重大应急决策和部署；组织发布事故的重要信息；审议批准指挥部办公室提交的应急处置工作报告；应急处置的其他工作。

（四）指挥部办公室职责

指挥部办公室承担指挥部的日常工作，主要负责贯彻落实指挥部的各项部署，组织实施事故应急处置工作；检查督促相关地区和部门做好各项应急处置工作，及时有效地控制事故，防止事态蔓延扩大；研究协调解决事故应急处理工作中的具体问题；向国务院、指挥部及其成员单位报告、通报事故应急处置的工作情况；组织信息发布。指挥部办公室建立会商、发文、信息发布和督查等制度，确保快速反应、高效处置。

（五）成员单位职责

各成员单位在指挥部统一领导下开展工作，加强对事故发生地人民政府有关部门工作的督促、指导，积极参与应急救援工作。

（六）工作组设置及职责

根据事故处置需要，指挥部可下设若干工作组，分别开展相关工作。各工作组在指挥部的统一指挥下开展工作，并随时向指挥部办公室报告工作开展情况。

1. 事故调查组 由卫生部牵头，会同公安部、监察部及相关部门负责调查事故发生原因，评估事故影响，尽快查明致病原因，作出调查结论，提出事故防范意见；对涉嫌犯罪的，由公安部负责，督促、指导涉案地公安机关立案侦办，查清事实，依法追究刑事责任；对监管部门及其他机关工作人员的失职、渎职等行为进行调查。根据实际需要，事故调查组可以设置在事故发生地或派出部分人员赴现场开展事故调查(简称前方工作组)。

2. 危害控制组 由事故发生环节的具体监管职能部门牵头，会同相关监管部门监督、指导事故发生地政府职能部门召回、下架、封存有关食品、原料、食品添加剂及食品相关产品，严格控制流通渠道，防止危害蔓延扩大。

3. 医疗救治组 由卫生部负责，结合事故调查组的调查情况，制定最佳救治方案，指导事故发生地人民政府卫生部门对健康受到危害的人员进行医疗救治。

4. 检测评估组 由卫生部牵头，提出检测方案和要求，组织实施相关检测，综合分析各方检测数据，查找事故原因和评估事故发展趋势，预测事故后果，为制定现场抢救方案和采取控制措施提供参考。检测评估结果要及时报告指挥部办公室。

5. 维护稳定组 由公安部牵头，指导事故发生地人民政府公安机关加强治安管理，维护社会稳定。

6. 新闻宣传组 由中央宣传部牵头，会同新闻办、卫生部等部门组织事故处置宣传报道和舆论引导，并配合相关部门做好信息发布工作。

7. 专家组 指挥部成立由有关方面专家组成的专家组，负责对事故进行分析评估，为应急响应的调整和解除以及应急处置工作提供决策建议，必要时参与应急处置。

（七）应急处置专业技术机构

医疗、疾病预防控制以及各有关部门的食品安全相关技术机构作为食品安全事故应急处置专业技术机构，应当在卫生行政部门及有关食品安全监管部门组织领导下开展应急处置相关工作。

三、应急保障

1. 信息保障 卫生部会同国务院有关监管部门建立国家统一的食品安全信息网络体系，包含食品安全监测、事故报告与通报、食品安全事故隐患预警等内容；建立健全医疗救治信息网络，实现信息共享。卫生部负责食品安全信息网络体系的统一管理。

有关部门应当设立信息报告和举报电话，畅通信息报告渠道，确保食品安全事故的及时报告与相关信息的及时收集。

2. 医疗保障 卫生行政部门建立功能完善、反应灵敏、运转协调、持续发展的医疗救治体系，在食品安全事故造成人员伤害时迅速开展医疗救治。

3. 人员及技术保障 应急处置专业技术机构要结合本机构职责开展专业技术人员食品安全事故应急处置能力培训，加强应急处置力量建设，提高快速应对能力和技术水平。健全专家队伍，为事故核实、级别核定、事故隐患预警及应急响应等相关技术工作提供人才保障。国务院有关部门加强食品安全事故监测、预警、预防和应急处置等技术研发，促进国内外交流与合作，为食品安全事故应急处置提供技术保障。

4. 物资与经费保障 食品安全事故应急处置所需设施、设备和物资的储备与调用应当得到保障；使用储备物资后须及时补充；食品安全事故应急处置、产品抽样及检验等所需经费应当列入年度财政预算，保障应急资金。

5. 社会动员保障　　根据食品安全事故应急处置的需要，动员和组织社会力量协助参与应急处置，必要时依法调用企业及个人物资。在动用社会力量或企业、个人物资进行应急处置后，应当及时归还或给予补偿。

6. 宣教培训　　国务院有关部门应当加强对食品安全专业人员、食品生产经营者及广大消费者的食品安全知识宣传、教育与培训，促进专业人员掌握食品安全相关工作技能，增强食品生产经营者的责任意识，提高消费者的风险意识和防范能力。

四、监测预警、报告与评估

（一）监测预警

卫生部会同国务院有关部门根据国家食品安全风险监测工作需要，在综合利用现有监测机构能力的基础上，制定和实施加强国家食品安全风险监测能力建设规划，建立覆盖全国的食源性疾病、食品污染和食品中有害因素监测体系。卫生部根据食品安全风险监测结果，对食品安全状况进行综合分析，对可能具有较高程度安全风险的食品，提出并公布食品安全风险警示信息。

有关监管部门发现食品安全隐患或问题，应及时通报卫生行政部门和有关方面，依法及时采取有效控制措施。

（二）事故报告

1. 事故信息来源

(1)食品安全事故发生单位与引发食品安全事故食品的生产经营单位报告的信息。

(2)医疗机构报告的信息。

(3)食品安全相关技术机构监测和分析结果。

(4)经核实的公众举报信息。

(5)经核实的媒体披露与报道信息。

(6)世界卫生组织等国际机构、其他国家和地区通报我国信息。

2. 报告主体和时限

(1)食品生产经营者发现其生产经营的食品造成或者可能造成公众健康损害的情况和信息，应当在 2h 内向所在地县级卫生行政部门和负责本单位食品安全监管工作的有关部门报告。

(2)发生可能与食品有关的急性群体性健康损害的单位，应当在 2h 内向所在地县级卫生行政部门和有关监管部门报告。

(3)接收食品安全事故患者治疗的单位，应当按照卫生部有关规定及时向所在地县级卫生行政部门和有关监管部门报告。

(4)食品安全相关技术机构、有关社会团体及个人发现食品安全事故相关情况，应当及时向县级卫生行政部门和有关监管部门报告或举报。

(5)有关监管部门发现食品安全事故或接到食品安全事故报告或举报，应当立即通报同级卫生行政部门和其他有关部门，经初步核实后，要继续收集相关信息，并及时将有关情况进一步向卫生行政部门和其他有关监管部门通报。

(6)经初步核实为食品安全事故且需要启动应急响应的，卫生行政部门应当按规定向本级人民政府及上级人民政府卫生行政部门报告；必要时，可直接向卫生部报告。

3. 报告内容　　食品生产经营者、医疗、技术机构和社会团体、个人向卫生行政部门和有关监管部门报告疑似食品安全事故信息时，应当包括事故发生时间、地点和人数等基本情况。

有关监管部门报告食品安全事故信息时，应当包括事故发生单位、时间、地点、危害程度、伤亡人数、事故报告单位信息(含报告时间、报告单位联系人员及联系方式)、已采取措施、事故简要经过等内容；并随时通报或者补报工作进展。

(三)事故评估

(1)有关监管部门应当按有关规定及时向卫生行政部门提供相关信息和资料，由卫生行政部门统一组织协调开展食品安全事故评估。

(2)食品安全事故评估是为核定食品安全事故级别和确定应采取的措施而进行的评估。评估内容包括：①污染食品可能导致的健康损害及所涉及的范围，是否已造成健康损害后果及严重程度；②事故的影响范围及严重程度；③事故发展蔓延趋势。

五、应急响应

(一)分级响应

根据食品安全事故分级情况，食品安全事故应急响应分为Ⅰ级、Ⅱ级、Ⅲ级和Ⅳ级响应。核定为特别重大食品安全事故，报经国务院批准并宣布启动Ⅰ级响应后，指挥部立即成立运行，组织开展应急处置。重大、较大、一般食品安全事故分别由事故发生地的省、市、县级人民政府启动相应级别响应，成立食品安全事故应急处置指挥机构进行处置。必要时上级人民政府派出工作组指导、协助事故应急处置工作。

启动食品安全事故Ⅰ级响应期间，指挥部成员单位在指挥部的统一指挥与调度下，按相应职责做好事故应急处置相关工作。事发地省级人民政府按照指挥部的统一部署，组织协调地市级、县级人民政府全力开展应急处置，并及时报告相关工作进展情况。事故发生单位按照相应的处置方案开展先期处置，并配合卫生行政部门及有关部门做好食品安全事故的应急处置。

食源性疾病中涉及传染病疫情的，按照《中华人民共和国传染病防治法》和《国家突发公共卫生事件应急预案》等相关规定开展疫情防控和应急处置。

(二)应急处置措施

事故发生后，根据事故性质、特点和危害程度，立即组织有关部门，依照有关规定采取下列应急处置措施，以最大限度减轻事故危害。

(1)卫生行政部门有效利用医疗资源，组织指导医疗机构开展食品安全事故患者的救治。

(2)卫生行政部门及时组织疾病预防控制机构开展流行病学调查与检测，相关部门及时组织检验机构开展抽样检验，尽快查找食品安全事故发生的原因。对涉嫌犯罪的，公安机关及时介入，开展相关违法犯罪行为侦破工作。

（3）农业行政、质量监督、检验检疫、工商行政管理、食品药品监管、商务等有关部门应当依法强制性就地或异地封存事故相关食品及原料和被污染的食品用工具及用具，待卫生行政部门查明导致食品安全事故的原因后，责令食品生产经营者彻底清洗消毒被污染的食品用工具及用具，消除污染。

（4）对确认受到有毒有害物质污染的相关食品及原料，农业行政、质量监督、工商行政管理、食品药品监管等有关监管部门应当依法责令生产经营者召回、停止经营及进出口并销毁。检验后确认未被污染的应当予以解封。

（5）及时组织研判事故发展态势，并向事故可能蔓延到的地方人民政府通报信息，提醒做好应对准备。事故可能影响到国（境）外时，及时协调有关涉外部门做好相关通报工作。

（三）检测分析评估

应急处置专业技术机构应当对引发食品安全事故的相关危险因素及时进行检测，专家组对检测数据进行综合分析和评估，分析事故发展趋势、预测事故后果，为制定事故调查和现场处置方案提供参考。有关部门对食品安全事故相关危险因素消除或控制，事故中伤病人员救治，现场、受污染食品控制，食品与环境，次生、衍生事故隐患消除等情况进行分析评估。

（四）响应级别调整及终止

在食品安全事故处置过程中，要遵循事故发生发展的客观规律，结合实际情况和防控工作需要，根据评估结果及时调整应急响应级别，直至响应终止。

1. 响应级别调整及终止条件

1）级别提升　当事故进一步加重，影响和危害扩大，并有蔓延趋势，情况复杂难以控制时，应当及时提升响应级别。

当学校或托幼机构、全国性或区域性重要活动期间发生食品安全事故时，可相应提高响应级别，加大应急处置力度，确保迅速、有效控制食品安全事故，维护社会稳定。

2）级别降低　事故危害得到有效控制，且经研判认为事故危害降低到原级别评估标准以下或无进一步扩散趋势的，可降低应急响应级别。

3）响应终止　当食品安全事故得到控制，并达到以下两项要求，经分析评估认为可解除响应的，应当及时终止响应。

（1）食品安全事故伤病员全部得到救治，原患者病情稳定 24h 以上，且无新的急性病症患者出现，食源性感染性疾病在末例患者后经过最长潜伏期无新病例出现；

（2）现场、受污染食品得以有效控制，食品与环境污染得到有效清理并符合相关标准，次生、衍生事故隐患消除。

2. 响应级别调整及终止程序　指挥部组织对事故进行分析评估论证。评估认为符合级别调整条件的，指挥部提出调整应急响应级别建议，报同级人民政府批准后实施。应急响应级别调整后，事故相关地区人民政府应当结合调整后级别采取相应措施。评估认为符合响应终止条件时，指挥部提出终止响应的建议，报同级人民政府批准后实施。

上级人民政府有关部门应当根据下级人民政府有关部门的请求，及时组织专家为食品安全事故响应级别调整和终止的分析论证提供技术支持与指导。

（五）信息发布

事故信息发布由指挥部或其办公室统一组织，采取召开新闻发布会、发布新闻通稿等多种形式向社会发布，做好宣传报道和舆论引导。

六、后期处置

（一）善后处置

事发地人民政府及有关部门要积极稳妥、深入细致地做好善后处置工作，消除事故影响，恢复正常秩序。完善相关政策，促进行业健康发展。

食品安全事故发生后，保险机构应当及时开展应急救援人员保险受理和受灾人员保险理赔工作。

造成食品安全事故的责任单位和责任人应当按照有关规定对受害人给予赔偿，承担受害人后续治疗及保障等相关费用。

（二）奖惩

1）奖励　　对在食品安全事故应急管理和处置工作中作出突出贡献的先进集体和个人，应当给予表彰和奖励。

2）责任追究　　对迟报、谎报、瞒报和漏报食品安全事故重要情况或者应急管理工作中有其他失职、渎职行为的，依法追究有关责任单位或责任人的责任；构成犯罪的，依法追究刑事责任。

（三）总结

食品安全事故善后处置工作结束后，卫生行政部门应当组织有关部门及时对食品安全事故和应急处置工作进行总结，分析事故原因和影响因素，评估应急处置工作开展情况和效果，提出对类似事故的防范和处置建议，完成总结报告。

七、附则

1）预案管理与更新　　与食品安全事故处置有关的法律法规被修订，部门职责或应急资源发生变化，应急预案在实施过程中出现新情况或新问题时，要结合实际及时修订与完善本预案。

国务院有关食品安全监管部门、地方各级人民政府参照本预案，制定本部门和地方食品安全事故应急预案。

2）演习演练　　国务院有关部门要开展食品安全事故应急演练，以检验和强化应急准备和应急响应能力，并通过对演习演练的总结评估，完善应急预案。

3）预案实施　　本预案自发布之日起施行。

思 考 题

1. 我国食品安全的法律法规体系都有哪些内容？

2. 食品安全监督管理主要环节包括什么？

3. 国家食品安全事故应急预案包括哪些内容？

主要参考文献

毕金峰, 魏益民. 2005. 美国进口食品安全管理机构责权剖析. 中国食物与营养, (12): 14-16

曹洁, 崔义, 等. 2010. 氯苯类污染物在高层大气环境中形成的可能性. 应用化学, 27(3): 249-256

陈炳卿, 刘志诚. 2001. 现代食品安全学. 北京: 人民卫生出版社

陈淑蓉, 杨月欣. 2003. 转基因植物食品的营养学评价. 国外医学卫生学分册, 30(2), 113-118

陈天翔. 2009. 大学生健康教育. 4版. 成都: 四川大学出版社

陈锡文, 邓楠. 2004. 中国食品安全战略研究. 北京: 化学工业出版社

陈晓升. 2011. 我国食品安全问题的成因及对策探析. 华中师范大学

陈正夫, 朱坚, 等. 2004. 环境激素的分析与评价. 北京: 化学工业出版社

陈智. 1990. 过渡元素化学. 北京: 原子能出版社

陈宗道, 刘金福, 等. 2011. 食品质量与安全管理. 2版. 北京: 中国农业大学出版社

程坚. 2011. 复合食品包装材料的安全性研究. 安徽农业科学, 39(28): 17551-17554

代伟, 曲东. 2011. 基于 GM(1, 1)模型的秦皇岛市大气污染物 SO_2 预测. 中国环境管理干部学院学报, 21(1): 55-57

董金狮. 2011. 中国食品包装安全问题的现状及最新政策标准动态. 湖南包装, (2): 3-12

董明盛, 贾英民. 2006. 食品微生物学. 北京: 中国轻工业出版社

杜家纬. 1988. 昆虫信息素及其应用. 北京: 中国林业出版社

樊永祥, 计融, 等. 2011. 河豚鱼安全利用管理模式研究. 中国食品卫生杂志, 23(3): 193-196

方小衡, 高永清. 2007. 食品卫生知识培训手册. 广州: 广东高等教育出版社

FAO. 2003. 保障食品的安全和质量: 强化国家食品控制体系指南. 罗马: FAO/WHO 联合出版社

冯焕银, 傅晓钦, 等. 2012. 宁波市郊农业土壤中持久性毒害污染物的残留现状及健康风险评估. 现代科学仪器, 8(4): 128-133

高宇萍. 2010. 食品营养与卫生. 北京: 海洋出版社

高忠明, 刘家发, 等. 2007. 突发公共卫生事件案例选评. 武汉: 湖北长江出版集团

关荣发, 蒋家新, 等. 2011. 纳米级食品包装材料安全性的研究进展. 食品研究与开发, 32(1): 134-137

郭郛. 1979. 昆虫的激素. 北京: 科学出版社

韩军花, 杨月欣. 2005. 转基因食品中的天然毒素与抗营养素. 中国食品学报, 5(1), 79-85

韩襄来. 1994. 农药概论. 北京: 中国农业大学出版社

侯大军, 李洪军. 2007. 转基因食品的发展历史与未来趋势. 四川食品与发酵, 43(139): 24-27

侯永刚, 黄仁录. 2009. 鸡蛋安全生产的主要措施. 农业知识, (21): 10-11

胡法, 杨勇, 等. 2011. 塑料食品包装材料化学物迁移的分析方法发展动态. 塑料工业, 39(8): 18-21

黄崇杏, 段丹丹. 2011. 食品包装纸中模拟污染物迁移行为的研究. 食品安全与检测, 36(6): 310-315

黄刚平. 2007. 烹饪营养卫生学. 南京: 东南大学出版社

黄昆仑, 贺晓云. 2011. 转基因食品发展现状及食用安全性. 科学, 63(5): 23-26

黄昆仑, 许文涛. 2009. 转基因食品安全评价与检测技术. 北京: 科学出版社

黄湘鹭, 李莉. 2012. 我国食品接触材料的安全性检验研究进展. 中国药事, 26(5): 513-516

菅向东, 周镖. 2008. 中毒急救速查. 济南: 山东科学技术出版社

蒋原. 2010. 食源性病原微生物检测指南. 北京: 中国标准出版社

金培刚, 丁钢强, 等. 2006. 食源性疾病防制与应急处置. 上海: 复旦大学出版社

金征宇, 江波, 等. 2010. 食品科学学科基础与进展. 北京: 科学技术出版社

晋圣坤, 晋元庚. 2011. 影响肉品安全的主要因素和控制措施. 肉类研究, 25(4): 46-49

赖登燡, 王久明, 等. 2012. 白酒生产实用技术. 北京: 化学工业出版社

雷翠萍. 2011. 核与辐射认知和风险沟通研究. 中国疾病预防控制中心

黎明, 顾艳雯, 等. 2011. 水体污染物在水和底泥中的分布研究现状. 环境科学, 12, : 131-132

黎盛, 徐丹, 等. 2011. 塑料食品包装的安全性分析. 食品工业科技, 32(11): 391-393

李宾. 2012. 几种常见大气污染物的来源及危害. 内蒙古科技与经济, 10: 56

李国光. 2009. 食品安全答疑解惑. 武汉: 湖北科学技术出版社

李建国, 王相国, 等. 2007. 关于水产品质量安全管理的思考. 中国水产, 376(3): 12-18

李劲峰. 2010. 冶炼厂重金属污染物对周边农田土壤动物生态效应的影响. 安徽农业科学, 38(4): 1937-1939.

李君文, 晁福寰, 等. 2009. 现代军队卫生学. 北京: 军事医学科学出版社

李兰娟. 2008. 传染病学. 北京: 人民卫生出版社

李蓉. 2008. 食源性病原学. 北京: 中国林业出版社

李蓉. 2009. 食品安全学. 北京: 中国林业出版社

李树民, 范元成. 2006. 食物中毒事故应急和预防控制. 长沙: 长沙湖南科学技术出版社

李晓, 骆永明, 等. 2012. 土壤跳虫(Folsomia candida)对食物中铜污染物的吸收和排泄. 生态毒理学报, 7(4): 395-400

李星洪. 1982. 辐射防护基础. 北京: 原子能出版社

廖立敏, 李建凤, 等. 2012. 酚类污染物土壤吸收系数定量预测. 分析科学学报, 28(3): 373-376

廖桢葳, 罗明标, 等. 2011. 食品中二噁英类化合物痕量检测研究进展. 食品研究与开发, 32(9): 231-235

林春滢. 2012. HACCP质量控制体系在工艺糖果生产中的应用. 食品工程, (1): 60-61

林海鹏, 于云江, 等. 2009. 二噁英的毒性及其对人体健康影响的研究进展. 环境科学与技术, 32(9): 93-97

林锦权, 梁灿钦, 等. 2012. 二噁英类物质的检测技术研究进展. 东莞理工学院学报, 19(1): 57-60

林荣泉. 2011. 肉品流通安全现状与监管思考. 肉类工业, (4): 46-49

刘国信, 杨果萍. 2007. 食鱼安全与环境污染. 肉类研究, (10): 49-50

刘静波. 2006. 食品安全与选购. 北京: 化学工业出版社

刘咸德, 陈大舟, 等. 2011. 天津地区大气典型有机氯污染物的被动采样和化学组成特征. 质谱学报, 32(2): 65-70

刘勇, 芦茜, 等. 2011. 大气污染物对人体健康影响的研究. 中国现代医学杂志, 21(1): 87-91

刘毓谷. 1988. 中国医学百科全书 营养与食品卫生学. 上海: 上海科学技术出版社

柳增善. 2007. 食品病原微生物学. 北京: 中国轻工业出版社

卢敏, 吴修利. 2011. 我国食品包装材料的安全现状与对策的研究. 食品科技, 36(4): 283-285

卢业举, 程静, 等. 2008. 转基因食品及其安全性的思考. 中国标准化, (11): 9-12

鲁伦文, 谭平, 等. 2011. 食品业中豆制类产品安全卫生现状. 北京农业: (30): 114-115

陆敬刚, 孙长华, 等. 2012. 畜禽产品质量安全风险分析及对策措施. 中国家禽, 34(11): 57-59

吕林雪, 张旗. 2011. 论婴幼儿食品包装设计的安全性. 包装工程, 32(24): 8-14

吕全军, 张志友. 2008. 预防医学. 3版. 郑州: 郑州大学出版社

聂晶. 1998. 食物中毒防治指南. 哈尔滨: 哈尔滨出版社

裴道国, 万宇平, 等. 2010. 食品安全化学物质污染现状及检测概略. 科技致富向导, (15): 196-197

彭海兰, 刘伟. 2006. 食品安全教育的中外比较. 摘自: 世界农业. 北京: 中国农业出版社

钱爱东. 2002. 食品微生物: 食品科学与工程类专业用. 北京: 中国农业出版社

钱信忠. 1989. 医学小百科 饮食卫生. 天津: 天津科学技术出版社

秦蓓. 2011. 塑料食品包装材料安全性研究现状. 包装工程, 32(19): 33-38

全国卫生专业技术资格考试专家委员会. 2009. 全国卫生专业技术资格考试指导: 营养学. 北京: 人民卫生出版社

任顺成. 2011. 食品营养与卫生. 北京: 中国轻工业出版社

任永献, 李文海, 等. 2007. 食物中毒的诊断和处理. 北京: 中国科学技术出版社

容超凡. 2002. 电离辐射计量. 北京: 原子能出版社

阮征. 2005. 乳制品安全生产与品质控制. 北京: 化学工业出版社

申文江, 王绿化. 2001. 放射治疗损伤. 北京: 中国医药科技出版社

沈平, 黄昆仑. 2010. 国际转基因生物食用安全检测及其标准化. 北京: 中国物资出版社

史鹏达. 1989. 食物中毒. 广州: 广东科技出版社

宋美英. 2012. 浅析畜禽产品质量安全问题及措施. 中国畜禽种业, 8(5): 25-26

孙长灏. 2007. 营养与食品卫生学. 6版. 北京: 人民卫生出版社

孙贵范. 2010. 预防医学. 北京: 人民卫生出版社

孙秀兰, 姚卫蓉. 2009. 食品安全与化学污染防治. 北京: 化学工业出版社

孙要武. 2009. 预防医学. 北京: 人民卫生出版社

唐军. 2007. 预防医学基础. 北京: 人民军医出版社

万国余. 2006. 冷饮企业安全生产制度与预防措施. 冷饮与速冻食品工业, 12(1): 38-40

王尔茂. 2004. 食品营养与卫生. 北京: 科学出版社

王桂才. 2012. 转基因食品的安全性评价及检测技术进展. 食品研究与开发, (33)5: 220-221, 236

王经瑾, 范天民, 等. 1983. 核电子学. 北京: 原子能出版社

王立娜, 王建立, 等. 2012. 蜂蜜中常见质量问题分析. 品牌与标准化, (2): 27

王陇德. 2004. 现场流行病学理论与实践. 北京: 人民卫生出版社

王蕊, 高翔. 2009. 食品安全与质量管理. 北京: 中国计量出版社

王炎森, 史福庭. 1998. 原子核物理学. 北京: 原子能出版社

王彦华, 王鸣华. 2007. 昆虫生长调节剂的研究进展. 世界农药, 29(1): 8-11

王一涵. 2010. 大气污染物的预防与治理. 资源与环境科学, 13: 298-299

王玉, 包大跃, 等. 1981. 营养与食品卫生学(供预防医学类专业用). 北京: 人民卫生出版社

王玉蓉. 2011. 浅谈我国茶叶安全生产面临的挑战与对策. 东方企业文化, 2(4): 143-142

魏益民, 毕金峰. 2006. 欧盟的食物政策与管理模式. 中国食物与营养, (12): 9-12

魏益民, 吴永宁, 等. 2005. 中国食品安全科技发展方向讨论. 中国工程科学, 7(11): 1-4

魏益民, 徐俊, 等. 2007. 论食品安全学的理论基础与技术体系. 中国工程科学, 9(3): 6-10

吴永宁. 2003. 现代食品安全学. 北京: 化学工业出版社

吴振, 顾宪红. 2011. 转基因食品及其食用安全性评价. 家畜生态学报, 32(2): 1-4

夏春. 2010. 论我国糕点食品行业质量安全分析及应对措施. 上海轻工业, (6): 7-9

肖东光, 赵树欣, 等. 2011. 白酒生产技术. 北京: 化学工业出版社

谢灿茂. 2009. 内科急症治疗学. 上海: 上海科学技术出版社

谢广发. 2010. 黄酒酿造技术. 北京: 中国轻工业出版社

谢苗荣. 2008. 灾害与紧急医学救援. 北京: 北京科学技术出版社

谢明勇, 陈绍军. 2009. 食品安全导论. 北京: 中国农业大学出版社

徐娟娣, 刘东红, 等. 2011. 果蔬农产品的质量安全及风险控制浅析. 中国食物与营养, 17(10): 11-15

徐立青, 孟菲. 2011. 中国食品安全研究报告. 北京: 科学出版社

许文涛, 白卫滨, 等. 2008. 转基因产品检测技术研究进展. 农业生物技术学报, 16(4): 714-722

许文涛, 贺晓云, 等. 2011. 转基因植物的食品安全性问题及评价策略. 生命科学, 29(2), 179-185

许文涛, 黄昆仑. 2010. 转基因食品社会文化伦理透视. 北京: 中国物资出版社

薛山, 赵国华. 2012. 食品包装材料中有害物质迁移的研究进展. 食品工业科技, 33(2): 404-409

杨宝亮, 杜淑清, 等. 2009. 最新实用医学(下册). 哈尔滨: 黑龙江科学技术出版社

杨文, 刘咸德, 等. 2010. 四川西部山区土壤和大气有机氯污染物的区域分布. 环境科学研究, 23(9): 1108-1114

杨晓泉, 卞华伟. 1999. 食品毒理学. 北京: 中国轻工业出版社

么宗利. 2006. 转基因鱼的生物安全问题. 中国水产, 369(8): 16-17

于精国, 丰维加, 等. 1993. 常见食物中毒的预防. 哈尔滨: 黑龙江科学技术出版社

余乾伟. 2010. 传统白酒酿造技术. 北京: 中国轻工业出版社

俞誉福. 1993. 环境放射性概论. 上海: 复旦大学出版社

岳音青. 2011. 纸质包装材料中可能存在的有害物质及其迁移研究现状. 环保与节能, 42(4): 61-64

曾四清. 2008. 突发公共事件健康教育与心理干预. 广州: 中山大学出版社

曾跃春, 高彦征, 等. 2009. 土壤中有机污染物的形态及植物可利用性. 土壤通报, 40(6): 1479-1483

张波. 2011. 我国保健食品原料的特点及安全学问题. 食品科学, 32(21): 298-300

张朝武. 2006. 细菌学检验. 北京: 人民卫生出版社

张冠玉. 1985. 微生物学及寄生虫学. 成都: 四川科学技术出版社

张乃明. 2007. 环境污染与食品安全. 北京: 化学工业出版社

张瑞妮, 张海生. 2011. 保健食品安全问题与对策探究. 农产品加工(学刊), (12): 85-88

张晓莺. 2012. 食品安全学. 北京: 科学技术出版社

张炫, 和绍禹. 2006. 我国蜂蜜生产中存在的质量及安全问题. 蜜蜂杂志, 26(7): 5-6

张艺兵, 鲍蕾, 等. 2006. 农产品中真菌毒素的检测分析. 北京: 化学工业出版社

张志强, 于军. 2008. 餐饮卫生管理教程: 餐饮食品加工与服务的卫生管理(下册). 北京: 中国轻工业出版社

赵国庆, 任炽刚. 1989. 核分析技术. 北京: 原子能出版社

甄宇江. 2011. 食物致敏原与食品安全. 北京: 中国标准出版社

中国检验检疫科学研究院, 赵贵明. 2005. 食品微生物实验室工作指南. 北京: 中国标准出版社

钟耀广. 2010. 食品安全学. 北京: 化学工业出版社

周广恕, 唐玲光, 等. 1998. 食源性疾病防治. 西安: 陕西科学技术出版社

周健丘, 梅丹. 2011. 药品包装材料对药品质量和安全性的影响. 药物不良反应杂志, 13(1): 27-31

周仁贵, 冯小辉, 等. 2011. 茶叶安全清洁化生产与茶厂规划. 茶叶, (1): 41-44

朱乐敏. 2006. 食品微生物. 北京: 化学工业出版社

朱蕾. 2012. 我国食品包装材料标准体系现况研究与问题分析. 中国食品卫生杂志, 24(3): 279-283

Potter N N, Hotchkiss J H. 2001. 食品科学. 5版. 王璋, 钟芳, 等译. 北京: 中国轻工业出版社

Schmidt H, Gary E R. 2006. 食品安全手册. 北京: 中国农业大学出版社

Aeschbacher H U, Turesky R J. 1991. Mammalian cell mutagenicity and metabolism of heterocyclic aromatic amines. Mutation Research/Genetic Toxicology, 259(3-4): 235-250

Andrea J L. 2011. Food-borne illnesses. Clinical Microbiology Newsletter, 33(6): 41-45

Ansdell V. 2010. Food-borne toxins. International Journal of Infectious Diseases, (14)1: e14-e15

Ariane König. 2010. Compatibility of the SAFE FOODS Risk Analysis Framework with the legal and institutional settings of the EU and the WTO. Food Control, 21(12): 1638-1652

Bertazzi P A, Consonni D, et al. 2001. Health effects of dioxin exposure: A 20-year mortality study. Americial Journal of Epidemiology, 153(11): 1031-1044

Calvert G M, Sweeney M H, et al. 1999. Evaluation of diabetes mellitus, serum glucose and thyroid function among United States workers exposed to 2,3,7,8-tetrachlorodibenzo-p-dioxin. Occupational and Environmental Medicine, 56(4): 270-276

Colin G B, John W L, et al. 2002. Food safety and development of the beef industry in China. Food Policy, 27(3): 269-284

Hosaka S, Matsushima T, et al. 1981. Carcinogenic activity of 3-amino-1-methyl-5H-pyrido [4,3-b] indole (Trp-P-2), a pyrolysis product of tryptophan. Cancer Letters, 13(1): 23-28

Inteaz Alli. 2004. Food Quality Assurance: Principles and Practices. Cleveland: CRC Press

Kasai H, Nishimura S, et al. 1979. Fractionation of a mutagenic principle from broiled fish by high-pressure liquid chromatography. Cancer Letters 7, (6): 343-348

Knechtges, Paul L. 2011. Food Safety: Theory and Practice. Burlington: Jones & Bartlett Publishers

Lan C, Kao T, et al. 2004. Effects of heating time and antioxidants on the formation of heterocyclic amines in marinated foods. Journal of Chromatography, 802, (1): 27-37

Latchoumycandane C, Chitra K C. 2002. Induction of oxidative stress in rat epididymal sperm after exposure to 2, 3, 7, 8-tetrachlorodibenzo-p-dioxin. Archives of Toxicology, 76(2): 113-118

Li Bai, Chenglin Ma, et al. 2007. Food safety assurance systems in China. Food Control, 18(5): 480-484

Lingling Lu, Qiong Huang, et al. 2012. Knowledge, attitudes and practices of food-borne diseases and surveillance among physicians in Guangdong, China. Food Control, 28(1): 69-73

Liu Wei-jun, Wei Yi-min, et al. 2007. Food safety control system in China. China Standardization, (6): 2-9

Mocarelli P, Gerthoux P M, et al. 2000. Paternal concentrations of dioxin and sex ratio of offspring. Lancet, 5, (27): 1858-1863

Ohgaki H, Takayama S. 1991. Carcinogenicities of heterocyclic amines in cooked food. Mutation Research/Genetic Toxicology, 259(3): 399-410

Petra Luber. 2011. The Codex Alimentarius guidelines on the application of general principles of food hygiene to the control of Listeria monocytogenes in ready-to-eat foods. Food Control, 22(9): 1482-1483

Ruth Bjorklund. 2006. Food Borne Illnesses. Tarrytown NY: Marshall Cavendish Benchmark

Skog K, Johansson M, et al. 1998. Carcinogenic heterocyclic amines in model systems and cooked foods: A review on formation, occurrence and intake. Food and Chemical Toxicology, 36, (9-10): 879-896

Sugimura T, Nagao M, et al. 1977. Mutagens carcinogens in food, with special reference to highly mutagenic pyrolytic products in broiled food. In: Hiatt H H, Waton J D, et al. Origins of Human Cancer. New York: Cold Spring Harbor Laboratory: 1561-1577

Turesky R J, Taylor J, et al. 2005. Quantitation of carcinogenic heterocyclic aromatic amines and detection of novel heterocyclic aromatic amines in cooked meats and grill scrapings by HPLC/ESI-MS. Journal of Agricultural and Food Chemistry, 53 (8): 3248-3258

WTO. 1998. Sanitary and Phytosanitary Measures: Introduction Understanding the Sanitary and Phytosanitary Measures Agreement